C A L C U L U S

대학 이공계

미분적분학

김상목 · 김태균 · 송영권 · 송형수 · 이종우
이진우 · 이흥수 · 지은숙 · 허 민 지음

教友社

머리말

미분 적분학은 변화와 운동을 기술하고 설명하는 데 매우 유용한 분야로, 자연 과학과 공학 분야에서 필수적인 도구 과목이다. 사회 과학의 여러 분야에서도 사회 현상을 분석하는 데 널리 활용되고 있다.

이 책은 대학의 이공계열 1학년 학생을 위한 미분 적분학 교재로 집필되었다. 미분과 적분의 개념을 엄밀하지만 고등학교 수학과의 연계 속에서 가능한 한 직관적으로 이해할 수 있도록 설명했으며, 다양한 상황에 적용해서 문제 해결에 도움이 되도록 서술하였다.

이 책의 내용을 특징적으로 요약하면 다음과 같다.

1. 실수 집합의 완비성을 도입하여 고등학교 과정에서 직관적으로 이해했던 수열의 극한과 함수의 극한의 개념을 수학적으로 더욱 엄밀하게 다루고, 이를 바탕으로 함수의 연속, 미분, 적분, 무한 급수의 수렴을 다룬다.

2. 미분의 기본적인 개념과 활용을 다루며, 이를 극 좌표, 곡률, 함수의 근삿값, 방정식의 근을 찾는 뉴턴의 방법 등에 적용한다. 또한 응용 수학에 널리 이용되는 삼각 함수와 역삼각 함수, 로그 함수와 지수 함수, 쌍곡선 함수와 역쌍곡선 함수 등에 적용해서 이런 함수들의 성질을 분석한다.

3. 여러 가지 적분 방법을 소개하고 특이 적분과 수치 적분 방법도 논의하며, 이를 여러 분야에 활용하는 예를 알아본다.

4. 무한 급수의 수렴 판정법과 절대 수렴의 개념을 소개하고, 멱 급수의 개념과 멱 급수로 정의되는 함수의 성질 및 테일러 급수를 다룬다.

5. 다변수 함수의 기본적인 미분과 적분을 다루어, 벡터 해석학의 학습을 위한 기초를 제공한다.

교육 환경과 사회 현상의 급격한 변화는 대학 이공계열에서 필요한 미분 적분학의 내용과 범위에 많은 변화를 초래할 것이다. 또 이 책에는 여러 가지로 부족한 점이 많음을 고백하지 않을 수 없다. 이와 관련해서 독자들의 아낌없는 조언과 지적으로 바라며, 이를 바탕으로 계속 내용을 수정하며 보완해 나갈 것을 약속드린다.

이 책의 출판을 맡은 교우사 사장님과 편집부 여러분의 노고에 깊은 감사를 드린다.

2011년 2월

저자 씀

차 례

Chapter 07 부정 적분과 정 적분 / 177

Chapter 08 여러 가지 적분법 / 205

Chapter 09 적분의 응용 / 257

Chapter 10 무한 급수 / 297

Chapter 11 멱 급수와 테일러 급수 / 325

Chapter 12 다변수 함수와 미분 / 353

Chapter 13 다중 적분 / 435

부록 / 481

CHAPTER

1

수 집합과 함수

미분법은 뉴턴[1)]과 라이프니츠[2)]가 정립하였다. 적분법은 고대 그리스의 아르키메데스[3)]가 이용한 실진법(method of exhaustion, 구분구적법과 유사)을 통해 엄밀하게 연구되기 시작했다. 라이프니츠는 미적분학을 기호화함으로써 근대 수학의 위대한 발전을 가능하게 하였다. 미적분학은 실수의 집합에서 정의된 함수와 극한의 개념을 바탕으로 그 이론이 전개된다. 이 장에서는 앞으로 필요한 실수 집합의 성질과 함수의 개념에 대하여 간단히 다룬다.

1) Isaac Newton(1642~1727): 영국의 수학자, 과학자
2) Gottfried Leibniz(1646~1716): 독일의 수학자, 철학자, 물리학자
3) Archimedes(추정 287~212 B.C.): 그리스의 수학자

1.1 수 집합

19세기 후반에 독일의 수학자 칸토어[4]가 처음으로 집합을 수학에 도입한 후, 20세기 전반에 모든 수학 이론이 집합의 개념에 그 바탕을 두고 있다는 사실이 밝혀졌다. 수학의 다른 분야와 마찬가지로 집합론도 여러 가지 모순된 현상이 발견되어 그 해결 방안으로 공리를 통해 도입하고 있지만, 현대 수학은 집합의 개념으로부터 출발하여 추상적으로 이론을 전개해 나가고 있다. 이에 영향을 받아 미적분학(calculus)에서도 이론 전개에서도 실수의 성질, 함수, 극한, 연속성 등 중요한 개념들은 집합을 토대로 설명하고 있다.

미적분학에서 다루는 중요한 집합 중 하나는 실수(real number) 전체의 집합인데, 이것을 기호 $\mathbb{R}$로 나타낸다. 임의의 실수는 직선에 있는 점과 대응시킬 수 있고, 소수로 나타낼 수 있다. 이들 중, 유한소수이거나 순환소수[5]로 나타낼 수 있는 수를 유리수(rational number), 순환하지 않는 무한소수로 나타내어지는 수를 무리수(irrational number)라 한다. 0으로 나누는 것을 제외하면 사칙 연산은 유리수의 범위 안에서 가능하고 그 결과는 유일하다. 사칙 연산만 생각한다면 수의 범위는 유리수만으로 충분하지만, 일반적인 이차 방정식의 해를 구할 때는 무리수와 복소수(complex number)가 필요함을 알 수 있다.

이 책에서는 자연수(natural number) 전체의 집합은 $\mathbb{N}$, 정수(integer) 전체의 집합은 $\mathbb{Z}$(독일어의 zahl), 유리수 전체의 집합은 $\mathbb{Q}$(quotient), 복소수 전체의 집합은 $\mathbb{C}$로 나타내기로 한다.

---

4) Georg Cantor(1845~1918): 독일의 수학자

5) 두 정수 m과 $n(\neq 0)$의 몫(quotient) $\frac{m}{n}$으로 표현되는 실수이다.

연습 문제 1.1

1. 수 집합 사이에 다음 관계가 성립함을 설명하라.

$$\mathbb{N} \subset \mathbb{Z} \subset \mathbb{Q} \subset \mathbb{R} \subset \mathbb{C}$$

2. 다음에서 참인 명제를 찾아라.

(1) $x \in \mathbb{N}$이고 $y \in \mathbb{N}$이면, $x+y \in \mathbb{N}$이다.

(2) $x \in \mathbb{N}$이고 $y \in \mathbb{N}$이면, $x-y \in \mathbb{N}$이다.

(3) $x \in \mathbb{Q}$이고 $y \in \mathbb{Q} \setminus \{0\}$이면, $\dfrac{x}{y} \in \mathbb{Q}$이다.

(4) $x \in \mathbb{Q}^C$이고 $y \in \mathbb{Q}^C$이면, $\dfrac{x}{y} \in \mathbb{Q}^C$이다.

(5) $x \in \mathbb{Z}$이고 $y \in \mathbb{Z} \setminus \{0\}$이면, $\dfrac{x}{y} \in \mathbb{R}$이다.

3. $\sqrt{2}$는 유리수가 아님을 증명하라.

1.2 실수의 집합

이 절에서는 실수 전체의 집합 $\mathbb{R}$을 다른 수 집합과 구별할 수 있도록 하는 다음의 12가지 공리를 생각함으로써 그 본질을 파악한다.

[공리1] (덧셈의 존재와 닫힘성) $\mathbb{R}$의 임의의 두 원소 a와 b에 대하여 a와 b의 합 $a+b$가 $\mathbb{R}$의 원소로 유일하게 존재한다.

[공리2] (곱셈의 존재와 닫힘성) $\mathbb{R}$의 임의의 두 원소 a와 b에 대하여 a와 b의 곱 $a \cdot b$가 $\mathbb{R}$의 원소로 유일하게 존재한다. 흔히, $a \cdot b$를 간단히 ab로 나타낸다.

[공리3] (덧셈과 곱셈에 관한 교환 법칙) $\mathbb{R}$의 임의의 두 원소 a와 b에 대하여 다음이 성립한다.

$$a+b=b+a, \quad ab=ba$$

[공리4] (덧셈과 곱셈에 관한 결합 법칙) $\mathbb{R}$의 임의의 세 원소 a, b, c에 대하여 다음이 성립한다.

$$(a+b)+c=a+(b+c), \quad (ab)c=a(bc)$$

[공리5] (분배 법칙) $\mathbb{R}$의 임의의 세 원소 a, b, c에 대하여 다음이 성립한다.

$$a(b+c)=ab+ac$$

[공리6] (덧셈과 곱셈에 관한 항등원의 존재) $\mathbb{R}$의 모든 원소 a에 대하여 다음 등식을 만족시키는 서로 다른 두 원소 0과 1이 $\mathbb{R}$에 존재한다.

$$a+0=a, \quad a1=a$$

[공리7] (덧셈에 관한 역원의 존재 및 뺄셈의 도입) $\mathbb{R}$의 각 원소 a에 대하여 다음을 만족시키는 x가 $\mathbb{R}$에 존재한다.

$$a+x=0$$

이때 x를 $-a$로 나타낸다. 또 $a+x=b$일 때 x를 $b-a$로 나타낸다.

[공리8] (곱셈에 관한 역원의 존재 및 나눗셈의 도입) $\mathbb{R}$의 0이 아닌 각 원소 a에 대하여 다음을 만족시키는 x가 $\mathbb{R}$에 존재한다.

$$ax = 1$$

이때 x를 a^{-1} 또는 $1/a$로 나타낸다. 또 $ax = b$일 때 x를 b/a 또는 $\dfrac{b}{a}$로 나타낸다.

[공리9] (양수의 특수성) 양수의 집합이라 부르는 $\mathbb{R}$의 진부분 집합 $\mathbb{R}^+$가 존재하여, $\mathbb{R}^+$의 임의의 두 원소 a와 b에 대하여 다음이 성립한다.

$$a + b \in \mathbb{R}^+, \quad ab \in \mathbb{R}^+$$

[공리10] (양수와 음수 사이의 연관성) $\mathbb{R}$의 0이 아닌 임의의 원소 a에 대하여 다음이 성립한다.

$$a \in \mathbb{R}^+ \text{ 또는 } -a \in \mathbb{R}^+$$

[공리11] (0의 중립성) 0은 양수의 집합 $\mathbb{R}^+$에 속하지 않는다.

이제 임의의 두 실수 사이의 대소 관계, 즉 순서(order)의 개념을 도입하기로 하자. 세 공리 9, 10, 11 을 이용하여 두 실수의 대소와 상등을 다음과 같이 정의한다.

임의의 두 실수 a와 b에 대하여 $b - a \in \mathbb{R}^+$이면, b가 a보다 크다 또는 a가 b보다 작다고 하고 $a < b$ 또는 $b > a$와 같이 나타낸다. $b - a = 0$이면 a와 b가 같다고 하고 $a = b$로 나타낸다. 특히 $a > b$이거나 $a = b$일 때, 간단히 $a \geq b$ 혹은 $b \leq a$로 나타낸다.

참고 공리 1부터 공리 8까지는 실수의 집합 $\mathbb{R}$의 사칙 연산에 관한 대수적 성질을 규정하고, 공리 9부터 공리 11까지는 $\mathbb{R}$의 크기에 관한 성질을 규정한다.

실수의 완비성과 아르키메데스의 성질

지금까지 실수의 집합 $\mathbb{R}$의 대수적 성질과 크기에 관한 성질을 서술하였는데, 유리수의 집합 $\mathbb{Q}$도 이런 성질을 모두 만족시킨다. 그러나 $\sqrt{2}$와 같은 실수는 유리수가 아님을 잘 알고 있다. 실제로 $\mathbb{R}$은 $\mathbb{Q}$보다 훨씬 더 크고, $\mathbb{Q}$는 만족시키지 못하는 $\mathbb{R}$의 중요한 성질이 있다. 이를 완비성(completeness)이라 하는데, 이를 서술하기 위하여 필요한 용어를 먼저 알아보자.

A를 공집합이 아닌 $\mathbb{R}$의 부분 집합이라 하자. 이때 실수 a가 존재하여 A의 모든 원소 x에 대하여 부등식 $a \le x$를 만족시키면, A는 아래로 유계 또는 아래로 갇혀 있다(bounded below)고 하며 a를 A의 하계(lower bound)라 한다. 또 실수 b가 존재하여 A의 모든 원소 x에 대하여 부등식 $x \le b$를 만족시키면, A는 위로 유계 또는 위로 갇혀 있다(bounded above)고 하며 b를 A의 상계(upper bound)라 한다. 특히 아래로 유계이고 위로 유계인 집합을 유계 집합 또는 갇힌 집합(bounded set)이라고 한다.

예제 1.2-1 1보다 크거나 같은 실수는 모두 집합 $A = \left\{ \frac{1}{n} \mid n \in \mathbb{N} \right\}$의 상계이며, 0보다 작거나 같은 실수는 모두 A의 하계이다. 따라서 A는 유계 집합이다.

아래로 유계인 집합 A의 하계 중에서 가장 큰 실수를 A의 최대 하계(greatest lower bound) 또는 하한(infimum)이라 하고 기호 $\inf A$로 표시한다. 또 위로 유계인 집합 A의 상계 중에서 가장 작은 실수를 A의 최소 상계(least upper bound) 또는 상한(supremum)이라 하고 기호 $\sup A$로 나타낸다.

집합 A에 대하여 $\inf A = \alpha$라고 하자. 그러면 정의에 의해 α는 A의 하계이며 부등식 $\alpha < \alpha'$을 만족시키는 실수 α'은 A의 하계가 아니다. 또한 집합 A가 위로 유계이고 $\sup A = \beta$라면, β는 A의 상계이고, 부등식 $\beta' < \beta$를 만족시키는 실수 β'은 A의 상계가 아니다. 따라서 공집합이 아닌 유계 집합 A의 최대 하계와 최소 상계는 유일하고 $\inf A \le \sup A$이 성립한다.

참고 A가 공집합이면 $\inf A = \infty$이고 $\sup A = -\infty$로 정의한다.

예제 1.2-2 집합 $A = [2, \infty) = \{x \in \mathbb{R} \mid 2 \le x < \infty\}$에 대하여 $\inf A = 2$이다. 그러나 $\sup A$는 존재하지 않는다.

예제 1.2-3 집합 $B = (1, 3] = \{x \in \mathbb{R} \mid 1 < x \le 3\}$일 때, $\inf B = 1 \notin B$이다. 그러나 $\sup B = 3 \in B$이다. 이와 같이 집합의 상한 또는 하한은 반드시 그 집합의 원소일 필요는 없다.

다음은 실수의 집합 $\mathbb{R}$의 완비성 공리이다.

[공리12] (실수의 완비성) $\mathbb{R}$의 공집합이 아닌 부분 집합 A가 위로 유계이면 A의 최소 상계가 $\mathbb{R}$의 원소로 존재한다.

공리 12는 실수의 집합 $\mathbb{R}$을 유리수의 집합 $\mathbb{Q}$와 구별짓는 공리로서, 유리수가 아닌 실수의 존재나 실수의 연속성에 대해 말할 때 필요하다.

이 책에서 사용하는 $\mathbb{R}$에 관한 모든 성질은 위의 12가지 공리로부터 얻을 수 있다. 다음은 앞으로 자주 쓰이는 $\mathbb{R}$의 중요한 성질이다.

예제 1.2-4 (아르키메데스의 성질) 임의의 실수 a보다 큰 자연수 n이 존재함을 보여라.

풀이 만약 어떤 실수 a보다 큰 자연수 n이 존재하지 않는다면 a는 집합 $\mathbb{N}$의 상계이다. 따라서 실수의 완비성 공리 12에 의하여 $\mathbb{N}$의 최소 상계 $\alpha \in \mathbb{R}$가 존재한다. 그런데 $\alpha - 1 < \alpha$이므로 $\alpha - 1$은 $\mathbb{N}$의 상계가 될 수 없다. 그러므로 $\alpha - 1$보다 큰 $m \in \mathbb{N}$이 존재한다. 그렇다면 $\alpha < m + 1$이고 $m + 1 \in \mathbb{N}$이다. 이것은 α가 $\mathbb{N}$의 상계라는 가정에 모순이다. 따라서 a보다 큰 자연수 n이 존재한다. ❑

절댓값과 삼각 부등식

이제 앞으로 유용하게 사용할 실수의 절댓값과 부등식에 대해 간단히 알아보자.

실수 a에 대하여 다음과 같이 정의되는 수 $|a|$를 a의 절댓값(absolute value)이라 한다.

$$|a| = \begin{cases} a & (a \geq 0) \\ -a & (a < 0) \end{cases}$$

임의의 두 실수 a와 b에 대하여 다음 삼각 부등식(triangle inequality)이 성립한다. 이의 증명은 연습 문제로 남긴다.

$$|a+b| \leq |a| + |b|$$

삼각 부등식은 함수의 극한, 연속성, 도함수 등에 관한 여러 성질을 증명하는 데 유용하다.

수학적 귀납법

수학적 귀납법(mathematical induction)은 자연수 n에 대한 명제 $P(n)$이 모든 자연수에 대해 참임을 증명하는 데 자주 쓰인다. 이 증명 방법은 다음과 같이 두 단계로 이루어져 있다.

(1) 명제 $P(1)$이 참임을 밝힌다.

(2) 자연수 k에 대하여 명제 $P(k)$가 성립하면, 명제 $P(k+1)$도 성립함을 보인다.

위의 두 단계를 보이면 명제 $P(n)$은 모든 자연수 n에 대하여 성립한다는 사실이 알려져 있다. 이에 대한 자세한 논의는 이 책에서 다루는 범위를 벗어나므로 생략한다.

예제 1.2-5 모든 자연수 n에 대하여 다음 등식이 성립함을 증명하여라.

$$1+2+\cdots+n=\frac{n(n+1)}{2} \tag{1.2-1}$$

증명 임의의 자연수 n에 관한 식 (1.2-1)을 나타내는 명제를 $P(n)$으로 놓자. 그러면 $n=1$일 때 식 (1.2-1)의 좌변은 1이고 우변도 1이므로 $P(1)$은 참이다. 이제 자연수 k에 대하여 $P(k)$가 성립한다고 가정하자. 즉 다음 등식이 성립한다고 하자.

$$1+2+\cdots+k=\frac{k(k+1)}{2} \tag{1.2-2}$$

등식 (1.2-2)의 좌변에 $k+1$을 더하고, 식 (1.2-2)를 이용하면 다음을 얻는다.

$$\begin{aligned}1+2+\cdots+k+(k+1)&=\frac{k(k+1)}{2}+(k+1)\\&=\frac{k(k+1)}{2}+\frac{2(k+1)}{2}=\frac{(k+1)(k+2)}{2}\end{aligned}$$

그러므로 $P(k+1)$이 참이다. 따라서 수학적 귀납법에 의하여 모든 자연수 n에 대하여 식 (1.2-1)이 성립한다. ❑

참고 (수정된 수학적 귀납법) 정수 n에 관한 명제 $P(n)$이 정수 n_0보다 크거나 같은 모든 정수 n에 대하여 성립함을 증명할 때는 다음이 성립함을 보이면 된다.

(1) 명제 $P(n_0)$이 참이다.

(2) 정수 $k \geq n_0$에 대하여 명제 $P(k)$가 참이면, 명제 $P(k+1)$도 참이다.

연습 문제 1.2

1. 모든 $a \in \mathbb{R}$ 에 대하여 $-(-a)=a$임을 보여라.

2. 두 실수 a와 b에 대하여 $ab=0$이면, $a=0$ 또는 $b=0$임을 보여라.

3. 세 실수 a, b, c에 대하여 $a<b$이고 $c>0$이면, $ac<bc$임을 보여라.

4. 실수의 집합 $\mathbb{R}$ 의 공집합이 아닌 부분 집합 A가 아래로 유계이면 A의 최대 하세가 존재함을 보여라.

5. 다음 집합의 최소 상계와 최대 하계를 찾아라.

(1) $\left\{x \in \mathbb{R} \mid x=\dfrac{1}{2n},\ n \in \mathbb{N}\right\}$ (2) $\left\{x \in \mathbb{R} \mid x=1-\dfrac{1}{n},\ n \in \mathbb{N}\right\}$

(3) $\{x \in \mathbb{R} \mid 1<x^2<2\}$ (4) $\{x \in \mathbb{R} \mid 1<x^3<2\}$

6. 양의 실수 x에 대하여 적당한 자연수 n이 존재해서 부등식 $\dfrac{1}{n}<x$가 성립함을 보여라.

7. 두 실수 a와 b에 대하여 $a<b$이면 적당한 실수 α가 존재해서 부등식 $a<\alpha<b$가 성립함을 보여라.

8. 다음 등식 또는 부등식이 성립함을 수학적 귀납법으로 보여라. (단, n은 정수)

(1) $1+\frac{2}{3}+\frac{4}{9}+\cdots+\left(\frac{2}{3}\right)^n=3-2\left(\frac{2}{3}\right)^n \quad (n\geq 0)$

(2) $1^2+2^2+\cdots+n^2=\frac{1}{6}n(n+1)(2n+1) \quad (n\geq 0)$

(3) $x\geq -1$이고 $n\geq 1$이면, $(1+n)^n\geq 1+nx$이다.

(4) $2^n>n^2 \quad (n\geq 5)$

(5) $n!>2^n \quad (n\geq 4)$

9. 실수 $a_1,\ a_2,\ \cdots,\ a_n$에 대하여 다음 부등식이 성립함을 수학적 귀납법으로 보여라.

$$|a_1+a_2+\cdots+a_n|\leq |a_1|+|a_2|+\cdots+|a_n|$$

10. 삼각 부등식을 써서 임의의 두실수 a와 b에 대하여 다음이 성립함을 보여라.

$$||a|-|b||\leq |a-b|$$

1.3 함수

함수(function)라는 용어는 라이프니츠가 처음으로 사용하기 시작했는데, 그는 함수를 특수한 수학적인 식, 예를 들면 x^2, $\log x$, $\sin x$ 등을 지칭하는 데 사용하였다. 그 후에 오일러[6], 코시[7] 등에 의해 함수의 의미가 점차 일반화되었다. 19세기 초에 디리클레[8]는 '두 변수 x와 y에 대하여 x의 값이 정해지면 이에 따라 y의 값이 정해질 때 y를 x의 함수라고 한다'로 정의하였다. 이와 같은 디리클레의 정의는 라이프니츠의 함수에 대한 생각에 비해 그 의미가 매우 넓은 것으로 과거 오랫동안 수학계를 지배해 왔다. 그러나 오늘날에 와서 함수의 의미는 더욱 일반화되어 아래와 같이 집합을 이용하여 정의하고 있다.

두 집합 X와 Y에 대하여 X의 한 원소 x와 Y의 한 원소 y를 택해 만든 순서쌍 (x, y)의 집합, 즉 다음과 같이 정의되는 집합 $X \times Y$를 X와 Y의 적집합 또는 곱집합(cartesian product)이라고 한다.

$$X \times Y = \{(x, y) \mid x \in X, y \in Y\}$$

적집합 $X \times Y$의 부분 집합 f가 다음 두 조건을 만족시킬 때 f를 집합 X에서 집합 Y로의 함수 또는 간단히 함수라고 한다.

(1) 모든 $x \in X$에 대하여, $y \in Y$가 존재해서 $(x, y) \in f$ 이다.

(2) $(x, y) \in f$이고 $(x, z) \in f$이면, $y = z$이다.

여기서 X를 함수 f의 정의역(domain), Y를 함수 f의 보역(codomain) 또는 공역이라고 부른다. 정의역과 공역을 명시하여 X에서 Y로의 함수 f를 나타낼 때는 다음과 같이 쓴다.

$$f : X \to Y$$

특히, 집합 $\{y \in Y \mid (x, y) \in f\}$를 함수 f의 치역(range)이라 하고 $f(X)$로 나타낸다.

6) Leonhard Euler(1707~1783): 스위스의 수학자
7) Augustin-Louis Cauchy(1789~1857): 프랑스의 수학자
8) Peter Dirichlet(1805~1859): 독일의 수학자

참고 함수의 정의에서 조건 (1)은 정의역 X의 모든 원소에 공역 Y의 원소가 반드시 대응함을 의미하고, 조건 (2)는 X의 각 원소에 대하여 Y의 원소가 단 하나 대응함을 의미한다.

함수 $f: X \to Y$의 대응 규칙을 명시하고자 할 때는 $y = f(x)$ 또는 $f: x \mapsto f(x)$로 나타낸다. 이때 x를 독립 변수(independent variable) 또는 간단히 변수(variable), y를 종속 변수(dependent variable)라고 한다. 그리고 y 또는 $f(x)$를 f에 의한 x의 상(image) 또는 값(value) 또는 함숫값, x를 f에 의한 y의 원상(preimage)이라고 한다. 특히 $y \in Y$에 대해 y의 원상들의 집합을 $f^{-1}(y)$로 나타낸다. 즉 다음과 같다.

$$f^{-1}(y) = \{x \in X \mid y = f(x)\}$$

따라서 집합 $B \subset Y$에 속하는 원소의 원상들의 집합 $f^{-1}(B)$는 다음과 같다.

$$f^{-1}(B) = \{x \in X \mid f(x) \in B\} = \bigcup_{y \in B} f^{-1}(y)$$

정의역이 D로 서로 같고 공역도 서로 같은 두 함수 f와 g가 모든 $x \in D$에 대하여 등식 $f(x) = g(x)$를 만족시키면 두 함수 f와 g는 같다고 하며, $f = g$라고 쓴다.

함수의 종류

함수 $f: X \to Y$에 대하여 $Y = f(X)$이면 f를 전사 함수(surjection, onto function) 또는 전사(surjective)라고 한다. 또 임의의 $y \in Y$에 대해 $f^{-1}(y)$가 공집합이거나 X의 원소 하나만으로 이루어진 한 원소 집합(singleton)일 때, 즉 f에 대하여 다음 명제가 참일 때 f를 단사 함수(injection, one-to-one function) 또는 단사(injective)라고 한다.

$$\text{“}f(x_1) = f(x_2) \;\Rightarrow\; x_1 = x_2\text{”} \quad \text{또는} \quad \text{“}x_1 \neq x_2 \;\Rightarrow\; f(x_1) \neq f(x_2)\text{”}$$

앞으로 기호 ‘$A \Rightarrow B$’는 ‘A가 성립하면 B가 성립한다’를 뜻하고, ‘$A \Leftrightarrow B$’는 ‘A와 B는 동치이다’를 뜻하는 것으로 약속한다.

특히, 전사이고 단사인 함수를 전단사 함수(bijection, one-to-one and onto function) 또는 전단사(bijective) 또는 일대일 대응(one-to-one correspondence)이라고 한다.

$f: X \to Y$가 전단사이면 공역 Y의 각 원소 y에 대하여 정의역 X의 유일한 원소 $x \in f^{-1}(y)$가 대응한다. 이와 같은 대응 관계에 의해 정의되는 Y에서 X로의 함수를 f의 역함수(inverse function)라 하고 기호 $f^{-1}: Y \to X$로 나타낸다.

예제 1.3-1 다음 함수 $f: \mathbb{R} \to \mathbb{R}$가 전단사임을 보이고 역함수 f^{-1}을 찾아라.

$$f(x) = 3x + 1$$

풀이 먼저 $f(x_1) = f(x_2)$라고 하자. 그러면 $3x_1 + 1 = 3x_2 + 1$에서 $x_1 = x_2$가 성립되므로 f는 단사이다. 한편 y를 임의로 주어진 실수라고 하자. 그러면 $3x + 1 = y$에서 실수 $x = \frac{1}{3}(y-1)$로 택하면 $f(x) = y$가 성립되므로 f는 전사이다. 따라서 주어진 f는 전단사이다.

한편, 함수 $y = f(x)$의 역함수 f^{-1}은 변수 $y \in \mathbb{R}$에 함수 f에 의하여 정의되는 실수 $x \in \mathbb{R}$를 대응시키는 것으로 정의되므로 $f^{-1}: y \mapsto \frac{1}{3}(y-1)$이다. 이제, 독립 변수를 x, 종속 변수를 y로 나타내면 f의 역함수 f^{-1}은 다음과 같다.

$$y = f^{-1}(x) = \frac{1}{3}x - \frac{1}{3}$$ ❑

두 함수 $f: X \to Y$와 $g: Y \to Z$에 대해 다음과 같이 정의된 함수 $g \circ f$를 f와 g의 합성 함수(composite function)라고 한다.

$$g \circ f: X \to Z, \ (g \circ f)(x) = g(f(x))$$

정리 1.3-1

두 함수 $f: X \to Y$와 $g: Y \to Z$에 대하여 다음이 성립한다.

(1) f와 g가 단사이면, $g \circ f$도 단사이다.

(2) f와 g가 전사이면, $g \circ f$도 전사이다.

증명 (1) 집합 X의 서로 다른 두 원소 x_1과 x_2를 생각하자. 그러면 f가 단사이므로 $f(x_1) \neq f(x_2)$이다. 또 g도 단사이므로 $g(f(x_1)) \neq g(f(x_2))$이다. 따라서 합성 함수의 정의에 의해 $(g \circ f)(x_1) \neq (g \circ f)(x_2)$가 되어 $g \circ f$도 단사이다.

(2) f와 g가 모두 전사이므로 $f(X) = Y$이고, $Z = g(Y) = g(f(X))$이다. 따라서 합성 함수의 정의에 의해 $(g \circ f)(X) = Z$가 되어 $g \circ f$도 전사 함수이다. ❑

정의역의 모든 $x \in X$에 대하여 공역 Y의 한 원소 c가 존재해서 $f(x) = c$이면, f는 X에서 Y로의 함수이다. 이러한 함수를 상수 함수(constant function)라 한다.

정의역 X의 임의의 원소 x에 대하여 $f(x) = x$인 함수 f는 X에서 X로의 함수이다. 이러한 함수를 항등 함수(identity function)라고 하고, 흔히 1_X로 나타낸다.

실 함수

공집합이 아닌 집합 X가 실수의 집합 $\mathbb{R}$의 부분 집합일 때 함수 $f : X \to \mathbb{R}$을 실변수의 실숫값 함수(real valued function of a real variable) 또는 실 함수라고 한다.

두 함수 f와 g가 집합 $X \subset \mathbb{R}$에서 정의된 실 함수이면 실수의 사칙 연산을 이용하여 다음과 같이 새로운 함수 $f+g$, $f-g$, fg, $\dfrac{f}{g}$(또는 f/g)를 정의한다.

$$(f+g)(x) = f(x) + g(x) \quad (x \in X) \qquad [f\text{와 } g\text{의 합}]$$

$$(f-g)(x) = f(x) - g(x) \quad (x \in X) \qquad [f\text{와 } g\text{의 차}]$$

$$(fg)(x) = f(x)g(x) \quad (x \in X) \qquad [f\text{와 } g\text{의 곱}]$$

$$\left(\frac{f}{g}\right)(x) = \frac{f(x)}{g(x)} \quad (g(x) \neq 0,\ x \in X) \qquad [f\text{와 } g\text{의 몫}]$$

위의 정의에서 좌변에 있는 연산은 실수의 연산이 아니라 함수의 연산을 나타낸다. 따라서 실 함수의 집합에 함수의 사칙 연산이 도입되었다.[9)]

또한, 실수의 거듭제곱근을 이용하여 새로운 함수를 정의할 수 있다. 예를 들면 실 함수 $f(x) = x$ $(x \geq 0)$에 대하여 다음과 같이 제곱근 함수 g를 정의할 수 있다.

9) 함수의 정의역이 $\mathbb{R}$의 부분 집합이 아니더라도 공역이 $\mathbb{R}$ 또는 복소수의 집합 $\mathbb{C}$라면 이와 같은 함수의 사칙 연산을 정의할 수 있다.

$$g(x) = \sqrt{f(x)} = \sqrt{x} \quad (x \geq 0)$$

이와 같이 실 함수의 사칙 연산, 거듭제곱근, 합성 함수 등을 이용하여 다항 함수, 분수 함수, 무리 함수 등의 복합적이고 다양한 실 함수를 생각할 수 있다. 특히, 한 변수에 사칙 연산과 거듭제곱근을 유한 번 적용하여 얻을 수 있는 함수를 대수 함수(algebraic function)라고 한다. 예컨대 x^2+1, $\sqrt{x^2+x-1}$, $\dfrac{2x}{x^2+1}$ 등은 대수 함수이다. 대수 함수가 아닌 함수를 초월 함수(transcendental function)라 하며, 예로 삼각 함수, 지수 함수, 로그 함수 등이 있다.[10)]

앞으로 정의역을 말하지 않고 $y=f(x)$와 같이 단순히 대응 규칙만으로 표현된 실 함수 f의 정의역은 함숫값 $f(a)$가 유일하게 결정되는 실수 a 전체의 집합으로 약속한다. 이와 같은 약속을 최대 정의역의 법칙(rule of maximum domain)이라 한다. 예컨대 함수 $y=\sqrt{1-x^2}$ 의 정의역은 닫힌 구간 $[-1, 1]$이다.

한편, 실 함수 $f: X \to \mathbb{R}$ 의 치역 $\{f(x) \mid x \in X\}$가 유계일 때 f를 유계 함수 또는 갇힌 함수(bounded function)라 한다. 예를 들어 함수 $f(x)=\sqrt{1-x^2}$는 치역이 $[0, 1]$이므로 유계이다.

연습 문제 1.3

1. 다음 함수의 정의역과 치역을 찾아라.

(1) $f(x) = \dfrac{1}{\sqrt{(2-x)(x-1)}}$ (2) $g(x) = \dfrac{x}{x+|x|}$

2. $X=\{x_1, x_2, \cdots, x_n\}$이고 $Y=\{y_1, y_2\}$일 때, X와 Y를 각각 정의역과 공역으로 하는 함수의 개수는 X의 부분 집합의 개수와 같음을 보여라.

---

10) 3.3절과 제6장, 부록 A를 참고하라.

3. 두 함수 $f:A\to B$와 $g:B\to C$가 모두 전단사이면 정리 1.3-1에 의하여 합성 함수 $g\circ f:A\to C$도 전단사이다. 이때, $(g\circ f)^{-1}=f^{-1}\circ g^{-1}$임을 보여라.

4. 함수 $f:X\to Y$에 대하여 다음을 보여라.
   (1) $A\subset X$이고 $B\subset X$이면 $f(A\cup B)=f(A)\cup f(B)$이다.
   (2) $A\subset X$이고 $B\subset X$이면 $f(A\cap B)\subset f(A)\cap f(B)$이다.
   (3) $A\subset X$이면 $A\subset f^{-1}(f(A))$이다.
   (4) $B\subset Y$이면 $f(f^{-1}(B))\subset B$이다.
   (5) $A\subset Y$이고 $B\subset Y$이면 $f^{-1}(A\cup B)=f^{-1}(A)\cup f^{-1}(B)$이다.
   (6) $A\subset Y$이고 $B\subset Y$이면 $f^{-1}(A\cap B)=f^{-1}(A)\cap f^{-1}(B)$이다.
   (7) f가 단사일 때 (3)에서 등호가 성립한다.
   (8) f가 전사일 때 (4)에서 등호가 성립한다.

5. 다음 함수의 역함수를 찾아라.

$$y=\frac{10^x-10^{-x}}{2}$$

6. 다음 함수 중에서 역함수가 존재하는 것을 찾아라.
   (1) $y=\sqrt{x}$ (2) $y=2x+5$
   (3) $y=x$ (4) $y=x+\dfrac{1}{x}$

7. 두 함수 f와 g의 합성 함수가 다음과 같을 때 f와 g를 각각 찾아라.
   (1) $(g\circ f)(x)=|x^2+1|$ (2) $(f\circ g)(x)=\left(\dfrac{1}{\sqrt{x^2+1}}\right)^3$

8. 다음 함수 f에 대하여 $\dfrac{f(t+h)-f(t)}{h}$를 찾아라.(단, $h\neq 0$)
   (1) $f(t)=4t-3$ (2) $f(t)=t^2$
   (3) $f(t)=\dfrac{1}{t+1}$ (4) $f(t)=\sqrt{t}$

9. 두 함수 $f: X \to Y$와 $g: Y \to Z$에 대하여 다음이 성립함을 보여라.

(1) $f \circ g$가 단사이면, f는 단사이다.

(2) $f \circ g$가 전사이면, g는 전사이다.

10. 둘레가 20 cm인 직사각형이 있다. 네 변 중 한 변의 길이를 x라고 할 때 직사각형의 넓이를 x의 함수로 나타내라.

11. 다음 함수의 그래프를 아래 그림에서 찾고, 그 이유를 설명하라.

(1) $y = x^2$ (2) $y = x^3$

(3) $y = x^4$ (4) $y = x^7$

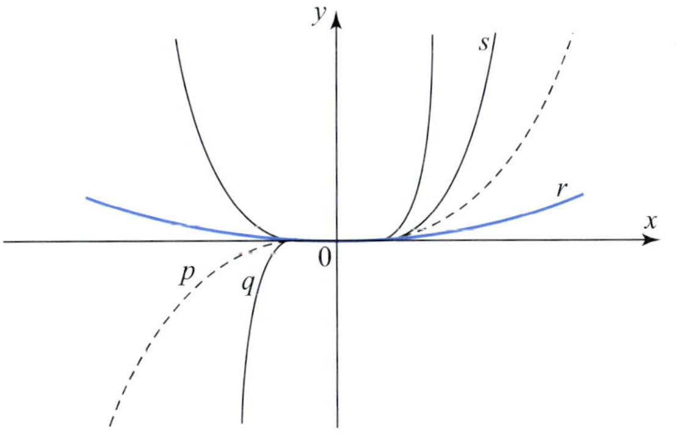

❖ 메모

CHAPTER

2

극한과 연속

연속 함수, 도함수, 정 적분 등의 개념은 극한의 개념에 기초하고 있다. 이 장에서는 먼저 수열의 수렴과 극한에 대하여 살펴보고, 계속해서 함수의 극한과 연속 함수의 성질에 대하여 알아본다.

2.1 수열의 극한

자연수의 집합 $\mathbb{N}$ 에서 정의된 실 함수 $f:\mathbb{N}\rightarrow\mathbb{R}$ 을 수열(sequence)이라 한다.[1] 여기서 $f(n)=a_n$이라 하면 수열 f를 기호 $\langle a_n\rangle$ 또는 $\{a_n\}$로 나타낸다. 이때 각 a_n을 수열 $\langle a_n\rangle$의 항(term), a_n을 n째 항 또는 일반항이라고 한다. 수열 $\langle a_n\rangle$을 다음과 같이 각 항을 순서대로 나열하여 나타내기도 한다.

$$a_1,\ a_2,\ \cdots,\ a_n,\ \cdots$$

수열 $\langle a_n\rangle$에 관한 일차적인 문제는 n의 값이 한없이 커짐에 따라 a_n의 값이 어떻게 변하는지에 관한 것이다. 이와 관련하여 다음과 같은 용어를 정의한다.

자연수 n이 한없이 커질 때 그에 따라 수열 $\langle a_n\rangle$의 항 a_n이 일정한 실수 l에 한없이 가까워지면, $\langle a_n\rangle$은 l에 수렴한다(converge)고 하며, 실수 l을 $\langle a_n\rangle$의 극한(limit) 또는 극한값이라고 한다. 이를 다음과 같은 기호로 나타낸다.

$$\lim_{n\to\infty}a_n=l \ \text{또는}\ \lim_{n\to\infty}a_n=l$$

한편, 수렴하지 않는 수열은 발산한다(diverge)고 한다.

위에서 '한없이 가까워진다'는 직관적인 표현이어서 더 명확하게 할 필요가 있다. '수열 $\langle a_n\rangle$의 극한이 l이다.'의 엄밀한 정의는 '임의의 양수 ϵ에 대하여 자연수 $N=N(\epsilon)$이 존재해서 $n\geq N$이면 부등식 $|a_n-l|<\epsilon$이 성립한다.'는 것이다.[2]

따라서 양수 ϵ에 대하여 $n\geq N$인 수열의 항 a_n이 열린 구간$(l-\epsilon,\ l+\epsilon)$에 속하게 하는 자연수 N이 존재함을 보이면, $\lim_{n\to\infty}a_n=l$임을 증명하는 것이다.

---

1) 일반적으로 어떤 정수 n_0에 대하여 정수의 부분 집합 $\{k\in\mathbb{Z}\mid k\geq n_0\}$에서 정의된 실 함수를 수열이라고 한다.

2) 이와 같은 극한의 정의를 ϵ-N을 이용한 정의라고 하기도 한다. $N(\epsilon)$은 N이 ϵ에 따라 변할 수 있음을 나타낸 것이다.

예제 2.1-1 다음이 성립함을 보여라.

(1) $\lim_{n\to\infty} \frac{1}{n} = 0$　　　　(2) $\lim_{n\to\infty} \frac{2n^2}{n^2+1} = 2$

풀이 (1) 실수 ϵ을 임의로 주어진 양수라고 하자. 이에 대해 자연수 N을 찾아 $n \ge N$인 자연수 n은 부등식 $\left|\frac{1}{n} - 0\right| = \frac{1}{n} < \epsilon$이 성립함을 보이면 된다. 이제 N을 $\frac{1}{\epsilon}$보다 큰 자연수로 택하면(아르키메데스의 성질에 의하여 이런 자연수 N이 존재한다), $n \ge N$인 모든 자연수 n에 대하여 다음이 성립한다.

$$\left|\frac{1}{n} - 0\right| = \frac{1}{n} \le \frac{1}{N} < \epsilon$$

따라서 $\lim_{n\to\infty} \frac{1}{n} = 0$이다.

(2) 양수 ϵ에 대하여 $n \ge N$이면 다음 부등식을 만족시키는 N을 택하면 충분하다.

$$\left|\frac{2n^2}{n^2+1} - 2\right| \le \left|\frac{-2}{n^2+1}\right| \le \frac{2}{n^2} \le \frac{2}{n} < \epsilon$$

아르키메데스의 성질에 의해 $\frac{2}{\epsilon}$보다 큰 자연수 N이 존재한다. 이때 $n \ge N$이면 다음이 성립한다.

$$\left|\frac{2n^2}{n^2+1} - 2\right| \le \frac{2}{n} \le \frac{2}{N} < \epsilon$$

따라서 $\lim_{n\to\infty} \frac{2n^2}{n^2+1} = 2$이다. ❑

예제 2.1-2 일반항이 $a_n = 1 + (-1)^n$인 수열 $\langle a_n \rangle$은 발산함을 보여라.

증명 귀류법을 사용한다. 수열 $\langle a_n \rangle$의 극한이 a라고 가정하자. 그러면 정의에 의하여 임의의 양수 ϵ에 대하여 다음을 만족시키는 자연수 N이 존재한다.

$$n \ge N \Rightarrow |a_n - a| < \epsilon \tag{2.1-1}$$

실수 a는 $a = 0$이거나 $a \ne 0$이다. 먼저 $a = 0$이라 하자. 그러면 특별히 $\epsilon = 1$에 대하여

위 부등식 (2.1-1)이 성립해야 한다. 그런데 짝수인 자연수 n에 대하여 $a_n = 2$이다. 따라서 n이 $n \geq N$인 짝수일 때 $|a_n - a| = 2 < 1$이다. 이는 모순이므로 $a \neq 0$이어야 한다. $a \neq 0$일 때 $\epsilon = \frac{1}{2}|a|$에 대해서도 부등식 (2.1-1)이 성립해야 한다. 그런데 n이 홀수인 자연수라면 $a_n = 0$이다. 따라서 자연수 n이 $n \geq N$인 홀수일 때 $|a_n - a| = |a| < \frac{1}{2}|a|$이 성립해야 한다. 이것도 또한 모순이다. 따라서 주어진 수열은 수렴하지 않는다. ❑

한편, '임의의 양수 K에 대하여, 자연수 $N = N(K)$이 존재해서 $n \geq N$이면 부등식 $a_n > K$가 성립한다.'면 n이 한없이 커질 때 수열 $\langle a_n \rangle$이 양의 무한대로 발산한다고 하고 기호 $\lim_{n\to\infty} a_n = \infty$로 나타낸다. 이와 비슷하게 $\lim_{n\to\infty} a_n = -\infty$, 즉 n이 한없이 커질 때 수열 $\langle a_n \rangle$이 음의 무한대로 발산한다고 정의한다.

예제 2.1-3 $\lim_{n\to\infty} n^2 = \infty$ 임을 보여라.

증명 먼저 K를 임의의 양의 실수라고 하자. 그러면 아르키메데스의 성질에 의하여 K보다 큰 자연수 N이 존재한다. 또한 n이 자연수이면 부등식 $n^2 \geq n$이 성립한다. 따라서 $n \geq N$이면 $a_n = n^2 \geq n \geq N > K$, 즉 부등식 $a_n > K$이 성립한다. 그러므로 $\lim_{n\to\infty} n^2 = \infty$이다. ❑

수열의 극한에 관한 정리

이제 수열의 수렴과 발산을 판정할 수 있는 판정법 몇 가지를 알아본다. 이에 대한 엄밀한 증명은 부록 A.1에 실었다. 먼저 다음과 같은 용어를 정의한다.

수열 $\langle a_n \rangle$의 각 항으로 이루어진 집합 $\{a_n \mid n \in \mathbb{N}\}$이 유계이면, $\langle a_n \rangle$을 유계 수열 또는 갇힌 수열(bounded sequence) 또는 $\langle a_n \rangle$은 유계이다. 또는 갇혀 있다고 한다.

정리 2.1-1

수열 $\langle a_n \rangle$이 수렴하면 (1) 극한은 유일하고 (2) $\langle a_n \rangle$은 유계이다.

정리 2.1-1은 수렴하는 수열이 만족시켜야 할 필요 조건을 말하고 있으며, 수열이 수렴하는지를 간단하게 판별할 수 있는 방법을 제시하고 있다. 예를 들어, 수열 $\langle n \rangle$은 유계가 아니므로 발산한다.

일반적으로 정리 2.1-1의 역은 성립하지 않는다. 예를 들어 예제 2.1-2에서 알아본 수열 $\langle a_n \rangle$은 유계이지만 발산한다.

다음 정리는 수렴하는 수열의 연산에 관한 것이다. 이는 복잡한 수열의 극한을 수렴하는 간단한 수열의 극한의 연산을 이용하여 찾을 수 있음을 말한다.

정리 2.1-2

두 수열 $\langle a_n \rangle$과 $\langle b_n \rangle$이 수렴하면 다음이 성립한다.

(1) $\lim_{n\to\infty}(a_n + b_n) = \lim_{n\to\infty} a_n + \lim_{n\to\infty} b_n$

(2) $\lim_{n\to\infty} a_n b_n = \left(\lim_{n\to\infty} a_n\right)\left(\lim_{n\to\infty} b_n\right)$

(3) $\lim_{n\to\infty} \dfrac{a_n}{b_n} = \dfrac{\lim_{n\to\infty} a_n}{\lim_{n\to\infty} b_n}$ (단, $b_n \neq 0$, $\lim_{n\to\infty} b_n \neq 0$)

예제 2.1-4 수열 $\left\langle \dfrac{n^2+1}{n^2+2} \right\rangle$의 극한을 찾아라.

풀이 먼저 주어진 수열의 n째 항의 분모와 분자를 각각 n^2으로 나누면 다음을 얻는다.

$$\frac{n^2+1}{n^2+2} = \frac{1+\dfrac{1}{n^2}}{1+\dfrac{2}{n^2}}$$

그런데 $\lim_{n\to\infty} \dfrac{1}{n} = 0$이고 $\lim_{n\to\infty} 2 = 2$이므로 정리 2.1-2의 (2)에 의하여 다음이 성립한다.

$$\lim_{n\to\infty} \frac{1}{n^2} = \lim_{n\to\infty}\left(\frac{1}{n}\right)\left(\frac{1}{n}\right) = \left(\lim_{n\to\infty}\frac{1}{n}\right)\left(\lim_{n\to\infty}\frac{1}{n}\right) = 0,$$

$$\lim_{n\to\infty} \frac{2}{n^2} = \lim_{n\to\infty}(2)\left(\frac{1}{n^2}\right) = \left(\lim_{n\to\infty} 2\right)\left(\lim_{n\to\infty}\frac{1}{n^2}\right) = 0$$

이제 정리 2.1-2의 (1)과 (3)을 이용하면 다음을 얻는다.

$$\lim_{n\to\infty}\frac{n^2+1}{n^2+2}=\lim_{n\to\infty}\frac{1+\dfrac{1}{n^2}}{1+\dfrac{2}{n^2}}=\frac{\lim_{n\to\infty}\left(1+\dfrac{1}{n^2}\right)}{\lim_{n\to\infty}\left(1+\dfrac{2}{n^2}\right)}=\frac{1+0}{1+0}=1$$

따라서 주어진 수열의 극한은 1이다. ❑

정리 2.1-3 조임 정리(squeeze theorem) 또는 샌드위치 정리(sandwich theorem)

세 수열 $\langle a_n\rangle$, $\langle b_n\rangle$, $\langle c_n\rangle$이 모든 자연수 n에 대하여 다음 부등식을 만족시킨다고 하자.

$$a_n \le b_n \le c_n \tag{2.1-2}$$

이때 $\lim_{n\to\infty}a_n = L = \lim_{n\to\infty}c_n$이면 $\lim_{n\to\infty}b_n = L$이다.

예제 2.1-5 양수 a에 대해 다음이 성립함을 보여라.

$$\lim_{n\to\infty}\sqrt[n]{a}=1 \tag{2.1-3}$$

증명 $a=1$, $a>1$, $0<a<1$의 세 가지 경우로 나누어 생각한다.

(1) $a=1$이면 식 (2.1-3)은 자명하다.

(2) $a>1$이면 등식 $\sqrt[n]{a}=1+a_n\,(n\in\mathbb{N})$에 의하여 정의되는 수열 $\langle a_n\rangle$의 각 항 a_n은 양수이므로 다음을 얻는다.

$$a=(1+a_n)^n=1+na_n+\cdots+a_n^n \ge 1+na_n$$

따라서 a_n은 다음 부등식을 만족시킨다.

$$0<a_n \le \frac{a-1}{n} \tag{2.1-4}$$

한편, 정리 2.1-2와 예제 2.1-1에 의하여 다음이 성립한다.

$$\lim_{n\to\infty}\frac{a-1}{n}=(a-1)\lim_{n\to\infty}\frac{1}{n}=0$$

이제 부등식 (2.1-4)에 정리 2.1-3을 적용하자. 그러면 $\lim_{n\to\infty} a_n = 0$이므로 다음이 성립한다.

$$\lim_{n\to\infty} \sqrt[n]{a} = \lim_{n\to\infty}(1+a_n) = 1$$

(3) $0 < a < 1$인 경우에는 $b = 1/a$이라 하자. 그러면 $b > 1$이므로 (2)의 결과에 의하여 $\lim_{n\to\infty} \sqrt[n]{b} = 1$이다. 따라서 정리 2.1-2에 의하여 다음이 성립한다.

$$\lim_{n\to\infty} \sqrt[n]{a} = \lim_{n\to\infty} \sqrt[n]{\frac{1}{b}} = \frac{1}{\lim_{n\to\infty} \sqrt[n]{b}} = 1$$

(1), (2), (3)의 결과를 종합하면 임의의 양수 a에 대하여 $\lim_{n\to\infty} \sqrt[n]{a} = 1$이다. □

단조 수열

모든 자연수 n에 대하여 부등식 $a_n \le a_{n+1}$을 만족시키는 수열 $\langle a_n \rangle$을 (단조) 증가 수열(monotone increasing sequence), 부등식 $a_n \ge a_{n+1}$을 만족시키는 수열 $\langle a_n \rangle$을 (단조) 감소 수열(monotone decreasing sequence)이라 한다. 증가 수열과 감소 수열을 통틀어 단조 수열(monotone sequence)이라 한다.

정리 2.1-4 (단조 수열 정리 또는 단조 수렴 정리)

위로 유계인 증가 수열은 수렴한다.

증명 수열 $\langle a_n \rangle$을 위로 유계인 증가 수열이라 하고, ϵ을 임의의 양의 실수라고 하자. 그러면 집합 $S = \{a_n \mid n \in \mathbb{N}\}$은 위로 유계이므로 이의 상한 α가 존재한다. 따라서 양수 ϵ에 대하여 $(\alpha - \epsilon, \alpha] \cap S \ne \phi$이다. 그러므로 적당한 자연수 N이 존재해서 부등식 $\alpha - \epsilon < a_N \le \alpha$가 성립한다. 그런데 $\langle a_n \rangle$은 증가 수열이고 α가 S의 상한이므로 $n \ge N$이면 다음이 성립한다.

$$\alpha - \epsilon < a_N \le a_n \le \alpha < \alpha + \epsilon$$

즉, $n \ge N$이면 $|a_n - \alpha| < \epsilon$이므로 $\lim_{n\to\infty} a_n = \alpha$이다. □

정리 2.1-4의 증명과 비슷하게 아래로 유계인 감소 수열이 수렴함을 보일 수 있다.

예제 2.1-6 $a_n = \left(1+\dfrac{1}{n}\right)^n$ 이면 수열 $\langle a_n \rangle$은 수렴함을 보여라.

증명 a_n과 a_{n+1}을 이항 정리를 써서 전개하고 다음과 같이 정리할 수 있다.

$$a_n = 1 + n\left(\frac{1}{n}\right) + \frac{n(n-1)}{2!}\left(\frac{1}{n^2}\right) + \cdots + \frac{n(n-1)\cdots 1}{n!}\left(\frac{1}{n^n}\right)$$

$$= 1 + 1 + \frac{1}{2!}\left(1-\frac{1}{n}\right) + \cdots + \frac{1}{n!}\left(1-\frac{1}{n}\right)\left(1-\frac{2}{n}\right)\cdots\left(1-\frac{n-1}{n}\right),$$

$$a_{n+1} = 1 + 1 + \frac{1}{2!}\left(1-\frac{1}{n+1}\right) + \cdots + \frac{1}{n!}\left(1-\frac{1}{n+1}\right)\cdots\left(1-\frac{n-1}{n+1}\right)$$

$$+ \frac{1}{(n+1)!}\left(1-\frac{1}{n+1}\right)\cdots\left(1-\frac{n}{n+1}\right)$$

따라서 모든 자연수 n에 대하여 다음이 성립한다.

$$a_{n+1} - a_n \geq \frac{1}{(n+1)!}\left(1-\frac{1}{n+1}\right)\cdots\left(1-\frac{n}{n+1}\right) > 0$$

그러므로 $\langle a_n \rangle$은 증가 수열이다. 또 모든 자연수 n에 대하여 부등식 $2^{n-1} \leq n!$이 성립함을 수학적 귀납법으로 보일 수 있다. 이 부등식과 $n \geq 2$이면 $\left(1-\dfrac{1}{n}\right) < 1$이라는 사실을 이용하면 다음을 얻는다.

$$a_n \leq 1 + \frac{1}{1!} + \frac{1}{12} + \frac{1}{3!} + \cdots + \frac{1}{n!} \leq 1 + 1 + \frac{1}{2} + \frac{1}{2^2} + \cdots + \frac{1}{2^{n-1}} < 3$$

따라서 모든 자연수 n에 대하여 $a_n < 3$이다. 종합하면 $\langle a_n \rangle$은 위로 유계인 증가 수열이다. 그러므로 정리 2.1-4에 의하여 $\langle a_n \rangle$은 수렴한다. ❑

참고 예제 2.1-6에서 다룬 수열 $\left\langle \left(1+\dfrac{1}{n}\right)^n \right\rangle$의 극한을 문자 e로 나타내고 자연 로그의 밑이라고 부른다.

연습 문제 2.1

1. 다음 수열 중에서 수렴하는 것을 찾아라.

(1) $\left\langle \frac{n+1}{n+2} \right\rangle$ (2) $\left\langle (-1)^n \frac{1}{n} \right\rangle$

(3) $< 2+(-1)^n >$ (4) $< 3^{-n} >$

(5) $< \sin n\pi >$ (6) $< \sqrt[3]{n} >$

(7) $\left\langle (-1)^n + \frac{1}{n} \right\rangle$ (8) $\left\langle \frac{(-1)^n n}{n+1} \right\rangle$

(9) $\left\langle \frac{3^n}{2^n + n^2} \right\rangle$ (10) $\left\langle \frac{n^2}{4^n} \right\rangle$

2. 문제 1의 수열 중에서 위로 유계인 것과 아래로 유계인 것을 찾아라.

3. 문제 1의 수열 중에서 증가 수열과 감소 수열을 찾아라.

4. 극한의 정의를 이용하여 $\lim_{n \to \infty} \frac{n+1}{n+2} = 1$ 임을 보여라.

5. 다음 수열의 극한을 찾아라.

(1) $\left\langle \frac{1}{n} \sin n\theta \right\rangle$ (2) $\left\langle \frac{1}{n} \cos n\theta \right\rangle$

(3) $\left\langle \frac{1}{n} \sin \frac{1}{n} \right\rangle$

6. 다음이 성립함을 보여라.

(1) $\lim_{n\to\infty} \frac{1}{\sqrt{n}} = 0$ (2) $\lim_{n\to\infty} \sqrt[n]{n} = 1$

(3) $\lim_{n\to\infty} \frac{1}{a^n} = 0 \quad (a > 1)$

7. 수렴하는 두 수열 $\langle a_n \rangle$과 $\langle b_n \rangle$이 모든 자연수 n에 대하여 부등식 $a_n \le b_n$을 만족시킨다면 다음이 성립함을 보여라.

$$\lim_{n\to\infty} a_n \le \lim_{n\to\infty} b_n$$

8. 다음 명제가 옳으면 증명하고 거짓이면 반례를 들어라.

$$\lim_{n\to\infty} a_n = 0 \text{이면 임의의 수열 } \langle b_n \rangle \text{에 대하여 } \lim_{n\to\infty} a_n b_n = 0 \text{이다.}$$

9. 다음 수열의 극한을 찾아라.

(1) $\left\langle \dfrac{1}{n+1} \right\rangle$

(2) $\left\langle \dfrac{n^2-2n+3}{5n^2+1} \right\rangle$

(3) $\left\langle \left(2+\dfrac{3}{n}\right)\left(\dfrac{3}{n^2}+5\right) \right\rangle$

(4) $\left\langle \dfrac{\sqrt{n}-1}{n-1} \right\rangle$

(5) $\langle \sqrt{n^2+6n+1}-n \rangle$

(6) $\langle \sqrt{n}(\sqrt{n+3}-\sqrt{n}) \rangle$

(7) $\left\langle n\left(\sqrt{1+\dfrac{1}{n}}-1\right) \right\rangle$

(8) $\left\langle \dfrac{1}{\sqrt{1+\dfrac{1}{n}}}-1 \right\rangle$

(9) $< (2^n+3^n)^{1/n} >$

(10) $\left\langle \displaystyle\sum_{k=1}^{n} \frac{1}{k(k+1)} \right\rangle$

10. 다음 식으로 정의된 수열 $\langle a_n \rangle$은 수렴함을 보여라.

$$a_n = \begin{cases} 1 & (n=1) \\ a_{n-1} + \dfrac{1}{(n-1)!} & (n \ge 2) \end{cases}$$

11. 아래로 유계된 감소 수열은 수렴함을 보여라.

12. 두 수열 $\langle a_n \rangle$과 $\langle b_n \rangle$이 다음을 만족시킬 때 $\lim_{n\to\infty} a_n$을 찾아라.

(1) $(2^{n+1}+1)a_n > 3 \cdot 2^n - 1$

(2) $\lim_{n\to\infty} b_n = 0$

(3) $a_n - \dfrac{2}{3} < b_n$

13. 다음 점화식으로 정의되는 수열 $\langle a_n \rangle$을 생각하자.

$$a_1 = \alpha, \qquad a_{n+1} = \frac{2}{3}a_n + \beta$$

이때 $\displaystyle\lim_{n\to\infty} a_n = \frac{1}{3}$이면 β의 값은 얼마인가?

14. 다음 물음에 답하라.

(1) 점화식 $a_1 = 1,\ a_{n+1} = 2 + \dfrac{1}{a_n - 2}$으로 정의된 수열 $\langle a_n \rangle$의 극한을 찾아라.

(2) 다음 점화식으로 정의된 수열 $\langle a_n \rangle$이 수렴할 때 그 극한을 찾아라.

$$a_1 = 1, \quad a_{n+1} = 1 + \frac{1}{a_n}$$

(3) 다음 점화식으로 정의되는 수열 $\langle F_n \rangle$을 피보나치(Fibonacci) 수열이라 한다.

$$F_1 = F_2 = 1, \qquad F_{n+2} = F_{n+1} + F_n$$

이때 (2)를 이용하여 $\displaystyle\lim_{n\to\infty} \frac{F_n}{F_{n+1}}$을 찾아라.

15. $\lim_{n\to\infty} a_n = -\infty$을 ϵ-N을 써서 정의하라.

16. $\displaystyle\lim_{n\to\infty} a_n = l$이면 $\displaystyle\lim_{n\to\infty} \frac{1}{n}(a_1 + a_2 + \cdots + a_n) = l$임을 보여라.

2.2 함수의 극한

2.2 함수의 극한

양수 ϵ에 대해 열린 구간 $(a-\epsilon,\ a+\epsilon)$을 a의 ϵ근방 또는 간단히 근방(neighborhood)이라고 한다. 특히, 이 열린 구간에서 a를 제외한 집합을 a의 빠진 근방(deleted neighborhood)이라고 한다.

점 a의 근방 또는 빠진 근방에서 정의된 함수 f에 대해서, x가 a에 한없이 가까워질 때 $f(x)$가 일정한 수 b에 한없이 가까워지면 'a에서 함수 f의 극한(limit)은 b이다'라고 말하고 다음과 같이 나타낸다.

$$\lim_{x \to a} f(x) = b \quad \text{또는} \quad \lim_{x \to a} f(x) = b$$

'a에서 함수 f의 극한은 b이다'라는 것을 다음과 같이 말할 수 있다. b의 임의의 근방, 곧 임의의 양수 ϵ에 대한 열린 구간 $(b-\epsilon,\ b+\epsilon)$이 주어질 때, 이에 대응하여 x의 값을 a에 적당히 가까운 곳에 제한시키면, 예컨대 충분히 작은 양수 δ에 대하여 x를 $0<|x-a|<\delta$를 만족시키는 범위에 제한시키면, $f(x)$의 값이 주어진 범위 $(b-\epsilon,\ b+\epsilon)$에 속한다.

따라서 'a에서 함수 f의 극한은 b이다'3)의 명확한 정의는 '임의의 양수 ϵ에 대하여 양수 δ가 존재해서 $0<|x-a|<\delta$이면 부등식 $|f(x)-b|<\epsilon$이 성립한다'는 것이다.

참고 (1) 함수의 극한의 정의에서 ϵ은 임의로 주어지는 수이며 δ는 ϵ에 따라 변한다. 따라서 δ는 ϵ에 따라 결정되기 때문에 보통 ϵ에 대한 식으로 나타내어진다. 특정한 ϵ에 대하여 유효한 δ는 ϵ보다 큰 어떠한 값에 대해서도 유효한다. 그러나 ϵ보다 작은 값에 대해서는 유효하지 않을 수도 있다.

---

3) 이를 영문으로 정의하면 다음과 같다. A function f defined in a neighborhood or a deleted neighborhood of a is said to have a limit b as x approaches a if and only if for each $\epsilon>0$, there exists a positive real number δ such that $|f(x)-b|<\epsilon$ whenever $0<|x-a|<\delta$.

(2) 점 a에서 함수 f의 극한이 b라는 것은, $x \to a$일 때 함숫값 $f(x)$가 b에 한없이 가까워진다는 것이지, $f(a)$가 실제로 b가 된다는 것은 아니다(f의 함숫값은 a에서 정의되어 있지 않을 수도 있다). 따라서 함수의 극한의 정의에서 $0 < |x-a| < \delta$로 하여 $x = a$인 경우가 제외된 a의 빠진 근방을 생각하는 이유가 여기에 있다.

예제 2.2-1 $\lim_{x\to 2}(6x-7) = 5$임을 보여라.

증명 ϵ을 임의로 주어진 양수라고 하자. 이제 $0 < |x-2| < \delta$을 만족시키는 모든 x에 대하여 부등식 $|(6x-7)-5| < \epsilon$이 성립하게 하는 양수 δ를 찾으면 된다. 그런데 $0 < |x-2| < \delta$이면 $|(6x-7)-5| = |6x-12| = 6|x-2| < 6\delta$이 성립한다.

여기서 $\delta = \frac{\epsilon}{6}$이라 하면 $0 < |x-2| < \delta$인 모든 x에 대하여 다음이 성립한다.

$$|(6x-7)-5| = 6|x-2| < 6\delta = \epsilon$$

따라서 $\lim_{x\to 2}(6x-7) = 5$이다. ❑

일반적으로 일차 함수의 극한에 대해 다음이 성립한다. n차 다항 함수의 극한은 연습문제 2.2의 1번을 참고하라.

예제 2.2-2 $\lim_{x\to a}(mx+b) = ma+b$임을 보여라.

증명 임의로 주어진 양수 δ에 대해 $0 < |x-a| < \delta$을 만족시키는 모든 x에 대하여 부등식 $|(mx+b)-(ma+b)| < \epsilon$을 성립하게 하는 양수 δ를 찾으면 된다.
$0 < |x-a| < \delta$이면 다음을 얻는다.

$$|(mx+b)-(ma+b)| = |m||x-a| \le |m|\delta$$

따라서 $|m|\delta < \epsilon$을 만족시키는 양수 δ를 찾으면 된다. 여기서 주어진 양수 ϵ에 대해 $\delta = \epsilon/(|m|+1)$라고 하면, $0 < |x-a| < \delta$일 때 다음을 얻는다.

$$|(mx+b)-(ma+b)| \le |m|\delta < \epsilon$$

그러므로 $\lim_{x\to a}(mx+b) = ma+b$이다. ❑

참고 흔히 $\lim_{x \to a} f(x) = b$임을 다음 순서에 따라 증명한다.

(1) $|f(x) - b|$를 $x - a$에 관한 식으로 나타낸다.

(2) $0 < |x - a| < \delta$임을 가정할 때 $|f(x) - b| \le g(\delta)$가 성립하도록 하는 함수 g를 찾는다. 여기서 함수 g는 δ뿐만 아니라 a에 의존할 수도 있지만 x와는 무관해야 한다.

(3) 부등식 $0 < g(\delta) < \epsilon$을 만족시키는 양수 δ를 선택한다.

(4) 위의 단계 (3)에서 선택한 δ에 대하여 다음 사실을 보인다. 주어진 $\epsilon > 0$에 대해 $0 < |x - a| < \delta$이면 $|f(x) - b| < \epsilon$이다.

예제 2.2-3 $\lim_{x \to 9} \sqrt{x} = 3$임을 보여라.

증명 ϵ을 임의로 주어진 양수라고 하자. 그러면 $x \ge 0$일 때 $\sqrt{x} + 3 > 1$이므로 다음이 성립한다.

$$|\sqrt{x} - 3| \le |\sqrt{x} - 3||\sqrt{x} + 3| \le |x - 9| \tag{2.2-1}$$

그러므로 $\delta = \min\{\epsilon, 9\}$를 택하면[4] $0 < |x - 9| < \delta$을 만족시키는 모든 x에 대하여 다음이 성립한다.

$$|\sqrt{x} - \sqrt{9}| \le |x - 9| < \epsilon$$

따라서 $\lim_{x \to 9} \sqrt{x} = 3$이다. □

다음은 예제 2.2-3의 일반적인 경우이다.

예제 2.2-4 양수 a에 대하여 $\lim_{x \to a} \sqrt{x} = \sqrt{a}$임을 보여라.

증명 삼각 부등식에 의해 다음이 성립한다.

$$|\sqrt{x} - \sqrt{a}| \le |\sqrt{x} + \sqrt{a}| \tag{2.2-2}$$

식 (2.2-2)의 양변에 $|\sqrt{x} - \sqrt{a}|$를 곱하면 $|\sqrt{x} - \sqrt{a}|^2 \le |x - a|$이다. 그러므로 다음 부등식이 성립한다.

4) 이와 같이 δ를 택하는 이유는 $0 < |x - 9| < \delta$인 x가 함수 $\sqrt{x}$의 정의역에 속해야 하기 때문이다. 예를 들어, $\epsilon = 10$일 때 $\delta = \epsilon$이라 하면 $\sqrt{x}$가 정의되지 않는 음수가 $0 < |x - 9| < 10$에 존재한다.

$$|\sqrt{x} - \sqrt{a}| \le \sqrt{|x-a|}$$

이로부터 $0 < |x-a| < \delta$ 이면 $|\sqrt{x} - \sqrt{a}| < \sqrt{\delta}$ 이 성립함을 알 수 있다. 그러므로 ϵ을 주어진 양수라고 할 때 δ를 ϵ^2과 양수 a 중에서 작은 것, 즉 $\delta = \min\{\epsilon^2,\ a\}$로 택하면, $0 < |x-a| < \delta$ 일 때 다음이 성립한다.

$$|\sqrt{x} - \sqrt{a}| \le \sqrt{|x-a|} < \sqrt{\epsilon^2} = \epsilon$$

따라서 $\lim_{x \to a} \sqrt{x} = \sqrt{a}$ 이다. ❑

예제 2.2-5 $\lim_{x \to a} x^2 = a^2$ 임을 보여라.

증명 $|x-a| < \delta$이면 삼각 부등식에 의해 다음이 성립한다.

$$|x^2 - a^2| = |x-a||x+a| \le |x-a|(|x-a| + 2|a|) < \delta(\delta + 2|a|)$$

그러므로 주어진 양수 ϵ에 대하여 $\delta = \min\{1,\ \epsilon/(1+2|a|)\}$이라면, $0 < |x-a| < \delta$ 일 때 $|x^2 - a^2| < \epsilon$이 성립한다. 따라서 $\lim_{x \to a} x^2 = a^2$이다. ❑

예제 2.2-6 $\lim\limits_{x \to a} x \sin\frac{1}{x} = 0$임을 보여라.

증명 ϵ을 주어진 양수라 하고 $\delta = \epsilon$으로 선택하자. 그러면 $x \ne 0$일 때 $\left|\sin\frac{1}{x}\right| \le 1$이므로, 특히 $0 < |x| < \delta$인 x에 대하여 다음이 성립한다.

$$\left|x \sin\frac{1}{x}\right| \le |x| < \delta = \epsilon$$

따라서 $\lim\limits_{x \to a} x \sin\frac{1}{x} = 0$이다. ❑

좌극한과 우극한

변수 x가 점 a의 왼쪽에서 a에 한없이 가까워질 때($x \to a^-$) 함숫값 $f(x)$가 일정한 실수 A에 한없이 가까워지면, 실수 A를 점 a에서의 함수 f의 좌극한이라고 하며 흔히

$f(a^-)$ 또는 $\lim_{x \to a^-} f(x)$로 나타낸다. 마찬가지로 기호 '$x \to a^+$'의 의미와 함수 f의 점 a에서의 우극한 $f(a^+) = \lim_{x \to a^+} f(x)$를 정의한다. 정의에 의해 함수의 극한 및 좌극한과 우극한 사이에 다음이 성립함을 밝힐 수 있다.

$$\lim_{x \to a} f(x) = A \iff \lim_{x \to a^-} f(x) = A = \lim_{x \to a^+} f(x) \tag{2.2-3}$$

참고 함수 f의 점 a에서 좌극한과 우극한의 엄밀한 정의는 다음과 같다.

(1) $f(a^-) = A \iff$ 임의의 양수 ϵ에 대하여 양수 δ가 존재해서 $a - \delta < x < a$이면 부등식 $|f(x) - A| < \epsilon$이 성립한다.

(2) $f(a^+) = A \iff$ 임의의 양수 ϵ에 대하여 양수 δ가 존재해서 $a < x < a + \delta$이면 부등식 $|f(x) - A| < \epsilon$이 성립한다.

함수의 극한에 관한 정리

함수의 극한을 구하거나 특정한 실수가 함수의 극한이라는 것을 위의 예제와 같이 보이는 것(ϵ-δ 논법)은 매우 복잡하다. 이제 함수의 극한을 좀더 쉽게 구할 수 있는 몇 가지 방법을 알아보자. 이에 관한 증명은 부록 A.2를 참고하라. 우선 함수의 극한과 수열의 극한 사이의 관계를 알아보자.

정리 2.2-1

$\lim_{x \to a} f(x) = b$이기 위한 필요 충분 조건은 $\lim_{n \to \infty} p_n = a$를 만족시키는 임의의 수열 $\langle p_n \rangle$에 대하여 $\lim_{n \to \infty} f(p_n) = b$인 것이다. ($p_n \neq a,\ n \in \mathbb{N}$).

다음 정리는 2.2-1과 2.2-2를 이용하여 얻을 수 있다.

정리 2.2-2

$\lim_{x \to a} f(x) = A$이고 $\lim_{x \to a} g(x) = B$이면 다음이 성립한다.

(1) $\lim_{x \to a} \{f(x) + g(x)\} = A + B$

(2) $\lim_{x \to a} f(x)g(x) = AB$

(3) $\lim_{x \to a} \frac{f(x)}{g(x)} = \frac{A}{B}$ (단, $B \neq 0$이고 a의 빠진 근방에서 $g(x) \neq 0$이다)

예제 2.2-7 $\lim_{x \to 2}(x^3 - 5x - 1)$을 찾아라.

풀이 다음과 같이 정리 2.2-2를 이용한다.

$$\lim_{x \to 2}(x^3 - 5x - 1) = \left(\lim_{x \to 2} x\right)^3 - 5\left(\lim_{x \to 2} x\right) - 1 = -3 \quad \square$$

다음은 함수의 극한에 관한 조임 정리와 합성 함수의 극한에 관한 정리이다.

정리 2.2-3

세 함수 f, g, h가 점 a의 빠진 근방에서 부등식 $f(x) \leq h(x) \leq g(x)$를 만족시키고 $\lim_{x \to a} f(x) = A = \lim_{x \to a} g(x)$이면, $\lim_{x \to a} h(x) = A$이다.

정리 2.2-4

$\lim_{x \to a} f(x) = b$이고 $g(b) = c$라 하자. 그러면 $\lim_{y \to b} g(y) = c$일 때 $\lim_{x \to a} g(f(x)) = c$이다.

무한대와 무한대에서의 극한

함수 $f(x) = \frac{1}{x^2}$는 $x = 0$의 임의의 빠진 근방에서, 함수 $g(x) = \frac{1}{\sqrt{1-x^2}}$은 정의역의 양 끝점 근방에서 얼마든지 큰 값을 취할 수 있다. 여기서는 특정한 실수 근방에서 이와 같은 성질이 있는 함수의 극한을 생각한다.

함수 f가 점 $x=a$의 근방 또는 빠진 근방에서 정의되어 있다고 하자. 임의의 양수 K에 대하여 양수 δ가 존재해서 $0<|x-a|<\delta$이면 부등식 $f(x)>K$가 성립할 때, $x=a$에서 함수 f의 극한이 양의 무한대이다. 또는 함수 f가 양의 무한대로 발산한다고 하고 다음과 같이 나타난다.

$$\lim_{x\to a} f(x)=\infty$$

또 임의의 실수 K에 대하여 양수 δ가 존재해서 $0<|x-a|<\delta$이면 $f(x)<K$가 성립할 때 $x=a$에서 함수 f의 극한이 음의 무한대이다. 또는 함수 f가 음의 무한대로 발산한다고 하고 다음과 같이 나타낸다.

$$\lim_{x\to a} f(x)=-\infty$$

위와 비슷한 방법으로 좌극한과 우극한을 정의하며 다음과 같이 나타낸다.

$$\lim_{x\to a^+} f(x)=\infty,\quad \lim_{x\to a^+} f(x)=-\infty,\quad \lim_{x\to a^-} f(x)=\infty,\quad \lim_{x\to a^-} f(x)=-\infty$$

예제 2.2-8 $\displaystyle\lim_{x\to 1}\frac{1}{(x-1)^2}=\infty$ 임을 보여라.

풀이 K를 주어진 양수라고 하자. $0<|x-1|<\delta$이면 $\dfrac{1}{(x-1)^2}>\dfrac{1}{\delta^2}$이다. 따라서 부등식 $1/\delta^2>K$를 만족시키는 양수 δ를 택하면, $0<|x-1|<\delta$인 x에 대하여 부등식 $\dfrac{1}{(x-1)^2}>K$이 성립한다. 그러므로 $\displaystyle\lim_{x\to 1}\frac{1}{(x-1)^2}=\infty$이다. ❑

이제 $[a,\ \infty)$, $[-\infty,\ a)$, $(-\infty,\ \infty)$와 같은 무한 구간이 정의역인 함수 f에 대하여 $x\to\infty$이거나 $x\to-\infty$일 때 함수 f의 극한을 생각해 보자.

먼저 구간 $[a,\ \infty)$가 정의역인 함수 f에 대하여 생각하자. 임의의 양수 ϵ에 대하여 실수 K가 존재해서 $x>K$이면 부등식 $|f(x)-l|<\epsilon$이 성립할 때, 'x가 한없이 커질 때 함수 f의 극한이 l이다'라고 하며 다음과 같이 나타낸다.

$$\lim_{x \to \infty} f(x) = l$$

위에서 논의한 것과 비슷한 방법으로 함수 f의 정의역이 유계가 아닌 경우에 다음을 정의할 수 있다.

$$\lim_{x \to -\infty} f(x) = l, \ \lim_{x \to \infty} f(x) = \infty, \ \lim_{x \to -\infty} f(x) = \infty,$$

$$\lim_{x \to \infty} f(x) = -\infty, \ \lim_{x \to -\infty} f(x) = -\infty$$

연습 문제 2.2

1. $p(x) - a_n x^n + a_{n-1} x^{n-1} + \cdots + a_1 x + a_0$일 때, 임의의 실수 c에 대하여 다음이 성립함을 보여라.

$$\lim_{x \to c} p(x) = p(c)$$

2. 다음 극한을 찾아라.

(1) $\displaystyle\lim_{x \to a} \frac{x^n - a^n}{x - a}$ (2) $\displaystyle\lim_{x \to 1} \frac{(x-2)(\sqrt{x}-1)}{x^2 + x - 2}$

(3) $\displaystyle\lim_{x \to 1} \frac{1 - \sqrt{x}}{1 - x}$ (4) $\displaystyle\lim_{x \to 2} \frac{8 - x^3}{x - 2}$

(5) $\displaystyle\lim_{x \to \infty} \frac{3 - 2x^4}{x + 1}$ (6) $\displaystyle\lim_{x \to 0} \frac{1 - \sqrt{1 - x}}{x}$

3. 다음 극한을 찾아라.

(1) $\displaystyle\lim_{x \to -2} \frac{|x+2|^{3/2}}{x + 2}$ (2) $\displaystyle\lim_{x \to 0} \frac{|x-2| - |x+2|}{x}$

(3) $\lim_{x\to 0}\frac{1}{x}\left(\frac{1}{\sqrt{x+2}}-\frac{1}{\sqrt{2}}\right)$　　(4) $\lim_{x\to 0}\frac{\sqrt{x+2}-\sqrt{2}}{x}$

4. 다음 극한이 존재할 때 a와 그 극한을 찾아라.

$$\lim_{x\to -2}\frac{3x^2+ax+a+3}{x^2+x-2}$$

5. 다음 극한을 찾아라.

(1) $\lim_{x\to -4}\frac{\frac{1}{4}+\frac{1}{x}}{4+x}$　　(2) $\lim_{h\to 0}\frac{(1+h)^4-1}{h}$

(3) $\lim_{t\to\infty}\left(\sqrt{t^2-1}-\sqrt{t^2+4}\right)$　　(4) $\lim_{x\to 2^+}\sqrt{x^2-4}$

(5) $\lim_{x\to 3^-}\frac{3-x}{|x-3|}$　　(6) $\lim_{x\to 1^+}\frac{1-x^2}{1-x}$

6. 다음 극한의 존재 여부를 판별하라.

$$\lim_{x\to 0}\frac{|x|}{x}$$

7. $4x-5$와 3의 차이가 다음 ϵ보다 작으려면 x와 2는 얼마나 가까워야 하는가?

(1) $\epsilon=0.01$　　(2) $\epsilon=0.001$

8. 다음을 ϵ-δ 논법으로 증명하라.

(1) $\lim_{x\to 1}(3x+1)=4$　　(2) $\lim_{x\to 3}\sqrt{x}=\sqrt{3}$

(3) $\lim_{x\to 1}\frac{x^2+x-2}{x-1}=3$　　(4) $\lim_{x\to 1}\frac{x^2-1}{x-1}=2$

2.3 함수의 연속

연속이란 말의 뜻은 직관적으로 누구나 명백하게 알고 있는 것 같지만 역사적으로 이 개념을 정확하게 정의하는 것은 쉽지 않았다. 미적분학의 발달 초기에는 다루던 함수가 거의 모두 연속 함수이었으므로 연속의 정확한 의미에 대해 세심한 주의를 기울일 필요가 없었다. 그러나 18세기에 들어와서 물리학의 많은 문제를 해결하기 위하여 연속이지 않은 함수를 취급하지 않으면 안 되었다. 특히 19세기 초에 푸리에[5]의 열역학에 관한 연구는 당시의 많은 수학자로 하여금 함수의 연속에 관한 정확한 의미를 면밀하게 연구하도록 하였다. 1821년에 코시는 극한의 개념을 이용하여 함수의 연속을 정의하는 데 성공하였다.

함수 f가 다음 세 가지 조건을 만족시키면 f는 $x=c$에서 연속(continuous)이라 한다.

첫째, f가 $x=c$에서 정의되어 있고
둘째, $\lim_{x\to c} f(x)$가 존재하며
셋째, $\lim_{x\to c} f(x)=f(c)$이다.

$x=c$의 근방 I에서 정의된 함수 f가 $x=c$에서 연속임을 명확하게 정의하면 다음과 같다.[6]

'임의의 양수 ϵ에 대하여 양수 δ가 존재해서 $|x-c|<\delta$이고 $x\in I$이면 부등식 $|f(x)-f(c)|<\epsilon$이 성립할 때, 함수 f는 $x=c$에서 연속이라고 한다.'[7]

실제로 함수의 연속에 대한 위의 두 정의가 동치임을 증명할 수 있다. 이는 이 과정의 범위를 벗어나므로 생략한다.

한편, 점 c에서 연속이 아닌 함수를 c에서 불연속인 함수(discontinuous function) 또는 불연속이라고 한다. 특히 함수 f가 집합 I의 모든 점에서 연속이면 함수 f는 집합 I에

---

5) Joseph Fourier(1768~1830): 프랑스의 수학자
6) 이를 영문으로 나타내면 다음과 같다: A function f defined on a neighborhood of $x=0$ is said to be continuous at $x=a$ if and only if for given $\epsilon>0$, there exists a positive real number δ such that $|f(x)-f(a)|<\epsilon$ whenever $|x-a|<\delta$.
7) 흔히 ϵ-δ를 써서 극한 또는 연속에 관한 명제 등을 논증하는 것을 ϵ-δ 논법이라고 한다.

서 연속 또는 연속 함수(continuous function)라고 한다.

예제 2.3-1 ϵ-δ 논법으로 함수 $f(x)=|x|$가 $x=0$에서 연속임을 보여라.

증명 ϵ을 임의로 주어진 양수라 하고 $\delta=\epsilon$으로 택하자. 그러면 $|x-0|=|x|<\delta$일 때 $|f(x)-f(0)|=|x|<\delta=\epsilon$이므로 함수 $f(x)=|x|$는 0에서 연속이다. ❑

예제 2.3-2 다음 식으로 정의된 함수 f는 $x=0$에서 불연속임을 보여라.

$$f(x)=x^2+\frac{x^2}{1+x^2}+\frac{x^2}{(1+x^2)^2}+\cdots+\frac{x^2}{(1+x^2)^n}+\cdots$$

풀이 먼저 $f(0)=0$이다. 한편, $x\neq 0$이면 $1+x^2>1$이므로 주어진 식의 우변은 수렴하는 무한 등비 급수[8)]이다. 따라서 다음을 얻는다.

$$f(x)=\frac{x^2}{1-\dfrac{1}{1+x^2}}=1+x^2 \quad (x\neq 0)$$

그런데 $\lim_{x\to 0} f(x)=1\neq f(0)$이므로 함수 f는 $x=0$에서 불연속이다. ❑

예제 2.3-3 다음과 같이 정의된 함수 f는 모든 실수에서 극한이 존재하지 않으므로 모든 점에서 불연속이다.

$$f(x)=\begin{cases}+1 & (x\text{는 유리수})\\ -1 & (x\text{는 무리수})\end{cases}$$

연속 함수의 성질

연속 함수의 정의와 정리 2.2-2를 이용하면 다음이 성립함을 보일 수 있다.

8) 이에 관한 자세한 내용은 제10장을 참조하라.

정리 2.3-1

두 함수 f와 g가 $x=c$에서 연속이면 다음이 성립한다.

(1) 함수 $f+g$는 $x=c$에서 연속이다.

(2) 함수 fg는 $x=c$에서 연속이다.

(3) 함수 $\dfrac{f}{g}$는 $x=c$에서 연속이다. (단, $g(c) \neq 0$)

예제 2.3-4 실수의 집합 $\mathbb{R}$에서 정의된 실 함수인 상수 함수 $f(x)=c$와 항등 함수 $f(x)=x$는 모두 $\mathbb{R}$에서 연속이다. 그러므로 정리 2.3-1의 (1)과 (2)에 의하여 다항 함수(polynomial function) $p(x)=a_n x^n + a_{n-1}x^{x-1} + \cdots + a_1 x + a_0 \ (a_n \neq 0)$은 $\mathbb{R}$에서 연속이다. 또한 2.3-1의 (3)에 의하여 서로 소인 두 다항 함수 p_1과 p_2의 몫(quotient)으로 정의된 유리 함수(rational function) $\dfrac{p_1(x)}{p_2(x)}$는 $p_2(x) \neq 0$인 모든 점 x에서 연속이다. □

다음 정리는 정리 2.2-4의 조건을 연속 함수의 정의를 써서 다르게 표현한 것이다.

정리 2.3-2

함수 $g(y)$가 $y=b$에서 연속이고 함수 $y=f(x)$가 $\lim_{x\to a} f(x)=b$를 만족시키면 다음이 성립한다.

$$\lim_{x\to a} g(f(x)) = g(b) = g(\lim_{x\to a} f(x))$$

참고 정리 2.3-2에 의해 연속 함수의 합성 함수는 연속이다.

삼각 함수, 로그 함수, 지수 함수, 거듭제곱근 함수 등은 정의역에 속하는 모든 점에서 연속임을 보일 수 있다 (이러한 함수의 연속에 대해서는 뒤에서 자세히 다룬다). 따라서 정리 2.3-2에 의하여 다음이 성립한다.

$$\lim_{x\to a}\{f(x)\}^n = \left\{\lim_{x\to a} f(x)\right\}^n, \quad \lim_{x\to a}\sqrt[n]{f(x)} = \sqrt[n]{\lim_{x\to a} f(x)},$$

$$\lim_{x\to a}\{\ln f(x)\} = \ln\left\{\lim_{x\to a} f(x)\right\}, \quad \lim_{x\to a}\{\sin f(x)\} = \sin\left\{\lim_{x\to a} f(x)\right\}$$

예제 2.3-5 위의 정리를 이용하여 다음이 성립함을 보일 수 있다.

$$\lim_{x\to\pi}\sqrt{1-\cos x} = \sqrt{\lim_{x\to\pi}(1-\cos x)} = \sqrt{2}$$ ❑

다음 정리는 방정식이 실수해 또는 실근를 가지는지를 판정하는 데 유용하다.

정리 2.3-3 (중간값 정리, Intermediate Value Theorem)

함수 f가 닫힌 구간 $[a, b]$에서 연속이고 $f(a) \neq f(b)$이라고 하자. 그러면 $f(a)$와 $f(b)$ 사이의 임의의 실수 m에 대하여 구간 (a, b)에 속하는 적어도 하나의 c가 존재해서 $f(c) = m$이 성립한다.

중간값 정리는 연속 함수 f에 대한 방정식 $f(x) = 0$의 실수해가 존재하는지를 판별하는 데 유용하다. 그러나 몇 개의 해가 존재하는지를 알려 주지 못한다. 해의 개수에 관한 것은 뒤에서 다루기로 한다.

그러나 어떤 구간에서 방정식 $f(x) = 0$의 해가 오직 한 개 존재한다면 중간값 정리를 반복적으로 적용하여 그 방정식의 해의 근삿값을 구할 수 있다.

예제 2.3-6 중간값 정리를 이용하여 구간 [0, 1]에 존재하는 방정식 $x^3 + 2x - 1 = 0$의 실수해의 근삿값을 찾아라. (주어진 방정식의 실수해는 유일하다고 가정하라.)

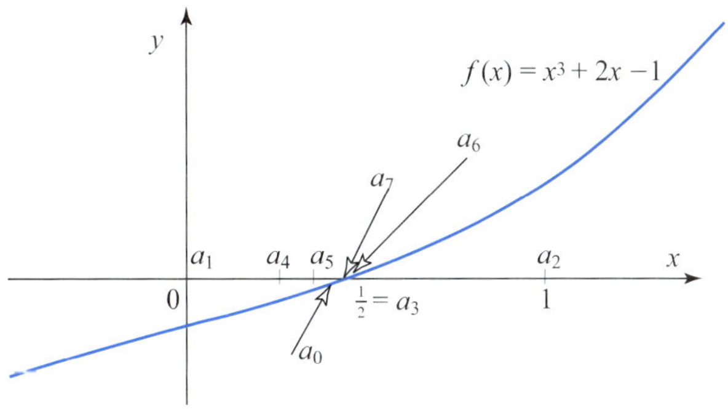

그림 2.3-1 중간값 정리를 이용한 방정식의 해 찾기

풀이 먼저 $f(x)=x^3+2x-1$이라고 하자. 그러면 $f(0)=-1$이고 $f(1)=3$이므로 중간값 정리에 의해 방정식 $f(x)=0$의 해가 구간 $(0,\ 1)$에 존재한다. 이때 $a_1=0$이고 $a_2=1$이라 하고 $a_3=\frac{1}{2}(a_1+a_2)$라 하면 $a_3=\frac{1}{2}$이다. 한편 $f(a_3)=f\left(\frac{1}{2}\right)=\frac{1}{8}$이므로, 중간값 정리를 적용하면 주어진 방정식의 해는 구간 $(a_1,\ a_3)=\left(1,\ \frac{1}{2}\right)$에 존재한다. 이제, $a_4=\frac{1}{2}(a_1+a_3)=\frac{1}{4}$이라 놓으면 $f\left(\frac{1}{4}\right)=-\frac{31}{64}$이다. 다시 구간 $\left[\frac{1}{4},\ \frac{1}{2}\right]$에서 중간값 정리를 이용하면 주어진 방정식의 해가 구간 $\left(\frac{1}{4},\ \frac{1}{2}\right)$에 존재한다. 이에 대하여 $a_5=\frac{1}{2}(a_4+a_3)=\frac{3}{8}$이라고 하자. 이와 같은 방법으로 얻어지는 수열 $\langle a_n \rangle$의 몇 항을 적으면 다음과 같다.

$$a_6=\frac{7}{16},\ a_7=\frac{15}{32},\ a_8=\frac{29}{64},\ a_9=\frac{59}{128},\ \cdots$$

그림 2.3-1에서 보인 것과 같이 이렇게 얻은 수열 $\langle a_n \rangle$은 주어진 방정식의 근으로 수렴한다. 수열 $\langle a_n \rangle$의 각 항을 주어진 함수 f에 대입하여 그 크기 $|f(a_n)|$가 원하는 오차 범위에 있도록 하는 항을 택하여 방정식 $f(x)=0$의 해의 근삿값을 구할 수 있다. 실제로 방정식 $x^3+2x-1=0$의 실수해는 근사적으로 $x_0=0.4533976515$이며, 이때 $|f(x_0)|\le\frac{1}{2}\times10^{-10}$이다. $a_8=\frac{29}{64}$를 해의 근삿값으로 택하면, $a_8=0.453125$이고 $|f(x_8)|\le 8\times10^{-4}$이다. 또 $|x_0-a_8|\le 3\times10^{-4}$이다. ❑

참고 (1) 예제 2.3-6의 풀이에서 설명한 방법을 이분법(bisection method)이라고 한다.

(2) 다음 조건 (2.3-1)을 만족시키는 실수 $0 < b < 1$이 존재하면 수열 $\langle a_n \rangle$은 수렴한다고 알려져 있다. 이의 증명은 이 과정의 범위를 벗어나므로 생략한다.

$$|a_{n+2} - a_{n+1}| \le b\,|a_{n+1} - a_n| \quad (0 < b < 1) \qquad (2.3\text{-}1)$$

이때 $a = \lim_{n\to\infty} a_n$이라고 하면 다음 식이 성립한다.

$$|a_n - a| \le \frac{b^{n-1}}{1-b}\,|a_2 - a_1| \qquad (2.3\text{-}2)$$

이를 이용하여 근삿값의 오차를 미리 정한다면 그 오차 내에 있는 번호가 가장 작은 항을 결정할 수 있다. 특별히 이분법의 경우에는 다음이 성립한다.

$$|a_n - a| \le \frac{1}{2^{n-2}}\,|a_2 - a_1| \qquad (2.3\text{-}3)$$

(3) 예제 2.3-6의 풀이에서 얻은 수열 $\langle a_n \rangle$은 $b = \frac{1}{2}$에 대하여 조건 (2.3-1)을 만족시키므로 수렴하고, 방정식 $x^3 + 2x - 1 = 0$의 실수해 a는 $f(x) = x^3 - 2x - 1$이 연속 함수이므로 $\langle a_n \rangle$의 극한이다. 이때 식 (2.3-3)을 이용하면 $|a_8 - a|$는 다음과 같다.

$$|a_8 - a| \le \left(\frac{1}{2}\right)^6 = 0.015625$$

함수 $f : D \to \mathbb{R}$ 의 정의역 D의 모든 원소 x에 대하여, 부등식 $f(c) \ge f(x)$를 만족시키는 점 $c \in D$를 f의 최댓점, $f(c)$를 f의 최댓값(maximum)이라 하며, 부등식 $f(c) \le f(x)$를 만족시키는 점 $c \in D$를 f의 최솟점, $f(c)$를 f의 최솟값(minimum)이라고 한다.

다음 정리는 닫힌 구간에서 연속인 함수는 항상 최댓값과 최솟값을 취한다는 사실을 보장한다.

정리 2.3-4 (최대 · 최소의 정리)

닫힌 구간 $[a, b]$에서 연속인 함수 f는 유계이고 최댓값과 최솟값을 모두 취한다. 즉,

닫힌 구간 $[a,\ b]$에 다음을 만족시키는 점 c와 점 d가 존재한다.

$$f(c) = \max\{f(x) \mid x \in [a,\ b]\},\ f(d) = \min\{f(x) \mid x \in [a,\ b]\}$$

예제 2.3-7 열린 구간 $(0,\ \infty)$에서 함수 $f(x) = \dfrac{1}{x}$의 최댓점과 최솟점은 존재하지 않는다. 또 반닫힌 구간 $[1,\ \infty)$에서 함수 $f(x) = \dfrac{1}{x}$는 최댓값만 취한다. ❑

예제 2.3-8 상수 함수 $f(x) = c$는 정의역에 속하는 모든 점이 최댓점이며 최솟점이다. 최대 · 최소의 정리는 닫힌 구간에서 연속인 함수가 최댓점과 최솟점을 취한다는 사실을 보장하지만, 그러한 점이 무엇인지는 알려주지 않는다. 함수의 최댓점과 최솟점을 찾는 문제는 제4장에서 다룬다. ❑

연습 문제 2.3

1. 주어진 점 x_0에서 다음 함수가 연속이 되도록 함숫값을 정하라.

(1) $f(x) = \dfrac{x^2 - 1}{x - 1},\ x_0 = 1$

(2) $f(x) = \dfrac{x^2 - 4}{x^3 - 8},\ x_0 = 2$

(3) $f(x) = \dfrac{1 - \sqrt{x}}{1 - x},\ x_0 = 1$

2. 함수 $f(x) = \dfrac{1}{x}$에 대하여 다음에 답하라.

(1) $\lim_{x \to 0^+} f(x)$와 $\lim_{x \to 0^-} f(x)$를 찾아라.

(2) $f(x)$가 $x = 0$에서 연속이 되도록 0에서의 함숫값을 정의할 수 있는가?

3. 다음 함수는 $x=0$ 에서만 연속임을 보여라.

$$f(x)=\begin{cases} x, & x\text{가 유리수} \\ -x, & x\text{가 무리수} \end{cases}$$

4. ϵ-δ 논법을 써서 함수 $f(x)=|x|$가 점 $x=0$ 에서 연속임을 증명하라.

5. 모든 실수 x 에 대하여 $|f(x)| \le |x|$를 만족시키는 함수 f는 0에서 연속임을 보여라.

6. 다음 함수가 연속인 점을 찾아라.

(1) $f(x)=\begin{cases} 0 & (x\text{가 유리수}) \\ x & (x\text{가 무리수}) \end{cases}$

(2) $f(x)=\begin{cases} x & (x\text{가 유리수}) \\ 0 & (x\text{가 무리수}) \end{cases}$

7. 함수 $f(x)=x-[x]$가 불연속인 점을 찾아라.

8. 함수 $f(x)=x\sin\dfrac{1}{x}\,(x\neq 0)$에 대하여 다음 물음에 답하라.

(1) $\lim_{x\to 0} f(x)=0$임을 보여라.

(2) 함수 f가 모든 실수에서 연속이도록 $f(0)$을 정하라.

9. 함수 $f:\mathbb{R}\to\mathbb{R}$ 가 임의의 두 실수 x와 y에 대하여 등식 $f(x+y)=f(x)+f(y)$을 만족시키고, 0에서 연속이라 하자. 그러면 f는 모든 실수 x 에서 연속이고, 등식 $f(x)=f(1)x$를 만족시킴을 보여라.

10. 함수 f가 점 a에서 연속이고 $f(a)>0$이라 하자. 그러면 적당한 양수 ϵ이 존재해서 모든 $x\in(a-\epsilon,\ a+\epsilon)$에 대하여 $f(x)>0$이 성립함을 보여라.

11. 방정식 $x-\cos x=0$의 근이 0과 $\dfrac{\pi}{4}$ 사이에 적어도 하나 존재함을 보여라.

12. 두 함수 f와 g가 닫힌 구간 $[a,\ b]$에서 연속이고 $f(a) < g(a)$이며 $f(b) > g(b)$이라고 하자. 이때 방정식 $f(x) = g(x)$의 해가 a와 b 사이에 적어도 하나 존재함을 보여라.

13. $n \in \mathbb{N}$ 이고 $c > 0$일 때 방정식 $x^n = c$의 양의 실근이 단 한 개 존재함을 보여라.

14. 식 (2.3-1)을 만족시키는 수열 $\langle a_n \rangle$에 대하여 부등식 (2.3-2)가 성립함을 보여라. 또 이분법으로 얻어지는 수열 $\langle a_n \rangle$에 대하여 부등식 (2.3-3)이 성립함을 보여라.

15. 예제 2.3-6에서 설명한 이분법을 이용하여 $\sqrt{2}$의 근삿값을 찾아라.

16. (시컨트 방법 : secant method) 함수 f가 구간 I에서 연속이고 방정식 $f(x) = 0$의 해가 I에 존재한다고 하자. 이때 서로 다른 두 점 $a_1,\ a_2 \in I$에 대하여 f의 그래프에 있는 두 점 $(a_1,\ f(a_1))$과 $(a_2,\ f(a_2))$를 지나는 직선을 생각하자. 여기서 $f(a_1) \neq f(a_2)$라고 가정하면 이 직선의 x절편이 존재하는데 이를 a_3라고 하자. 이제 두 점 a_2와 a_3에 대하여 위와 같이 직선과 그 x절편을 생각하여 a_4를 얻을 수 있다. 이와 같은 과정을 반복하면 다음과 같은 수열 $\langle a_n \rangle$을 얻는다.

$$a_{n+2} = a_{n+1} - \frac{a_{n+1} - a_n}{f(a_{n+1}) - f(a_n)} f(a_{n+1}),\ f(a_{n+1}) \neq f(a_n) \quad (n \in \mathbb{N}) \qquad (2.3\text{-}4)$$

이 수열이 수렴하면 그 극한은 방정식 $f(x) = 0$의 해가 됨이 알려져 있다.

(1) 식 (2.3-4)가 성립함을 보여라.

(2) $a_1 = 0$과 $a_2 = 1$을 이용하여 예제 2.3-6에서 주어진 방정식의 근사해를 시컨트 방법으로 구할 때 얻는 수열과 예제 2.3-6의 수열과 비교해 보라.

17. 열린 구간 (0, 1)에 방정식 $x^3 + x - 1 = 0$의 실수해가 적어도 한 개가 있음을 보여라.

18. 열린 구간 (0, 1)에 방정식 $x^{99} + x^{98} + \cdots + x - 98 = 0$의 실수해가 적어도 한 개 있음을 보여라.

19. 중간값 정리를 이용하여 모든 양수의 제곱근이 존재함을 보여라. 즉, a가 양수이면 방정식 $x^2 = a$을 만족시키는 실수 x가 존재함을 보여라.

20. 다음 명제가 옳으면 증명하고 거짓이면 반례를 들어라.

닫힌 구간에서 정의된 함수는 최댓값과 최솟값을 모두 취한다.

21. 주어진 구간 I에서 다음 함수 f의 최댓값과 최솟값에 대하여 말하라.

(1) $f(x) = \dfrac{1}{\sqrt{x}},\ I = (0,\ 1]$

(2) $f(x) = \dfrac{1}{1+x^2},\ I = (-\infty,\ \infty)$

(3) $f(x) = \begin{cases} \dfrac{1}{x} & (0 < x < 1) \\ 2 & (x = 0,\ 1) \end{cases},\ I = [0,\ 1]$

22. 함수 $f(x) = 1/x$의 그래프를 참고하여 다음을 만족시키는 δ를 찾아라.

$|x-2| < \delta$이면 $|1/x - 0.5| < 0.2$이다.

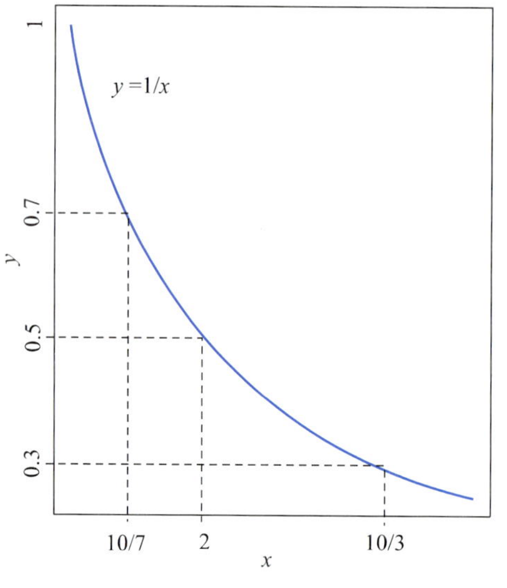

23. 함수 $f(x) = \sqrt{x}$ 의 그래프를 참고하여 다음을 만족시키는 δ를 찾아라.

$$|x-4| < \delta \text{이면 } |\sqrt{x}-2| < 0.4 \text{이다.}$$

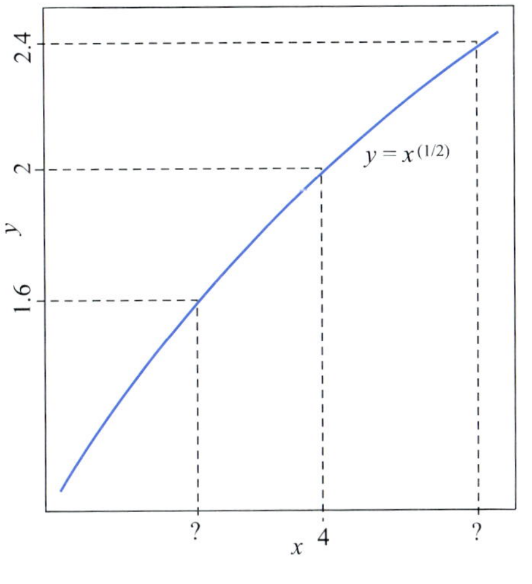

❖ 메모

CHAPTER

3

미분과 도함수

프랑스의 법률학자이자 수학자인 페르마(Pierre de Fermat; 1601~1665)는 17세기 초에 함수 $y=f(x)$의 극댓값과 극솟값을 구하는 문제를 다루는 가운데 곡선 $y=f(x)$의 임의의 점에서 접선의 기울기를 구할 필요를 느꼈고, 다시 이 문제를 해결하려는 과정에서 도함수의 개념을 얻어내기에 이르렀다. 이 장에서는 도함수를 정의하고, 복잡한 함수의 도함수를 구하기 위한 기본적인 방법을 소개한다.

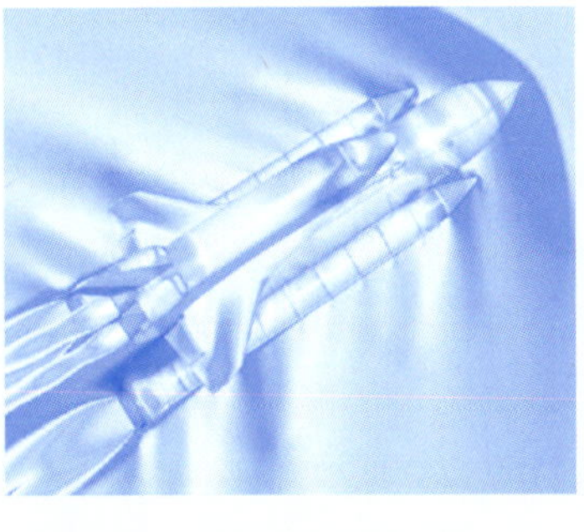

3.1 도함수와 접선

변수 x가 한 값 x_1에서 다른 값 x_2로 변할 때 $x_2 - x_1$을 x의 증분(increment)이라 하고, 기호 Δx로 나타내며 '델타(delta)x'라고 읽는다.

독립 변수 x가 Δx만큼 변할 때, 그에 따른 함수 $y = f(x)$의 값의 변화량 또는 증분 $f(x+\Delta x) - f(x)$를 Δy 또는 Δf로 표시한다. 이때 독립 변수 x의 증분 Δx에 대한 함수 f의 값의 증분 Δy의 비 $\dfrac{\Delta y}{\Delta x}$를 x와 $x+\Delta x$ 사이에서 함수 f의 평균 변화율(average rate of change)이라고 한다. 즉, 다음과 같다.

$$\frac{\Delta y}{\Delta x} = \frac{f(x+\Delta x) - f(x)}{\Delta x}$$

예제 3.1-1 함수 $f(x) = x^3$에서 x가 a에서 h만큼 변할 때의 f의 평균 변화율을 찾아라.

풀이 정의에 의해 a와 $a+h$ 사이에서 f의 평균 변화율은 다음과 같다.

$$\frac{\Delta f}{\Delta x} = \frac{f(a+h) - f(a)}{h} = \frac{(a+h)^3 - a^3}{h} = 3a^2 + h(3a+h)$$ ❑

미분 계수와 도함수

점 a의 근방에서 정의되어 있는 함수 f의 평균 변화율의 극한, 즉 다음 식의 값이 존재하면 f는 $x = a$에서 미분 가능하다(differentiable)고 한다.

$$\lim_{h \to 0} \frac{f(a+h) - f(a)}{h} \tag{3.1-1}$$

이때 식 (3.1-1)의 극한을 점 $x = a$에서의 함수 f의 순간 변화율(instantaneous rate of change) 또는 미분 계수(differential coefficient)라 하며 $f'(a)$로 표시한다. 즉, 다음과 같다.

$$f'(a)=\lim_{h\to 0}\frac{f(a+h)-f(a)}{h}$$

함수 f가 집합 I의 모든 점에서 미분 가능하면 f는 I에서 미분 가능한 함수(differentiable function)라고 한다. 한편 식 (3.1-1)의 극한이 존재하지 않으면 함수 f는 $x=a$에서 미분 불가능하다 또는 미분 가능하지 않다고 한다.

예제 3.1-2 함수 $f(x)=x^3$에 대해 예제 3.1-1로부터 $\lim_{h\to 0}\frac{f(a+h)-f(a)}{h}=3a^2$을 얻는다. 따라서 $x=a$에서의 함수 $f(x)=x^3$의 미분 계수 $f'(a)$는 $3a^2$이다. ❑

예제 3.1-3 $a\neq 0$에서 함수 $f(x)=\frac{1}{x}$의 미분 계수 $f'(a)$를 찾아라.

풀이 정의에 따라 계산하면 다음을 얻는다.

$$\lim_{h\to 0}\frac{\frac{1}{a+h}-\frac{1}{a}}{h}=\lim_{h\to 0}\frac{-1}{a(a+h)}=-\frac{1}{a^2}$$

따라서 $f'(a)=-\frac{1}{a^2}$이다. ❑

점 $x=a$의 근방에서 정의된 함수 f에 대한 다음 극한이 존재하면 그 값을 점 $x=a$에서의 f의 우미분 계수라 하고 $f'_+(a)$로 나타낸다.

$$\lim_{h\to 0^+}\frac{f(a+h)-f(a)}{h}$$

마찬가지로 점 $x=a$에서 함수 f의 좌미분 계수 $f'_-(a)$를 정의할 수 있다. 따라서 식 (2.2-3)으로부터 함수 f의 $x=a$에서의 우미분 계수 $f'_+(a)$와 좌미분 계수 $f'_-(a)$가 존재하고 그 값이 서로 같으면, f는 $x=a$에서 미분 가능하다.

참고 $f'(a^+)$와 $f'(a^-)$는 점 $x=a$에서의 함수 f의 도함수 f'의 우극한과 좌극한을 의미한다. 이를 우미분 계수 $f'_+(a)$ 및 좌미분 계수 $f'_-(a)$와 혼동하지 않도록 주의하자.

예제 3.1-4 함수 $f(x)=|x|$는 $x=0$에서 미분 가능하지 않음을 보여라.

풀이 $x=0$에서 함수 $f(x)=|x|$의 우미분 계수와 좌미분 계수는 각각 다음과 같다.

$$\lim_{h\to 0^+}\frac{f(0+h)-f(0)}{h}=\lim_{h\to 0^+}\frac{|h|}{h}=\lim_{h\to 0}\frac{h}{h}=1,$$

$$\lim_{h\to 0^-}\frac{f(0+h)-f(0)}{h}=\lim_{h\to 0^-}\frac{|h|}{h}=\lim_{h\to 0}\frac{-h}{h}=-1$$

따라서 다음 극한이 존재하지 않는다.

$$\lim_{h\to 0}\frac{f(0+h)-f(0)}{h}$$

그러므로 함수 $f(x)=|x|$는 $x=0$에서 미분 불가능하다. ❑

위의 예제 3.1-4에서와 같이 함수가 $x=a$에서 연속이라고 해서 반드시 미분 가능한 것은 아니다. 그러나 이의 역이 성립함을 다음 정리에서 알 수 있다.

정리 3.1-1

함수 f가 $x=a$에서 미분 가능하면 f는 $x=a$에서 연속이다.

증명 함수 f가 $x=a$에서 미분 가능하므로 다음이 성립한다.

$$f'(a)=\lim_{h\to a}\frac{f(a+h)-f(a)}{h}$$

따라서 항등식 $f(a+h)=f(a+h)-f(a)+f(a)$와 정리 2.2-2를 이용하여 다음을 얻는다.

$$\begin{aligned}\lim_{x\to a}f(x)&=\lim_{h\to 0}f(a+h)\\&=\lim_{h\to 0}\left\{\frac{f(a+h)-f(a)}{h}h+f(a)\right\}\\&=f'(a)\lim_{h\to 0}h+f(a)\\&=f(a)\end{aligned}$$

그러므로 함수 f는 $x=a$에서 연속이다. ❑

함수 f가 집합 I에서 미분 가능하면 I의 각 원소 x에 f의 미분 계수 $f'(x)$를 대응시킬 수 있다. 식 (3.1-1)의 극한은 유일하므로 이런 대응 규칙 $x \mapsto f'(x)$는 I가 정의역인 새로운 함수를 정의한다. 이와 같이 미분 계수에 의하여 f로부터 정의(유도)되는 함수를 f의 도함수(derivative)라 하고 f'으로 나타낸다. 흔히 함수 f의 도함수를 나타내기 위해 다음과 같은 기호를 사용한다.

$$f',\ f'(x),\ y',\ \frac{dy}{dx},\ \frac{df}{dx}(x),\ \frac{d}{dx}f(x),\ Df(x)$$

함수 f의 도함수를 구하는 것을 미분한다(differentiate)고 하고, 미분하는 과정을 미분(differentiation) 또는 미분법이라고 한다.

예제 3.1-5 임의의 점 $x=a$에서 함수 $f(x)=x^3$의 미분 계수는 $f'(a)=3a^2$이므로 f의 도함수는 $f'(x)=3x^2$이다(예제 3.1-2 참조). ❑

접선의 방정식

이제 x_0에서 미분 가능한 함수 f의 미분 계수 $f'(x_0)$의 기하학적 의미를 살펴보자.

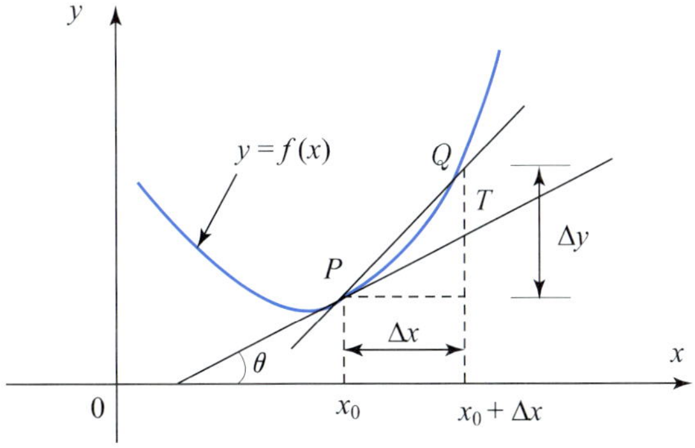

그림 3.1-1 미분 계수와 접선의 기울기

그림 3.1-1에서 함수 $y=f(x)$의 그래프에 있는 두 점 P와 Q의 좌표를 각각 $(x_0,\ f(x_0))$와 $(x_0+\Delta x,\ f(x_0+\Delta x))$라고 하자. 그러면 다음 평균 변화율은 두 점 P와 Q를 지나는 직선의 기울기를 나타낸다.

$$\frac{\Delta y}{\Delta x}=\frac{f(x_0+\Delta x)-f(x_0)}{\Delta x}$$

이때 x_0에서의 f의 평균 변화율의 극한이 존재한다고 하자. 즉, f가 x_0에서 미분 가능하다고 하자.

$$\lim_{\Delta x\to 0}\frac{f(x_0+\Delta x)-f(x_0)}{\Delta x}=f'(x_0)$$

그러면 $\Delta x\to 0$일 때 $Q\to P$이고 직선 PQ는 기울기가 $f'(x_0)$인 직선 PT로 접근한다 (그림 3.1-1 참조). 이때 직선 PT를 점 P에서 곡선 $y=f(x)$의 접선(tangent line)이라고 한다. 다시 말해, 점 $x=x_0$에서 미분 가능한 함수 $y=f(x)$의 그래프에 있는 점 $(x_0,\ f(x_0))$에서의 접선은 점 $(x_0,\ f(x_0))$을 지나고 기울기가 $f'(x_0)$인 직선이다. 따라서 미분 가능한 함수 $y=f(x)$의 그래프에 있는 점 $(x_0,\ f(x_0))$에서 접선의 방정식은 다음과 같다.

$$y-f(x_0)=f'(x_0)(x-x_0)$$

한편 함수 f의 그래프에 있는 점 $(x_0,\ f(x_0))$에서의 법선(normal line)은 $(x_0,\ f(x_0))$를 지나고 접선에 수직인 직선을 말한다. 따라서 $f'(x_0)\neq 0$일 때 법선의 방정식은 다음과 같다.

$$y-f(x_0)=-\frac{x-x_0}{f'(x_0)},\qquad f'(x_0)\neq 0$$

특히, $f'(x_0)=0$이면 법선의 방정식은 $x=x_0$이다.

흔히, 곡선에 있는 점에서의 접선의 기울기를 그 점에서의 곡선의 기울기라고도 한다. 즉, 점 $(x_0,\ f(x_0))$에서의 곡선 $y=f(x)$의 기울기는 $f'(x_0)$이다.

연습 문제 3.1

1. 다음에 주어진 점 x_0에서 각 함수의 미분 계수를 정의를 이용하여 찾아라.

(1) $f(x) = x^2 + 3,\ x_0 = 1$

(2) $f(x) = \dfrac{1}{x^2+1},\ x_0 = -1$

2. 다음 함수의 도함수를 미분 계수의 정의를 이용하여 찾아라.

(1) $y = \sqrt{x},\ x \geq 0$

(2) $y = \dfrac{1}{x^3},\ x \neq 0$

3. 점 $x = 0$에서 함수 $f(x) = \sqrt[3]{x}$는 미분 가능한가?

4. 함수 f가 $x = 1$에서 미분 가능할 때 다음이 성립함을 보여라.

(1) $\displaystyle\lim_{x \to 1} \frac{f(x^2) - f(1)}{x-1} = 2f'(1)$

(2) $\displaystyle\lim_{x \to 1} \frac{x^2 f(1) - f(x^2)}{x-1} = 2\{f(1) - f'(1)\}$

5. 함수 f가 점 $x = x_0$에서 미분 가능할 때 다음이 성립함을 보여라.

$$\lim_{h \to 0} \frac{f(x_0+h) - f(x_0-h)}{h} = 2f'(x_0)$$

6. 다음 극한이 어떤 함수 $y = f(x)$의 점 a에서의 미분 계수를 나타낸다고 한다. 이때 함수 $f(x)$와 점 a 및 극한을 찾아라.

(1) $\displaystyle\lim_{h \to 0} \frac{(1+h)^5 - 1}{h}$

(2) $\displaystyle\lim_{x \to 1} \frac{x^3 + x - 2}{x-1}$

7. 함수 $f(x) = |x+1|$가 미분 가능한 점을 모두 찾고, 그 점에서의 미분 계수를 찾아라.

8. 함수 $f : \mathbb{R} \to \mathbb{R}$ 와 모든 실수 x에 대하여 $|f(x)| \le x^2$이 성립할 때, f는 $x=0$에서 미분 가능함을 보여라.

9. 점 $x=0$에서 함수 $f(x)=x|x|$의 미분 가능성을 조사하라.

10. 다음 함수 f의 그래프에 있는 점 $(a,\ f(a))$에서의 접선과 법선의 방정식을 찾아라.

(1) $f(x)=2x-1$

(2) $f(x)=\dfrac{2}{x},\ x \ne 0$

11. 곡선 $y=f(x)$에 있는 점 (4, 3)에서의 접선이 점 (2, 0)을 지날 때 $f(4)$와 $f'(4)$를 찾아라.

12. 공을 10 m/s의 속도로 지면과 수직 방향으로 던지면 t초 뒤의 높이는 $y=10t-4.9t^2$(m)으로 주어진다. $t=2$일 때의 속도를 찾아라.

13. 상품 A를 x개 생산하는 데 드는 비용이 $y=5000+10x+0.05x^2$(원)이라고 하자. 여기서 x가 다음과 같이 변할 때 y의 평균 변화율을 찾아라.

(1) x가 100에서 105

(2) x가 100에서 101

또 x가 100일 때 y의 순간 변화율(이것을 한계 비용이라 한다)을 찾아라.

14. 어떤 금속 $x$kg의 생산비가 $C=g(x)$(원)라고 하자. 다음 물음에 답하라.

(1) 미분 계수 $g'(x)$의 의미는 무엇인가? 이것의 단위는 무엇인가?

(2) $g'(50)=31000$은 무엇을 의미하는가?

15. 시간 t에 대해 기온 T(℃)가 다음과 같다고 하자. $T'(6)$은 무엇을 의미하는가? 그 값은 대략 얼마인가?

t	0	2	4	6	8	10
T	34.4	35.6	38.3	32.8	26.1	22.8

3.2 미분법

함수의 도함수를 매번 정의에 따라 찾는 것은 번거롭다. 이 절에서는 도함수를 구하는 데 효과적으로 사용할 수 있는 방법을 몇 가지 알아본다.

정리 3.2-1

함수 f가 상수 함수이면 $f'(x) = 0$이다.

증명 $f(x) = c$라고 하자. 그러면 정의역에 속한 임의의 x에 대하여 다음이 성립한다.

$$\lim_{h\to 0}\frac{f(x+h)-f(x)}{h} = \lim_{h\to 0}\frac{c-c}{h} = 0$$

따라서 임의의 x에 대하여 $f'(x)$가 존재하고 그 값은 0이다. ❑

정리 3.2-2

$n \in \mathbb{N}$ 이면 $\dfrac{dx^n}{dx} = nx^{n-1}$이다.

증명 $f(x) = x^n$이라 하자. 그러면 이항 정리에 의하여 다음을 얻는다.

$$\begin{aligned}
\lim_{h\to 0}\frac{f(x+h)-f(x)}{h} &= \lim_{h\to 0}\frac{(x+h)^n - x^n}{h} \\
&= \lim_{h\to 0}\frac{1}{h}\left\{\left(x^n + nx^{n-1}h + \frac{n(n-1)}{2!}x^{n-2}h^2 + \cdots + nxh^{n-1} + h^n\right) - x^n\right\} \\
&= \lim_{h\to 0}\left(nx^{n-1} + \frac{n(n-1)}{2!}x^{n-2}h + \cdots + nxh^{n-2} + h^{n-1}\right) \\
&= nx^{n-1}
\end{aligned}$$

따라서 도함수 f'가 존재하고 $f'(x) = nx^{n-1}$이다. ❑

다음 정리는 도함수의 정의와 극한에 관한 정리에 의하여 어렵지 않게 얻을 수 있다.

정리 3.2-3

두 함수 f와 g가 x에서 미분 가능하면 다음이 성립한다.

(1) $(f \pm g)'(x) = f'(x) \pm g'(x)$

(2) $(fg)'(x) = f'(x)g(x) + f(x)g'(x)$

(3) $\left(\dfrac{f}{g}\right)'(x) = \dfrac{f'(x)g(x) - f(x)g'(x)}{\{g(x)\}^2}$, $g(x) \neq 0$

증명 (1) 이에 대한 증명은 생략한다.

(2) 함수 f가 x에서 미분 가능하므로 x에서 연속이다. 미분 계수의 정의와 함수의 연속성을 이용하면 다음을 얻는다.

$$\begin{aligned}
&\lim_{h\to 0}\frac{f(x+h)g(x+h) - f(x)g(x)}{h} \\
&\quad = \lim_{h\to 0}\frac{f(x+h)\{g(x+h) - g(x)\} + g(x)\{f(x+h) - f(x)\}}{h} \\
&\quad = \lim_{h\to 0}f(x+h)\left(\lim_{h\to 0}\frac{g(x+h) - g(x)}{h}\right) + g(x)\left(\lim_{h\to 0}\frac{f(x+h) - f(x)}{h}\right) \\
&\quad = f(x)g'(x) + f'(x)g(x)
\end{aligned}$$

따라서 $(fg)'(x)$가 존재하고 $(fg)'(x) = f(x)g'(x) + f'(x)g(x)$이다.

(3) 먼저 함수 $1/g$의 도함수 $(1/g)'(x)$를 찾자. 함수 g가 x에서 연속이므로 다음이 성립한다.

$$\lim_{h\to 0} g(x+h) = g(x)$$

정의에 따라 $(1/g)'(x)$를 찾을 때, 위 식을 이용하면 다음을 얻는다.

$$\begin{aligned}
&\lim_{h\to 0}\frac{1}{h}\left\{\frac{1}{g(x+h)} - \frac{1}{g(x)}\right\} \\
&\quad = -\left(\lim_{h\to 0}\frac{1}{g(x+h)g(x)}\right)\left(\lim_{h\to 0}\frac{g(x+h) - g(x)}{h}\right) \\
&\quad = -\frac{g'(x)}{\{g(x)\}^2}
\end{aligned}$$

그러므로 $(1/g)(x)$의 도함수 $(1/g)'(x)$는 다음과 같다.

$$\left(\frac{1}{g}\right)'(x) = -\frac{g'(x)}{\{g(x)\}^2} \tag{3.2-1}$$

이제 식 (3.2-1)과 정리의 (2)로부터 다음을 얻는다.

$$\begin{aligned}\left(\frac{f}{g}\right)'(x) &= \frac{f'(x)}{g(x)} + f(x)\left(\frac{1}{g}\right)'(x) \\ &= \frac{f'(x)}{g(x)} - f(x)\left(\frac{g'(x)}{\{g(x)\}^2}\right) \\ &= \frac{f'(x)g(x) - f(x)g'(x)}{\{g(x)\}^2}\end{aligned}$$

따라서 정리의 (3)이 성립한다. ❑

예제 3.2-1 n이 정수일 때 다음이 성립함을 보여라.

$$\frac{dx^n}{dx} = nx^{n-1} \quad (x \neq 0)$$

증명 먼저 n이 음의 정수가 아닌 경우는 정리 3.2-1과 3.2-2에서 이미 보였다. 이제 n이 음의 정수라고 하자. 그러면 $n = -k$ $(k \in \mathbb{N})$으로 놓을 수 있다. 여기서 정리 3.2-3의 (3)을 이용하면 다음을 얻는다.

$$\frac{dx^n}{dx} = \frac{d}{dx}\left(\frac{1}{x^k}\right) = \frac{-kx^{k-1}}{x^{2k}} = -kx^{-k+1} = nx^{n-1}$$

따라서 $\dfrac{dx^n}{dx} = nx^{n-1}$이다. ❑

참고 (1) 정리 3.2-2는 정리 3.2-3을 이용하여 수학적 귀납법으로 보일 수도 있다.

(2) 예제 3.2-1은 일반적으로 n이 임의의 실수인 경우에도 성립한다. 이는 예제 3.2-4와 6.3절의 지수 함수의 미분법을 참조하라.

연쇄 법칙

많은 경우에 함수는 간단한 함수의 합성 함수로 나타낼 수 있다. 다음은 이런 합성 함수의 미분법에 관한 정리이다.

정리 3.2-4 (연쇄 법칙, Chain Rule)

두 함수 $y=g(u)$와 $u=f(x)$가 미분 가능하면 합성 함수 $g \circ f$도 미분 가능하고, 그 도함수 $(f \circ g)'$는 다음과 같다.

$$(g \circ f)'(x)=g'(f(x))f'(x)$$

즉, $\dfrac{dy}{dx}=\dfrac{dy}{du}\dfrac{du}{dx}$가 성립한다.

증명 $k=f(x+h)-f(x)$라고 하자. 그러면 $u=f(x)$이므로 x와 $x+h$ 사이에서 합성 함수 $g \circ f$의 평균 변화율은 다음과 같다.

$$\frac{g(f(x+h))-g(f(x))}{h}=\frac{g(u+k)-g(u)}{h} \tag{3.2-2}$$

f가 연속이므로 $\lim_{h\to 0} k=0$이고, 또한 $g(u)$가 미분 가능하므로 다음이 성립한다.

$$\lim_{s\to 0}\frac{g(u+s)-g(u)}{s}=g'(u)$$

여기서 함수 φ를 다음과 같이 정의하자.

$$\varphi(s)=\begin{cases} 0 & (s=0) \\ \dfrac{g(u+s)-g(u)}{s} & (s\neq 0) \end{cases} \tag{3.2-3}$$

그러면 $\lim_{s\to 0}\varphi(s)=0=\varphi(0)$이므로 함수 φ는 $s=0$에서 연속이다. 따라서 정리 2.3-2에 의해 다음이 성립한다.

$$\lim_{h\to 0}\varphi(k)=\varphi\left(\lim_{h\to 0}k\right)=\varphi(0)=0$$

또한 식 (3.2-3)에서 $s=k$이면 다음 등식을 얻는다.

$$g(u+k)-g(u)=kg'(u)+k\varphi(k) \tag{3.2-4}$$

이 등식은 $k=0$일 때도 성립한다. 그러므로 식 (3.2-2)와 식 (3.2-4)로부터 다음이 성립하므로 증명이 끝났다.

$$\begin{aligned}(g\circ f)'(x) &= \lim_{h\to 0}\frac{g(f(x+h))-g(f(x))}{h}\\ &= \lim_{h\to 0}\frac{g(u+k)-g(u)}{h} && [\text{식 } (3.2\text{-}2)]\\ &= \lim_{h\to 0}\frac{kg'(u)+k\varphi(k)}{h} && [\text{식 } (3.2\text{-}4)]\\ &= g'(u)\left(\lim_{h\to 0}\frac{f(x+h)-f(x)}{h}\right)+\left(\lim_{h\to 0}\frac{f(x+h)-f(x)}{h}\right)\varphi(k)\\ &= g'(u)f'(x)+f'(x)\varphi(0)\\ &= g'(f(x))f'(x)\end{aligned}$$

❑

예제 3.2-2 함수 $y=\left(\dfrac{1-x}{1+x}\right)^3$의 도함수 y'을 찾아라.

풀이 $u(x)-\dfrac{(1-x)}{(1+x)}$로 놓으면 $y=(u(x))^3$이므로 다음을 얻는다.

$$\frac{dy}{du}=3u^2=3\left(\frac{1-x}{1+x}\right)^2,\quad \frac{du}{dx}=\frac{-2}{(1+x)^2}$$

따라서 연쇄 법칙에 의하여 다음을 얻는다.

$$\frac{dy}{dx}=\frac{dy}{du}\frac{du}{dx}=-6(1-x)^2(1+x)^{-4}$$

❑

음함수의 미분

방정식 $g(x, y)=0$에 대하여 변수 x의 변역 X와 y의 변역 Y가 존재하여 방정식 $g(x, y)=0$을 대응 규칙으로 하는 함수 $f: X\to Y$가 정의되면 방정식 $g(x, y)=0$은 함수 f를 암시적 또는 음적으로 정의한다고 한다. 이때 $y=f(x)$를 변수 x의 **음함수**(implicit function)라고 한다. 음함수의 도함수를 구할 때는 주로 다음 두 가지 방법 중 하나를 이용한다.

(1) 방정식 $g(x,\ y)=0$을 y에 대해 풀어 얻는 식 $y=f(x)$를 x에 대해 미분한다.

(2) 변수 y를 x의 함수로 생각하고 방정식 $g(x,\ y)=0$의 양변을 연쇄 법칙을 써서 x에 대해 미분해서 얻은 방정식을 y'에 대하여 푼다.

위의 (2)와 같은 방법으로 도함수를 구하는 것을 음함수 미분법(implicit differentiation)이라고 한다.

예제 3.2-3 다음 방정식이 변수 y를 x의 함수로 음적으로 정의한다고 할 때, $\dfrac{dy}{dx}$를 찾아라.

$$x^3+y^3-3xy=0 \tag{3.2-5}$$

풀이 주어진 방정식을 y에 대해 풀어 y를 변수 x의 식으로 나타내기가 간단하지 않으므로 음함수 미분법을 사용한다. 따라서 식 (3.2-5)의 양변을 x에 대해 미분해서 다음을 얻는다.

$$3x^2+3y^2y'-3(y+xy')=0 \quad \left(\text{단, } y'=\frac{dy}{dx}\right)$$

이를 y'에 대해서 풀어 정리하면 다음과 같다.

$$\frac{dy}{dx}=\frac{y-x^2}{y^2-x} \quad (\text{단, } y^2-x\neq 0)$$

❑

예제 3.2-4 m과 $n\neq 0$이 정수일 때 함수 $y=x^{\frac{m}{n}}\ (x>0)$의 도함수 y'이 다음과 같음을 보여라.

$$y'=\frac{m}{n}x^{\frac{m}{n}-1} \quad (x>0)$$

증명 $y=x^{\frac{m}{n}}$의 양변을 n제곱하면 다음과 같다.

$$y^n=x^m$$

예제 3.2-1과 음함수 미분법을 써서 위 식의 양변을 미분하면 다음과 같다.

$$ny^{n-1}y' = mx^{m-1}$$

이를 지수 법칙을 써서 정리하면 다음을 얻는다.

$$y' = \frac{m}{n}\frac{x^{m-1}}{y^{n-1}} = \frac{m}{n}x^{\frac{m}{n}-1}$$

따라서 $y' = \frac{m}{n}x^{\frac{m}{n}-1}$ 이다. ❑

예제 3.2-5 함수 $y = \sqrt[3]{\frac{1-x}{1+x}}$ 의 도함수 y'을 찾아라.

풀이 $u = \frac{1-x}{1+x}$ 로 놓으면 $y = \sqrt[3]{u}$ 이므로 다음을 얻는다.

$$\frac{dy}{du} = \frac{1}{3}u^{-2/3} = \frac{1}{3}\left(\frac{1-x}{1+x}\right)^{-2/3}, \quad \frac{du}{dx} = \frac{-2}{(1+x)^2}$$

따라서 연쇄 법칙에 의하여 다음을 얻는다.

$$\frac{dy}{dx} = \frac{dy}{du}\frac{du}{dx} = -\frac{2}{3}(1-x)^{-2/3}(1+x)^{-4/3}$$ ❑

연습 문제 3.2

1. 주어진 점 x_0에서 다음 함수의 미분 계수를 찾아라.

(1) $f(x) = \frac{x^2+3}{x^3}$, $x_0 = 2$

(2) $f(x) = (x^3+2x^2+3)(x^2-2x+1)$, $x_0 = 2$

2. 다음 함수의 도함수를 찾아라.

(1) $y=\left(\dfrac{x^2+x}{2}\right)^6$ (2) $y=\sqrt[3]{\dfrac{1+x^2}{1-x^2}}$

3. 함수 f가 미분 가능할 때, 다음을 f와 그 도함수 f'을 써서 나타내라.

$$\frac{d}{dx}\{(3x-1)^8 f(2x+3)\}$$

4. 두 다항 함수 f와 g가 다음 식을 만족시킬 때 $x=3$에서의 함수 $y=f(x)g(x)$의 미분 계수를 찾아라.

$$\lim_{x\to 3}\frac{f(x)-5}{x-3}=2,\qquad \lim_{x\to 3}\frac{g(x)-4}{x-3}=3$$

5. 미분 가능한 함수 $f_1,\ f_2,\ \cdots,\ f_n$에 대하여 다음이 성립함을 보여라.

$$\{f_1(x)f_2(x)\cdots f_n(x)\}'=\sum_{k=1}^{n}f_1(x)f_2(x)\cdots f_k{}'(x)\cdots f_n(x)$$

6. 곡선 $y=\dfrac{2+x}{2-x}$에 있는 점 중에서 그 점에서의 접선이 직선 $4y+x-8=0$에 수직인 점을 찾아라.

7. 곡선 $x^{2/3}+y^{2/3}=4$에 있는 점 $(\sqrt[3]{3},\ 1)$에서의 접선의 방정식을 찾아라.

8. 음함수 $\sqrt{xy}-x=2007$을 만족시키는 x와 y에 대하여 다음 식이 성립함을 보여라.

$$2\sqrt{xy}-y-xy'=0$$

9. 다음 식에서 $\dfrac{dy}{dx}$를 찾아라.

(1) $x^2y-x+y=0$ (2) $x\sqrt{y}=y-1$

10. $x^2-6x+y^2-2y=15$일 때, 점 $(-1, 4)$에서 $\dfrac{dy}{dx}$를 찾아라.

11. 주어진 점 P에서 다음 곡선의 접선과 법선의 방정식을 찾아라.

(1) $x^3+y^3=9, \quad P(1,\ 2)$

(2) $y+\sqrt{x+y}=x, \quad P(3,\ 1)$

12. 평면의 점 $P(0,\ 1)$에서 함수 $f(x)=x^4-x^2+3$의 그래프에 그은 두 접선이 이루는 각이 θ일 때 $\tan\theta$를 찾아라(단, $0<\theta<\dfrac{1}{2}\pi$).

13. $n\in\mathbb{N}$ 이면 $\dfrac{dx^n}{dx}=nx^{n-1}$이 성립함을 수학적 귀납법으로 보여라.

14. 방정식 $x^2-xy+y^2=3$은 장축과 단축이 좌표축과 평행이 아닌 회전된 타원이다. 이 타원이 x축과 만나는 두 점을 구하고 이 두 점에서 두 접선이 평행임을 보여라.

3.3 삼각 함수와 그 도함수

먼저 삼각 함수(trigonometric function)에 관하여 간단히 복습한다.[1)]

그림 3.3-1과 같이 양의 x축을 시초선으로 하는 각 θ를 나타내는 동경에 있는 점 $P(x,\ y) \neq (0,\ 0)$을 택하여 다음과 같이 사인 함수와 코사인 함수를 정의한다.

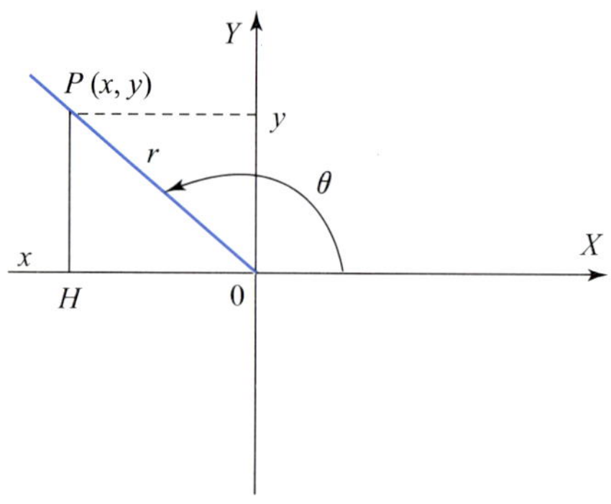

그림 3.3-1

$$\sin\theta = \frac{y}{r} = \frac{y}{\sqrt{x^2+y^2}},$$

$$\cos\theta = \frac{x}{r} = \frac{x}{\sqrt{x^2+y^2}} \tag{3.3-1}$$

여기서 함수 $\sin\theta$와 $\cos\theta$의 값은 각 θ의 동경에 있는 점 P의 선택에 따라 바뀌지 않는다.

흔히, 각 θ의 각도를 도(°)(degree)와 라디안(radian)으로 나타낸다. 여기서 1라디안은 단위원에서 호의 길이가 1인 호의 중심각에 대응하는 각도로 정의한다. 따라서 θ라디안이라 할 때, θ는 길이의 비이므로 실수이다. 또한 하나의 θ라디안인 각에 유일한 실수 θ가 대응하며, 그 역도 성립한다.

흔히 실수 x에 대하여 식 (3.3-1)의 삼각 함수를 각각 $\sin x$와 $\cos x$로 나타내고, 나머지 삼각 함수는 다음과 같이 정의한다.[2)]

$$\tan x = \frac{\sin x}{\cos x}, \quad \cot x = \frac{\cos x}{\sin x}, \quad \sec x = \frac{1}{\cos x}, \quad \csc x = \frac{1}{\sin x}$$

각 x의 동경에 있는 점을 단위원에서 택하면 다음 등식을 얻는다.

$$\sin^2 x + \cos^2 x = 1, \quad \tan^2 x + 1 = \sec^2 x, \quad 1 + \cot^2 x = \csc^2 x$$

---

1) 삼각 함수에 관한 더 자세한 논의는 부록 B를 참고하라.
2) 삼각 함수의 기본적인 성질은 부록 B의 B.2절을 참고하라.

다음은 삼각 함수의 덧셈 공식 및 그로부터 유도할 수 있는 삼각 함수에 관한 기본적인 항등식이다.3)

$$\sin(x \pm y) = \sin x \cos y \pm \cos x \sin y, \quad \cos(x \pm y) = \cos x \cos y \mp \sin x \sin y,$$

$$\tan(x \pm y) = \frac{\tan x \pm \tan y}{1 \mp \tan x \tan y},$$

$$\sin^2 \frac{x}{2} = \frac{1}{2}(1 - \cos x), \quad \cos^2 \frac{x}{2} = \frac{1}{2}(1 + \cos x), \quad \tan^2 \frac{x}{2} = \frac{1 - \cos x}{1 + \cos x},$$

$$\sin x \pm \sin y = 2\sin\left(\frac{x \pm y}{2}\right)\cos\left(\frac{x \top y}{2}\right),$$

$$\cos x + \cos y = 2\cos\left(\frac{x + y}{2}\right)\cos\left(\frac{x - y}{2}\right),$$

$$\cos x - \cos y = -2\sin\left(\frac{x + y}{2}\right)\cos\left(\frac{x - y}{2}\right)$$

예제 3.3-1 $\sin x$가 실수 전체의 집합 $\mathbb{R}$에서 연속임을 보여라.

풀이 a를 임의로 주어진 실수이고, ϵ을 임의로 주어진 양수라 하자. 정의에 의해 임의의 실수 θ에 대하여 $|\cos\theta| \le 1$이고 $|\sin\theta| \le |\theta|$이므로 $\delta = \epsilon$으로 선택하면, $|x - a| < \delta$를 만족시키는 모든 실수 x에 대하여 다음이 성립한다.

$$\begin{aligned} |\sin x - \sin a| &= 2\left|\cos\left(\frac{x + a}{2}\right)\sin\left(\frac{x - a}{2}\right)\right| \\ &\le 2\left|\sin\left(\frac{x - a)}{2}\right)\right| \le |x - a| < \epsilon \end{aligned}$$

따라서 $\sin x$는 a에서 연속이고 a는 임의의 실수이므로 $\sin x$는 $\mathbb{R}$에서 연속이다. ❑

나머지 삼각 함수들의 연속성은 예제 3.3-1, 삼각 함수 사이의 관계, 삼각 함수의 항등식, 연속 함수의 성질 등으로부터 쉽게 보일 수 있다. 이제 삼각 함수의 도함수를 찾자. 이를 위해 먼저 다음 정리가 필요하다.

---

3) 덧셈 공식은 부록 B의 B.2절을 참고하라.

정리 3.3-1

$$\lim_{\theta \to 0} \frac{\sin\theta}{\theta} = 1 \tag{3.3-2}$$

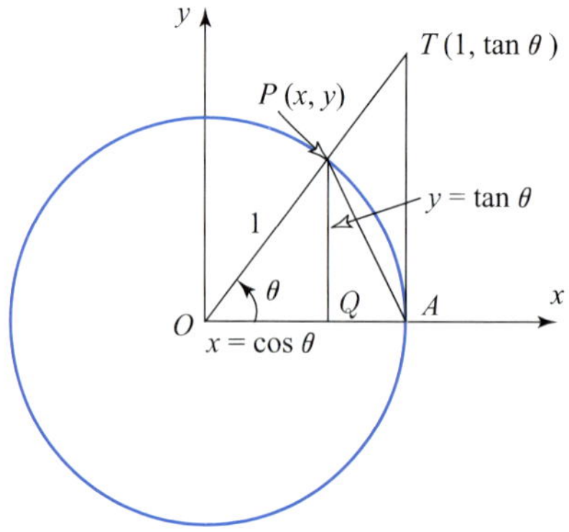

그림 3.3-2

증명 먼저 $0 < \theta \leq \frac{\pi}{2}$ 인 경우에 그림 3.3-2로부터 다음을 얻는다.

$$\triangle AOP\text{의 넓이} \leq \text{부채꼴 } AOP\text{의 넓이} \leq \triangle AOT\text{의 넓이}$$

위 부등식의 각 항은 각각 다음과 같다.

$$\triangle AOP\text{의 넓이} = \frac{1}{2} \cdot 1 \cdot \sin\theta = \frac{1}{2}\sin\theta,$$

$$\text{부채꼴 } AOP\text{의 넓이} = \frac{1}{2} \cdot (1)^2 \cdot \theta = \frac{1}{2}\theta,$$

$$\triangle AOP\text{의 넓이} = \frac{1}{2} \cdot (1) \cdot \tan\theta = \frac{1}{2}\tan\theta$$

따라서 다음 부등식이 성립한다.

$$\frac{1}{2}\sin\theta \leq \frac{1}{2}\theta \leq \frac{1}{2}\tan\theta$$

위 식을 다시 쓰면 $\cos\theta \leq \frac{\sin\theta}{\theta} \leq 1$이므로, $\lim_{\theta \to 0^+} \frac{\sin\theta}{\theta} = 1$이 성립한다.

한편 $\theta < 0$일 때는 $\alpha = -\theta$로 놓고 $\sin(-\theta) = -\sin\theta$를 이용하여 다음을 얻는다.

$$\lim_{\theta \to 0^-} \frac{\sin\theta}{\theta} = \lim_{\alpha \to 0^+} \frac{\sin\alpha}{\alpha} = 1$$

따라서 $\lim_{\theta \to 0} \frac{\sin\theta}{\theta} = 1$이다. ❑

정리 3.3-1과 삼각 함수의 기본 성질을 이용하여 다음을 얻는다.

정리 3.3-2 (삼각 함수의 도함수)

(1) $(\sin x)' = \cos x$　　(2) $(\cos x)' = -\sin x$

(3) $(\tan x)' = \sec^2 x$　　(4) $(\cot x)' = -\csc^2 x$

(5) $(\sec x)' = \sec x \tan x$　　(6) $(\csc x)' = -\csc x \cot x$

증명 (1) $\cos x$는 집합 $\mathbb{R}$에서 연속이므로 식 (3.3-2)에 의하여 다음이 성립한다.

$$\begin{aligned}(\sin x)' &= \lim_{h\to 0}\frac{\sin(x+h)-\sin x}{h}\\ &= \left(\lim_{h\to 0}\frac{\sin\left(\frac{h}{2}\right)}{\frac{h}{2}}\right)\lim_{h\to 0}\cos\left(x+\frac{h}{2}\right)\\ &= \cos x\end{aligned}$$

(2) $\cos x = \sin\left(x+\frac{\pi}{2}\right)$이므로 연쇄 법칙과 (1)에 의하여 다음이 성립한다.

$$(\cos x)' = \left\{\sin\left(x+\frac{\pi}{2}\right)\right\}' = \cos\left(x+\frac{\pi}{2}\right) = -\sin x$$

나머지는 (1)과 (2) 및 정리 3.2-3을 이용하여 보일 수 있다. □

예제 3.3-2 점 $x=\frac{\pi}{16}$에 대응하는 곡선 $y=\sin 4x$에 있는 점에서 접선의 방정식을 찾아라.

풀이 주어진 함수 y의 도함수가 $y' = 4\cos 4x$이므로 점 $x=\frac{\pi}{16}$에서 이 곡선의 접선의 기울기는 $4\cos\frac{\pi}{4} = 2\sqrt{2}$이다. 또 이 곡선은 $\left(\frac{\pi}{16}, \frac{1}{\sqrt{2}}\right)$을 지난다. 따라서 구하는 접선의 방정식은 다음과 같다.

$$y = 2\sqrt{2}\,x + \left(\frac{1}{2}\sqrt{2} - \frac{\sqrt{2}}{8}\pi\right)$$ □

예제 3.3-3 함수 $y = \sin 5x \sin^5 x$의 도함수 y'을 찾아라.

풀이 정리 3.2-3과 정리 3.3-2를 이용하여 다음과 같이 주어진 함수의 도함수를 찾는다.

$$\begin{aligned} y' &= 5\cos 5x \sin^5 x + 5\sin 5x \sin^4 x \cos x \\ &= 5\sin^4 x(\cos 5x \sin x + \sin 5x \cos x) \\ &= 5\sin^4 x \sin 6x \end{aligned}$$

❑

연습 문제 3.3

1. 다음이 성립함을 보여라.

(1) $\cos\left(x + \frac{\pi}{2}\right) = -\sin x$ (2) $\sin(\pi - x) = \sin x$

2. 함수 $f(x) = \begin{cases} x\sin\frac{1}{x} & (x \neq 0) \\ 0 & (x = 0) \end{cases}$은 원점에서 연속이나 미분 가능하지 않음을 보여라.

3. 함수 $f(x) = \begin{cases} x^2\sin\frac{1}{x} & (x \neq 0) \\ 0 & (x = 0) \end{cases}$은 실수의 집합 $\mathbb{R}$에서 미분 가능함을 증명하라.

4. 다음 극한을 찾아라.

(1) $\lim_{h \to 0} \frac{\cos(\pi + h) + 1}{h}$ (2) $\lim_{x \to \frac{\pi}{4}} \frac{\tan x - 1}{x - \frac{1}{4}\pi}$

5. 정리 3.3-2의 (3)~(6)이 성립함을 보여라.

6. 다음에 주어진 점 x_0에 대응하는 곡선에 있는 점에서 접선의 방정식을 찾아라.

(1) $y = \sin \pi x,\ x_0 = \dfrac{1}{2}$　　(2) $y = \dfrac{1}{\tan x},\ x_0 = \dfrac{\pi}{4}$

7. 다음 함수 y의 도함수 y'를 찾아라.

(1) $y = \cos(x^2+1)$　　(2) $y = 4\cos(3-2x)$

(3) $y = \dfrac{\sin x}{2+\cos x}$　　(4) $y = x\sin x$

(5) $y = \sqrt{\dfrac{1-\cos 4x}{1+\cos 4x}}$　　(6) $y = \tan(\sin x)$

(7) $y = \sqrt{\cos x}$　　(8) $y = \sin x \tan x$

8. 다음의 극한을 찾아라.

(1) $\lim\limits_{h\to 0} \sin\dfrac{2h}{h}$　　(2) $\lim\limits_{h\to 0} \dfrac{\cos 2h}{1+\sin h}$

(3) $\lim\limits_{h\to 0} \dfrac{\tan 3h}{h^2 \sin h \cos h}$

9. 모든 실수 x와 y에 대하여 다음 등식이 성립함을 보여라.

$$\sin(x+y)\sin(x-y) = \sin^2 x - \sin^2 y = \cos^2 y - \cos^2 x$$

10. 다음 함수의 그래프에 있는 점 중에서 기울기가 0인 접선을 가지는 점의 x좌표를 주어진 구간 I에서 찾아라.

(1) $f(x) = x + 2\sin x,\ I = (0,\ \pi)$

(2) $f(x) = 9\sin x \cos x,\ I = (-\infty,\ \infty)$

11. 함수 f가 실수의 집합 $\mathbb{R}$에서 미분 가능할 때 다음 함수 F와 G의 도함수를 찾아라.

$$F(x) = f(\sin x), \qquad G(x) = \sin f(x)$$

12. 용수철에 달려있는 물체가 마찰이 없는 평면에서 수평으로 진동할 때 시각 t(초)에 대한 위치 x(cm)가 $x(t) = 8\sin t$라고 하자.

(1) 시각 t에서 속도와 가속도를 찾아라.

(2) 시각 $t = 2\pi/3$에서 위치, 속도, 가속도를 찾아라.

13. 수직인 벽에 기대어 잇는 사다리의 길이가 6m, 사다리 꼭대기와 벽과의 각도가 θ, 사다리의 아래 끝에서 바닥을 따라 잰 벽까지의 거리를 x라고 하자. 사다리의 아래 끝이 미끌어진다면 $\theta = \pi/3$일 때 θ에 대한 x의 순간 변화율을 찾아라.

14. 진동하는 현의 한 위치의 입자의 변위가 $s(t) = 10 + \sin(10\pi t)/4$라고 하자. 여기서 s의 단위는 cm이고 t의 단위는 초이다. t초 후의 물체의 속도를 찾아라.

15. 변광성은 밝기가 변하는 별을 의미한다. 카페우스라는 변광성은 평균 밝기가 4.0, 밝기 변화량은 ± 0.35이며 밝기 변화의 주기는 5.4일이다. 이런 데이터에 근거하여 카페우스 변광성의 밝기 B를 시각 t(일)의 함수로 다음과 같이 표시할 수 있겠다.

$$B(t) = 4.0 + 035\sin\left(\frac{2\pi t}{5.4}\right)$$

여기서 t일에 밝기의 변화를 식으로 변화하라.

3.4 고계 도함수

미분 가능한 함수 f의 도함수 f'가 미분 가능하면 함수 f'의 도함수 $(f')'$을 f의 이계 도함수(second order derivative)라 하고 f'' 또는 $f^{(2)}$로 나타낸다. 예를 들면, 함수 $f(x)=(x^2+1)^2$의 도함수 f'와 이계 도함수 f''은 각각 다음과 같다.

$$f'(x)=4x^3+4x, \quad f''(x)=12x^2+4$$

마찬가지로 함수 f''가 미분 가능하면 f''의 도함수를 f의 삼계 도함수(third order derivative)라 하고 f''' 또는 $f^{(3)}$로 표시한다. 이와 같이 계속 반복하여 f의 n계 도함수(n-th order derivative)를 정의할 수 있다. 이때 f의 n계 도함수를 $f^{(n)}$ 또는 $\dfrac{d^n f}{dx^n}$로 나타낸다. 특히, 0계 도함수 $f^{(0)}$는 함수 f를 나타낸다.

예제 3.4-1 함수 $f(x)=(1+x)^m\ (x>-1)$의 각 계의 도함수는 다음과 같다.

$$f'(x)=m(1+x)^{m-1}, \quad f''(x)=m(m-1)(1+x)^{m-2}, \cdots,$$
$$f^{(n)}(x)=m(m-1)\cdots(m-n+1)(1+x)^{m-n}, \cdots$$

특히, m이 자연수라면 $f^{(m)}(x)=m!$이므로 $n>m$이면 $f^{(n)}(x)=0$이다.

예제 3.4-2 함수 $y=\sin x$의 n계 도함수를 찾아라.

풀이 먼저 y'과 y''을 찾으면 다음과 같다.

$$y'=\cos x=\sin\left(x+\frac{\pi}{2}\right), \quad y''=\cos\left(x+\frac{\pi}{2}\right)=\sin\left(x+\frac{2\pi}{2}\right)$$

수학적 귀납법으로 다음이 성립함을 보일 수 있다.

$$y^{(n)}=\sin\left(x+\frac{n\pi}{2}\right) \quad (n=0,\ 1,\ 2,\ \cdots)$$ □

예제 3.4-3 $x^2+y^2=a^2$일 때, $\dfrac{dy}{dx}$와 $\dfrac{d^2y}{dx^2}$를 찾아라.

풀이 y를 x에 관한 음함수로 보고 주어진 식 $x^2+y^2=a^2$의 양변을 x에 대해 미분하면, $2x+2y\dfrac{dy}{dx}=0$이므로 다음을 얻는다.

$$\frac{dy}{dx}=-\frac{x}{y} \qquad (y\neq 0)$$

또한 위 식의 양변을 같은 방법으로 x에 대해 미분하여 다음을 얻는다.

$$\begin{aligned}\frac{d^2y}{dx^2}&=\frac{d}{dx}\left(\frac{dy}{dx}\right)=\frac{d}{dx}\left(\frac{-x}{y}\right)\\&=-\frac{y-x(dy/dx)}{y^2}\\&=-\frac{y-x(-x/y)}{y^2}=-\frac{x^2+y^2}{y^3}\\&=-\frac{a^2}{y^3}\ (y\neq 0)\end{aligned}$$

❑

수학적 귀납법으로 다음 정리가 성립함을 보일 수 있다.

정리 3.4-1

집합 I에서 두 함수 f와 g의 n계 도함수가 존재하면, I에서 함수 $f\pm g$의 n계 도함수가 존재하고 다음이 성립한다.

$$(f\pm g)^{(n)}(x)=f^{(n)}(x)\pm g^{(n)}(x)$$

수학적 귀납법으로 다음과 같은 라이프니츠의 정리도 얻는다.

정리 3.4-2 (라이프니츠의 정리)

집합 I에서 두 함수 f와 g의 n계 도함수가 존재하면, I에서 두 함수의 곱 $f \cdot g$의 n계 도함수가 존재하고 다음이 성립한다.

$$(fg)^{(n)}(x) = \sum_{r=0}^{n} \frac{n!}{(n-r)!\,r!} f^{(n-r)}(x) g^{(r)}(x) \tag{3.4-1}$$

증명 $n=1$이면 식 (3.4-1)이 자명하게 성립한다. 이제 $k>1$에 대하여 식 (3.4-1)이 성립한다고 가정하자. 즉, 다음이 성립한다고 하자.

$$(fg)^{(k)}(x) = \sum_{r=0}^{k} \frac{k!}{(k-r)!\,r!} f^{(k-r)}(x) g^{(r)}(x) \tag{3.4-2}$$

여기서 f와 g의 $(k+1)$계 도함수가 존재한다고 하자. 그러면 $0 \le l,\ s \le k$일 때 함수 $f^{(l)}$와 $g^{(s)}$는 모두 미분 가능하며 이런 함수들의 곱과 합으로 표현된 식 (3.4-2)의 함수 $(fg)^{(k)}$는 미분 가능하다. 이제 식 (3.4-2)의 양변을 x에 대해 미분하면 다음을 얻는다.

$$\begin{aligned}
(fg)^{(k+1)}(x) &= \frac{d}{dx}\left\{\sum_{r=0}^{k} \frac{k!}{(k-r)!\,r!} f^{(k-r)}(x) g^{(r)}(x)\right\} \\
&= \sum_{r=0}^{k} \frac{k!}{(k-r)!\,r!} \left\{ f^{(k+1-r)}(x) g^{(r)}(x) + f^{(k-r)}(x) g^{(r+1)}(x) \right\} \\
&= f^{(k+1)}(x) g^{(0)}(x) + \sum_{r=1}^{k} \frac{k!}{(k-r)!\,r!} f^{(k+1-r)}(x) g^{(r)}(x) \\
&\quad + \sum_{r=0}^{k-1} \frac{k!}{(k-r)!\,r!} f^{(k-r)}(x) g^{(r+1)}(x) + f^{(0)}(x) g^{(k+1)}(x) \\
&= f^{(k+1)}(x) g^{(0)}(x) + f^{(0)}(x) g^{(k+1)}(x) \\
&\quad + \sum_{r=1}^{k} \left\{ \frac{k!}{(k-r)!\,r!} + \frac{k!}{(k+1-r)!\,(r-1)!} \right\} f^{(k+1-r)}(x) g^{(r)}(x)
\end{aligned}$$

한편, k가 자연수일 때 다음 등식이 성립한다.

$$\frac{k!}{(k-r)!\,r!} + \frac{k!}{(k+1-r)!\,(r-1)!} = \frac{(k+1)!}{(k+1-r)!\,r!} \quad (r = 1,\ 2,\ \cdots,\ k) \tag{3.4-3}$$

식 (3.4-3)을 이용하면 다음을 얻는다.

$$(fg)^{(k+1)}(x)=\sum_{r=0}^{k+1}\frac{(k+1)!}{(k+1-r)!r!}f^{k+1-r}(x)g^{(r)}(x)$$

따라서 식 (3.4-1)이 $n=k+1$일 때도 성립하므로 수학적 귀납법에 의하여 증명이 끝난다. ❑

예제 3.4-4 $a\neq 0$일 때 함수 $y=\dfrac{1}{a^2-x^2}$의 n계 도함수 $y^{(n)}$을 찾아라.

풀이 y를 다음과 같이 변형하자.

$$y=\frac{1}{a^2-x^2}=\frac{1}{2a}\left(\frac{1}{a+x}+\frac{1}{a-x}\right)$$

여기서 $f(x)=\dfrac{1}{a+x}$과 $g(x)=\dfrac{1}{a-x}$로 놓으면 다음이 성립한다.

$$f^{(n)}(x)=(-1)^n\frac{n!}{(a+x)^{n+1}},\quad g^{(n)}(x)=\frac{n!}{(a-x)^{n+1}}$$

그러므로 주어진 함수 y의 n계 도함수는 다음과 같다.

$$y^{(n)}=\frac{1}{2a}\{f^{(n)}(x)+g^{(n)}(x)\}=\frac{n!}{2a}\left\{\frac{(-1)^n}{(a+x)^{n+1}}+\frac{1}{(a-x)^{n+1}}\right\}$$ ❑

연습 문제 3.4

1. 함수 $f(x)=\sqrt{x}$의 이계 도함수 f''과 삼계 도함수 f'''을 찾아라.

2. 다음 함수의 삼계 도함수를 찾아라.

(1) $f(x)=3x^3+2x^2+5x+14$　　　(2) $f(x)=(1-3x)^6$

(3) $f(x) = \cos(3x)$ (4) $f(x) = \dfrac{2x}{x+1}$

3. 방정식 $x^3 + y^3 = 1$가 변수 y를 x의 음함수로 정의할 때 y의 이계 도함수 y''를 찾아라.

4. 함수 $f(x) = \dfrac{1}{x}$의 n계 도함수 $f^{(n)}$을 찾아라.

5. 다음 함수의 n계 도함수 $f^{(n)}$을 찾아라.

(1) $y = \sin(ax+b)$ (2) $y = \cos x$

6. n번 미분 가능한 함수 f에 대하여 $y = xf(x)$라 할 때, 다음이 성립함을 보여라.

$$\frac{d^n y}{dx^n} = xf^{(n)}(x) + nf^{(n-1)}(x)$$

7. 함수 $y = e^x \sin x$의 n계 도함수는 다음과 같음을 수학적 귀납법으로 보여라.

$$y^{(n)} = (\sqrt{2})^n e^x \sin\left(x + \frac{n\pi}{4}\right)$$

8. $\dfrac{dy}{dx} = \dfrac{1}{dx/dy}$일 때, $\dfrac{d^2y}{dx^2} = -\dfrac{d^2x/dy^2}{(dx/dy)^3}$임을 보여라.

9. 자연수 n에 대하여 $y = \dfrac{d^n}{dx^n}(x^2-1)^n$이라고 하자. 다음 물음에 답하라.

(1) $n = 2$이면 $(1-x^2)y'' - 2xy' + 6y = 0$이 성립함을 보여라.

(2) 일반적으로 모든 자연수 n에 대하여 다음이 성립함을 보여라.

$$(1-x^2)y'' - 2xy' + n(n+1)y = 0$$

❖ 메모

CHAPTER

4

도함수의 응용

이 장에서는 도함수를 이용하여 함수의 최대와 최소, 증가와 감소, 함수의 근사, 방정식의 해의 근삿값 등에 대하여 알아보기로 한다. 먼저 함수의 극대와 극소의 개념을 소개하고, 2절에서는 미분학에서 가장 중요한 정리의 하나인 평균값 정리를 증명한다. 3절에서는 함수의 증가와 감소를 다루며, 4절에서는 도함수를 이용하여 함수의 근삿값을 구하는 방법을 소개한다. 또 5절에서는 로피탈 법칙을 적용하여 부정형의 극한을 구하는 방법을 알아보고, 6절에서는 방정식의 해의 근삿값을 구하는 데 유용한 뉴턴의 방법을 소개한다.

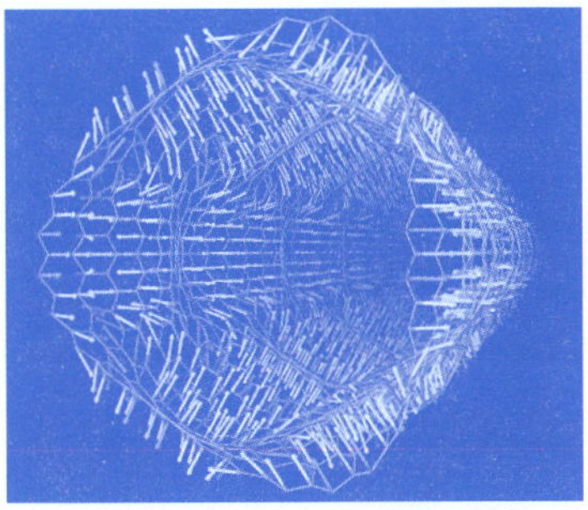

4.1 극대와 극소

함수 f의 정의역에 속하는 원소 a의 한 근방과 정의역과의 교집합에서 $f(a)$가 최댓값이면 점 a를 f의 극댓점, $f(a)$가 최솟값이면 점 a를 f의 극솟점이라 한다.[1] 이런 극댓점과 극솟점을 통틀어 f의 극점(extreme point)이라고 한다. 또 극댓점과 극솟점에서의 함숫값을 각각 f의 극댓값과 극솟값이라 하며, 통틀어 f의 극값(extreme value)이라고 한다.

이제 함수의 극점을 찾는 방법에 대하여 알아보자. 이를 위해 먼저 필요한 용어를 정의한다. 실수의 부분 집합 I에 대하여 점 $a\in I$의 적당한 근방 N이 I의 부분 집합일 때 a를 I의 내점(interior point)이라고 한다.

함수 f의 정의역이 I라고 하자. 이때 다음 중 하나를 만족시키는 점 $a\in I$를 f의 임계점(critical point)이라고 한다.

(1) a는 I의 내점이 아니다.
(2) a는 I의 내점이며 f는 a에서 미분 가능하지 않다.
(3) a는 I의 내점이며 방정식 $f'(x)=0$의 해이다.

다음 정리는 함수의 극댓값과 극솟값을 찾을 때 사용할 수 있는 정리이다.

정리 4.1-1

함수 f가 점 $x=a$에서 극값을 취하면 a는 f의 임계점이다.

증명 a가 함수 f의 정의역의 내점이 아니면 정의에 의하여 a는 f의 임계점이다. 이제 a가 정의역의 내점이며 극댓점이라고 하자 (극솟점인 경우도 비슷한 방법으로 증명할 수 있다). 그러면 f는 a에서 미분 가능하거나 미분 가능하지 않다. 미분 가능하지 않으면 정의에 의하여 a는 f의 임계점이므로 증명이 끝난다. 이제 f가 a에서 미분 가능하다고 하자. 그런데 f가 I의 내점 a에서 극댓값을 취하므로 다음을 만족시키는 양수 ϵ_0 존재한다.

1) 최댓값과 최솟값의 정의는 2.3절을 참고하라.

$$f(a+h)-f(a) \le 0, \quad a+h \in (a-\epsilon_0,\ a+\epsilon_0)$$

따라서 f의 a에서의 우미분 계수 $f'_+(a)$와 좌미분 계수 $f'_-(a)$는 다음과 같다.

$$f'_+(a) = \lim_{h\to 0^+} \frac{f(a+h)-f(a)}{h} \le 0 \tag{4.1-1}$$

$$f'_-(a) = \lim_{h\to 0^-} \frac{f(a+h)-f(a)}{h} \ge 0 \tag{4.1-2}$$

두 식 (4.1-1)과 (4.1-2) 및 f가 a에서 미분 가능하다는 사실에서 다음을 얻는다.

$$0 \le f'_-(a) = f'(a) = f'_+(a) \le 0$$

따라서 $f'(a)=0$이므로 a는 $f(x)$의 임계점이다. ❑

참고 (1) 정리 4.1-1의 역은 성립하지 않는다. 일반적으로 임계점이라고 해서 반드시 극점인 것은 아니다. 예를 들면, $x=0$은 함수 $f(x)=x^3$의 임계점이지만 극점이 아니다.
(2) 정리 4.1-1에 의하여 함수의 극값은 임계점에서만 나타난다. 따라서 닫힌 구간 I에서 함수 f의 최댓값과 최솟값은 I에 속한 f의 임계점에서의 함숫값을 비교하여 찾을 수 있다.

예제 4.1-1 닫힌 구간 [1, 5]에서 함수 $f(x)=2x^3-15x^2+36x$의 최댓값과 최솟값을 찾아라.

풀이 주어진 함수 f는 열린 구간 (1, 5)에서 미분 가능하며 도함수 f'는 다음과 같다.

$$f'(x) = 6x^2-30x+36$$

다음 방정식의 근 $x=2$와 3은 구간 [1, 5]의 내점이므로 f의 임계점이다.

$$6x^2-30x+36 = 6(x-3)(x-2) = 0$$

두 점 2와 3 및 양 끝점 1과 5에서 f의 함숫값을 찾으면 다음과 같다.

$$f(1)=23, \quad f(2)=28, \quad f(3)=27, \quad f(5)=55$$

따라서 주어진 f의 최댓값은 $x=5$에서 55이고, 최솟값은 $x=1$에서 23이다. ❑

예제 4.1-2 크기가 $16\text{cm} \times 30\text{cm}$인 철판의 네 귀를 정사각형으로 잘라 내어 뚜껑이 없는 직육면체 모양의 상자를 만들려고 한다. 이때 상자의 들이(용적)가 최대가 되는 높이는 얼마인가?

풀이 철판의 네 귀에서 잘라낼 정사각형의 한 변의 길이를 $x\text{cm}$이라 하면, 만들어진 상자의 들이 V는 다음과 같다.

$$V(x) = x(16-2x)(30-2x) = 480x - 92x^2 + 4x^3(\text{cm}^3) \quad (0 \le x \le 8)$$

이를 미분하면 $V'(x) = 480 - 184x + 12x^2$이다. 따라서 방정식 $V' = 0$의 근, 즉 함수 V의 임계점은 $x = \dfrac{10}{3}$과 $x = 12$이다. 그런데 $x = 12$는 범위 밖이며 $x = 0$과 $x = 8$일 때는 들이가 없다. 따라서 $x = \dfrac{10}{3}\text{cm}$가 되도록 네 귀를 잘라 낼 때 상자의 최대 들이 $V\left(\dfrac{10}{3}\right) = \dfrac{19600}{27}\text{cm}^3$을 얻는다. ❑

예제 4.1-3 구간 $[-1, 1]$에서 함수 $f(x) = 6x^{\frac{4}{3}} - 3x^{\frac{1}{3}}$의 최댓값과 최솟값을 찾아라.

풀이 먼저 도함수 f'를 찾으면 다음과 같다.

$$f'(x) = 8x^{\frac{1}{3}} - x^{-\frac{2}{3}} = x^{-\frac{2}{3}}(8x-1) = \frac{8x-1}{x^{2/3}}$$

따라서 방정식 $f'(x) = 0$의 근은 $x = \dfrac{1}{8}$이다. 한편 $x = 0$에서 주어진 f가 미분 가능하지 않다. 그러므로 f의 임계점은 0과 $\dfrac{1}{8}$ 및 구간 $[-1, 1]$의 양 끝점 -1과 1이다. 임계점에서의 함숫값은 다음과 같다.

$$f(-1) = 9 \quad f(0) = 0, \quad f\left(\frac{1}{8}\right) = -\frac{9}{8}, \quad f(1) = 3$$

따라서 주어진 f의 최솟값을 $f\left(\dfrac{1}{8}\right) = -\dfrac{9}{8}$이고 최댓값은 $f(-1) = 9$이다. ❑

연습 문제 4.1

1. 다음 함수의 극점을 모두 찾아라.

(1) $f(x)=2\cos x+\sin^2 x$ (2) $f(x)=|x^2-1|$

2. 다음 함수의 극댓값과 극솟값을 찾아라.

(1) $f(x)=\begin{cases}1 & \left(x=\dfrac{1}{n},\ n\in\mathbb{N}\right)\\ 0 & (\text{위의 경우가 아닐 때})\end{cases}$

(2) $f(x)=\begin{cases}\dfrac{1}{q} & \left(x=\dfrac{p}{q},\ \dfrac{p}{q}\text{는 기약 분수이고 } q>0\right)\\ 0 & (x\text{는 무리수})\end{cases}$

(3) $f(x)=\begin{cases}x & (x\text{는 유리수})\\ -x & (x\text{는 무리수})\end{cases}$

3. 함수 $f(x)=x+a+\dfrac{b}{x}$의 극댓값이 0이기 위한 두 상수 a와 b의 조건을 찾아라.

4. 주어진 닫힌 구간 I에서 다음 함수의 최댓값과 최솟값을 찾아라.

(1) $f(x)=x^4-81x,\quad I=[1,\ 3]$

(2) $f(x)=\sqrt[3]{x+1},\quad I=[-9,\ 7]$

(3) $f(x)=\sqrt{|x|},\quad I=[-3,\ 5]$

5. 다음 방정식의 실근의 개수를 조사하라.

(1) $x^5-5x+2=0$ (2) $x^3-12x-a=0$ (a는 상수)

6. 겉넓이가 A로 일정하고 밑면이 정사각형이며 뚜껑이 없는 상자를 만들려고 한다. 들이를 최대로 하려면 각 모서리의 길이를 얼마로 하여야 하는가? 또, 뚜껑이 있는 상자를 만든다면 모서리의 길이가 어떻게 달라지는가?

7. 겉넓이가 A로 일정하고 뚜껑이 없는 원기둥 모양의 휴지통이 있다. 이것의 들이를 최대로 하는 밑면의 반지름과 높이를 찾아라.

8. 수직선에 있는 네 점 a, b, c, d로부터 거리의 제곱의 합이 최소인 수직선의 점 P를 찾아라.

9. 허블 우주 망원경이 로켓에 실려 시각 $t = 0$에 발사되어 $t = 126$초에 우주선과 분리될 때까지 우주선의 속도(m/s)에 대한 모형은 다음 식과 같다.

$$v(t) = 0.0003968t^3 - 0.02752t^2 + 7.196t - 0.9397$$

이 모형을 이용해서 발사될 때부터 분리될 때까지 우주선 가속도의 최댓값과 최솟값을 찾아라.

10. 온도가 섭씨 T(℃)인 물 1kg의 부피 $V(\text{cm}^3)$는 $0 < T < 30$인 경우 대략 다음과 같다.

$$V = 999.87 - 0.06426T + 0.0085043T^2 - 0.0000679T^3$$

이를 이용해서 물의 밀도가 최대가 되는 온도를 찾아라.

4.2 평균값 정리

이 절에서는 미분 적분학에서 가장 중요한 정리의 하나이며 직관적으로 분명한 두 개의 정리를 증명한다. 먼저 롤[2]의 정리를 증명한다.

정리 4.2-1 (롤의 정리)

함수 f가 닫힌 구간 $[a,\ b]$에서 연속이고 열린 구간 $(a,\ b)$에서 미분 가능하다고 하자. $f(a)=f(b)=0$이면 적어도 하나의 $c\in(a,\ b)$가 존재해서 $f'(c)=0$이 성립한다.

증명 f가 주어진 구간에서 상수 함수이면 도함수는 항상 0이므로, 이 정리는 분명히 성립한다. 이제 f가 상수 함수가 아닌 경우를 생각하자. 조건에서 $f(a)=f(b)=0$이므로 $f(\xi)\neq 0$인 점 ξ가 구간 $(a,\ b)$에 존재한다. 먼저 $f(\xi)>0$이라 하자. 그러면 f가 구간 $[a,\ b]$에서 연속이므로 정리 2.3-4에 의하여 구간 $[a,\ b]$에 최댓점 c가 존재하고 $f(c)>0$이어야 한다. 그러면 최댓점 c는 a 또는 b가 될 수 없으므로 정리 4.1-1에 의하여 $f'(c)=0$이어야 한다.

같은 방법으로 $f(\xi)<0$인 경우에도 증명할 수 있다. ❑

참고 (1) 함수 f가 미분 가능하지 않는 점이 열린 구간 $(a,\ b)$에 있으면 롤의 정리가 일반적으로 성립하지 않는다. 예를 들면, 함수 $f(x)=1-|x|$는 $x=0$에서 미분 가능하지 않고, $x\neq 0$에서 $f'(x)\neq 0$이다. 따라서 함수 f가 닫힌 구간 $[-1,\ 1]$에서 연속이고 $f(-1)=f(1)=0$이지만 열린 구간 $(-1,\ 1)$에서 $f'(x)=0$인 점은 없다.

(2) 롤의 정리는 기하학적으로, 함수 f가 닫힌 구간 $[a,\ b]$에서 연속이고 열린 구간 $(a,\ b)$에서 미분 가능하며 $f(a)=f(b)=0$이면, f의 그래프에 있는 적어도 한 점에서 x축과 평행인 접선이 존재하고, 그런 점의 x좌표가 열린 구간 $(a,\ b)$에 있음을 뜻한다.

롤의 정리를 이용하여 다음 평균값 정리(mean value theorem)를 증명할 수 있다. 많은 경우에 평균값 정리를 이용하여 함수에 대한 많은 정보를 얻을 수 있다.

---

2) Michel Rolle (1652~1719) : 프랑스의 수학자

정리 4.2-2 (평균값 정리)

함수 f가 닫힌 구간 $[a, b]$에서 연속이고 열린 구간 (a, b)에서 미분 가능하면 다음을 만족시키는 점 $c \in (a, b)$가 적어도 하나 존재한다.

$$f'(c) = \frac{f(b) - f(a)}{b - a} \tag{4.2-1}$$

증명 함수 g를 다음과 같이 정의하자.

$$g(x) = f(x) - \frac{f(b) - f(a)}{b - a}(x - a) - f(a)$$

그러면 $g(a) = g(b) = 0$이다. 따라서 g는 롤의 정리의 가정을 만족시킨다. 그러므로 적어도 하나의 $c \in (a, b)$가 존재해서 다음이 성립한다.

$$g'(c) = f'(c) - \frac{f(b) - f(a)}{b - a} = 0$$

위 식을 다시 쓰면 다음과 같다.

$$f'(c) = \frac{f(b) - f(a)}{b - a}$$

따라서 증명이 끝난다. ❑

참고 (1) $\theta = (c - a)/(b - a)$와 $h = b - a$로 놓으면 평균값 정리의 식 (4.2-1)은 다음과 같이 쓸 수 있다.

$$f(a + h) = f(a) + hf'(a + \theta h) \qquad (0 < \theta < 1) \tag{4.2-2}$$

또 $a = 0$이고 $b = x$라고 하면 다음과 같이 쓸 수 있다.

$$f(x) = f(0) + xf'(\theta x) \qquad (0 < \theta < 1) \tag{4.2-3}$$

(2) 평균값 정리의 기하학적 의미는 함수 f가 닫힌 구간 $[a, b]$에서 연속이고 열린 구간 (a, b)에서 미분 가능하면, f의 그래프에 있는 두 점 $(a, f(a))$와 $(b, f(b))$를 연결하는 선분과 평행인 f의 접선이 적어도 하나 존재한다는 것이고 그런 접점의 x좌표는 열린 구간 (a, b)에 있다는 것이다.

예제 4.2-1 함수 $f(x) = \sqrt{x}$ 에 대하여 구간 [1, 4]에서 평균값 정리를 적용할 때 위의 참고 (1)에서의 c와 θ의 값을 찾아라.

풀이 주어진 함수에 대해 $f'(x) = \dfrac{1}{2\sqrt{x}}$ 이다. 또 평균값 정리에 의해 다음을 만족시키는 c가 두 점 1과 4 사이에 존재한다.

$$\frac{f(4)-f(1)}{4-1} = \frac{1}{3} = f'(c) = \frac{1}{2\sqrt{c}}$$

따라서 $c = \dfrac{9}{4}$ 이고 $\theta = (c-a)/(b-a) = \dfrac{5}{12}$ 이다. ❑

연습 문제 4.2

1. 함수 $f(x) = (x-1)\sin x$ 에 롤의 정리를 적용해서 방정식 $\tan x = 1 - x$ 의 근이 열린 구간 (0, 1)에 있음을 보여라.

2. 함수 $f(x) = \sqrt{1-x^2}$ 에 대하여 구간 [0, 1]에서 평균값 정리 4.2-2의 식 (4.2-1)을 만족시키는 c를 찾아라.

3. 평균값 정리를 이용하여 $\sqrt{26}$ 이 5와 5.1 사이에 있음을 보여라.

4. 닫힌 구간 $[a, b]$에서 연속이고 열린 구간 (a, b)에서 미분 가능한 함수 f가 열린 구간 (a, b)에 속하는 모든 점 x에서 부등식 $|f'(x)| \le 1$을 만족시키면 다음이 성립함을 보여라.

$$|f(x) - f(a)| \le |x - a| \quad (x \in [a, b])$$

5. 임의의 두 실수 x와 y에 대하여 다음 부등식을 만족시키는 f는 상수 함수임을 보여라.

$$|f(x)-f(y)| \le |x-y|^2$$

6. 평균값 정리를 이용하여 모든 실수 x와 y에 대하여 다음 부등식이 성립함을 보여라.

$$|\sin x - \sin y| \le |x-y|$$

7. 미분 가능한 함수 $f: \mathbb{R} \to \mathbb{R}$ 가 $|f'(x)| \le k < 1 (x \in \mathbb{R})$을 만족시킨다고 하자 (단, k는 양의 상수). 또 방정식 $x = f(x)$의 유일한 실근 α가 존재한다고 하자(연습 문제 4.3의 문제 8번 참조). 그러면 다음 점화식으로 정의되는 수열 $\langle a_n \rangle$는 α에 수렴함을 보여라(a_0는 임의의 실수).

$$a_n = f(a_{n-1}), \quad n = 1, 2, \cdots$$

8. 함수 $f(x) = |x-2|$에 대하여 $f(3)-f(0) = f'(c)(3-0)$을 만족시키는 실수 c가 존재하지 않음을 보여라. 이때 이러한 사실이 평균값 정리에 모순되는지를 말하고 그 이유를 설명하라.

9. 함수 f가 실수의 집합 $\mathbb{R}$에서 미분 가능하고 그 도함수 f'가 0이 아닌 상수 함수이면 f는 일차 함수임을 보여라.

10. 본문의 참고에 있는 식 (4.2-2)와 (4.2-3)을 유도하라.

11. 자동차 두 대가 동시에 출발하였다. 두 자동차는 서로 앞서고 뒤서고 하다가 동시에 결승점에 도달하였다고 하자. 이 두 차는 경기 중 어느 순간에 속력이 같은 적이 있음을 보여라. (*귀띔*: f와 g가 각각 t에서 두 자동차의 위치라면, $h(t) = f(t) - g(t)$를 생각하자.)

4.3 증가 함수와 감소 함수

구간 I에서 $x_1 < x_2$인 임의의 두 점 x_1과 x_2에 대하여 부등식 $f(x_1) \leq f(x_2)$를 만족시키는 함수 f는 I에서 증가 함수(monotone increasing function) 또는 증가한다(monotone increasing)고 한다. 한편, 함수 f가 부등식 $f(x_1) \geq f(x_2)$을 만족시키면 f는 I에서 감소 함수(monotone decreasing function) 또는 증가한다 (monotone decreasing)고 한다. 이런 증가 함수와 감소 함수를 통틀어 단조함수(monotone function)라고 한다.

특히, 구간 I에서 $x_1 < x_2$인 임의의 두 점 x_1과 x_2에 대하여 $f(x_1) < f(x_2)$이면 f를 구간 I에서 순증가 함수(strictly increasing function), $f(x_1) > f(x_2)$이면 f를 구간 I에서 순감소 함수(strictly decreasing function)라고 한다.

다음은 함수의 증가나 감소를 판정하는 데 유용한 정리이다.

정리 4.3-1

함수 f가 어떤 구간에서 연속이고, 그 구간의 양 끝점(있으면)을 제외한 열린 구간 I에서 미분 가능하면 다음이 성립한다.

(1) 구간 I의 모든 점 x에서 $f'(x) = 0$이면 f는 상수 함수이다.

(2) 구간 I의 모든 점 x에서 $f'(x) > 0$이면 f는 순증가 함수이다.

(3) 구간 I의 모든 점 x에서 $f'(x) < 0$이면 f는 순감소 함수이다.

증명 x_1과 x_2를 $x_1 < x_2$이며 구간 I에 속하는 두 점이라고 하자. 그러면 함수 f에 대해 평균값 정리 4.2-2에 의하여 다음을 만족시키는 점 $c \in (x_1,\ x_2)$가 존재한다.

$$f'(c) = \frac{f(x_2) - f(x_1)}{x_2 - x_1}$$

여기서 $x_2 > x_1$이므로 $x_2 - x_1 > 0$이 되어 다음이 성립한다.

$$f(x_2) - f(x_1) = (x_2 - x_1)f'(c) \tag{4.3-1}$$

따라서 x_1과 x_2가 임의의 점이므로 식 (4.3-1)을 이용하면 다음을 얻는다.

(1) f의 미분 계수가 구간 I 전체에서 0이면 $f(x_1)=f(x_2)$이다. 즉 f는 상수 함수이다.

(2) $f'(x)>0$이면 $f'(c)>0$이고, 따라서 $f(x_2)>f(x_1)$이다. 즉 f는 주어진 구간에서 순증가 함수이다.

(3) $f'(x)<0$이면 $f'(c)<0$이고, 따라서 $f(x_2)<f(x_1)$이다. 즉 f는 주어진 구간에서 순감소 함수이다. ❑

참고 $f'(x)\geq 0$이면 f는 증가 함수이고, $f'(x)\leq 0$이면 f는 감소 함수임을 위의 정리 4.3-1의 증명과 비슷한 방법으로 보일 수 있다.

상수 함수의 도함수는 0임을 알아본 바 있는데, 정리 4.3-1에서 그 역이 성립한다는 사실을 밝혔다. 이로부터 다음 정리를 얻는다.

정리 4.3-2

두 함수 f와 g가 구간 I에서 미분 가능하고 그 도함수가 서로 같으면 다음을 만족시키는 상수 C가 존재한다.

$$f(x)=g(x)+C,\quad x\in I$$

증명 $\varphi(x)=f(x)-g(x)$로 놓자. 그러면 $\varphi'(x)=f'(x)-g'(x)=0$이므로 φ는 상수 함수이다. 따라서 적당한 상수 C에 대해 구간 I에서 $f(x)=g(x)+C$이다. ❑

정리 4.3-1을 써서 함수의 임계점이 극솟점 또는 극댓점인지를 결정할 수 있다.

정리 4.3-3 (극값의 일계 도함수 판정법)

c가 $[a,\ b]$의 내점이고 연속 함수 $f:[a,\ b]\to\mathbb{R}$가 두 구간 $(a,\ c)$와 $(c,\ b)$에서 미분 가능하다고 하자. c가 f의 임계점이면 다음이 성립한다.

(1) $f'(x)>0\,(a<x<c)$이고 $f'(x)<0\,(c<x<b)$이면 c는 극댓점이다.

(2) $f'(x)<0\,(a<x<c)$이고 $f'(x)>0\,(c<x<b)$이면 c는 극솟점이다.

(3) $x \in (a,\ c)$이고 $y \in (c,\ b)$일 때 $f'(x) \cdot f'(y) > 0$이면 c는 극점이 아니다.

증명 (1)의 경우만 증명하고 나머지는 연습 문제로 남긴다.

두 점 $x \in (a,\ c)$와 $y \in (c,\ b)$에 대하여 두 구간 $[x,\ c]$와 $[c,\ y]$에서 평균값 정리를 적용하면 다음을 만족시키는 두 점 α와 β가 존재한다.

$$f(c) - f(x) = f'(\alpha)(c - x) \quad (x < \alpha < c) \tag{4.3-1}$$

$$f(y) - f(c) = f'(\beta)(y - c) \quad (c < \beta < y) \tag{4.3-2}$$

$\alpha \in (a,\ c)$일 때 $f'(\alpha) > 0$이므로 식 (4.3-2)에서 $f(c) > f(x)$이다. 또 $\beta \in (c,\ b)$일 때 $f'(\beta) < 0$이므로 식 (4.3-3)에서 $f(c) > f(y)$이다. x와 y는 임의의 점이므로 임의의 $z \in [a,\ b]$에 대하여 $f(z) \leq f(c)$이 성립한다. 즉 c는 극댓점이다. ❑

예제 4.3-1 함수 $f(x) = 2\sin x + \sin 2x\ (0 \leq x \leq 2\pi)$의 극값을 찾아라.

풀이 먼저 도함수 $f'(x)$를 찾으면 다음과 같다.

$$\begin{aligned} f'(x) &= 2\cos x + 2\cos 2x = 2(\cos x + 2\cos^2 x - 1) \\ &= 2(2\cos x - 1)(\cos x + 1) \end{aligned}$$

따라서 방정식 $f'(x) = 0$으로부터 $x = \dfrac{1}{3}\pi,\ \pi,\ \dfrac{5}{3}\pi$를 얻는다. 그런데 $\cos x + 1 \geq 0$이므로 도함수 f'의 부호는 $2\cos x - 1$에 따라 결정된다. 그러므로 정리 4.3-3에 의하여 함수 f의 극댓값은 $f\left(\dfrac{1}{3}\pi\right) = \dfrac{3}{2}\sqrt{3}$이고 극솟값은 $f\left(\dfrac{5}{3}\pi\right) = -\dfrac{3}{2}\sqrt{3}$이다. ❑

예제 4.3-2 $y = \sqrt[3]{x^2}\,(x^2 - 4)$의 극값을 찾아라.

풀이 $x = 0$에서 미분 불가능하고, $x \neq 0$이면 y의 도함수 y'은 다음과 같다.

$$y' = \frac{8(x+1)(x-1)}{3\sqrt[3]{x}}$$

따라서 정리 4.3-3에 의하여 $x = 0$은 극댓점이고 극댓값은 0이다. 또 $x = \pm 1$은 극솟점

이며 극솟값은 -3이다. ❑

정리 4.3-4

구간 I에서 미분 가능한 함수 f의 도함수 f'이 I에서 연속이라고 하자. I의 한 점에서 f'의 부호가 양(+)이고 I의 양 끝점을 제외한 모든 점 x에서 $f'(x) \neq 0$이면, f는 I에서 순증가 함수이다.

증명 구간 I에 $f'(c)$가 음수인 점 c가 존재한다면, 중간값 정리에 의하여 방정식 $f'(x)=0$를 만족시키는 점이 구간 I에 존재한다. 이는 $f'(x) \neq 0$이라는 가정에 모순이다. 따라서 I의 모든 점 x에서 $f'(x) > 0$이다. ❑

예제 4.3-3 부등식 $\sin x \leq x \ (x \geq 0)$을 증명하라.

증명 $f(x) = x - \sin x$로 놓자. 그러면 $f(0)=0$이고 $f'(x) = 1 - \cos x$이다. 그런데 모든 x에 대하여 $\cos x \leq 1$이므로 $f'(x) \geq 0$이다. 따라서 f는 증가 함수이고 또한 $f(0)=0$이다. 그러므로 모든 $x \geq 0$에 대하여 $f(x) \geq 0$, 즉 $\sin x \leq x$이다. ❑

연습 문제 4.3

1. 주어진 구간 I에서 다음 함수의 최댓점과 최솟점을 찾고, 그 구간에서 함수가 증가하는 구간과 감소하는 구간을 결정하라.

(1) $f(x) = 4 - 4x - x^2, \quad I = [-1,\ 4]$

(2) $f(x) = 3x - x^3, \quad I = [-\sqrt{2},\ \sqrt{3}]$

(3) $f(x) = x^{2/5}, \quad I = [-1,\ 1]$

(4) $f(x) = \sin x + \cos x, \quad I = [0,\ \pi]$

2. 함수 $f(x)=3x^4-8x^3+6x^2-1$의 임계점을 모두 찾고, 각 임계점에서 f의 극값을 판정하라.

3. 구간 $[-\sqrt{3},\ \sqrt{3}]$에서 함수 $f(x)=|x^3-3x|-4$의 최댓값과 최솟값을 찾아라.

4. 함수 $f:\mathbb{R}\to\mathbb{R}$는 모든 $x\in\mathbb{R}$에 대하여 $f'(x)=f(x)$를 만족시키고 $f(x)\neq 0$이라고 하자. 함수 $g:\mathbb{R}\to\mathbb{R}$가 모든 $x\in\mathbb{R}$에서 $g'(x)=g(x)$를 만족시키면, 적당한 상수 c가 존재해서 $g(x)=cf(x)$가 성립함을 보여라.

5. 구간 $\left[0,\ \frac{\pi}{2}\right]$에서 부등식 $\tan x\geq x$이 성립함을 보여라.

6. 두 함수 f와 g가 열린 구간 $I=(a,\ b)$에서 미분 가능하고, I의 모든 점 x에 대하여 $f'(x)>g'(x)$이며, I의 한 점 c에서 $f(c)=g(c)$라고 하자. 이때 $x>c$이면 $f(x)>g(x)$이고, $x<c$이면 $f(x)<g(x)$인을 보여라.

7. 정리 4.3-3을 증명하라.

8. 실수의 집합 $\mathbb{R}$에서 정의된 함수 f가 다음을 만족시킨다면, 방정식 $x=f(x)$의 실근이 단 하나 존재함을 보여라.

   (i) 도함수 f'가 실수의 집합 $\mathbb{R}$에서 연속이다.

   (ii) $f(0)=0$이고 상수 k가 존재해서 모든 실수 x에 대하여 부등식 $|f'(x)|\leq k<1$이 성립한다.

4.4 함수의 근삿값과 미분

함수 f가 점 x_0의 근방 I에서 미분 가능하다고 하자. 그러면 미분 계수의 정의로부터 다음을 얻는다.

$$\lim_{x\to x_0}\left\{\frac{f(x)-f(x_0)}{x-x_0}-f'(x_0)\right\}=\lim_{x\to x_0}\frac{f(x)-f(x_0)-f'(x_0)(x-x_0)}{x-x_0}=0$$

따라서 점 x_0에 가까운 점 x에 대하여 다음을 만족시키는 함수 $\epsilon(x)$가 존재한다.

$$f(x)=f(x_0)+f'(x_0)(x-x_0)+\epsilon(x)(x-x_0),\ \lim_{x\to x_0}\epsilon(x)=0 \tag{4.4-1}$$

그러므로 x가 x_0에 가까우면 식 (4.4-1)로부터 다음을 얻는다.

$$f(x)\approx L(x)=f(x_0)+f'(x_0)(x-x_0) \tag{4.4-2}$$

따라서 점 x_0의 근방에 있는 점 x에서의 함숫값 $f(x)$의 근삿값으로 식 (4.4-2)의 $L(x)=f(x_0)+f'(x_0)(x-x_0)$을 이용할 수 있다 (그림 4.4-1 참조).

미분 가능한 함수 f에 대해 식 (4.4-2)를 이용하여 f의 근삿값을 구하는 것을 선형 근사(linear approximation) 또는 일차 근사라고 한다. 이때 식 (4.4-2)의 일차 함수 L를 점 x_0에서 함수 f의 선형 근사 함수 또는 일차 근사 함수이라고 한다[3].

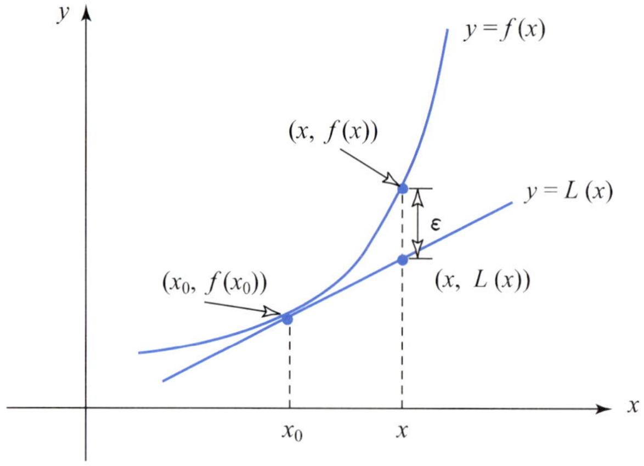

그림 4.4-1 선형 근사

3) 일차 근사의 일반화는 11.2절을 참조하라.

예제 4.4-1 실수 $\sqrt{1.1}$ 의 근삿값을 함수 $f(x)=\sqrt{x+1}$ 의 선형 근사 함수를 이용하여 찾아라.

풀이 $f(0)=1$ 이고 $f'(0)=\dfrac{1}{2\sqrt{1+0}}=\dfrac{1}{2}$ 이므로 $x=0$ 에서 f 의 선형 근사 함수 $L(x)$ 는 다음과 같다.

$$L(x)=f(0)+f'(0)x=1+\frac{1}{2}x$$

따라서 $\sqrt{1.1}$ 의 근삿값은 $\sqrt{1.1}\approx L(0.1)=1+\dfrac{1}{2}(0.1)=1.05$ 이다. 이때 (절대) 오차 = | 참값−근삿값 | 은 다음과 같다.

$$\text{오차}=|f(0.1)-L(0.1)|\approx|1.04881-1.05|=0.00119$$ ❑

예제 4.4-2 선형 근사를 이용하여 $(5.103)^2$ 의 근삿값을 찾아라.

풀이 함수 $f(x)=x^2$ 에 대하여 $x_0=5$ 라고 하자. 그러면 다음을 얻는다.

$$L(x)=f(5)+f'(5)(x-5)=25+10(x-5)$$

이로부터 $f(5.103)\approx 25+10(5.103-5)=26.03$ 을 얻는다. 그런데 실제로는 $(5.103)^2=26.040609$ 이므로 오차는 $|\,26.040609-26.03\,|=0.010609$ 이다. 여기서 (절대) 오차보다 다루는 수(값)의 크기에 대한 오차인 상대 오차[4](relative error)를 계산하면 다음과 같다.

$$\text{상대 오차}=\frac{|\text{오차}|}{|\text{참값}|}=\frac{0.01069}{26.04069}\approx 0.0004$$ ❑

오차 한계

이제 선형 근사 함수를 사용하여 함숫값의 근삿값을 구할 때 생기는 오차의 한계에 대하여 알아보자. 이를 위해 x_0 의 근방 I 에서 함수 f 의 이계 도함수가 존재하고 $x\in I$ 라고 하자. 그러면 $L(x)$ 와 $f(x)$ 를 다음과 같이 쓸 수 있다 (그림 4.4-1 참조).

4) 참값이 0인 경우는 상대 오차를 정의하지 않는다.

$$f(x) = L(x) + \epsilon = f(x_0) + f'(x_0)(x - x_0) + \epsilon \tag{4.4-3}$$

여기서 K는 $\epsilon = f(x) - L(x) = K(x - x_0)^2$을 만족시키는 실수이다. 이제 K를 찾기 위하여 다음과 같이 I에서 정의되는 함수 ϕ를 생각하자.

$$\phi(t) = f(t) - L(t) - K(t - x_0)^2 = f(t) - f(x_0) - f'(x_0)(t - x_0) - K(t - x_0)^2$$

그런데 $\phi(x_0) = 0$이고, 또 식 (4.4-3)로부터 $\phi(x) = 0$이므로 롤의 정리에 의해 다음을 만족시키는 c가 x와 x_0 사이에 존재한다.

$$0 = \phi'(c) = f'(c) - f'(x_0) - 2K(c - x_0)$$

또한 $\phi'(x_0) = 0$이므로 롤의 정리에 의해 $\phi''(\xi) = 0$을 만족시키는 ξ가 x_0와 c 사이에 존재하므로 다음을 얻는다.

$$\phi''(\xi) = f''(\xi) - 2K = 0, \quad K = \frac{1}{2}f''(\xi)$$

이상을 정리하면 다음과 같다.

정리 4.4-1

점 x_0의 근방 I에서 함수 $y = f(x)$의 이계 도함수가 존재한다고 하자. 그러면 집합 I의 점 x에 대하여 다음 식을 만족시키는 ξ가 x와 x_0 사이에 존재한다.

$$\begin{aligned} f(x) &= L(x) + \frac{f''(\xi)}{2}(x - x_0)^2 \\ &= f(x_0) + f'(x_0)(x - x_0) + \frac{f''(\xi)}{2}(x - x_0)^2 \end{aligned} \tag{4.4-4}$$

이계 도함수 f''이 x와 x_0을 포함하는 적당한 닫힌 구간 J에서 연속이면, 최대 · 최소 정리에 의해 $|f''(t)| \le M(t \in J)$을 만족시키는 상수 $M > 0$이 존재한다. 따라서 식 (4.4-4)를 이용하여 얻은 $f(x)$의 근삿값 $L(x)$의 오차 한계 $|\epsilon|$은 다음과 같다.

$$|\epsilon| = |f(x) - L(x)| \le \frac{1}{2}|f''(\xi)|(x - x_0)^2 \le \frac{1}{2}M(x - x_0)^2 \tag{4.4-5}$$

예제 4.4-3 닫힌 구간 $I=[0,\ 0.1]$의 점 x에 대하여 함수 $f(x)=\sqrt{1+x}$의 근삿값을 선형 근사 함수를 써서 구할 때의 오차 한계를 찾아라.

풀이 $f''(x)=-\frac{1}{4}(1+x)^{-3/2}$이다. 따라서 닫힌 구간 [0, 0.1]에서 $|f''(x)|\le\frac{1}{4}$이고, 식 (4.4-5)를 이용하여 오차 한계 $|\epsilon|$을 계산하면 다음과 같다.

$$|\epsilon|\le\frac{1}{2}\cdot\frac{1}{4}(0.1)^2=\frac{1}{800}=0.00125$$

❑

극값의 이계 도함수 판정법

정리 4.4-2 (극값의 이계 도함수 판정법)

닫힌 구간 $[a,\ b]$에서 함수 f의 이계 도함수 f''가 존재하고, f''이 $[a,\ b]$에서 연속이라고 하자. 이때 구간 $(a,\ b)$의 점 c에서 $f'(c)=0$이면 다음이 성립한다.

(1) $f''(c)>0$이면, $f(c)$는 극솟값이다.

(2) $f''(c)<0$이면, $f(c)$는 극댓값이다

(3) $f''(c)=0$이면, 극대 · 극소를 판정할 수 없다.

증명 (1) f''이 연속이고 $f''(c)>0$이므로 점 c의 적당한 근방 N의 임의의 점 x에 대하여 $f''(x)>0$이다 (2.3절의 연습 문제 10번 참조). 또 $x\in N$에 대하여 정리 4.4-1의 식 (4.4-4)로부터 다음 식을 만족시키는 점 ξ가 점 c와 x 사이에 존재한다.

$$f(x)=f(c)+f'(c)(x-c)+\frac{f''(\xi)}{2}(x-c)^2$$

여기서 $f'(c)=0$이고, $x\in N$이면 $f''(x)>0$이다. 특히, $f''(\xi)>0$이므로 임의의 $x\in N$에 대하여 $f(x)\ge f(c)$이다. 즉 $f(c)$는 극댓값이다.

(2) (1)과 비슷한 방법으로 증명한다.

(3) $f(x)=\pm x^4$에 대하여 $f'(0)=f''(0)=0$이다. 점 $x=0$은 함수 x^4의 극솟점이고, 함수 $-x^4$의 극댓점이다. 따라서 일반적으로 극대 · 극소를 판정할 수 없다. ❑

예제 4.4-4 함수 $f(x)=x^3-3x^2+1$의 극값을 찾아라.

풀이 $f'(x)=3x^2-6x=3x(x-2)$이므로 f의 임계점은 $x=0$과 2이다. 그리고 $f''(x)=6(x-1)$이므로 $f''(0)=-6<0$이고 $f''(2)=6>0$이다. 따라서 이계 도함수 판정법에 의하여 극댓점 $x=0$에서 극댓값 $f(0)=1$과 극솟점 $x=2$에서 극솟값 $f(2)=-3$을 얻는다. ❑

미분과 그 응용

함수 $y=f(x)$가 점 x_0의 근방 I에서 미분 가능하다고 하자. 이때 $x\in I$에 대하여 $\Delta y=f(x)-f(x_0)$과 $\Delta x=x-x_0$으로 놓으면, 식 (4.4-2)에서 다음을 얻는다.

$$\Delta y=f(x)-f(x_0)\approx f'(x_0)(x-x_0)=f'(x_0)\Delta x \tag{4.4-6}$$

따라서 충분히 작은 $\Delta x=dx$와 $\Delta y=dy$에 대하여 다음이 성립한다.

$$dy\approx f'(x)dx$$

이와 관련하여 $y=f(x)$가 x에서 미분 가능하다고 할 때, 다음 식에서 dy 또는 df를 x에서의 $y=f(x)$의 미분(differential)이라고 한다.

$$dy=f'(x)dx \text{ 또는 } df=f'(x)dx$$

식 (4.4-6)에서 $\Delta x=dx$라 하면 $\Delta y\approx f'(x_0)dx=dy$를 얻는다. 이는 독립 변수가 x_0에서 x까지 변할 때 종속 변수 y의 변화량, 즉 함숫값의 증분(변화량)을 함수 y의 미분 dy를 써서 근사적으로 나타낼 수 있다는 것을 의미한다.

예제 4.4-5 반지름 r이 2인 공의 반지름이 주위의 공기 온도가 올라가서 2.1이 되었을 때, 공의 부피 V는 근사적으로 얼마나 변했는가?

풀이 반지름이 r인 공의 부피는 $V(r)=\dfrac{4}{3}\pi r^3$이므로 $dV=4\pi r^2dr$이다. 따라서 $r=2$일 때 $dV=16\pi dr$이므로, $\Delta V=V(2.1)-V(2)\approx dV=V'(2)dr=16\pi dr$이다. 한편 $dr=2.1-2=0.1$이므로 $\Delta V\approx 1.6\pi$이다. ❑

참값 x와 그 근삿값 x^*의 절대 오차 $|x-x^*|$를 ϵ_{abs}로 나타내기로 하자. 먼저 삼각 부등식으로부터 다음을 얻는다.

$$|x^*|=|x+x^*-x|\le|x|+|x-x^*| \Rightarrow |x|\ge|x^*|-\epsilon_{abs}$$

여기서 $|x^*|>\epsilon_{abs}$일 때 근삿값 x^*의 상대 오차를 ϵ_{rel}로 나타내면, 위의 부등식을 다음과 같이 쓸 수 있다.

$$\epsilon_{rel}\le\frac{\epsilon_{abs}}{|x^*|-\epsilon_{abs}}, \quad |x^*|-\epsilon_{abs}>0, \quad \epsilon_{rel}=\frac{\epsilon_{abs}}{|x|}$$

이때 절대 오차 ϵ_{abs}가 근삿값의 절댓값 $|x^*|$보다 매우 작다면, 즉 $\epsilon_{abs}/|x^*|\approx 0$이면 다음을 얻는다.

$$\frac{\epsilon_{abs}}{|x^*|-\epsilon_{abs}}=\frac{\epsilon_{abs}}{|x^*|}\left(\frac{1}{1-\dfrac{\epsilon_{abs}}{|x^*|}}\right)\approx\frac{\epsilon_{abs}}{|x^*|} \quad (x^*\ne 0)$$

그러므로 상대 오차 ϵ_{abs}은 근사적으로 다음 식을 이용하여 구할 수 있다.

$$\epsilon_{rel}\approx\frac{\epsilon_{abs}}{|x^*|} \tag{4.4-6}$$

실제로 많은 문제에서 참값을 모르는 경우가 흔하다. 그러한 경우에 측정값(근삿값)과 측정 오차의 한계(절대 오차의 한계 또는 상대 오차의 한계)을 알고 있고, 또 절대 오차가 근삿값의 크기보다 매우 작다고 할 수 있으면 식 (4.4-7)을 이용하여 상대 오차 또는 절대 오차의 근삿값을 찾을 수 있다.

예제 4.4-6 어떤 삼각형의 한 각을 측정했더니 $\theta_0=45°$라고 한다. 이때 측정한 각 θ_0의 측정 (상대) 오차가 3%라면, $\sin\theta_0$의 값은 얼마나 정확한가?

풀이 먼저 $y=\sin\theta$라 놓자. 주어진 조건에서 각을 측정할 때 3%의 오차가 있다고 하므로 $|\Delta\theta/\theta_0|=0.03$이고, $|d\theta|\approx|\Delta\theta|=0.03|\theta_0|$이다. 따라서 $y=\sin\theta_0$의 상대 오차를 계산하면 다음과 같다.

$$\left|\frac{\Delta y}{y}\right| \approx \left|\frac{dy}{y}\right| = \left|\frac{\cos\theta_0 d\theta}{\sin\theta_0}\right| = |\cot\theta_0||d\theta| = 0.03|\theta_0||\cot\theta_0| \approx 0.0236$$

따라서 약 2.4%의 상대 오차가 있다. ❑

연습 문제 4.4

1. 점 $x=0$에서 다음 각 함수의 선형 근사 함수를 찾아라.

(1) $y=\sin x$

(2) $y=\dfrac{1}{1-x}$

(3) $y=(1+x)^k$ (k는 상수)

2. 선형 근사 함수를 이용하여 다음의 근삿값을 찾아라.

(1) $\sqrt{0.98}$

(2) $\dfrac{1}{9.78}$

3. 점 $x=0$에서 함수 $f(x)=\sin x+1$의 선형 근사 함수가 $L(x)=x+1$임을 보이고, 이를 이용했을 때 함숫값 $f(x)$의 선형 근삿값 $L(x)$의 오차의 크기가 0.02 보다 작게 되는 x의 범위를 찾아라.

4. 다음 물음에 답하라.

(1) 점 $x=1$에서 함수 $f(x)=\sqrt[3]{2-x}$의 선형 근사 함수를 찾아라.

(2) (1)의 선형 근사 함수를 이용하여 닫힌 구간 [0.9, 1]의 점 x에서의 함숫값 $f(x)$의 근삿값을 찾는다고 할 때, 근삿값의 오차 한계를 찾아라.

(3) (1)의 선형 근사 함수를 이용하여 $\sqrt[3]{1.01}$의 근삿값을 찾아라.

5. 함수 $f(x)=x^4-8x^2+75$의 임계점을 모두 찾고, 이계 도함수 판정법을 이용하여 각 임계점에서 함수 f의 극값을 판정하라.

6. 다음 함수의 미분 dy를 찾아라.

(1) $y = \sin 2x$　　　　(2) $y = \cos^2 3x$

(3) $y = \dfrac{x}{x^2+1}$

7. 예제 4.4-5에서 풍선의 반지름 r을 측정하였더니 2라고 한다. 이때 측정값의 참값에 대한 상대 오차가 10%라면, 반지름 $r = 2$를 이용하여 구한 부피 V의 상대 오차의 근삿값은 얼마인가?

8. 아인슈타인의 상대성 이론에 따르면 정지 상태에서 질량이 m_0인 물체가 속력 v로 움직이면 그 질량이 $m(v) = \dfrac{m_0}{\sqrt{1 - v^2/c^3}}$으로 변한다. 여기서 c는 빛의 속력이다.

(1) 이때 $v = 0$에서 $m(v)$의 선형 근사 함수를 찾아라.

(2) 선형 근사 함수를 이용해서 속력 v가 빛의 속력에 비해 아주 작을 때 $m(v)$는 거의 상수임을 보여라.

4.5 부정형의 극한

$x \to a$일 때 $\frac{0}{0}$ 꼴이 되는 다음과 같은 부정형의 극한을 구하는 문제를 자주 접하게 된다.

$$\lim_{x\to a}\frac{f(x)}{g(x)} \quad \left(\text{단, } \lim_{x\to a}f(x)=0=\lim_{x\to a}g(x)\right)$$

한편, $x=a$에서 함수 f의 미분 계수 $f'(a)$를 구하는 문제도 부정형 $\frac{0}{0}$의 극한을 구하는 문제이다.

$$f'(a)=\lim_{x\to a}\frac{f(x)-f(a)}{x-a}$$

이와 같은 관찰에서 부정형의 극한을 구하는 문제를 미분과 연관지어 생각해 보자.

다음 코시의 평균값 정리는 부정형의 극한을 구하는 데 유용한 로피탈 법칙을 증명할 때 이용된다.

정리 4.5-1 (코시의 평균값 정리)

두 함수 f와 g가 닫힌 구간 $[a,\ b]$에서 연속이고 열린 구간 $(a,\ b)$에서 미분 가능하며 모든 $x\in(a,\ b)$에 대하여 $g'(x)\neq 0$이라고 하자. 그러면 다음을 만족시키는 점 c가 a와 b사이에 적어도 하나 존재한다.

$$\frac{f(b)-f(a)}{g(b)-g(a)}=\frac{f'(c)}{g'(c)} \tag{4.5-1}$$

증명 $g(b)=g(a)$라면 평균값 정리 4.2-2에 의하여 다음을 만족시키는 점 γ가 열린 구간 $(a,\ b)$에 존재한다.

$$g'(\gamma)=\frac{g(b)-g(a)}{b-a}=0$$

이는 모든 $x\in(a,\ b)$에 대하여 $g'(x)\neq 0$이라는 사실에 모순이므로 $g(b)\neq g(a)$이다. 따라서 식 (4.5-1)의 분모는 0이 아니다. 이제 함수 F를 다음과 같이 정의하자.

$$F(x) = f(x) - f(a) - \frac{f(b) - f(a)}{g(b) - g(a)}\{g(x) - g(a)\}$$

그러면 F는 f와 g에 관한 조건으로부터 닫힌 구간 $[a,\ b]$에서 연속이고 열린 구간 $(a,\ b)$에서 미분 가능하며 $F(a) = 0 = F(b)$이다. 따라서 롤의 정리 4.2-1에 의하여 적어도 하나의 $c \in (a,\ b)$가 존재해서 $F'(c) = 0$이 성립하므로 다음을 얻는다.

$$F'(c) = f'(c) - \frac{f(b) - f(a)}{g(b) - g(a)} g'(c) = 0$$

그러므로 식 (4.5-1)이 성립한다. □

정리 4.5-2 (로피탈[5] 법칙)

두 함수 f와 g가 점 $x = a$의 근방 N에서 미분 가능하며 $f(a) = g(a) = 0$이라고 하자. 이때 극한 $\lim_{x\to a} \dfrac{f'(x)}{g'(x)}$이 존재하고 집합 N의 모든 점 x에서 $g'(x) \neq 0$이면 다음이 성립한다.

$$\lim_{x\to a} \frac{f(x)}{g(x)} = \lim_{x\to a} \frac{f'(x)}{g'(x)}$$

증명 정리 4.5-1로부터 다음을 만족시키는 점 c_x가 a와 x 사이에 존재한다.

$$\frac{f(x) - f(a)}{g(x) - g(a)} = \frac{f(x)}{g(x)} = \frac{f'(c_x)}{g'(c_x)}$$

그런데 $x \to a$이면 $c_x \to a$이고 $\lim_{x\to a} f'(x)/g'(x)$이 존재하므로 다음이 성립한다.

$$\lim_{x\to a} \frac{f(x)}{g(x)} = \lim_{cx\to a} \frac{f'(c_x)}{g'(c_x)} = \lim_{x\to a} \frac{f'(x)}{g'(x)}$$ □

한편 두 함수 f와 g가 충분히 큰 모든 x에 대하여 미분 가능하고, $\lim_{x\to\infty} f(x)/g(x)$가 부정형 $\frac{0}{0}$의 형태인 경우에도 $\lim_{x\to\infty} f'(x)/g'(x)$이 존재하면 다음의 로피탈 법칙이 성립한다. 이에 대한 증명은 생략한다.

---

5) Guillaume de L' Hospital (1661~1704) : 프랑스의 수학자

$$\lim_{x\to\infty}\frac{f(x)}{g(x)}=\lim_{x\to\infty}\frac{f'(x)}{g'(x)}$$

로피탈 법칙을 사용한 결과가 다시 부정형 $\frac{0}{0}$의 형태이면 다음과 같이 로피탈 법칙을 반복 적용하여 극한을 찾을 수 있다.

$$\lim_{x\to 0}\frac{x^3-5x^2}{x^3+2x^2}=\lim_{x\to 0}\frac{3x^2-10x}{3x^2+4x}=\lim_{x\to 0}\frac{6x-10}{6x+4}=-\frac{5}{2}$$

$x\to a$ 또는 $x\to\infty$일 때 두 함수 f와 g의 값이 모두 한없이 증가한다면, 함수 f/g는 부정형 $\frac{\infty}{\infty}$의 형태라고 한다. 이런 경우에도 로피탈 법칙을 사용할 수 있음이 알려져 있다. 다음은 부정형 $\frac{0}{0}$과 $\frac{\infty}{\infty}$의 극한에 관한 예이다.

예제 4.5-1 (1) $\lim_{x\to 0}\frac{\cos x-1}{x}=\lim_{x\to 0}\frac{-\sin x}{1}=0$

(2) $\lim_{x\to\infty}\frac{1-4x}{5+6x}=\lim_{x\to\infty}\frac{-4}{6}=-\frac{2}{3}$ ❑

한편 $x\to a$ 또는 $x\to\pm\infty$일 때 $f(x)\to 0$이고 $g(x)\to\infty$이면, 함수 fg는 부정형 $0\cdot\infty$의 형태라고 한다. 이런 경우에는 다음 식과 같이 변형한 후에 로피탈 법칙을 써서 극한값을 찾을 수 있다.

$$f(x)g(x)=\frac{f(x)}{\frac{1}{g(x)}}$$

다음은 부정형 $0\cdot\infty$의 예이다.

예제 4.5-2 (1) $\lim_{x\to 0}\sin 3x\cot 2x=\lim_{x\to 0}\frac{\sin 3x}{\tan 2x}=\lim_{x\to 0}\frac{3\cos 3x}{2\sec^2 2x}=\frac{3}{2}$

(2) $\lim_{x\to\infty}x\sin\frac{1}{x}=\lim_{x\to\infty}\frac{\sin\frac{1}{x}}{\frac{1}{x}}=\lim_{x\to\infty}\frac{\left(\cos\frac{1}{x}\right)\left(-\frac{1}{x^2}\right)}{-\frac{1}{x^2}}$

$=\lim_{x\to\infty}\cos\frac{1}{x}=1$ ❑

두 함수 f와 g의 값이 $x \to a$ 또는 $x \to \pm\infty$일 때 모두 한없이 증가하면, 함수 $f-g$는 부정형 $\infty - \infty$의 형태를 취한다고 한다. 이런 경우에는 함수 $f-g$를 분수식으로 변형한 후에 로피탈 법칙을 사용하여 극한을 찾는다.

예제 4.5-3 다음은 부정형 $\infty - \infty$의 예이다.

$$\lim_{x\to 0}\left(\frac{1}{\sin x}-\frac{1}{x}\right)=\lim_{x\to 0}\frac{x-\sin x}{x\sin x}=\lim_{x\to 0}\frac{1-\cos x}{\sin x+x\cos x}$$

$$=\lim_{x\to 0}\frac{\sin x}{2\cos x-x\sin x}=0$$

❑

참고 $x \to a$ 또는 $x \to \pm\infty$일 때 $(f(x)\to 0,\ g(x)\to 0)$ 또는 $(f(x)\to\infty,\ g(x)\to 0)$ 또는 $(f(x)\to 0,\ g(x)\to\infty)$ 또는 $(f(x)\to\infty,\ g(x)\to\infty)$이면, 함수 f^g는 각각 부정형 0^0, ∞^0, 0^∞, 1^∞의 형태라고 한다. 이런 경우에는 $y=f(x)^{g(x)}$로 놓고, 양변에 자연 로그[6]를 취하여 $g(x)\ln f(x)$의 극한을 구한 후에 y의 극한을 찾을 수 있다.

예제 4.5-4 다음은 부정형 1^∞의 예이다.

$$\lim_{n\to\infty}\left(1+\frac{1}{n}\right)^n=\exp\left\{\lim_{n\to\infty}\ln\left(1+\frac{1}{n}\right)^n\right\}=\exp\left\{\lim_{n\to\infty}\frac{\ln\left(1+\frac{1}{n}\right)}{\frac{1}{n}}\right\}$$

$$=\exp\left(\lim_{n\to\infty}\frac{1}{1+\frac{1}{n}}\right)=e$$

6) 6.3절을 참고하라.

연습 문제 4.5

1. 다음 극한을 찾아라.

(1) $\lim_{x \to \frac{\pi}{2}} \left(x - \frac{\pi}{2}\right)\tan x$

(2) $\lim_{x \to 0} (\csc x - \cot x)$

(3) $\lim_{x \to 0} \frac{\sqrt{2(2+x)} - 2}{x}$

(4) $\lim_{x \to 0} \frac{x - \sin x}{x^3}$

2. 다음 극한을 찾아라.

(1) $\lim_{h \to 0} \frac{\tan^4 h}{h^3 \sin h \cos h}$

(2) $\lim_{x \to 0} \frac{x^2 \sin \frac{1}{x}}{\sin x}$

3. 실수의 집합 $\mathbb{R}$에서 함수 f와 그 도함수 f'가 연속일 때 로피탈 법칙을 사용하여 다음이 성립함을 보여라.

$$\lim_{h \to 0} \frac{f(x+h) - f(x-h)}{2h} = f'(x)$$

4. 다음이 성립함을 보여라.

$$\lim_{x \to 1^+} \frac{1 - \sqrt[3]{x}}{\sqrt{x^2 - x}} = 0$$

4.6 뉴턴의 방법

방정식을 풀고 이를 응용하는 것은 수학에서 중요한 과제인데, 일차 방정식 또는 이차 방정식과 같이 공식으로 쉽게 풀 수 있는 것이 있는가 하면 다음 방정식과 같이 공식을 사용하여 풀 수 없는 경우도 있다.

$$\sin x - \frac{1}{x} = 0$$

이런 경우에 해의 근삿값을 구하는 방법으로 이분법(bisection method), 시컨트 방법(secant method), 뉴턴의 방법 등이 있다. 여기서는 미분 가능한 함수 f에 대한 방정식 $f(x) = 0$의 해의 근삿값을 구하는 데 사용할 수 있는 뉴턴의 방법을 소개한다.

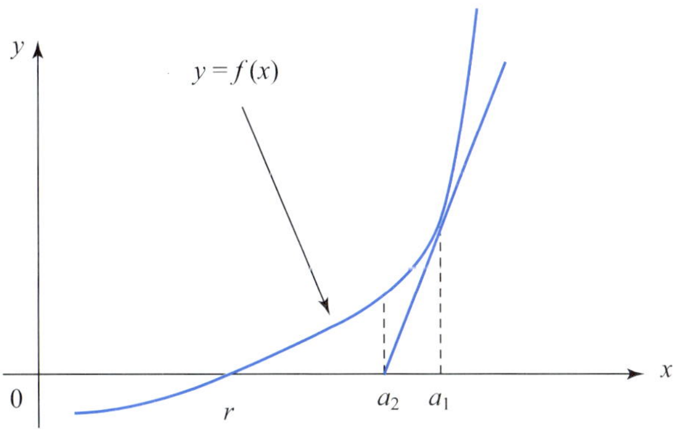

그림 4.6-1 뉴턴의 방법

그림 4.6-1에서와 같은 곡선 $y = f(x)$를 생각하자. $x = a_1$을 방정식 $f(x) = 0$의 해 r에 대한 첫째 근삿값이라 놓고, 다음과 같이 점 $(a_1, f(a_1))$에서 곡선에 대한 접선의 방정식을 구한다.

$$y - f(a_1) = f'(a_1)(x - a_1) \qquad (4.6\text{-}1)$$

점 a_1을 r에 가까운 값으로 택하면, 이 접선의 x절편 $x = a_2$는 a_1보다 r에 가까운 근삿값이 된다. 따라서 식 (4.6-1)에 $x = a_2$, $y = 0$을 대입하면 다음을 얻는다.

$$a_2 = a_1 - \frac{f(a_1)}{f'(a_1)}$$

이 과정을 반복하면 다음과 같은 수열 $\langle a_n \rangle$을 얻는다.

$$a_n = a_{n-1} - \frac{f(a_{n-1})}{f'(a_{n-1})} \quad (n \geq 2) \tag{4.6-2}$$

식 (4.6-2)로 정의되는 수열 $\langle a_n \rangle$을 이용하여 방정식의 해 또는 해의 근삿값을 구하는 방법을 뉴턴의 방법(Newton' method)이라고 한다.

참고 (1) 뉴턴의 방법은 미분 가능하지 않은 함수 f에 대한 방정식 $f(x) = 0$의 근의 근삿값을 구하는 데는 사용할 수 없다.

(2) 그림 4.6-2의 경우와 같이 첫째 근삿값 a_1을 방정식의 해 r에 충분히 가깝게 택하지 못하면 뉴턴의 방법으로 해의 근삿값을 구할 수 없는 경우가 있다.

(3) 함수 $F(x) = x - f(x)/f'(x)$에 대해 $|F'(x)| < 1$이 성립하면, 식 (4.6-2)의 수열 $\langle a_n \rangle$이 수렴한다는 사실이 알려져 있다. 이때 $\lim_{n\to\infty} a_n = a$라 하면 식 (4.6-2)로부터 $f(a) = 0$을 얻는다. 따라서 a는 방정식 $f(x) = 0$의 해이다.

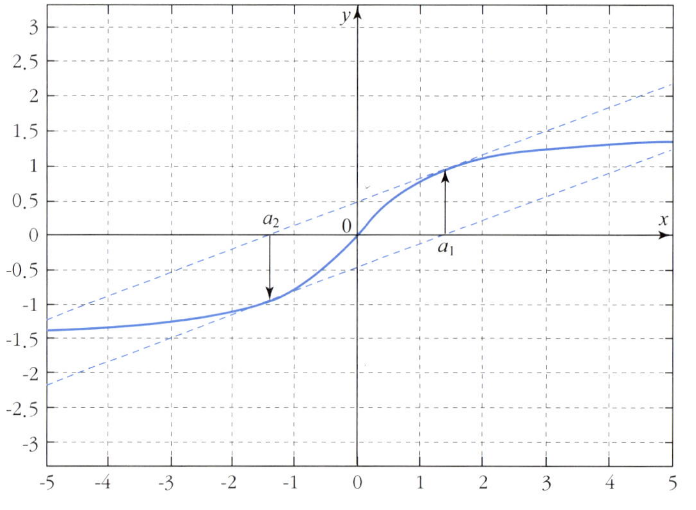

그림 4.6-2 뉴턴의 방법이 잘못되는 경우

예제 4.6-1 뉴턴의 방법으로 다음 방정식의 해의 근삿값 a_4를 $a_1 = 1$로 놓고 찾아라.

$$x^3 + 2x - 1 = 0$$

풀이 $f(x) = x^3 + 2x - 1$이고 $a_1 = 1$이므로 뉴턴의 방법으로 a_2를 구하면 다음과 같다.

$$a_2 = a_1 - \frac{f(a_1)}{f'(a_1)} = 1 - \frac{f(1)}{f'(1)} = \frac{3}{5}$$

이를 반복하면 a_3과 a_4는 다음과 같다.

$$a_3 = \frac{3}{5} - \frac{f\left(\frac{3}{5}\right)}{f'\left(\frac{3}{5}\right)} = \frac{179}{385} \approx 0.4649350649,$$

$$a_4 = \frac{179}{385} - \frac{f\left(\frac{179}{385}\right)}{f'\left(\frac{179}{385}\right)} = \frac{68537303}{151140605} \approx 0.45346717382$$

해의 더 정확한 근삿값은 0.4533976515이다. 이를 예제 2.3-6과 비교하라. ❑

연습 문제 4.6

1. 구간 $\left(0, \frac{1}{2}\pi\right)$에 방정식 $x - \cos x = 0$의 유일한 해 x_0이 존재한다. $a_1 = \frac{1}{4}\pi$를 x_0의 첫째 근삿값으로 하여 둘째 근삿값 a_2를 찾아라.(단, π의 근삿값으로 3.142를 사용하라.)

2. 함수 $f(x) = 10^x - 2$에 대하여 $F(x) = x - \frac{f(x)}{f'(x)}$라 할 때 다음 물음에 답하라.

   (1) 양의 실수 x에 대하여 $|F'(x)| < r < 1$임을 보여라(r은 상수).

(2) 뉴턴의 방법을 써서 방정식 $f(x)=0$의 해의 근삿값 a_6를 $a_1=1$로부터 컴퓨터나 계산기를 이용하여 찾아라.

3. $a_1=2$로 놓고 뉴턴의 방법으로 방정식 $x^2-2=0$의 양의 근을 찾을 때 a_4의 값은 얼마인가?

4. 뉴턴의 방법으로 다음 방정식의 해의 근삿값 a_3을 $a_1=\pi$로부터 찾아라. (단, $\pi \approx 3.142$)

$$\sin x - \frac{1}{x} = 0$$

5. 방정식 $x^2-a=a(a>0)$의 근을 뉴턴의 방법으로 찾을 때 다음 물음에 답하라.

(1) 뉴턴의 방법의 점화식 (4.6-2)가 다음과 같음을 보여라.

$$a_{n+1} = \frac{1}{2}\left(a_n + \frac{1}{a_n}\right)$$

(2) (1)에서 $a_1=1$이라 할 때, a_3을 찾아라.

CHAPTER

5

곡선과 극 좌표

함수의 그래프는 평면의 곡선으로 표현된다. 이런 곡선의 개형을 알아보기 위하여 함수의 증가와 감소 상태, 극댓점과 극솟점 등을 이용할 수 있다. 이 장에서는 곡선의 휘어진 상태를 조사하는 방법을 소개한다. 또한 매개 변수 방정식으로 곡선을 나타내는 방법을 알아보고, 평면의 점을 나타내는 또 다른 방법인 극 좌표를 소개한다. 그리고 곡선의 휜 정도를 양적으로 나타내는 곡률을 소개한다.

5.1 곡선의 볼록성과 변곡점

이 절에서는 먼저 함수의 그래프로 주어지는 곡선의 굽은 모양 또는 볼록성(convexity)을 알아본다.

구간 I에서 곡선 $y=f(x)$가 위로 휘어져 있다는 것은 그림 5.1-1과 같이 곡선에 있는 임의의 두 점 $P(\alpha,\ f(\alpha))$와 $Q(\beta,\ f(\beta))$를 잇는 선분 PQ가 구간 $(\alpha,\ \beta)\subset I$에서 곡선 $y=f(x)$의 위쪽에 있는 것이다. 이를 부등식을 써서 나타내 보자.

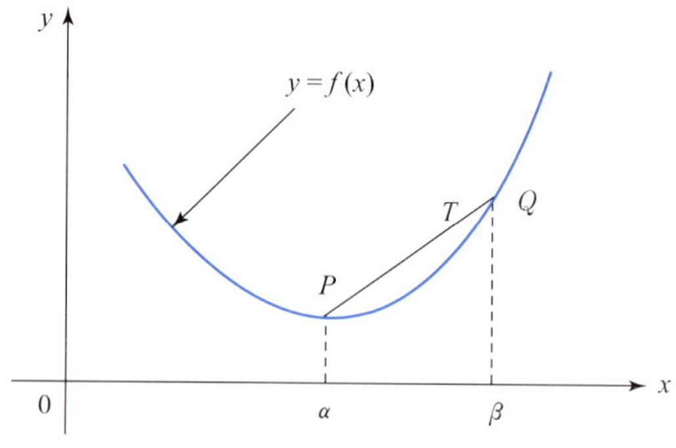

그림 5.1-1 위로 휘어진 곡선

그림 5.1-1에서 곡선 $y=f(x)$에 있는 두 점 $P(\alpha,\ f(\alpha))$와 $Q(\beta,\ f(\beta))$를 지나는 직선의 방정식은 다음과 같다.

$$y=f(\alpha)+\frac{f(\beta)-f(\alpha)}{\beta-\alpha}(x-\alpha)\quad(\alpha<\beta)$$

따라서 구간 $(\alpha,\ \beta)$에서 선분 PQ가 곡선 $y=f(x)$의 위쪽에 있다는 것은 다음 부등식이 성립한다는 것이다.

$$f(\alpha)+\frac{f(\beta)-f(\alpha)}{\beta-\alpha}(x-\alpha)\geq f(x)\quad(\alpha<x<\beta)\tag{5.1-1}$$

부등식 (5.1-1)을 이용하여 구간 I에서 정의된 함수 $f(x)$의 그래프로 주어지는 곡선의 휜 상태에 관해 다음과 같이 말한다.

구간 I의 임의의 두 원소 α와 $\beta(\alpha<\beta)$에 대하여 $f(x)$가 부등식 (5.1-1)을 만족시키면 곡선 $y=f(x)$는 I에서 위로 오목(concave upward) 또는 아래로 볼록(convex downward)이라고 한다.

한편, 구간 I의 임의의 두 원소 α와 $\beta(\alpha<\beta)$에 대하여 곡선 $f(x)$가 다음 부등식 (5.1-2)를 만족시키면 곡선 $y=f(x)$는 I에서 아래로 오목(concave downward) 또는 위로 볼록(convex upward)이라고 한다.

$$f(\alpha)+\frac{f(\beta)-f(\alpha)}{\beta-\alpha}(x-\alpha)\leq f(x)\quad(\alpha<x<\beta)\tag{5.1-2}$$

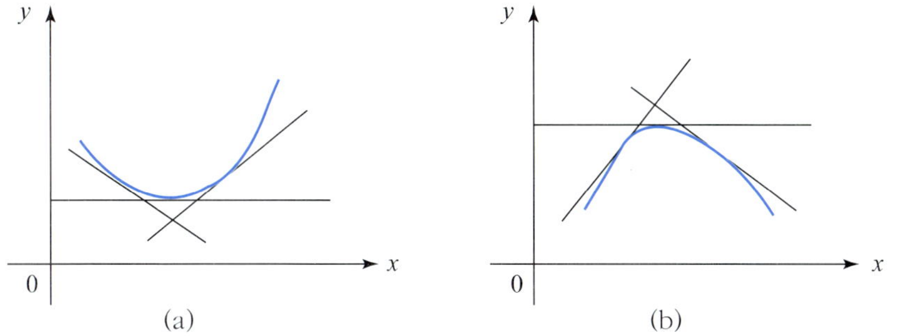

그림 5.1-2 (a) 아래로 볼록인 곡선과 (b) 위로 볼록인 곡선

함수 $f(x)$의 이계 도함수 $f''(x)$는 곡선 $y=f(x)$의 기울기 $f'(x)$의 변화율을 의미한다. 그러므로 f''의 부호가 구간 I에서 양이면 곡선의 기울기는 증가하므로, 이는 곡선이 위쪽으로 휘어져 있음을 의미한다. 한편, 이계 도함수 f''의 부호가 음이면 곡선이 아래쪽으로 휘어져 있다 (그림 5.1-2 참조).

정리 5.1-1

함수 f는 닫힌 구간 $[a, b]$에서 연속이고 열린 구간 (a, b)에서 f'과 f''가 존재하면, 다음이 성립한다.

(1) $x \in (a, b)$일 때 $f''(x) \geq 0$이면, 곡선 $y=f(x)$는 $[a, b]$에서 아래로 볼록이다.

(2) $x \in (a, b)$일 때 $f''(x) \leq 0$이면, 곡선 $y=f(x)$는 $[a, b]$에서 위로 볼록이다.

증명 (1) $[a, b]$에 속하는 임의의 α와 $\beta(\alpha<\beta)$에 대하여 함수 $\varphi:[\alpha, \beta]\to\mathbb{R}$를 다음과 같이 정의하고 $x\in[\alpha, \beta]$이면 $\varphi(x)\geq 0$임을 보이면 된다.

$$\varphi(x)=f(\alpha)+\frac{f(\beta)-f(\alpha)}{\beta-\alpha}(x-\alpha)-f(x) \quad (\alpha\leq x\leq\beta) \tag{5.1-3}$$

그러면 함수 φ의 도함수 φ'와 이계 도함수 φ''는 다음과 같다.

$$\varphi'(x)=\frac{f(\beta)-f(\alpha)}{\beta-\alpha}-f'(x), \quad \varphi''(x)=-f''(x) \quad (\alpha<x<\beta) \tag{5.1-4}$$

그런데 가정으로부터 구간 (a, b)에서 $f''(x)\geq 0$이고, 또 $(\alpha, \beta)\subset(a, b)$이므로 임의의 $x\in(\alpha, \beta)$에 대하여 $\varphi''(x)=-f''(x)\leq 0$이다. 따라서 정리 4.3-1의 뒤에 있는

참고에 의해 함수 φ'는 구간 $[\alpha,\ \beta]$에서 감소한다. 또한 $\varphi(\alpha)=\varphi(\beta)=0$이므로 롤의 정리에 의해 $\varphi'(c)=0$인 점 c가 구간 $(\alpha,\ \beta)$에 존재한다. 함수 φ'이 감소하고 $\varphi'(c)=0$이므로 구간 $[\alpha,\ c]$에서 $\varphi'(x)\geq 0$이고 구간 $[c,\ \beta]$에서 $\varphi'(x)\leq 0$이다. 즉 φ는 구간 $[\alpha,\ c]$에서 증가하고 구간 $[c,\ \beta]$에서 감소하므로 다음이 성립한다.

$$\varphi(x)\geq\varphi(\alpha)\ \ (\alpha\leq x\leq c),\qquad \varphi(x)\geq\varphi(\beta)\ \ (c\leq x\leq\beta)$$

그런데 $\varphi(\alpha)=\varphi(\beta)=0$이므로 위의 식에 의해 $x\in[\alpha,\ \beta]$이면 $\varphi(x)\geq 0$이다. 따라서 식 (5.1-3)으로부터 곡선 $y=f(x)$는 $[\alpha,\ \beta]$에서 아래로 볼록임을 알 수 있다. 한편 α와 β는 구간 $[a,\ b]$의 임의의 점이므로 곡선 $y=f(x)$는 구간 $[a,\ b]$에서 아래로 볼록이다.

(2)도 위와 같은 방법으로 증명할 수 있다. ❑

곡선이 아래로 볼록에서 위로 볼록으로 혹은 그 반대의 상태로 바뀌는 곡선의 점을 변곡점(inflection point)이라고 한다. 점 $(c,\ f(c))$가 이계 도함수가 연속인 함수 f의 그래프의 변곡점이면 $f''(c)=0$이다 (그림 5.1-3 참조).

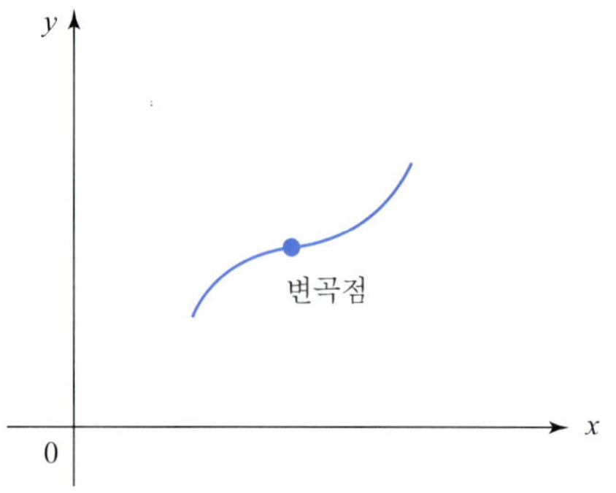

그림 5.1-3 변곡점

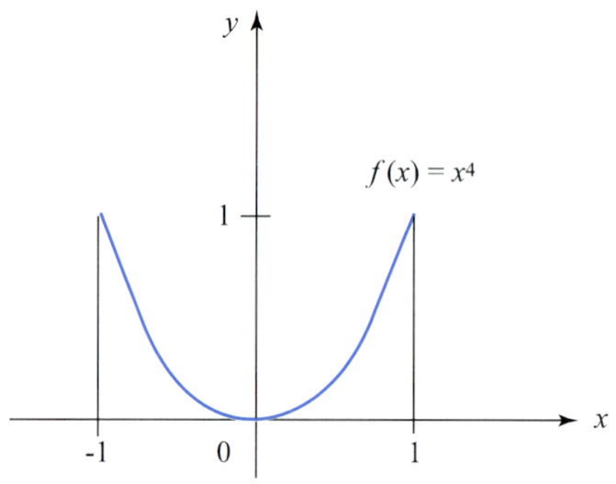

그림 5.1-4 $y=x^4$의 그래프

예제 5.1-1 $f(x)=x^4$의 변곡점을 조사하라 (그림 5.1-4 참조).

풀이 $f''(x)=12x^2$이므로 모든 x에 대하여 $f''(x)\geq 0$이다. 따라서 $f''(x)=0$이지만, f''의 부호가 0의 좌우에서 바뀌지 않으므로 곡선 $f(x)=x^4$의 변곡점은 없다. ❑

곡선 $y=f(x)$의 위로 볼록 또는 아래로 볼록인 범위, 변곡점 등은 곡선의 모양을 결정하는 데 큰 도움이 된다. 예를 들어, 곡선이 어떤 구간에서 감소하고 위로 볼록이면 곡선의 모양은 그림 5.1-5와 같고, 감소하고 아래로 볼록이면 그림 5.1-6과 같다.

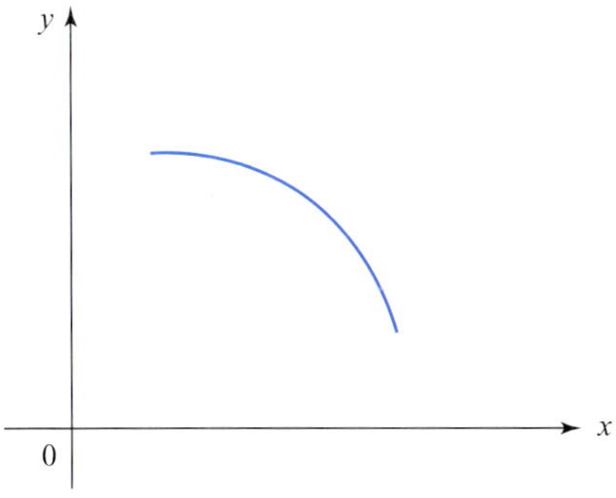

그림 5.1-5 감소하며 위로 볼록

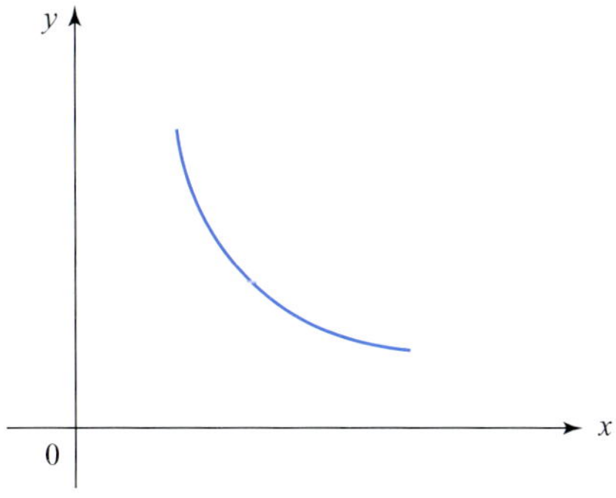

그림 5.1-6 감소하며 아래로 볼록

예제 5.1–2 곡선 $y = -x^3 + 3x - 5$의 아래로 볼록 또는 위로 볼록인 구간을 찾고, 변곡점을 찾아라.

풀이 $y'' = -6x$이므로 $x \le 0$에서 $y'' \ge 0$이고, $x \ge 0$에서 $y'' \le 0$이다. 그러므로 정리 5.1-1에 의하여 주어진 곡선은 $x \le 0$일 때 아래로 볼록이고, $x \ge 0$일 때 위로 볼록이며, 변곡점은 (0, -5)이다. ❑

연습 문제 5.1

1. 다음 곡선의 아래로 볼록, 위로 볼록인 구간을 찾고, 변곡점을 찾아라.

(1) $f(x) = x^4 - 6x^2 + 8$　　(2) $f(x) = \dfrac{1}{\sqrt{x-3}}$

(3) $y = \dfrac{1}{5}x^5 + \dfrac{2}{3}x^4 - \dfrac{2}{3}x^3 - 4x^2 + x + 2$　　(4) $y = x^2 + \dfrac{16}{x}$

2. 곡선 $y = ax^3 + bx^2$에 있는 점 (1, 2)가 변곡점일 때 a와 b의 값을 찾아라.

3. $f(x)=x-\sin x$일 때, 곡선 $y=f(x)$의 변곡점을 찾아라.

4. 함수 $f(x)=x^4-6ax^2+2x+1$의 그래프에 두 개의 변곡점이 있기 위한 실수 a의 조건을 찾아라.

5. 함수 f는 닫힌 구간 $[a,\ b]$에서 연속이고 이계 도함수 f''가 열린 구간 $(a,\ b)$에서 존재하며 $f''(x)\geq 0$일 때, 임의의 $\alpha,\ \beta\in[a,\ b]$에 대하여 다음이 성립함을 보여라.

$$f((1-t)\alpha+t\beta))\leq(1-t)f(\alpha)+tf(\beta)\quad(0<t<1)$$

6. 함수 f는 닫힌 구간 $[a,\ b]$에서 연속이고 이계 도함수 f''가 열린 구간 $(a,\ b)$에서 존재하며 $f''(x)\geq 0$이라고 하자. 그러면 임의의 $x_1,\ \cdots,\ x_n\in[a,\ b]$에 대하여 다음이 성립함을 보여라.

$$f(t_1x_1+\ \cdots\ +t_nx_n)\leq t_1f(x_1)+\ \cdots\ +t_nf(x_n)\quad(t_1+\ \cdots\ +t_n=1)$$

7. 문제 6의 부등식과 함수 $f(x)=x^2$을 이용하여 다음 슈바르츠 부등식을 증명하라.

$$\sum_{k=1}^{n}a_kb_k\leq\left(\sum_{k=1}^{n}a_k^2\right)^{\frac{1}{2}}\quad(a_k,\ b_k\geq 0,\ k=1,\ \cdots,\ n)$$

8. 함수 f는 구간 I에서 $f(x)>0$이고 이계 도함수 f''가 존재하며 아래로 볼록이라고 하자. 그러면 함수 $g(x)=\{f(x)\}^2$도 구간 I에서 아래로 볼록임을 보여라.

9. 함수 f가 미분 가능할 때 점 x_0에서의 볼록성을 다음과 같이 정의한다.

> (a) 도함수 f'이 x_0의 근방에서 순증가하면 f는 x_0에서 아래로 볼록이다.
> (b) 도함수 f'이 x_0의 근방에서 순감소하면 f는 x_0에서 위로 볼록이다.

점 x_0의 근방에서 함수 f의 이계 도함수 f''가 연속일 때 다음이 성립함을 보여라(연습 문제 2.3의 문제 10번 참조).

(1) $f''(x_0)>0$이면 f는 점 x_0에서 아래로 볼록이다.

(2) $f''(x_0)<0$이면 f는 점 x_0에서 위로 볼록이다.

(3) $f''(x_0)=0$이면 점 x_0에서 f의 볼록성을 판정할 수 없다.

5.2 곡선의 개형

함수의 그래프의 개형은 함수의 성질을 전체적으로 아는 데 큰 도움이 된다. 함수의 그래프의 개형을 알 수 있는 몇 가지 유용한 사항을 정리하면 다음과 같다.

1. x절편과 y절편
2. 임계점
3. 증가 및 감소 범위
4. 극댓점 및 극솟점
5. x가 양 또는 음으로 매우 커질 때의 상황
6. y를 양 또는 음으로 매우 커지게 하는 x의 값
7. 곡선이 위로 혹은 아래로 볼록인 범위

이를 이용하여 몇 가지 함수의 그래프의 개형을 알아보자.

예제 5.2-1 함수 $f(x) = \dfrac{x^2}{8} - \dfrac{1}{x}$의 그래프의 개형을 그려라.

풀이 위의 7 가지 사항을 검사하여 곡선의 그래프의 개형을 살펴본다.

1. 주어진 함수는 $x=0$에서 정의되어 있지 않으므로 y축과의 교점은 없고, x절편은 $x=2$이다.
2. $f'(x) = \dfrac{x}{4} + \dfrac{1}{x^2}$이므로 임계점은 $x = -\sqrt[3]{4}$이다.
3. $x < -\sqrt[3]{4}$이면 $f'(x) < 0$이므로 이 구간에서 감소하고, $x > -\sqrt[3]{4}$일 때 $f'(x) > 0$이므로 이 구간에서 증가한다.
4. $x = \sqrt[3]{4}$는 극솟점이다.
5. $\lim_{x\to\infty} f(x) = \lim_{x\to\infty}\left(\dfrac{x^2}{8} - \dfrac{1}{x}\right) = \infty$, $\quad \lim_{x\to-\infty} f(x) = \lim_{x\to-\infty}\left(\dfrac{x^2}{8} - \dfrac{1}{x}\right) = \infty$
6. $\lim_{x\to0^+}\left(\dfrac{x^2}{8} - \dfrac{1}{x}\right) = -\infty$, $\quad \lim_{x\to0^-}\left(\dfrac{x^2}{8} - \dfrac{1}{x}\right) = \infty$
7. $f''(x) = \dfrac{1}{4} - \dfrac{2}{x^3}$이므로 $x \geq 2$ 또는 $x \leq 0$이면 $f''(x) \geq 0$이고, $0 \leq x \leq 2$이

면 $f''(x) \leq 0$이다. 따라서 주어진 곡선의 그래프는 $x > 2$ 또는 $x < 0$에서 아래로 볼록이고, $0 < x < 2$에서는 위로 볼록이다.

이를 종합하면 주어진 함수의 그래프의 개형은 그림 5.2-1과 같다. ❑

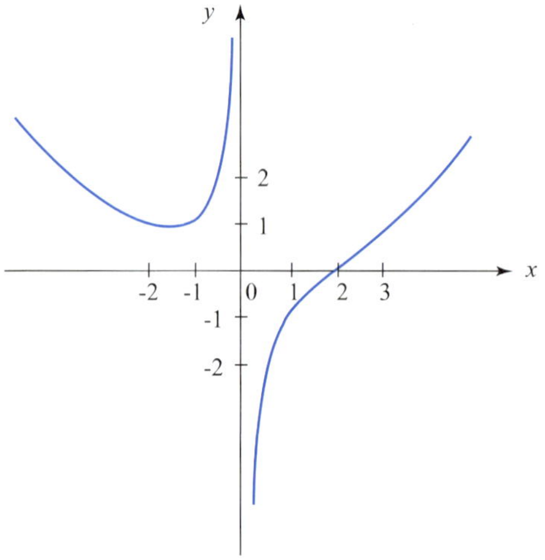

그림 5.2-1 $y = \dfrac{x^2}{8} - \dfrac{1}{x}$의 그래프

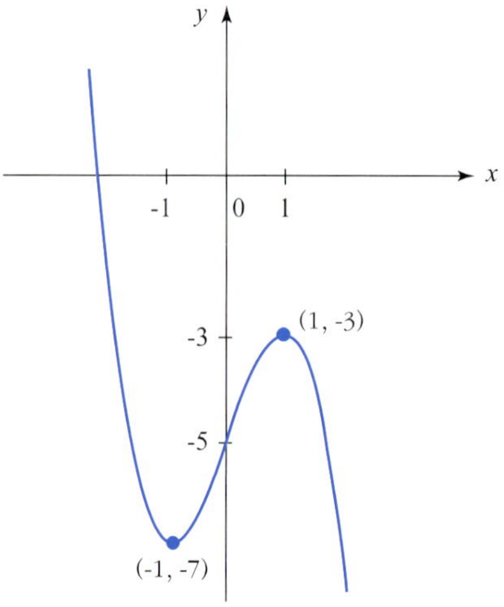

그림 5.2-2 $y = -x^3 + 3x - 5$의 그래프

예제 5.2-2 함수 $f(x) = -x^3 + 3x - 5$의 그래프의 개형을 그려라.

풀이 위의 7 가지 사항을 조사하여 그래프의 개형을 그린다.

1. $x = 0$일 때 $y = -5$이다.
2. $f'(x) = -3x^2 + 3$이므로 임계점은 $x = \pm 1$이다.
3. $f'(x) > 0$으로부터 증가하는 구간은 $-1 < x < 1$이고, $f'(x) < 0$으로부터 감소하는 구간은 $x > 1$ 또는 $x < -1$이다.
4. $x < -1$에서 감소하고 $-1 < x < 1$에서 증가이므로 $x = -1$은 극솟점이고, $-1 < x < 1$에서 증가하고 $x > 1$에서 감소하므로 $x = 1$은 극댓점이다. 극솟값은 $f(-1) = -7$이고 극댓값은 $f(1) = -3$이다.
5. $\displaystyle\lim_{x\to\infty} f(x) = \lim_{x\to\infty}(-x^3)\left(1 - \frac{3}{x^2} + \frac{5}{x^3}\right) = -\infty$, $\displaystyle\lim_{x\to-\infty} f(x) = \infty$
6. 함수의 정의역이 $\mathbb{R}$ 이므로 함숫값의 극한이 무한대가 되는 점이 없다.

7. $f''(x) = -6x$ 이므로 $x < 0$ 에서 아래로 볼록이고, $x > 0$ 에서는 위로 볼록이며, 변곡점은 (0, −5)이다.

이상을 종합하면 주어진 함수의 그래프의 개형은 그림 5.2-2와 같다. ❑

연습 문제 5.2

1. 다음 함수의 그래프를 그리고 극점이나 변곡점이 있으면 찾아라.

(1) $y = \dfrac{x^2 - 1}{x^3}$

(2) $y = 2x^2 - \dfrac{1}{4}x^4$

(3) $y = \sqrt[3]{x}$

(4) $y = (x-4)^{2/3}$

(5) $y = \dfrac{1}{5}x^5 - x^4 + x^3 + 2$

(6) $y = (x+3)^2(x-1)^{2/3}$

(7) $y = \dfrac{x^2 + 2x - 2}{2x}$

(8) $y^2(a-x) = x^3 \quad (a > 0)$

(9) $y^2 = \dfrac{x}{1-x}$

(10) $y = \sin 2x + \sqrt{3}\cos 2x$

(11) $x^2 y = x^3 - 4$

(12) $y = \dfrac{2x}{x^2 + 1}$

2. a, b, c, d를 서로 다른 네 실수라 하자 (단, $a < b < c < d$). 이때 다음 곡선은 어떤 모양인가?

(1) $(x-a)(x-b)$

(2) $(x-a)(x-b)(x-c)$

(3) $(x-a)(x-b)(x-c)(x-d)$

3. 함수 f 의 도함수 f' 의 그래프가 그림 5.2-3과 같을 때 다음 물음에 답하라.

(1) f가 증가하는 구간과 감소하는 구간은 어디인가?

(2) f 의 극점은 어디인가?

(3) f의 위로 볼록인 구간과 아래로 볼록인 구간을 찾아라.

(4) f의 변곡점은 어디인가?

(5) $f(0) = 0$이라고 하자. 이때 f의 그래프의 개형을 그려라.

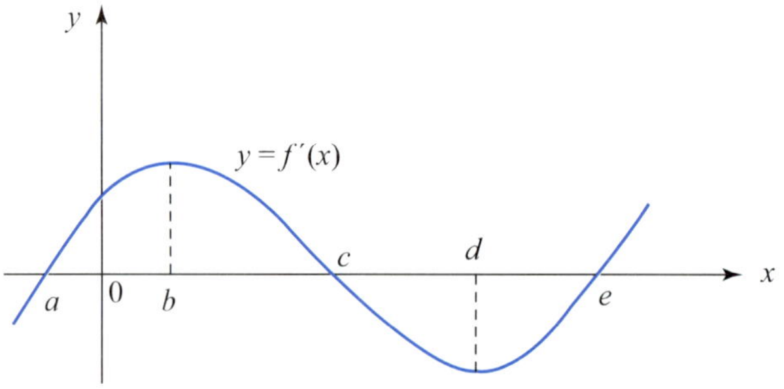

그림 5.2-3 문제 4에서 f'의 그래프

4. 상대성 이론에 의하면 정지 상태에서 질량이 m_0인 입자가 관찰자에 대한 상대 속력 v로 움직이면 질량 m은 속력 v의 함수로 아래와 같이 표현된다. 이 함수의 그래프를 그려라.

$$m = \frac{m_0}{\sqrt{1 - v^2/v^2}} \text{ (단, } c\text{는 빛의 속력)}$$

5.3 곡선의 매개 변수 표현

평면에 주어진 곡선에 있는 점의 직교 좌표 (x, y)가 다음과 같이 각각 제 3의 변수 t의 함수로 표현된다고 하자.

$$x = f(t), \quad y = g(t) \tag{5.3-1}$$

이때 변수 t를 매개 변수(parameter)라 하고, 식 (5.3-1)을 주어진 곡선의 매개 방정식 또는 매개 변수 방정식(parametric equation)이라 한다. 식 (5.3-1)에서 t를 소거하면 그 곡선의 직교 방정식을 얻을 수 있다.

예제 5.3-1 다음 매개 방정식으로 정의된 곡선의 개형을 그려라.

(1) $x = \cos\theta, \ y = 4\sin^2\theta$ (2) $x = \dfrac{1}{2}t, \ y = 4 - t^2$

풀이 각 방정식에서 θ와 t의 값이 변할 때, 이에 대응하는 x와 y의 값을 구하여 곡선을 그리면 그림 5.3-1과 같다. ❑

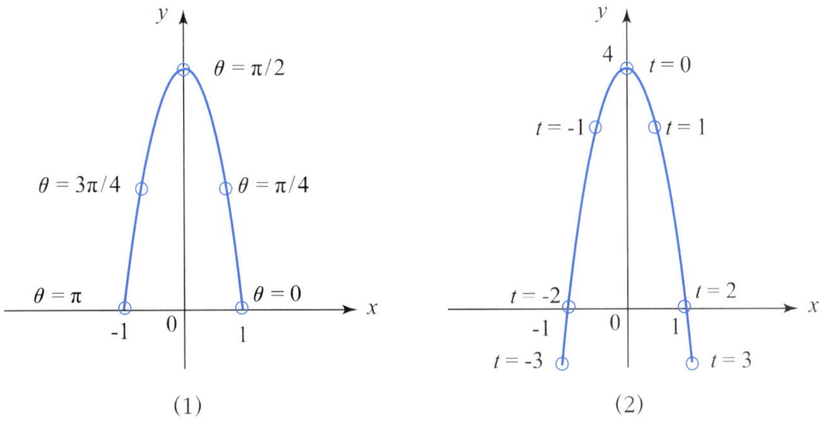

그림 5.3-1 예제 5.3-1의 매개 곡선 (1)과 (2)의 그래프

참고 매개 방정식을 만족시키는 점은 매개 변수를 소거하여 얻은 직교 방정식을 만족시키지만, 그 역이 반드시 성립하지는 않는다. 예제 5.3-1의 직교 방정식은 모두 $4x^2 + y = 4$

이지만, 예제 5.3-1의 매개 방정식 (1)은 포물선의 한 부분, 즉 $y \geq 0$인 부분만을 나타낸다.

예제 5.3-2 반지름이 양수 a인 원이 한 직선, 예를 들어 x축에 접하며 회전하면서 구를 때, 그 원의 고정된 한 점이 그리는 곡선을 굴렁쇠선(cycloid)이라 한다(그림 5.3-2 참조). 이 굴렁쇠선의 매개 방정식을 찾아라.

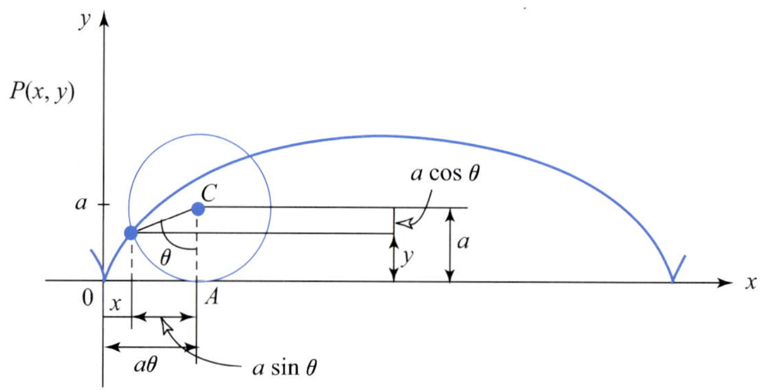

그림 5.3-2 굴렁쇠선

풀이 반지름이 a인 원이 원점 O에서 x축에 접할 때 원의 접점을 P라고 하자. 이 원이 θ라디안만큼 회전하여 x축 위를 굴렀을 때, 원이 x축에 접하는 점을 A라고 하자(5.3-2 참조). 그러면 $|OA| = |$호 $AP| = a\theta$이고, 또 그림 5.3-2를 참조하여 점 $P(x,\ y)$의 좌표를 찾으면 다음과 같다.

$$x = a(\theta - \sin\theta), \quad y = a(1 - \cos\theta)$$

이것이 굴렁쇠선의 매개 방정식이다(일반적인 굴렁쇠선은 부록 C 참조). ❑

참고 굴렁쇠선의 매개 방정식에서 θ를 소거하여 직교 방정식을 찾으면 다음과 같다.

$$x = a\cos^{-1}\frac{a-y}{a} \pm \sqrt{2ay - y^2}$$

이 방정식은 매개 방정식보다 사용하기가 불편하다.[1)]

예제 5.3-3 다음의 데카르트[2]의 엽상 곡선 또는 잎사귀선(folium)을 매개 방정식으로 나타내라.

$$x^3 + y^3 - 3axy = 0 \quad (a \neq 0) \tag{5.3-2}$$

풀이 일반적으로 서로 다른 차수의 항을 포함하는 x와 y에 관한 대수 방정식의 매개 방정식은 $y = tx$ 또는 $x = sy$로 놓고 찾을 수 있다. 여기서 $y = tx$라고 놓으면 방정식 (5.3-2)는 다음과 같다.

$$x^3 + t^3x^3 - 3atx^2 = 0$$

이제 양변을 x^2으로 나누고 x에 관하여 풀면 다음을 얻는다.

$$x = \frac{3at}{1+t^3} \quad (t \neq -1)$$

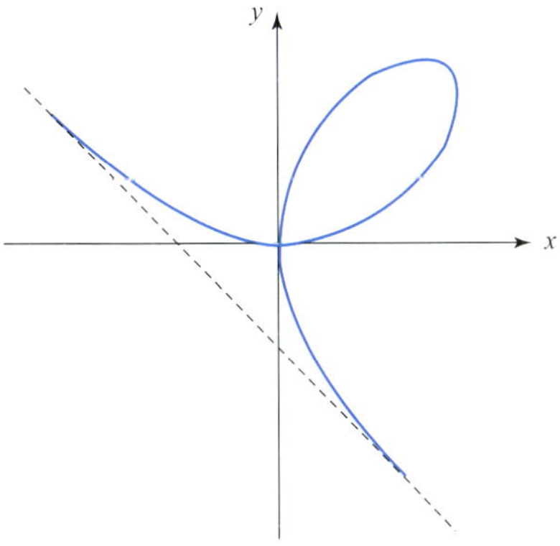

그림 5.3-3 데카르트의 엽상 곡선

또한 $y = tx$이므로 엽상 곡선의 매개 방정식은 다음과 같다.

$$x(t) = \frac{3at}{1+t^3}, \quad y(t) = \frac{3at^2}{1+t^3} \quad (t \neq -1)$$

여기서 t는 매개 변수이다. 방정식 (5.3-2)의 그래프는 그림 5.3-3과 같다. ❑

정리 5.3-1

두 함수 f와 g가 닫힌 구간 $[\alpha, \beta]$에서 모두 미분 가능하고, f'가 연속이며 $f'(t) \neq 0$이고, x와 y가 다음과 같이 정의되었다고 하자.

$$x = f(t), \quad y = g(t) \quad (\alpha \leq t \leq \beta)$$

그러면 y를 x의 함수로 정의할 수 있고, 또 다음이 성립한다.

$$\frac{dy}{dx} = \frac{dy/dt}{dx/dt} = \frac{g'(t)}{f'(t)}$$

---

1) 역삼각 함수 $\cos^{-1}\theta$에 대한 자세한 내용은 6.2절을 참고하라.

2) René Descartes (1596-1650): 프랑스의 수학자, 철학자

증명 구간 $[\alpha, \beta]$에서 f'가 연속이고 $f'(t) \neq 0$이므로, f는 $[\alpha, \beta]$에서 순증가하거나 순감소하는 전단사 함수이다. 따라서 이 구간에서 f의 역함수 f^{-1}가 존재한다. 그러므로 y는 다음과 같이 x의 함수로서 정의할 수 있다.

$$y = g(t) = g(f^{-1}(x)) = \varphi(x)$$

그런데 $g(t)$는 미분 가능하므로 연쇄 법칙에 의하여 다음을 얻는다.

$$\frac{dy}{dt} = \frac{d\varphi(x)}{dt} = \frac{d\varphi(x)}{dx}\frac{dx}{dt}$$

조건에서 $\dfrac{dx}{dt} = f'(t) \neq 0$이므로 다음을 얻는다.

$$\frac{d\varphi(x)}{dx} = \frac{dy}{dx} = \frac{dy/dt}{dx/dt} = \frac{g'(t)}{f'(t)}$$ ❑

위의 정리와 같은 경우에 고계 도함수는 다음과 같은 방법으로 찾을 수 있다.

$$y'' = \frac{dy'}{dx} = \frac{dy'/dt}{dx/dt}, \quad y^{(3)} = \frac{dy''}{dx} = \frac{dy''/dt}{dx/dt}, \quad \cdots, \quad y^{(k)} = \frac{dy^{(k-1)}/dt}{dx/dt}, \quad \cdots$$

예제 5.3-4 $x(\theta) = 3\sin\theta$, $y(\theta) = 5 - 9\cos\theta$일 때, $\dfrac{dy}{dx}$와 $\dfrac{d^2y}{dx^2}$를 찾아라.

풀이 정리 5.3-1을 이용하여 각각 다음과 같이 찾는다.

$$\frac{dy}{dx} = \frac{dy/d\theta}{dx/d\theta} = \frac{9\sin\theta}{3\cos\theta} = 3\tan\theta, \quad \frac{d^2y}{dx^2} = \frac{dy'/d\theta}{dx/d\theta} = \frac{3\sec^2\theta}{3\cos\theta} = \sec^3\theta$$ ❑

예제 5.3-5 굴렁쇠선 $x = a(\theta - \sin\theta)$, $y = a(1 - \cos\theta)$에서 $\theta = 0$, $\dfrac{\pi}{2}$, π에 대응하는 곡선의 점에서 접선의 방정식을 찾아라.

풀이 먼저, 접선의 기울기를 찾기 위해 x에 관한 도함수를 찾으면 다음과 같다.

$$\frac{dy}{dx} = \frac{a\sin\theta}{a(1-\cos\theta)} = \frac{2\sin\frac{\theta}{2}\cos\frac{\theta}{2}}{2\sin^2\frac{\theta}{2}} = \cot\frac{\theta}{2}$$

$\lim_{\theta\to0^+}\cot\frac{\theta}{2}=\infty$, $\lim_{\theta\to0^-}\cot\frac{\theta}{2}=-\infty$ 이므로 $\theta=0$에 대응하는 곡선의 점 (0, 0)에서 접선의 방정식은 $x=0$이다. 또 $\theta=\frac{\pi}{2}$에 대응하는 점 $\left(\left(\frac{\pi}{2}-1\right)a,\ a\right)$에서 접선의 기울기는 $\cot\frac{\pi}{4}=1$이다. 따라서 접선의 방정식은 $y=x+a\left(2-\frac{\pi}{2}\right)$이다. 마지막으로 $\theta=\pi$에 대응하는 점 $(a\pi,\ 2a)$에서 접선의 기울기는 $\cot\frac{\pi}{2}=0$이므로 접선의 방정식은 $y-2a=0(x-\pi a)$, 즉 $y=2a$이다. ❑

연습 문제 5.3

1. 다음 곡선의 직교 방정식을 찾아라.

(1) $x=\tan\theta,\ y=\tan2\theta$　　(2) $x=\dfrac{1}{1+v},\ y=\dfrac{v^2}{1-v^2}$

2. 다음 곡선에 대하여 $\dfrac{dy}{dx}$와 $\dfrac{d^2y}{dx^2}$를 찾아라.

(1) $x=\dfrac{1}{t-1},\ y=\dfrac{1}{t^2-1}$　　(2) $x=u^3+1,\ y=u^2+1$

3. 다음 물음에 답하라.

(1) 다음 매개 방정식으로 정의된 곡선을 직교 방정식으로 나타내라.

$$x(t)=\cos^3t,\ y(t)=\sin^3t\quad(0\le t\le 2\pi)$$

(2) (1)의 곡선에 대하여 $\dfrac{dy}{dx}$를 구하고 점 $\left(\frac{1}{4}\sqrt{2},\ \frac{1}{4}\sqrt{2}\right)$에서 접선과 법선의 방정식을 찾아라.

4. 다음 곡선의 주어진 점에서의 접선 및 법선의 방정식을 찾아라.

(1) $x = \sin\theta,\ \ y = \tan\theta;\ \ \theta = \frac{1}{4}\pi$

(2) $x = t^2 - 2t,\ \ y = t^3 - 3t;\ \ t = 2$

5. $t = \frac{5}{4}\pi$일 때 다음 매개 방정식의 그래프의 대응하는 점에서 접선과 법선의 방정식을 찾아라.

$$x(t) = 3\sin t - 4, \quad y(t) = 5 + 2\cos t$$

6. 다음 매개 방정식으로 주어진 곡선의 개형을 그려라.

$$x(t) = 4t - t^2, \quad y(t) = 4t^2 - t^3, \quad -\infty < t < \infty$$

7. 다음 방정식이 나타내는 곡선을 매개 변수 방정식으로 나타내라.

(1) $x^2 + y^3 = 4xy$

(2) $x^2 + 2xy + 4y^2 = 8x$

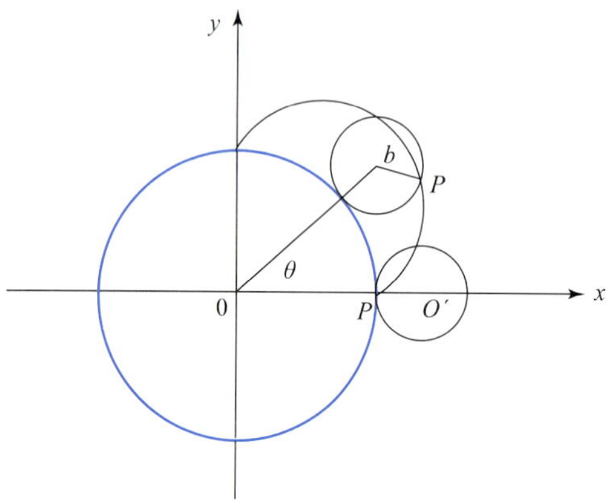

그림 5.3-4 문제 8의 바깥쪽 굴렁쇠선

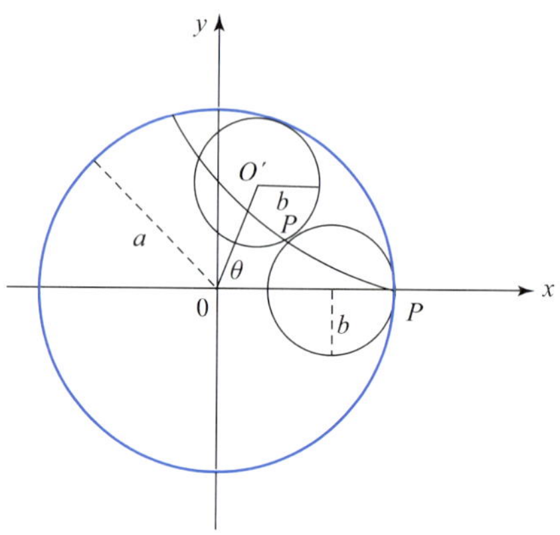

그림 5.3-5 문제 9의 안쪽 굴렁쇠선

8. 반지름이 양수 b인 원이 반지름이 양수 a이고 중심이 원점 O인 원의 바깥 둘레에 접하고 그 둘레를 따라 미끄러지지 않고 굴러가는 바깥쪽 원의 둘레에 있는 한 점 P가 그리는 곡선을 바깥쪽 굴렁쇠선(epicycloid) 또는 타원 굴렁쇠선이라고 한다 (그림 5.3-4 참조). 두 원의 중심을 잇는 선분이 양의 x축과 이루는 각을 θ라 할 때 바깥쪽 굴렁쇠선의 매개 방정

식이 다음과 같음을 보여라 (부록 C의 그림 C.2-7(a) 참조).

$$\begin{cases} x = (a+b)\cos\theta - b\cos\left(\dfrac{a+b}{b}\right)\theta \\ y = (a+b)\sin\theta - b\sin\left(\dfrac{a+b}{b}\right)\theta \end{cases} \tag{5.3-3}$$

9. 반지름이 양수 b인 원이 반지름이 $a > b$이고 중심이 원점 O인 원의 안쪽 둘레에 접하고 그를 따라 미끄러지지 않고 굴러가는 안쪽 원의 둘레 위의 한 점 P가 그리는 곡선을 안쪽 굴렁쇠선(hypocycloid) 또는 쌍곡 굴렁쇠선이라고 한다 (그림 5.3-5 참조). 두 원의 중심을 잇는 선분이 양의 x축과 이루는 각을 θ라 할 때 안쪽 굴렁쇠선의 매개 방정식이 다음과 같음을 보여라 (부록 C의 그림 C.2-7(a) 참조).

$$\begin{cases} x = (a-b)\cos\theta - b\cos\left(\dfrac{a-b}{b}\right)\theta \\ y = (a-b)\sin\theta - b\sin\left(\dfrac{a-b}{b}\right)\theta \end{cases} \tag{5.3-4}$$

10. 시각 t에서 첫째 입자와 둘째 입자의 위치가 각각 다음 식으로 주어진다고 하자.

$$x_1 = 3\sin t,\ \ y_1 = 2\cos t\ \ (0 \le t \le 2\pi)$$

$$x_2 = -3 + \cos t,\ \ y_2 = 1 + \sin t\ \ (0 \le t \le 2\pi)$$

(1) 두 입자의 경로를 그려라. 교차점은 몇 개인가?

(2) 이런 교차점에서 두 입자가 충돌하는가? 즉 두 입자가 같은 시각에 같은 위치에 있는가? 충돌하는 점을 따로 표시하라.

(3) 둘째 입자의 경로가 아래 식으로 주어지면, 어떤 일이 생기는지 설명하라.

$$x_2 = 3 + \cos t,\ \ y_2 = 1 + \sin t\ \ (0 \le t \le 2\pi)$$

5.4 극 좌표

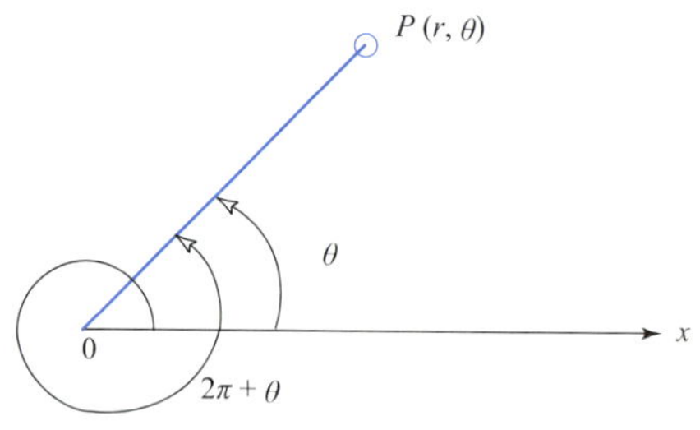

그림 5.4-1 극 좌표

평면의 점 또는 곡선을 다루는 데 극 좌표계(system of polar coordinates)를 사용하면 편리한 경우가 많다.

그림 5.4-1과 같이 평면에서 반직선 OX를 고정하자. 그러면 평면의 점 P의 위치를 다음과 같이 정의되는 r과 θ의 순서쌍 $(r,\ \theta)$로 나타낼 수 있다.

$$r = |\overline{OP}|, \quad \theta = \angle XOP$$

이때 순서쌍 $(r,\ \theta)$를 점 P의 극 좌표(polar coordinate)라 한다. 또 정점 O를 극(pole), 반직선 OX를 극축(polar axis)이라 하며, r을 동경 또는 동경 벡터(radius vector), θ를 편각(amplitude)이라고 한다. 편각 θ의 부호는 극축으로부터 시계 반대 방향으로 잴 때 양(+)으로, 시계 방향으로 잴 때 음(−)으로 정한다.

동경 r에 음수를 허용하는 것이 때때로 편리하다. 즉, $r>0$일 때 $(-r,\ \theta)$는 그림 5.4-2에서 보인 것처럼 $(r,\ \theta+\pi)$인 점을 나타내기로 약속한다.

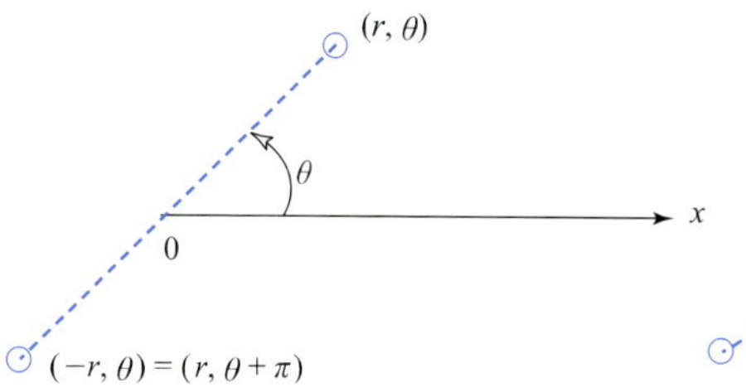

그림 5.4-2 극 좌표가 $(-r,\ \theta)$인 점

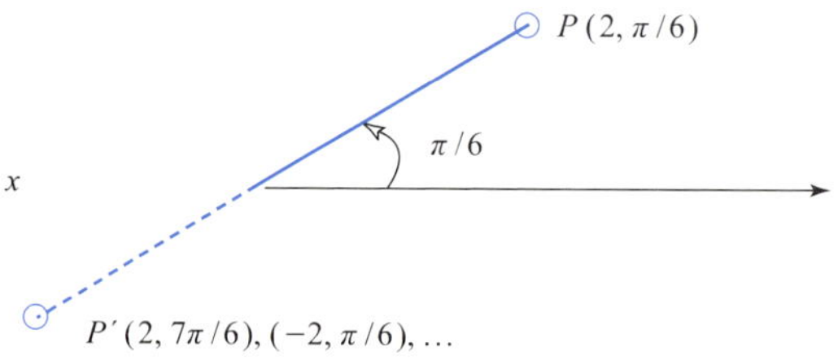

그림 5.4-3 극 좌표 표현의 다중성

직교 좌표계에서 점의 좌표와 점의 위치는 서로 일대일로 대응하지만, 극 좌표계에서는 한 점의 위치를 여러 가지로 나타낼 수 있다. 그림 5.4-3으로부터 극 좌표가 $\left(2,\ \frac{1}{6}\pi\right)$인 점 P를 여러 가지 다른 극 좌표로 나타낼 수 있음을 알 수 있다. 예를 들면, 극 좌표

$\left(2,\ \frac{1}{6}\pi\right),\ \left(-2,\ \frac{7}{6}\pi\right),\ \left(2, \frac{13}{6}\pi\right),\ \left(-2,\ \frac{19}{6}\pi\right),\ \left(2,\ -\frac{11}{6}\pi\right),\ \left(-2,\ -\frac{5}{6}\pi\right),\ \cdots$ 등은 모두 같은 점을 나타낸다. 일반적으로 다음 극 좌표는 모두 같은 점을 나타낸다.

$$((-1)^n r,\ \theta+n\pi)\quad (n\in\mathbb{Z}) \tag{5.4-1}$$

따라서 곡선의 극 방정식, 즉 극 좌표로 표현된 방정식 $f(r,\ \theta)=0$에 대하여 다음 방정식은 모두 같은 곡선을 나타낸다.

$$f((-1)^n r,\ \theta+n\pi)=0\quad (n\in\mathbb{Z})$$

직교 좌표계의 양의 x축을 극축으로 하는 극 좌표계에서 임의의 점 P의 직교 좌표 $(x,\ y)$와 극 좌표 $(r,\ \theta)$ 사이에는 다음과 같은 관계가 있다 (그림 5.4-4 참조).

$$\begin{cases} x=r\cos\theta \\ y=r\sin\theta \end{cases},\qquad \begin{cases} r=\pm\sqrt{x^2+y^2} \\ \tan\theta=y/x \end{cases} \tag{5.4-2}$$

여기서 r의 부호와 θ는 점 $(x,\ y)$의 위치에 따라 결정된다.

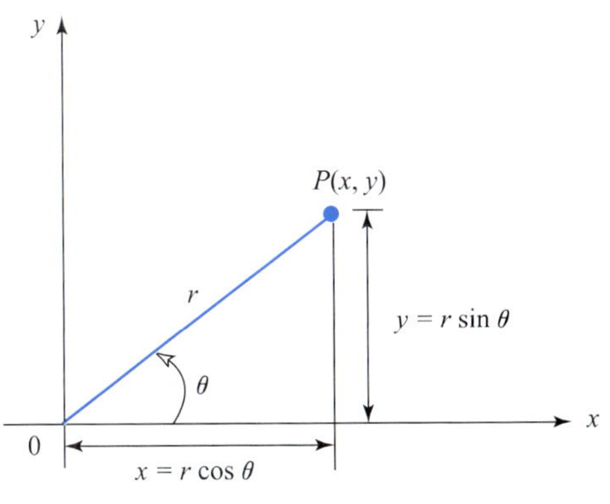

그림 5.4-4 직교 좌표와 극 좌표

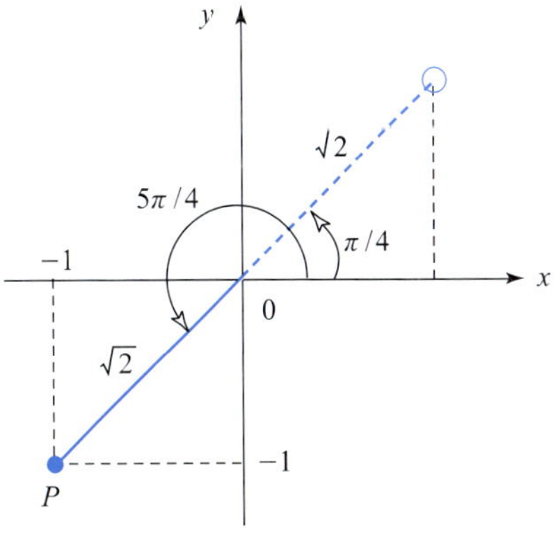

그림 5.4-5 예제 5.4-1

예제 5.4-1 직교 좌표가 (−1, −1)인 점 P에 대해 식 (5.4-2)로부터 다음을 얻는다.

$$r=\pm\sqrt{(-1)^2+(-1)^2}=\pm\sqrt{2},\quad \theta=\tan^{-1}\left(\frac{-1}{-1}\right)=\frac{5}{4}\pi$$

따라서 점 P의 극 좌표는 $((-1)^n\sqrt{2},\frac{5}{4}\pi+n\pi)\ (n\in\mathbb{Z})$이다 (그림 5.4-5 참조).❑

예제 5.4-2 극 방정식 $r = \sin\theta\ (0 \le \theta \le \pi)$가 나타내는 곡선의 개형을 그려라.

풀이 θ가 0에서 $\pi/2$까지 증가하면 r의 값은 0에서 1까지 증가하고, θ가 $\pi/2$에서 π까지 증가하면 r의 값은 1에서 0으로 감소한다. 몇 개의 θ에 대한 r의 값을 나타낸 표는 다음과 같다.

θ	0	$\pi/6$	$\pi/4$	$\pi/3$	$\pi/2$
$r = \sin\theta$	0	$1/2$	$1/\sqrt{2}$	$\sqrt{3}/2$	1

이 표를 이용하여 곡선 $r = \sin\theta$의 개형을 그리면 그림 5.4-6과 같다. ❑

참고 위의 예제에서 $r = \sin\theta$의 양변에 r을 곱하면 $r^2 = r\sin\theta$를 얻는다. 이제 식 (5.4-2)를 이용하면 직교 방정식 $x^2 + y^2 = y$, 즉 $x^2 + \left(y - \frac{1}{2}\right)^2 = \frac{1}{4}$을 얻는다. 따라서 극 방정식 $r = \sin\theta$가 나타내는 곡선은 중심이 $\left(0,\ \frac{1}{2}\right)$이고 반지름이 $\frac{1}{2}$인 원이다.

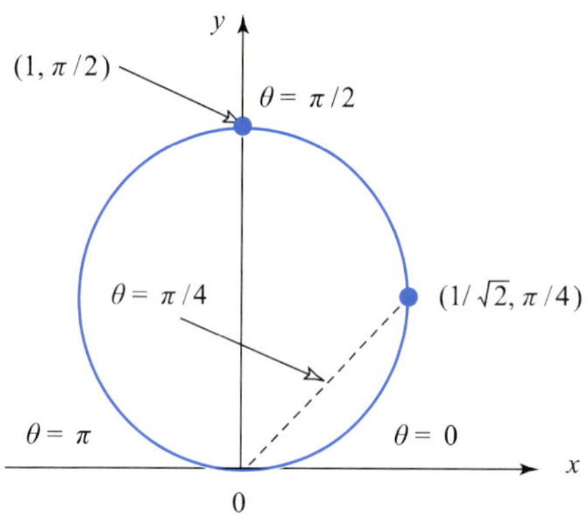

그림 5.4-6 $r = \sin\theta$

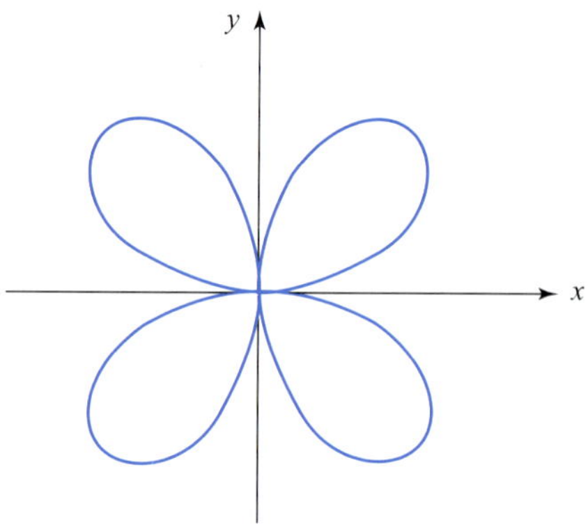

그림 5.4-7 $r = \sin 2\theta$

예제 5.4-3 극 방정식 $r = \sin 2\theta$로 정의된 곡선의 개형을 그려라.

풀이 θ의 변화에 따른 $r = \sin 2\theta$의 값의 변화를 살펴보면 다음 표와 같다.

θ	$r = \sin 2\theta$
0에서 $\pi/4$까지 증가 $\pi/4$에서 $\pi/2$까지 증가 $\pi/2$에서 $3\pi/4$까지 증가 $3\pi/4$에서 π까지 증가 ⋮	0에서 1까지 증가 1에서 0까지 감소 0에서 −1까지 감소 −1에서 0까지 증가 ⋮

위의 표에서 θ가 제 2 사분면에 있으면 $r < 0$이 되어 곡선은 제 4 사분면에 나타난다. 따라서 곡선의 개형은 그림 5.4-7과 같다. ❑

예제 5.4-4 극 좌표로 정의된 곡선 $r = 1 + \sin\theta$의 개형을 그려라.

풀이 θ의 변화에 따른 $r = 1 + \sin\theta$의 값의 변화를 살펴보면 다음 표와 같다.

θ	$\sin\theta$	$r = 1 + \sin\theta$
0에서 $\pi/2$까지 증가	0에서 1까지 증가	1에서 2까지 증가
$\pi/2$에서 π까지 증가	1에서 0까지 감소	2에서 1까지 감소
π에서 $3\pi/2$까지 증가	0에서 -1까지 감소	1에서 0까지 감소
$3\pi/2$에서 2π까지 증가	-1에서 0까지 증가	0에서 1까지 증가
⋮	⋮	⋮

따라서 곡선의 개형은 그림 5.4-8과 같다. ❑

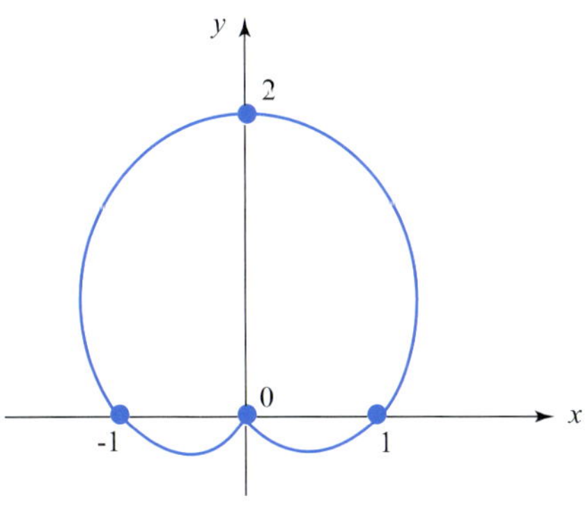

그림 5.4-8 $r = 1 + \sin\theta$

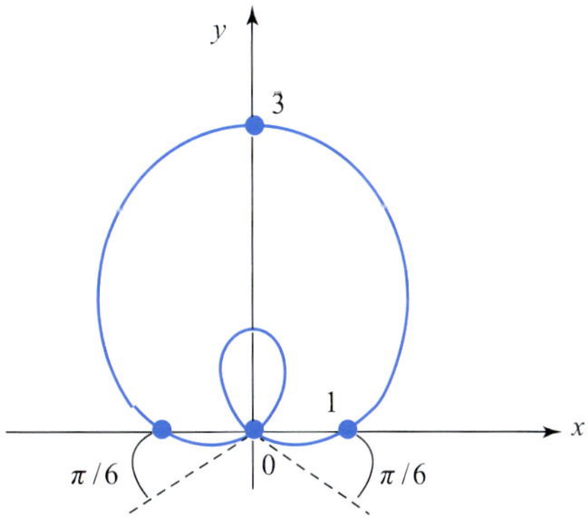

그림 5.4-9 $r = 1 + 2\sin\theta$

예제 5.4-5 극 좌표로 정의된 곡선 $r = 1 + 2\sin\theta$의 개형을 그려라.

풀이 구간 $\left[\dfrac{7}{6}\pi, \dfrac{11}{6}\pi\right]$에서 $r \le 0$이라는 점에 주의하여 앞의 예제와 같은 방법으로 곡선의 개형을 그리면 그림 5.4-9와 같다. ❑

예제 5.4-6 곡선 $r=4\cos 2\theta$와 원 $r=2$의 교점을 찾아라 (단, $-\pi<\theta\leq\pi$).

풀이 식 (5.4-1)에 의하여 주어진 두 곡선의 극 방정식을 각각 다음과 같이 나타낼 수 있다.

$$(-1)^n r=4\cos(2\theta+2n\pi),\quad (-1)^m r=2\,(n,\ m\in\mathbb{Z})$$

또 $(-1)^n=\pm1,\ n\in\mathbb{Z}$ 이므로 위의 두 방정식을 다음과 같이 쓸 수 있다.

$$r=\pm4\cos 2\theta,\quad r=\pm2$$

이 연립 방정식을 풀어 교점을 구하면 다음과 같다 (그림 5.4-10 참조).

$$\left(2,\ \pm\frac{\pi}{6}\right),\ \left(2,\ \pm\frac{\pi}{3}\right),\ \left(2,\ \pm\frac{2}{3}\pi\right),\ \left(2,\ \pm\frac{5}{6}\pi\right)$$ ❑

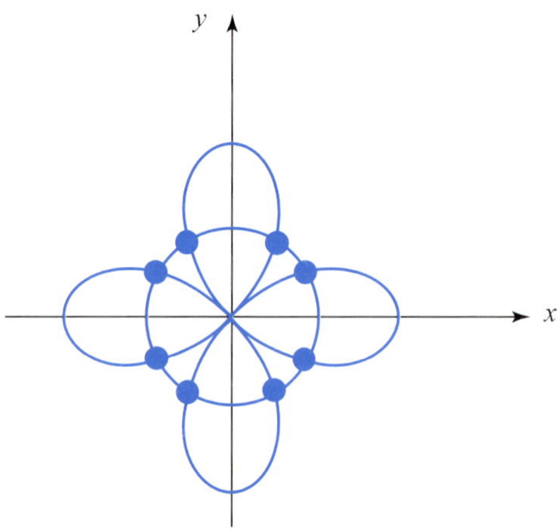

그림 5.4-10 곡선 $r=4\cos 2\theta$와 원 $r=2$의 교점

극 방정식과 접선의 기울기

이제 방정식 $r=f(\theta)$로 정의된 곡선 C에 있는 점 $P(r,\ \theta)$에서의 접선의 기울기(그림 5.4-11에서 $\tan\alpha$)를 구해 보자.

곡선 C에 있는 점 $P(r,\ \theta)$의 직교 좌표를 $(x,\ y)$라고 하자. 그러면 식 (5.4-2)에 의하여 $x=r\cos\theta$, $y=r\sin\theta$이고 $r=f(\theta)$이다. 그러므로 x와 y를 매개 변수가 θ인 곡선 C의 매개 방정식으로 볼 수 있다. 따라서 x와 y가 θ에 대해 미분 가능하면 다음을 얻는다.

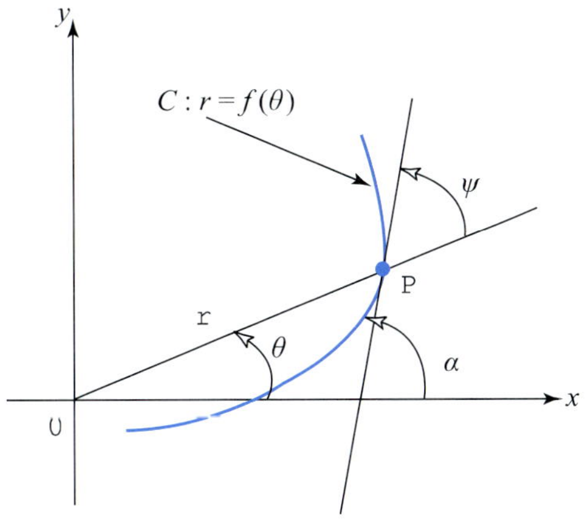

그림 5.4-11 극 방정식 $r=f(\theta)$의 그래프와 그 접선

$$\frac{dx}{d\theta}=r'\cos\theta-r\sin\theta,\quad \frac{dy}{d\theta}=r'\sin\theta+r\cos\theta\quad \left(r'=\frac{dr}{d\theta}\right)$$

그러므로 정리 5.3-1에 의하여 구하는 접선의 기울기 dy/dx는 다음과 같다.

$$\frac{dy}{dx}=\frac{dy/d\theta}{dx/d\theta}=\frac{r'\sin\theta+r\cos\theta}{r'\cos\theta-r\sin\theta}\quad \left(\frac{dx}{d\theta}\neq 0\right) \tag{5.4-3}$$

예제 5.4-7 곡선 $r=2\sin\theta$에 있는 점 $\left(1,\ \frac{1}{6}\pi\right)$에서의 접선의 기울기를 찾아라.

풀이 곡선에 있는 점 $\left(1,\ \frac{1}{6}\pi\right)$에서 $r=1$, $r'=2\cos\left(\frac{1}{6}\pi\right)=\sqrt{3}$, $\sin\left(\frac{1}{6}\pi\right)=\frac{1}{2}$이다.

따라서 식 (5.4-3)을 이용하여 다음과 같이 기울기를 찾으면 $\sqrt{3}$이다.

$$\frac{\sqrt{3}\left(\frac{1}{2}\right)+1\left(\frac{\sqrt{3}}{2}\right)}{\sqrt{3}\left(\frac{\sqrt{3}}{2}\right)-1\left(\frac{1}{2}\right)}=\sqrt{3}$$

❑

곡선에 있는 점 $P(r,\ \theta)$의 동경과 점 P에서의 접선 사이에 다음 정리가 성립한다.

정리 5.4-1

곡선 $r=f(\theta)$에 있는 점 P의 동경 OP으로부터 점 P에서 곡선의 접선까지 잰 각을 φ라고 하면 다음이 성립한다.

$$\tan\varphi=\frac{r}{r'}\quad\left(r'=\frac{dr}{d\theta}\neq 0\right)\tag{5.4-4}$$

증명 그림 5.4-11에서 $\varphi=\alpha-\theta$이므로 삼각 함수의 항등식으로부터 다음을 얻는다.

$$\tan\varphi=\frac{\tan\alpha-\tan\theta}{1+\tan\alpha\tan\theta}\tag{5.4-5}$$

그런데 점 P에서의 접선의 기울기 $\tan\alpha$는 식 (5.4-3)으로 주어지므로 식 (5.4-3)을 식 (5.4-5)의 분모와 분자에 대입하면 다음을 얻는다.

$$\begin{aligned}\tan\alpha-\tan\theta&=\frac{r'\sin\theta+r\cos\theta}{r'\cos\theta-r\sin\theta}-\frac{\sin\theta}{\cos\theta}\\&=\frac{r'\sin\theta\cos\theta+r\cos^2\theta-r'\sin\theta\cos\theta+r\sin^2\theta}{(r'\cos\theta-r\sin\theta)\cos\theta}\\&=\frac{r}{(r'\cos\theta-r\sin\theta)\cos\theta}\end{aligned}$$

그러므로 $r'=dr/d\theta\neq 0$이면 식 (5.4-4)가 성립한다. ❑

참고 곡선 $r=f(\theta)$에 있는 점 P에서 $r'=0$이면 식 (5.4-4)의 각 φ는 $\pm\dfrac{\pi}{2}$이다.

이제 만나는 두 곡선의 교각, 즉 두 곡선 C와 C'이 만나는 점 P에서 두 곡선의 접선이 만드는 두 개의 각 중에 크기가 작은 각의 절댓값에 대하여 알아보자.

ψ와 ψ'을 각각 동경 OP에서 곡선 C과 C'의 접선으로 잰 각이라고 하면 두 곡선의 교각 $\phi\in\left[0,\ \dfrac{\pi}{2}\right]$는 $|\psi-\psi'|$이고 다음 식을 만족시킨다 (그림 5.4-12 참조).

$$\tan\phi=\left|\frac{\tan\psi-\tan\psi'}{1+\tan\psi\tan\psi'}\right|\tag{5.4-6}$$

여기서 $\tan\psi$와 $\tan\psi'$는 식 (5.4-4)를 이용하여 구한다.

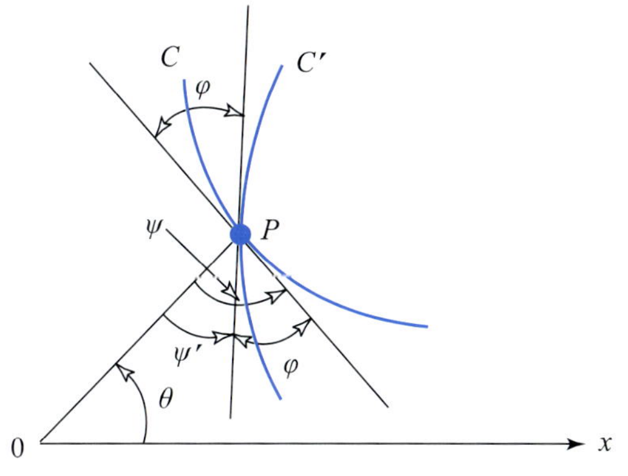

그림 5.4-12 두 곡선의 교각 ϕ

예제 5.4-8 두 곡선 $r = 2\cos\theta$와 $r = 3\tan\theta$가 점 $P\left(\sqrt{3},\ \frac{\pi}{6}\right)$에서 만남을 보이고, 두 곡선의 교각을 찾아라.

풀이 먼저 $\theta = \frac{\pi}{6}$라고 하면, $2\cos\theta = 2\left(\frac{\sqrt{3}}{2}\right) = \sqrt{3}$이고 $3\tan\theta = 3\left(\frac{\sqrt{3}}{3}\right) = \sqrt{3}$이므로 점 $P\left(\sqrt{3},\ \frac{\pi}{6}\right)$는 주어진 두 방정식을 만족한다.

이제 점 P에서 곡선 $r = 2\cos\theta$와 $r = 3\tan\theta$의 접선이 동경 OP와 이루는 각을 각각 ψ와 ψ'라고 하면 식 (5.4-4)로부터 다음을 얻는다.

$$\tan\psi = \frac{r}{r'} = \frac{2\cos\theta}{-2\sin\theta} = -\sqrt{3}, \quad \tan\psi' = \frac{r}{r'} = \frac{3\tan\theta}{3\sec^2\theta} = \frac{\sqrt{3}}{4}$$

따라서 식 (5.4-6)으로부터 주어진 두 곡선의 교각 ϕ는 다음을 만족시킨다.

$$\tan\phi = \left| \frac{\frac{\sqrt{3}}{4} - (-\sqrt{3})}{1 + \left(\frac{\sqrt{3}}{4}\right)(-3\sqrt{3})} \right| = 5\sqrt{3}$$

그러므로 교각 ϕ는 $\tan\phi = 5\sqrt{3}$를 만족시키는 구간 $\left[0,\ \frac{\pi}{2}\right]$에 속하는 각이다. ❑

연습 문제 5.4

1. 다음에 극 좌표로 주어진 점을 직교 좌표로 나타내라.

(1) $\left(1,\ \frac{5}{4}\pi\right)$ (2) $(2,\ 3\pi)$

(3) $\left(2,\ -\frac{2}{3}\pi\right)$ (4) $\left(-3,\ \frac{3}{4}\pi\right)$

2. 다음에 직교 좌표로 주어진 점을 극 좌표 $(r,\ \theta)$로 나타내라 (단, $r>0,\ 0\le\theta<2\pi$).

(1) $(1,\ -1)$ (2) $(2\sqrt{3},\ -2)$

(3) $\left(-\frac{3}{2},\ -\frac{3}{2}\sqrt{3}\right)$

3. 다음 곡선을 직교 좌표 변수 $x,\ y$와 극 좌표 변수 $r,\ \theta$로 나타내라.

(1) 점 (2, 0)을 지나고 y축과 평행인 직선

(2) 점 (2, −1)을 지나고 기울기가 −1인 직선

(3) 두 점 (1, 3)과 (3, 5)를 지나는 직선

(4) 중심이 (0, −4)이고 원점을 지나는 원

(5) 중심이 (1, 1)이고 원점을 지나는 원

4. 다음 직교 방정식을 극 방정식으로 나타내라.

(1) $y=0$ (2) $b^2x^2+a^2y^2=a^2b^2 \quad (a,\ b>0)$

5. 다음 극 방정식을 직교 방정식으로 나타내라.

(1) $r=a\sin\theta \ \ (a>0)$ (2) $r=\dfrac{3}{1+\cos\theta}$

6. $ab\ne 0$일 때 극 방정식 $r=a\cos\theta+b\sin\theta$는 원을 나타냄을 보이고 그 원의 중심과 반지름을 찾아라.

7. 극 좌표로 주어진 다음 곡선의 개형을 그려라.

(1) $r = 4\cos 2\theta$ (2) $r^2 = 4\cos 2\theta$

(3) $r = 4(1 - \cos\theta)$ (4) $r = 4\theta$

8. 곡선 $r = a(1 + \cos\theta)$에서 접선의 기울기가 0이 되는 점의 극 좌표를 찾아라. $(a > 0)$

9. 두 곡선 $r = 4\cos 3\theta$와 $r = 4\sin 3\theta$가

(1) 점 $P\left(2\sqrt{2},\ \frac{1}{12}\pi\right)$에서 만남을 보이고,

(2) 점 P에서의 교각을 α라고 할 때 $\tan\alpha$를 찾아라.

10. 두 극 방정식 $r = 1 + \cos\theta$와 $r = 1 - \sin\theta$로 정의된 두 곡선의 교점을 모두 구하고, 극이 아닌 두 교점을 지나는 직선의 방정식을 찾아라.

11. 극 방정식 $r = 4\cos 3\theta$의 그래프의 개형을 그려라.

12. 극 방정식 $r^2 = 8\cos 2\theta$의 그래프의 개형을 그려라. 또한 이 곡선의 접선 중에서 극을 지나는 직선을 찾아라.

13. 다음 각 곡선의 교점의 극 좌표와 교점에서의 두 곡선의 교각의 크기를 찾아라. $(a > 0)$

(1) $r = a,\ r = 2a\sin\theta$ (2) $r = a,\ r = a(1 - \sin\theta)$

(3) $r = a\sec\theta,\ r = 2a\sin\theta$ (4) $r = a\cos\theta,\ r = a(1 + \cos\theta)$

5.5 곡률

함수 f의 도함수 f'가 점 a의 근방에서 연속이라고 하자. 이때 $f'(a)$의 부호는 점 a의 근방에서 함수가 증가 또는 감소 상태에 있음을 알려 주며, 미분 계수의 크기 $|f'(a)|$는 점 a에서 함수가 증가하거나 감소하는 변화율의 크기를 나타낸다. 한편, f의 이계 도함수 $f''(a)$의 부호는 (이계 도함수가 점 a의 근방에서 연속이면) 점 $x=a$의 근방에서 곡선 $y=f(x)$의 볼록성을 알려준다. 그러나 다음 예제에서 알아보듯이 이계 도함수의 크기 $|f''(a)|$가 점 a의 근방에서 곡선 $y=f(x)$의 볼록인 정도 또는 휜 정도를 의미하지는 않는다.

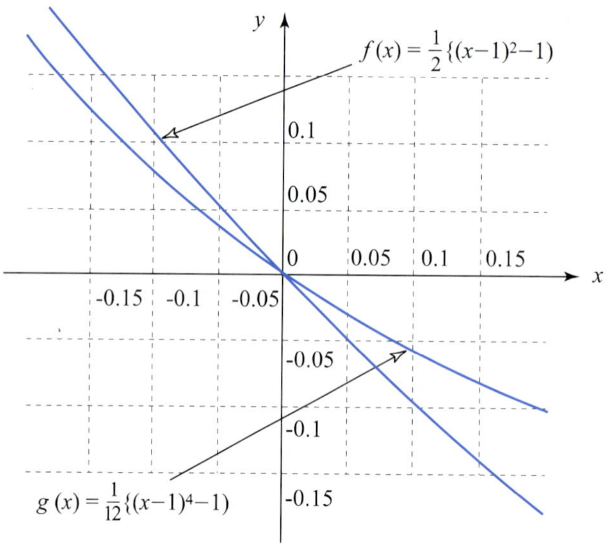

그림 5.5-1 예제 5.5-1의 그림

예제 5.5–1 그림 5.5-1은 두 함수 $f(x)=\dfrac{1}{2}(x-1)^2-1$과 $g(x)=\dfrac{1}{12}\{(x-1)^4-1\}$의 점 $x=0$ 근방에서의 그래프이다. 점 $x=0$에서 두 함수 f와 g의 이계 도함수는 모두 1이다. 그러나 그림에서 보듯이 점 $x=0$ 근방에서 함수 g의 그래프가 함수 f의 그래프 보다 더 휘어 있다. ❑

곡률의 정의

이제 곡선의 휜 정도를 정량적으로 나타내는 곡률의 개념에 대하여 알아보자.

곡선 $y=f(x)$에 있는 두 점 $P(x,\ y)$와 $Q(x+\Delta x,\ y+\Delta y)$를 생각하자. 여기서 점 P에서 호 PQ를 따라 길이 Δs 만큼 움직여서 점 Q에 도달하는 동안에 곡선의 접선이 양의 x축과 이루는 각이 $\Delta\alpha$ 만큼 변하였다고 하자 (그림 5.5-2 참조).

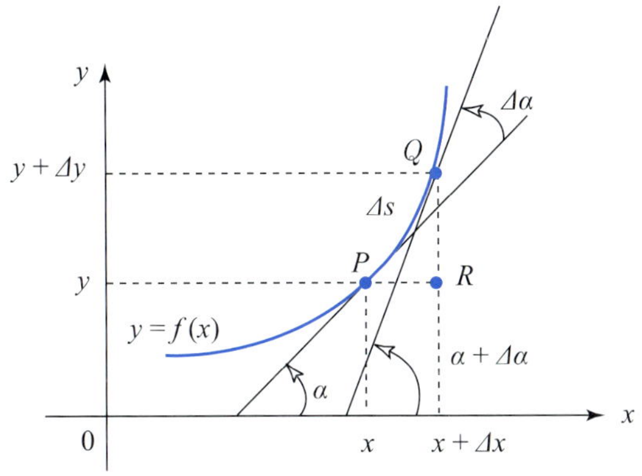

그림 5.5-2 곡선의 볼록성과 평균 곡률

이때 $\Delta\alpha/\Delta s$를 호 PQ의 평균 곡률(average curvature)이라 하며, 점 P에서 곡선의 굽은(볼록한) 정도, 즉 곡률(curvature) κ를 다음 식과 같이 정의한다.

$$\kappa=\left|\lim_{\Delta s\to 0}\frac{\Delta\alpha}{\Delta s}\right|=\left|\frac{d\alpha}{ds}\right|$$

그런데 그림 5.5-2에서 $y'=f'(x)=\tan\alpha$이다. 이 식의 양변을 x에 대해 미분하고 항등식 $1+\tan^2\alpha=\sec^2\alpha$를 이용하면 $\dfrac{d\alpha}{dx}$는 다음과 같다.

$$\frac{d\alpha}{dx}=\frac{y''}{1+(y')^2}$$

한편, Δx와 Δy가 충분히 작다면 그림 5.5-2의 직각 삼각형 PQR에 대한 피타고라스 정리로부터 $\Delta s\approx\pm\sqrt{\Delta x^2+\Delta y^2}$ 이다. 따라서 다음을 얻는다.

$$\frac{\Delta x}{\Delta s}\approx\pm\frac{1}{\sqrt{1+(\Delta y/\Delta x)^2}}\quad\Rightarrow\quad\frac{dx}{ds}=\lim_{\Delta s\to 0}\frac{\Delta x}{\Delta s}=\pm\frac{1}{\sqrt{1+(y')^2}}$$

이제 연쇄 법칙에 따라 점 $P(x, y)$에서 곡선 $y = f(x)$의 곡률 κ는 다음과 같다.

$$\kappa = \left| \frac{d\alpha}{ds} \right| = \left| \frac{d\alpha}{dx} \right| \left| \frac{dx}{ds} \right| = \frac{|y''|}{\{1 + (y')^2\}^{3/2}} \qquad (5.5\text{-}1)$$

예제 5.5-2 예제 5.5-1에서 생각한 두 함수 f와 g에 대하여 $f'(0) = -1$, $g'(0) = -\frac{1}{3}$, $f''(0) = g''(0) = 1$이다. 따라서 각 곡선에 있는 점 (0, 0)에서 두 곡선 $y = f(x)$와 $y = g(x)$의 곡률 κ_f와 κ_g는 다음과 같다.

$$\kappa_f = \frac{1}{(1+1)^{3/2}} = \frac{1}{2^{3/2}}, \quad k_g = \frac{1}{\left(1 + \frac{1}{9}\right)^{3/2}} = \frac{1}{\left(\frac{10}{9}\right)^{3/2}} = \frac{27}{100}\sqrt{10}$$

그런데 $2 > \frac{13}{9}$이므로 $\kappa_g > \kappa_f$이다. 즉, 곡선 $y = g(x)$가 더 휘어있다. ❑

예제 5.5-3 포물선 $y = x^2$에 있는 임의의 점 (x, y)에서의 곡률 κ를 찾아라.

풀이 $y' = 2x$이고 $y'' = 2$이므로 식 (5.5-1)을 이용하면 $\kappa = \frac{2}{(1 + 4x^2)^{3/2}}$이다. 특히, 꼭짓점 (0, 0)에서 $\kappa = 2$이다. ❑

매개 곡선의 곡률

이제 다음 식으로 주어진 매개 곡선의 곡률에 대하여 알아보자.

$$x = f(t), \quad y = g(t) \quad (f'(t) \neq 0) \qquad (5.5\text{-}2)$$

먼저, 식 (5.5-1)을 이용하기 위하여 y의 x에 대한 도함수를 구하면 다음과 같다.

$$\frac{dy}{dx} = \frac{g'(t)}{f'(t)}$$

위의 식을 t에 대해 미분하면 다음을 얻는다.

$$\frac{d}{dt}\left(\frac{dy}{dx}\right)=\frac{d}{dx}\left(\frac{dy}{dx}\right)\frac{dx}{dt}=\frac{g''(t)f'(t)-g'(t)f''(t)}{\{f'(t)\}^2}$$

그런데 조건에서 $\frac{dx}{dt}=f'(t)\neq 0$이므로 다음을 얻는다.

$$\frac{d}{dx}\left(\frac{dy}{dx}\right)=\frac{f'(t)g''(t)-f''(t)g'(t)}{\{f'(t)\}^3}$$

이제 $\frac{dy}{dx}$와 $\frac{d}{dx}\left(\frac{dy}{dx}\right)$를 식 (5.5-1)에 대입하면 곡선 (5.5-2)의 곡률 κ는 다음과 같다.

$$\kappa=\frac{|f'(t)g''(t)-f''(t)g'(t)|}{[\{f'(t)\}^2+\{g'(t)\}^2]^{3/2}} \tag{5.5-3}$$

예제 5.5-4 반지름이 $r>0$인 원 $x(\theta)=r\cos\theta$, $y(\theta)=r\sin\theta$의 곡률 κ를 찾아라.

풀이 $x'(\theta)=-r\sin\theta$, $x''(\theta)=-r\cos\theta$, $y'(\theta)=r\cos\theta$, $y''(\theta)=-r\sin\theta$이므로 식 (5.5-3)에 의하여 구하는 곡률은 다음과 같다.

$$\kappa=\frac{r^2\sin^2\theta+r^2\cos^2\theta}{(r^2\sin^2\theta+r^2\cos^2\theta)^{3/2}}=\frac{1}{r}$$

즉, 원 위의 모든 점에서 곡률은 일정하고 원의 반지름의 역수와 같다. ❑

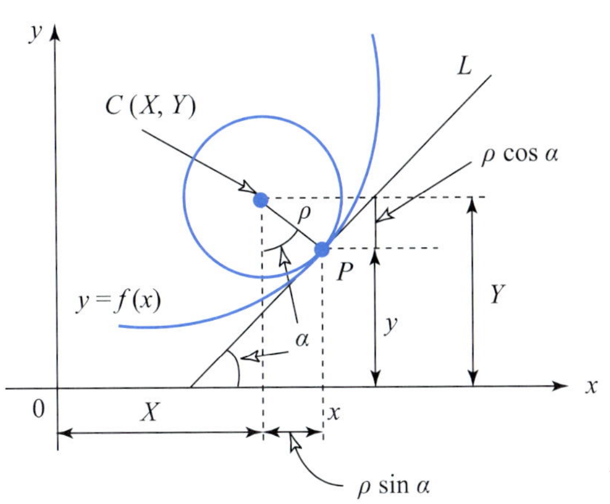

그림 5.5-3 곡률 원과 곡률 중심

곡률 원과 곡률 반지름

곡선 $y=f(x)$에 있는 점 P에서의 접선을 L, 곡률을 κ라고 하자. 그림 5.5-3과 같이 접선 L을 기준으로 할 때, 곡선과 같은 쪽에 있고 P에서 L에 접하는 반지름이 $1/\kappa$인 원 C를 그리자. 그러면 원 C의 곡률은 κ이다. 이때 원 C를 곡선 $y=f(x)$에 있는 점 P에서의 곡률 원(circle of curvature), 그 중심을 곡률 중심(center of curvature), 반지름을 곡률 반경(radius of curvature) 또는 곡률 반지름이라고 한다. 곡률 반경을 ρ라고 하면 $\rho=\dfrac{1}{\kappa}$이므로 다음이 성립한다.

$$\rho=\frac{\{1+(y')^2\}^{3/2}}{|y''|}$$

참고 곡률 κ가 0이면 곡률 원의 곡률 반경 ρ를 ∞로 정의한다. 식 (5.5-1)에 의하면 직선 $y=ax+b$에 있는 각 점에서의 곡률은 0이다. 역으로 모든 점에서 곡률이 0인 곡선은 $y''=0$이어야 하므로 직선이다. 이런 점에서 직선을 반지름이 무한대인 원, 반지름이 무한대인 원을 직선이라고도 한다.

곡선이 매개 방정식 $x=f(t)$, $y=g(t)$로 표현되면 곡선에 있는 점 $(f(t_1),\ g(t_1))$에서의 곡률 반경 ρ는 식 (5.5-3)에 의하여 다음과 같다.

$$\rho=\frac{[\{f'(t_1)\}^2+\{g'(t_1)\}^2]^{3/2}}{|f'(t_1)g''(t_1)-f''(t_1)g'(t_1)|}\quad (f'(t_1)\neq 0) \tag{5.5-4}$$

예제 5.5-5 매개 방정식 $x=a\cos^3 t$, $y=a\sin^3 t\,(a\neq 0)$로 정의된 곡선에 있는 임의의 점에서의 곡률 반경을 t의 함수로 나타내라.

풀이 $x=f(t)$, $y=g(t)$로 놓으면 다음을 얻는다.

$$f'(t)=-3a\cos^2 t\sin t,$$
$$f''(t)=-3a(-2\cos t\sin^2 t+\cos^3 t)=-3a\cos t(3\cos^2 t-2),$$
$$g'(t)=3a\sin^2 t\cos t,$$
$$g''(t)=3a(2\sin t\cos^2 t-\sin^3 t)=3a\sin t(3\cos^2 t-1)$$

이로부터 다음을 얻는다.

$$\{f'(t)\}^2+\{g'(t)\}^2=3^2a^2\cos^4 t\sin^2 t+3^2a^2\sin^4 t\cos^2 t=3^2a^2\sin^2 t\cos^2 t,$$

$$f'(t)g''(t)-f''(t)g'(t)=-3^2a^2\sin^2 t\cos^2 t(3\cos^2 t-1)$$
$$+3^2a^2\sin^2 t\cos^2 t(3\cos^2 t-2)=-3^2a^2\sin^2 t\cos^2 t$$

이제 식 (5.5-4)를 이용하여 정리하면 곡률 반경 ρ는 $\frac{3}{2}a|\sin 2t|$이다. ❑

점 $P(x,\ y)$가 곡선 $y=f(x)$에 있는 점이고 $y'=f'(x)>0$, $y''=f''(x)>0$이라고 하자. 이때 점 P에서의 곡률 원의 곡률 중심을 $C(X,\ Y)$라고 하면 그림 5.5-3으로부터 다음을 얻는다.

$$X=x-\rho\sin\alpha,\quad Y=y+\rho\cos\alpha$$

또한 $\tan\alpha=y'$이므로 이 관계를 나타내는 직각 삼각형을 생각하여 다음을 얻는다.

$$\sin\alpha=\frac{y'}{\sqrt{1+(y')^2}},\quad \cos\alpha=\frac{1}{\sqrt{1+(y')^2}}$$

이를 이용하면 곡률 중심 $C(X,\ Y)$의 좌표는 다음과 같다.

$$X=x-\frac{y'\{1+(y')^2\}}{y''},\quad Y=y+\frac{1+(y')^2}{y''} \tag{5.5-5}$$

일반적으로 $y'>0$, $y''>0$인 제한이 없어도 식 (5.5-5)가 성립함이 알려져 있다.

예제 5.5-6 포물선 $y^2=4px\,(p\neq 0)$의 점 $(x,\ y)$에서 곡률 중심을 찾아라.

풀이 주어진 방정식에 음함수 미분법을 사용하여 다음을 얻는다.

$$y'=\frac{2p}{y},\quad y''=-\frac{2p}{y^2}y'=-\frac{4p^2}{y^3}$$

식 (5.5-5)에 따라 구하는 곡률 중심의 좌표 $(X,\ Y)$의 성분은 다음과 같다.

$$X=x-\frac{y'\{1+(y')^2\}}{y''}=x+\frac{y^2+4p^2}{2p}=3x+2p,$$

$$Y = y + \frac{1+(y')^2}{y''} = y - \frac{y(y^2+4p^2)}{4p^2} = -\frac{y^3}{4p^2}$$

따라서 구하는 곡률 중심은 $\left(3x+2p,\ -\frac{y^3}{4p^2}\right)$이다. ❑

연습 문제 5.5

1. 다음 곡선에 있는 지정한 점에서 곡선의 곡률과 곡률 반지름을 찾아라.

(1) $y = \sin x$; $\left(\frac{\pi}{2},\ 1\right)$

(2) $x = \sin\theta,\ y = \sin 2\theta$; $\theta = \frac{\pi}{2}$

(3) $x = \frac{1}{1+u},\ y = \frac{1}{1-u}$; $u = 0$

(4) $x = e^t + e^{-t},\ y = e^t - e^{-t}$; $t = 0$

2. 다음 곡선의 곡률이 최대가 되는 곡선의 점과 그 점에서의 곡률 반지름을 찾아라.

(1) $y = 4x - x^2$

(2) $x = 2t - 3,\ y = t^2 - 1$

3. 굴렁쇠선 $x = a(\theta - \sin\theta),\ y = a(1-\cos\theta)\ (a \ge 0)$에 대하여

(1) 구간 $[0,\ 2\pi]$에서 곡선의 요철을 조사하라.

(2) $\theta = \frac{1}{3}\pi$에 대응되는 곡선의 점에서 곡률과 곡률 중심을 찾아라.

4. 곡선이 극 방정식 $r = f(\theta)$로 정의되는 경우에 곡선의 임의의 점 $(r,\ \theta)$에서 곡률 반지름 ρ가 다음과 같음을 보여라.

$$\rho = \frac{\left\{r^2 + \left(\frac{dr}{d\theta}\right)^2\right\}^{3/2}}{\left|r^2 + 2\left(\frac{dr}{d\theta}\right)^2 - r\left(\frac{d^2r}{d\theta^2}\right)\right|}$$

5. 연주형 곡선 또는 두잎선(lemmiscate) $r^2 = a^2\cos 2\theta\ (r,\ a > 0)$의 점 $(r,\ \theta)$에서의 곡률 반경을 찾아라.

6. 주어진 점 P에서 다음 곡선의 곡률 중심을 찾아라.

(1) $y = x^4 - x^2$; $P(0,\ 0)$

(2) $x^3 + y^3 = 4xy$; $P(2,\ 2)$

7. 포물선 $y^2 = 4x$의 점 (1, 2)에서 곡률 원의 방정식을 찾아라.

8. 매개 방정식 $x = f(t),\ y = g(t)$로 정의된 곡선의 곡률 중심 $C(X,\ Y)$의 성분이 다음과 같음을 보여라.

$$X = f(t) - g'(t)\frac{\{f'(t)\}^2 + \{g'(t)\}^2}{f'(t)g''(t) - g'(t)f''(t)},$$

$$Y = g(t) + f'(t)\frac{\{f'(t)\}^2 + \{g'(t)\}^2}{f'(t)g''(t) - g'(t)f''(t)}$$

❖ 메모

CHAPTER

6

역함수와 초월 함수

이 장에서는 역함수 및 역함수의 도함수에 관한 정리와 역삼각 함수, 로그 함수, 지수 함수, 쌍곡선함수, 역쌍곡선함수 등의 초월 함수를 정의하고 각 함수의 성질과 도함수에 대하여 다룬다.

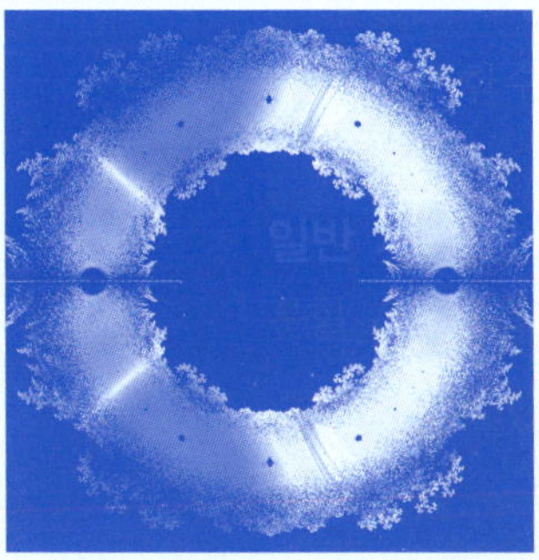

6.1 역함수 정리

함수 $f: X \to Y$가 전단사이면, 각 $y \in Y$에 대하여 X의 유일한 원소 $f^{-1}(y)$가 대응하므로 역함수 $f^{-1}: Y \to X$가 존재하고, 다음과 같은 대응 관계가 성립한다.

$$f^{-1}(y) = x \iff f(x) = y$$

이로부터 다음 사실을 알 수 있다.

$$f(f^{-1}(y)) = y, \quad f^{-1}(f(x)) = x$$

다음 정리는 실 함수의 역함수가 존재하는지를 판정하는 기준이 된다.

정리 6.1-1

순증가 함수 f의 역함수 f^{-1}가 존재하고, f^{-1}도 순증가 함수이다.

증명 $f(x_1) = y_1$이라 하자. $x_1 \neq x_2$이면 $x_1 < x_2$이거나 $x_1 > x_2$이다. f가 순증가 함수이므로 어느 경우든지 $f(x_1) \neq f(x_2)$이다. 즉, y_1이 f의 치역에 속할 때 $f(x_1) = y_1$을 만족시키는 x_1이 f의 정의역에 오직 하나 존재한다. 그러므로 f의 역함수 f^{-1}가 존재한다. 이제 $y_1 < y_2$라면 $f(x_1) = y_1$과 $f(x_2) = y_2$를 만족시키는 x_1과 x_2가 f의 정의역에 존재한다. 그러면 $x_1 < x_2$이거나 $x_1 \geq x_2$이다. $x_1 \geq x_2$이면 f가 순증가 함수이므로 $y_1 = f(x_1) \geq f(x_2) = y_2$이다. 이것은 $y_1 < y_2$에 모순이므로 $x_1 < x_2$이다. 따라서 f^{-1}은 순증가 함수이다. ❑

정리 6.1-1과 다음 정리 6.1-2는 순감소 함수에 대해서도 성립한다.

정리 6.1-2

닫힌 구간 $[a, b]$에서 연속인 순증가 함수 f에 대해 $f(a) = \alpha$이고 $f(b) = \beta$이면, 닫힌 구간 $[\alpha, \beta]$를 정의역으로 하는 연속이고 순증가하는 역함수 f^{-1}가 존재한다.

증명 (부분) f가 순증가 함수이므로 정리 6.1-1에 의하여 f의 역함수가 존재하고 역함수도 순증가 한다. 또한, f가 연속이고 $a \le x \le b$일 때 $\alpha \le f(x) \le \beta$이므로 중간값 정리로부터 임의의 $r \in [\alpha, \beta]$에 대하여 $f(c) = r$를 만족시키는 c가 닫힌 구간 $[a, b]$에 존재한다. 즉 f의 역함수 f^{-1}의 정의역은 닫힌 구간 $[\alpha, \beta]$이다.

역함수가 연속임을 증명하는 것은 이 과정에서 다루는 범위를 벗어나므로 생략한다. ❑

전단사 함수 $f : D \subset \mathbb{R} \to R \subset \mathbb{R}$ 에 대하여 변수 사이의 대응 관계를 $y = f(x)$로 나타내면, 그 역함수 $f^{-1} : R \to D$의 대응 관계는 $x = f^{-1}(y)$로 표현된다. 이를 x를 독립 변수, y를 종속 변수로 사용하여 다시 나타내면, $y = f^{-1}(x)$ $(x \in R)$이며, 역함수의 정의로부터 $x = f(y)$ $(y \in D)$이 성립한다. 이는 $y = f(x)$에서 문자 x와 y를 서로 바꿔 놓은 것이다. 즉 함수 $y = f(x)$와 그 역함수 $y = f^{-1}(x)$의 그래프는 직선 $y = x$에 관하여 대칭이다(그림 6.1-1 참조).

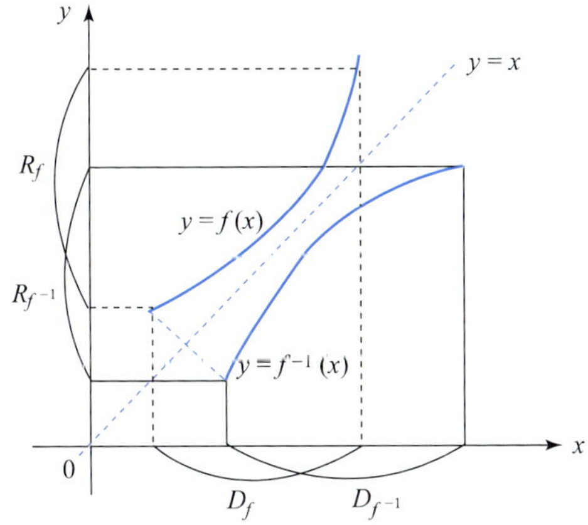

그림 6.1-1 함수 $y = f(x)$와 그 역함수 $y = f^{-1}(x)$의 그래프: D_f와 $D_{f^{-1}}$은 각각 f와 f^{-1}의 정의역, R_f와 $R_{f^{-1}}$은 각각 f와 f^{-1}의 치역

정리 6.1-3 (역함수 정리)

함수 f가 열린 구간 (a, b)에서 미분 가능하고 $a < x < b$일 때 $f'(x) > 0$이라고 하자. 그러면 $y = f(x)$의 미분 가능한 역함수 $x = f^{-1}(y)$가 존재한다. 이때 다음이 성립한다.

$$\frac{df^{-1}(y)}{dy} = \frac{1}{df(x)/dx} \quad \text{또는} \quad \frac{dx}{dy} = \frac{1}{dy/dx}$$

증명 구간 $(a,\ b)$에서 $f' > 0$이므로 f는 순증가 함수이다. 따라서 정리 6.1-1에 의해 f의 역함수 f^{-1}가 존재한다.

y가 f의 치역의 원소일 때, $y+k$가 f의 치역에 있도록 하는 작은 수 $k \neq 0$에 대하여 $x = f^{-1}(y)$이고 $h = f^{-1}(y+k) - f^{-1}(y)$라 하자. 그러면 역함수의 정의에 의해 $f^{-1}(y+k) = x+h$이므로 $f(x+h) = y+k$이다. 따라서 $k = f(x+h) - f(x)$이고 $h \neq 0$이므로 다음을 얻는다.

$$\frac{f^{-1}(y+k)-f^{-1}(y)}{k} = \frac{1}{\dfrac{f(x+h)-f(x)}{h}} \tag{6.1-1}$$

그런데 f가 연속 함수이므로 h가 0에 가까워지면 k도 0에 가까워진다. 역으로, 정리 6.1-2에 의해 f^{-1}도 연속 함수이므로, k가 0에 가까워지면 h도 0에 가까워진다. 따라서 미분 계수의 정의와 조건 $f'(x) > 0\ (a < x < b)$ 및 식 (6.1-1)로부터 다음이 성립한다.

$$\begin{aligned}\frac{df^{-1}(y)}{dy} &= \lim_{k\to 0}\frac{f^{-1}(y+k)-f^{-1}(y)}{k} \\ &= \frac{1}{\displaystyle\lim_{h\to 0}\frac{f(x+h)-f(x)}{h}} = \frac{1}{df(x)/dx}\end{aligned}$$ ❑

참고 역함수의 도함수가 존재한다는 사실을 미리 가정하면 역함수의 도함수를 다음과 같이 찾을 수 있다. 즉, $f^{-1} = g$라 하면 역함수의 정의에 의하여 $f(g(y)) = y$이다. 이제 이 식의 양변을 y에 관하여 미분하면 연쇄 법칙에 의하여 다음을 얻는다.

$$f'(g(y))g'(y) = 1$$

따라서 $g'(y) = 1/f'(g(y)) = 1/f'(x)$이다.

예제 6.1-1 $f(x) = x^3 - 2x + 1$을 $x > \sqrt{\frac{2}{3}}$ 인 범위에서 정의된 함수라 하자. 이때 f의 역함수가 존재함을 보이고, $(f^{-1})'(0)$과 $(f^{-1})'(5)$를 찾아라.

풀이 $x > \sqrt{\dfrac{2}{3}}$ 일 때, $f'(x) = 3x^2 - 2 > 0$이므로 역함수 정리에 의해 f의 역함수 f^{-1}가 존재한다. 그런데 $f(1) = 0$이므로 $f^{-1}(0) = 1$이고, $f(2) = 5$이므로 $f^{-1}(5) = 2$이다. 따라서 $(f^{-1})'(0) = \dfrac{1}{f'(1)} = 1$이고 $(f^{-1})'(5) = \dfrac{1}{f'(2)} = \dfrac{1}{10}$이다. ❑

연습 문제 6.1

1. 주어진 구간에서 다음 함수의 역함수가 존재하는지를 판정하고, 존재할 경우에는 역함수의 정의역을 말하라.

(1) $f(x)=x+\dfrac{1}{x}$; $(0,\ 1]$ (2) $f(x)=\dfrac{x+2}{x-2}$; $[0,\ 2)$

2. 함수 $f(x)=x^7+5x^3$의 역함수가 존재함을 보여라.

3. 다음에서 $(f^{-1})'(c)$를 찾아라.

(1) $f(x)=2x+\sin x$; $c=0$ (2) $f(x)=3x-\dfrac{1}{x^3}$; $c=-2$

4. 주어진 구간 I에서 다음 함수 f의 역함수 f^{-1}을 찾아라.

(1) $f(x)=x+\sqrt{x}$; $I=[0,\ \infty)$ (2) $f(x)=\dfrac{1+3x}{5-2x}$; $I=\left(\dfrac{5}{2},\ \infty\right)$

(3) $f(x)=\sqrt{2+5x}$; $I=\left[-\dfrac{2}{5},\ \infty\right)$

5. 문제 4에서 구한 f^{-1}에 대하여 다음이 성립함을 확인하라.

$$f^{-1}(f(x))=x,\quad f(f^{-1}(y))=y$$

6. 다음 함수 f의 역함수 f^{-1}와 그 도함수 $(f^{-1})'$를 직접 찾은 후에 역함수 정리 6.1-3의 결과를 이용하여 찾은 것과 동일함을 보여라.

(1) $f(x)=x^5$ (2) $f(x)=(x+1)^2,\ x>-1$

7. 함수 $f(x)=3x-1$과 $g(x)=\sqrt{2x+5}$의 합성 함수 $h(x)=(f\circ g)(x)=f(g(x))$에 대하여 다음이 성립함을 보여라 (연습 문제 1.3의 문제 3번 참조).

$$h^{-1}=g^{-1}\circ f^{-1}$$

6.2 역삼각 함수

삼각 함수 $y=\sin x$에서 두 변수 x와 y가 일대일로 대응하지 않는다. 예를 들어, 임의의 정수 n에 대하여 $x=n\pi+(-1)^n\frac{1}{6}\pi$에 대응하는 $\sin x$의 값은 모두 $\frac{1}{2}$이다. 그러나 정의역을 구간 $\left[-\frac{1}{2}\pi, \frac{1}{2}\pi\right]$로 제한하면, 함수 $y=\sin x$는 구간 $\left[-\frac{1}{2}\pi, \frac{1}{2}\pi\right]$에서 순증가하므로 역함수가 존재한다 (그림 6.2-1 참조). 이 역함수를 다음과 같이 나타낸다.

$$y=\sin^{-1}x \ (-1\le x\le 1) \quad \text{또는} \quad y=\arcsin x \ (-1\le x\le 1)$$

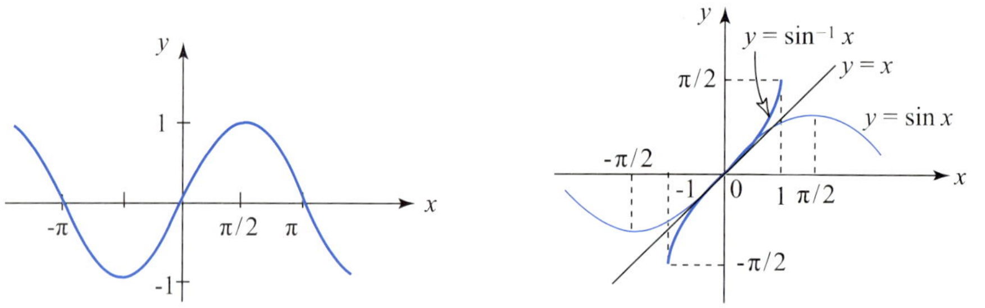

그림 6.2-1 $y=\sin x$의 그래프와 $y=\sin^{-1}x$의 그래프

예제 6.2-1 정의에 의해 $\sin^{-1}\left(\frac{1}{2}\right)=\frac{1}{6}\pi$이고 $\sin^{-1}(-1)=-\frac{1}{2}\pi$이다. ❑

모든 삼각 함수는 전단사 함수가 아니므로 역함수가 존재하지 않는다. 그러나 위의 사인 함수와 같이 정의역을 적절히 제한하여 역함수를 정의할 수 있다. 일반적으로 다음과 같이 각 삼각 함수의 역함수를 정의한다.

$y=\cos x \quad (0\le x\le \pi)$ $\qquad$ $y=\cos^{-1}x \quad (-1\le x\le 1)$

$y=\tan x \quad \left(-\frac{\pi}{2}<x<\frac{\pi}{2}\right)$ $\qquad$ $y=\tan^{-1}x \quad (-\infty<x<\infty)$

$$y = \cot x \quad (0 < x < \pi) \qquad y = \cot^{-1} x \quad (-\infty < x < \infty)$$

$$y = \sec x \quad \left(-\pi \le x < -\frac{\pi}{2},\ 0 \le x < \frac{\pi}{2}\right) \quad y = \sec^{-1} x \quad (x \le -1,\ x \ge 1)$$

$$y = \csc x \quad \left(-\pi < x \le -\frac{\pi}{2},\ 0 < x \le \frac{\pi}{2}\right) \quad y = \csc^{-1} x \quad (x \le -1,\ x \ge 1)$$

삼각 함수의 역함수를 나타낼 때 각 삼각 함수의 기호 앞에 arcsin처럼 arc를 붙여 나타내기도 한다. 예를 들어, $y = \cos^{-1} x$를 $y = \arccos x$로 나타낸다. 역삼각 함수의 그래프는 그림 6.2-1 ~ 6.2-6을 참고하라.

참고 함수 $y = \sec x$의 경우에는 $x \ge 1$인 경우에 $-\frac{\pi}{2} < \sec^{-1} x \le 0$이고 $x \le -1$인 경우에는 $\frac{\pi}{2} < \sec^{-1} x \le \pi$가 되도록 역함수를 선택하기도 한다(그림 6.2-5에서 $y = \sec^{-1} x$의 그래프에서 점선 부분 참조). 또한, $\tan x$, $\cot x$, $\csc x$ 등의 삼각 함수도 함수 $\sec x$의 경우와 같이 필요에 따라 역함수가 위와는 다른 값을 취하도록 역함수를 정의하기도 한다 (세 그림 6.2-3, 6.2-4, 6.2-6에서 점선으로 나타낸 그래프 참조).

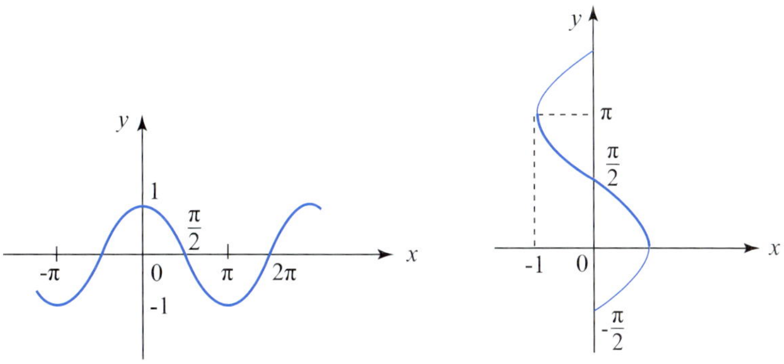

그림 6.2-2 $y = \cos x$와 $y = \cos^{-1} x$의 그래프

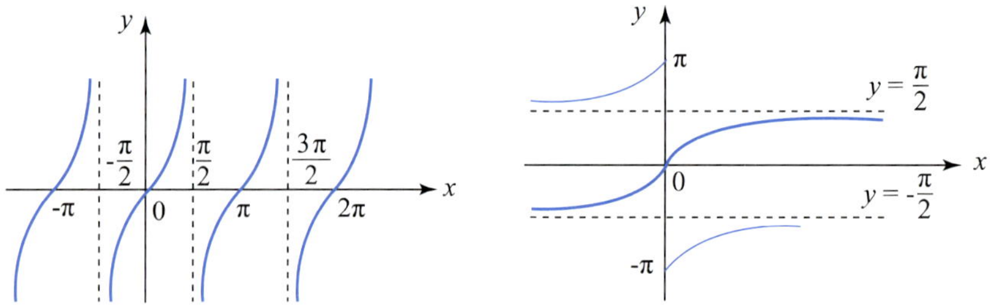

그림 6.2-3 $y = \tan x$와 $y = \tan^{-1} x$의 그래프

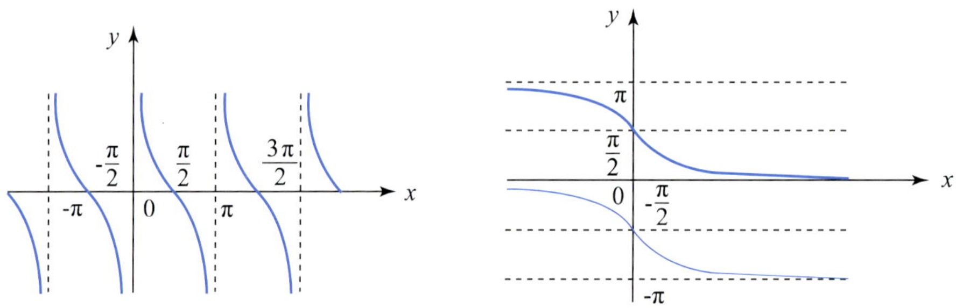

그림 6.2-4 $y = \cot x$와 $y = \cot^{-1} x$의 그래프

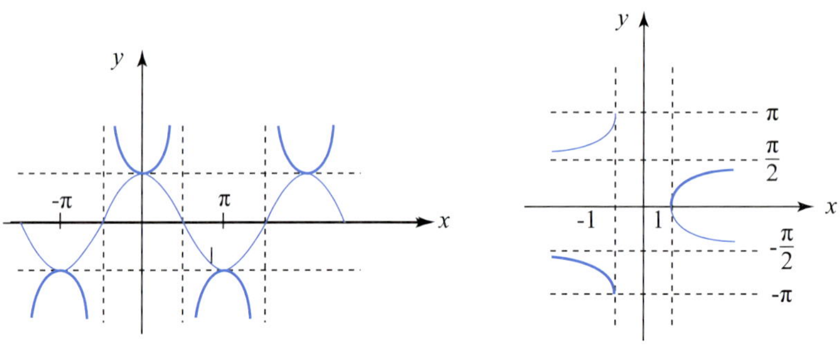

그림 6.2-5 $y = \sec x$와 $y = \sec^{-1} x$의 그래프

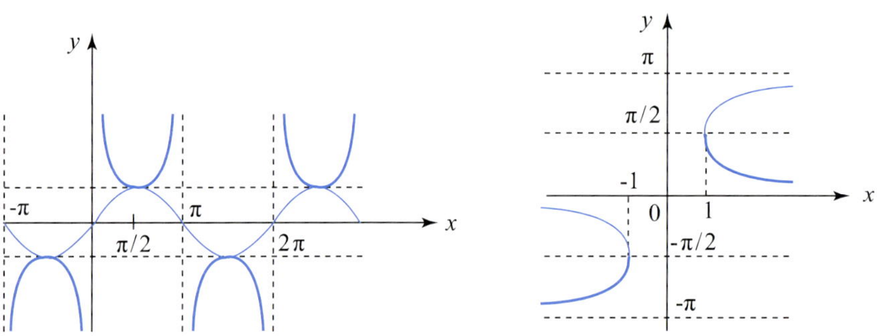

그림 6.2-6 $y = \csc x$와 $y = \csc^{-1} x$의 그래프

예제 6.2-2 정의에 의하여 $\cos^{-1}\left(-\frac{1}{2}\right)=\frac{2}{3}\pi$이고 $\tan^{-1}(-1)=-\frac{\pi}{4}$이다. ❑

예제 6.2-3 $\tan^{-1}\left(\frac{1}{2}\right)+\tan^{-1}\left(-\frac{1}{3}\right)$을 간단히 하라.

풀이 먼저 $\gamma=\tan x$라고 하자. 그러면 역함수의 정의와 항등식 $\tan(-\theta)=\quad\tan\theta$에 의해 $-x=-\tan^{-1}\gamma$이고 $\tan^{-1}(-\gamma)=\tan^{-1}(\tan(-x))=-x$이다. 따라서 $\tan^{-1}(-\gamma)=-\tan^{-1}\gamma$이 성립한다. 또, $\alpha=\tan^{-1}a$, $\beta=\tan^{-1}b$라고 하면, $\tan(\alpha+\beta)=\dfrac{\tan\alpha+\tan\beta}{1-\tan\alpha\tan\beta}$이므로 다음이 성립한다.

$$\alpha+\beta=\tan^{-1}a+\tan^{-1}b=\tan^{-1}\left(\frac{a+b}{1-ab}\right)$$

이제 $a=\frac{1}{2}$과 $b=\frac{1}{3}$로 놓고 계산하면 다음을 얻는다.

$$\tan^{-1}a+\tan^{-1}(-b)=\tan^{-1}a-\tan^{-1}b=\tan^{-1}\left(\frac{a-b}{1+ab}\right)=\tan^{-1}\frac{1}{7}$$ ❑

역함수 정리 6.1-3에 의해 역삼각 함수도 미분 가능하다.

정리 6.2-1

역삼각 함수는 정의역에 포함되는 열린 구간에서 미분 가능하고 도함수는 다음과 같다.

(1) $\dfrac{d}{dx}\sin^{-1}x=\dfrac{1}{\sqrt{1-x^2}}$ (2) $\dfrac{d}{dx}\cos^{-1}x=\dfrac{-1}{\sqrt{1-x^2}}$

(3) $\dfrac{d}{dx}\tan^{-1}x=\dfrac{1}{1+x^2}$ (4) $\dfrac{d}{dx}\cot^{-1}x=\dfrac{-1}{1+x^2}$

(5) $\dfrac{d}{dx}\sec^{-1}x=\dfrac{1}{x\sqrt{x^2-1}}$ (6) $\dfrac{d}{dx}\csc^{-1}x=\dfrac{-1}{x\sqrt{x^2-1}}$

증명 (1) $y=\sin^{-1}x$로 놓으면 $x=\sin y$ $\left(|y|\le\frac{1}{2}\pi\right)$이다. $\sin y$는 구간 $\left[-\frac{1}{2}\pi,\ \frac{1}{2}\pi\right]$

에서 순증가하고 미분 가능하므로 역함수 정리에 의해서 다음이 성립한다.

$$\frac{dy}{dx}=\frac{1}{dx/dy}=\frac{1}{\cos y}$$

한편 $|y| \leq \frac{1}{2}\pi$이면 $\cos y \geq 0$이므로 $\cos y = \sqrt{1-x^2}$ 이다. 따라서 다음을 얻는다.

$$\frac{d}{dx}\sin^{-1}x=\frac{1}{\sqrt{1-x^2}}$$

(2) $y=\cos^{-1}x$라면, $x=\cos y(0 \leq y \leq \pi)$이다. 역함수정리와 $0 \leq y \leq \pi$일 때 $\sin y = \sqrt{1-x^2}$ 임을 이용하면 다음 식을 얻는다.

$$\frac{dy}{dx}=\frac{1}{dx/dy}=-\frac{1}{\sin y}=\frac{-1}{\sqrt{1-x^2}}$$

(3) $y=\tan^{-1}x$이면 $x=\tan y\left(|y|<\frac{1}{2}\pi\right)$에 대해 역함수 정리와 삼각 함수의 항등식 $\sec^2 y = 1+\tan^2 y$를 이용하면 다음을 얻는다.

$$\frac{dy}{dx}=\frac{1}{dx/dy}=\frac{1}{\sec^2 y}=\frac{1}{1+\tan^2 y}=\frac{1}{1+x^2}$$

(4), (5), (6)도 같은 방법으로 증명할 수 있다. ❑

예제 6.2-4 $x=\frac{1}{6}\sqrt{3}$ 일 때, 곡선 $y=\tan^{-1}2x$의 대응하는 점에서 접선의 방정식을 찾아라.

풀이 $\frac{dy}{dx}=\frac{2}{1+4x^2}$에 $x=\frac{1}{6}\sqrt{3}$을 대입하면 접선의 기울기는 $\frac{3}{2}$이다. 또 $x=\frac{1}{6}\sqrt{3}$ 일 때 $y=\frac{1}{6}\pi$이므로, 찾는 직선의 방정식은 기울기가 $\frac{3}{2}$이고 점 $\left(\frac{1}{6}\sqrt{3},\ \frac{1}{6}\pi\right)$를 지난다. 따라서 접선의 방정식은 다음과 같다.

$$y-\frac{1}{6}\pi=\frac{3}{2}\left(x-\frac{1}{6}\sqrt{3}\right)$$ ❑

연습 문제 6.2

1. 다음 값을 찾아라.

(1) $2\sin\frac{\sqrt{3}}{2}$ (2) $\cos\left(\cos^{-1}\frac{4}{5}+\sin^{-1}\frac{5}{13}\right)$

(3) $\frac{3}{\tan^{-1}\sqrt{3}}$ (4) $\sin^{-1}(\sin\frac{3}{5}\pi)$

2. 다음 극한을 찾아라.

(1) $\lim_{x\to\infty}\tan^{-1}x$ (2) $\lim_{x\to\infty}\sec^{-1}x$

3. 다음의 참 · 거짓을 판정하라.

(1) $\tan^{-1}x=\frac{\sin^{-1}x}{\cos^{-1}x}$

(2) 임의의 x에 대하여 $\sin^{-1}(\sin x)=x$가 성립한다.

4. 다음 등식을 증명하라.

(1) $\sin^{-1}(-x)=-\sin^{-1}x$ (2) $\cos^{-1}(-x)=\pi-\cos^{-1}x$

(3) $\tan^{-1}(-x)=-\tan^{-1}x$ (4) $\sin^{-1}x+\cos^{-1}x=\frac{\pi}{2}$

(5) $\tan^{-1}x+\cot^{-1}x=\frac{\pi}{2}$ (6) $\sec^{-1}x+\csc^{-1}x=\frac{\pi}{2}$

(7) $\cos(\sin^{-1}x)=\sqrt{1-x^2}$ (8) $\tan(\sin^{-1}x)=\frac{x}{\sqrt{1-x^2}}$

5. $0<h<1$이면 부등식 $h<\sin^{-1}h<\frac{h}{\sqrt{1-h^2}}$가 성립함을 보여라.

6. 다음 함수의 도함수를 찾아라.

(1) $y = \tan^{-1}\dfrac{2x}{1-x^2}$

(2) $y = \sqrt{a^2 - x^2} - a\cos^{-1}\dfrac{x}{a} \quad (0 < x < a)$

(3) $f(x) = \cos^{-1}\dfrac{2}{x}$

(4) $f(x) = \tan^{-1}(\sin x)$

7. 곡선 $y = \tan^{-1}x$의 점 $(1,\ \frac{1}{4}\pi)$에서의 곡률을 찾아라.

8. 밑변의 길이가 96 cm인 이등변 삼각형이 있다. 높이가 72 cm이고 3 cm/min의 비율로 증가할 때, 밑각의 변화율을 찾아라 .

9. 어떤 사람이 길의 한쪽 끝에 있는 높이가 50 m인 탑을 향하여 50 m/min의 속도로 차를 몰고 있다. 이 사람이 탑에서 1000 m 떨어진 지점에 있을 때 이 사람의 탑에 대한 앙각은 어떻게 변하는가?

10. 4400ft 상공에 있는 비행기가 수평으로 날아서 관측자로부터 똑바로 멀어져 가고 있다. 관측자가 비행기를 보는 앙각이 $\frac{1}{4}\pi$일 때 앙각이 0.05 radian/sec의 비율로 감소하고 있다. 앙각이 $\frac{1}{4}\pi$인 순간의 비행기의 속도는 얼마인가?

11. 함수 $f(x) = (\sin^{-1}x)^2$에 대하여 다음 등식을 증명하라.

$$f^{(n+1)}(0) - (n-1)^2 f^{(n)}(0) = 0 \quad (n \in \mathbb{N})$$

6.3 로그 함수와 지수 함수

자연 로그 함수(natural logarithm) 또는 간단히 로그 함수 $y = \ln x$를 함수 $y = \dfrac{1}{x}$을 이용하여 다음과 같이 정의한다.

먼저 x가 1보다 큰 실수이면 구간 $[1,\ x]$와 그 위의 함수 $y = \dfrac{1}{x}$의 그래프 사이의 넓이를 $\ln x$의 값으로 정의한다 (그림 6.3-1의 (a) 참조). 한편, $0 < x < 1$이면 구간 $[x,\ 1]$과 그 위의 함수 $y = \dfrac{1}{x}$의 그래프로 둘러싸인 영역의 넓이에 실수 -1을 곱한 값을 $\ln x$의 값으로 정의한다 (그림 6.3-1의 (b) 참조). 그러나 $x \le 0$인 실수 x에 대하여 $\ln x$를 정의하지 않는다. 그림 6.3-1에서 빗금친 부분의 면적은 각각 $x > 1$와 $0 < x < 1$에 대한 $\ln x$의 크기를 나타낸다.

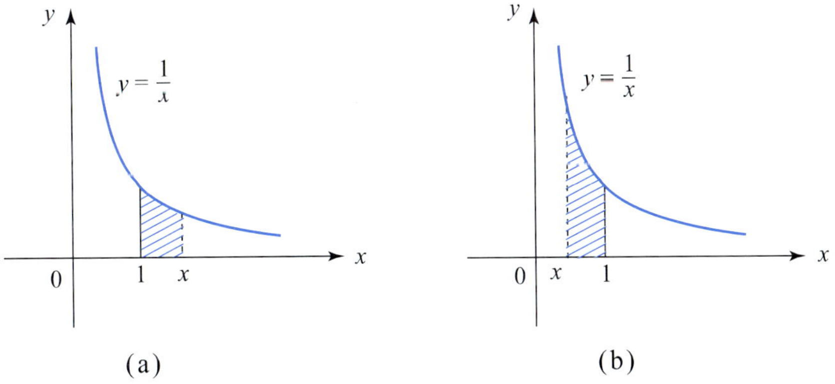

그림 6.3-1 (a) $x > 1$일 때 $\ln x$ (b) $0 < x < 1$일 때 $|\ln x|$

로그 함수의 성질

다음은 로그 함수의 기본적인 성질이다.

정리 6.3-1

로그 함수 $y = \ln x\ (x > 0)$는 미분 가능하고 도함수는 다음과 같다.

$$\frac{d(\ln x)}{dx} = \frac{1}{x} \quad (x > 0)$$

증명 정의를 써서 $\ln x$의 도함수를 구해 보자. 임의의 $x > 0$에 대하여 다음을 보이면 증명이 끝난다.

$$\lim_{h \to 0} \frac{\ln(x+h) - \ln x}{h} = \frac{1}{x}$$

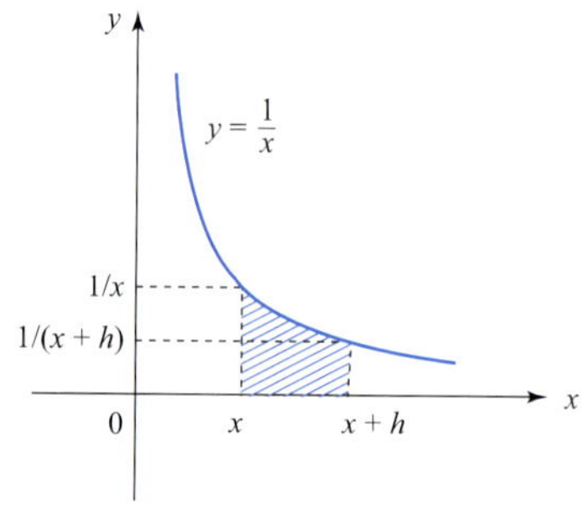

그림 6.3-2 $\ln(x+h) - \ln x$

먼저 $h > 0$이라 하면 $\ln(x+h) - \ln x$는 그림 6.3-2의 빗금친 부분의 넓이다. 이를 밑변의 길이가 h이고 높이가 $\frac{1}{x}$과 $\frac{1}{x+h}$인 직사각형의 넓이가 비교하면, 다음 부등식을 얻는다(그림 6.3-2 참조).

$$h\frac{1}{x+h} < \ln(x+h) - \ln x < h\frac{1}{x}$$

위 부등식의 양변을 양수 h로 나누면 다음과 같다.

$$\frac{1}{x+h} < \frac{\ln(x+h) - \ln x}{h} < \frac{1}{x}$$

한편, 위 식에서 $\lim_{h \to 0^+} \frac{1}{x+h} = \frac{1}{x}$이므로 다음을 얻는다.

$$\lim_{h \to 0^+} \frac{\ln(x+h) - \ln x}{h} = \frac{1}{x}$$

마찬가지 방법으로 $h < 0$인 경우도 $\lim_{h \to 0^-} \frac{\ln(x+h) - \ln x}{h} = \frac{1}{x}$임을 보일 수 있다. 그러므로 $\frac{d(\ln x)}{dx} = \frac{1}{x}$이다. □

로그 함수 $y=\ln x$는 열린 구간 $(0, \infty)$에서 정의되며, $\ln 1=0$이고 $(\ln x)'=\frac{1}{x}$인 함수이다. 이런 성질을 만족시키는 다른 함수를 g라고 하자. 그러면 모든 $x>0$에 대하여 $g(x)=\ln x+c$(c는 상수)이다. 그런데 $0=g(1)=c$이므로 $g(x)=\ln x$이다. 따라서 구간 $(0, \infty)$에서 정의된 미분 가능한 함수로서 $f(1)=0$이며 $f'(x)=\frac{1}{x}$을 만족시키는 함수 f는 $\ln x$뿐이다. 이제 로그 함수의 이런 성질을 이용하여 로그 함수의 몇 가지 중요한 다른 성질에 대하여 알아보자.

정리 6.3-2

임의의 두 양수 a와 b에 대하여 $\ln(ab)=\ln a+\ln b$이 성립한다.

증명 임의의 양수 x에 대하여 $f(x)=\ln(ax)$라 하면, 함수 f는 미분 가능하다. 연쇄 법칙을 사용하여 f의 도함수를 구하면 다음과 같다.

$$\frac{df(x)}{dx}=a\frac{1}{ax}=\frac{1}{x} \quad (x>0)$$

즉, 구간 $(0, \infty)$에서 함수 f의 도함수가 $\ln x$의 도함수와 같다. 따라서 구간 $(0, \infty)$에서 $f(x)=\ln(ax)=\ln x+C$이다 (C는 상수). 특히, $x=1$이면, $\ln a=C$이다. 따라서 $x=b$라고 하면 $\ln(ab)=\ln a+\ln b$가 성립한다. □

다음은 정의에 의해 직관적으로 자명한 결과이지만 엄밀히 증명하기로 한다.

정리 6.3-3

로그 함수 $y=\ln x\,(x>0)$는 순증가하고 치역은 $\mathbb{R}$ 이다.

증명 $y=\ln x$는 그 도함수가 임의의 $x>0$에 대해 양수이므로 순증가 함수이다. 따라서 $\ln 1=0$이므로 $\ln 2>0$이고 $\ln\frac{1}{2}<0$이다. 또 정리 6.3-2와 수학적 귀납법에 의하여

임의의 자연수 n에 대하여 $\ln a^n = n\ln a(a>0)$가 성립한다. 이로부터 $\ln 2^n = n\ln 2$이고 $\ln\left(\frac{1}{2}\right)^n = n\ln\frac{1}{2}$이다. 따라서 $n\to\infty$이면, $n\ln 2\to\infty$이고 $n\ln\frac{1}{2}\to-\infty$이다. 또 $\ln x$는 $(0,\ \infty)$에서 미분 가능하므로 연속이다. 그러므로 중간값 정리에 의하여 $\ln x$는 $n\ln\frac{1}{2}$과 0 사이의 모든 값을 취하고, 0과 $n\ln 2$ 사이의 모든 값을 취한다. 따라서 $\ln x$의 치역이 실수의 집합 $\mathbb{R}$이다. ❑

로그 함수 $y=\ln x$의 이계 도함수 $y''=-\frac{1}{x^2}$의 부호가 $x>0$에서 항상 음이므로 $y=\ln x$의 그래프는 위로 볼록하다 (그림 6.3-3 참조).

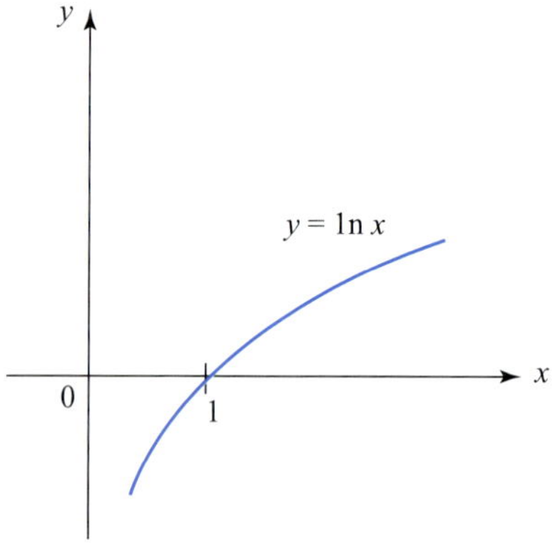

그림 6.3-3 $y=\ln x$의 그래프

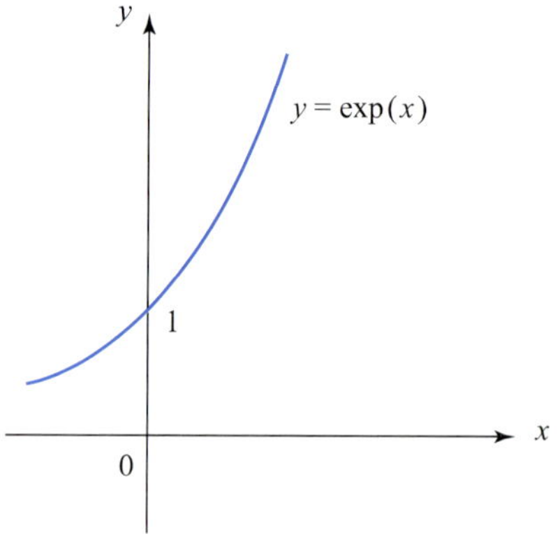

그림 6.3-4 $y=\exp(x)$의 그래프

참고 로그 함수 $\ln x$는 $x>0$일 때만 정의되므로, 합성 함수 $\ln f(x)$는 $f(x)>0$일 때만 정의된다. 따라서 함수 $\ln f(x)$라 하면 $f(x)>0$인 것으로 이해한다. 예를 들면, $\ln(x-2)$로 나타낸 함수의 정의역은 구간 $(2,\ \infty)$이다.

지수 함수

정리 6.3-3에 의해 로그 함수 $y=\ln x$는 정의역이 열린 구간 $(0,\ \infty)$이고 치역이 실수의 집합 $\mathbb{R}$ 이며 순증가한다. 따라서 정리 6.1-1에 의하여 로그 함수의 정의역이 $\mathbb{R}$이고 치역이 열린 구간 $(0,\ \infty)$인 역함수가 존재하는데 이를 자연 지수 함수(natural exponential function) 또는 간단히 지수 함수라 부르고, $y=\exp(x)$로 나타낸다.

로그 함수의 성질과 지수 함수의 정의로부터 다음이 성립함을 쉽게 알 수 있다.

$$1=\exp(0), \qquad \exp(a+b)=\exp(a)\exp(b)$$

특히, $\exp(1)$의 값을 간단히 e로 나타낸다. 즉 e는 방정식 $\ln x=1$를 만족시키는 실수이다.

로그 함수의 성질과 역함수 정리로부터 다음을 얻는다.

정리 6.3-4

지수 함수 $y=\exp(x)$는 미분 가능하고 $\dfrac{d}{dx}\exp(x)=\exp(x)$이다.

증명 지수 함수는 미분 가능한 로그 함수의 역함수이므로 역함수 정리와 $x=\ln y$에 의하여 다음이 성립한다.

$$\frac{dy}{dx}=\frac{1}{dx/dy}=\frac{1}{1/y}=y=\exp(x) \qquad \square$$

정리 6.3-4에 의하면 지수 함수 $y=\exp(x)$의 모든 계의 도함수는 $\exp(x)$이며, 특히 $y'=y''=\exp(x)>0$이므로 실수 $\mathbb{R}$ 에서 증가하고, 그래프는 아래로 볼록이다. 또 로그 함수의 역함수이므로 $y=\ln x$의 그래프와 직선 $y=x$에 대해 대칭이다. 이를 이용하여 지수 함수의 그래프의 개형을 그리면 그림 6.3-4와 같다.

일반 지수 함수

양수 a에 대하여 일반 지수 함수(general exponential function) a^x를 지수 함수와 로그 함수를 써서 다음과 같이 정의한다.

$$a^x=\exp(x\ln a) \quad (a>0,\ x\in\mathbb{R}) \tag{6.3-1}$$

로그 함수 $\ln x$와 지수 함수 $\exp(x)$의 성질을 쓰면, 임의의 두 실수 x와 y에 대하여 다음이 성립함을 보일 수 있다.

$$a^{x+y} = a^x a^y, \quad a^0 = 1 \tag{6.3-2}$$

지수 함수 a^x는 합성 함수로 정의되므로 연쇄 법칙으로부터 다음을 얻는다.

정리 6.3-5

$$\frac{da^x}{dx} = a^x \ln a \quad (a > 0)$$

증명 $\dfrac{da^x}{dx} = \dfrac{d(\exp(x \ln a))}{dx} = \exp(x \ln a) \ln a = a^x \ln a$ ❑

다음은 정리 3.2-2의 일반화이다.

정리 6.3-6

임의의 상수 c에 대하여 함수 $f(x) = x^c (x > 0)$는 미분 가능하고 그 도함수는 다음과 같다.

$$\frac{dx^c}{dx} = cx^{c-1} \quad (x > 0)$$

증명 정의에 의해 $x^c = \exp(c \ln x)$이고 지수 함수 $\exp(x)$와 로그 함수 $\ln x$는 미분 가능하므로, 연쇄 법칙을 사용하여 다음을 얻는다.

$$\frac{dx^c}{dx} = \exp(c \ln x)\frac{c}{x} = cx^c x^{-1} = cx^{c-1}$$ ❑

다음은 정리 6.3-2의 일반화이다.

정리 6.3-7

양수 a와 실수 b에 대하여 $\ln a^b = b \ln a$가 성립한다.

증명 $b=0$일 때는 자명하므로, $b \neq 0$이라 하자. 여기서 $x>0$이면, $f(x)=\dfrac{\ln x^b}{b}$으로 놓자. 그러면 $f'(x)=\dfrac{1}{b}\dfrac{bx^{b-1}}{x^b}=\dfrac{1}{x}$이므로 $f(x)=\dfrac{1}{b}\ln x^b=\ln x+c\,(x>0)$가 성립한다 ($c$는 상수). 특히, $x=1$이면 $c=0$이다. 따라서 $\ln x^b=b\ln x$이고, $x=a$라고 하면 $\ln a^b=b\ln a$가 성립한다. ❑

한편, 지수 함수의 정의 (6.3-1)로부터 다음을 얻는다.

$$e^x=\exp(x\ln e)=\exp(x)$$

따라서 지수 함수 $y=\exp(x)$는 실수 e에 대한 일반 지수 함수 $y=e^x$이다. 이런 이유로 지수 함수 $y=\exp(x)$를 $y=e^x$로 나타낸다.

예제 6.3-1 함수 $y=\ln\left(x^3\sqrt{\dfrac{x-1}{x+1}}\right)$의 도함수 $\dfrac{dy}{dx}$를 찾아라.

풀이 로그 함수의 성질에 의하여 주어진 함수를 다음과 같이 나타낼 수 있다.

$$y=3\ln x+\frac{1}{2}\ln(x-1)-\frac{1}{2}\ln(x+1)$$

그러므로 다음을 얻는다.

$$\frac{dy}{dx}=\frac{3}{x}+\frac{1}{2(x-1)}-\frac{1}{2(x+1)}$$ ❑

밑이 a인 로그 함수

실수 a가 1이 아닌 양수일 때 다음 식으로 정의되는 함수 $y=\log_a x$를 밑이 a인 로그 함수(logarithmic function of base a)라고 한다.

$$\log_a x=\frac{\ln x}{\ln a}\quad(a\neq 1,\ a>0,\ x>0) \tag{6.3-3}$$

따라서 $\ln x$는 밑이 e인 로그 함수이다. 한편 연쇄 법칙을 사용하면 다음을 얻는다.

$$\frac{d}{dx}\log_a x = \frac{1}{\ln a}\frac{1}{x} = \frac{1}{x\ln a}$$

예제 6.3-2 $\lim_{h\to 0}(1+h)^{\frac{1}{h}} = e$ 임을 보여라.

풀이 지수 함수 $y=e^x$와 로그 함수 $y=\ln x$의 연속성 및 함수의 극한에 관한 성질을 이용하여 계산하면 다음을 얻는다.

$$\begin{aligned}\lim_{h\to 0}(1+h)^{\frac{1}{h}} &= \lim_{h\to 0}\exp\left\{\frac{1}{h}\ln(1+h)\right\} \\ &= \exp\left\{\lim_{h\to 0}\frac{1}{h}\ln(1+h)\right\} \\ &= \exp(1) \\ &= e\end{aligned}$$

❑

참고 제1장에서 실수 e를 극한 $\lim_{n\to\infty}\left(1+\frac{1}{n}\right)^n$로 정의하였다. 예제 6.3-2에서 n이 자연수일 때 $h=\frac{1}{n}$이라 하면 $\lim_{n\to\infty}\left(1+\frac{1}{n}\right)^n = e$ 임을 알 수 있다.

예제 6.3-3 $\lim_{x\to 0^+} x^x$의 값을 찾아라.

풀이 주어진 문제는 $x\to 0^+$일 때 0^0 꼴의 부정형이다. $y=x^x$라 하고 양변에 ln를 취하면 $\ln y = x\ln x$이다. 이제 $x\to 0^+$일 때 $\ln y$의 극한을 다음과 같이 로피탈의 정리를 두 번 이용하여 찾는다.

$$\lim_{x\to 0^+}\ln y = \lim_{x\to 0^+} x\ln x = \lim_{x\to 0^+}\frac{\ln x}{1/x} = \lim_{x\to 0^+}\frac{1/x}{(-1/x^2)} = \lim_{x\to 0^+}(-x) = 0$$

한편, 로그 함수는 연속인 단사이므로, 위의 결과로부터 $x\to 0^+$이면 $y\to 1$이다. 즉 $\lim_{x\to 0^+} x^x = 1$이다. ❑

연습 문제 6.3

1. 다음 식에서 $\dfrac{dy}{dx}$ 를 찾아라.

(1) $y^x = x^y$

(2) $y = (\cos x)^{\cos x}$

(3) $y = (\ln x)^x$

(4) $y = x^{\sin^{-1} x}$

(5) $(2x+3)^4 y = x^{\frac{1}{3}} \sqrt{x^2+1}$

(6) $y = \ln(x^2 + y^2)$

(7) $y = e^x \ln(x+1)$

(8) $y = \ln(e^{-x} + xe^{-x})$

2. 주어진 점 x_0 에 대응하는 다음 곡선의 점에서 접선의 방정식을 찾아라.

(1) $y = \ln(x^2+1), \quad x_0 = -1$

(2) $y = xe^x, \quad x_0 = 2$

3. 모든 $x > 1$ 에 대하여 $\ln x < x$ 임을 보여라.

4. 다음 극한을 찾아라.

(1) $\lim\limits_{x\to\infty}(x - \ln x)$

(2) $\lim\limits_{x\to 0}(1 - \sin x)^{1/x}$

(3) $\lim\limits_{x\to\infty}\left(\cos\dfrac{2}{x}\right)^{x^2}$

(4) $\lim\limits_{x\to 0^+}(1+x)^{\ln x}$

(5) $\lim\limits_{x\to\infty}(e^x + x)^{1/x}$

(6) $\lim\limits_{x\to\infty}\left(\dfrac{x}{x-2}\right)^x$

(7) $\lim\limits_{x\to\infty} x^{1/x}$

(8) $\lim\limits_{x\to 0^+} x\ln x$

(9) $\lim\limits_{n\to\infty}\left\{\dfrac{\left(1+\dfrac{1}{n}\right)^n}{e}\right\}^n$

(10) $\lim\limits_{x\to\infty}\dfrac{x^5}{5^x}$

5. 다음 극한을 찾아라.

(1) $\lim\limits_{n\to\infty}\left(1+\dfrac{2}{n}\right)^n$

(2) $\lim\limits_{n\to\infty}\left(1-\dfrac{1}{n^2}\right)^n$

(3) $\lim_{x\to 0}\frac{2^x-1}{x}$

6. 함수 $f(x)=\ln|x|$의 정의역을 찾아라. 또 그 도함수 f'를 찾고 f'의 정의역을 찾아라.

7. 다음 함수의 그래프의 개형을 그리고, 임계점과 변곡점을 찾아라.

(1) $f(x)=\ln(9-x^2)$

(2) $f(x)=e^{1/x}$

8. 다음에서 $\frac{dy}{dx}$를 찾아라.

(1) $\begin{cases} x=\ln\tan\left(\frac{t}{2}+\frac{\pi}{4}\right) \\ y=e^t\sec t \end{cases}$

(2) $x\sqrt{y}=y-1$

(3) $y=x^{e^x}$

(4) $y=\ln\sqrt{\frac{1+\sin x}{1-\sin x}}$

9. 함수 $f(x)=2x+\ln x\ \ (x>0)$의 역함수 f^{-1}가 존재함을 보이고, $(f^{-1})'(2)$를 찾아라.

10. 다음 함수의 도함수를 찾아라.

(1) $\tan^{-1}(\ln x)$

(2) $x^{\sqrt{x}}$

(3) π^x

(4) $e^{-\cos^{-1}x}$

11. 모든 자연수 n에 대하여 다음 부등식이 성립함을 보여라.

$$\frac{1}{n+1}<\ln\left(1+\frac{1}{n}\right)<\frac{1}{n}$$

12. 양수 $a_1,\ a_2,\ \cdots,\ a_n$에 대해 다음 부등식이 성립함을 증명하라.

$$(a_1a_2\cdots a_n)^{\frac{1}{n}}\le\frac{a_1+a_2+\cdots+a_n}{n}$$

13. 다음이 성립함을 보여라.

(1) $y = e^x \sin x$의 n계 도함수는 $y^{(n)} = (\sqrt{2})^n e^x \sin\left(x + \frac{n\pi}{4}\right)$이다.

(2) $y = x^n \ln x$의 $(n+1)$계 도함수는 $y^{(n+1)} = \frac{n!}{x}$이다.

14. $a > 1$이고 $x > 0$일 때, 부등식 $x^a - 1 \geq a(x-1)$이 성립함을 보여라.

15. 방정식 $\ln x + x = 0$의 해가 단 하나임을 보여라.

16. 양수 a에 대해 함수 $f(x) = \frac{x^2}{a^x}$의 극댓값과 극솟값을 찾아라.

17. 다음 함수의 극값을 찾아라.

(1) $f(x) = \frac{1 - \ln x}{x}$ (2) $f(x) = e^x(x^2 - 3)$

18. a와 b가 모두 양수일 때, 다음 식이 성립함을 보여라.

$$a^t b^{1-t} \geq ta + (1-t)b \quad (0 < t < 1)$$

19. 처음에 100마리인 박테리아가 3시간마다 2배씩 늘어난다면 t시간 뒤 박테리아의 수는 $n = f(t) = 100 \times 2^{t/3}$이다.

(1) 이 함수의 역함수를 찾고 그 의미를 설명하라.

(2) 박테리아 수는 언제 50000에 달하는가?

6.4 쌍곡선 함수와 역쌍곡선 함수

이 절에서는 다음과 정의되는 함수에 대하여 알아본다.

$$\sinh x = \frac{e^x - e^{-x}}{2}, \quad \cosh x = \frac{e^x + e^{-x}}{2}, \quad \tanh x = \frac{e^x - e^{-x}}{e^x + e^{-x}},$$

$$\operatorname{csch} x = \frac{1}{\sinh x}, \quad \operatorname{sech} x = \frac{1}{\cosh x}, \quad \coth x = \frac{1}{\tanh x}$$

이런 함수는 등변 쌍곡선과 관계되므로 흔히 쌍곡선 함수(hyperbolic function)라고 한다. 쌍곡선 함수 $\sinh x$, $\cosh x$, $\tanh x$의 그래프는 그림 6.4-1과 같다.

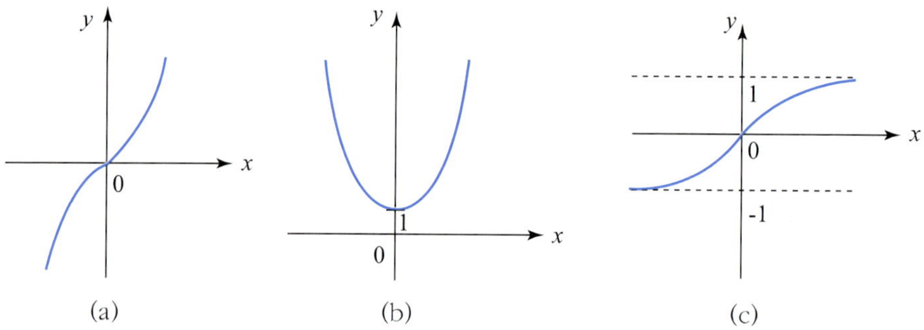

그림 6.4-1 쌍곡선 함수의 그래프: (a) $y = \sinh x$ (b) $y = \cosh x$ (c) $y = \tanh x$

쌍곡선 함수의 정의로부터 다음 항등식을 얻는다.

$$\cosh^2 x - \sinh^2 x = 1, \quad 1 - \tanh^2 x = \operatorname{sech}^2 x, \quad \coth^2 x - 1 = \operatorname{csch}^2 x,$$

$$\sinh(x+y) = \sinh x \cosh y + \cosh x \sinh y,$$

$$\cosh(x+y) = \cosh x \cosh y + \sinh x \sinh y$$

또 정의에 의해 쌍곡선함수의 도함수는 다음과 같다.

$$\frac{d}{dx}\sinh x = \cosh x, \quad \frac{d}{dx}\coth x = -\operatorname{csch}^2 x, \quad \frac{d}{dx}\cosh x = \sinh x,$$

$$\frac{d}{dx}\operatorname{sech} x = -\operatorname{sech} x \tanh x, \quad \frac{d}{dx}\tanh x = \operatorname{sech}^2 x, \quad \frac{d}{dx}\operatorname{csch} x = -\operatorname{csch} x \coth x$$

함수 $y = \sinh x$의 도함수는 $\cosh x$이고, 또 임의의 실수 x에 대하여 $\cosh x > 0$이다. 따라서 역함수 정리에 의해 $\sinh x$의 역함수가 존재한다 (그림 6.4-1 (a) 참조). 이때 그 역함수를 $y = \sinh^{-1} x$로 나타낸다. 그러나 모든 쌍곡선 함수가 전단사는 아니므로(그림 6.4-1 (b) 참조) 역삼각 함수의 경우와 같이 적당히 함수의 정의역을 제한하여 아래와 같이 쌍곡선 함수의 역함수, 즉 역쌍곡선 함수를 정의한다.

$$\sinh^{-1} x = \ln(x + \sqrt{x^2+1}) \ (x \in \mathbb{R}), \qquad \cosh^{-1} x = \ln(x \pm \sqrt{x^2-1}) \ (x \geq 1),$$

$$\tanh^{-1} x = \frac{1}{2}\ln\left(\frac{1+x}{1-x}\right) \ (-1 < x < 1), \qquad \coth^{-1} x = \frac{1}{2}\ln\left(\frac{x+1}{x-1}\right) \ (|x| > 1),$$

$$\operatorname{sech}^{-1} x = \ln\left(\frac{1 \pm \sqrt{1-x^2}}{x}\right) \ (0 < x \leq 1), \quad \operatorname{csch}^{-1} x = \ln\left(\frac{1}{x} + \frac{\sqrt{1+x^2}}{|x|}\right) \ (x \neq 0)$$

참고 위의 식에서 보듯이 $\cosh^{-1} x$와 $\operatorname{sech}^{-1} x$는 한 개의 x에 두 개의 함숫값이 대응되므로 엄밀히 말해 함수가 아니다. 이러한 대응 관계를 흔히 이가 함수라고 한다. 앞으로 $\cosh x$와 $\operatorname{sech} x$의 역함수를 각각 다음과 같이 정의하기로 한다.

$$\cosh^{-1} x = \ln(x + \sqrt{x^2-1}), \quad \operatorname{sech}^{-1} x = \ln\left(\frac{1+\sqrt{1-x^2}}{x}\right) \qquad (6.4\text{-}1)$$

역함수 정리를 이용하여 역쌍곡선 함수의 도함수를 구하면 다음과 같다.

$$\frac{d\sinh^{-1} x}{dx} = \frac{1}{\sqrt{x^2+1}} \ (x \in \mathbb{R}), \qquad \frac{d\cosh^{-1} x}{dx} = \frac{1}{\sqrt{x^2-1}} \ (x > 1),$$

$$\frac{d\tanh^{-1} x}{dx} = \frac{1}{1-x^2} \ (|x| < 1), \qquad \frac{d\coth^{-1} x}{dx} = \frac{1}{1-x^2} \ (|x| > 1),$$

$$\frac{d\operatorname{sech}^{-1} x}{dx} = \frac{-1}{x\sqrt{1-x^2}} \ (0 < x < 1), \qquad \frac{d\operatorname{csch}^{-1} x}{dx} = \frac{-1}{|x|\sqrt{1+x^2}} \ (x \neq 0)$$

참고 삼각 함수 $\sin\theta$와 $\cos\theta$는 항등식 $\sin^2\theta + \cos^2\theta = 1$을 만족시키므로 평면의 점 $(\cos\theta, \sin\theta)$는 단위원 $x^2 + y^2 = 1$에 있는 점이다. 한편 쌍곡선 함수 $\cosh u$와 $\sinh u$는 항등식 $\cosh^2 u - \sinh^2 u = 1$을 만족시키므로 점 $(\cosh u, \sinh u)$는 등변 쌍곡선 $x^2 - y^2 = 1$에 있는 점이다.

연습 문제 6.4

1. $\sinh x = -\dfrac{3}{4}$일 때 $\cosh x$, $\tanh x$, $\coth x$, $\operatorname{sech} x$, $\operatorname{csch} x$를 찾아라.

2. 다음 극한을 찾아라.

(1) $\displaystyle\lim_{x\to\infty}\frac{\cosh x}{e^x}$　　(2) $\displaystyle\lim_{x\to-\infty}\tanh x$

(3) $\displaystyle\lim_{x\to 0^+}\coth x$

3. 다음 함수의 도함수를 찾아라.

(1) $y=\cosh e^x - e^{\cosh x}$　　(2) $y=\ln(\operatorname{csch} x)-\ln(\operatorname{sech} x)$

(3) $y=\tanh^{-1}(\cos x)$　　(4) $y=\sinh^{-1}x^2$

(5) $y=\dfrac{1}{7}\sinh^7 x$　　(6) $y=\cosh^{-1}(\sinh^{-1}x)$

4. $\dfrac{d}{dx}(2\tanh^{-1}e^x)=\dfrac{d}{dx}\tanh^{-1}(\cosh x)$임을 증명하라.

5. 다음 극한값을 찾아라.

(1) $\displaystyle\lim_{h\to 0}\frac{\sinh^{-1}h}{h}$　　(2) $\displaystyle\lim_{x\to 3}\frac{\cosh^{-1}x-\cosh^{-1}3}{x-3}$

6. $f(x)=\tanh^{-1}x$일 때, 임의의 $n\in\mathbb{N}$ 에 대하여 $f^{(n)}(0)$을 찾아라.

7. 곡선 $y=a\cosh\dfrac{x}{a}\,(a>0)$의 점 $(x_0,\ y_0)$에서 곡률과 곡률 반지름을 찾아라.

8. 다음 등식이 성립함을 보여라.

(1) $\operatorname{sech}^{-1}x = \cosh^{-1}\left(\frac{1}{x}\right)$ $(0 < x \leq 1)$ (2) $\operatorname{csch}^{-1}x = \sinh^{-1}\left(\frac{1}{x}\right)$ $(x \neq 0)$

(3) $\coth^{-1}x = \tanh^{-1}\left(\frac{1}{x}\right)$ $(|x| > 0)$

9. 다음 등식을 증명하라.

(1) $\sinh(x+y) = \sinh x \cosh y + \cosh x \sinh y$

(2) $\cosh(x+y) = \cosh x \cosh y + \sinh x \sinh y$

(3) $\sinh^{-1}x = \ln(x + \sqrt{x^2+1})$

(4) $\cosh^{-1}x = \ln(x + \sqrt{x^2-1})$

(5) $\tanh^{-1}x = \frac{1}{2}\ln\left(\frac{1+x}{1-x}\right)$

(6) $\operatorname{sech}^{-1}x = \ln\left(\frac{1 \pm \sqrt{1-x^2}}{x}\right)$

10. 다음이 성립함을 보여라.

(1) $\tanh^{-1}x = \sinh^{-1}\frac{x}{\sqrt{1-x^2}}$

(2) $\tanh^{-1}x + \tanh^{-1}y = \tanh^{-1}\frac{x+y}{1+xy}$

❖ 메모

CHAPTER 7

부정 적분과 정 적분

이 장에서는 미분의 역연산으로서 부정 적분과 정 적분을 정의하고, 이런 개념에 관한 여러 가지 기본적인 성질과 미적분학의 기본 정리 등에 대해서 알아본다.

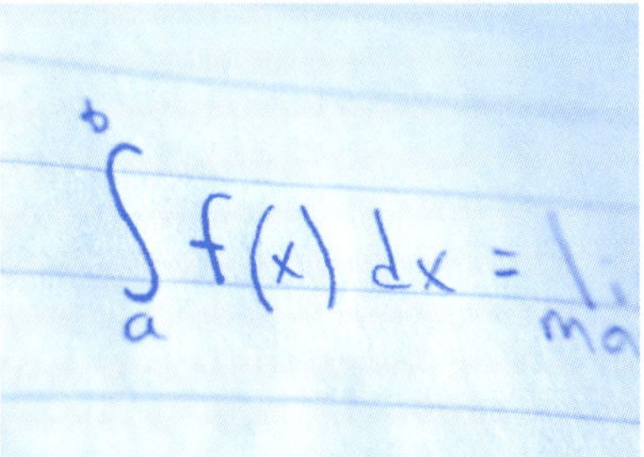

7.1 부정 적분

집합 $I \in \mathbb{R}$에서 정의된 함수 f에 대하여 다음을 만족시키는 함수 F를 I에서 f의 부정 적분(indefinite integral) 또는 역도함수(antiderivative)라고 한다.

$$F'(x) = f(x) \quad (x \in I)$$

함수 f의 부정 적분 F를 구하는 것을 적분한다(integrate)고 하며, f의 부정 적분 F를 다음과 같은 기호로 나타낸다.

$$\int f(x)dx, \quad \int f dx, \quad \int f$$

함수 F가 구간 I에서 f의 부정 적분이면 임의의 상수 C에 대하여 $(F+C)' = f$이므로 함수 $F+C$도 f의 부정 적분이다. 또 두 함수 G와 F가 I에서 f의 부정 적분이면 I의 모든 점 x에서 $G'(x) - F'(x) = 0$이므로, 적당한 상수 C에 대해 $G(x) = F(x) + C$ $(x \in I)$가 성립한다. 그러므로 구간 I에서 함수 f의 부정 적분은 (존재하면) 무한히 많다. 그 중 하나를 F라고 하면 다음이 성립한다.

$$\int f(x)dx = F(x) + C \quad (C\text{는 상수}) \tag{7.1-1}$$

여기서 C를 적분 상수(integral constant), f를 피적분 함수(integrand), x를 적분 변수(integral variable)라고 한다.

다음은 초등 함수, 즉 다항 함수, 유리 함수, 무리 함수, 삼각 함수, 역삼각 함수, 로그 함수, 지수 함수, 쌍곡선 함수 등의 부정 적분 공식으로 각 식의 우변을 미분하여 쉽게 확인할 수 있다.

1. $\int dx = x + C$
2. $\int a\,dx = ax + C$ (a는 상수)
3. $\int (f(x) + g(x))dx = \int f(x)dx + \int g(x)dx$
4. $\int x^n dx = \dfrac{x^{n+1}}{n+1} + C \ (n \neq -1)$
5. $\int \dfrac{dx}{x} = \ln|x| + C$

6. $\int a^x dx = \frac{a^x}{\ln a} + C \ (a > 0,\ a \neq 1)$

7. $\int e^x dx = e^x + C$

8. $\int \sin x\, dx = -\cos x + C$

9. $\int \cos x\, dx = \sin x + C$

10. $\int \sec^2 x\, dx = \tan x + C$

11. $\int \csc^2 x\, dx = -\cot x + C$

12. $\int \sec x \tan x\, dx = \sec x + C$

13. $\int \csc x \cot x\, dx = -\csc x + C$

14. $\int \tan x\, dx = \ln|\sec x| + C$

15. $\int \cot x\, dx = \ln|\sin x| + C$

16. $\int \sec x\, dx = \ln|\sec x + \tan x| + C$

17. $\int \csc x\, dx = \ln|\csc x - \cot x| + C$

18. $\int \frac{dx}{\sqrt{a^2 - x^2}} = \sin^{-1}\frac{x}{a} + C \ (a > 0)$

19. $\int \frac{dx}{a^2 + x^2} = \frac{1}{a}\tan^{-1}\frac{x}{a} + C$

20. $\int \sinh x\, dx = \cosh x + C$

21. $\int \cosh x\, dx = \sinh x + C$

22. $\int \operatorname{sech}^2 x\, dx = \tanh x + C$

23. $\int \operatorname{csch}^2 x\, dx = -\coth x + C$

24. $\int \operatorname{sech} x \tanh x\, dx = -\operatorname{sech} x + C$

25. $\int \operatorname{csch} x \cot x\, dx = -\operatorname{csch} x + C$

26. $\int \tanh x\, dx = \ln \cosh x + C$

27. $\int \coth x\, dx = \ln|\sinh x| + C$

연습 문제 7.1

1. 다음 함수의 부정 적분을 찾아라.

(1) $2\cot x - 2e^{x}$

(2) $\dfrac{1}{4+x^2} - \dfrac{2}{\sqrt{4-x^2}}$

(3) $5^{x} + \dfrac{4}{x}$

(4) $(3\tanh x - \operatorname{sech} x)\operatorname{sech} x$

2. 다음을 찾아라.

(1) $\displaystyle\int 2\sqrt[3]{x^4}\,dx$

(2) $\displaystyle\int (2-\sqrt{x})^2 dx$

3. 도함수를 써서 다음이 성립함을 보여라 (단, a는 상수).

(1) $\displaystyle\int \frac{x}{\sqrt{x^2+1}}dx = \sqrt{x^2+1} + C$

(2) $\displaystyle\int x\sin x\,dx = \sin x - x\cos x + C$

(3) $\displaystyle\int \frac{1}{x^2+a^2}dx = \frac{1}{a}\tan^{-1}\frac{x}{a} + C$

(4) $\displaystyle\int \frac{1}{\sqrt{x^2+a^2}}dx = \ln(x+\sqrt{x^2+a^2}) + C$

4. $y' = 2x$ 이며 평면의 점 (1, 2)를 지나는 곡선 $y = f(x)$를 찾아라.

5. $y'' = 6x^2$ 이며 두 점 (0, 2)와 (−1, 3)을 지나는 곡선의 방정식을 찾아라.

6. 한 점 P가 4m/sec^2의 일정한 가속도로 수직선 위에서 운동하고 있다. $t=2$일 때 점 P의 위치는 2m 이고 속도는 $v=-3\text{m/sec}$라 한다. 이 운동을 나타내는 함수 S를 찾아라.

7. 두 함수 f와 g의 부정 적분이 존재하면 임의의 상수 a와 b에 대하여 다음이 성립함을 보여라.

$$\int\{af(x)+bg(x)\}dx = a\int f(x)dx + b\int g(x)dx$$

7.2 정 적분

정 적분의 개념은 평면 도형의 넓이, 곡선의 길이, 곡면의 겉넓이, 입체의 부피 등을 구하는 구적 문제에서 시작되어 뉴턴과 라이프니츠 시대에 이르러 현재의 형식을 갖추게 되었다. 이 절에서는 이와 관련된 정 적분의 개념에 대해 다룬다.

구간 $I=[a,\ b]$를 다음과 같이 $(n+1)$개의 점을 써서 n개의 소구간으로 나누자.

$$a=x_0<x_1<x_2<\ \cdots\ <x_{n-1}<x_n=b$$

이때 집합 $P=\{x_0,\ x_1,\ \cdots,\ x_{n-1},\ x_n\}$을 구간 I의 분할(partition) 이라 한다. 여기서 각 소구간 $[x_{i-1},\ x_i]$의 길이를 $\Delta x_i=x_i-x_{i-1}$로 나타낸다. 소구간의 길이 중에서 가장 긴 것을 분할 P의 크기(norm)라 하고 $\|P\|$로 나타낸다. 즉, 다음과 같다.

$$\|P\|=\max\{\Delta x_i \mid i=1,\ 2,\ \cdots,\ n\}$$

앞으로 구간 $[a,\ b]$의 모든 분할의 집합을 $\mathcal{P}[a,\ b]$로 나타낸다.

정 적분의 정의

함수 f가 닫힌 구간 $I=[a,\ b](a<b)$에서 유계이고 $P=\{x_0,\ x_1,\ \cdots,\ x_{n-1},\ x_n\}$을 I의 분할이라 하자. 또 각 소구간 $I_i=[x_{i-1},\ x_i](i=1,\ 2,\ \cdots,\ n)$에서 한 점 ξ_i를 택하자. 이때 다음 식으로 정의된 합 $R(f,\ P,\ \xi)$를 함수 f의 분할 P와 집합 $\xi=\{\xi_1,\ \cdots,\ \xi_n\}$에 대한 리만[1] 합(Riemann sum)이라고 한다. (그림 7.2-1 참조)

$$R(f,\ P,\ \xi)=\sum_{i=1}^{n}f(\xi_i)\Delta x_i,\quad \xi=\{\xi_1,\ \cdots,\ \xi_n\} \tag{7.2-1}$$

분할 P와 ξ를 택하는 방법에 관계없이 $\|P\|\to 0$일 때 리만 합 $R(f,\ P,\ \xi)$가 일정한 수에 수렴하면, 즉 다음 극한이 존재하면 함수 f는 구간 $[a,\ b]$에서 리만 적분 가능(Riemann integrable) 또는 적분 가능하다고 한다.

---

1) Georg Friedrich Bernhard Riemann (1826~1866) : 독일의 수학자

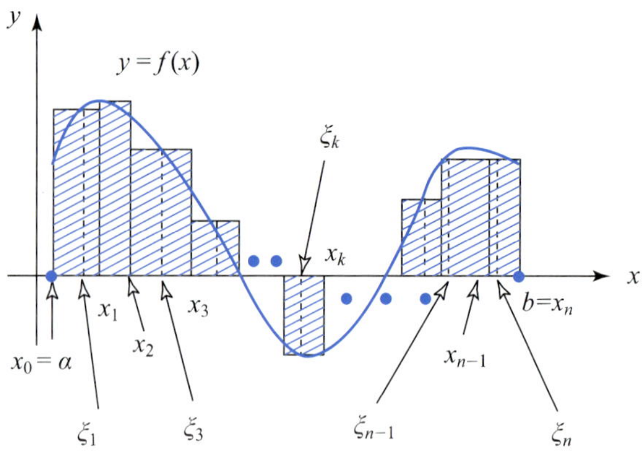

그림 7.2-1 리만 합 : $\sum_{i=1}^{n} f(\xi_i)\Delta x_i$

$$\lim_{\|P\|\to 0} \sum_{i=1}^{n} f(\xi_i)\Delta x_i$$

리만 합의 극한을 구간 $[a,\ b]$에서의 함수 f의 리만 적분(Riemann integral) 또는 정 적분(definite integral)이라고 하며 다음과 같이 나타낸다.

$$\int_a^b f(x)dx$$

위의 식에서 f를 피적분 함수, x를 적분 변수라고 한다. 또 a를 적분의 아래끝(lower limit) 또는 아래 한계, b를 위끝(upper limit) 또는 윗 한계, 이들을 통틀어 적분 한계(integral limit)라고 부른다.

참고 리만 적분의 정의에서 알 수 있듯이 정 적분 $\int_a^b f(x)dx$은 오로지 함수 f와 적분 한계 a와 b에만 의존하고, 적분 변수를 나타내는 문자와는 무관하다. 즉 다음이 성립한다.

$$\int_a^b f(x)dx = \int_a^b f(t)dt = \int_a^b f(s)ds$$

구간 $[a,\ b]$에서 적분 가능한 함수 f에 대하여 다음과 같이 정의한다.

$$\int_b^a f(x)dx = -\int_a^b f(x)dx,\ \int_a^a f(x)dx = 0$$

예제 7.2-1 다음 함수 f는 구간 $[a, b]$ $(a < b)$에서 적분 가능하지 않음을 보여라.

$$f(x) = \begin{cases} 1 & (x\text{는 유리수}) \\ 0 & (x\text{는 무리수}) \end{cases}$$

증명 구간 $[a, b]$ $(a < b)$의 임의의 분할 P에 대해 각 소구간에는 유리수와 무리수가 존재한다. 집합 ξ의 원소를 모두 유리수를 택하면 다음이 성립한다.

$$\sum f(\zeta_i)\Delta x_i = \sum 1 \cdot \Delta x_i = b - a \neq 0$$

한편 ξ의 원소를 모두 무리수로 택하면 다음을 얻는다.

$$\sum f(\xi_i)\Delta x_i = \sum 0 \cdot \Delta x_i = 0$$

따라서 ξ를 선택하는 방법에 따라 $\lim_{\| P \| \to 0} R(f, P, \xi)$의 값이 다르다. 그러므로 주어진 f는 적분 가능하지 않다. ❑

예제 7.2-2 상수 함수 $f(x) = \alpha$는 구간 $[a, b]$ $(a < b)$에서 적분 가능하다는 사실과 f의 정 적분이 다음과 같음을 보여라.

$$\int_a^b f(x)dx = \alpha(b - a)$$

증명 $[a, b]$의 분할 $P = \{x_0, x_1, x_2, \cdots, x_n\}$과 각 소구간 $[x_{i-1}, x_i]$ 내의 점 ξ_i를 택하는 방법에 관계없이 다음이 성립한다.

$$\sum_{i=1}^{n} f(\xi_i)\Delta x_i = \sum_{i=1}^{n} \alpha \Delta x_i = \alpha \sum_{i=1}^{n} \Delta x_i = \alpha(b - a)$$

따라서 $\lim_{\| P \| \to 0} \sum_{i=1}^{n} f(\xi_i)\Delta x_i = \alpha(b - a)$이다. 그러므로 f는 $[a, b]$에서 적분 가능하고 $\int_a^b \alpha dx = \alpha(b - a)$이다. ❑

상적분과 하적분

닫힌 구간 I에서 정의된 유계 함수 f의 치역 $\{f(x)\in\mathbb{R} \mid x\in I\}$가 유계이므로 실수의 집합 $\mathbb{R}$의 완비성에 의하면 I의 분할 $P=\{x_0,\ x_1,\ \cdots,\ x_n\}$의 각 소구간 I_i에 대하여 다음을 만족시키는 두 실수 M_i와 m_i가 존재한다.

$$M_i=\sup\{f(x)\mid x\in I_i\},\quad m_i=\inf\{f(x)\mid x\in I_i\}\quad (i=1,\ 2,\ \cdots,\ n)$$

이때 다음과 같이 정의된 두 실수 $U_a^b(P,\ f)$과 $L_a^b(P,\ f)$를 각각 함수 f의 분할 P에 대한 상합(upper sum)과 하합(lower sum)이라고 한다. (그림 7.2-2 참조)

$$U_a^b(P,\ f)=\sum_P M_i\Delta x_i=\sum_{i=1}^{n}M_i(x_i-x_{i-1}),$$

$$L_a^b(P,\ f)=\sum_P m_i\Delta x_i=\sum_{i=1}^{n}m_i(x_i-x_{i-1})$$

함수 f가 닫힌 구간 $[a,\ b]$에서 유계이면 $[a,\ b]$의 분할 P와 집합 ξ에 대한 f의 리만합 $R(f,\ P,\ \xi)$, 상합 $U_a^b(f,\ P)$, 하합 $L_a^b(f,\ P)$ 사이에 다음 부등식이 성립함을 어렵지 않게 보일 수 있다.

$$L_a^b(P,\ f)\le R(f,\ P,\ \xi)\le U_a^b(P,\ f) \tag{7.2-2}$$

구간 I의 분할 P가 분할 Q의 부분 집합이면 Q를 P의 세분할(refinement)이라고 한다. 분할과 그 세분할에 대한 함수의 상합과 하합 사이에 다음이 성립한다.

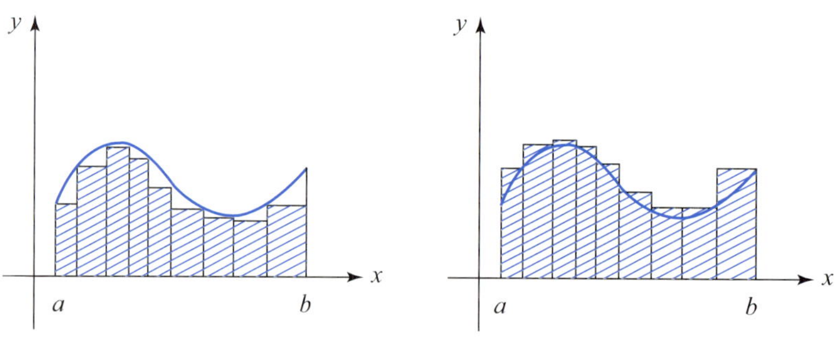

(a) 하합　　(b) 상합

그림 7.2-2 함수의 하합과 상합

보조 정리 7.2.1

함수 $f:[a, b]\to\mathbb{R}$ 가 유계이고, 구간 $[a, b]$의 분할 Q가 분할 P의 세분할이면 다음 부등식이 성립한다.

$$L_a^b(P, f) \le L_a^b(Q, f) \le U_a^b(Q, f) \le U_a^b(P, f)$$

증명 상합과 하합의 정의에 의하여 분명하므로 증명은 생략한다. ❑

임의의 두 분할에 대한 함수의 상합과 하합의 대소 관계는 다음과 같다.

보조 정리 7.2.2

함수 $f:[a, b]\to\mathbb{R}$ 가 유계이면 구간 $[a, b]$의 임의의 두 분할 P와 Q에 대하여 다음 부등식이 성립한다.

$$L_a^b(P, f) \le U_a^b(Q, f)$$

증명 $R = P \cup Q$로 놓자. 그러면 R은 구간 $[a, b]$의 분할이고 P의 세분할인 동시에 Q의 세분할이다. 따라서 보조 정리 7.2.1에 의하여 다음이 성립한다.

$$L_a^b(P, f) \le L_a^b(R, f) \le U_a^b(R, f) \le U_a^b(Q, f)$$ ❑

함수 f는 구간 $[a, b]$에서 유계라 하고 분할 $P_0 \in \mathcal{P}[a, b]$를 고정하자. 그러면 보조 정리 7.2.2로부터 임의의 $P \in \mathcal{P}[a, b]$에 대하여 다음 부등식이 성립한다.

$$L_a^b(P, f) \le U_a^b(P_0, f), \quad L_a^b(P_0, f) \le U_a^b(P, f)$$

즉, 실수 $U_a^b(P_0, f)$와 $L_a^b(P_0, f)$는 각각 다음 집합의 상계와 하계이다.

$$\{L_a^b(P, f) \mid P \in \mathcal{P}[a, b]\}, \quad \{U_a^b(P, f) \mid P \in \mathcal{P}[a, b]\}$$

따라서 집합 $\mathbb{R}$ 의 완비성에 의하여 다음의 두 실수는 항상 존재한다.

$$L_a^b(f) = \sup\{L_a^b(P,\ f) \mid P \in \mathcal{P}[a,\ b]\}, \quad U_a^b(f) = \inf\{U_a^b(P,\ f) \mid P \in \mathcal{P}[a,\ b]\}$$

여기서 실수 $L_a^b(f)$를 구간 $[a,\ b]$에서 함수 f의 하적분(lower integral), 실수 $U_a^b(f)$를 상적분(upper integral)이라고 한다. 보조 정리 7.2.2에 의하여 상적분과 하적분에 사이에 다음 부등식이 성립함을 알 수 있다.

$$L_a^b(f) \le U_a^b(f)$$

유계인 함수가 적분 가능할 필요 충분 조건은 다음 정리와 같이 상적분과 하적분이 서로 같은 것이다. 이 정리의 증명은 이 책에서 다루는 범위를 벗어나므로 생략한다.

정리 7.2.1

닫힌 구간 $[a,\ b]$에서 유계인 함수 f가 구간 $[a,\ b]$에서 적분 가능할 필요 충분 조건은 $L_a^b(f) = U_a^b(f)$인 것이다. 이때 다음이 성립한다.

$$\int_a^b f(x)dx = L_a^b(f) = U_a^b(f) \tag{7.2-3}$$

참고 정리 7.2-1에서 '함수 f가 구간 $[a,\ b]$에서 $U_a^b(f) = L_a^b(f)$을 만족시킨다'는 다음 명제와 동치이다.

임의의 양수 ϵ에 대해 양수 δ가 존재해서 크기가 δ보다 작은 구간 $[a,\ b]$의 모든 분할 P에 대해 다음이 성립한다.

$$U_a^b(P,\ f) - L_a^b(P,\ f) < \epsilon \tag{7.2-4}$$

적분 가능한 함수

이제 어떤 종류의 함수가 적분 가능한지 알아보자. 다음 정리에 의하면 닫힌 구간에서 단조 증가하거나 단조 감소하는 단조 함수는 적분 가능하다. 다음 정리의 ϵ-δ 논법에 의한 엄밀한 증명은 부록 A.3절을 보라.

정리 7.2-2

닫힌 구간 $[a, b]$에서 단조 함수 f는 $[a, b]$에서 적분 가능하다.

다음 정리에 의해 닫힌 구간에서 연속 함수는 모든 적분 가능하다. 이의 증명은 이 책에서 다루는 범위를 벗어나므로 생략한다.

정리 7.2-3

닫힌 구간 $[a, b]$에서 연속 함수 f는 $[a, b]$에서 적분 가능하다.

다음 정리는 적분의 중요한 성질 가운데 하나로 실제로 정 적분을 계산할 때 유용하다 (그림 7.2-3 참조). 이의 엄밀한 증명은 부록 A.3절을 보라.

정리 7.2-4

함수 f가 닫힌 구간 $[a, c]$에서 적분 가능하고 $b \in [a, c]$라고 하자. 그러면 f는 두 구간 $[a, b]$와 $[b, c]$에서도 적분 가능하고 다음이 성립한다.

$$\int_a^b f(x)dx + \int_b^c f(x)dx = \int_a^c f(x)dx \tag{7.2-5}$$

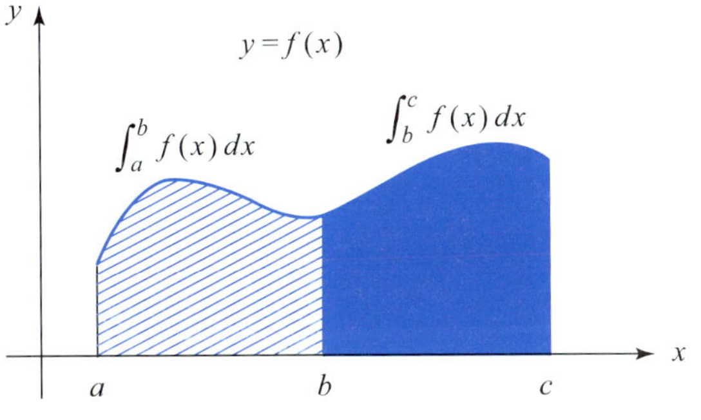

그림 7.2-3 $\int_a^c f(x)dx = \int_a^b f(x)dx + \int_b^c f(x)dx$

예제 7.2-3 아래와 같이 정의된 함수 $f:[0,\ 1]\to\mathbb{R}$ 는 구간 [0, 1]에서 단조 증가하므로 정리 7.2-2에 의하여 [0, 1]에서 적분 가능하다.

$$f(x)=\begin{cases} 1 & \left(0\le x<\dfrac{1}{2}\right) \\ 1+\dfrac{1}{2} & \left(\dfrac{1}{2}\le x<\dfrac{2}{3}\right) \\ \vdots & \vdots \\ 1+\dfrac{1}{2}+\cdots+\dfrac{1}{2^{n-1}} & \left(\dfrac{(n-1)}{n}\le x<\dfrac{n}{(n+1)}\right) \\ \vdots & \vdots \\ 2 & (x=1) \end{cases}$$

따라서 불연속점이 무수히 많은 가지는 함수도 적분 가능한 경우가 있다. ❑

예제 7.2-4 정 적분 $\int_0^3 [x]\,dx$를 찾아라. 여기서 $[x]$는 x보다 크지 않은 최대의 정수값을 취하는 함수, 즉 최대 정수 함수이다 (그림 7.2-4 참조).

풀이 $[x]$는 단조 함수이므로 적분 가능하다. 따라서 정리 7.2-4를 써서 다음과 같이 나눌 수 있다.

$$\int_0^3 [x]\,dx=\int_0^1 [x]\,dx+\int_1^2 [x]\,dx+\int_2^3 [x]\,dx$$

여기서 $n\ge 0$일 때의 적분 $\int_n^{n+1}[x]\,dx$를 생각하자. 먼저 구간 $[n,\ n+1]$의 임의의 분할 P에 대하여 함수 $[x]$의 하합 $L_n^{n+1}(P,\ [x])$는 n이다. 또 ϵ이 충분히 작은 양수일 때 구간 $[n,\ n+1]$의 분할 $P=\{n,\ n+1-\epsilon,\ n+1\}$에 대하여 상합 $U_n^{n+1}(P,\ [x])$는 다음과 같다.

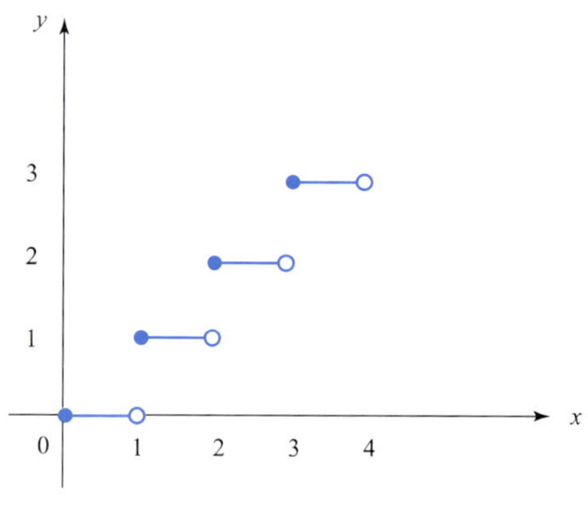

그림 7.2-4 최대 정수 함수 $[x]$의 그래프

$$U_n^{n+1}(P,\ [x])=n(n+1-\epsilon-n)+(n+1)\{n+1-(n+1)+\epsilon\}=n+\epsilon$$

그러므로 충분히 작은 임의의 양수 ϵ에 대하여 $n \le \int_n^{n+1} [x]\,dx \le n+\epsilon$이므로 다음을 얻는다 (정리 7.2-1 아래에 있는 참고 참조).

$$\int_n^{n+1} [x]\,dx = n$$

따라서 구하는 답은 다음과 같다.

$$\int_0^3 [x]\,dx = 0+1+2=3$$ □

예제 7.2-5 다음 함수 $f:[0,\ 1]\to\mathbb{R}$ 는 적분 가능함을 보여라.

$$f(x)=\begin{cases} 1 & (0<x<1) \\ 0 & (x=0,\ 1)\end{cases}$$

증명 $0<\epsilon<\dfrac{1}{2}$인 실수 ϵ에 대하여 구간 [0, 1]의 분할을 $P_\epsilon=\{0,\ \frac{1}{3}\epsilon,\ 1-\frac{1}{3}\epsilon,\ 1\}$로 잡으면, $x_0=0,\ x_1=\frac{1}{3}\epsilon,\ x_2=1-\frac{1}{3}\epsilon,\ x_3=1$이므로 다음이 성립한다.

$$\begin{aligned} 0 \le U_0^1(f)-L_0^1(f) &\le U_0^1(P_\epsilon,\ f)-L_0^1(P_\epsilon,\ f) \\ &= \sum_{i=1}^{3}(M_i-m_i)\Delta x_i \\ &= 1\left(\frac{1}{3}\epsilon\right)+0\left(1-\frac{2}{3}\epsilon\right)+1\left(\frac{1}{3}\epsilon\right) \\ &= \frac{2}{3}\epsilon<\epsilon \end{aligned}$$

따라서 $U_0^1(f)=L_0^1(f)$이므로 정리 7.2-1에 의하여 f는 적분가능하다. □

함수 f가 어떤 구간에서 적분 가능하다는 사실을 미리 아는 경우에는 분할의 크기가 0으로 접근하는 특정한 분할의 열을 잡아, 예를 들어 구간 $[a,\ b]$를 등분하는 분할의 열 $\langle P_n\rangle$, $P_n=\left\{\dfrac{b-a}{n}k+a,\ k=0,\ 1,\ \cdots,\ n\right\}$과 적당한 수열 $\langle \xi_n\rangle$에 대한 리만 합의 수열 $\langle R(f,\ P_n,\ \xi_n)\rangle$의 극한은 (수열의 극한은 존재하면 유일하므로) f의 $[a,\ b]$에서의 정 적분이다.

예제 7.2-6 다음 극한을 정 적분으로 나타내라.

$$\lim_{n\to\infty}\frac{1}{n}\left(1+\sqrt{1+\frac{1}{n}}+\sqrt{1+\frac{2}{n}}+\cdots+\sqrt{1+\frac{n-1}{n}}\right)$$

풀이 먼저 주어진 식을 다음과 같이 다시 쓸 수 있다.

$$\frac{1}{n}\left(1+\sqrt{1+\frac{1}{n}}+\sqrt{1+\frac{2}{n}}+\cdots+\sqrt{1+\frac{n-1}{n}}\right)=\sum_{i=1}^{n}\sqrt{1+\frac{i-1}{n}}\left(\frac{1}{n}\right)$$

이를 $\sum_{i=1}^{n}f(\xi_i)\Delta x_i$와 비교하면 $\Delta x_i=\frac{1}{n}$, $f(x)=\sqrt{1+x}$, $a=0$, $b=1$이라 할 수 있다. 즉, 주어진 극한은 구간 [0, 1]을 n등분하고 ξ_i를 각 소구간의 왼쪽 끝점으로 택한 함수 f의 리만 합의 극한이다. [0, 1]에서 f가 연속이므로 다음을 얻는다.

$$\lim_{n\to\infty}\frac{1}{n}\left(1+\sqrt{1+\frac{1}{n}}+\sqrt{1+\frac{2}{n}}+\cdots+\sqrt{1+\frac{n-1}{n}}\right)=\int_0^1\sqrt{1+x}\,dx \quad \square$$

예제 7.2-7 리만 적분의 정의를 써서 다음을 증명하라.

$$\int_a^b e^x dx=e^b-e^a$$

증명 먼저 피적분 함수는 연속이므로 적분 가능하다. $f(x)=e^x$로 놓고 구간 $[a,\ b]$를 n등분하여 얻은 분할 $P=\{x_0,\ x_1,\ \cdots,\ x_n\}$을 생각하자. 여기서 $h=\frac{1}{n}(b-a)$라 놓으면 $x_i=a+ih\,(i=0,\ 1,\ 2,\ \cdots,\ n)$이고 $\|P\|=h$이다. $\xi_i=a+(i-1)h$로 택하여 주어진 함수의 리만 합 $\sum_{i=1}^{n}f(\xi_i)\Delta x_i$는 다음과 같다.

$$\begin{aligned}\sum_{i=1}^{n}f(\xi_i)\Delta x_i&=\sum_{i=1}^{n}f(a+(i-1)h)h=\sum_{i=1}^{n}e^{a+(i-1)h}h\\&=\frac{e^{a+nh}-e^a}{e^h-1}h=\frac{e^b-e^a}{e^h-1}h\end{aligned}$$

따라서 다음을 얻는다.

$$\int_a^b f(x)dx=\lim_{\|P\|\to 0}\sum_{i=1}^{n}f(\xi_i)\Delta x_i$$

$$= \lim_{h \to 0} (e^b - e^a) \frac{h}{e^h - 1}$$

$$= (e^b - e^a) \lim_{h \to 0} \frac{h}{e^h - 1}$$

$$= e^b - e^a$$ ❑

함수의 정 적분은 함수의 그래프와 주어진 구간에 의해 적절히 결정되는 평면 영역의 넓이로 해석할 수 있다.

정리 7.2-5

함수 f가 구간 $[a, b]$에서 연속이고 $f(x) \geq 0$이라 하자. f의 그래프와 x축 및 두 직선 $x = a$와 $x = b$로 둘러싸인 도형의 넓이 $A(f, a, b)$는 다음과 같다.

$$\int_a^b f(x)dx = A(f, a, b)$$

증명 구간 $[a, b]$의 분할을 $P = \{x_0, x_1, \cdots, x_n\}$이라고 하자. 함수 f는 연속이므로 닫힌 구간인 각 소구간 $[x_{i-1}, x_i]$에서 최댓값 $f(\xi_i') = M_i$와 최솟값 $f(\xi_i'') = m_i$를 취한다. 여기서 $\xi_i', \xi_i'' \in [x_{i-1}, x_i]$이다. 그런데 그림 7.2-5에서 다음이 성립한다.

$$\sum_{i=1}^{n} f(\xi_i'')\Delta x_i = \sum_{i=1}^{n} m_i \Delta x_i \leq A(f, a, b) \leq \sum_{i=1}^{n} M_i \Delta x_i$$

$$= \sum_{i=1}^{n} f(\xi_i')\Delta x_i \qquad (7.2\text{-}6)$$

한편, f는 $[a, b]$에서 연속이므로 적분 가능하다. 따라서 다음을 얻는다.

$$\lim_{\|P\| \to 0} \sum_{i=1}^{n} f(\xi_i')\Delta x_i = \lim_{\|P\| \to 0} \sum_{i=1}^{n} f(\xi_i'')\Delta x_i = \int_a^b f(x)dx \qquad (7.2\text{-}7)$$

그러므로 두 식 (7.2-6)과 (7.2-7)에서 다음을 얻는다.

$$\int_a^b f(x)dx = A(f, a, b)$$ ❑

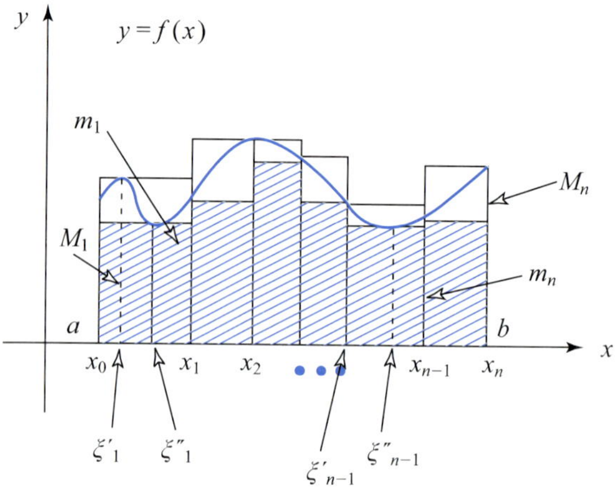

그림 7.2-5 넓이로서의 정 적분

예제 7.2-8 함수 $f(x) = e^x$와 x축 및 두 직선 $x = 0$과 $x = 1$로 둘러싸인 도형의 넓이는 예제 7.2-7에 의하여 다음과 같다.

$$\int_0^1 e^x dx = e - 1$$ ❑

연습 문제 7.2

1. 구간 I를 n등분하는 분할을 써서 다음 함수 f의 정 적분 $\int_a^b f(x)dx$를 찾아라.

(1) $f(x) = x^2$, $I = [0, 1]$

(2) $f(x) = x^2 - 1$, $I = [1, 3]$

2. 다음 극한을 정 적분으로 나타내라.

(1) $\lim_{n\to\infty}\left(\frac{1}{n+1} + \frac{1}{n+2} + \cdots + \frac{1}{2n}\right)$

(2) $\lim_{n\to\infty}\frac{\sqrt{1} + \sqrt{2} + \cdots + \sqrt{n}}{n\sqrt{n}}$

(3) $\lim_{n\to\infty}\left(\frac{1}{\sqrt{n^2+n}} + \frac{1}{\sqrt{n^2+2n}} + \cdots + \frac{1}{\sqrt{n^2+n^2}}\right)$

(4) $\lim_{n\to\infty}\left(\frac{1}{n}+\frac{1}{\sqrt{n^2+1^2}}+\frac{1}{\sqrt{n^2+2^2}}+\cdots+1\sqrt{n^2+(n-1)^2}\right)$

3. 다음 극한을 정 적분으로 나타내어 찾아라.

$$\lim_{n\to\infty}\frac{1}{n^5}\sum_{k=1}^{n}(n+2k)^4$$

4. 닫힌 구간 [0, 2]를 4등분하는 분할 P에 대하여 각 소구간에서 한 점을 다음과 같이 택하여 ξ를 생각할 때 함수 $f(x)=2-x^2$의 리만 합 $R(f,\ P,\ \xi)$를 찾아라.

(1) 소구간의 오른쪽 끝점

(2) 소구간의 왼쪽 끝점

(3) 소구간의 중점

5. 다음 함수 f에 대하여 물음에 답하라.

$$f(x)=\begin{cases} x & (x\in[0,\ 1]\cap\mathbb{Q}) \\ 1-x & (x\in[0,\ 1]\cap\mathbb{Q}^C) \end{cases}$$

(1) 구간 [0, 1]에서 함수 f의 상적분과 하적분을 찾아라.

(2) 함수 f는 구간 [0, 1]에서 리만 적분 가능한가?

6. 다음 함수는 주어진 구간 I에서 적분 가능한가 아닌가? 그 이유를 말하라.

(1) $f(x)=x^2-3x+1$; $I=[-1,\ 3]$

(2) $g(x)=\frac{1}{x}$; $I=[-1,\ 1]$

(3) $h(x)=\begin{cases} 1-x & (x\text{는 유리수}) \\ 1+x & (x\text{는 무리수}) \end{cases}$; $I=[0,\ 2]$

7. 양수 b에 대하여 함수 $f(x)=x$와 구간 $[0,\ b]$의 분할 $\{x_0,\ x_1,\ \cdots,\ x_n\}$을 생각하자. 여기서 $\xi_k=\frac{1}{2}(x_k+x_{k-1})$ $(k=1,\ 2,\ \cdots,\ n)$이라 하면 $S_n=\Sigma_{k=1}^{n}f(\xi_k)\Delta x_k$의 값이 $\frac{1}{2}b^2$임을 보여라.

8. $b>1$일 때 함수 $f(x)=\dfrac{1}{\sqrt{x}}$과 구간 $[1,\ b]$의 분할 $\{x_0,\ x_1,\ \cdots,\ x_n\}$을 생각하자.

(1) $k=1,\ 2,\ \cdots,\ n$에 대하여 점 $c_k=\left\{\dfrac{1}{2}(\sqrt{x_k}+\sqrt{x_{k-1}})\right\}^2$은 소구간 $[x_{k-1},\ x_k]$의 원소임을 보여라.

(2) (1)에서 택한 c_k에 대하여 $S_n=\Sigma_{k=1}^{n} f(c_k)\Delta x_k$를 찾아라.

9. 구간 $[a,\ b]$에서 유계이고 유한 개의 점을 제외한 모든 점에서 연속인 함수 f는 적분 가능함을 보여라.

10. 함수 f가 구간 $[a,\ b]$의 유한 개의 점을 제외한 나머지 점에서 함숫값이 0이면 다음이 성립함을 보여라.

$$\int_a^b f(x)dx=0$$

11. 함수 f가 닫힌 구간 $[a,\ a+b]$에서 적분 가능하면 다음이 성립함을 정 적분의 정의를 이용하여 보여라.

$$\int_a^{a+b} f(x)dx=\int_0^1 bf(ax+b)dx$$

12. 유계 함수 f가 구간 $[a,\ b]$에서 적분 가능하면 함수 $|f|$도 적분 가능함을 보여라.

13. 문제 12의 역이 거짓임을 예를 들어 보여라.

14. 본문의 부등식 (7.2-2)가 성립함을 보여라.

7.3 정 적분의 성질

이 절에서는 정 적분의 여러 가지 중요한 성질에 대해 알아본다.

정리 7.3-1

두 함수 f와 g가 구간 $[a, b]$에서 적분 가능하면 다음이 성립한다.

(1) $\int_a^b (f+g)(x)dx = \int_a^b f(x)dx + \int_a^b g(x)dx$

(2) $\int_a^b (kf)(x)dx = k\int_a^b f(x)dx$ (k는 상수)

(3) 모든 $x \in [a, b]$에서 $f(x) \ge g(x)$이면, $\int_a^b f(x)dx \ge \int_a^b g(x)dx$이다.

증명 (1) $P = \{x_0, x_1, \cdots, x_n\}$을 구간 $[a, b]$의 임의의 분할이라 하자. 이에 대해 ξ_i를 각 소구간 $[x_{i-1}, x_i]$의 임의의 점이라 하고 $\Delta x_i = x_i - x_{i-1}$이라고 하자. 그리면 f와 g가 적분 가능하므로 다음이 성립한다.

$$\begin{aligned}\int_a^b (f+g)(x)dx &= \lim_{\|P\|\to 0}\sum_{i=1}^{n}(f+g)(\xi_i)\Delta x_i \\ &= \lim_{\|P\|\to 0}\sum_{i=1}^{n}f(\xi_i)\Delta x_i + \lim_{\|P\|\to 0}\sum_{i=1}^{n}g(\xi_i)\Delta x_i \\ &= \int_a^b f(x)dx + \int_a^b g(x)dx\end{aligned}$$

(2)의 증명은 (1)과 유사하므로 생략한다.

(3) 먼저 (1)에 의하여 $g(x) = 0$인 경우에 대해서만 생각하면 충분하므로 닫힌 구간 $[a, b]$에서 $f(x) \ge 0$이라고 가정하자. 그러면 분할 $P = \{x_0, x_1, \cdots, x_n\}$과 각 소구간 $[x_{i-1}, x_i]$에서 ξ_i를 택하는 방법에 관계없이 $f(\xi_i)\Delta x_i \ge 0$ $(i = 1, \cdots, n)$이므로 다음을 얻는다.

$$\int_a^b f(x)dx = \lim_{\|P\|\to 0}\sum_{i=1}^{n}f(\xi_i)\Delta x_i \ge 0$$ ❑

정리 7.3-2 (적분의 평균값 정리)

구간 $[a, b]$에서 연속 함수 f에 대하여 다음을 만족시키는 점 ξ가 구간 (a, b)에 적어도 하나 존재한다.

$$\int_a^b f(x)dx = (b-a)f(\xi) \tag{7.3-1}$$

증명 f가 상수 함수이면 식 (7.3-1)은 자명하므로 f는 상수 함수가 아니라고 가정하자.

함수 f는 닫힌 구간 $[a, b]$에서 연속이므로 f는 최댓값 $M = f(x_M)$ $(x_M \in [a, b])$와 최솟값 $m = f(x_m)$ $(x_m \in [a, b])$를 취하며 다음 부등식이 성립한다.

$$m \le f(x) \le M \quad (x \in [a, b])$$

정리 7.3-1의 (3)에 의하여 다음 부등식을 얻는다.

$$\int_a^b m\,dx \le \int_a^b f(x)dx \le \int_a^b M dx$$

따라서 7.2절의 예제 7.2-2로부터 다음을 얻는다.

$$m(b-a) \le \int_a^b f(x)dx \le M(b-a)$$

위 식의 각 항을 $b-a>0$으로 나누면 다음을 얻는다.

$$m = f(x_m) \le \frac{1}{b-a}\int_a^b f(x)dx \le f(x_M) = M$$

이제 연속 함수 f에 대해 중간값 정리를 적용하면 다음 등식을 만족시키는 점 ξ가 두 점 x_m과 x_M 사이에 존재한다.

$$f(\xi) = \frac{1}{b-a}\int_a^b f(x)dx$$

여기서 $x_m, x_M \in [a, b]$이므로 $a < \xi < b$이다. ❑

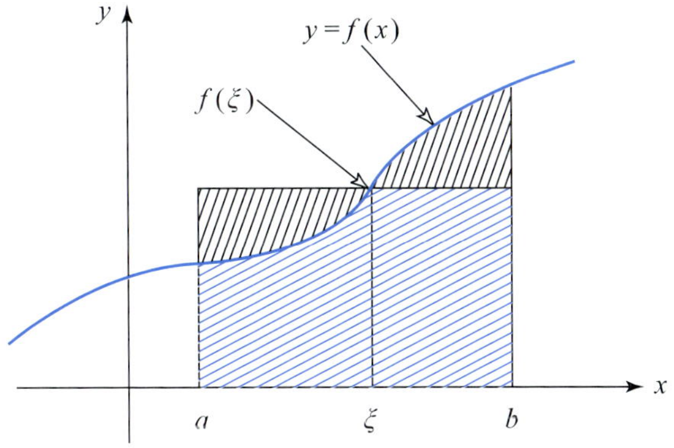

그림 7.3-1 적분의 평균값 정리

함수 f가 구간 $[a,\ b]$에서 연속이고 $f(x) \geq 0$이라고 하자. 이때 f에 대한 적분의 평균값 정리는 직사각형의 넓이 $(b-a)f(\xi)$가 f의 그래프와 x축 및 두 직선 $x=a$와 $x=b$로 둘러싸인 도형의 넓이와 같은 점 ξ가 a와 b 사이에 적어도 한 개 존재함을 말한다 (그림 7.3-1 참조).

일반적으로 구간 $[a,\ b]$ $(a<b)$에서 연속인 함수 f의 평균값은 다음 식으로 정의되는 실수를 말한다.

$$\frac{1}{b-a}\int_a^b f(x)dx \qquad (7.3.2)$$

연습 문제 7.3

1. 적분을 계산하지 않고 정리 7.3-1의 (3)을 이용하여 다음 부등식이 성립함을 보여라.

(1) $\int_0^{\frac{\pi}{4}} \sin^3 x\, dx \leq \int_0^{\frac{\pi}{4}} \sin^2 x\, dx$ (2) $2 \leq \int_{-1}^1 \sqrt{1+x^2}\, dx \leq 2\sqrt{2}$

(3) $1 \leq \int_0^1 \sqrt{1+x^3}\, dx \leq \frac{5}{4}$

2. 함수 f가 구간 $[a,\ b]$에서 적분 가능할 때 다음을 증명하라.

$$\left|\int_a^b f(x)dx\right| \le \int_a^b |f(x)|dx$$

3. $\int_a^b f(x)dx = \int_a^3 (x^2-1)dx$라고 하자. 이때 연습 문제 7.2의 1번에서 (2)의 결과와 적분에 관한 평균값 정리를 이용하여 다음을 만족시키는 ξ를 찾아라.

$$\int_a^b f(x)dx = (b-a)f(\xi)$$

4. 함수 f가 구간 $[a,\ b]$에서 적분 가능하고 $|f(x)| \le K\ (K>0)$을 만족시킬 때 다음이 성립함을 보여라.

$$\left|\int_a^b f(x)dx\right| \le K(b-a)$$

5. 임의의 네 실수 $a,\ b,\ \alpha,\ \beta$에 대하여 다음이 성립함을 보여라.

$$\left|\int_a^b \sin(\alpha x+\beta)dx\right| \le |b-a|$$

6. 함수 f가 구간 $[a,\ b]$에서 연속이고 $f(x) \ge 0$이라고 하자. f가 $[a,\ b]$의 한 점 c에서 $f(c)>0$이면 다음이 성립함을 보여라.

$$\int_a^b f(x)dx > 0$$

7.4 미적분학의 기본 정리

지금까지 논의한 정 적분의 정의에 의하면 함수의 리만 합의 극한을 생각하여야 하므로 정 적분을 찾기가 수월하지 않다. 이 절에서는 정 적분을 부정 적분을 이용하여 쉽게 계산할 수 있는 정 적분과 부정 적분의 관계에 대하여 알아본다.

정리 7.4-1 (미적분학의 제 1 기본 정리, 적분과 미분과 관계)

닫힌 구간 $[a,\ b]$에서 연속 함수 f에 대하여 함수 F를 다음과 같이 정의하자.

$$F(x) = \int_a^x f(t)dt \quad (x \in [a,\ b])$$

그러면 함수 F는 구간 $(a,\ b)$에서 미분 가능하고 다음이 성립한다.

$$F'(x) = \frac{d}{dx}\int_a^x f(t)dt = f(x)$$

증명 정리 7.2-4에 의하여 $x \in (a,\ b)$와 충분히 작은 Δx에 대하여 다음이 성립한다.

$$\begin{aligned}\frac{F(x+\Delta x)-F(x)}{\Delta x} &= \frac{1}{\Delta x}\left\{\int_a^{x+\Delta x} f(t)dt - \int_a^x f(t)dt\right\} \\ &= \frac{1}{\Delta x}\int_x^{x+\Delta x} f(t)dt\end{aligned}$$

또, 적분의 평균값 정리로부터 다음을 만족시키는 점 ξ가 x와 $x+\Delta x$ 사이에 존재한다.

$$\frac{1}{\Delta x}\int_x^{x+\Delta x} f(t)dt = f(\xi)$$

따라서 $\dfrac{F(x+\Delta x)-F(x)}{\Delta x} = f(\xi)$이다. 그런데 $\Delta x \to 0$이면 $\xi \to x$이고, f는 연속이므로 다음이 성립한다.

$$\frac{d}{dx}F(x) = \lim_{\Delta x \to 0}\frac{F(x+\Delta x)-F(x)}{\Delta x} = \lim_{\xi \to x} f(\xi) = f(x) \qquad \square$$

예제 7.4-1 정리 7.4-1과 합성 함수의 미분법을 이용하여 다음을 얻는다.

(1) $\frac{d}{dx}\int_{2}^{x^2}\sin t\,dt = \sin x^2 \frac{dx^2}{dx} = 2x\sin x^2$

(2) $\frac{d}{dx}\int_{x^3}^{1} e^t dt = \frac{d}{dx}\left(-\int_{a}^{x^3} e^t dt\right) = -3x^2 e^{x^3}$ ❑

다음 정리는 함수의 정 적분을 부정 적분을 이용하여 계산할 수 있음을 말한다.

정리 7.4-2 (미적분학의 제 2 기본정리, 정 적분의 기본 정리)

함수 f가 구간 $[a, b]$에서 연속이라 하자. 이때 f의 부정 적분 중 하나를 F라 하면 다음이 성립한다.

$$\int_{a}^{b} f(x)dx = F(b) - F(a) \tag{7.4-1}$$

증명 가정에서 F는 f의 부정 적분이고, 정리 7.4-1에 의하여 $\int_{a}^{x} f(t)dt$도 f의 부정 적분이므로 다음이 성립한다.

$$F(x) = \int_{a}^{x} f(t)dt + C \tag{7.4-2}$$

또한 정의에 의하여 $\int_{a}^{a} f(t)dt = 0$이므로 $C = F(a)$이다. C를 식 (7.4-2)에 대입하여 다음을 얻는다.

$$\int_{a}^{x} f(t)dt = F(x) - F(a)$$

여기서 $x = b$로 놓으면 다음을 얻는다.

$$\int_{a}^{b} f(t)dt = F(b) - F(a)$$ ❑

식 (7.4-1)에서 $F(b) - F(a)$를 흔히 $[F(x)]_a^b$로 나타낸다. 이를 이용하여 식 (7.4-1)을 다시 쓰면 다음과 같다.

$$\int_a^b f(x)dx = [F(x)]_a^b = F(b) - F(a)$$

미적분학의 기본 정리를 이용하여 부정 적분을 이용하면 연속 함수의 정 적분의 계산을 쉽게 할 수 있다. 예를 들면, 다음과 같이 계산할 수 있다.

$$\int_0^{\pi/2} \cos x dx = [\sin x]_0^{\pi/2} = \sin\frac{\pi}{2} - \sin 0 = 1$$

7.1절에서 생각한 초등 함수의 부정 적분의 공식과 미적분학의 기본 정리를 이용하면 여러 가지 정 적분을 쉽게 구할 수 있다. 그러나 일반적으로 함수의 부정 적분을 구하는 것은 쉽지 않다. 다음 장에서 피적분 함수의 부정 적분 또는 정 적분을 구하는 다양한 적분 방법에 대하여 알아본다.

연습 문제 7.4

1. 다음 정 적분을 계산하라.

(1) $\int_1^2 (2x+5)dx$ (2) $\int_{-3}^4 |5x+2|dx$

(3) $\int_0^1 \frac{1}{1+x^2}dx$ (4) $\int_0^1 (x^2-2x+3)dx$

(5) $\int_0^2 \sqrt{4x+1}\,dx$ (6) $\int_0^\pi \sin x\,dx$

(7) $\int_0^\pi \cos x\,dx$ (8) $\int_{-1}^0 x\sqrt{1-x^2}\,dx$

(9) $\int_0^\pi \sin^2 x\,dx$ (10) $\int_{\frac{\pi}{4}}^\pi |\cos x|dx$

2. 다음이 거짓인 이유를 말하라.

$$\int_{-1}^1 \frac{1}{x^2}dx = \left[-\frac{1}{x}\right]_{-1}^1 = -\frac{1}{1} - \left(-\frac{1}{-1}\right) = -2$$

3. 다음을 계산하라.

(1) $\dfrac{d}{dx}\displaystyle\int_x^b s^2\,ds$ (2) $\dfrac{d}{dx}\displaystyle\int_0^{x^2} e^{t^2}dt$

(3) $\dfrac{d}{dx}\displaystyle\int_0^{\sqrt{x}} (t+1)^{\frac{1}{2}}dt$

(4) $\displaystyle\lim_{x_2\to x_1}\frac{1}{x_2-x_1}\left(\int_0^{x_2} e^{t^2}dt-\int_0^{x_1} e^{t^2}dt\right)$

4. 다음 등식을 만족시키는 연속 함수 f와 상수 a를 찾아라. $(0\le a\le \pi)$

$$2\int_a^x f(t)dt = 2\sin x - 1$$

5. $f(t)=\displaystyle\int_1^{t^2}\frac{\sqrt{1+s^2}}{s}ds$일 때 함수 F를 다음과 같이 정의하자. 이때 $F''(2)$를 찾아라.

$$F(x)=\int_1^x f(t)dt$$

6. 구간 [0, 1]을 등분하는 분할을 써서 다음 정 적분을 찾아라. 그리고 이를 미적분학의 제 2 기본 정리 7.4-2를 써서 찾는 것과 비교하라.

$$\int_0^1 x^3dx$$

7. 다음 극한을 찾아라.

$$\lim_{x\to 2}\frac{x}{x-2}\int_2^x\frac{\sin t}{t}dt$$

8. f는 $x\ge 1$에서 연속인 증가 함수이고 $f(x)\ge 0$일 때, 다음을 보여라.

(1) $f(1)+.\cdots+f(n-1)\le\displaystyle\int_1^n f(x)dx\le f(2)+\cdots+f(n)$

(2) $F(x) = \int_1^x f(t)dt$라고 할 때 $\lim_{n\to\infty} \frac{f(n)}{F(n)} = 0$이면 다음이 성립한다.

$$\lim_{n\to\infty} \frac{f(1)+f(2)+\cdots+f(n)}{F(n)} = 1$$

9. 다음 함수를 이용하여 $F(x) = \int f(x)dx$로 정의된 함수 F에 대하여 평균값 정리 $F(x_k) - F(x_{k-1}) = F'(c_k)(x_k - x_{k-1})$을 만족시키는 c_k를 x_k와 x_{k-1}을 써서 나타내라.

(1) $f(x) = x$

(2) $f(x) = x^2$

(3) $f(x) = x^3$

(4) $f(x) = \frac{1}{\sqrt{x}}$

10. (라이프니츠의 공식) 함수 f가 구간 $[a, b]$에서 연속이고, 두 함수 u와 v는 치역이 모두 구간 $[a, b]$에 포함되고 미분 가능할 때 다음이 성립함을 보여라.

$$\frac{d}{dx}\int_{u(x)}^{v(x)} f(t)dt = f(v(x))v'(x) - f(u(x))u'(x)$$

11. 다음 함수 f의 도함수를 찾아라.

(1) $f(x) = \int_1^{1/x} \sin^3 t dt$

(2) $f(x) = \int_{2x}^{3x} \frac{1-t^2}{1+t^2} dt$

❖ 메모

CHAPTER

8

여러 가지 적분법

이 장에서는 부정 적분과 정 적분을 구할 때 자주 사용하는 치환 적분법, 삼각 함수와 삼각 치환을 이용한 적분법, 부분 적분법, 유리 함수와 무리 함수의 적분법, 특수한 치환을 이용한 적분법 등의 적분 방법을 알아본다. 그리고 특이 적분과 수치 적분을 다룬다.

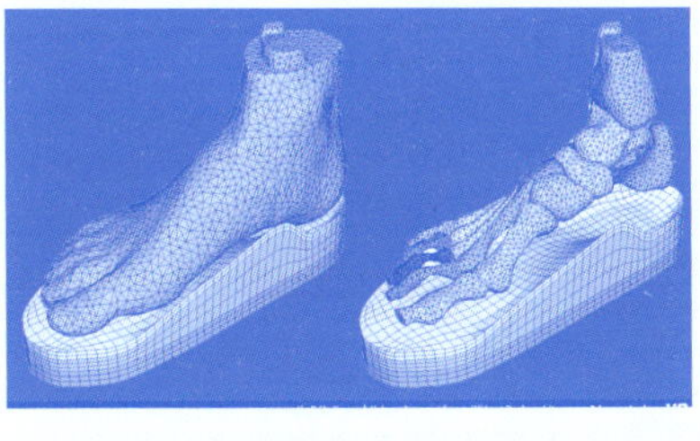

8.1 치환 적분법

피적분 함수가 단순한 형태가 되도록 적분 변수를 적당히 치환하여 적분하는 방법을 치환 적분법(integration by substitution)이라고 한다.

정리 8.1-1

$u=g(x)$이고 $F'(u)=f(u)$이며 g가 미분 가능하면 다음이 성립한다.

$$\int f(u)du=\int f(g(x))g'(x)dx=F(g(x))+C \text{ (}C\text{는 적분 상수)}$$

증명 연쇄 법칙에 의해 $\frac{d}{dx}F(u)=\frac{d}{du}F(u)\frac{du}{dx}=f(u)\frac{du}{dx}=f(g(x))g'(x)$이고, 가정에 의해 $\frac{d}{du}F(u)=f(u)$이고 $u=g(x)$이므로 다음이 성립한다.

$$\int f(u)du=F(u)+C=F(g(x))+C=\int f(g(x))g'(x)dx$$ ❑

정리 8.1-1의 증명에서 $f(u)\frac{du}{dx}=f(g(x))g'(x)$가 성립하므로 정리의 결과에 의해 $\int f(u)\frac{du}{dx}dx=\int f(g(x))g'(x)dx=\int f(u)du$이 성립한다. 따라서 $u=g(x)$와 같이 치환하였을 때, 함수 $u=g(x)$와 그 미분 $du=g'(x)dx$를 써서 형식적으로 다음을 얻는다.

$$\int f(g(x))g'(x)dx=\int f(u)du$$

예제 8.1-1 다음 부정 적분을 초등 함수로 나타내라.

(1) $\int x\sqrt{x^2+1}\,dx$

(2) $\int \frac{e^{2x}-e^{-2x}}{e^{2x}+e^{-2x}}dx$

(3) $\int \frac{\sin\sqrt{x}}{\sqrt{x}}dx$

(4) $\int \frac{\sec^2(\sin x)}{\sec x}dx$

(5) $\int \frac{\tan^{-1}x}{1+x^2}dx$

(6) $\int \frac{a^{\tan\theta}}{\cos^2\theta}d\theta$ $(a>0)$

풀이 (1) $u = x^2 + 1$로 놓으면 $du = 2x\,dx$이므로 다음을 얻는다.

$$\begin{aligned}\int x\sqrt{x^2+1}\,dx &= \int \frac{1}{2}(x^2+1)^{1/2}2x\,dx \\ &= \int \frac{1}{2}u^{1/2}du = \frac{1}{2}\left(\frac{u^{3/2}}{3/2}\right) + C \\ &= \frac{1}{3}(x^2+1)^{3/2} + C\end{aligned}$$

(2) $u = e^{2x} + e^{-2x}$로 놓으면 $du = 2(e^{2x} - e^{-2x})dx$이므로 다음을 얻는다.

$$\begin{aligned}\int \frac{e^{2x}-e^{-2x}}{e^{2x}+e^{-2x}}dx &= \frac{1}{2}\int \frac{2(e^{2x}-e^{-2x})}{e^{2x}+e^{-2x}}dx = \frac{1}{2}\int \frac{1}{u}du \\ &= \frac{1}{2}\ln(e^{2x}+e^{-2x}) + C\end{aligned}$$

(3) $u = \sqrt{x}$로 놓으면 $du = \dfrac{1}{2\sqrt{x}}dx$이므로 다음을 얻는다.

$$\begin{aligned}\int \frac{\sin\sqrt{x}}{\sqrt{x}}\,dx &= 2\int \sin\sqrt{x}\,\frac{1}{2\sqrt{x}}\,dx \\ &= 2\int \sin u\,du = -2\cos\sqrt{x} + C\end{aligned}$$

(4) $u = \sin x$로 놓으면 $du = \cos x\,dx = \dfrac{1}{\sec x}\,dx$이므로 다음을 얻는다.

$$\int \frac{\sec^2(\sin x)}{\sec x}\,dx = \int \sec^2 u\,du = \tan(\sin x) + C$$

(5) $u = \tan^{-1}x$로 놓으면 $du = \dfrac{1}{1+x^2}\,dx$이므로 다음을 얻는다.

$$\int \frac{\tan^{-1}x}{1+x^2}\,dx = \int u\,du = \frac{1}{2}(\tan^{-1}x)^2 + C$$

(6) $u = \tan\theta$로 놓으면 $du = \sec^2\theta\,d\theta = \dfrac{1}{\cos^2\theta}\,d\theta$이므로 다음을 얻는다.

$$\int \frac{a^{\tan\theta}}{\cos^2\theta}\,d\theta = \int a^u\,du = \frac{1}{\ln a}\,a^{\tan\theta} + C$$ ❑

예제 8.1-2 다음 부정 적분을 계산하라.

(1) $\displaystyle\int \frac{x^2}{\sqrt{2-3x}}\,dx$ (2) $\displaystyle\int \frac{dx}{\sqrt{x}+\sqrt[4]{x^3}}$

풀이 (1) 피적분 함수가 x^p와 $\sqrt[q]{a+bx}$ (p는 자연수, q는 실수)의 항을 포함하고 있을 때, $t=\sqrt[q]{a+bx}$로 놓으면 편리하다. 따라서 $t=\sqrt{2-3x}$로 놓으면 $x=\frac{2}{3}-\frac{1}{3}t^2$이므로 $dx=-\frac{2}{3}t\,dt$이다. 정리 8.1-1을 적용하여 다음을 얻는다.

$$\begin{aligned}\int \frac{x^2}{\sqrt{2-3x}}dx &= \int \left(\frac{2}{3}-\frac{1}{3}t^2\right)^2\frac{1}{t}\left(-\frac{2}{3}t\,dt\right)\\ &= -\frac{2}{3}\int \left(\frac{4}{9}-\frac{4}{9}t^2+\frac{1}{9}t^4\right)dt\\ &= -\frac{2}{3}\left\{\frac{4}{9}\sqrt{2-3x}-\frac{4}{27}(2-3x)^{3/2}+\frac{1}{45}(2-3x)^{5/2}\right\}+C\end{aligned}$$

(2) $x^{\frac{l}{m}}$, $x^{\frac{k}{n}}$, $\cdots$를 포함하는 적분은 m, n, $\cdots$의 최소 공배수를 r이라 할 때 $t=x^{\frac{1}{r}}$로 놓는다. 그런데 $\sqrt{x}=x^{\frac{1}{2}}$, $\sqrt[4]{x^3}=x^{\frac{3}{4}}$이고 2와 4의 최소 공배수는 4이다. 따라서 $t=x^{\frac{1}{4}}$로 놓으면 $x=t^4$, $\sqrt{x}=t^2$, $\sqrt[4]{x^3}=t^3$, $dx=4t^3dt$이므로 다음을 얻는다.

$$\begin{aligned}\int \frac{dx}{\sqrt{x}+\sqrt[4]{x^3}} &= \int \frac{4t^3}{t^2+t^3}dt = 4\int \frac{t}{1+t}dt = 4\int\left(1-\frac{1}{1+t}\right)dt\\ &= 4\{x^{1/4}-\ln(1+x^{1/4})\}+C\end{aligned}$$

❑

정리 8.1-2

닫힌 구간 $[\alpha, \beta]$에서 함수 $x=g(t)$는 미분 가능하고 도함수 g'는 연속이며, $a=g(\alpha)$이고 $b=g(\beta)$라고 하자. 그러면 구간 $[a, b]$에서 연속 함수 f에 대하여 다음이 성립한다.

$$\int_\alpha^\beta f(g(t))g'(t)dt = \int_a^b f(x)\,dx \tag{8.1-1}$$

증명 함수 $f(x)$가 $[a,\ b]$에서 연속이므로 f의 부정 적분 $F(x)$가 존재하고 (정리 7.4-1 참조), 또 $g'(t)$가 존재하고 연속이므로 정리 8.1-1에 의해 다음이 성립한다.

$$\int f(g(t))g'(t)dt = F(g(t)) + C$$

따라서 정리 7.4-2에 의하여 다음을 얻는다.

$$\int_{\alpha}^{\beta} f(g(t))g'(t)dt = [F(g(t))]_{\alpha}^{\beta} = F(g(\beta)) - F(g(\alpha))$$

$$= F(b) - F(a) = \int_{a}^{b} f(x)dx$$

□

예제 8.1-3 다음을 계산하라.

(1) $\displaystyle\int_{2}^{5} \frac{x+1}{x\sqrt{x-1}}\,dx$ (2) $\displaystyle\int_{0}^{1} e^{3-2x}dx$

(3) $\displaystyle\int_{0}^{\frac{\pi}{2}} \sin\theta\cos^2\theta\,d\theta$

풀이 (1) $t = \sqrt{x-1}$로 놓으면 $x = t^2+1$이고 $dx = 2tdt$이다. $x=2$일 때 $t=1$이고 $x=5$일 때 $t=2$이므로, 다음을 얻는다.

$$\int_{2}^{5} \frac{x+1}{x\sqrt{x-1}}\,dx = \int_{1}^{2} \frac{t^2+2}{(t^2+1)t}\,2t\,dt = 2\int_{1}^{2} \frac{t^2+2}{t^2+1}\,dt$$

$$= 2\int_{1}^{2}\left(1 + \frac{1}{t^2+1}\right)dt$$

$$= 2[t + \tan^{-1}t]_1^2 = 2 + 2\tan^{-1}2 - \frac{1}{2}\pi$$

(2) $3-2x = t$로 놓으면 $dx = -\frac{1}{2}dt$이다. 또 $x=0$일 때 $t=3$이고, $x=1$일 때 $t=1$이므로 다음을 얻는다.

$$\int_{0}^{1} e^{3-2x}dx = \int_{3}^{1} e^t\left(-\frac{1}{2}dt\right) = \left[-\frac{1}{2}e^t\right]_3^1 = -\frac{1}{2}(e - e^3)$$

(3) $\cos\theta = t$로 놓으면 $\sin\theta\,d\theta = -dt$이다. 또 $\theta = 0$일 때 $t=1$이고, $\theta = \frac{\pi}{2}$일 때 $t=0$이므로 다음을 얻는다.

$$\int_{0}^{\frac{\pi}{2}} \sin\theta\cos^2\theta\,d\theta = \int_{1}^{0} t^2(-dt) = \left[-\frac{1}{3}t^3\right]_1^0 = \frac{1}{3}$$

□

연습 문제 8.1

1. 다음 적분을 $a\int t^q dt$ 꼴이 되도록 치환하여 계산하라 (단, q은 유리수).

(1) $\int \sqrt{3x+1}\, dx$

(2) $\int e^{\sin x} \cos x\, dx$

(3) $\int \frac{\sqrt{x}}{x + x\sqrt{x}} dx$

(4) $\int \frac{\ln x}{x} dx$

(5) $\int \frac{e^x}{\sqrt{1-e^x}} dx$

(6) $\int_{-3}^{-2} \frac{y+2}{y^2+4y} dy$

(7) $\int_0^1 \frac{\sin^{-1} x}{\sqrt{1-x^2}} dx$

(8) $\int_{-1}^1 |2x-1|\, dx$

2. 다음 적분을 계산하라.

(1) $\int x\sqrt{x+4}\, dx$

(2) $\int \frac{1}{x - \sqrt[3]{x}} dx$

(3) $\int \frac{1}{x \ln x} dx$

(4) $\int_1^3 x^3 \sqrt{x^2-1}\, dx$

(5) $\int_0^1 \frac{e^{\sqrt{x}}}{\sqrt{x}} dx$

(6) $\int_0^{\pi/2} \cos x \sqrt{\sin x}\, dx$

3. 다음 적분을 찾아라.

(1) $\int \frac{1}{(e^x + e^{-1})^4} dx$

(2) $\int \frac{e^{4x}}{e^{2x}-1} dx$

(3) $\int x(x^2+1)^n\, dx$

(4) $\int \frac{e^x}{(e^x+1)\ln(e^x+1)} dx$

4. 함수 f가 연속이면 다음 등식이 성립함을 보여라.

$$\int_0^\pi \theta f(\sin\theta) d\theta = \frac{\pi}{2} \int_0^\pi f(\sin\theta) d\theta$$

5. 다음 부등식이 성립함을 보여라.

$$\frac{1}{4}x^2 < x - \ln(1+x) < \frac{1}{2}x^2, \quad (0 < x < 1)$$

6. 시각 $t=0$ 에 기름 탱크에 균열이 생겨 1분마다 $r(t) = 100e^{-0.01t}$ 리터씩의 기름이 새어 나오고 있다. 처음부터 1시간 동안 새어 나온 기름의 양을 찾아라.

7. 숨을 들이마시고 내쉴 때까지 완전한 호흡의 주기는 약 5초이다. 공기가 폐 속으로 들어가는 최대량은 초당 약 $0.5L$ 이고 숨쉬기는 주기적이므로 초당 폐 속으로 들어가는 공기의 양은 다음 식을 모형으로 사용할 수 있다.

$$f(t) = \frac{1}{2}\sin(2\pi t/5) \text{ (단위: L/s)}$$

이 모형을 이용하여 0부터 t 초 사이에 폐 속으로 들어간 공기의 부피를 찾아라.

8.2 삼각 함수의 적분

다음은 피적분 함수가 삼각 함수만을 포함하는 적분의 경우로 치환 적분법을 써서 비교적 간단히 계산할 수 있는 예이다.

예제 8.2-1 (1) $\int \sec^2\frac{x}{2}dx = 2\int \sec^2\frac{x}{2}d\left(\frac{x}{2}\right) = 2\tan\frac{x}{2} + C$

(2) $\int e^{3x}\tan e^{3x}dx = \frac{1}{3}\int \tan e^{3x}d(e^{3x}) = \frac{1}{3}\ln|\sec e^{3x}| + C$

(3) $\int \tan^2\theta d\theta = \int (\sec^2\theta - 1)d\theta = \tan\theta - \theta + C$

(4) $\int \csc 3x\,dx = \frac{1}{3}\int \csc 3x\,d(3x) = \frac{1}{3}\ln|\csc 3x - \cot 3x| + C$

피적분 함수가 삼각 함수만으로 이루어진 적분은 삼각 함수의 항등식을 써서 피적분 함수를 적당히 변환하면 비교적 적분하기 쉬운 모양으로 되는 경우가 많다. 여기서는 다음과 같이 다섯 가지 경우에 대해 다루기로 한다.

경우 1 $\int \sin ax \cos bx\,dx$, $\int \sin ax \sin bx\,dx$, $\int \cos ax \cos bx\,dx$ 형

곱을 합으로 변환하는 다음의 삼각 함수에 관한 항등식을 이용한다.

$$\sin x \sin y = \frac{1}{2}\{\cos(x-y) - \cos(x+y)\} \tag{8.2-1}$$

$$\sin x \cos y = \frac{1}{2}\{\sin(x-y) + \sin(x+y)\} \tag{8.2-2}$$

$$\cos x \cos y = \frac{1}{2}\{\cos(x-y) + \cos(x+y)\} \tag{8.2-3}$$

예제 8.2-2 다음을 계산하라.

(1) $\int \sin 4x \cos 5x\,dx$ (2) $\int \cos 5x \cos 3x\,dx$

풀이 (1) 식 (8.2-2)를 이용하면 다음과 같다.

$$\int \sin 4x \cos 5x\, dx = \frac{1}{2}\int (-\sin x + \sin 9x)dx$$

$$= \frac{1}{2}\cos x - \frac{1}{18}\cos 9x + C$$

(2) 식 (8.2-3)을 이용하면 다음과 같다.

$$\int \cos 5x \cos 3x\, dx = \frac{1}{2}\int (\cos 2x + \cos 8x)dx$$

$$= \frac{1}{4}\sin 2x + \frac{1}{16}\sin 8x + C$$

❑

경우 2 $\int \sin^m x \cos^n x\, dx$ 형

(1) m 또는 n이 양의 홀수인 경우에는 다음 항등식을 이용한다.

$$\sin^2 x = 1 - \cos^2 x, \qquad \cos^2 x = 1 - \sin^2 x$$

$$\sin x\, dx = d(-\cos x), \quad \cos x\, dx = d(\sin x) \tag{8.2-4}$$

(2) m과 n이 모두 양의 짝수인 경우에는 다음 항등식을 이용한다.

$$\sin^2 x = \frac{1-\cos 2x}{2}, \qquad \cos^2 x = \frac{1+\cos 2x}{2} \tag{8.2-5}$$

예제 8.2-3 다음을 계산하라.

(1) $\int \sin^3 x \cos^2 x\, dx$　　(2) $\int \sin^4 x \cos^2 x\, dx$

풀이 (1) $m = 3$이 홀수이므로 식 (8.2-4)를 이용하면 다음과 같다.

$$\int \sin^3 x \cos^2 x\, dx = \int \sin^2 x \cos^2 x (\sin x\, dx)$$

$$= \int (1-\cos^2 x)\cos^2 x\, d(-\cos x)$$

$$= -\int (\cos^2 x - \cos^4 x)d(\cos x)$$

$$= -\frac{1}{3}\cos^3 x + \frac{1}{5}\cos^5 x + C$$

(2) $m=4$와 $n=2$가 모두 짝수이므로 식 (8.2-5)를 이용하면 다음과 같다.

$$\begin{aligned}\int \sin^4 x\cos^2 x\,dx &= \int\left(\frac{1-\cos 2x}{2}\right)^2\left(\frac{1+\cos 2x}{2}\right)dx\\ &= \frac{1}{8}\int(1-\cos 2x-\cos^2 2x+\cos^3 2x)dx\\ &= \frac{1}{8}\left\{\int dx-\frac{1}{2}\int\cos 2x\,d(2x)-\frac{1}{2}\int 1+\cos 2(2x)dx\right.\\ &\qquad\left.+\frac{1}{2}\int(1-\sin^2 2x)d(\sin 2x)\right\}\\ &= \frac{1}{8}\left\{x-\frac{1}{2}\sin 2x-\left(\frac{1}{2}x+\frac{1}{8}\sin 4x\right)\right.\\ &\qquad\left.+\frac{1}{2}\left(\sin 2x-\frac{1}{3}\sin^3 2x\right)\right\}+C\\ &= \frac{1}{16}x-\frac{1}{64}\sin 4x-\frac{1}{48}\sin^3 2x+C\end{aligned}$$ ❑

경우 3 $\int \tan^n x\,dx$, $\int \cot^n x\,dx$ 형 (n은 양의 정수)

다음 항등식을 이용한다.

$$\tan^2 x=\sec^2 x-1,\quad \cot^2 x=\csc^2 x-1 \tag{8.2-6}$$

예제 8.2-4 다음을 계산하라.

(1) $\int \tan^4 x\,dx$ (2) $\int \cot^5 x\,dx$

풀이 (1) 항등식 (8.2-6) 중에서 $\tan^2 x=\sec^2 x-1$을 이용하면 다음과 같다.

$$\begin{aligned}\int\tan^4 x\,dx &= \int\tan^2 x(\sec^2 x-1)dx\\ &= \int\tan^2 x\sec^2 x\,dx-\int(\sec^2 x-1)\,dx\\ &= \int\tan^2 x\,d(\tan x)-\int\sec^2 x\,dx+\int 1dx\\ &= \frac{1}{3}\tan^3 x-\tan x+x+C\end{aligned}$$

(2) 식 (8.2-6) 중에서 $\cot^2 x=\csc^2 x-1$을 이용하면 다음을 얻는다.

$$\begin{aligned}\int \cot^5 x\,dx &= \int \cot^3 x(\csc^2 x - 1)\,dx \\ &= \int \cot^3 x \csc^2 x\,dx - \int \cot x(\csc^2 x - 1)\,dx \\ &= \int \cot^3 x\,d(-\cot x) - \int \cot x\,d(-\cot x) + \int \frac{\cos x}{\sin x}dx \\ &= -\frac{1}{4}\cot^4 x + \frac{1}{2}\cot^2 x + \ln|\sin x| + C\end{aligned}$$
❑

경우 4 $\int \sec^n x\,dx$, $\int \csc^n x\,dx$ 형 (n은 $n \geq 4$인 짝수)

다음 항등식을 이용한다.

$$\sec^2 x = 1 + \tan^2 x, \quad \csc^2 x = 1 + \cot^2 x \tag{8.2-7}$$

예제 8.2-5 $\int \csc^4 x\,dx$를 계산하라.

풀이 식 (8.2-7) 중에서 항등식 $\csc^2 x = 1 + \cot^2 x$를 이용하면 다음과 같다.

$$\begin{aligned}\int \csc^4 x\,dx &= \int (1+\cot^2 x)\csc^2 x\,dx \\ &= \int (1+\cot^2 x)\,d(-\cot x) \\ &= -\cot x - \frac{1}{3}\cot^3 x + C\end{aligned}$$
❑

참고 n이 홀수일 때는 예컨대 다음과 같이 변형하고 8.3절의 부분 적분법을 이용한다.

$$\int \csc^3 u\,du = \int \csc u \csc^2 u\,du = \int \csc u\,d(-\cot u)$$

경우 5 $\int \tan^m x \sec^n x dx$ 형

(1) m이 임의의 수이고, $n = 2k$(짝수)일 때, 다음을 이용한다.

$$\sec^{2k} x\,dx = \sec^{2(k-1)} x \sec^2 x\,dx = (1+\tan^2 x)^{k-1} d(\tan x) \tag{8.2-8}$$

(2) $m = 2k+1$(홀수)이고, n이 임의의 수일 때, 다음을 이용한다.

$$\tan^{2k+1}x\sec^n x\,dx = \tan^{2k}x\sec^{n-1}x\sec x\tan x\,dx$$
$$= (\sec^2 x - 1)^k \sec^{n-1}x\,d(\sec x) \qquad (8.2\text{-}9)$$

(3) m이 짝수이고, n이 홀수인 경우는 8.3절의 부분적분법을 이용한다.

예제 8.2-6 다음을 계산하라.

(1) $\displaystyle\int \tan^{-3/2}x\sec^4 x\,dx$ (2) $\displaystyle\int \tan^3 x\sec^{-1/2}x\,dx$

풀이 (1) $n=4$이므로 식 (8.2-8)을 이용하면 다음과 같다.

$$\int \tan^{-3/2}x\sec^4 x\,dx = \int \tan^{-3/2}x(1+\tan^2 x)d(\tan x)$$
$$= \int \tan^{-3/2}x\,d(\tan x) + \int \tan^{1/2}x\,d(\tan x)$$
$$= -2\tan^{-1/2}x + \frac{2}{3}\tan^{3/2}x + C$$

(2) $m=3$이므로 식 (8.2-9)를 이용하면 다음과 같다.

$$\int \tan^3 x\sec^{-1/2}x\,dx = \int \tan^2 x\sec^{-3/2}x\sec x\tan x\,dx$$
$$= \int (\sec^2 x - 1)\sec^{-3/2}x\,d(\sec x)$$
$$= \int \sec^{1/2}x\,d(\sec x) - \int \sec^{-3/2}x\,d(\sec x)$$
$$= \frac{2}{3}\sec^{3/2}x + 2\sec^{-1/2}x + C$$

❑

연습 문제 8.2

1. 다음을 적분하라.

(1) $\displaystyle\int \cos\frac{2}{3}x\,dx$ (2) $\displaystyle\int \frac{1}{x^2}\sin\frac{\pi}{x}\,dx$

(3) $\displaystyle\int \sin 3x\cos 5x\,dx$ (4) $\displaystyle\int \sin 3x\sin 2x\,dx$

(5) $\int \sec^5 x \tan x \, dx$

(6) $\int \sin^3 3x \, dx$

(7) $\int \sin^5 2t \cos^2 2t \, dt$

(8) $\int \sin^4 \frac{\theta}{2} \cos^2 \frac{\theta}{2} \, d\theta$

(9) $\int \tan^2 \frac{3}{4} x \, dx$

(10) $\int \cot^6 t \, dt$

(11) $\int \sec^4 3x \, dx$

(12) $\int \csc^4 \frac{3}{2}\theta \, d\theta$

(13) $\int \cot x \csc^3 x \, dx$

(14) $\int \tan^3 3t \sec^3 3t \, dt$

(15) $\int \tan 5\theta \sec^4 5\theta \, d\theta$

(16) $\int \cot^2 2y \csc^4 2y \, dy$

(17) $\int \frac{\sin x}{1+\sin x} dx$

(18) $\int \sin^3 \theta \, d\theta$

2. 다음 적분을 구하라.

$$\int_0^1 2x \sin\left(x^2 + \frac{\pi}{2}\right) dx + \int_{\pi^2}^{4\pi^2} \frac{\cos\sqrt{x}}{2\sqrt{x}} dx$$

3. 다음 등식이 성립함을 보여라 (단, m과 n은 정수).

(1) $\int_0^{2\pi} \sin mx \cos nx \, dx = 0$

(2) $\int_0^{2\pi} \sin mx \sin nx \, dx = \begin{cases} 0 & (m \neq n) \\ \pi & (m = n) \end{cases}$

(3) $\int_0^{2\pi} \cos mx \cos nx \, dx = \begin{cases} 0 & (m \neq n) \\ \pi & (m = n) \end{cases}$

8.3 부분 적분법

두 함수 u와 v에 대하여 $d(uv) = u\,dv + v\,du$이므로 다음과 같이 쓸 수 있다.

$$u\,dv = d(uv) - v\,du$$

이 식의 양변을 적분하면 다음을 얻는데, 이를 부분 적분법(integration by parts)이라고 한다.

$$\int u\,dv = uv - \int v\,du \tag{8.3-1}$$

그리고 정 적분의 경우에는 다음이 성립한다.

$$\int_a^b u\,dv = [uv]_a^b - \int_a^b v\,du \tag{8.3-2}$$

일반적으로 부분 적분법을 적용할 때, u는 미분하면 간단해지는 것을 택하고 dv는 그의 부정 적분을 쉽게 얻을 수 있는 것을 택한다.

예제 8.3-1 $\int \ln x\,dx$를 계산하라.

풀이 $u = \ln x$와 $dv = dx$로 놓으면, $du = \dfrac{1}{x}$이고 $v = x$이므로 다음을 얻는다.

$$\int \ln x\,dx = x\ln x - \int x\frac{1}{x}\,dx = x\ln x - x + C$$ ❑

예제 8.3-2 $\int x^2\cos 2x\,dx$를 계산하라.

풀이 $u = x^2$, $dv = \cos 2x\,dx$로 놓으면 $du = 2x\,dx$, $v = \dfrac{1}{2}\sin 2x$이므로 다음을 얻는다.

$$\int x^2\cos 2x\,dx = \frac{1}{2}x^2\sin 2x - \int x\sin 2x\,dx \tag{8.3-3}$$

적분 $\int x\sin 2x\,dx$에 대해 $u = x$와 $dv = \sin 2x\,dx$로 놓으면 $du = dx$이고

$v = -\dfrac{\cos 2x}{2}$ 이므로 다음을 얻는다.

$$\int x \sin 2x\, dx = -\frac{1}{2}x\cos 2x + \int \frac{1}{2}\cos 2x\, dx$$

$$= -\frac{1}{2}x\cos 2x + \frac{1}{4}\sin 2x + C \tag{8.3-4}$$

두 식 (8.3-3)과 (8.3-4)에 의하여 다음을 얻는다.

$$\int x^2 \cos 2x\, dx = \frac{1}{2}x^2 \sin 2x + \frac{1}{2}x\cos 2x - \frac{1}{4}\sin 2x + C$$ ❑

예제 8.3-3 $\int \sec^3\theta\, d\theta$를 계산하라.

풀이 $u = \sec\theta$와 $dv = \sec^2\theta d\theta$로 놓으면, $du = \sec\theta\tan\theta\, d\theta$이고 $v = \tan\theta$이므로 다음을 얻는다.

$$\int \sec^3\theta d\theta = \sec\theta\tan\theta - \int \sec\theta\tan^2\theta d\theta$$

$$= \sec\theta\tan\theta - \int \sec\theta(\sec^2\theta - 1)d\theta$$

$$= \sec\theta\tan\theta - \int \sec^3\theta\, d\theta + \int \sec\theta\, d\theta$$

한편, $\int \sec x\, dx$는 다음과 같이 계산할 수 있다.

$$\int \sec x\, dx = \int \sec x \frac{\tan x + \sec x}{\tan x + \sec x}\, dx$$

$$= \int \frac{\sec x \tan x + \sec^2 x}{\tan x + \sec x}\, dx$$

$$= \int \frac{d(\tan x + \sec x)}{\tan x + \sec x}$$

$$= \ln|\tan x + \sec x| + C_0$$

따라서 다음을 얻는다.

$$\int \sec^3\theta\, d\theta = \frac{1}{2}\sec\theta\tan\theta + \frac{1}{2}\ln|\sec\theta + \tan\theta| + C$$ ❑

다음은 부분 적분을 반복하여 적분하는 예이다.

예제 8.3-4 $\int_0^{\pi} e^x \sin x\, dx$를 계산하라.

풀이 부분 적분법을 두 번 적용하면 다음을 얻는다.

$$\begin{aligned}\int_0^{\pi} e^x \sin x\, dx &= \int_0^{\pi} \sin x\, d(e^x) \\ &= [e^x \sin x]_0^{\pi} - \int_0^{\pi} e^x \cos x\, dx \\ &= -\int_0^{\pi} e^x \cos x\, dx \qquad (8.3\text{-}5)\end{aligned}$$

또 다음이 성립한다.

$$\begin{aligned}\int_0^{\pi} e^x \cos x\, dx &= \int_0^{\pi} \cos x\, d(e^x) \\ &= [e^x \cos x]_0^{\pi} - \int_0^{\pi} e^x (-\sin x\, dx) \\ &= -e^{\pi} - 1 + \int_0^{\pi} e^x \sin x\, dx \qquad (8.3\text{-}6)\end{aligned}$$

그러므로 두 식 (8.3-5)와 (8.3-6)을 이용하면 다음을 얻는다.

$$\int_0^{\pi} e^x \sin x\, dx = e^{\pi} + 1 - \int_0^{\pi} e^x \sin x\, dx$$

우변의 적분을 좌변으로 이항하고 양변을 2로 나누면 다음 결과를 얻는다.

$$\int_0^{\pi} e^x \sin x\, dx = \frac{1}{2}(e^{\pi} + 1)$$ ❑

참고 예제 8.3-4의 풀이에서 $\sin x$와 e^x는 그 미분과 적분이 반복되므로 첫째 부분 적분에서 $u = e^x$과 $dv = \sin x\, dx$, 둘째 부분 적분에서 $u = e^x$과 $dv = \cos x\, dx$와 같이 택해도 같은 결과를 얻는다.

삼각 함수의 거듭제곱이 포함된 적분을 부분 적분을 반복하여 다음과 예제와 같이 점화식(recursion formula)으로 나타낼 수 있다. 여기서 점화식은 피적분 함수의 차수를 더 낮은 것으로 고쳐서 적분하는 공식을 이르는 말이다.

예제 8.3-5 다음 점화식이 성립함을 보여라.

$$\int \sin^n x\,dx = -\frac{1}{n}\cos x \sin^{n-1}x + \frac{n-1}{n}\int \sin^{n-2}x\,dx \quad (n \geq 2)$$

증명 $u = \sin^{n-1}x$와 $dv = \sin x\,dx$로 놓으면 다음을 얻는다.

$$\begin{aligned}\int \sin^n x\,dx &= (\sin^{n-1}x)(-\cos x) - \int(-\cos x)(n-1)\sin^{n-2}x\cos x\,dx \\ &= -\sin^{n-1}x\cos x + (n-1)\int \sin^{n-2}x\cos^2 x\,dx \\ &= -\sin^{n-1}x\cos x + (n-1)\int \sin^{n-2}x(1-\sin^2 x)dx \\ &= -\sin^{n-1}x\cos x + (n-1)\int \sin^{n-2}x\,dx - (n-1)\int \sin^n x\,dx\end{aligned}$$

즉, $n\int \sin^n x\,dx = -\cos x\sin^{n-1}x + (n-1)\int \sin^{n-2}x\,dx$이므로 다음을 얻는다.

$$\int \sin^n x\,dx = -\frac{1}{n}\cos x\sin^{n-1}x + \frac{n-1}{n}\int \sin^{n-2}x\,dx$$ ❑

연습 문제 8.3

1. 부분 적분법을 이용해서 다음 적분을 계산하라.

(1) $\int \theta\cos\theta\,d\theta$

(2) $\int xe^{-x}dx$

(3) $\int e^{-x}\cos 2x\,dx$

(4) $\int (x^3+1)\ln x\,dx$

(5) $\int x\sec^2\frac{x}{3}dx$

(6) $\int \sin(\ln x)\,dx$

(7) $\int x^3\sin(x^2)dx$

(8) $\int e^{ax}\sin bx\,dx$

(9) $\int x\sec x\tan x\,dx$

(10) $\int \ln^3 x\,dx$

(11) $\int \tan^{-1}x\,dx$

(12) $\int x\sin x\cos x\,dx$

(13) $\int \csc^3 x\,dx$　　(14) $\int (\sin^{-1}x)^2 dx$

(15) $\int x\sin^{-1}x\,dx$　　(16) $\int \cos(\ln t)\,dt$

(17) $\int y(\ln y)^2 dy$　　(18) $\int \theta^2 2^\theta d\theta$

2. 다음 정 적분을 찾아라.

(1) $\int_{-1}^{1} \cos^{-1}x\,dx$　　(2) $\int_0^2 x^2 e^x\,dx$

(3) $\int_0^1 \frac{xe^x}{(1+x)^2}dx$　　(4) $\int_1^2 (x^3+3)\ln x\,dx$

3. 다음 점화식이 성립함을 보여라.

(1) $\int x^n e^{ax}dx = \frac{x^n e^{ax}}{a} - \frac{n}{a}\int x^{n-1}e^{ax}dx \quad (n \ge 1,\ a \ne 0)$

(2) $\int x^m(\ln x)^n dx = \frac{x^{m+1}(\ln x)^n}{m+1} - \frac{n}{m+1}\int x^m(\ln x)^{n-1}dx \ (m \ne -1,\ n \ge 1)$

(3) $\int x^n \sin ax\,dx = -\frac{x^n\cos ax}{a} + \frac{n}{a}\int x^{n-1}\cos ax\,dx \quad (n \ge 1,\ a \ne 0)$

(4) $\int x^n \cos ax\,dx = \frac{x^n \sin ax}{a} - \frac{n}{a}\int x^{n-1}\sin ax\,dx \quad (n \ge 1,\ a \ne 0)$

(5) $\int \tan^n x\,dx = \frac{\tan^{n-1}x}{n-1} - \int \tan^{n-2}x\,dx \quad (n \ge 2)$

(6) $\int \sec^n x\,dx = \frac{\sec^{n-2}x\tan x}{n-1} + \frac{n-2}{n-1}\int \sec^{n-2}x\,dx \quad (n \ge 2)$

(7) $\int \cos^n x\,dx = \frac{1}{n}\sin x\cos^{n-1}x + \frac{n-1}{n}\int \cos^{n-2}x\,dx \quad (n \ge 2)$

8.4 삼각 치환

피적분 함수가 x 및 $\sqrt{a^2-x^2}$, $\sqrt{a^2+x^2}$, $\sqrt{x^2-a^2}$ 중의 하나를 포함하는 경우에는 아래와 같이 x를 적절한 삼각 함수로 치환하고 삼각 함수의 항등식을 이용하여 피적분 함수를 변형한다. 그러면 피적분 함수가 삼각 함수를 포함하는 함수으로 치환되므로 이런 치환을 삼각 치환(trigonometric substitution)이라고 한다.

경우 1 $\int f(x,\ \sqrt{a^2-x^2})dx$ 형: $x=a\sin\theta$로 놓고 항등식 $1-\sin 2\theta=\cos 2\theta$와 치환 $x=a\sin\theta$에 의해 정의되는 그림 8.4-1의 직각 삼각형을 이용한다.

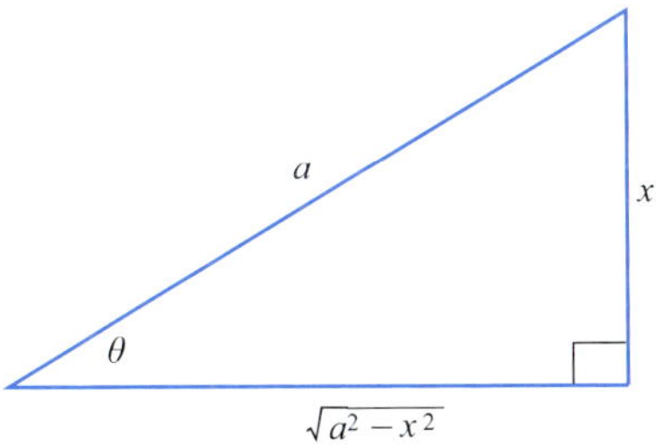

그림 8.4-1 경우 1의 직각 삼각형

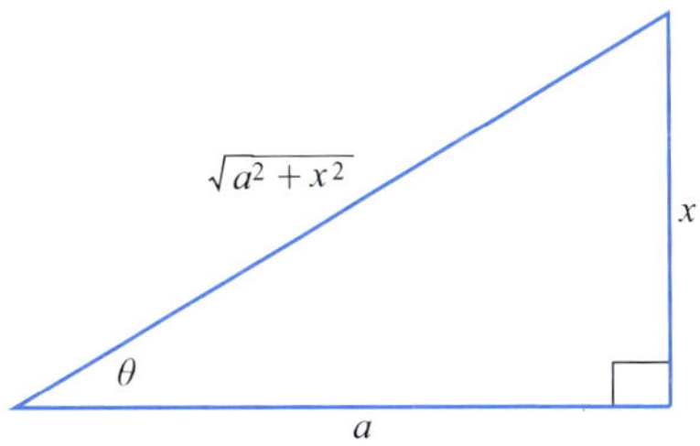

그림 8.4-2 경우 2의 직각 삼각형

경우 2 $\int f(x,\ \sqrt{x^2+a^2})dx$ 형: $x=a\tan\theta$로 놓고 항등식 $1+\tan^2\theta=\sec^2\theta$와 치환 $x=a\tan\theta$에 의해 정의되는 그림 8.4-2의 직각 삼각형을 이용한다.

경우 3 $\int f(x,\ \sqrt{x^2-a^2})dx$ 형: $x=a\sec\theta$로 놓고 항등식 $\tan^2\theta=\sec^2\theta-1$과 치환 $x=a\sec\theta$에 의해 정의되는 그림 8.4-3의 직각 삼각형을 이용한다.

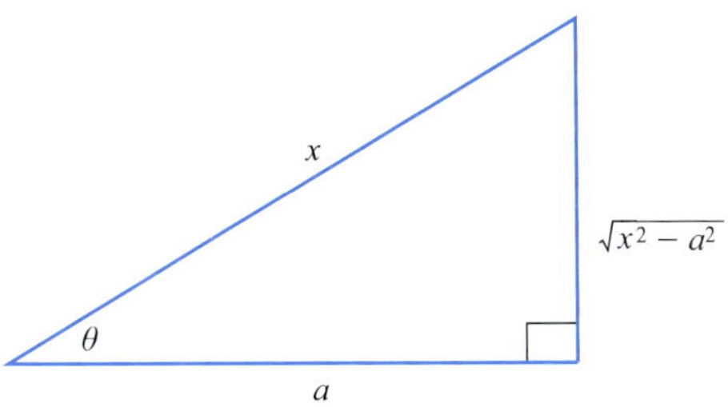

그림 8.4-3 경우 3의 직각 삼각형

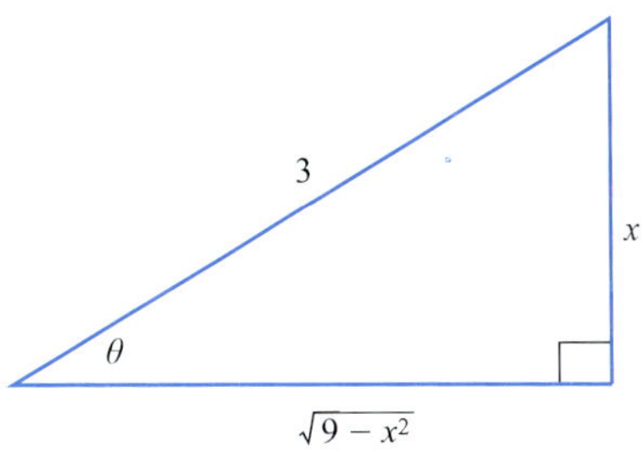

그림 8.4-4 예제 8.4-1의 직각 삼각형

이제 이런 삼각 치환을 이용하여 적분하는 예를 몇 가지 들어보자.

예제 8.4-1 $\int \frac{1}{(9-x^2)^{3/2}}\,dx$를 계산하라.

풀이 주어진 적분은 경우 1에 해당한다. 따라서 $x = 3\sin\theta$로 치환하고 삼각 함수의 항등식 $1-\sin^2\theta = \cos^2\theta$를 이용하면, $dx = 3\cos\theta\, d\theta$이고 $\sqrt{9-x^2} = 3\cos\theta$이므로 다음을 얻는다.

$$\int \frac{dx}{(9-x^2)^{3/2}} = \int \frac{3\cos\theta}{(3\cos\theta)^3}\,d\theta = \frac{1}{9}\int \sec^2\theta\, d\theta = \frac{1}{9}\tan\theta + C$$

한편, 그림 8.4-4의 직각 삼각형에서 $\tan\theta = \frac{x}{\sqrt{9-x^2}}$이므로 다음 결과를 얻는다.

$$\int \frac{1}{(9-x^2)^{3/2}}\,dx = \frac{1}{9}\frac{x}{\sqrt{9-x^2}} + C$$ ❑

예제 8.4-2 $\int \frac{1}{\sqrt{x^2+2x}}\,dx$을 계산하라.

풀이 $x^2+2x = (x+1)^2 - 1$이므로 경우 3에 해당한다. 따라서 $\sec\theta = x+1$라 하면 $dx = \sec\theta\tan\theta\, d\theta$이다.

또 $\sec^2\theta - 1 = \tan^2\theta$이고 $\int \sec\theta\, d\theta = \ln|\sec\theta + \tan\theta| + C$ (예제 8.3-3의 풀이)이므로 다음을 얻는다.

$$\int \frac{1}{\sqrt{x^2+2x}}\,dx = \int \frac{\sec\theta\tan\theta}{\tan\theta}\,d\theta = \int \sec\theta\, d\theta = \ln|\sec\theta + \tan\theta| + C$$

한편, $\sec\theta = x+1$이므로 $\tan\theta = \sqrt{x^2+2x}$이다. 따라서 다음을 얻는다.

$$\int \frac{1}{\sqrt{x^2+2x}}\,dx = \ln|x+1+\sqrt{x^2+2x}| + C$$ ❑

예제 8.4-3 다음 적분 공식을 유도하라.

$$\int \sqrt{x^2 \pm a^2}\,dx = \frac{1}{2}x\sqrt{x^2 \pm a^2} \pm \frac{1}{2}a^2 \ln\left|\frac{x+\sqrt{x^2 \pm a^2}}{a}\right| + C \quad (\text{복호 동순})$$

풀이 먼저 $x = a\tan\theta$라고 놓자. 그러면 $dx = a\sec^2\theta\,d\theta$이다. 또 삼각 함수의 항등식 $1+\tan^2\theta = \sec^2\theta$을 이용하면 $\sqrt{x^2+a^2} = a\sec\theta$이다. 그리고 그림 8.4-2의 직각 삼각형을 이용하여 다음을 얻는다.

$$\begin{aligned}
\int \sqrt{x^2+a^2}\,dx &= \int a\sec\theta a\sec^2\theta\,d\theta = a^2\int \sec^3\theta\,d\theta \\
&= a^2\left(\frac{1}{2}\sec\theta\tan\theta + \frac{1}{2}\ln|\sec\theta+\tan\theta|\right) + C \\
&= \frac{1}{2}a^2\frac{\sqrt{x^2+a^2}}{a}\frac{x}{a} + \frac{1}{2}a^2\ln\left|\frac{\sqrt{x^2+a^2}}{a} + \frac{x}{a}\right| + C' \\
&= \frac{1}{2}x\sqrt{x^2+a^2} + \frac{1}{2}a^2\ln\left|\frac{x+\sqrt{x^2+a^2}}{a}\right| + C
\end{aligned}$$

이제 적분 $\int \sqrt{x^2-a^2}\,dx$ $(|x| \geq a,\ a > 0)$에 대하여 $x = a\sec\theta$로 놓자. 그러면 $dx = a\sec\theta\tan\theta\,d\theta$이다. 또 삼각 함수의 항등식 $\sec^2\theta = 1+\tan^2\theta$을 이용하면 $\sqrt{x^2-a^2} = a\tan\theta$이다. 마지막으로 그림 8.4-3의 직각 삼각형을 이용하여 계산하면 다음을 얻는다.

$$\begin{aligned}
\int \sqrt{x^2-a^2}\,dx &= \int a\tan\theta a\sec\theta\tan\theta\,d\theta = a^2\int \sec\theta\tan^2\theta\,d\theta \\
&= a^2\int \sec\theta(\sec^2\theta - 1)d\theta = a^2\int (\sec^3\theta - \sec\theta)d\theta \\
&= a^2\left(\frac{1}{2}\sec\theta\tan\theta + \frac{1}{2}\ln|\sec\theta+\tan\theta| - \ln|\sec\theta+\tan\theta|\right) + C \\
&= a^2\left(\frac{1}{2}\frac{x}{a}\frac{\sqrt{x^2-a^2}}{a} - \frac{1}{2}\ln\left|\frac{x}{a} + \frac{\sqrt{x^2-a^2}}{a}\right|\right) + C \\
&= \frac{1}{2}x\sqrt{x^2-a^2} - \frac{1}{2}a^2\ln\left|\frac{x+\sqrt{x^2-a^2}}{a}\right| + C
\end{aligned}$$

❑

연습 문제 8.4

1. 다음 적분을 계산하라.

(1) $\int \frac{3x-2}{\sqrt{4-x^2}}\,dx$

(2) $\int \frac{e^x}{(a^2-e^{2x})^{3/2}}\,dx$

(3) $\int \frac{1}{x^2\sqrt{x^2-4}}\,dx$

(4) $\int \frac{1}{x\sqrt{2ax-x^2}}\,dx$

(5) $\int \frac{1}{(x^2+4)^{3/2}}\,dx$

(6) $\int \frac{1}{x\sqrt{x^2+9}}\,dx$

(7) $\int \frac{1}{\sqrt{x^2+2x+2}}\,dx$

(8) $\int \frac{1}{\sqrt{(4x^2-9)^3}}\,dx$

(9) $\int \frac{x}{\sqrt{8+2x-x^2}}\,dx$

(10) $\int \frac{t^2}{(t^2+16)^{3/2}}\,dt$

(11) $\int \frac{\sqrt{x^2-4}}{x^2}\,dx$

(12) $\int \frac{1}{x\sqrt{x^2+144}}\,dx$

(13) $\int_0^2 x^2\sqrt{4-x^2}\,dx$

(14) $\int_1^4 \frac{1}{\sqrt{x^2-1}}\,dx$

(15) $\int \frac{\tan^{-1}(2x)}{1+4x}\,dx$

2. 다음 적분 공식을 삼각 치환을 이용하여 보여라.

(1) $\int \frac{1}{\sqrt{a^2-x^2}}\,dx = \sin^{-1}\frac{x}{a}+C\ (a>0)$

(2) $\int \frac{1}{a^2+x^2}\,dx = \frac{1}{a}\tan^{-1}\frac{x}{a}+C\ (a>0)$

3. 삼각 치환을 써서 다음 등식이 성립함을 보여라.

(1) $\displaystyle\int \frac{1}{x\sqrt{x^2-a^2}}\,dx = \frac{1}{a}\sec^{-1}\frac{x}{a} + C \quad (|x| > a,\ a > 0)$

(2) $\displaystyle\int \frac{1}{\sqrt{x^2 \pm a^2}}\,dx = \ln\left|x + \sqrt{x^2 \pm a^2}\right| + C$ (복호 동순)

(3) $\displaystyle\int \sqrt{a^2-x^2}\,dx = \frac{1}{2}x\sqrt{a^2-x^2} + \frac{1}{2}a^2\sin^{-1}\frac{x}{a} + C \quad (|x| \le a,\ a > 0)$

4. 다음 적분을 치환 $x = a\sinh t$를 이용하여 찾고, 이를 문제 3의 (2)와 비교하라.

$$\int \frac{1}{\sqrt{x^2+a^2}}\,dx$$

8.5 유리 함수와 무리 함수

다음과 같이 두 다항 함수 f와 g의 몫으로 정의되는 함수 R을 유리 함수(rational function)라고 한다.

$$R(x) = \frac{f(x)}{g(x)} \tag{8.5-1}$$

특히, f와 g의 공통 인수가 없으면 R을 분수 함수(fractional function)라고 한다.

한편 변수 x의 무리식[1]으로 표현되는 함수를 무리 함수(irrational function)라고 한다.

여기서는 이런 유리 함수와 무리 함수의 적분 방법을 알아본다. 이미 8.4절에서 특별한 종류에 무리 함수에 대한 적분법으로 삼각 치환에 대해 알아보았다. 여기서는 8.4절에서 생각한 것과는 다른 형태의 무리 함수의 적분 방법을 소개한다.

유리 함수의 적분

식 (8.5-1)의 유리 함수 R은 다항 함수 f를 다항 함수 g로 나누었을 때 그 몫인 다항 함수 Q와 나머지인 다항 함수 r를 써서 다음과 같이 다시 쓸 수 있다.

$$\frac{f(x)}{g(x)} = Q(x) + \frac{r(x)}{g(x)}$$

이때 다항식 r의 차수 $O(r)$은 g의 차수 $O(g)$보다 작은데, 이런 유리 함수 $\frac{r}{g}$를 진유리 함수(proper rational function)라고 한다. 특히, 분자 f의 차수가 분모 g의 차수보다 작을 경우에는 $Q(x) = 0$이고 $r(x) = f(x)$이다.

따라서 식 (8.5-1)의 유리 함수의 부정 적분은 다항 함수 $Q(x)$와 진유리 함수 $\frac{r(x)}{g(x)}$의 부정 적분의 합과 같다. 다항 함수의 적분은 앞에서 다루었으므로 여기서는 진유리 함수의 적분을 다루기로 한다. 즉, 다음과 같은 진유리 함수 P의 부정 적분을 찾는 데 유용한 유리 함수를 부분 분수로 나타내는 방법에 대하여 살펴본다.

1) 근호 안에 문자가 포함되어 있는 식이다.

$$P(x) = \frac{r(x)}{g(x)} \tag{8.5-2}$$

여기서 g와 r는 공통 인수가 없는 다항 함수이고, g의 차수 $O(g)$가 r의 차수 $O(r)$보다 크다. 즉, $O(g) > O(r)$이다.

식 (8.5-2)의 진유리 함수에 대하여 다음이 성립한다.

정리 8.5-1

식 (8.5-2)에서 다항 함수 g가 차수가 각각 k와 ℓ인 두 다항 함수 p와 q의 곱, 즉 $g(x) = p(x)q(x)$라면 다음 식을 만족시키는 두 개의 다항 함수 r_1과 r_2가 존재한다. 이때 $O(r_1) \le (k-1)$이고 $O(r_2) \le (\ell-1)$이다.

$$\frac{r(x)}{g(x)} = \frac{r_1(x)}{p(x)} + \frac{r_2(x)}{q(x)} \quad (k+\ell = O(g)) \tag{8.5-3}$$

증명 (부분) 식 (8.5-3)에서 다항 함수 r_1와 r_2는 다음과 같이 찾을 수 있다. 식 (8.5-3)의 좌변을 통분하여 다음 식을 얻는다.

$$r(x) = r_1(x)q(x) + r_2(x)p(x)$$

이제 다항 함수 $r,\ p,\ q$는 주어졌으므로 r_1과 r_2을 각각 차수가 $(k-1)$과 $(\ell-1)$인 다항 함수로 놓고 위의 항등식을 이용하여, 예를 들어 미정 계수법을 써서 r_1과 r_2를 결정할 수 있다. ❑

이제 식 (8.5-2)의 함수 g가 다음과 같이 두 다항 함수의 곱으로 표현된다고 하자.

$$g(x) = (ax+b)^k(Ax^2+Bx+C)^m \quad (aA \ne 0,\ \ B^2-4AC < 0)$$

여기서 Ax^2+Bx+C는 실수에서 인수 분해되지 않는 이차 다항 함수이다.

그러면 정리 8.5-1로부터 $O(r_1) \le k-1$이고 $O(r_2) \le 2m-1$이며 다음 식을 만족시키는 다항 함수 r_1와 r_2를 찾을 수 있다.

$$\frac{r(x)}{g(x)} = \frac{r_1(x)}{(ax+b)^k} + \frac{r_2(x)}{(Ax^2+Bx+C)^m} \tag{8.5-4}$$

한편, 식 (8.5-4)의 두 다항 함수 r_1과 r_2는 다음과 같이 나타낼 수 있다.

$$r_1(x) = \gamma_1(ax+b)^{k-1} + \gamma_2(ax+b)^{k-2} + \cdots + \gamma_{k-1}(ax+b) + \gamma_k \tag{8.5-5}$$

$$r_2(x) = (\alpha_1 x + \beta_1)(Ax^2+Bx+c)^{m-1} + (\alpha_2 x + \beta_2)(Ax^2+Bx+c)^{m-2} + \cdots$$

$$+ (\alpha_{m-1}x + \beta_{m-1})(Ax^2+Bx+c) + (\alpha_m x + \beta_m) \tag{8.5-6}$$

이제 식 (8.5-4)의 우변에 두 식 (8.5-5)와 (8.5-6)의 r_1과 r_2를 각각 대입하여 정리하면 다음을 얻는다.

$$\frac{r_1(x)}{(ax+b)^k} = \frac{\gamma_1}{ax+b} + \frac{\gamma_2}{(ax+b)^2} + \cdots + \frac{\gamma_{k-1}}{(ax+b)^{k-1}} + \frac{\gamma_k}{(ax+b)^k},$$

$$\frac{r_2(x)}{(Ax^2+Bx+C)^m} = \frac{\alpha_1 x + \beta_1}{Ax^2+Bx+C} + \frac{\alpha_2 x + \beta_2}{(Ax^2+Bx+C)^2} + \cdots$$

$$+ \frac{\alpha_{m-1}x + \beta_{m-1}}{(Ax^2+Bx+C)^{m-1}} + \frac{\alpha_m x + \beta_m}{(Ax^2+Bx+C)^m}$$

이상의 결과를 종합하면 다음과 같다.

정리 8.5-2

$g(x) = (ax+b)^k(Ax^2+Bx+C)^m$ 이면 식 (8.5-2)에 대해 다음을 만족시키는 실수 $\gamma_i\,(1 \le i \le k)$와 $\alpha_j,\ \beta_j\,(1 \le j \le m)$가 존재한다.

$$\frac{r(x)}{g(x)} = \frac{\gamma_1}{ax+b} + \cdots + \frac{\gamma_k}{(ax+b)^k} + \frac{\alpha_1 x + \beta_1}{Ax^2+Bx+C} + \cdots + \frac{\alpha_m x + \beta_m}{(Ax^2+Bx+C)^m}$$

여기서 Ax^2+Bx+C 는 실수에서 인수 분해되지 않는 이차 다항 함수이다.

상수가 아닌 다항식은 일차 다항식 또는 실수에서 인수 분해되지 않는 이차 다항식으로 인수 분해되므로[2)] 정리 8.5-1과 정리 8.5-2를 함께 적용하면 다음 정리를 얻는다. 따라서 진유리 함수는 부분 분수(partial fraction)의 합으로 나타낼 수 있다.

정리 8.5-3

식 (8.5-2)의 진유리 함수는 분모 g의 각 인수에 다음과 같이 대응되는 부분 분수의 합으로 나타낼 수 있다.

(1) $(ax+b)^k$이 g의 인수이면, 이 인수에 다음과 k개의 부분 함수의 합으로 주어지는 부분 분수가 대응한다 ($k \geq 1$, $a \neq 0$).

$$\frac{\gamma_1}{ax+b}+\frac{\gamma_2}{(ax+b)^2}+\cdots+\frac{\gamma_k}{(ax+b)^k}$$

여기서 $\gamma_1, \gamma_2, \cdots, \gamma_k$은 상수이다.

(2) $(Ax^2+Bx+C)^m$이 g의 인수이면, 이 인수에 다음과 같은 m개의 부분 함수의 합인 부분 분수가 대응한다 ($m \geq 1, A \neq 0, 4AC-B^2>0$).

$$\frac{\alpha_1 x+\beta_1}{Ax^2+Bx+C}+\frac{\alpha_2 x+\beta_2}{(Ax^2+Bx+C)^2}+\cdots+\frac{\alpha_m x+\beta_m}{(Ax^2+Bx+C)^m}$$

여기서 $\alpha_1, \alpha_2, \cdots, \alpha_m$과 $\beta_1, \beta_2, \cdots, \beta_m$은 상수이다.

이제 유리 함수의 적분에 대한 몇 가지 예를 들어보기로 하자.

예제 8.5-1 $\displaystyle\int \frac{x^3+2}{x-1}\,dx$를 계산하라.

풀이 유리 함수 $(x^3+2)/(x-1)$에서 분자의 차수가 분모의 차수보다 크므로 x^3+2를 $x-1$로 나눈 후에 정리 8.5-3을 이용하면 다음을 얻는다.

$$\frac{x^3+2}{x-1}=x^2+x+1+\frac{3}{x-1}$$

이를 이용하면 구하고자 하는 적분은 다음과 같다.

2) 이는 '계수가 실수 또는 복소수인 n차 방정식에는 중근을 모두 세어 n개의 복소수 근이 존재한다'는 대수학의 기본 정리의 결과이다 (단, $n \geq 1$).

$$\int \frac{x^3-2}{x-1}dx = \int (x^2+x+1)dx + \int \frac{3}{x-1}dx$$
$$= \frac{1}{3}x^3 + \frac{1}{2}x^2 + x + 3\ln|x-1| + C$$
❑

예제 8.5-2 $\int \frac{x^2+2x-2}{x^3-4x}dx$를 계산하라.

풀이 피적분 함수는 진유리 함수이다. $x^3-4x = x(x+2)(x-2)$이므로 정리 8.5-3에 의하면 피적분 함수를 다음과 같이 쓸 수 있다.

$$\frac{x^2+2x-2}{x^3-4x} = \frac{x^2+2x-2}{x(x+2)(x-2)} = \frac{A}{x} + \frac{B}{x+2} + \frac{C}{x-2} \quad (8.5\text{-}7)$$

식 (8.5-7)을 통분하면 분자에 대해 다음 항등식을 얻는다.

$$x^2+2x-2 = A(x+2)(x-2) + Bx(x-2) + Cx(x+2) \quad (8.5\text{-}8)$$

여기에서 미정 계수 A, B, C는 다음과 같은 두 가지 방법으로 구할 수 있다.

[방법 1](대입법) 항등식 (8.5-8)에 $x=0$, -2, 2를 대입하여 다음 결과를 얻는다.

$$x=0 \text{ 일 때, } -2=-4A,\ A=\frac{1}{2}$$
$$x=-2 \text{ 일 때 } -2=8B,\ B=-\frac{1}{4}$$
$$x=2 \text{ 일 때 } 6=8C,\ C=\frac{3}{4}$$

[방법 2](계수 비교법) 식 (8.5-8)을 다음과 같이 고쳐 쓴다.

$$x^2+2x-2 = (A+B+C)x^2 - 2(B-C)x - 4A \quad (8.5\text{-}9)$$

식 (8.5-9)는 항등식이므로 좌·우변의 x^2, x, 상수항의 계수가 모두 서로 같아야 한다. 따라서 다음 연립 방정식을 얻는다.

$$A+B+C=1,\quad -2B+2C=2,\quad -4A=-2$$

이 연립 방정식을 풀면 $A=\frac{1}{2}$, $B=-\frac{1}{4}$, $C=\frac{3}{4}$이다. 이제 A, B, C를 식 (8.5-7)

에 대입하고 적분하면 다음을 얻는다.

$$\begin{aligned}\int \frac{x^2+2x-2}{x^3-4x}\,dx &= \frac{1}{2}\int \frac{dx}{x} - \frac{1}{4}\int \frac{dx}{x+2} + \frac{3}{4}\int \frac{dx}{x-2} \\ &= \frac{1}{4}(2\ln|x| - \ln|x+2| + 3\ln|x-2|) + C \\ &= \frac{1}{4}\ln\left|\frac{x^2(x-2)^3}{x+2}\right| + C\end{aligned}$$

❑

예제 8.5-3 $\int \frac{x}{(x+1)^2(x^2+x+1)}\,dx$를 계산하라.

풀이 정리 8.5-3을 이용하면 피적분 함수는 다음과 같이 쓸 수 있다.

$$\frac{x}{(x+1)^2(x^2+x+1)} = \frac{A}{x+1} + \frac{B}{(x+1)^2} + \frac{Cx+D}{x^2+x+1} \tag{8.5-10}$$

여기서 위 식을 통분하면 다음 항등식을 얻는다.

$$x = A(x+1)(x^2+x+1) + B(x^2+x+1) + (Cx+D)(x+1)^2 \tag{8.5-11}$$

이 식의 양변에 $x=-1$을 대입하면 $-1 = B(1-1+1)$이므로 $B=-1$이다. 이를 식 (8.5-11)에 대입하고 간단히 하면 다음을 얻는다.

$$x^2+2x+1 = A(x+1)(x^2+x+1) + (Cx+D)(x+1)^2$$

이 식의 양변이 $(x+1)$로 나누어 떨어지므로 다음을 얻는다.

$$\begin{aligned}x+1 &= A(x^2+x+1) + (Cx+D)(x+1) \\ &= (A+C)x^2 + (A+C+D)x + (A+D)\end{aligned}$$

이 식에 계수 비교법을 써서 얻는 다음 연립 방정식의 해는 $A=0$, $C=0$, $D=1$이다.

$$A+C=0,\ A+C+D=1,\ A+D=1$$

따라서 주어진 적분은 다음과 같이 변형된다.

$$\int \frac{x}{(x+1)^2(x^2+x+1)}\,dx = -\int \frac{dx}{(x+1)^2} + \int \frac{dx}{(x^2+x+1)} \tag{8.5-12}$$

여기서 식 (8.5-12)의 우변의 첫째 항은 다음과 같다.

$$-\int \frac{dx}{(x+1)^2} = \frac{1}{x+1} + C_1 \tag{8.5-13}$$

한편, 식 (8.5-12)의 우변의 둘째 적분은 $x^2+x+1 = \left(x+\frac{1}{2}\right)^2 + \frac{3}{4}$ 이므로 8.4절의 삼각 치환을 이용한다. 즉 $x+\frac{1}{2} = \frac{\sqrt{3}}{2}\tan\theta$ 로 놓고 항등식 $1+\tan^2\theta = \sec^2\theta$ 를 이용하면 $x^2+x+1 = \frac{3}{4}\sec^2\theta$ 와 $dx = \frac{\sqrt{3}}{2}\sec^2\theta d\theta$ 를 얻는다.

이와 같은 삼각 치환과 이 치환에 의해 정의되는 그림 8.5-1의 직각 삼각형으로부터 얻어지는 식 $\theta = \tan^{-1}\frac{2x+1}{\sqrt{3}}$ 을 이용하여 다음을 얻는다.

$$\begin{aligned}\int \frac{dx}{x^2+x+1} &= \frac{2\sqrt{3}}{3}\int \frac{\sec^2\theta}{\sec^2\theta}d\theta = \frac{2\sqrt{3}}{3}\int d\theta \\ &= \frac{2\sqrt{3}}{3}\theta + C_2 \\ &= \frac{2\sqrt{3}}{3}\tan^{-1}\frac{2x+1}{\sqrt{3}} + C_2 \end{aligned}\tag{8.5-14}$$

마지막으로 두 식 (8.5-13)과 (8.5-14)를 식 (8.5-12)에 대입하고 $C_1 + C_2 = C$ 로 놓으면 다음을 얻는다.

$$\int \frac{x}{(x+1)^2(x^2+x+1)}dx = \frac{1}{x+1} + \frac{2\sqrt{3}}{3}\tan^{-1}\frac{2x+1}{\sqrt{3}} + C$$ ❑

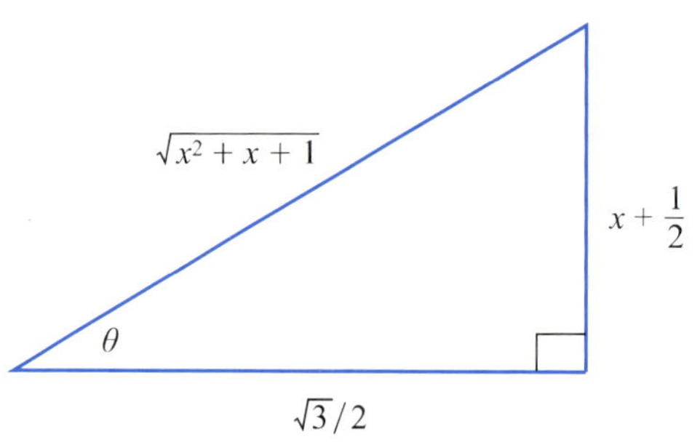

그림 8.5-1 예제 8.5-3의 직각 삼각형

무리 함수의 적분

피적분 함수가 무리 함수인 경우의 부정 적분은 유리 함수의 경우와 같이 항상 초등 함수로 표현할 수 있는 것이 아니다. 그러나 적절히 치환하면 무리 함수를 유리 함수만으로 나타낼 수 있는 경우가 있다. 이런 예를 몇 가지 살펴보자.

예제 8.5-4 $\int \sqrt{\frac{x-1}{2-x}}\,dx$를 계산하라.

풀이 $t = \sqrt{\frac{x-1}{2-x}}$로 치환하면 $x = \frac{2t^{2+1}}{t^2+1}$이고 $dx = \frac{2t}{(t^2+1)^2}dt$이므로 다음을 얻는다.

$$\begin{aligned}\int \sqrt{\frac{x-1}{2-x}}\,dx &= \int t\frac{2t}{(t^2+1)^2}\,dt = 2\int \frac{t^2+1-1}{(t^2+1)^2}\,dt \\ &= 2\int \frac{dt}{t^2+1} - 2\int \frac{dt}{(t^2+1)^2} \\ &= 2\tan^{-1}t - 2\int \frac{dt}{(t^2+1)^2}\end{aligned}$$

여기서 $t = \tan\theta$로 치환하면 $dt = \sec^2\theta\,d\theta$이므로 다음을 얻는다.

$$\begin{aligned}2\int \frac{1}{(t^2+1)^2}\,dt &= 2\int \frac{\sec^2\theta}{\sec^4\theta}\,d\theta = 2\int \cos^2\theta\,d\theta \\ &= \int (1+\cos 2\theta)d\theta = \theta + \frac{1}{2}\sin 2\theta + C' \\ &= \theta + \sin\theta\cos\theta + C' \\ &= \tan^{-1}t + \frac{t}{1+t^2} + C'\end{aligned}$$

따라서 마지막으로 다음을 얻는다.

$$\begin{aligned}\int \sqrt{\frac{x-1}{2-x}}\,dx &= 2\tan^{-1}t - \left(\tan^{-1}t + \frac{t}{1+t^2}\right) + C \\ &= \tan^{-1}t - \frac{t}{1+t^2} + C \\ &= \tan^{-1}\sqrt{\frac{x-1}{2-x}} - \sqrt{(x-1)(2-x)} + C\end{aligned}$$

❑

예제 8.5-5 $\displaystyle\int \frac{dx}{\sqrt{x^2+k}}$ 를 계산하라.

풀이 피적분 함수가 x와 $\sqrt{ax^2+bx+c}$ $(a>0)$의 함수이면 다음과 같이 치환한다.

$$\sqrt{ax^2+bx+c}=t-\sqrt{a}\,x$$

따라서 $\sqrt{x^2+k}=t-x$로 놓으면 다음을 얻는다.

$$x=\frac{t^2-k}{2t},\ \sqrt{x^2+k}=t-\frac{t^2-k}{2t}=\frac{1}{2}\left(t+\frac{k}{t}\right),\ dx=\frac{1}{2}\left(1+\frac{k}{t^2}\right)dt$$

마지막으로 이를 이용하여 계산하면 다음을 얻는다.

$$\int \frac{dx}{\sqrt{x^2+k}}=\int \frac{1+\dfrac{k}{t^2}}{t+\dfrac{k}{t}}dt=\int \frac{dt}{t}$$

$$=\ln|t|+C=\ln|x+\sqrt{x^2+k}\,|+C$$ ❑

예제 8.5-6 $\displaystyle\int \frac{1}{x\sqrt{(x-1)(3-x)}}dx$를 계산하라.

풀이 피적분 함수가 x와 $\sqrt{ax^2+bx+c}=\sqrt{a(x-\alpha)(x-\beta)}$ $(a<0)$을 포함하고 있을 때는 $a(x-\alpha)(x-\beta)>0$이어야 하므로 $\alpha<x<\beta\,(\alpha<\beta)$이다. 따라서 $\sqrt{ax^2+bx+c}$를 다음과 같이 변형하면 예제 8.5-4와 같은 방법을 이용할 수 있다.

$$\sqrt{ax^2+bx+c}=\sqrt{-a}\,(\beta-x)\sqrt{\frac{x-\alpha}{\beta-x}}$$

이제 $t=\sqrt{\dfrac{x-1}{3-x}}$ 로 치환하면 다음을 얻는다.

$$x=\frac{3t^2+1}{1+t^2},\ 3-x=\frac{2}{1+t^2},\ dx=\frac{4t}{(1+t^2)^2}dt$$

또한 $\sqrt{(x-1)(3-x)}=\dfrac{2t}{1+t^2}$이다. 이들을 이용하여 다음을 얻는다.

$$\begin{aligned}\int \frac{dx}{x\sqrt{(x-1)(3-x)}} &= \int \frac{1+t^2}{3t^2+1}\frac{1+t^2}{2t}\frac{4t}{(1+t^2)^2}dt \\ &= \int \frac{2}{3t^2+1}dt = \frac{2}{3}\int \frac{dt}{t^2+\frac{1}{3}} \\ &= \frac{2}{3}\sqrt{3}\tan^{-1}\sqrt{3}\,t + C \\ &= \frac{2}{3}\sqrt{3}\tan^{-1}\sqrt{\frac{3(x-1)}{3-x}} + C\end{aligned}$$ ❑

연습 문제 8.5

1. 다음 적분을 계산하라.

(1) $\displaystyle\int \frac{4x^2+6}{x^3+3x}dx$

(2) $\displaystyle\int \frac{x^2+x}{(x-1)(x^2+1)}dx$

(3) $\displaystyle\int \frac{2t^2-8t-8}{(t-2)(t^2+4)}dt$

(4) $\displaystyle\int \frac{2y^3+y^2+2y+2}{y^4+3y^2+2}dy$

(5) $\displaystyle\int \frac{x^3+x+2}{x(x^2+1)^2}dx$

(6) $\displaystyle\int \frac{2x}{(x^2+1)(x+1)^2}dx$

(7) $\displaystyle\int \frac{x^2+2x-10}{x^2(x^2+4x+5)}dx$

(8) $\displaystyle\int \frac{x^5+9x^3-9x^2-9x+9}{x^3+9x}dx$

(9) $\displaystyle\int \frac{x^3+3x}{(x^2+1)^2}dx$

(10) $\displaystyle\int \frac{x^2+x+1}{(x^2+1)^2}dx$

(11) $\displaystyle\int \frac{t^5}{(t^2+4)^2}dt$

(12) $\displaystyle\int \frac{4}{x^4-1}dx$

(13) $\displaystyle\int \frac{2x^2+3x+2}{(x+2)(x^2+2x+2)}dx$

(14) $\displaystyle\int \left(\frac{x+3}{x^2+4x+5}\right)^2 dx$

(15) $\displaystyle\int_0^1 \frac{2x^2+x+3}{(x+1)(x^2+1)}dx$

(16) $\displaystyle\int_0^1 \frac{4x^2+2x}{(x^2+1)(x+1)^2}dx$

(17) $\displaystyle\int_3^4 \frac{5x^3-4x}{x^4-16}\,dx$

(18) $\displaystyle\int_0^2 \frac{x^3+2x^2+6x+8}{(x^2+4)^2}\,dx$

(19) $\displaystyle\int \frac{1}{(2+3x)\sqrt{4-x^2}}\,dx$

(20) $\displaystyle\int \frac{1}{(1-x)\sqrt{1+x+x^2}}\,dx$

2. 다음을 부분 분수로 분해한 꼴로 고쳐 써라 (단, 계수는 구하지 않는다).

$$f(x)=\frac{x^5+10x}{(x+1)^4(x-2)^3(x^2+x+9)^3}$$

3. 다음 적분 공식을 유도하라.

(1) $\displaystyle\int \frac{1}{a^2-x^2}\,dx=\frac{1}{2a}\ln\left|\frac{a+x}{a-x}\right|+C \quad (a\neq 0)$

(2) $\displaystyle\int \frac{1}{x^2-a^2}\,dx=\frac{1}{2a}\ln\left|\frac{x-a}{x+a}\right|+C \quad (a\neq 0)$

4. 다음 적분을 찾아라.

(1) $\displaystyle\int_{-1}^1 \frac{x+x^3+x^7}{1+x^2+x^4}\,dx$

(2) $\displaystyle\int_3^4 \frac{x}{x^2-3x+2}\,dx$

(3) $\displaystyle\int_1^4 \frac{2x^2-x+4}{x^3+4x}\,dx$

5. 이차 함수 f가 $f(0)=1$이고 다음 부정 적분이 분수 함수일 때, $f'(0)$의 값을 찾아라.

$$\int \frac{f(x)}{x^2(x+1)^3}\,dx$$

6. $t=\tan\dfrac{x}{2}$라고 할 때, $\cos x$, $\sin x$, $\tan x$를 t에 관한 식으로 나타내라 (8.6절 참조).

7. 문제 6의 결과를 이용하여 다음을 찾아라.

(1) $\displaystyle\int \frac{1}{1+\cos x}\,dx$

(2) $\displaystyle\int \frac{1}{(1+\cos x)^2}\,dx$

8. $x^2 = y^2(x-y)$일 때 $\int \frac{1}{y^2}\,dx$를 찾아라.

9. 곤충의 개체수를 살충제를 쓰지 않고 떨어뜨리고자 할 때 일정량의 불임 수컷을 암컷들의 집단에 살포하는 방법이 있다. P를 암컷의 개체수, S는 불임 수컷의 개체수라 하고, r은 자연적인 개체수 증가율이라고 하며 P와 t 사이에는 다음 관계가 성립한다.

$$t = \int \frac{P+S}{P\{(r-1)P-s\}}\,dP$$

이제 $r=0.1$이고 암컷이 10000마리인 곤충 집단에 900마리의 불임 수컷이 투여 되었다고 하자. 위 부정 적분을 구하여 t와 P 사이의 관계를 나타내는 방정식을 찾아라.

8.6 특수한 치환

피적분 함수가 $\sin x$와 $\cos x$의 유리 함수인 경우에 다음의 치환을 이용하면 피적분 함수를 변수 u의 유리 함수로 변환할 수 있는데, 이런 치환을 반각 치환이라고 한다.

$$u = \tan\frac{x}{2}$$

먼저 위의 치환으로부터 다음을 얻는다.

$$dx = \frac{2}{1+u^2}\,du \tag{8.6-1}$$

또 삼각 함수의 배각 공식 $\tan 2\theta = \dfrac{2\tan\theta}{1-\tan^2\theta}$에 $\theta = \dfrac{x}{2}$를 대입하면 다음과 같이 변수 x와 u 사이의 관계를 나타내는 식을 얻는다.

$$\tan x = \frac{2u}{1-u^2}$$

이 관계를 나타내는 그림 8.6-1의 직각 삼각형으로부터 다음을 얻는다.

$$\sin x = \frac{2u}{1+u^2}, \qquad \cos x = \frac{1-u^2}{1+u^2} \tag{8.6-2}$$

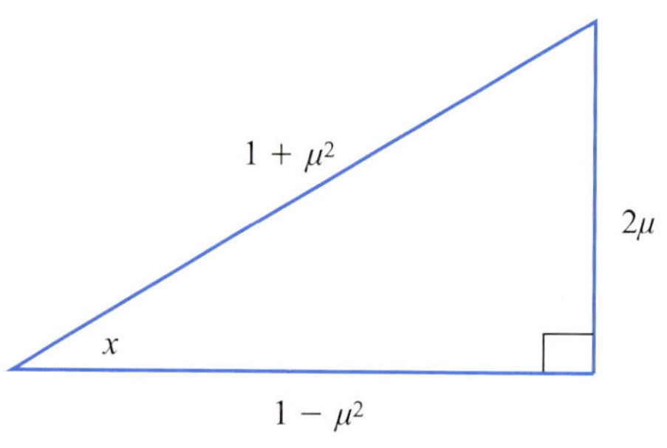

그림 8.6-1

예제 8.6-1 $\int \frac{dx}{4\sin x + 3\cos x}$를 계산하라.

풀이 $\tan\frac{x}{2} = u$로 놓고 두 식 (8.6-1)과 (8.6-2)를 써서 다음과 같이 계산한다.

$$\begin{aligned}
\int \frac{dx}{4\sin x + 3\cos x} &= \int \frac{\frac{2}{1+u^2}}{4\frac{2u}{1+u^2} + 3\frac{1-u^2}{1+u^2}} du \\
&= -2\int \frac{1}{3u^2 - 8u - 3} du = -2\int \frac{1}{(3u+1)(u-3)} du \\
&= -2\int \left(-\frac{3}{10}\frac{1}{3u+1} + \frac{1}{10}\frac{1}{u-3}\right) du \\
&= \frac{3}{5}\int \frac{1}{3u+1} du - \frac{1}{5}\int \frac{1}{u-3} du \\
&= \frac{1}{5}\ln|3u+1| - \frac{1}{5}\ln|u-3| + C = \frac{1}{5}\ln\left|\frac{3u+1}{u-3}\right| + C \\
&- \frac{1}{5}\ln\left|\frac{3\tan\frac{x}{2}+1}{\tan\frac{x}{2}-3}\right| + C
\end{aligned}$$

❑

다음과 같은 역치환(reciprocal substitution)이 종종 유용하게 쓰인다.

$$x = \frac{1}{u}, \quad dx = -\frac{1}{u^2} du$$

예제 8.6-2 역치환을 이용하여 $\int \frac{dx}{x\sqrt{2x - x^2}}$를 계산하라.

풀이 $x = \frac{1}{u}$로 놓으면, $dx = -\frac{1}{u^2} du$이므로 다음을 얻는다.

$$\int \frac{1}{x\sqrt{2x-x^2}}\,dx = \int \frac{-\dfrac{1}{u^2}}{\dfrac{1}{u}\sqrt{\dfrac{2}{u}-\dfrac{1}{u^2}}}\,du = \int \frac{-\dfrac{1}{u^2}}{\dfrac{1}{u}\sqrt{\dfrac{2u-1}{u^2}}}\,du$$

$$= \int \frac{-\dfrac{1}{u^2}}{\dfrac{1}{u^2}\sqrt{2u-1}}\,du = -\int \frac{1}{\sqrt{2u-1}}\,du$$

$$= -\sqrt{2u-1} + C = -\sqrt{\frac{2-x}{x}} + C$$

위에서 셋째 적분에서 $2u-1>0$이어야 하므로 $\sqrt{u^2}=|u|=u$이다. 이를 넷째 적분을 얻는 데 이용했다. ❑

참고 치환을 써서 정 적분을 구할 때, 치환식이 적분 구간에서 함수로 정의되어야 한다. 예를 들어, 역치환 $x=\dfrac{1}{u}$을 써서 적분한 다음의 예를 보자.

$$\int_{-1}^{1} \frac{dx}{(1+x^2)^{3/2}} = -\int_{-1}^{1} \frac{u}{(u^2+1)^{3/2}}\,du = \left[\frac{1}{\sqrt{u^2+1}}\right]_{-1}^{1} = 0$$

그러나 이 결과는 피적분 함수가 항상 양이므로 불합리하다. 이와 같은 결과가 나타난 까닭은 치환식 $x=\dfrac{1}{u}$이 구간 $[-1, 1]$의 점 $u=0$에서 정의되지 않는 데 있다.

연습 문제 8.6

1. 다음 적분을 계산하라.

(1) $\displaystyle\int \frac{1}{1+\sin x+\cos x}\,dx$ (2) $\displaystyle\int \frac{1}{3\sin x+4\cos x}\,dx$

(3) $\displaystyle\int \frac{1}{2+\cos x}\,dx$ (4) $\displaystyle\int \frac{\cot x}{1+\cos x}\,dx$

(5) $\displaystyle\int \frac{1}{3-5\sin 2x}\,dx$　　(6) $\displaystyle\int_0^{\pi/4} \frac{2}{1+\tan\theta}\,d\theta$

2. 역치환을 사용하여 다음 적분을 계산하라.

(1) $\displaystyle\int \frac{1}{x\sqrt{x^2+2x-1}}\,dx$　　(2) $\displaystyle\int \frac{1}{x^2\sqrt{2x-x^2}}\,dx$

(3) $\displaystyle\int_{1/2}^{2} \frac{1}{x\sqrt{5x^2+4x-1}}\,dx$

3. 주어진 치환식을 사용하여 다음 적분을 계산하라.

(1) $\displaystyle\int \frac{1}{x\sqrt{x^2+2x-1}}\,dx$; $\sqrt{x^2+2x-1}=u-x$

(2) $\displaystyle\int_1^5 \frac{1}{x\sqrt{x^2-2x+5}}\,dx$; $\sqrt{x^2-2x+5}=u-x$

4. 치환 $x=\dfrac{3}{2}\tan\theta$와 $u=\cos\theta$를 이용하여 다음 적분을 찾아라.

$$\int \frac{x^3}{(4x^2+9)^{3/2}}\,dx$$

8.7 특이 적분

제7장에서는 닫힌 구간 $[a, b]$에서 유계인 함수 f에 대한 정 적분만을 생각하였다. 여기서는 적분 한계 a와 b 중 적어도 하나가 무한대인 경우, 예를 들어 (a, ∞), $(-\infty, a)$, $[a, \infty)$, $(-\infty, a]$ 중의 하나이거나 적분 구간 $[a, b]$의 (양 끝점을 포함하여) 유한 개의 점에서 피적분 함수 f의 절댓값 $|f|$의 극한이 무한대인 경우, 즉 f가 유계이지 않은 경우의 정 적분을 다룬다. 이런 경우의 정 적분을 특이 적분(improper intergral)이라고 한다.

이에 대해 다음과 같이 적분 구간의 길이가 무한대인 경우와 피적분 함수가 적분 구간에서 유계이지 않은 경우의 두 가지로 나누어 생각하자.

1. 적분 구간의 길이가 무한대인 경우

적분 한계 중 적어도 하나가 무한대인 특이 적분은 다음과 같이 정의한다.

$$\int_a^{\infty} f(x)dx = \lim_{b\to\infty}\int_a^b f(x)dx,$$

$$\int_{-\infty}^{b} f(x)dx = \lim_{a\to-\infty}\int_a^b f(x)dx,$$

$$\int_{-\infty}^{\infty} f(x)dx = \lim_{b\to\infty}\int_0^b f(x)dx + \lim_{a\to-\infty}\int_a^0 f(x)dx$$

위의 각 식에서 우변의 극한값이 존재하면 각 특이 적분은 수렴한다(converge)고 하고, 극한이 존재하지 않으면 발산한다(diverge)고 한다.

예제 8.7-1 이 경우에 해당하는 몇 가지 예를 들어 보자.

(1) $\displaystyle\int_0^{\infty}\frac{1}{x^2+1}dx = \lim_{b\to\infty}\int_0^b\frac{1}{x^2+1}dx = \lim_{b\to\infty}([\tan^{-1}x]_0^b) = \frac{1}{2}\pi$

(2) $\displaystyle\int_{-\infty}^{0} e^{-x}dx = \lim_{a\to-\infty}\int_a^0 e^{-x}dx = -\lim_{a\to-\infty}(1-e^{-a}) = \infty$

(3) $\int_{2}^{\infty}\frac{dx}{x}=\lim_{b\to\infty}\int_{2}^{b}\frac{dx}{x}=\lim_{b\to\infty}(\ln b-\ln 2)=\infty$

(4) $\int_{0}^{\infty}\sin x\,dx=\lim_{b\to\infty}\int_{0}^{b}\sin x\,dx=-\lim_{b\to\infty}(\cos b-1)$은 발산한다.

2. 피적분 함수가 적분 구간에서 유계가 아닌 경우

(a) 피적분 함수 f의 절댓값이 적분 한계 a 또는 b에서 무한대인 경우의 특이 적분은 다음과 같이 정의한다.

$$f(b)=\pm\infty \text{ 인 경우 : } \int_{a}^{b}f(x)dx=\lim_{t\to b^-}\int_{a}^{t}f(x)dx$$

$$f(a)=\pm\infty \text{ 인 경우 : } \int_{a}^{b}f(x)dx=\lim_{t\to a^+}\int_{t}^{b}f(x)dx$$

(b) 피적분 함수 f의 절댓값이 $(a,\ b)$의 한 점 c에서 무한대인 경우의 특이 적분은 (a)를 이용하여 다음과 같이 정의한다.

$$\int_{a}^{b}f(x)dx=\int_{a}^{c}f(x)dx+\int_{c}^{b}f(x)dx$$

이때 우변의 특이 적분이 모두 수렴하면 f의 특이 적분이 수렴한다고 한다.

예제 8.7-2 (1) $\int_{-1}^{0}\frac{dx}{x^2}=\lim_{t\to0^-}\int_{-1}^{t}\frac{dx}{x^2}=\lim_{t\to0^-}\left(-\frac{1}{t}-1\right)=\infty$

(2) $\int_{0}^{a}\frac{dx}{\sqrt{a^2-x^2}}=\lim_{t\to a^-}\sin^{-1}\frac{t}{a}=\frac{\pi}{2}\quad(a>0)$

(3) $\int_{0}^{1}\frac{dx}{x-1}=\lim_{t\to1^-}\int_{0}^{t}\frac{dx}{x-1}=\lim_{t\to1^-}([\ln|x-1|]_0^t)=\lim_{t\to1^-}\ln|t-1|=-\infty$

예제 8.7-3 특이 적분 $\int_{-2}^{0} \frac{dx}{(x+1)^2}$ 를 계산하라.

풀이 $x \to -1$일 때 피적분 함수는 ∞가 되므로 다음과 같이 계산한다.

$$\int_{-2}^{0} \frac{dx}{(x+1)^2} = \int_{-2}^{-1} \frac{dx}{(x+1)^2} + \int_{-1}^{0} \frac{dx}{(x+1)^2}$$

$$= \lim_{b \to -1^-} \left(\left[-\frac{1}{x+1} \right]_{-2}^{b} \right) + \lim_{a \to -1^+} \left(\left[-\frac{1}{x+1} \right]_{a}^{0} \right)$$

$$= \lim_{b \to -1^-} \left(1 - \frac{1}{b+1} \right) + \lim_{a \to -1^+} \left(\frac{1}{a+1} - 1 \right) = \infty$$

따라서 주어진 특이 적분은 발산한다. ❑

참고 예제 8.7-3의 적분을 다음과 같이 계산하면 틀린다. 그 이유를 생각해 보자.

$$\int_{-2}^{0} \frac{dx}{(x+1)^2} = \left[-\frac{1}{x+1} \right]_{-2}^{0} = -1 - 1 = -2$$

연습 문제 8.7

1. 다음 특이 적분을 계산하라.

(1) $\int_{-\infty}^{\infty} \frac{2}{e^x + e^{-x}} dx$ (2) $\int_{1}^{\infty} \frac{\ln x}{x} dx$

(3) $\int_{2}^{\infty} \frac{1}{(1-x)^{2/3}} dx$ (4) $\int_{-\infty}^{\infty} \frac{1}{1+x^2} dx$

(5) $\int_{-\infty}^{0} e^{3x} dx$ (6) $\int_{-\infty}^{-1} \frac{1}{x^4} dx$

(7) $\int_{2}^{\infty} e^{-x} \sin x \, dx$ (8) $\int_{-\infty}^{\infty} \frac{x}{(x^2+4)^2} dx$

(9) $\int_{2}^{5} \frac{1}{\sqrt{x-2}} dx$ (10) $\int_{3}^{5} \frac{1}{(4-x)^{2/3}} dx$

(11) $\displaystyle\int_0^2 \frac{1}{(x^2-1)^{3/2}}\,dx$　　(12) $\displaystyle\int_0^2 \frac{1}{\sqrt{2x-x^2}}\,dx$

2. 다음 특이 적분을 계산하라.

(1) $\displaystyle\int_0^1 \frac{1}{\sqrt{1-x}}\,dx$　　(2) $\displaystyle\int_0^1 \ln x\,dx$

(3) $\displaystyle\int_0^{\frac{\pi}{4}} \frac{\sec^2 x}{\sqrt{\tan x}}\,dx$

3. 다음 특이 적분의 수렴과 발산을 조사하고 수렴하는 경우는 그 값을 계산하라.

(1) $\displaystyle\int_1^\infty x^p dx$　　(2) $\displaystyle\int_0^\infty \frac{x^{p-1}}{1+x}\,dx \quad (p>1)$

4. 임의의 자연수 n에 대하여 다음이 성립함을 보여라.

$$\int_0^1 (\ln x)^n dx = (-1)^n n!$$

5. 곡선 $y=\sqrt{x}\,e^{-x^2}$과 x축으로 둘러싸인 부분을 x축을 중심으로 회선시켰을 때 생기는 회전체의 부피를 찾아라.

6. 두 직선 $x=3$과 $x=5$ 사이에 있고 곡선 $y=(2x-6)^{-1/4}$ 아래에 있는 영역 중에서 제1 사분면에 있는 넓이를 찾아라.

7. 곡선 $y=\dfrac{1}{\sqrt{4-x^2}}$과 x축 및 두 직선 $x=0$과 $x=2$로 둘러싸인 영역의 넓이를 찾아라.

8. 구간 $(0,\ \infty)$에서 정의된 함수 f에 대하여 다음 특이 적분으로 정의되는 함수 $\mathcal{L}\{f\}$를 f의 라플라스 변환(Laplace transform)이라고 한다.

$$\mathcal{L}\{f\}(s) = \int_0^\infty e^{-st} f(t)\,dt \qquad (8.7\text{-}1)$$

여기서 적분 (8.7-1)이 수렴하는 모든 s의 집합을 $\mathcal{L}\{f\}$의 정의역으로 삼는다. 다음 함수의 라플라스 변환과 그 정의역을 찾아라.

(1) $f(t)=1$　　(2) $f(t)=e^t$

(3) $f(t)=\sin t$

9. 다음 특이 적분으로 정의되는 함수를 감마 함수(Gamma function)라고 한다.

$$\Gamma(s)=\int_0^{\infty} e^{-x}x^{s-1}dx \quad (s>0) \tag{8.7-2}$$

다음 물음에 답하라.

(1) $\Gamma(s+1)=s\Gamma(s)$가 성립함을 보여라.

(2) 모든 자연수 n에 대하여 $\Gamma(n+1)=n!$이 성립함을 보여라.

(3) 감마 함수를 이용하여 $\mathcal{L}\{t^n\}=\dfrac{n!}{s^{n+1}}$이 성립함을 보여라.

10. 어떤 방사성 물질의 시각 $t=0$일 때 양을 A라 하면 t년이 지난 후에 이 물질의 남아 있는 양 $f(t)$는 다음과 같이 표현된다.

$$f(t)=Ae^{-kt} \quad (k\text{는 양수})$$

이 물질의 평균 수명 M은 다음과 같이 주어진다.

$$M=\frac{1}{A}\int_0^{\infty} tkf(t)dt$$

다음 물질의 평균 수명을 찾아라.

(1) $k=1.24\times10^{-4}$인 방사성 탄소 C^{14}

(2) $k=4.36\times10^{-4}$인 라듐 원자 Ra

11. 전구 공장에서 수명이 약 700시간인 전구를 만들려고 한다. 물론 어떤 전구는 수명이 빨리 끝나기도 한다. 이 공장에서 만드는 전구의 수명이 t시간 이내인 전구 수의 비율을 $F(t)$로 나타내면 $0\le F(t)\le 1$일 것이다.

(1) 도함수 $r(t)=F'(t)$는 무엇을 뜻하는가?

(2) $\displaystyle\int_0^{\infty} r(t)dt$의 값은 얼마인가? 그 이유는 무엇인가?

8.8 수치 적분

다음 정 적분은 미적분학의 기본 정리를 써서 계산하면 편리하다.

$$\int_a^b f(x)dx \tag{8.8-1}$$

그러나 이는 함수 f의 부정 적분을 초등 함수 등과 같이 잘 알려진 함수로 표현할 수 있을 때 편리하게 쓸 수 있는 방법이다. 특히, 부정 적분을 초등 함수로 나타낼 수 없는 경우에 이 방법을 적용하기가 쉽지 않다. 예를 들어 e^{-x^2}의 부정 적분은 유한 개의 초등 함수를 이용하여 나타낼 수가 없으므로 정 적분 $\int_0^1 e^{-x^2}dx$의 값을 계산하는 데 미적분학의 기본 정리를 쓸 수 없다. 여기서는 정 적분 (8.8-1)의 근삿값을 구하는 수치적 방법에 대하여 알아본다.

닫힌 구간 $[a, b]$에서 적분 가능한 유계 함수 f의 정 적분 (8.8-1)은 곡선 $y=f(x)$와 x축 및 두 직선 $x=a$와 $x=b$로 둘러싸인 도형 중에 $x=a$에서 $x=b$까지의 x축 위에 있는 부분의 넓이에서 아래에 있는 부분의 넓이를 뺀 것과 같다. 따라서 넓이의 근삿값을 찾아서 정 적분의 근삿값을 찾을 수 있다. 이와 같은 넓이의 근삿값을 찾는 방법 중에 비교적 간단한 사다리꼴 공식과 심프슨 공식에 대해 알아보자[1].

사다리꼴 공식

구간 $[a, b]$를 n등분하여 얻은 각 소구간의 길이 $\frac{1}{n}(b-a)$를 h라고 하자. 이때 그림 8.8-1과 같이 각 점 $x_i = a+hi$ $(i=0, 1, \cdots, n)$에서의 함숫값 $y_i = f(x_i)$에 대응하는 점 (x_i, y_i)를 차례로 선분으로 연결하여 얻은 n개의 사다리꼴의 넓이를 모두 더하면 다음과 같다.

$$\frac{1}{2}h(y_0+y_1)+\frac{1}{2}h(y_1+y_2)+\cdots+\frac{1}{2}h(y_{n-1}+y_n) \tag{8.8-2}$$

---

1) 정 적분의 근삿값을 구하는 방법, 즉 수치 적분의 방법은 이것 외에도 더 정확하고 효율적인 여러 가지 방법이 개발되어 사용되고 있다. 이에 관한 것은 수치적 방법에 관한 서적을 참고하라.

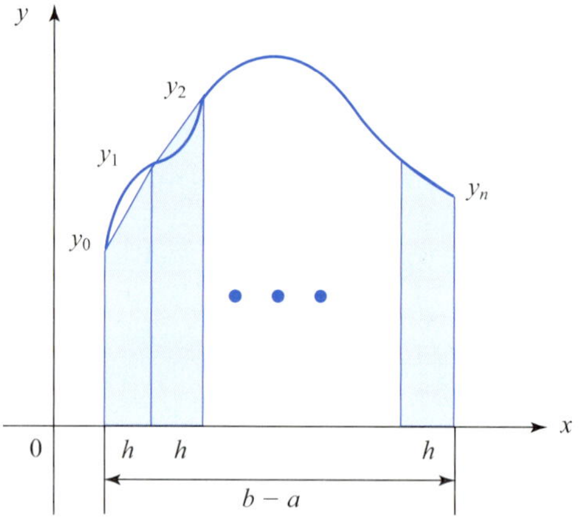

그림 8.8-1 사다리꼴 공식

함수 f가 적분 가능하므로 구간 $[a, b]$의 소구간의 수 n을 점점 크게 하면 식 (8.8-2)의 값(리만 합)은 정 적분 (8.8-1)로 수렴한다. 따라서 다음을 정 적분 (8.8-1)의 근삿값으로 생각할 수 있다.

$$\int_a^b f(x)dx \fallingdotseq h\left(\frac{1}{2}y_0 + y_1 + y_2 + \cdots + y_{n-1} + \frac{1}{2}y_n\right) \tag{8.8-3}$$

식 (8.8-3)을 사다리꼴 공식(trapezoidal formula)이라고 한다. 앞으로 근삿값을 나타내는 기호로 ≒ 또는 ≈를 사용하기로 한다.

예제 8.8-1 $n = 10$을 이용한 사다리꼴 공식으로 다음 적분의 근삿값을 찾아라.

$$\int_0^{10} x^2 dx$$

풀이 여기서 $h = \dfrac{10-0}{10}$이고, $y = x^2$에 $x = 0,\ 1,\ 2,\ \cdots,\ 10$을 대입하여 찾은 y의 값은 $y = 0,\ 1,\ 4,\ \cdots,\ 100$이다. 따라서 사다리꼴 공식 (8.8-3)에 의해 다음을 얻는다.

$$\int_0^{10} x^2 dx \fallingdotseq 1\left(\frac{0}{2} + 1 + 4 + 9 + \cdots + 81 + \frac{100}{2}\right) = 335$$

적분을 써서 직접 계산하면 $\dfrac{1000}{3}$이다. 따라서 위의 근삿값의 백분율 오차는 0.5%이다. 20개의 구간을 사용하면 좀 더 참값에 가까운 근삿값 333.75를 얻는다. ❑

예제 8.8-2 $n=4$인 경우의 사다리꼴 공식으로 다음 적분의 근삿값을 찾아라.

$$\int_0^2 \sqrt{1+x^3}\,dx$$

풀이 $h=\dfrac{2-0}{4}=\dfrac{1}{2}$이고, $y=\sqrt{1+x^3}$에 $x=0,\ \dfrac{1}{2},\ 1,\ \dfrac{3}{2},\ 2$를 대입하여 찾은 y의 값은 각각 $y=1,\ 1.061,\ 1.414,\ 2.092,\ 3$이다. 따라서 사다리꼴 공식 (8.8-3)을 써서 구한 근삿값은 다음과 같다.

$$\int_0^2 \sqrt{1+x^3}\,dx \fallingdotseq \frac{1}{2}\left(\frac{1}{2}+1.061+1.414+2.092+\frac{3}{2}\right)=3.284$$

참고로 $n=20$을 사용한다면 참값에 더 가까운 근삿값 3.243을 얻는다. ❑

심프슨 공식

사다리꼴의 넓이의 합으로 정 적분의 근삿값을 찾는 대신에 함수 f의 그래프에 있는 이웃한 세 점을 포물선의 호로 연결하여 얻은 도형의 넓이의 합을 이용하는 심프슨[2] 공식을 이용하면 더욱 정밀한 근삿값을 얻을 수 있다. 심프슨 공식은 다음 정리를 이용하여 얻을 수 있다.

보조 정리 8.8-1

포물선과 x축 및 두 직선 $x=a$와 $x=b$로 둘러싸인 부분의 넓이 A는 다음과 같다.

$$A=\frac{1}{3}h(y_0+4y_1+y_2)$$

단, $h=\dfrac{b-a}{2}$이고, $(a,\ y_0)$, $\left(\dfrac{a+b}{2},\ y_1\right)$, $(b,\ y_2)$는 포물선에 있는 이웃한 세 점의 좌표이다.

2) Thomas Simpson (1710-1761) : 영국의 수학자. 심프슨 공식을 만든 사람은 아니다. 이 공식은 그 당시에 이미 널리 알려져 있었다.

증명 그림 8.8-2에 보인 포물선의 방정식을 $y=\alpha+\beta(x-k)+\gamma(x-k)^2$이라고 하자. 그러면 포물선, x축, $x=a$, $x=b$로 둘러싸인 부분의 넓이 A는 다음과 같다.

$$A=\int_{k-h}^{k+h}\{\alpha+\beta(x-k)+\gamma(x-k)^2\}dx$$

$$=2\alpha h+\frac{2}{3}\gamma h^3=\frac{1}{3}h(6\alpha+2\gamma h^2)$$

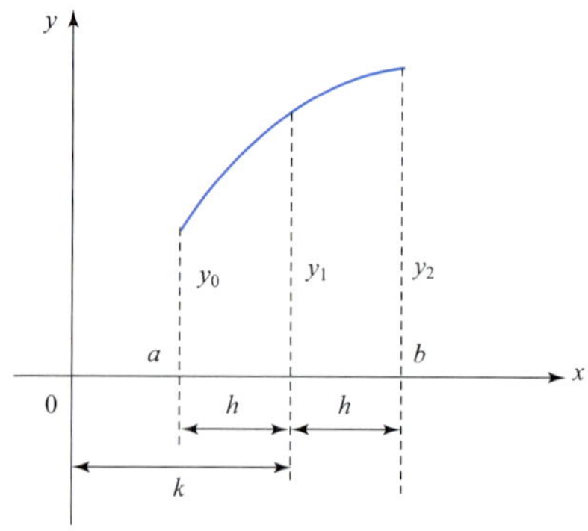

그림 8.8-2 심프슨 공식

포물선의 방정식 $y=\alpha+\beta(x-k)+\gamma(x-k)^2$에 $x=k-h,\ k,\ k+h$를 대입하면 다음 연립 방정식을 얻는다.

$$\begin{cases} y_0=\alpha-\beta h+\gamma h^2 \\ y_1=\alpha \\ y_2=\alpha+\beta h+\gamma h^2 \end{cases}$$

그러면 $6\alpha+2\gamma h^2=y_0+4y_1+y_2$이므로 $A=\frac{1}{3}h(y_0+4y_1+y_2)$이다. ❑

위의 보조 정리 8.8-1을 이용하여 다음과 같은 정 적분의 근사식을 얻는다.

정리 8.8-1 (심프슨 공식)

함수 f가 구간 $[a,\ b]$에서 연속이고 $f(x)\geq 0$이라 하자. 또 $[a,\ b]$를 $2n$등분하고 $h=\frac{1}{2n}(b-a)$라 하자. 이때 $i=0,\ 1,\ 2,\ \cdots,\ n$에 대하여 $x_i=a+hi$이고 $y_i=f(x_i)$라고 하면 다음을 얻는다.

$$\int_a^b f(x)dx \fallingdotseq \frac{h}{3}\{(y_0+y_{2n})+4(y_1+y_3+\cdots+y_{2n-1})$$
$$+2(y_2+y_4+\cdots+y_{2n-2})\}$$

증명 $2n$등분한 구간 $[a,\ b]$의 소구간을 차례로 두 개씩에 묶어 보조 정리 8.8-1을 적용한 다음에 이것들을 모두 더하면 다음을 얻는다.

$$\frac{1}{3}h(y_0+4y_1+y_2)+\frac{1}{3}h(y_2+4y_3+y_4)+\cdots$$
$$+\frac{1}{3}h(y_{2n-2}+4y_{2n-1}+y_{2n})$$

이를 정리하여 $\int_a^b f(x)dx$의 근삿값으로 다음 식을 얻는다.

$$\frac{h}{3}\{(y_0+y_{2n})+4(y_1+y_3+\cdots+y_{2n-1})+2(y_2+y_4+\cdots+y_{2n-2})\}$$ ❑

예제 8.8-3 적분 구간 [0, 2]를 4등분한 심프슨 공식으로 $\int_0^2 \sqrt{1+x^3}\,dx$의 근삿값을 찾아라.

풀이 $2n=4$의 경우에 대응하는 심프슨 공식은 $\frac{1}{3}h\{(y_0+y_4)+4(y_1+y_3)+2y_2)\}$이다. 이제 $x=0,\ \frac{1}{2},\ 1,\ \frac{3}{2},\ 2$를 주어진 피적분 함수에 차례로 대입하여 $y_0,\ y_1,\ y_2,\ y_4$를 찾아서 심프슨 공식을 이용하면 $\int_0^2 \sqrt{1+x^3}\,dx \fallingdotseq 3.240$이다. 이는 적분 구간을 4등분한 사다리꼴 공식에 의한 결과에 비해 더 정확한 값이다 (예제 8.8-2 참조). ❑

참고 정 적분 $\int_a^b f(x)dx$의 값을 사다리꼴 공식을 써서 찾으면 근삿값의 오차 한계는 다음 식으로 주어진다는 것이 알려져 있다.

$$\frac{(b-a)^3}{12N^2}\max\{|f''(x)|:\ a\le x\le b\} \tag{8.8-4}$$

한편, 심프슨 공식의 경우에 근삿값의 오차 한계는 다음 식으로 주어진다는 것이 알려져 있다.

$$\frac{(b-a)^5}{180N^4}\max\{|f^{(4)}(x)|:\ a\le x\le b\} \tag{8.8-5}$$

여기서 N은 구간의 등분수이다. 이로부터 구간의 등분수가 같을 때, 일반적으로 심프슨 공식을 사용하는 것이 참값에 가까운 근삿값을 얻을 수 있음을 알 수 있다.

예제 8.8-4 적분 구간을 8등분하는 심프슨 공식을 써서 다음 정 적분의 근삿값을 계산할 때 근삿값의 최대 오차는 얼마인가?

$$\int_1^2 \frac{1}{x}\, dx = \ln 2$$

풀이 주어진 적분에서 $a=1$이고 $b=2$이며 $f(x)=x^{-1}$이므로 $f^{(4)}(x)=24x^{-5}$이다. 그러므로 $\max\{|f^{(4)}(x)| : 1 \le x \le 2\} = 24$이고, 식 (8.8-5)를 이용하면 근삿값의 오차 한계에 대하여 다음이 성립한다.

$$\text{오차 한계} \le \frac{(2-1)^5}{180 \times 8^4}(24) = 0.00003$$

따라서 최대 오차는 0.00003이다. 참고로 사다리꼴 공식을 사용하여 근삿값을 계산하면, 식 (8.8-4)로부터 최대 오차는 약 $\frac{1}{768} \fallingdotseq 0.00130$이다. ❑

연습 문제 8.8

1. 사다리꼴 공식을 써서 다음 적분의 근삿값을 찾아라.

(1) $\displaystyle\int_2^7 \frac{dx}{x^2}$; $n=5$ (2) $\displaystyle\int_3^6 \frac{dx}{\sqrt{x-2}}$; $n=6$

2. 다음 적분의 근삿값을 적분 구간을 N등분하는 심프슨 공식을 써서 찾고 직접 적분 계산으로 찾은 결과와 비교하라.

(1) $\displaystyle\int_2^8 x^3 dx$; $N=2$ (2) $\displaystyle\int_0^4 \frac{x}{\sqrt{x^2+9}}\, dx$; $N=4$

3. 적분 구간을 4등분하는 심프슨 공식을 써서 다음 적분을 계산하고 π의 값을 소수 넷째 자리까지 찾아라.

$$\int_0^1 \frac{1}{1+x^2}\, dx$$

4. 구간 $[0,\ \pi]$를 6등분한 사다리꼴 공식과 심프슨 공식을 써서 다음 적분의 근삿값을 계산하고, 직접 계산한 결과와 비교하라 (단, 모든 값을 π와 분수를 써서 나타내라).

$$\int_0^{\pi} \sin^2 x\, dx$$

5. 적분 구간을 6등분한 심프슨 공식으로 다음 정 적분을 소수 셋째 자리까지 찾아라.

$$\int_0^{\pi} \frac{\sin\pi}{x} dx$$

6. 어느 날 2시간 간격으로 바람의 속력(km/시)을 재었더니 다음과 같았다.

시	오전 8시	오전 10시	정오	오후 2시	오후 4시	오후 6시	오후 8시
속력	20	24	18	28	21	15	10

심프슨 공식과 적당한 n을 써서 12시간 동안 바람의 평균 속력의 근삿값을 찾아라.

7. 단층 촬영(CAT스캔)은 장기의 절단면을 사진으로 제공하여 수술을 하지 않고도 많은 정보를 보여준다. 인간의 간을 1.5 cm 간격으로 단층 촬영하였다고 하자. 간은 길이가 15 cm이고 전단면의 넓이(cm^2)가 0, 18, 58, 79, 94, 106, 117, 128, 63, 39, 0일 때, 사다리꼴 공식을 이용하여 간의 부피를 계산하라.

❖ 메모

CHAPTER

9

적분의 응용

이 장에서는 적분을 응용해서 곡선의 길이, 도형의 넓이, 회전체의 부피, 곡면의 겉넓이 등을 계산하는 구적 문제를 알아본다. 그리고 경제 및 경영에서 활용되는 한계 비용과 총비용, 한계 수입과 총수입, 현가 등을 다루고, 물리학 및 공학에서 활용되는 일과 질량 중심 등을 다루며, 생물학에서 활용되는 혈액의 흐름과 심박출량을 다룬다. 마지막으로 간단한 미분 방정식을 풀어본다.

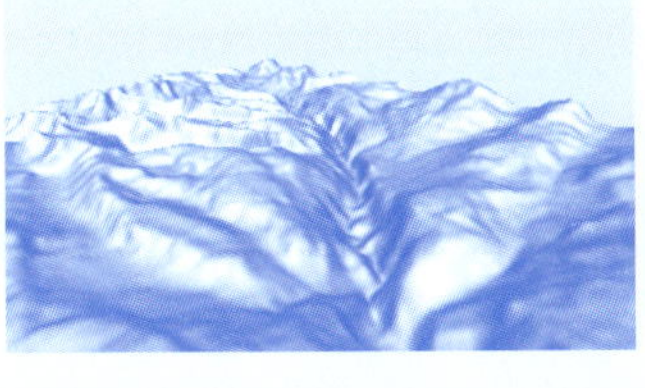

9.1 넓이와 부피

함수 f가 구간 $[a,\ b]$에서 연속이고 $f \geq 0$일 때, f의 그래프과 x축 및 두 직선 $x=a$와 $x=b$로 둘러싸인 영역의 넓이는 정리 7.2-5에 의하여 다음과 같다.

$$\int_a^b f(x)dx = \lim_{\| P \| \to 0} \sum_{i=1}^{n} f(\xi_i)\Delta x_i \quad (P \in \mathcal{P}[a,\ b])$$

이때 $f(\xi_i)\Delta x_i$ 대신에 그림 9.1-1과 같이 폭이 dx이고 높이가 $f(x)$인 직사각형의 넓이 $dA = f(x)dx$를 생각하여, 넓이를 dA의 합으로 생각하면 편리하다. 여기서 $dA = f(x)dx$를 수직 넓이 요소(area element)라 한다. 같은 방법으로 dy와 y의 함수로 표시된 수평 넓이 요소도 생각할 수 있다. (넓이 요소를 면적소라고도 한다)

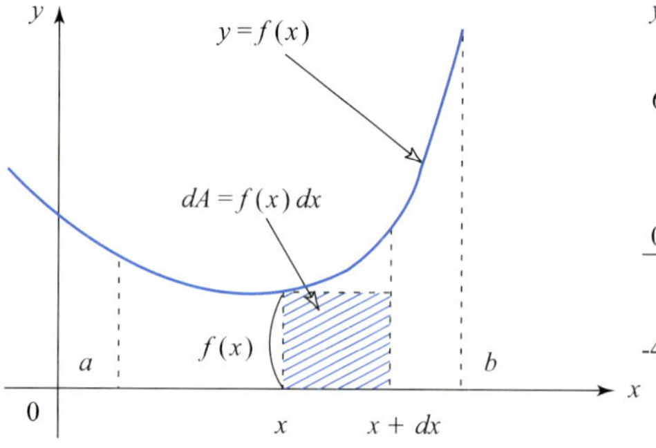

그림 9.1-1 수직 넓이 요소

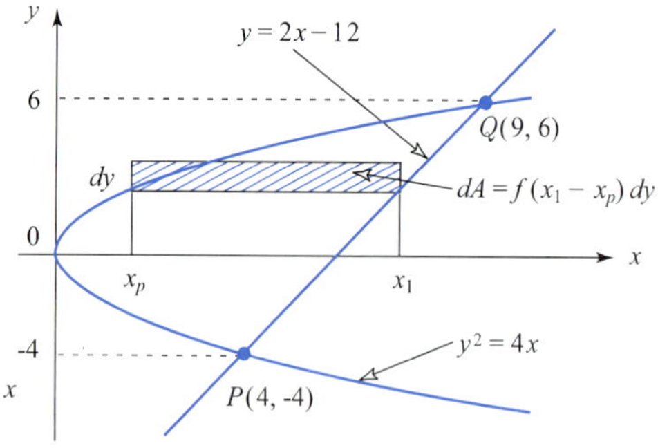

그림 9.1-2 수평 넓이 요소

예제 9.1-1 평면에서 포물선 $y^2 = 4x$와 직선 $y = 2x - 12$로 둘러싸인 도형의 넓이를 찾아라.

풀이 주어진 직선과 포물선의 교점을 구하면 $P(4,\ -4)$와 $Q(9,\ 6)$이다. 두 방정식의 그래프는 그림 9.1-2와 같다. 그래프에서 수직 넓이 요소보다 수평 넓이 요소를 생각하는 쪽이 적분 한계를 쉽게 정할 수 있다. 수평 넓이 요소를 $dA = (x_l - x_p)dy$라 하면, 방정식 $2x - y = 12$에서 $x_l = \frac{1}{2}(y+12)$이고 $y^2 = 4x$에서 $x_p = \frac{1}{4}y^2$이다. 따라서 $dA = \left(\frac{y+12}{2} - \frac{y^2}{4}\right)dy = \frac{1}{4}(-y^2 + 2y + 24)dy$이다. 그러므로 도형의 넓이 A는

다음과 같다.

$$A=\int_{-4}^{6}\frac{-y^2+2y+24}{4}dy=\left[-\frac{y^3}{12}+\frac{y^2}{4}+6y\right]_{-4}^{6}=\frac{125}{3}$$ ❑

곡선의 길이

정 적분을 이용하여 함수의 그래프로 정의되는 곡선의 길이를 찾을 수 있다.

정리 9.1-1 (곡선의 길이)

함수 f와 그 도함수 f'가 구간 $[a,\ b]$에서 연속이라 하자. 그러면 $x=a$와 $x=b$ 사이의 곡선 $y=f(x)$의 길이 L은 다음과 같다.

$$L=\int_a^b\sqrt{1+\{f'(x)\}^2}\,dx \tag{9.1-1}$$

증명 구간 $[a,\ b]$의 임의의 분할 $P=\{x_0,\ x_1,\ \cdots,\ x_n\}$에 대하여, 구간 $[a,\ b]$에 속하는 점 $x_0=a,\ x_1,\ \cdots,\ x_{n-1},\ x_n=b$에 대응하는 f의 그래프에 있는 점을 각각 $P_0,\ P_1,\ \cdots,\ P_{n-1},\ P_n$이라 하면, 길이 L은 그림 9.1-3을 참고하면 다음과 같다.

$$\begin{aligned}\lim_{\|P\|\to 0}\sum_{i=1}^{n}|P_{i-1}P_i| &= \lim_{\|P\|\to 0}\sqrt{(\Delta x_i)^2+(\Delta y_i)^2}\\ &= \lim_{\|P\|\to 0}\sum_{i=1}^{n}\sqrt{1+(\Delta y_i/\Delta x_i)^2}\,\Delta x_i\end{aligned}$$

또 f'가 각 소구간 $[x_{i-1},\ x_i]$에서 연속이므로 평균값 정리에 의하여 다음을 만족시키는 $\xi_i\in(x_{i-1},\ x_i)$가 존재한다.

$$\frac{\Delta y_i}{\Delta x_i}=\frac{f(x_i)-f(x_{i-1})}{x_i-x_{i-1}}=f'(\xi_i)\quad(x_{i-1}<\xi_i<x_i)$$

그러므로 리만 적분의 정의에 의하여 다음이 성립한다.

$$L=\lim_{\|P\|\to 0}\sum_{i=1}^{n}\sqrt{1+\{f'(\xi_i)\}^2}\,\Delta x_i=\int_a^b\sqrt{1+\{f'(x)\}^2}\,dx$$ ❑

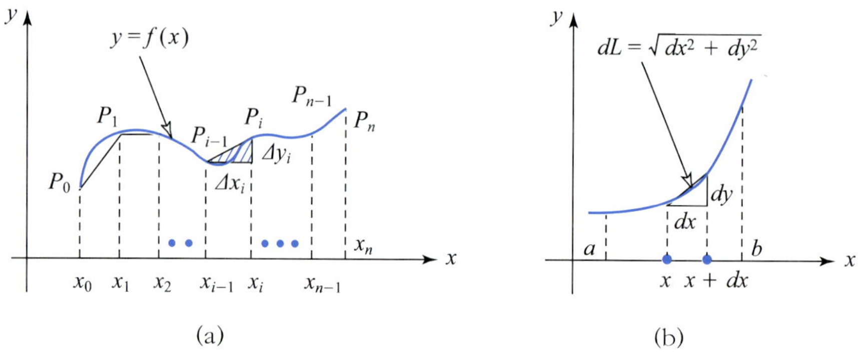

그림 9.1-3 (a) 곡선의 길이와 (b) 길이 요소

그림 9.1-3 (b)와 같이 작은 직각 삼각형을 생각하여 길이의 길이 요소 또는 선소(line element) 또는 미분 $dL = \sqrt{dx^2 + dy^2} = \sqrt{1 + (dy/dx)^2}\,dx$를 이용하면 다음을 얻는다.

$$L = \int_a^b dL$$

예제 9.1-2 $x = 1$에서 $x = 4$까지의 곡선 $y = \frac{2}{3}(x-1)^{3/2}$의 길이를 찾아라.

풀이 함수 $y = \frac{2}{3}(x-1)^{3/2}$와 그 도함수 $y' = (x-1)^{1/2}$은 모두 구간 [1, 4]에서 연속이고, 길이 요소 dL은 다음과 같다.

$$\begin{aligned} dL &= \sqrt{(dx)^2 + (dy)^2} = \sqrt{1 + (dy/dx)^2}\,dx \\ &= \sqrt{1 + (x-1)}\,dx = \sqrt{x}\,dx \end{aligned}$$

따라서 $L = \int_1^4 \sqrt{x}\,dx = \left[\frac{2}{3}x^{3/2}\right]_1^4 = \frac{14}{3}$이다. ❑

회전체의 부피

정 적분을 이용하여 함수의 그래프를 좌표축을 중심으로 회전하여 얻어지는 간단한 회전체의 부피를 찾을 수 있다.

정리 9.1-2 (회전체의 부피)

함수 f는 구간 $[a,\ b]$에서 연속이고 항상 $f(x) \geq 0$ 또는 $f(x) \leq 0$이다. f의 그래프와 x축 및 두 개의 직선 $x=a$와 $x=b$로 둘러싸인 영역을 x축을 중심으로 회전시킬 때 생기는 회전체의 부피 V는 다음과 같다.

$$V = \pi \int_a^b \{f(x)\}^2 dx \tag{9.1-2}$$

증명 (부분) 구간 $[a,\ b]$에서 함수 f가 연속이므로 $h(x) = \pi\{f(x)\}^2$도 연속이다. 회전체의 부피는 함수 h의 구간 $[a,\ b]$에서의 정 적분이므로 함수 h에 대한 리만 적분에 의해 식 (9.1-2)를 얻을 수 있다 (그림 9.1-4 참조). 이에 대한 자세한 증명은 생략한다. ❑

참고 회전체에 대하여 그림 9.1-4에서와 같이 얇은 원판을 생각하여, 부피 V의 미분 또는 부피 요소 또는 체적소(volume element) $dV = \pi\{f(x)\}^2 dx$를 이용하면 다음을 얻는다.

$$V = \int_a^b dV$$

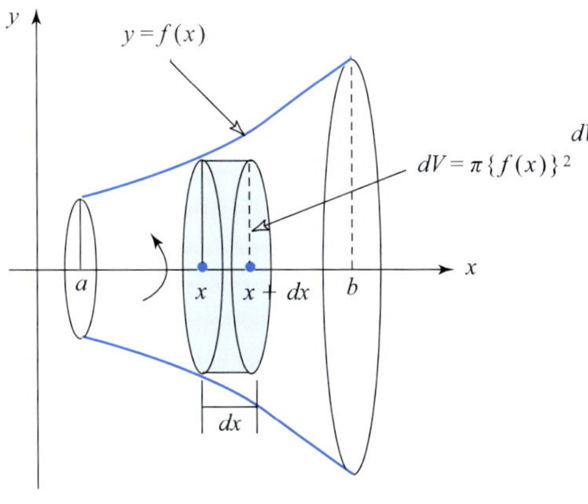

그림 9.1-4 회전체의 부피와 부피 요소

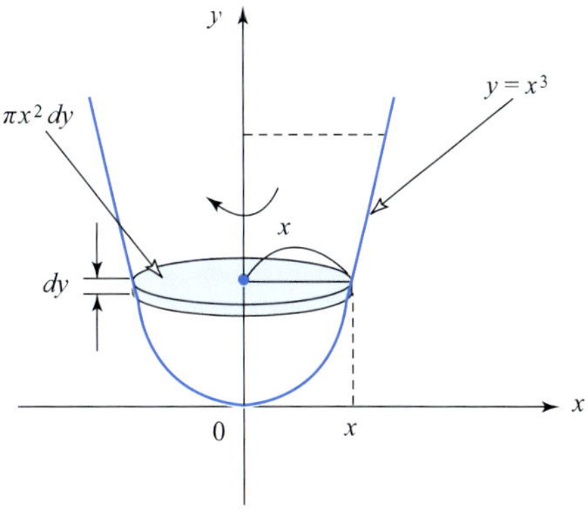

그림 9.1-5 예제 9.1-3의 그림

예제 9.1-3 곡선 $y = x^3$과 y축 및 직선 $y = 3$으로 둘러싸인 영역을 y축을 중심으로 회전시킬 때 생기는 회전체의 부피를 찾아라.

풀이 그림 9.1-5와 같이 수평 부피 요소 $dV = \pi x^2 dy$를 생각하는 것이 편리하다. $y = x^3$에서 $x = y^{1/3}$이므로, 부피는 $dV = \pi x^2 dy = \pi (y^{1/3})^2 dy = \pi y^{2/3} dy$이다. 따라서 찾는 부피는 다음과 같다.

$$V = \int_0^3 \pi y^{2/3} dy = \pi \left[\frac{3}{5} y^{5/3} \right]_0^3 = \frac{9}{5} \sqrt[3]{9} \pi \qquad \square$$

예제 9.1-4 원 $x^2 + y^2 = 2$와 곡선 $y^3 = x^2$으로 둘러싸인 부분 중 작은 쪽을 x축 중심으로 회전시킬 때 생기는 입체의 부피를 찾아라.

풀이 그림 9.1-6을 참고하면 곡선 $y^3 = x^2$에서 $y_1 = x^{2/3}$이고, 원 $x^2 + y^2 = 2$에서 $y_2^2 = 2 - x^2$이다. 따라서 부피 요소가 $dV = \pi y_2^2 dx - \pi y_1^2 dx = \pi (y_2^2 - y_1^2) dx$이므로 찾는 회전체의 부피는 다음과 같다.

$$V = \pi \int_{-1}^1 \{(2 - x^2) - x^{4/3}\} dx = \pi \left[2x - \frac{1}{3} x^3 - \frac{3}{7} x^{7/3} \right]_{-1}^1 = \frac{52}{21} \pi \qquad \square$$

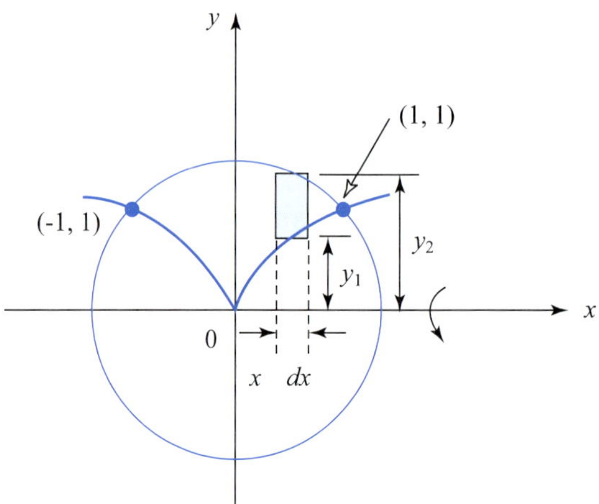

그림 9.1-6 예제 9.1-4의 그림

위에서 회전체의 부피를 찾을 때 이용한 것과 비슷한 방법을 그림 9.1-7과 같이 두 개의 회전체 사이에 있는 단면이 원환인 원환통 모양의 입체에 적용하면, 그 부피를 정 적분을 이용하여 찾을 수 있다.

정리 9.1-3 (원환통의 부피)

연속 함수 $y=f(x)$이 그래프와 x축 및 두 직선 $x=a$와 $x=b$ $(ab>0)$으로 둘러 싸인 영역을 y축을 중심으로 회전시킬 때 얻어지는 원환통의 부피 V는 다음과 같다.

$$V=2\pi\int_a^b xf(x)dx$$

증명 구간 $[a,\ b]$의 분할 $P=\{x_0,\ x_1,\ \cdots,\ x_n\}$에 의한 i째 소구간 $[x_{i-1},\ x_i]$가 밑변이고 $[x_{i-1},\ x_i]$의 중점 $\overline{x_i}=\frac{1}{2}(x_{i-1}+x_i)$에서의 $f(\overline{x_i})$가 높이인 직사각형을 y축을 중심으로 회전시킬 때 생기는 통의 부피 ΔV_i는 다음과 같다 (그림 9.1-7 참조).

$$\begin{aligned}\Delta V_i &= \pi x_i^2 f(\overline{x_i})-\pi x_{i-1}^2 f(\overline{x_i})=\pi(x_i^2-x_{i-1}^2)f(\overline{x_i})\\ &=\pi(x_i+x_{i-1})(x_i-x_{i-1})f(\overline{x_i})\end{aligned}$$

그런데 $x_i-x_{i-1}=\Delta x_i$이고 $\overline{x_i}=\frac{1}{2}(x_i+x_{i-1})$이므로 다음을 얻는다.

$$\Delta V_i=\pi(2\overline{x_i})\Delta x_i f(\overline{x_i})-2\pi\overline{x_i}f(\overline{x_i})\Delta x_i$$

따라서 구하는 부피 V는 다음과 같다.

$$V=\lim_{\|P\|\to 0}2\pi\sum_{i=1}^{n}\overline{x_i}f(\overline{x_i})\Delta x_i=2\pi\int_a^b xf(x)dx$$ ❑

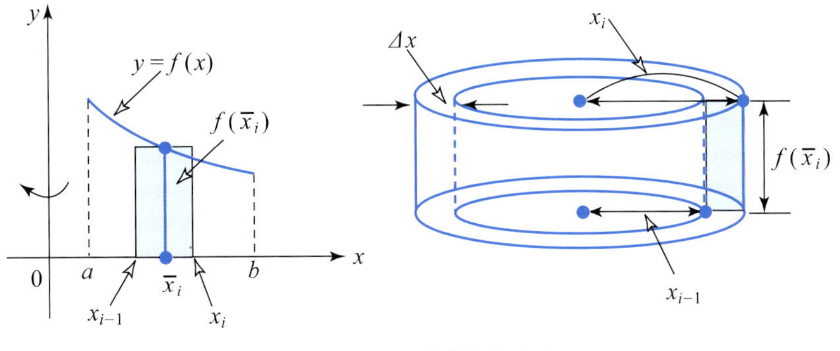

그림 9.1-7 원환통의 부피

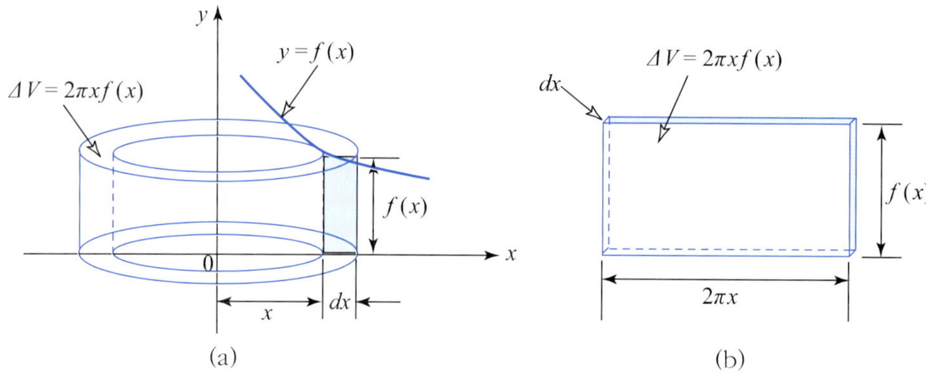

그림 9.1-8 원환통의 부피 요소

참고 원환통의 부피 요소 dV를 그림 9.1-8을 이용하면 이해하기 쉽다. 그림 9.1-8 (a)의 원화통을 잘라서 (b)와 같이 펼치자. 이때 dx가 충분히 작다면, 그림 (b)는 두께가 dx, 가로의 길이가 $2\pi x$, 높이가 $f(x)$인 직육면체로 생각할 수 있으므로 원환통의 부피 요소 dV는 다음과 같다.

$$dV = 2\pi x f(x) dx$$

예제 9.1-5 곡선 $x^2 - y = 2$와 직선 $y = x$로 둘러싸인 부분을 직선 $x = -1$을 중심으로 회전시킬 때 생기는 회전체의 부피 V를 찾아라.

풀이 그림 9.1-9에서 빗금친 사각형을 이용하면 원환통의 부피 요소 dV는 다음과 같다.

$$\begin{aligned} dV &= 2\pi(x+1)\{(\text{직선까지의 높이}) - (\text{포물선까지의 높이})\}dx \\ &= 2\pi(x+1)\{x - (x^2 - 2)\}dx \\ &= 2\pi(2 + 3x - x^3)dx \end{aligned}$$

따라서 $V = 2\pi \int_{-1}^{2} (2 + 3x - x^3)dx = \frac{27}{2}\pi$이다. ❑

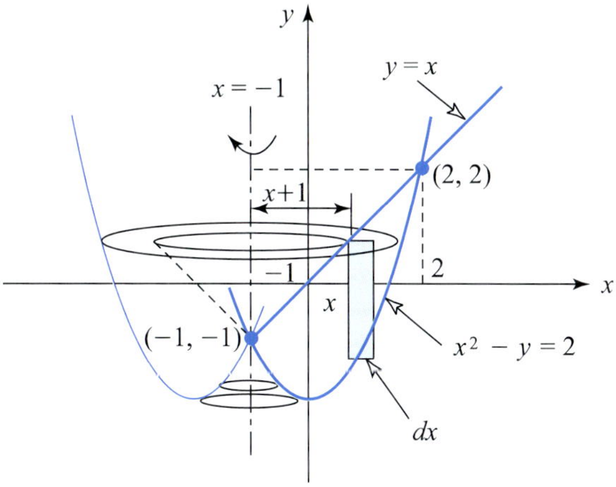

그림 9.1-9 예제 9.1-5의 회전체

회전체의 겉넓이

구간 $[a,\ b]$ $(a \geq 0)$에서 연속 함수 $y = f(x)$의 그래프를 x축을 중심으로 회전시켜 얻는 곡면의 넓이는 그림 9.1-10에 보인 것처럼 곡선에 있는 점 P와 Q를 이어 얻어지는 원뿔대 부분의 겉넓이(그림 9.1-11(a) 참조)를 생각하여 찾을 수 있다.

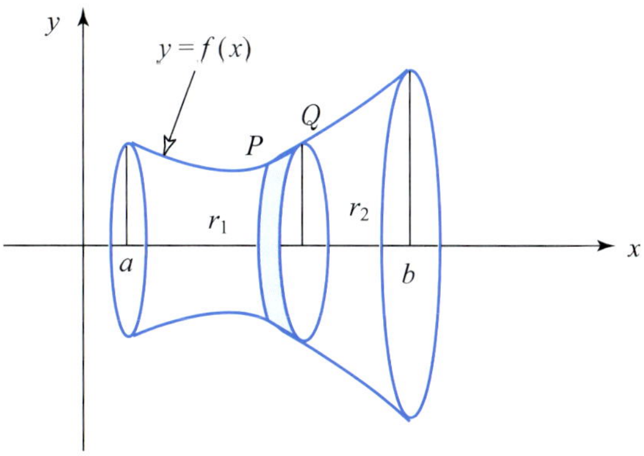

그림 9.1-10 회전체의 겉넓이

그림 9.1-11(a)에서 두 점 P와 Q 사이에 있는 부분의 겉넓이는 원뿔을 전개시킨 그림 9.1-11(b)에서 도형 $PO'Q'Q$의 넓이와 같다. 이에 대해 다음이 성립한다.

$$\text{부채꼴 } OPP' \text{의 넓이} = \frac{1}{2}\theta s^2, \quad \text{부채꼴 } OQQ' \text{의 넓이} = \frac{1}{2}\theta(s+ds)^2$$

$$\text{호 } PP'\text{의 길이} = 2\pi r_1 = s\theta, \qquad \text{호 } QQ'\text{의 길이} = 2\pi r_2 = (s+ds)\theta$$

여기서 ds는 두 점 P와 Q의 곡선 $y=f(x)$에서의 거리이고, r_1과 r_2는 각각 두 점 P와 Q에 접하는 원의 반지름, 즉 각 점의 y좌표이다.

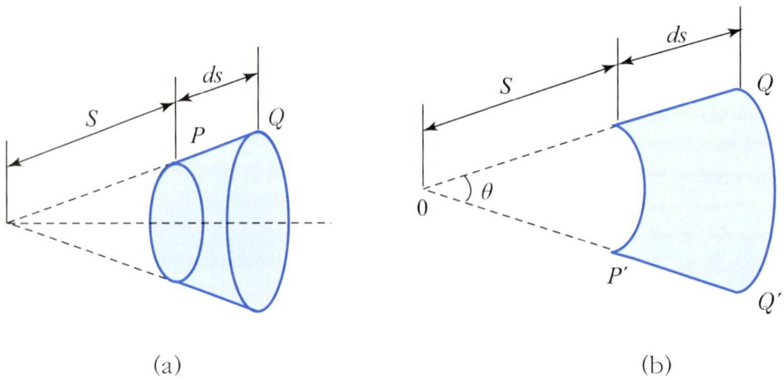

그림 9.1-11 (a) 원뿔 (b) 원뿔의 겉넓이와 부채꼴의 넓이

따라서 다음이 성립한다.

$$\begin{aligned}\text{도형 } PO'Q'Q\text{의 넓이} &= \text{부채꼴 } OQQ'\text{의 넓이} - \text{부채꼴 } OPP'\text{의 넓이}\\ &= \frac{1}{2}\theta\{(s+ds)^2 - s^2\} = \frac{1}{2}\theta(2s\,ds + ds^2)\\ &= \frac{1}{2}\{\theta(s+ds)+\theta s\}ds\\ &= \pi(r_1+r_2)ds\end{aligned}$$

이제 Δx가 충분히 작다고 하고 두 점 P와 Q 사이의 곡면의 넓이를 ΔA라고 하자. 또 그림 9.1-10에서 두 점 P와 Q의 x좌표를 각각 $(x, f(x))$와 $(x+\Delta x, f(x+\Delta x))$라 하고 $\Delta y = f(x+\Delta x) - f(x)$라 하면 다음이 성립한다.

$$\begin{aligned}\Delta A &\approx \pi\{f(x)+f(x+\Delta x)\}\sqrt{(\Delta x)^2+(\Delta y)^2}\\ &= \pi\{2f(x)+\Delta y\}\sqrt{(\Delta x)^2+(\Delta y)^2}\\ &= 2\pi\left\{f(x)+\frac{1}{2}\Delta y\right\}\sqrt{1+\left(\frac{\Delta y}{\Delta x}\right)^2}\,\Delta x\end{aligned}$$

따라서 f의 도함수 f'이 연속이면 주어진 분할에 대하여 찾는 곡면의 넓이 A는 근사적으로 $A \approx 2\pi \Sigma \{f(x_i) + \frac{1}{2}\Delta y_i\} \sqrt{1+(\Delta y_i / \Delta x_i)^2}\, \Delta x_i$이다. 이제 구간 $[a,\ b]$를 분할의 크기가 0이 되도록 분할하여 가면 다음을 얻는다.

정리 9.1-4 (회전체의 겉넓이)

함수 f와 그 도함수 f'가 구간 $[a,\ b]$에서 연속이고, $f(x) \geq 0$ 또는 $f(x) \leq 0$이라 하자. 구간 $[a,\ b]$ 위에 있는 곡선 $y = f(x)$를 x축을 중심으로 회전시킬 때 생기는 곡면의 넓이 A는 다음과 같다.

$$A = 2\pi \int_a^b f(x) ds = 2\pi \int_a^b f(x) \sqrt{1 + \{f'(x)\}^2}\, dx$$

정리 9.1-4에서 회전체의 겉넓이 요소 dA는 길이 요소 $ds = \sqrt{1+\{f'(x)\}^2}\, dx$를 이용하여 $dA = 2\pi y\, ds$로 나타낼 수 있다.

예제 9.1-6 다음 곡선을 x축을 중심으로 회전시켜 얻은 입체의 겉넓이를 찾아라.

$$y = \sqrt{x} \quad (0 \leq x \leq 2)$$

풀이 정리 9.1-4의 식을 이용하여 곡면의 넓이 A를 다음과 같이 찾는다.

$$A = 2\pi \int_0^2 \sqrt{x} \sqrt{1 + \left(\frac{1}{2\sqrt{x}}\right)^2}\, dx = 2\pi \int_0^2 \sqrt{x + \frac{1}{4}}\, dx = \frac{13}{3}\pi$$

따라서 찾는 곡면의 넓이 A는 $\frac{13}{3}\pi$이다. ❑

한편, 그림 9.1-12(a)와 같이 곡선 $y = f(x)$를 y축을 중심으로 회전시켜 얻는 회전체의 곡면의 넓이를 다음과 같은 식을 이용하여 찾을 수 있다.

$$A = 2\pi \int_a^b x \sqrt{1 + \{f'(x)\}^2}\, dx$$

또 함수 $x = g(y)$를 y축을 중심으로 회전시켜 얻는 회전체의 곡면의 넓이를 다음과 같은 식을 이용하여 찾을 수 있다 (그림 9.1-12(b) 참조).

$$A = 2\pi \int_c^d g(y)\sqrt{1+\{g'(y)\}^2}\,dy$$

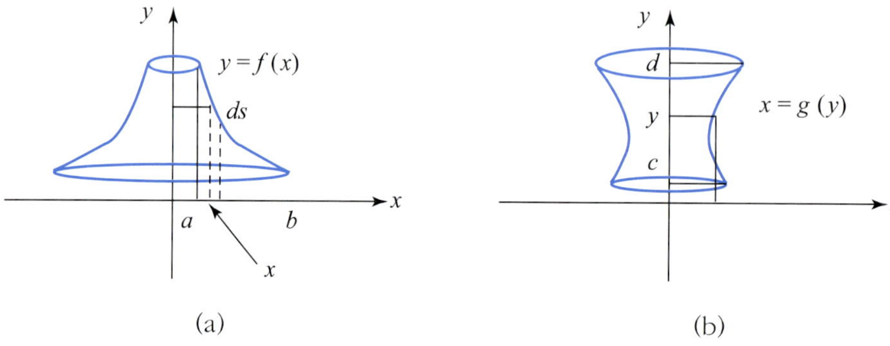

그림 9.1-12 (a) $2\pi\int_a^b x\sqrt{1+\{f'(x)\}^2}\,dx$ (b) $2\pi\int_c^d g(y)\sqrt{1+\{g'(y)\}^2}\,dy$

연습 문제 9.1

1. 시각 $t=0$에서 직선 운동을 시작한 입자의 속도가 $v(t) = t^2e^{-t}\text{m/sec}$라고 하자. 이 입자가 처음 t초 동안 이동한 거리를 찾아라.

2. 구간 $[a,\ b]$에서 연속 함수 $y=f(x)$의 그래프와 x축 사이의 도형의 넓이 S는 다음과 같음을 보여라.

$$S = \int_a^b |f(x)|\,dx$$

3. 다음 곡선으로 둘러싸인 도형의 넓이를 찾아라.
   (1) 곡선 $y = x^3 - x^2 - 4x + 4$와 x축
   (2) 곡선 $y^2 = x^3$, y축, 직선 $y=1$, $y=2$
   (3) 구간 $\left[0,\ \dfrac{\pi}{2}\right]$에서 곡선 $y=\sin x$, $y=\cos x$와 x축

(4) 곡선 $x = y^2$과 세 직선 $x = y - 1$, $y = -1$, $y = 1$

(5) 곡선 $y = x/\sqrt{2x^2+1}$ 과 두 직선 $y = 0$, $x = 1$

4. 다음 물음에 답하라.

(1) 두 함수 f와 g가 구간 $[a,\ b]$에서 연속이고 구간 $(a,\ b)$에서 미분 가능하다고 하자. 그러면 매개 방정식 $x = f(t)$, $y = g(t)$으로 주어진 곡선의 $t = a$에서 $t = b$까지의 곡선의 길이 L은 다음과 같음을 보여라.

$$L = \int_a^b \sqrt{\left(\frac{dx}{dt}\right)^2 + \left(\frac{dy}{dt}\right)^2}\, dt$$

(2) 함수 f가 구간 $[\theta_1,\ \theta_2]$에서 연속이고 구간 $(\theta_1,\ \theta_2)$에서 미분 가능하다고 하자. 그러면 극 방정식 $r = f(\theta)$으로 주어진 곡선의 $\theta = \theta_1$에서 $\theta = \theta_2$까지의 길이 L이 다음과 같음을 보여라.

$$L = \int_{\theta_1}^{\theta_2} \sqrt{\{f(\theta)\}^2 + \{f'(\theta)\}^2}\, d\theta$$

(3) 매개 방정식 $x = r\cos t$, $y = r\sin t$ $(0 \le t \le 2\pi)$로 주어진 반지름이 $r > 0$인 원의 둘레의 길이가 $2\pi r$임을 보여라.

(4) 극 방정식 $r = 1 - \cos\theta$ $(0 \le \theta \le 2\pi)$로 주어진 닫힌 곡선의 길이를 찾아라.

5. 구간 $a \le \theta \le b$에서 연속 함수 f에 대하여 두 직선 $\theta = a$와 $\theta = b$ 및 극 좌표로 주어진 곡선 $r = f(\theta)$로 둘러싸인 부분의 넓이가 다음과 같음을 보여라.

$$\int_a^b \frac{1}{2}\{f(\theta)\}^2 d\theta \quad (\text{단, } b \le a + 2\pi)$$

6. 구간 $-1 \le t \le 3$에서 매개 방정식 $x = 2(2t+3)^{3/2}$, $y = 3(t+1)^2$로 주어진 곡선의 길이를 찾아라.

7. 다음 문제에서 주어지는 부분의 넓이를 찾아라.

(1) 곡선 $r = 6a\sin 2\theta$로 둘러싸인 부분

(2) 원 $r = 3\cos\theta$의 내부와 심장형 $r = 1 + \cos\theta$의 외부에 있는 부분

8. 다음 회전체의 부피를 찾아라.

(1) $y=x^3$, $y=-1$, $x=1$에 의하여 둘러싸인 영역을 직선 $y=2$를 축으로 회전시켜 얻은 회전체

(2) $y=\dfrac{4}{x^2}$, $y=0$, $y=4$, $x=0$, $x=3$으로 둘러싸인 영역을 x축을 중심으로 회전시켜 얻은 입체

(3) 타원 $\dfrac{x^2}{a^2}+\dfrac{y^2}{b^2}=1$ $(a,\ b>0)$을 x축을 중심으로 회전시켜 얻은 회전체

(4) 타원 $\dfrac{x^2}{a^2}+\dfrac{y^2}{b^2}=1$ $(a,\ b>0)$을 y축을 중심으로 회전시켜 얻은 회전체

9. 다음 곡선으로 둘러싸인 부분의 넓이를 찾아라.

(1) $y=\dfrac{4}{\sqrt{1-2x}}$, $y=0$, $x=-4$, $x=0$

(2) $y=\dfrac{2}{x-3}$, $y=0$, $x=4$, $x=5$

(3) $y=\dfrac{x}{1+\sqrt{x}}$, $y=0$, $x=4$

10. 다음에 주어진 곡선으로 둘러싸인 영역을 x축을 중심으로 회전시켜 얻은 회전체의 부피를 찾아라.

(1) $y=\tan x\sec x$, $y=0$, $x=\dfrac{1}{4}\pi$　　　(2) $y=1-\dfrac{3}{x}$, $y=0$, $x=1$

11. 곡선 $y=\dfrac{e^x+e^{-x}}{2}$ $(0\le x\le 1)$의 길이를 찾아라.

12. 구간 $[0,\ \pi]$에 곡선 $y=\sin x$와 x축으로 둘러싸인 부분의 넓이를 찾아라.

13. 구간 $[0,\ \pi]$에 곡선 $y=\sin x$와 x축으로 둘러싸인 영역을 x축을 중심으로 회전시켜 얻은 회전체의 부피를 찾아라.

14. 곡선 $y=xe^{-x}$과 x축 및 $x=1$로 둘러싸인 부분에 대하여 다음을 찾아라.

(1) 넓이　　　(2) x축을 회전축으로 한 회전체의 부피

15. $x=1$에서 $x=5$까지의 곡선 $y=\ln x$의 길이를 찾아라.

16. $x=0$와 $x=4$ 사이에 있는 곡선 $y=1+x^{\frac{3}{2}}$의 길이를 찾아라.

17. 타원 $\dfrac{x^2}{a^2}+\dfrac{y^2}{b^2}=1$으로 둘러싸인 영역의 넓이를 찾아라.

18. 곡선 $y=\dfrac{\sqrt{x^2-9}}{x^2}$ $(x \geq 3)$ 및 직선 $y=0$과 $x=5$로 둘러싸인 영역의 넓이를 찾아라.

19. 두 직선 $x=0$과 $x=1$ 및 x축과 곡선 $y=1/(x^2+3x+2)$로 둘러싸인 영역을 x축을 중심으로 회전시켜 얻은 회전체의 부피를 찾아라.

20. 곡선 $y=\ln x$와 직선 $x=e$ 및 x축으로 둘러싸인 영역의 넓이와 x축을 중심으로 회전시킬 때 생기는 회전체의 부피를 찾아라.

21. 곡선 $x^2+y^2-4x+3=0$을 y축을 중심으로 회전시켜 얻는 입체의 부피를 찾아라.

22. 반지름이 10인 구의 중심을 정확히 지나는 반지름이 1인 구멍을 뚫었을 때 남은 부분의 부피를 찾아라.

23. 다음 곡선을 y축을 중심으로 회전시켜 얻은 회전체의 겉넓이를 찾아라.

$$y=\frac{1}{2}x^2+\frac{1}{2},\quad 0 \leq x \leq 1$$

24. 곡선 $y=\sqrt{1-x^2}$ $(0 \leq x \leq 1)$을 x축을 중심으로 회전시켜 얻은 입체의 겉넓이를 찾아라.

25. 곡선 C가 매개 방정식 $x=f(t)$, $y=g(t)$로 주어졌고, $[a,\ b]$에서 f와 g의 연속인 도함수가 존재하며 자기 자신과 다시 만나지 않는다고 하자. 그러면 x축과 y축을 중심으로 회전시켜 얻은 회전체의 겉넓이 A_x와 A_y는 다음과 같음을 보여라.

$$A_x=2\pi\int_a^b y\sqrt{\left(\frac{dx}{dt}\right)^2+\left(\frac{dy}{dt}\right)^2}\,dt,\quad A_y=2\pi\int_a^b x\sqrt{\left(\frac{dx}{dt}\right)^2+\left(\frac{dy}{dt}\right)^2}\,dt$$

9.2 경제 및 경영학에의 응용

적분은 여러 가지 방식으로 경제 및 경영학적 분석에 이용된다. 이 절에서는 몇 가지 간단한 응용을 예시한다. 총 함수(예를 들면 총비용 함수)가 주어지면 미분에 의해 한계 함수(예를 들면 한계 비용 함수)를 구할 수 있다. 적분 연산은 미분 연산의 역과정이기 때문에, 반대로 주어진 한계 함수로부터 적분에 의해 총 함수로 얻을 수 있다.

9.2.1 한계 비용과 총비용

한계 비용(marginal cost)은 생산량 1단위당 총비용(total cost)의 변화분을 의미한다.

$$\text{한계 비용}: MC = d(TC)/dQ$$

$$\Rightarrow \text{총비용}: TC = \int MC\, dQ$$

예제 9.2-1 한계 생산 비용이 $MC(x) = \frac{1}{60}Q^2 - Q + 165$로 추정되며, 생산량에 관계없이 소요되는 고정 비용이 1000만 원일 때 총비용 함수를 찾아라. 또 30개를 생산할 때 총비용은 얼마인가?

풀이 한계 생산 비용이란 총비용을 생산량 Q에 대해 미분한 것이므로 총비용 함수 $C(Q)$는 다음과 같이 구할 수 있다.

$$C(Q) = \int \left(\frac{1}{60}Q^2 - Q + 165\right)dQ = \frac{Q^3}{180} - \frac{Q^2}{2} + 615Q + c$$

한편, $Q = 0$일 때 총비용인 고정 비용이 1000만 원이므로 다음을 알 수 있다.

$$C(Q) = \frac{Q^3}{180} - \frac{Q^2}{2} + 615Q + 1000$$

그러므로 30개를 생산할 때의 총비용은 다음과 같다.

$$C(30) = \frac{(30)^3}{180} - \frac{(30)^2}{2} + 615(30) + 1000 = 19150$$ ❑

예제 9.2-2 기업의 한계 비용이 산출량의 함수로서 $C'(Q) = 2e^{0.2Q}$이고 고정 비용이 $C_F = 90$일 때, 총비용 함수 $C(Q)$를 찾아라.

풀이 $C'(Q)$를 Q에 관하여 적분하면 다음과 같다.

$$\int 2e^{0.2Q}dQ = 2\frac{1}{0.2}e^{0.2Q} + c = 10e^{0.2Q} + c \qquad (9.2\text{-}1)$$

이 결과는 임의의 상수 c로 인해 미확정적이라는 점을 제외하고는 찾으려는 $C(Q)$의 함수로 볼 수 있다. 여기서 $C_F = 90$이라는 정보를 초기 조건으로 이용하여 적분 상수로 확정할 수 있다. $Q = 0$일 때 총비용 C는 C_F와 같다. 그러므로 (9.2-1)의 결과에서 $Q = 0$으로 놓으면 $10e^0 + c = 90$이다. 따라서 $c = 90 - 10 = 80$이므로, 비용 함수는 다음과 같다.

$$C(Q) = 10e^{0.2Q} + 80$$

❑

주의 $c = 80$이지만 $C(0) \equiv C_F = 90$으로 다른 값을 가짐에 주의해라. 일반적으로 임의의 상수가 c가 항상 총 함수의 초깃값과 같다고 생각해서는 안 된다.

9.2.2 한계 수입과 총수입

한계 수입은 판매 1단위당 총수입의 변화분을 의미한다.

$$\text{한계 비용}: MC = d(TC)/dQ$$
$$\Rightarrow \ \text{총비용}: TC = \int MC\,dQ$$

예제 9.2-3 어느 기업의 한계 수입 함수 $R'(Q)$와 한계 비용 함수 $C'(Q)$가 다음과 같다고 하자.(단위는 만 원)

$$R'(Q) = 65 - 2Q,$$

$$C'(Q) = 10$$

(1) 총수입 함수를 찾아라.

(2) 고정 비용이 250만원으로 추정될 때 총비용 함수를 찾아라.

풀이 (1) 한계 수입 함수는 총수입 함수를 생산량 x에 미분한 결과이므로, 총수입 함수는 다음과 같다.

$$\int R'(Q)dQ = \int (65-2Q)dQ = 65Q - Q^2 + c$$

한편 생산량 또는 판매량 Q가 0일 때 총수입도 0이므로 총수입 함수는 $R(Q) = 65Q - Q^2$이다.

(2) 총비용 함수 $C(Q)$는 다음과 같다.

$$C(Q) = \int C'(Q)dQ = \int 10dQ = 10Q + c$$

$Q = 0$일 때의 총비용인 고정 비용이 250만 원이므로 $c = 250$에서 $C(Q) = 10Q + 250$이다. ❑

예제 9.2-4 한계 저축 성향(MPS)은 소득의 함수로서 $S'(Y) = 0.3 - 0.1^{-\frac{1}{2}}$이고, 소득이 81일 때 총저축 S가 0이라 하자. 이때 저축 함수 $S(Y)$를 찾아라.

풀이 MPS는 S함수의 도함수이므로 $S'(Y)$를 적분하면 다음 S함수를 얻을 수 있다.

$$S(Y) = \int (0.3 - 0.1Y^{-\frac{1}{2}})dY = 0.3Y - 0.2Y^{-\frac{1}{2}} + c$$

$Y = 81$일 때 $S = 0$임을 이용하여 상수 c의 값을 찾을 수 있다. 이런 정보를 위의 적분에 대입하여 다음과 같이 c를 확정지을 수 있다. (엄밀하게 따지면 이것이 초기 조건은 아니다. 다시 말해, $Y = 0$과는 무관하다.)

$$0 = 0.3(81) - 0.2(9) + c \quad \Rightarrow \quad c = -22.5$$

따라서 찾는 저축 함수는 다음과 같다.

$$S(Y) = 0.3Y - 0.2Y^{-\frac{1}{2}} - 22.5$$ ❑

9.2.3 현가의 계산

t년 후에 받게 될 A원을 r%의 할인율로 계속적으로 할인하여 현가를 구하면 Ae^{-rt}

이다. t년 후에 연간 수익이 연속 함수인 $f(t)$로 주어진다면, 앞으로 x년 동안 벌어들일 수익을 현가로 계산하면 얼마일까?

우선 x년을 각 구간의 길이가 $\frac{x}{n}$년인 n개의 소구간으로 나누어 생각한다. i째 소구간의 오른쪽 끝점을 t_i라 하면 이 소구간 동안 벌어들일 수익의 근삿값은 그림 9.2-1과 같이 $f(t_i)\frac{x}{n}$이다. 따라서 x년 동안의 총수익의 현가는 다음 식에 의해 근사적으로 계산할 수 있다.

$$P_n = \sum_{i=1}^{n} f(t_i)\frac{x}{n}e^{-rt_i}$$

n이 무한대로 커질 때 다음과 같은 결과를 얻는다.

$$P = \lim_{n\to\infty} P_n = \int_0^x f(t)e^{-rt}dt$$

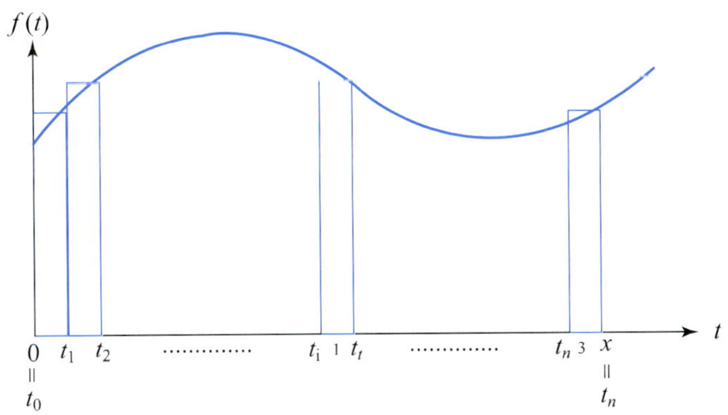

그림 9.2-1 총수익의 근삿값의 현가 계산

예제 9.2-5 한국 주물은 이번에 10년을 계약 기간으로 하여 자동 주물 설비를 리스할 계획으로 있다. 계약금으로 우선 16천만 원을 지불하고, 매년 2천만 원씩을 리스료로 지불해야 하는데 이 설비를 사용함으로써 앞으로 10년간 매년 5천만 원의 추가 이익이 생길 것으로 기대하고 있다. 이 설비를 리스하는 것이 타당한지를 분석하라. 단 연이율은 15%로 하며, 연속 복리 계산 방법(continuous interest rate)을 채택한다.

풀이 매년 기대되는 순이익이 3천만 원이지만 이 3천만원이 매년 말에 발생하지 않고 1년에 걸쳐 지속적으로 발생한다고 가정한다면 10년 동안 순이익의 현가는 다음과 같이 찾을 수 있다.

$$\begin{aligned}\int_0^{10}(5-2)e^{-0.15t}dt &= -20e^{-0.15t}\Big]_0^{10} \\ &= -20e^{-1.5}+20 \\ &= 15.538\end{aligned}$$

그러나 계약금으로 16천만 원을 지불해야 하므로 현가로 계산하여 $16-15.538=0.462$ 천만 원의 손실이 발생한다. 따라서 이 자동 설비는 리스하지 않는 것이 좋다. ❑

연습 문제 9.2

1. 한계 수입 함수가 다음과 같다고 하자.

   (1) $R'(Q)=28Q-e^{0.3Q}$

   (2) $R'(Q)=10(1+Q)^{-2}$

   각 경우에 있어서 총수입 함수 $R(Q)$를 찾아라.

2. (1) 한계 수입 성향이 $M'(Y)=0.1$이고, $Y=0$일 때 $M=20$이라면 수입 함수 $M(Y)$는 어떻게 되겠는가?

   (2) 한계 소비 성향이 $C'(Y)=0.8+0.1Y^{-\frac{1}{2}}$이고, $Y=100$일 때 $C=Y$이라면 소비 함수 $C(Y)$는 어떻게 되겠는가?

3. 어느 기업의 한계 생산 비용이 $C'(Q)=\dfrac{1}{50}Q^2-2Q+107$이고 $Q=0$일 때의 생산 비용이 2000만 원이라 한다.

   (1) 총생산 비용을 찾아라.

(2) 31번째 제품을 생산하는 데 소요되는 실제 비용을 계산하고, 이 값과 $C'(30)$을 비교하라.

4. 어느 기업의 한계 수입 함수 $R'(Q)$와 한계 비용 함수 $C'(Q)$가 다음과 같다고 하자.

$$R'(Q) = 150 - Q, \qquad C'(Q) = \frac{1}{10}Q^2 - 4Q + 110$$

30개를 생산할 때 소요되는 총생산 비용이 3000만 원이라 가정하고 다음 물음에 답하라.

(1) $Q = 0$일 때의 생산 비용(즉 고정 비용)을 찾아라.

(2) 이 기업의 이윤을 Q의 함수로 나타내라.

(3) 이윤을 최대화할 수 있는 생산량 수준 Q^*를 찾아라.

5. 어느 기업의 한계 생산 비용이 $C'(Q) = 50 + \dfrac{630}{Q^2}$으로 추정될 때, 30개를 생산한 직후 5개를 추가 생산할 때 소요되는 비용을 찾아라.

6. 1970년을 기점으로 하여 제3세계에 속하는 국가들이 t년 후$(1970 + t)$에 감행할 연간 투자액의 추정치가 $I(t) = 200 + 50t$(단위: 백만 달러)일 때 1985년에서 1990년까지 이 국가들이 투자할 금액을 찾아라.

7. 강원도에서 고령토 광업권을 획득한 한국 광업은 수익의 증가율이 $R'(t) = \dfrac{100}{\sqrt{t+2}}$(단위: 백만 원)으로 나타날 것으로 분석하고 있다. 연간 조업 비용이 20백만 원으로 추정된다고 가정하고 다음 물음에 답하라.

(1) 순이익을 t의 함수로 나타내라.

(2) 앞으로 34년간 조업할 때 기대되는 순이익을 계산하라.

8. 매년 D원만큼의 현금이 계속적으로 유입된다고 할 때, 15%를 연간 이자율(할인율)로 사용하여 y년 동안 들어올 현금의 현가를 찾아라. 단 매년 유입될 현금 총액은 D원이지만 매년 말이나 매년 초처럼 일정 시점에 한꺼번에 유입되지 않고 1년에 걸쳐 지속적으로 유입된다고 가정한다. y가 무한대로 커지면, 현가는 얼마가 되는가?

9. 한국 피자는 연평균 10억 원의 순이익을 올린다고 한다. 연이율이 20%로 연속적으로 할인한다고 할 때 앞으로 8년 동안 기대할 수 있는 순이익의 현가를 찾아라.

10. 한국 유통은 수도권의 수요를 효율적으로 충족시키기 위해 대형 창고를 6년 동안 1억 6천만 원에 임대하기로 계약하였다. 앞으로 연간 3천 6백만 원의 비용 절감을 기대할 수 있을 때 이 계약의 경제성을 분석하라. 단, 연간 할인율은 12%로 하며, 연속 복리 계산 방식을 채택한다.

9.3 물리학 및 공학에의 응용

물리학과 공학에서 활용되는 응용 중에서 여기서는 일과 질량 중심 두 가지를 다룬다.

9.3.1 일

물체의 가속도가 일정할 때 힘 F는 일정하며, 한 일 W는 힘 F와 그 물체가 운동한 총 이동 거리 d와의 곱으로 정의된다. 힘 F가 뉴턴($\mathrm{N = kg \cdot m/sec^2}$)으로 이동 거리 d가 미터(m)로 측정되면, 일 W의 단위는 뉴턴-미터(N-m)이며, 이것을 줄(J)이라고 한다. 또 F가 파운드(lb)이고 d가 피트로 측정되면, 일 W의 단위는 피트-파운드(ft-lb)이며, 이것은 대략 1.36J이다.

물체가 $x=a$로부터 $x=b$까지 운동할 때, a와 $b(a<b)$ 사이의 임의의 점 x에서 힘 $f(x)$가 물체에 작용한다고 하자. 이제 $a=x_0<x_1<\cdots<x_n=b$를 만족시키는 닫힌 구간 $[a,b]$의 한 분할 P를 선택하여 $\Delta x_i = x_i - x_{i-1}$이라 하고, 점 x_i^*를 소구간 $[x_{i-1}, x_i]$에서 택하면 x_i^*에서의 힘은 $f(x_i^*)$ 이다. 따라서 물체가 a에서 b까지 운동할 때 한 일은 리만 합 $\sum_{i=1}^{n} f(x_i^*)\Delta x_i$의 극한 $W = \lim_{\|P\|\to 0}\sum_{i=1}^{n} f(x_i^*)\Delta x_i$로 반드시 존재한다.

예제 9.3-1 한 물체가 원점으로부터 x ft되는 지점에 있을 때, (x^2+2x) lb의 힘이 이 물체에 작용하고 있다. 이 물체를 $x=1$로부터 $x=3$까지 움직였을 때 한 일은 얼마인가?

풀이 $\int_1^3 (x^2+2x)dx = \frac{50}{3}$ 으로부터, 한 일은 $\frac{50}{3}$ft-lb이다. □

예제 9.3-2 (1) 마룻바닥 위에 있는 1.2 kg의 책을 높이가 0.7 m인 책상 위로 들어올릴 때 한 일은 얼마인가? 중력에 의한 가속도는 $g = 9.8\,\mathrm{m/s^2}$임을 이용하라.

(2) 무게 20 lb의 물체를 지표면에서부터 6 ft되는 곳으로 들어올릴 때 한 일은 얼마인가?

풀이 (1) 작용된 힘은 중력에 의한 힘과 크기는 같고 방향은 반대이다. 즉, 다음과 같다.

$$F = mg = (1.2)(9.8) = 11.76\text{N}$$

그러므로 이때 한 일은 다음과 같다.

$$W = Fd = (11.76)(0.7) \approx 8.2\text{J}$$

(2) 힘은 $F = 20\text{lb}$이므로, 한 일은 다음과 같다.

$$W = Fd = 20 \cdot 6 = 120 \text{ ft-lb}$$

❑

(2)에서는 물체의 질량이 아닌 무게(즉, 힘)이 주어졌기 때문에 (1)에서처럼 중력 가속도 g를 곱할 필요가 없다.

훅의 법칙(Hook's Law)은 용수철을 x단위만큼 잡아 늘리는 데 필요한 힘이 x에 비례한다는 것이다. 즉, $f(x) = kx$이며, 여기서 k를 탄성 상수(spring constant)라 한다. 훅의 법칙은 x가 지나치게 크지 않은 경우에만 성립한다.

> **예제 9.3-3** 길이가 10 cm인 용수철을 15 cm로 늘리는 데 필요한 힘이 40 N일 때, 용수철의 길이를 15 cm에서 18 cm로 늘리는 데 한 일을 찾아라.

풀이 훅의 법칙에 의해 용수철을 $x$cm 늘리는 데 필요한 힘은 $f(x) = kx$이다. 따라서 이 용수철을 10 cm에서 15 cm까지 늘릴 때 늘어난 길이가 0.05 m이므로, $f(0.05) = 40$으로부터 탄성 상수 $k = 800$을 얻는다. 따라서 $f(x) = 800x$이고, 한 일 W는 다음과 같다.

$$W = \int_{0.05}^{0.08} 800x\, dx = 1.56J$$

❑

9.3.2 모멘트와 질량 중심

어떤 얇은 판이 수평으로 균형을 잡는 점을 그 판의 질량 중심(center of mass) 또는 무게 중심(center of gravity)이라 한다. 간단한 실례를 들어보면, 두 질량 m_1과 m_2가 무시할 정도의 질량을 가지는 막대의 양 끝에 놓여있고, 받침대로부터 각각 거리 d_1과 d_2로

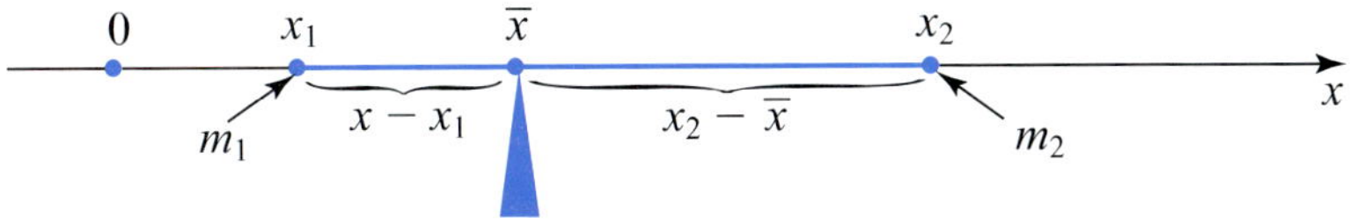

떨어져 있을 때 $m_1 d_1 = m_2 d_2$이면 막대는 균형을 잡는다.

이제 x축을 따라 놓여있는 막대기에서 x축의 x_1과 x_2에서 각각 질량 m_1과 m_2이 있고 $\bar{x}$에 질량 중심이 있다고 가정하자. 그러면 $d_1 = \bar{x} - x_1$이고 $d_2 = x_2 - \bar{x}$로부터 다음이 성립한다.

$$m_1(\bar{x} - x_1) = m_2(x_2 - \bar{x})$$

따라서 다음을 얻는다.

$$\bar{x} = \frac{m_1 x_1 + m_2 x_2}{m_1 + m_2}$$

여기서 $m_1 x_1$와 $m_2 x_2$를 각각 질량 m_1과 m_2의 원점에 관한 모멘트(moment)라 부른다.

일반적으로, x축의 점 $x_1, x_2, \cdots, x_n$에 질량 $m_1, m_2, \cdots, m_n$이 있는 n개의 질점계의 질량 중심은 다음과 같다.

$$\bar{x} = \frac{\sum_{i=1}^{n} m_i x_i}{\sum_{i=1}^{n} m_i} = \frac{\sum_{i=1}^{n} m_i x_i}{m}$$

여기서 $m = \sum m_i$는 질점계의 전체 질량이고, $M = \sum_{i=1}^{n} m_i x_i$는 원점에 대한 질점계의 모멘트(moment of the systerm about the origin)라 한다.

이제 xy평면의 점 (x_1, y_1), (x_2, y_2), $\cdots$, (x_n, y_n)에 각각 질량 $m_1, m_2, \cdots, m_n$이 있는 n개의 입자들의 체계를 생각하자. 비슷한 방법으로 x축에 관한 질점계의 모멘트, y축에 관한 질점계의 모멘트를 각각 $M_x = \sum_{i=1}^{n} m_i y_i$, $M_y = \sum_{i=1}^{n} m_i x_i$라 정의하면 질량 중심의 좌표 $(\bar{x}, \bar{y})$는 다음과 같이 주어진다.

$$\bar{x}=\frac{M_y}{m}, \quad \bar{y}=\frac{M_x}{m}$$

단, $m=\sum m_i$는 전체 질량이다.

예제 9.3-4 세 점 $(-1, 1)$, $(2, -1)$, $(3, 2)$에 각각 질량 3, 4, 8이 있는 물체들의 체계에서 모멘트와 질량 중심을 찾아라.

풀이 $M_x=3(1)+4(-1)+8(2)=15$이고 $M_y=3(-1)+4(2)+8(3)=29$ 이며 $m=3+4+8=15$이므로, 다음을 얻는다.

$$\bar{x}=\frac{M_y}{m}=\frac{29}{15}, \quad \bar{y}=\frac{M_x}{m}=\frac{15}{15}=1$$

따라서 질량 중심은 $\left(\frac{29}{15}, 1\right)$이다. ❑

다음으로 평면의 한 영역 R을 차지하고 있으며 밀도가 ρ로 균일한 판의 중심(centriod)이라 불리는 질량 중심을 찾아보자. 도함수가 연속인 함수 $y=f(x)$ $(a \le x \le b)$가 $f(x)>0$일 때 $[a, b]$의 분할 P를 $a=x_0<x_1< \cdots <x_n=b$라 하고 각 소구간 $[x_{i-1}, x_i]$의 중점을 $x_i{}^*$로 택한다(즉, $x_i{}^*=\frac{x_{i-1}+x_i}{2}$). 이렇게 하면 R의 근사 다각형이 결정된다. i째 근사 직사각형 R_i의 중심은 $C_i(x_i{}^*, \frac{1}{2}f(x_i{}^*))$이고 넓이는 $f(x_i{}^*)\Delta x$이므로 질량은 다음과 같다.

$$\rho f(x_i{}^*)\Delta x$$

y축에 관하여 R_i의 모멘트는 그것의 질량과 점 C_i로부터 y축에 이르는 거리의 곱이다. 따라서 다음이 성립한다.

$$M_y(R_i)=\{\rho f(x_i{}^*)\Delta x\}x_i{}^* = \rho x_i{}^* f(x_i{}^*)\Delta x$$

따라서 y축에 대한 R의 모멘트는 $M_y=\lim_{n\to\infty}\sum_{i=1}^{n}\rho\frac{1}{2}f(x_i{}^*)\Delta x=\rho\int_a^b xf(x)dx$ 이다. 마

찬가지로, x축에 대한 R의 모멘트는 $M_x = \lim_{n\to\infty}\sum_{i=1}^{n}\rho\frac{1}{2}\{f(x_i^*)\}^2 = \rho\int_a^b \frac{1}{2}\{f(x)\}^2dx$ 이다. 따라서 이 판의 질량중심은 $m\bar{x} = M_y$와 $m\bar{y} = M_x$로 정의된다. 한편 판의 질량은 밀도 ρ와 면적 A의 곱이므로 $m = \rho A = \rho\int_a^b f(x)dx$ 이고, 이에 따라 다음을 얻는다.

$$\bar{x} = \frac{M_y}{m} = \frac{\rho\int_a^b xf(x)dx}{\rho\int_a^b f(x)dx} = \frac{\int_a^b xf(x)dx}{\int_a^b f(x)dx},$$

$$\bar{y} = \frac{M_x}{m} = \frac{\rho\int_a^b \frac{1}{2}\{f(x)\}^2dx}{\rho\int_a^b f(x)dx} = \frac{\int_a^b \frac{1}{2}\{f(x)\}^2dx}{\int_a^b f(x)dx}$$

위 식에서 보면 질량 중심의 좌표는 밀도와 관계가 없다. 따라서 판의 질량 중심(또는 R의 중심)의 좌표 $(\bar{x}, \bar{y})$는 다음과 같다.

$$\bar{x} = \frac{1}{A}\int_a^b xf(x)dx, \quad y = \frac{1}{A}\int_a^b \frac{1}{2}\{f(x)\}^2dx$$

예제 9.3-5 반지름이 r인 반원판의 질량 중심을 찾아라.

풀이 반원을 $f(x) = \sqrt{r^2 - x^2}$, $a = -r$, $b = r$이라 하자. 주어진 조건에서 $\bar{x} = 0$이고 $A = \frac{\pi r^2}{2}$ 이므로 다음이 성립한다.

$$\begin{aligned}\bar{y} &= \frac{1}{A}\int_{-r}^{r} \frac{1}{2}\{f(x)\}^2dx \\ &= \frac{1}{\pi r^2/2}\cdot\frac{1}{2}\int_{-r}^{r}(\sqrt{r^2 - x^2})dx \\ &= \frac{1}{\pi r^2}\left[r^2x - \frac{x^3}{3}\right]_{-r}^{r} = \frac{4r}{3\pi}\end{aligned}$$

따라서 질량 중심은 $(0, \frac{4r}{3\pi})$이다. ❑

예제 9.3-6 곡선 $y=\cos x$, $y=0$, $x=0$, $x=\frac{\pi}{2}$로 둘러싸인 영역의 중심을 찾아라.

풀이 이 영역의 넓이는 $A=\int_0^{\frac{\pi}{2}}\cos x\,dx=1$이므로, 다음을 얻는다.

$$\begin{aligned}\bar{x}&=\frac{1}{A}\int_0^{\frac{\pi}{2}}xf(x)dx=\int_0^{\frac{\pi}{2}}x\cos x\,dx\\&=[x\sin x]_0^{\frac{\pi}{2}}-\int_0^{\frac{\pi}{2}}\sin x\,dx\\&=\frac{\pi}{2}-1,\end{aligned}$$

$$\begin{aligned}\bar{y}&=\frac{1}{A}\int_0^{\frac{\pi}{2}}\frac{1}{2}\{f(x)\}^2dx=\frac{1}{2}\int_0^{\frac{\pi}{2}}\cos^2x\,dx\\&=\frac{1}{4}\int_0^{\frac{\pi}{2}}(1+\cos 2x)dx=\frac{1}{4}\left[x+\frac{1}{2}\sin 2x\right]_0^{\frac{\pi}{2}}\\&=\frac{\pi}{8}\end{aligned}$$

❑

예제 9.3-7 직선 $y=x$와 포물선 $y=x^2$로 둘러싸인 영역의 중심을 찾아라.

풀이 $f(x)=x$, $g(x)=x^2$, $a=0, b=1$로 잡자. 그러면 영역의 넓이는 다음과 같다.

$$A=\int_0^1(x-x^2)dx=\frac{1}{6}$$

따라서 중심은 다음과 같다.

$$\begin{aligned}\bar{x}&=\frac{1}{A}\int_0^1 x\{f(x)-g(x)\}dx=\frac{1}{\frac{1}{6}}\int_0^1 x(x-x^2)dx\\&=6\int_0^1(x^2-x^3)dx=\frac{1}{2},\end{aligned}$$

$$\overline{y} = \frac{1}{A}\int_0^1 \frac{1}{2}\left[\{f(x)\}^2 - \{g(x)\}^2\right]dx = \frac{1}{\frac{1}{6}}\int_0^1 \frac{1}{2}(x^2 - x^4)dx$$

$$= 3\left[\frac{x^3}{3} - \frac{x^5}{5}\right]_0^1 = \frac{2}{5}$$

구하는 중심은 $\left(\frac{1}{2},\ \frac{2}{5}\right)$이다. ❑

연습 문제 9.3

1. 900 N의 일정한 힘으로 자동차를 밀어서 8 m의 거리만큼 이동시킬 때 한 일을 찾아라.

2. 본래의 길이가 30 cm인 용수철을 40 cm의 길이로 늘릴 때 필요한 일이 2 J이라고 가정하자. 용수철을 35 cm부터 40 cm까지 늘릴 때 필요한 일은 얼마인가?

3. 무게가 200 lb이고 길이가 100 ft인 케이블이 고층 건물의 꼭대기에 수직으로 매달려 있다. 케이블을 건물의 꼭대기까지 끌어올리는 데 필요한 일은 얼마인가?

4. 높이가 10 m이고 밑면의 반지름이 4 m인 거꾸로 세워진 직원뿔 모양의 물통이 있다. 이 물통에 높이 8 m인 지점까지 물이 채워져 있다. 이 물통의 물 전부를 물통의 윗면까지 퍼 올려서 비우는 데 필요한 일을 찾아라. (단, 물의 밀도는 1000 kg/m^{3}이다.)

5. 다음 각 질량 m_i가 점 P_i에 놓여있다. 이 체계의 모멘트 M_x와 M_y 및 질량 중심을 찾아라.

$$m_1 = 6,\ m_2 = 5,\ m_3 = 10$$

$$P_1(1, 5),\ P_2(3, -2),\ P_3(-2, -1)$$

6~8. 다음 주어진 곡선들로 둘러싸인 영역들의 중심을 찾아라.

6. $y = \sqrt{x}$, $y = x$

7. $y = \sin x$, $y = \cos x$, $x = 0$, $x = \dfrac{\pi}{4}$

8. $x = 5 - y^2$, $x = 0$

9. 모양이 오른쪽 그림과 같고 밀도가 $\rho = 1$인 얇은 판의 모멘트 M_x와 M_y 및 질량 중심을 찾아라.

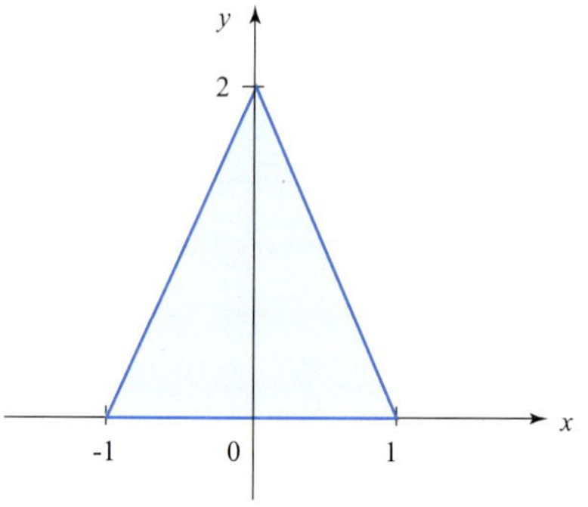

9.4 생물학에의 응용

생물학에서 활용되는 응용 중에서 여기서는 혈액의 흐름과 심박 출량 두 가지를 다룬다.

9.4.1 혈액의 흐름

반지름이 R이고 길이가 l인 혈관의 중심축으로부터 거리 r에서 그 혈관을 따라 흐르는 혈액의 속도는 다음과 같다.

$$v(r) = \frac{P}{4\eta l}(R^2 - r^2)$$

단, P는 혈관의 양끝점 사이의 압력차이고 η는 혈액의 점성도(viscosity)이다. 유량(flux)을 계산하기 위해 동일한 폭 Δr을 갖도록 반지름 r_i를 다음과 같이 놓자.

$$0 = r_0 < r_1 < \cdots < r_n = R$$

그러면 환형의 근사 넓이는 다음과 같다.

$$2\pi r_i \Delta r, \quad \Delta r = r_i - r_{i-1}$$

따라서 환형을 통과하여 흐르는 단위 시간당 혈액량은 다음과 같다.

$$(2\pi r_i \Delta r)v(r_i) = 2\pi r_i v(r_i)\Delta r$$

그리고 단위 시간당 한 단면을 통과하여 흐르는 전체 혈액량은 다음과 같다.

$$\sum_{i=1}^{n} 2\pi r_i v(r_i)\Delta r$$

따라서 유량(flux 또는 discharge)은 다음과 같다.

$$\begin{aligned} F &= \lim_{n\to\infty}\sum_{i=1}^{n} 2\pi r_i v(r_i)\Delta r = \int_0^R 2\pi r v(r)dr \\ &= \int_0^R 2\pi r \frac{P}{4\eta l}(R^2 - r^2)dr = \frac{\pi P}{2\eta l}\int_0^R (R^2 r - r^3)dr \\ &= \frac{\pi P}{2\eta l}\left[R^2\frac{r^2}{2} - \frac{r^4}{4}\right]_{r=0}^{r=R} = \frac{\pi P}{2\eta l}\left[\frac{R^4}{2} - \frac{R^4}{4}\right] = \frac{\pi P R^4}{8\eta l} \end{aligned}$$

이것을 푸애즈이유(Poiseuille)의 법칙이라 부른다.

9.4.2 심박출량

단위 시간당 심장 박동에 의하여 심장 밖으로 내보내는 혈액의 양, 즉 대동맥 속으로 흐르는 흐름의 율을 심장의 심박출량(cardiac output)이라 한다. 이 양을 구하기 위해 혈액에 형광 염료를 투입하는 염료 희석법(dye dilution method)를 사용한다. 즉 우심방에 형광색소를 투입하고 대동맥에 이 염료의 농도를 측정할 수 있는 기구를 설치한다. 형광색소가 모두 사라지는 시간을 T라 할 때, 시간 구간 $[0,\ T]$를 n개의 같은 길이의 시간 Δt로 나누자. 그리고 $c(t)$를 시간 t에서의 염료의 농도라 하자. 그러면 $t=t_{i-1}$에서 $t=t_i$까지의 구간을 지나간 형광 색소의 양은 대략 다음과 같다.

$$(\text{농도})(\text{부피}) = c(t_i)(F\Delta t)$$

여기서 F는 찾으려는 혈류의 속도이다. 따라서 형광 색소의 총량은 다음과 같다.

$$\sum_{i=1}^{n} c(t_i)F\Delta t = F\sum_{i=1}^{n} c(t_i)\Delta t$$

여기서 $n\to\infty$라 하면 형광 색소의 양은 다음과 같다.

$$A = F\int_0^T c(t)dt$$

결국 심장의 혈액 방출은 다음과 같이 주어진다.

$$F = \frac{A}{\int_0^T c(t)dt}$$

예제 9.4-1 아래 표는 우심방에 10 mg의 형광색소를 주입하고 대동맥에서 1초 단위로 농도를 측정한 결과이다.

t	0	1	2	3	4	5	6	7	8
$c(t)$	0	0.5	2.0	4.2	5.6	4.5	2.2	0.7	0

중점 리만 합과 심프슨 법칙을 이용하여 심박출량을 추정하라.

풀이 구간의 수가 4인 중점 리만 합은 다음과 같다.

$$M_4 = 2 \cdot (0.5 + 4.2 + 4.5 + 0.7) = 19.8$$

따라서 중점 리만 합을 이용한 심박출량의 근삿값은 다음과 같다.

$$F \approx \frac{10}{19.8} \approx 0.505$$

한편 구간의 수가 4인 왼쪽 리만 합과 오른쪽 리만 합은 각각 다음과 같다.

$$L_4 = R_4 = 2 \cdot (0 + 2.0 + 5.6 + 2.2) = 19.6$$

따라서 심프슨 법칙에 의한 적분의 근삿값은 다음과 같다.

$$S_4 = \frac{1}{3}(19.6 + 2 \cdot 19.8) \approx 19.73$$

따라서 심프슨 법칙에 의한 심박출량의 근삿값은 다음과 같다.

$$F \approx \frac{10}{19.73} \approx 0.507$$ ❑

예제 9.4-2 다음 표는 5 mg의 염료를 우심방 속으로 주입한 다음 염료의 농도(리터당 밀리그램)를 1초 간격으로 대동맥에서 측정한 것이다. 이때 심박출량을 조사하라.

t	$c(t)$	t	$c(t)$
0	0	6	6.1
1	0.4	7	4.0
2	2.8	8	2.3
3	6.5	9	1.1
4	9.8	10	0
5	8.9		

풀이 $A = 5,\ \Delta t = 1,\ T = 10$이고 심슨의 공식을 사용하여 농도 적분의 근삿값을 이용하여 농도 적분의 근삿값을 찾으면 다음과 같다.

$$\begin{aligned}\int_0^{10} c(t)dt &\approx \frac{1}{3}\{0 + 4(0.4) + 2(2.8) + 4(6.5) + 2(9.8) + 4(8.9) + 2(6.1) \\ &\qquad + 4(4.0) + 2(2.3) + 4(1.1) + 0\} \\ &\approx 41.87\end{aligned}$$

따라서 심박출량은 다음과 같다.

$$F = \frac{A}{\int_0^{10} c(t)dt} \approx \frac{5}{41.87} = 0.12\ \text{L/s} = 7.2\ \text{L/min}$$ ❑

연습 문제 9.4

1. 푸애즈이유의 법칙을 이용하여 사람의 동맥에서 혈액 흐름의 속도를 계산하라. 여기서 $\eta = 0.027$, $R = 0.008$㎝, $l = 2$㎝, $P = 4000$ dynes/㎠ 이다.

2. 고혈압은 동맥의 협착에 의해서 발생한다. 정상 혈류속도를 유지하기 위해 심장은 더 힘있게 펌프질해야 하고 따라서 혈압은 증가하게 된다. R_0과 P_0이 각각 동맥의 정상적 반지름과 압력이고, R과 P가 협착된 동맥에서의 값일 때 혈류를 일정하게 하기 위해 R과 P는 다음의 방정식과 연관됨을 푸애즈이유의 법칙을 사용하여 보아라. 동맥의 반지름이 이전의 값보다 $\frac{3}{4}$ 만큼 감소했을 때 혈압이 3배 이상이 됨을 추론하라.

$$\frac{P}{P_0} = \left(\frac{R_0}{R}\right)^4$$

3. 염료의 희석 방법은 염료 8 mg으로 심장의 혈액방출을 측정하는 방법이다. 염료의 농도는 단위가 mg/L로서 $c(t) = \frac{1}{4}t(12-t)$ $(0 \le t \le 12)$로 표현되며 여기서 t는 초로 측정된다. 심장의 혈액방출을 찾아라.

4. 다음은 염료 8 mg을 주입한 후에 2초 간격으로 염료농도를 나타낸 것이다. 심프슨의 법칙을 사용하여 심장의 혈액방출을 찾아라.

t	$c(t)$	t	$c(t)$
0	0	12	3.9
2	2.4	14	2.3
4	5.1	16	1.6
6	7.8	18	0.7
8	7.6	20	0
10	5.4		

5. 환자가 알약을 복용하면, 알약의 약 성분이 혈류에 흡수된다. 알약을 먹고 t분 후에 약의 흡수율은 다음과 같다.

$$R(t) = te^{0.2t}$$

알약 복용 후 처음 10분 동안 혈류에 흡수된 약의 총량을 찾아라.

6. 처음 무게가 2g인 배양 효모가 일정한 온도에서 시간당 $W(t) = 0.02e^{0.1t}$g의 비율로 자라고 있다. t시간 후에 배양 효모의 무게 $W(t)$를 찾아라. 또 이때 8시간 후에 배양 효모의 무게를 찾아라.

7. 어떤 유기체의 나이가 x일 때 길이 $L(x)$는 다음을 만족시킨다고 하자.

$$\frac{dL}{dx} = e^{-0.1x} \quad (x \geq 0)$$

$L_\infty = \lim_{x\to\infty} L(x) = 25$일 때 $L(x)$를 찾아라. $x = 0$일 때 유기체는 얼마나 큰가?

9.5 미분 방정식

연습 문제 7.1의 문제 4에서 $y' = 2x$를 만족시키고 점 (1, 2)를 지나는 곡선 $y = f(x)$를 찾았다. 먼저 함수 $f(x) = 2x$의 부정 적분을 찾아야 하는데, 이는 다음 방정식을 만족시키는 함수 $y(x)$를 구하는 문제와 같다.

$$y' = f(x) \tag{9.5-1}$$

이와 같이 미지의 함수 및 그 도함수를 포함하는 방정식을 미분 방정식(differential equation)이라고 한다. 그런데 부정 적분 과정에서 적분 상수 C가 나타나고, 이에 따라 해의 집합을 얻는다. 이를 일반해(general solution)라고 한다.

연습 문제 7.1의 문제 4에서는 점 (1, 2)를 지나는 곡선을 찾고 있는데, 이는 부정 적분 y 중에서 $y(1) = 2$을 만족시키는 함수는 찾는 것과 같다. 이렇게 무수히 많은 중에서 하나의 해, 곧 특수해(particular solution)를 찾도록 하는 다음과 같은 조건을 초기 조건(initial condition)이라 한다.

$$y(x_0) = y_0 \tag{9.5-2}$$

미분 방정식과 초기 조건의 결합을 초깃값 문제(initial value problem)라고 한다. 이런 문제는 과학의 모든 분야에서 중요한 역할을 한다.

(9.5-1)에 나타낸 미분 방정식 이외에도 다음과 같은 형태의 미분 방정식이 있다.

$$y' = xy,$$

$$y'' + 2y' + y = 0,$$

$$\frac{d^3y}{dx^3} + x\frac{d^2y}{dx^2} + \frac{dy}{dx} - 2y = e^{-x}$$

이런 미분 방정식의 풀이는 쉽지 않다. 모든 미분 방정식을 푸는 체계적인 기법도 없다.

여기서는 분리 가능한 방정식(separable equation)이라 부르는, 다음과 같은 꼴로 나타낼 수 있는 미분 방정식을 알아보겠다.

$$\frac{dy}{dx} = g(x)f(y) \tag{9.5-3}$$

우변이 x에 관한 함수와 y에 관한 함수의 곱으로 표현되어 있다. $f(y) \neq 0$일 때는 $h(y) = 1/f(y)$에 대해 방정식 (9.5-3)을 다음과 같은 동치인 방정식으로 나타낼 수 있다.

$$\frac{dy}{dx} = \frac{g(x)}{h(y)} \tag{9.5-4}$$

이 방정식을 풀기 위해, y에 관한 모든 것을 방정식의 한쪽으로 모으고 x에 관한 모든 것은 다른 쪽으로 모아서 다음과 같은 미분 형식으로 다시 쓴다.

$$h(y)dy = g(x)dx$$

그리고 이 방정식의 양변을 다음과 같이 각각 적분한다.

$$\int h(y)dy = \int g(x)dx \tag{9.5-5}$$

방정식 (9.5-5)는 y를 x의 음함수로 정의하고 있다. 어떤 경우에는 y를 x의 식으로 풀 수 있다.

이 과정의 정당성은 다음과 같이 연쇄 법칙을 이용해서 밝힐 수 있다. h와 g가 (9.5-5)를 만족시키면, 다음이 성립한다.

$$\frac{d}{dx}\left(\int h(y)dy\right) = \frac{d}{dx}\left(\int g(x)dx\right)$$

그러므로 다음을 얻는다.

$$\frac{d}{dy}\left(\int h(y)dy\right)\frac{dy}{dx} = g(x), \text{ 곧 } \quad h(y)\frac{dy}{dx} = g(x)$$

그러므로 방정식 (9.5-4)를 만족시킨다.

보기 9.5-1 미분 방정식 $\dfrac{dy}{dt} = ay$를 풀어라.

풀이 주어진 분리 가능한 방정식이므로, 이를 다음과 같이 풀 수 있다.

$$\int \frac{dy}{y} = \int a\,dt \quad (y \neq 0),$$

$$\ln|y| = at + C,$$

$$|y| = e^{at+C} = e^{C}e^{at},$$
$$y = Ae^{at}$$

여기서 $A(=\pm e^{C}$ 또는 0)는 임의의 상수이다. □

보기 9.5-2 미분 방정식 $\dfrac{dy}{dx} = \dfrac{3x^2}{4y + \sin y}$ 을 풀어라.

풀이 주어진 방정식을 미분 형식으로 나타내고 양변을 적분하면, 다음을 얻는다.

$$(4y + \sin y)dy = 3x^2 dx,$$
$$\int (4y + \sin y)dy = \int 3x^2 dx,$$
$$2y^2 - \cos y = x^3 + C \qquad (9.5\text{-}6)$$

여기서 C는 상수이다. 식 (9.5-6)은 일반해를 음함수로 나타내고 있다. 이런 경우에 이 식을 풀어서 y를 x에 관한 양함수로 나타내기가 불가능하다. □

보기 9.5-3 다음 초깃값 문제를 풀어라.

$$\frac{dy}{dx} = \frac{x^2}{y^2}, \quad y(0) = 2$$

풀이 주어진 방정식을 다음과 같이 미분으로 나타내고 양변을 적분하자.

$$y^2 dy = x^2 dx,$$
$$\int y^2 dy = \int x^2 dx,$$
$$\frac{1}{3}y^3 = \frac{1}{3}x^3 + C$$

여기서 C는 임의의 상수이다. 이를 y에 대해 풀면, 다음을 얻는다.

$$y = \sqrt[3]{x^3 + 3C}$$

이 일반해에 $x = 0$을 대입하면, $y(0) = \sqrt[3]{3C} = 2$이고 이에 따라 $3C = 8$이다. 따라서 주어진 초깃값 문제의 해는 다음과 같다.

$$y = \sqrt[3]{x^3 + 8}$$ □

연습 문제 9.5

1. 다음 초깃값 문제를 풀어라.

(1) $\dfrac{dy}{dx}=2x-7,\ y(2)=0$

(2) $\dfrac{dy}{dx}=\dfrac{1}{x^2}+x\ (x>0),\ y(2)=1$

(3) $\dfrac{dy}{dx}=3x^{-2/3},\ y(-1)=-5$

(4) $\dfrac{ds}{dt}=1+\cos t,\ s(0)=4$

(5) $\dfrac{dr}{d\theta}=-\pi\sin\pi\theta,\ r(0)=0$

(6) $\dfrac{dv}{dt}=\dfrac{3}{t\sqrt{t^2-1}}\ (t>1),\ \ v(2)=1$

(7) $\dfrac{d^2y}{dx^2}=2-6x,\ y'(0)=4,\ \ y(0)=1$

(8) $\dfrac{d^2r}{dt^2}=\dfrac{2}{t^3},\ \left.\dfrac{dr}{dt}\right|_{t=1}=1,\ \ r(1)=1$

2. 다음 미분 방정식을 풀어라.

(1) $\dfrac{dy}{dx}=\dfrac{y}{x}$

(2) $(x^2+1)y'=xy$

(3) $(1+\tan y)y'=x^2+1$

(4) $\dfrac{du}{dt}=2+2u+t+tu$

3. 다음 초깃값 문제를 풀어라.

(1) $\dfrac{du}{dt}=\dfrac{2t+\sec^2 t}{2u},\ \ u(0)=-5$

(2) $x\cos x=(2y+e^{3y})y',\ y(0)=0$

(3) $y'\tan x=a+y\ \ (0<x<\pi/2),\ \ y(\pi/3)=a$

❖ 메모

CHAPTER

10

무한 급수

제1장에 있는 실수의 집합 $\mathbb{R}$에 대한 공리에 의하면 유한 개의 실수의 합이 유일하게 존재한다. 여기서는 무한 개의 실수의 합이 존재하는지의 문제를 생각한다. 이와 관련하여 수열을 이용하여 무한 급수의 수렴을 정의하고, 수렴하는 급수의 성질과 수렴을 조사할 수 있는 여러 가지 판정법을 다룬다. 또 급수의 절대 수렴과 조건 수렴을 정의하고, 절대 수렴하는 급수의 몇 가지 중요한 성질을 알아본다.

10.1 급수의 수렴

수열 $\langle a_n \rangle$의 각 항 a_n을 합의 기호(+)로 다음과 같이 연결한 식을 무한 급수(infinite series) 또는 간단히 급수(series)라 하고, $\sum_{n=1}^{\infty} a_n$ 또는 간단히 $\sum a_n$로 나타낸다.

$$a_1 + a_2 + \cdots + a_n + \cdots$$

여기서 $a_n\,(n=1,\ 2,\ \cdots)$을 급수의 항(term)이라 한다. 그리고 각 $n \in \mathbb{N}$에 대하여 급수의 처음 n개 항의 합 S_n을 급수 $\sum a_n$의 부분 합(partial sum)이라 하고 수열 $\langle S_n \rangle$을 부분 합의 수열이라 한다. 따라서 S_n은 다음과 같다.

$$S_n = \sum_{i=1}^{n} a_i = a_1 + a_2 + \cdots + a_n$$

급수 $\sum a_n$의 부분 합의 수열 $\langle S_n \rangle$이 일정한 실수 S에 수렴할 때 $\sum a_n$은 S에 수렴한다(converge)고 한다. 이때 극한 S를 급수의 합(sum) 또는 극한(limit)이라 하며 다음과 같이 나타낸다.

$$S = \sum_{n=1}^{\infty} a_n$$

부분 합의 수열 $\langle S_n \rangle$이 수렴하지 않으면 $\sum a_n$은 발산한다(diverge)고 한다.

예제 10.1-1 다음 등비 급수의 수렴과 발산을 조사하라 (a는 상수).

$$a + ar + ar^2 + \cdots + ar^{n-1} + \cdots = \sum_{n=1}^{\infty} ar^{n-1} \tag{10.1-1}$$

풀이 먼저 $a=0$인 경우에 급수의 각 항이 0이므로 주어진 급수는 0에 수렴한다.

이제 $a \neq 0$이고 $r \neq 1$이라 하자. 그러면 $S_n = a + ar + ar^2 + \cdots + ar^{n-1}$이고 $rS_n = ar + ar^2 + \cdots + ar^n$이므로 $S_n - rS_n$으로부터 다음을 얻는다.

$$S_n = \frac{a(1-r^n)}{1-r} = a\left(\frac{1}{1-r} - \frac{r^n}{1-r}\right)$$

이 식에 대하여 다음과 같이 나누어 생각한다.

(1) $|r| < 1$인 경우 : $\lim_{n\to\infty} r^n = 0$이므로 $\lim_{n\to\infty} S_n = \dfrac{a}{1-r}$이다. 따라서 급수 (10.1-1)은 수렴한다.

(2) $r \geq 1$인 경우 : 먼저 $r > 1$이면 $\lim_{n\to\infty} r^n = \infty$이므로 $\lim_{n\to\infty} S_n = \infty$이다. $r = 1$이면 $S_n = a + a + \cdots + a = na$이므로 $\lim_{n\to\infty} S_n = \infty$이다. 따라서 급수 (10.1-1)은 양의 무한대로 발산한다.

(3) $r \leq -1$인 경우 : 먼저 $r = -1$이면 $S_n = a(1 - 1 + 1 - \cdots + (-1)^{n-1})$이므로 $\lim_{n\to\infty} S_{2n} = 0$이고 $\lim_{n\to\infty} S_{2n+1} = a$이다. 또한 $r < -1$인 경우는 $\lim_{n\to\infty} r^{2n} = \infty$이고 $\lim_{n\to\infty} r^{2n+1} = -\infty$이므로 $\lim_{n\to\infty} S_{2n} = -\infty$이고 $\lim_{n\to\infty} S_{2n+1} = \infty$이다. 그러므로 급수 (10.1-1)은 발산한다. ❑

특히, (3)과 같이 급수의 부분 합의 수열이 부호를 바꾸면서 발산할 때 급수는 진동(oscillate)한다고 한다.

정리 10.1-1

급수 $\sum_{n=1}^{\infty} a_n$이 수렴하면 $\lim_{n\to\infty} a_n = 0$이다.

증명 $\lim\limits_{n\to\infty} S_n = S$라하면 $\lim\limits_{n\to\infty} a_n = \lim\limits_{n\to\infty}(S_n - S_{n-1}) = S - S = 0$이다. ❑

위의 정리에서 $\lim_{n\to\infty} a_n = 0$이라는 조건은 급수 $\sum_{n=1}^{\infty} a_n$이 수렴하기 위한 필요조건이지 충분 조건은 아니다. 즉, $n \to \infty$일 때 급수에 대응하는 수열이 수렴한다고 해서 급수가 수렴한다고 말할 수 없다. 다음의 예를 보자.

예제 10.1-2 (조화 급수) 급수 $1 + \dfrac{1}{2} + \dfrac{1}{3} + \cdots + \dfrac{1}{n} + \cdots$의 부분 합에 대하여 다음이 성립한다.

$$1 + \frac{1}{2} > \frac{1}{2},$$

$$\frac{1}{3} + \frac{1}{4} > \frac{2}{4} = \frac{1}{2},$$

$$\frac{1}{5} + \frac{1}{6} + \frac{1}{7} + \frac{1}{8} > \frac{4}{8} = \frac{1}{2},$$

$$\frac{1}{9} + \frac{1}{10} + \cdots + \frac{1}{15} + \frac{1}{16} > \frac{8}{16} = \frac{1}{2},$$

$$\vdots$$

따라서 처음 k개의 부등식을 더하여 다음을 얻는다.

$$S_{2^k} = 1 + \frac{1}{2} + \frac{1}{3} + \cdots + \frac{1}{2^k - 1} + \frac{1}{2^k} > \frac{k}{2} \qquad (10.1\text{-}2)$$

그런데 $k \to \infty$ 이면 식 (10.1-2)의 우변은 무한대로 발산하므로 조화 급수는 발산한다. 따라서 조화 급수 $\sum_{n=1}^{\infty} \frac{1}{n}$은 $\lim_{n\to\infty} \frac{1}{n} = 0$을 만족시키지만 발산하는 급수이다. ❑

다음은 정리 10.1-1의 대우이다.

따름 정리 10.1.1

$\lim_{n\to\infty} a_n \neq 0$이면 급수 $\sum_{n=1}^{\infty} a_n$은 발산한다.

이를 이용하여 다음 예제와 같이 급수의 수렴을 간단하게 조사할 수 있는 경우가 있다. 조금 더 유용한 판정법에 대하여는 뒤에서 자세히 다루기로 한다.

예제 10.1-3 급수 $1 + \frac{2}{3} + \frac{3}{5} + \cdots + \frac{n}{2n-1} + \cdots$에 대하여 $\lim_{n\to\infty} \frac{n}{2n-1} = \frac{1}{2}$이므로 주어진 급수는 발산한다. ❑

정리 10.1-2

수렴하는 두 급수 $\sum_{n=1}^{\infty} a_n$과 $\sum_{n=1}^{\infty} b_n$ 및 임의의 실수 c에 대하여 다음이 성립한다.

$$\sum_{n=1}^{\infty}(a_n+b_n)=\sum_{n=1}^{\infty}a_n+\sum_{n=1}^{\infty}b_n, \quad \sum_{n=1}^{\infty}c\,a_n=c\sum_{n=1}^{\infty}a_n$$

증명 $S_n=\sum_{i=1}^{n}a_i$, $T_n=\sum_{i=1}^{n}b_i$, $U_n=\sum_{i=1}^{n}(a_i+b_i)$라 놓고, $n\to\infty$일 때 $S_n\to S$, $T_n\to T$라고 하자. 그러면 $U_n=S_n+T_n$이므로 수열의 극한에 관한 성질로부터 다음을 얻는다.

$$\lim_{n\to\infty}U_n=\lim_{n\to\infty}S_n+\lim_{n\to\infty}T_n=S+T$$

따라서 $\sum_{n=1}^{\infty}(a_n+b_n)$은 수렴하고, 그 합은 $S+T=\sum_{n=1}^{\infty}a_n+\sum_{n=1}^{\infty}b_n$이다.

또 $\sum_{i=1}^{n}c\,a_i=c\sum_{i=1}^{n}a_i$이므로 $\sum_{n=1}^{\infty}c\,a_n=c\sum_{n=1}^{\infty}a_n$도 분명하다. ❑

항이 모두 양수인 급수를 양항 급수라고 한다. 다음은 양항 급수의 수렴을 판정하는 중요한 정리이다. 증명은 연습 문제로 남긴다.

정리 10.1-3

모든 $n\in\mathbb{N}$에 대하여 $a_n\geq 0$인 급수 $\sum_{n=1}^{\infty}a_n$이 수렴하기 위한 필요 충분 조건은 부분 합의 수열 $\langle S_n\rangle$이 유계인 것이다.

연습 문제 10.1

1. 다음 순환 소수를 무한 급수로 표현하고 그 합을 분수 또는 정수로 나타내라.

(1) $4.999\cdots$ (2) $1.111\cdots$ (3) $0.313131\cdots$

2. 다음 급수의 수렴과 발산을 판정하고 그 이유를 말하라.

(1) $\displaystyle\sum_{n=1}^{\infty}\frac{1}{n!}$ (2) $\displaystyle\sum_{n=1}^{\infty}(-1)^{n+1}\frac{2n+1}{3n}$

(3) $\displaystyle\sum_{n=30}^{\infty}\frac{10^{-10}n^7+5n}{2n^7+3n^4-5n+1}$

3. 다음 급수의 합을 찾아라.

(1) $\displaystyle\sum_{n=1}^{\infty}\frac{4}{(4n-3)(4n+1)}$ (2) $\displaystyle\sum_{n=1}^{\infty}\frac{1}{(n+1)(n+2)}$

(3) $\dfrac{1}{2}-\dfrac{1}{3}+\dfrac{1}{4}-\dfrac{1}{6}+\dfrac{1}{8}-\dfrac{1}{12}+\cdots$ (4) $\displaystyle\sum_{n=1}^{\infty}\frac{1}{n^2+6n+5}$

(5) $\displaystyle\sum_{n=1}^{\infty}\frac{1}{n(n+1)\cdots(n+m-1)(n+m)}$ (6) $\displaystyle\sum_{n=1}^{\infty}\frac{2n+1}{n^2(n+1)^2}$

4. 다음 이진수를 십진수의 분수로 나타내라.

(1) $0.111111\cdots$ (2) $0.101010\cdots$ (3) $0.101101\cdots$

5. (칸토어 집합 : Cantor's set) 삼등분한 닫힌 구간 $[0, 1]$에서 열린 구간 $\left(\dfrac{1}{3}, \dfrac{2}{3}\right)$을 제외하면 두 구간 $\left[0, \dfrac{1}{3}\right]$과 $\left[\dfrac{2}{3}, 1\right]$이 남는다. 이때 이 두 구간을 각각 삼등분한 후 각 구간에서 열린 구간 $\left(\dfrac{1}{9}, \dfrac{2}{9}\right)$와 $\left(\dfrac{7}{9}, \dfrac{8}{9}\right)$를 제외하면 4개의 구간 $\left[0, \dfrac{1}{9}\right]$, $\left[\dfrac{2}{9}, \dfrac{1}{3}\right]$, $\left[\dfrac{2}{3}, \dfrac{7}{9}\right]$, $\left[\dfrac{8}{9}, 1\right]$이 남는다. 또 이 각 구간을 삼등분한 후 중앙의 열린 구간을 제외한다. 그리고 남

는 구간에 대해 계속해서 이런 과정을 끝없이 반복할 때 남아 있는 수들로 이루어진 집합을 칸토어 집합이라 한다. 칸토어 집합에 대하여 다음 물음에 답하라.

(1) 칸토어 집합을 얻는 과정에서 각 단계마다 제외한 열린 구간들의 길이의 합은 얼마인가?

(2) 칸토어 집합의 원소는 어떤 수들로 이루어져 있는가?

6. 정리 10.1-3을 증명하라.

7. 기관이나 사람이 돈을 사용하면 그 돈을 받은 기관이나 사람도 그 돈의 일부를 사용한다. 또 그 돈을 받은 기관이나 사람도 그 돈의 일부를 사용한다. 경제학에서는 이런 연쇄 반응을 승수 효과라 부른다. 가상적인 공동체에서 한 지방 정부가 D원을 소비하는 과정이 시작되었다고 하자. 소비된 돈을 받는 각 사람은 받은 돈의 $100c$%를 소비하고 $100s$%를 저축한다고 하자. 여기서 물론 $c+s=1$이고, c와 s의 값을 각각 한계 소비 성향과 한계 저축 성향이라 한다.

(1) S_n을 위와 같은 과정을 n번 거친 후의 소비된 총 금액이라 할 때, S_n을 찾아라.

(2) $k=1/s$일 때 $\lim_{n\to\infty} S_n = kD$임을 보여라. 여기서 k는 승수라고 부른다. 한계 소비 성향이 0.8일 때 승수를 찾아라.

10.2 적분 판정법

특별한 종류의 양항 급수는 다음 정리와 같이 적당한 함수의 특이 적분을 이용하여 수렴을 판정할 수 있다.

정리 10.2-1 (적분 판정법)

양항 급수 $\sum_{n=1}^{\infty} u_n$에 대하여 함수 u와 자연수 m이 존재해서 m 이상의 자연수 n에 대하여 $u(n) = u_n$이고 구간 $[m, \infty)$에서 u는 감소하고 연속이라고 하자. 그러면 $\sum_{n=1}^{\infty} u_n$이 수렴하기 위한 필요 충분 조건은 다음 특이 적분이 수렴하는 것이다.

$$\int_m^{\infty} u(x)dx \tag{10.2-1}$$

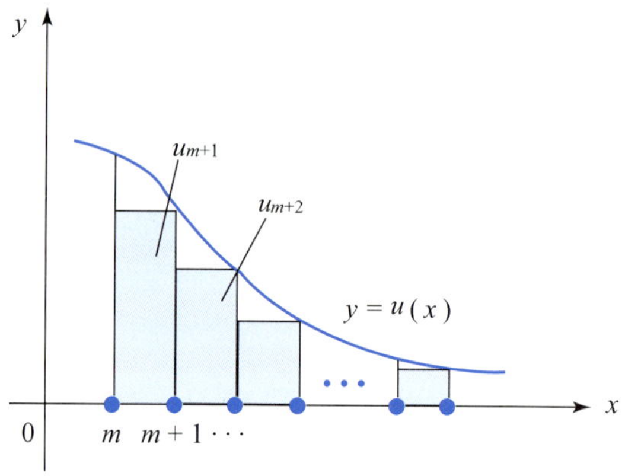

그림 10.2-1 적분 판정법

증명 (⇐) 특이 적분 (10.2-1)의 극한을 M이라고 하자. 그림 10.2-1과 같이 $[m, \infty)$에서 $y = u(x)$의 그래프에 단위 너비의 직사각형을 내접시키면, 각 직사각형의 넓이는 각각 $u_{m+1}, u_{m+2}, u_{m+3}, \cdots$이다. 따라서 처음 k개의 직사각형의 넓이의 합을 A_k라고 하면 다음이 성립한다.

$$A_k = u_{m+1} + u_{m+2} + \cdots + u_{m+k},$$

$$A_k \le \int_m^{m+k} u(x)dx \le \int_m^{\infty} u(x)dx = M$$

그런데 k는 임의의 자연수이므로 $k \to \infty$일 때 A_k는 증가하지만 M보다 크지 않다. 즉 양항 급수 $\sum_{k=1}^{\infty} u_{m+k}$의 부분 합의 수열 $\langle A_k \rangle$은 유계이다. 따라서 정리 10.1-3에 의해서 $\sum_{k=1}^{\infty} u_{m+k}$의 합이 존재한다. 이때 $\sum_{k=1}^{\infty} u_{m+k} = A$라 하면 $\sum_{n=1}^{\infty} u_n$의 합은 $u_1 + u_2 + \cdots + u_m + A$이므로 주어진 급수가 수렴한다.

($\Rightarrow$) 단위 너비의 외접 직사각형을 사용하여 위와 같은 방법으로 증명한다. ❑

예제 10.2-1 적분 판정법으로 급수 $\sum_{n=1}^{\infty} ne^{-n^2}$의 수렴 여부를 판정하라.

풀이 $u(x) = xe^{-x^2}$이라 하면 함수 u는 구간 $[1, \infty)$에서 연속이고 감소하며 자연수 n에 대해 $u(n) = ne^{-n^2}$이다. 또 특이 적분 $\int_1^{\infty} xe^{-x^2}dx$를 계산하면 다음과 같다.

$$\lim_{b\to\infty}\int_1^b xe^{-x^2}dx = \lim_{b\to\infty}\left[-\frac{1}{2}e^{-x^2}\right]_1^b = \lim_{b\to\infty}\left(\frac{1}{2}e^{-1} - \frac{1}{2}e^{-b^2}\right) = \frac{1}{2}e^{-1}$$

따라서 적분 판정법에 의해 주어진 급수는 수렴한다. ❑

예제 10.2-2 (p-급수) 다음 급수는 $p > 1$일 때 수렴하고, $0 < p \le 1$일 때 발산함을 보여라.

$$\sum_{n=1}^{\infty}\frac{1}{n^p} = \frac{1}{1^p} + \frac{1}{2^p} + \cdots + \frac{1}{n^p} + \cdots$$

풀이 먼저 $p = 1$이면 주어진 급수는 예제 10.1-2의 조화 급수이므로 발산한다. 이제 $0 < p \ne 1$이라 하자. 이때 함수 $u(x) = x^{-p}$는 구간 $[1, \infty)$에서 연속이고 감소하며 $u(n) = n^{-p}$, $n \ge 1$이다. 그리고 함수 u의 특이 적분 $\int_1^{\infty}\frac{dx}{x^p}$는 다음과 같다.

$$\int_1^{\infty}\frac{dx}{x^p} = \frac{1}{1-p}\lim_{x\to\infty} x^{1-p} - \frac{1}{1-p}$$

여기서 $p > 1$이면, $x \to \infty$일 때 $x^{1-p} \to 0$이므로 적분 판정법에 의해 주어진 급수는 수렴한다.

한편 $0 < p < 1$이면, $x \to \infty$일 때 $x^{1-p} \to \infty$이므로 발산한다. ❑

연습 문제 10.2

1. 적분 판정법으로 다음 급수의 수렴을 판정하라.

(1) $1 + \frac{1}{3} + \frac{1}{5} + \cdots + \frac{1}{2n-1} + \cdots$

(2) $1 + \frac{1}{\sqrt{2}} + \frac{1}{\sqrt{3}} + \cdots + \frac{1}{\sqrt{n}} + \cdots$

(3) $1 + \frac{1}{2\sqrt{2}} + \frac{1}{3\sqrt{3}} + \cdots + \frac{1}{n\sqrt{n}} + \cdots$

(4) $\sin \pi + \frac{1}{4}\sin\frac{\pi}{2} + \frac{1}{9}\sin\frac{\pi}{3} + \cdots + \frac{1}{n^2}\sin\frac{\pi}{n} + \cdots$

(5) $1 + \frac{1}{2} + \frac{1}{3} + \cdots + \frac{1}{n} + \cdots$

2. 급수 $\sum_{n=1}^{\infty} b^{\ln n}$이 수렴하는 양수 b를 찾아라.

3. 적분 판정법으로 급수 $\sum_{n=0}^{\infty}(\sqrt{1+n^2} - n)$이 발산함을 보여라.

4. 급수 $\sum_{n=1}^{\infty} \frac{1}{n^2+1}$가 수렴함을 보여라.

5. 급수 $\displaystyle\sum_{k=2}^{\infty} \frac{1}{k(\ln k)^p}$ 은 $p > 1$일 때 수렴하고, $p \le 1$일 때 발산함을 보여라.

6. 적분 판정법을 증명할 때 사용한 방법을 참조하여 $p > 1$일 때 다음이 성립함을 증명하라.

$$\frac{1}{(p-1)n^{p-1}} < \sum_{k=n}^{\infty} \frac{1}{k^p} < \frac{1}{(p-1)(n-1)^{p-1}}$$

7. 급수 $\displaystyle\sum_{n=1}^{\infty} \frac{\sin n}{n^3}$ 의 수렴 또는 발산을 판정할 때 적분 판정법을 사용할 수 없는 이유를 말하라 (연습 문제 10.5에서 1번의 (8) 참조).

8. 정리 10.2-1의 증명을 완성하라.

10.3 비교 판정법

이미 수렴 또는 발산이 알려진 급수와 '비교'하여 새로운 급수의 수렴 또는 발산을 판정할 수 있는 경우가 있다. 여기서는 이런 판정법에 대하여 살펴본다.

정리 10.3-1 (비교 판정법)

두 양항 급수 $\sum a_n$과 $\sum b_n$ 및 임의의 자연수 n에 대하여 부등식 $a_n \leq b_n$이 성립한다고 하자. 이때 $\sum b_n$이 수렴하면 $\sum a_n$도 수렴한다.

증명 $A_n = a_1 + a_2 + \cdots + a_n$과 $B_n = b_1 + b_2 + \cdots + b_n$이라 하자. 그러면 가정에 의해 $a_k \leq b_k (k=1, 2, \cdots)$이므로 모든 자연수 n에 대해 부등식 $A_n \leq B_n$이 성립한다. 또 부분 합의 수열 $\langle B_n \rangle$이 수렴하는 증가 수열이므로 다음이 성립한다.

$$A_n \leq B_n \leq \lim_{n \to \infty} B_n \quad (n=1, 2, \cdots)$$

따라서 부분 합의 수열 $\langle A_n \rangle$은 위로 유계이다. 그러므로 정리 10.1-3에 의해 $\sum a_n$은 수렴한다. ❑

정리 10.3-2

두 양항 급수 $\sum a_n$과 $\sum b_n$ 및 임의의 자연수 n에 대하여 부등식 $a_n \leq b_n$이 성립한다고 하자. 이때 $\sum a_n$이 발산하면 $\sum b_n$도 발산한다.

증명 $\sum b_n$이 수렴한다고 하자. 그러면 $a_n \leq b_n$이므로 정리 10.3-1에 의해 $\sum a_n$이 수렴한다. 이는 가정에 모순이다. 따라서 $\sum b_n$은 발산한다. ❑

참고 (1) 다음은 비교 판정법으로 급수의 수렴 여부를 판정하는 데 사용되는 급수이다.

(a) 수렴 판정을 위해 사용되는 급수 :

$$a + ar + ar^2 + \cdots + ar^n + \cdots \quad (a > 0,\ |r| < 1)$$

$$1 + \frac{1}{2^p} + \frac{1}{3^p} + \cdots + \frac{1}{n^p} + \cdots \quad (p > 1\text{인 } p\text{-급수})$$

(b) 발산 판정을 위해 사용되는 급수 :

$$a + ar + ar^2 + \cdots + ar^n + \cdots \quad (a > 0,\ r \geq 1)$$

$$1 + \frac{1}{2} + \frac{1}{3} + \cdots + \frac{1}{n} + \cdots \quad (\text{조화 급수})$$

(2) 급수에서 유한 개의 항을 더하거나 빼는 것은 극한에 유한한 양의 변화만 가져오기 때문에 급수의 수렴이나 발산에 영향을 주지 않는다.

예제 10.3-1 다음 급수가 수렴함을 보여라.

$$5 + \frac{2}{3} + 1 + \frac{2}{7} + \frac{1}{2} + \frac{1}{3!} + \frac{1}{4!} + \cdots + \frac{1}{k!} + \cdots \tag{10.3-1}$$

풀이 처음 4개의 항을 제외한 다음 급수를 생각하자.

$$\frac{1}{2} + \frac{1}{3!} + \frac{1}{4!} + \cdots + \frac{1}{k!} + \cdots \tag{10.3-2}$$

그런데 $k \geq 2$에 대해 $2^{k-1} \leq k!$이므로 $\frac{1}{k!} \leq \frac{1}{2^{k-1}}$이고, 등비 급수 $\sum_{k=1}^{\infty} \frac{1}{2^k}$이 수렴하므로 비교 판정법에 의해 급수 (10.3-2)는 수렴한다. 따라서 급수 (10.3-2)에 유한 개의 항을 더한 주어진 급수 (10.3-1)은 수렴한다. ❑

예제 10.3-2 다음 급수의 수렴을 판정하라.

$$\frac{1}{1 \cdot 3} + \frac{1}{2 \cdot 4} + \frac{1}{3 \cdot 5} + \cdots + \frac{1}{n(n+2)} + \cdots \tag{10.3-3}$$

풀이 $p = 2$인 p-급수와 주어진 급수의 각 항을 비교하면 다음이 성립한다.

$$\frac{1}{n(n+2)} = \frac{1}{n^2 + 2n} < \frac{1}{n^2} \quad (n = 1,\ 2,\ \cdots)$$

따라서 비교 판정법에 의해 급수 (10.3-3)은 수렴한다. ❑

예제 10.3-3 다음 급수의 수렴 여부를 판정하라.

$$\frac{2}{1\cdot 3}+\frac{3}{2\cdot 4}+\frac{4}{3\cdot 5}+\cdots+\frac{n+1}{n(n+2)}+\cdots \tag{10.3-4}$$

풀이 주어진 급수의 n째 항은 모든 양의 정수 n에 대하여 다음 부등식을 만족시킨다.

$$\frac{n+1}{n(n+2)}=\frac{n+1}{n}\frac{1}{n+2}>\frac{1}{n+2}$$

그런데 조화 급수 $\sum_{n=1}^{\infty}\frac{1}{n+2}$ 은 발산하므로 급수 (10.3-4)는 발산한다. □

연습 문제 10.3

1. 비교 판정법을 사용하여 다음 급수의 수렴 여부를 판정하라.

(1) $\sum_{n=1}^{\infty}\frac{1}{\sqrt{n(n+1)}}$

(2) $\sum_{n=5}^{\infty}\frac{1}{2^n-n^2}$

(3) $\sum_{k=1}^{\infty}\frac{(\ln k)^2}{k^3}$

(4) $\sum_{n=2}^{\infty}\frac{1}{\ln n}$

(5) $\sum_{n=1}^{\infty}\frac{1}{n^2}\tan^{-1}n$

(6) $\sum_{n=1}^{\infty}\frac{|\sin n|}{n^2+1}$

(7) $\sum_{n=1}^{\infty}\sin^2\frac{1}{n}$

(8) $\sum_{n=1}^{\infty}\frac{n^2}{3n^3-2}$

2. 양항 급수 $\sum_{n=1}^{\infty}a_n$이 수렴하면 $\sum_{n=1}^{\infty}\sqrt{a_n a_{n+1}}$도 수렴함을 증명하라.

3. 임의의 양수 a에 대하여 급수 $\sum_{n=1}^{\infty}\frac{1}{n+a}$이 발산함을 보여라.

4. 두 양항 급수 $\sum_{n=1}^{\infty}a_n$과 $\sum_{n=1}^{\infty}b_n$이 수렴하면 $\sum_{n=1}^{\infty}a_n b_n$도 수렴함을 증명하라.

5. 두 양항 급수 $\sum_{n=1}^{\infty} a_n$과 $\sum_{n=1}^{\infty} b_n$에 대하여 $q_n = \dfrac{a_n}{b_n}$ 이라고 할 때 다음을 증명하라.

(1) $\lim_{n \to \infty} q_n = L \ (0 < L < \infty)$이면, 두 급수는 동시에 수렴하거나 발산한다.

(2) $\lim_{n \to \infty} q_n = 0$이고 $\sum_{n=1}^{\infty} b_n$이 수렴하면, $\sum_{n=1}^{\infty} a_n$도 수렴한다.

(3) $\lim_{n \to \infty} q_n = 0$이고 $\sum_{n=1}^{\infty} a_n$이 발산하면, $\sum_{n=1}^{\infty} b_n$도 발산한다.

(4) $\lim_{n \to \infty} q_n = \infty$ 이고 $\sum_{n=1}^{\infty} a_n$이 수렴하면, $\sum_{n=1}^{\infty} b_n$도 수렴한다.

(5) $\lim_{n \to \infty} q_n = \infty$ 이고 $\sum_{n=1}^{\infty} b_n$이 발산하면, $\sum_{n=1}^{\infty} a_n$도 발산한다.

10.4 비율 판정법

이웃한 두 항의 비를 이용하여 얻은 수열의 극한을 조사하여 급수의 수렴 여부를 판정할 수 있다. 이런 판정법을 비율 판정법(ratio test)이라고 한다.

정리 10.4-1 (비율 판정법)

양항 급수 $\sum_{n=1}^{\infty} a_n$에 대하여 다음을 생각하자.

$$R = \lim_{n\to\infty} \frac{a_{n+1}}{a_n} \quad (0 \le R \le \infty)$$

이때 다음이 성립한다.

(1) $R < 1$이면, 주어진 급수는 수렴한다.

(2) $R > 1$이면, 주어진 급수는 발산한다.

(3) $R = 1$이면, 수렴과 발산을 판정할 수 없다.

증명 (1) $R < 1$이므로 R과 1 사이의 실수 r이 존재한다. 그런데 $\lim_{n\to\infty} \frac{a_{n+1}}{a_n} = R$이므로, 적당한 양의 정수 k가 존재해서 $n \ge k$이면 $\frac{a_{n+1}}{a_n}$이 r보다 작다. 따라서 임의의 자연수 m에 대해 $a_{k+m} < ra_{k+(m-1)}$이 므로 다음 부등식을 얻는다.

$$a_{k+m} < ra_{k+(m-1)} < r^2 a_{k+(m-2)} < \cdots < r^m a_k \tag{10.4-1}$$

이제 주어진 급수에서 처음의 k 항을 제외하고 얻는 다음 급수를 생각하자.

$$a_{k+1} + a_{k+2} + a_{k+3} + \cdots + a_{k+m} + \cdots \tag{10.4-2}$$

이에 대하여 다음과 같은 급수를 생각하자

$$a_k r + a_k r^2 + a_k r^3 + \cdots + a_k r^m + \cdots \tag{10.4-3}$$

급수 (10.4-2)와 급수 (10.4-3)의 항을 처음부터 하나씩 비교하면, 식 (10.4-1)에서 $a_{k+m} < r^m a_k (m \ge 1)$이므로 급수 (10.4-2)의 각 항이 급수 (10.4-3)의 대응하는 항보다 작다. 그런데 급수 (10.4-3)은 $r < 1$인 등비 급수이므로 수렴한다. 그러므로 비교 판정

법에 의해서 급수 (10.4-2)도 수렴한다. 주어진 급수는 식 (10.4-2)에 유한 개의 항을 더한 급수이므로 수렴한다.

(2) $R > 1$이면 극한의 정의에 의해, 적당한 양의 정수 k가 존재해서 $n \geq k$이면 부등식 $\frac{a_{n+1}}{a_n} \geq 1$이 성립한다. 따라서 $n > k$에 대하여 $a_n \geq a_k$이므로 $\lim_{n\to\infty} a_n \neq 0$이다. 그러므로 주어진 급수는 발산한다.

(3) p-급수를 예로 들어 보자. p-급수 $\sum_{n=1}^{\infty} \frac{1}{n^p}$에 대해 다음이 성립하므로 p에 관계없이 항상 $R=1$이다.

$$\frac{a_{n+1}}{a_n} = \left(\frac{n}{n+1}\right)^p = \left(1 - \frac{1}{n+1}\right)^p$$

그런데 p-급수는 $p > 1$일 때 수렴하고, $p \leq 1$일 때 발산한다. 따라서 $R=1$인 경우에는 급수의 수렴과 발산을 결정하는 데 비율 판정법을 사용할 수 없다. ❑

예제 10.4-1 급수 $\sum_{n=1}^{\infty} \frac{(2^n+5)}{3^n}$의 수렴 여부를 판정하라.

풀이 $\frac{a_{n+1}}{a_n} = \frac{(2^{n+1}+5)}{3^{n+1}} \frac{3^n}{(2^n+5)} = \frac{1}{3} \frac{(2^{n+1}+5)}{2^n+5}$이므로 다음을 얻는다.

$$\lim_{n\to\infty} \frac{a_{n+1}}{a_n} = \lim_{n\to\infty} \frac{1}{3} \frac{(2^{n+1}+5)}{2^n+5} = \frac{1}{3} \lim_{n\to\infty} \left(\frac{2+5\cdot 2^{-n}}{1+5\cdot 2^{-n}}\right) = \frac{2}{3}$$

따라서 $R = \frac{2}{3} < 1$이므로 비율 판정법에 의하여 주어진 급수는 수렴한다. ❑

예제 10.4-2 급수 $\frac{1!}{10} + \frac{2!}{10^3} + \frac{3!}{10^5} + \cdots + \frac{n!}{10^{2n-1}} + \cdots$의 수렴 여부를 판정하라.

풀이 비율 판정법을 이용하기 위하여 $\lim_{n\to\infty} \frac{a_{n+1}}{a_n}$을 계산하면 다음과 같다.

$$\lim_{n\to\infty} \frac{a_{n+1}}{a_n} = \lim_{n\to\infty} \frac{(n+1)!}{10^{2n+1}} \frac{10^{2n-1}}{n!} = \lim_{n\to\infty} \frac{n+1}{100} = \infty$$

따라서 주어진 급수는 발산한다. ❑

연습 문제 10.4

1. 비율 판정법을 이용하여 다음 급수의 수렴 여부를 판정하라.

(1) $\frac{2}{\pi}+\frac{4}{3\pi^2}+\frac{6}{5\pi^3}+\cdots$

(2) $2+\frac{3}{2}\cdot\frac{1}{4}+\frac{4}{3}\cdot\frac{1}{4^2}+\cdots$

(3) $\frac{2!}{(1!)^2}+\frac{4!}{(2!)^2}+\frac{6!}{(3!)^2}+\cdots$

(4) $e+\frac{e^2}{2^2}+\frac{e^3}{3^2}+\cdots$

(5) $\sum_{n=1}^{\infty}\frac{\ln n}{n}$

(6) $\sum_{n=1}^{\infty}\frac{n+1}{2^n}$

(7) $\sum_{n=1}^{\infty}n^2e^{-n^3}$

(8) $\sum_{n=1}^{\infty}\frac{2^{3n}}{n!}$

(9) $\sum_{n=1}^{\infty}\frac{3^n}{n^2}$

(10) $\sum_{n=1}^{\infty}\frac{1\cdot 3\cdots(2n-1)}{1\cdot 2\cdots n}$

2. 급수의 발산을 판정할 때 종종 쓰이는 다음 명제를 증명하라.

$\langle a_n\rangle$을 양수로 이루어진 수열이라 하고 $c \geq 1$이라 하자. 이때 충분히 큰 모든 n에 대해 $\frac{a_{n+1}}{a_n} \geq c$가 성립하면 급수 $\sum_{n=1}^{\infty}a_n$은 발산한다.

3. (코시의 거듭제곱근 판정법: root test) $a_k > 0$이고 $\lim_{k\to\infty}\sqrt[k]{a_k}=\rho$라고 할 때, 양항 급수 $\sum_{k=1}^{\infty}a_k$에 대해 다음을 증명하라.

(a) $\rho < 1$이면, 주어진 급수는 수렴한다.

(b) $\rho > 1$이면, 주어진 급수는 발산한다.

(c) $\rho = 1$이면, 수렴과 발산을 판정할 수 없다.

10.5 교대 급수와 절대 수렴

지금까지 모든 항이 양수인 양항 급수만을 다루었다. 모든 항이 음수인 급수는 양항 급수에 -1을 곱하여 생각하면 된다. 이 절에서는 양항과 음항이 모두 있는 급수의 수렴에 대해 알아본다.

이런 급수 중에서 다음과 같이 양항과 음항이 교대로 나타나는 급수를 생각하자.

$$\sum_{n=1}^{\infty}(-1)^{n+1}a_n = a_1 - a_2 + a_3 - a_4 + \cdots \quad (a_n > 0)$$

이와 같은 급수를 교대 급수(alternating series)라고 한다.

정리 10.5-1 (교대 급수 판정법)

모든 항이 양수인 수열 $\langle a_n \rangle$이 아래의 두 조건을 모두 만족시키면 교대 급수 $\sum_{n=1}^{\infty}(-1)^{n+1}a_n$은 수렴한다.

(1) $a_1 \geq a_2 \geq a_3 > a_4 > \cdots > 0$ (2) $\lim_{n\to\infty} a_n - 0$

이때 $S = \sum_{n=1}^{\infty}(-1)^{n+1}a_n$과 부분 합 $S_n = \sum_{k=1}^{n}(-1)^{k+1}a_k$에 대해 다음이 성립한다.

$$|S - S_n| \leq a_{n+1} \quad (n = 1,\ 2,\ \cdots) \tag{10.5-1}$$

증명 주어진 급수에 대해 부분 합 S_{2k}를 다음의 두 형식으로 표현할 수 있다.

$$S_{2k} = (a_1 - a_2) + (a_3 - a_4) + \cdots + (a_{2k-1} - a_{2k}) \tag{10.5-2}$$

$$S_{2k} = a_1 - (a_2 - a_3) - \cdots - (a_{2k-2} - a_{2k-1}) - a_{2k} \tag{10.5-3}$$

그런데 모든 n에 대하여 $a_n \geq a_{n+1}$이므로 두 식 (10.5-2)와 (10.5-3)의 모든 괄호 안의 값은 양수이거나 0이다. 따라서 식 (10.5-2)는 S_{2k}가 양수이거나 0임을 보여준다. 또한 조건 (1)과 식 (10.5-3)으로부터 모든 k에 대하여 $S_{2k} \leq a_1$이다. 따라서 정리 10.1-3에 의하여 $k \to \infty$일 때 S_{2k}의 극한 S가 존재한다. 한편, 홀수 개 항의 부분 합 S_{2k+1}은 다음과 같이 표현된다.

$$S_{2k+1} = S_{2k} + a_{2k+1}$$

그런데 조건 (2)에서 $\lim_{k\to\infty} a_{2k+1} = 0$ 이므로 극한의 성질로부터 다음을 얻는다.

$$\lim_{k\to\infty} S_{2k+1} = \lim_{k\to\infty} S_{2k} + \lim_{k\to\infty} a_{2k+1} = S + 0 = S$$

따라서 n이 짝수이건 홀수이건 S_n의 극한은 같으므로 주어진 급수는 수렴한다. 이제, 식 (10.5-1)이 성립함을 보이자. 먼저 임의의 $n \in \mathbb{N}$ 에 대하여 $|S - S_n|$은 다음과 같다.

$$\begin{aligned} |S - S_n| &= |a_{n+1} - a_{n+2} + a_{n+3} - \cdots| \\ &= (a_{n+1} - a_{n+2}) + (a_{n+3} - a_{n+4}) + \cdots \end{aligned}$$

따라서 조건 (1)로부터 다음을 얻는다.

$$\begin{aligned} |S - S_n| &= a_{n+1} - a_{n+2} + a_{n+3} - \cdots \\ &= a_{n+1} - (a_{n+2} - a_{n+3}) - (a_{n+4} - a_{n+5}) - \cdots \\ &\le a_{n+1} \end{aligned}$$

❑

예제 10.5-1 다음 교대 급수는 정리 10.5-1의 조건을 만족시키므로 수렴한다.

(1) $\displaystyle\sum_{k=1}^{\infty} \frac{(-1)^{k+1}}{k^2} = \frac{1}{1^2} - \frac{1}{2^2} + \frac{1}{3^2} - \frac{1}{4^2} + \cdots$

(2) $\displaystyle\sum_{k=1}^{\infty} \frac{(-1)^{k+1}}{k} = \frac{1}{1} - \frac{1}{2} + \frac{1}{3} - \frac{1}{4} + \cdots$

특히, 급수 (2)의 합이 $\ln 2$임이 알려져 있다 (11.2절 참조). 식 (10.5-1)을 이용하여 $\ln 2$의 값을 소수 둘째 자리까지 정확하게 구하려면, 다음 부등식을 만족시키는 자연수 n을 찾으면 된다.

$$|\ln 2 - S_n| \le \frac{1}{n+1} < \frac{1}{2} \times 10^{-2}$$

즉 $200 < n+1$이면 된다. 따라서 처음 200개 항이면 충분하다. ❑

예제 10.5-2 교대 급수 $\sum_{k=1}^{\infty}(-1)^{k+1}\dfrac{k}{1+k^2}$의 수렴 여부를 판정하라.

풀이 $\lim_{n\to\infty}\dfrac{n}{1+n^2}=0$이므로 수열 $\left\langle\dfrac{n}{1+n^2}\right\rangle$이 감소함을 보이면 된다. 이 수열의 각 항은 $f(x)=\dfrac{x}{1+x^2}$로 정의된 함수 f의 양의 정수에서의 값이다. 그런데 f의 도함수 f'은 다음과 같으므로 $x>1$일 때 $f'(x)<0$이다.

$$f'(x)=\frac{1-x^2}{(1+x^2)^2}$$

따라서 f는 구간 $(1, \infty)$에서 감소한다. 그러므로 특히 모든 자연수 n에 대하여 $f(n)>f(n+1)$이므로 수열 $\left\langle\dfrac{n}{1+n^2}\right\rangle$은 감소한다. 따라서 교대 급수 판정법에 의해 주어진 급수는 수렴한다. ❑

참고 교대 급수 $\sum_{n=1}^{\infty}(-1)^{n+1}a_n$에 교대 급수 판정법을 적용하려면 $a_n \ge a_{n+1}$임을 보여야 한다. 이를 위해 예제 10.5-2와 같이 적당한 함수를 생각하여 그 도함수를 이용하거나 직접 $a_n-a_{n+1}\ge 0$ 또는 $\dfrac{a_{n+1}}{a_n}\le 1$이 성립함을 보인다.

절대 수렴과 조건 수렴

이제 일반적으로 양항과 음항이 모두 있는 급수의 수렴 판정법에 대해 알아보자. 먼저 몇 가지 용어를 정의한다.

급수 $\sum_{k=1}^{\infty}|a_k|$가 수렴하면 급수 $\sum_{k=1}^{\infty}a_k$가 절대 수렴한다(absolutely converge)고 한다. $\sum_{k=1}^{\infty}a_k$는 수렴하지만 $\sum_{k=1}^{\infty}|a_k|$가 발산하면, 급수 $\sum_{k=1}^{\infty}a_k$는 조건 수렴한다(conditionally converge)고 한다.

예제 10.5-3 급수 $\sum_{k=1}^{\infty}\dfrac{1}{k^2}$이 수렴하므로 급수 $\sum_{k=1}^{\infty}\dfrac{(-1)^{k+1}}{k^2}$은 절대 수렴한다. 그런데 급수 $\sum_{k=1}^{\infty}\dfrac{1}{k}$이 발산하므로 $\sum_{k=1}^{\infty}\dfrac{(-1)^{k+1}}{k}$은 조건 수렴한다. ❑

정리 10.5-2

급수 $\sum_{k=1}^{\infty}|a_k|$가 수렴하면 급수 $\sum_{k=1}^{\infty}a_k$도 수렴한다. 즉, 절대 수렴하는 급수는 수렴한다.

증명 $a_k \le |a_k|$이므로 $0 \le a_k + |a_k| \le 2|a_k|$이다. 그런데 $\sum_{k=1}^{\infty}|a_k|$가 수렴하므로 비교 판정법에 의해서 $\sum_{k=1}^{\infty}(a_k+|a_k|)$도 수렴한다. 가정에서 $\sum_{k=1}^{\infty}|a_k|$가 수렴하므로 정리 10.1-2에 의하여 $\sum_{k=1}^{\infty}a_k = \sum_{k=1}^{\infty}\{(a_k+|a_k|)-|a_k|\}$은 수렴한다. □

다음 정리를 위하여 급수 $\sum_{k=1}^{\infty}a_k$의 항 $a_k(k\in\mathbb{N})$에 대하여 다음을 정의하자.

$$a_k^+ = \begin{cases} a_k & (a_k \ge 0) \\ 0 & (a_k < 0) \end{cases}, \quad a_k^- = \begin{cases} 0 & (a_k \ge 0) \\ -a_k & (a_k < 0) \end{cases}$$

참고 정리 10.5-2는 다음과 같은 방법으로도 증명할 수 있다.
모든 $k\in\mathbb{N}$에 대하여 $0 \le a_k^+ \le |a_k|$이고 $0 \le a_k^- \le |a_k|$이므로, $\sum_{k=1}^{\infty}|a_k|$가 수렴하면 비교 판정법에 의하여 두 양항 급수 $\sum_{k=1}^{\infty}a_k^+$와 $\sum_{k=1}^{\infty}a_k^-$도 수렴한다. 이때 $a_k = a_k^+ - a_k^-$이므로 정리 10.1-2에 의하여 $\sum_{k=1}^{\infty}a_k$도 수렴한다.

정리 10.5-3

(1) 급수 $\sum_{k=1}^{\infty}a_k$가 절대 수렴하면, 두 양항 급수 $\sum a_k^+$와 $\sum a_k^-$는 모두 수렴한다. 역도 성립한다.

(2) 급수 $\sum_{k=1}^{\infty}a_k$가 조건 수렴하면, $\sum a_k^+$와 $\sum a_k^-$는 모두 발산한다.

증명 (1) 임의의 $k\in\mathbb{N}$에 대하여 $0 \le a_k^+ \le |a_k|$, $0 \le a_k^- \le |a_k|$, $|a_k| = a_k^+ + a_k^-$가 성립하므로 정리 10.3-2와 정리 10.1-3에 의하여 (1)의 결과를 모두 얻는다.

(2) 양항 급수 $\sum_{k=1}^{\infty}a_k^+$가 수렴하면 $\sum_{k=1}^{\infty}(2a_k^+ - a_k) = \sum_{k=1}^{\infty}|a_k|$도 수렴한다.

이것은 $\sum_{k=1}^{\infty} a_k$가 조건 수렴한다는 가정에 모순이다. 따라서 $\sum_{k=1}^{\infty} a_k^+$는 발산하고, 같은 방법으로 $\sum_{k=1}^{\infty} a_k^-$ 도 발산한다. ❑

예제 10.5-4 교대 급수 $1-\frac{1}{2}+\frac{1}{3}-\frac{1}{4}+\cdots$은 조건 수렴하므로 정리 10.5-3의 (2)에 의하여 다음 두 급수는 모두 발산한다.

$$1+0+\frac{1}{3}+0+\cdots=1+\frac{1}{3}+\frac{1}{5}+\cdots$$

$$0+\frac{1}{2}+0+\frac{1}{4}+\cdots=\frac{1}{2}+\frac{1}{4}+\frac{1}{6}+\cdots$$ ❑

이제 $f:\mathbb{N}\to\mathbb{N}$를 전단사 함수라고 하자. 급수 $\sum_{k=1}^{\infty} a_k$에 대하여 함수 f를 이용하여 $b_k=a_{f(k)}\,(k\in\mathbb{N})$라 하자. 이때 급수 $\sum_{k=1}^{\infty} b_k$를 $\sum_{k=1}^{\infty} a_k$의 재배열 급수 또는 재배열(rearrangement)이라고 한다.

다음 정리는 급수의 재배열의 수렴에 관한 것이다. 이의 증명은 생략한다.

정리 10.5-4

절대 수렴하는 급수 $\sum_{k=1}^{\infty} a_k$의 임의의 재배열 급수는 절대 수렴하고, 그 합은 $\sum_{k=1}^{\infty} a_k$의 합과 같다.

참고 (1) 위의 정리는 실수의 유한 개의 합에 대하여 교환 법칙이 성립하는 것과 마찬가지로 절대 수렴하는 무한 급수에 있는 무한 개의 실수의 합에 대하여 교환 법칙이 성립함을 의미한다.

(2) 일반적으로 조건 수렴하는 급수의 재배열은 수렴하더라도 그 합이 원래의 급수의 합과 일치하지 않는다. 실제로 조건 수렴하는 급수를 적절히 재배열하여 임의로 정한 수에 수렴하도록 할 수 있으며, 또한 발산하도록 재배열할 수 있다는 사실이 알려져 있다.

두 급수 $\sum_{k=1}^{\infty} a_k$와 $\sum_{k=1}^{\infty} b_k$의 항을 이용하여 각 항 $c_k(k \in \mathbb{N})$가 다음 식으로 정의된 새로운 급수 $\sum_{k=1}^{\infty} c_k$를 $\sum_{k=1}^{\infty} a_k$와 $\sum_{k=1}^{\infty} b_k$의 코시 곱(Cauchy product)이라 한다.

$$c_k = a_1 b_k + a_2 b_{k-1} + \cdots + a_{k-1} b_2 + a_k b_1 = \sum_{i+j=k+1} a_i b_j = \sum_{i=1}^{k} a_i b_{k+1-i}$$

다음은 코시 곱의 수렴에 관한 정리이다. 이에 대한 증명은 생략한다.

정리 10.5-5

수렴하는 두 급수 $\sum_{k=1}^{\infty} a_k$와 $\sum_{k=1}^{\infty} b_k$ 중에 어느 하나가 절대 수렴하면, 두 급수의 코시 곱 $\sum_{k=1}^{\infty} c_k$는 각 급수의 합의 곱에 수렴한다. 즉, 다음이 성립한다.

$$\sum_{k=1}^{\infty} c_k = \left(\sum_{k=1}^{\infty} a_k\right)\left(\sum_{k=1}^{\infty} b_k\right)$$

다음 예제에서 밝히듯이 수렴하는 두 급수의 코시 곱이 반드시 수렴하는 것은 아니다.

예제 10.5-5 각 $k \in \mathbb{N}$에 대하여 $a_k = b_k = (-1)^k \frac{1}{\sqrt{k}}$이라 할 때, 두 급수 $\sum_{k=1}^{\infty} a_k$와 $\sum_{k=1}^{\infty} b_k$의 코시 곱의 수렴 여부를 판정하라.

풀이 주어진 두 급수 $\sum_{k=1}^{\infty} a_k$와 $\sum_{k=1}^{\infty} b_k$의 코시 곱 $\sum_{k=1}^{\infty} c_k$의 제 k 항 c_k는 정의에 의해 다음과 같다.

$$\begin{aligned} c_k &= a_1 b_k + a_2 b_{k-1} + \cdots + a_k b_1 \\ &= (-1)^{k+1}\left(\frac{1}{\sqrt{1}\sqrt{k}} + \frac{1}{\sqrt{2}\sqrt{k-1}} + \cdots + \frac{1}{\sqrt{k-1}\sqrt{2}} + \frac{1}{\sqrt{k}\sqrt{1}}\right) \end{aligned}$$

한편, 임의의 두 양수 a와 b에 대하여 부등식 $\sqrt{ab} \le \frac{a+b}{2}$가 성립하므로 다음 부등식을 얻는다.

$$\sqrt{m}\,\sqrt{k-(m-1)} \le \frac{1}{2}(m+k-m+1) = \frac{1}{2}(k+1) \quad (1 \le m \le k)$$

따라서 코시 곱의 제k항 c_k에 대하여 다음이 성립한다.

$$|c_k| \ge \frac{2k}{k+1} = 2 - \frac{2}{k+1} \quad (k \ge 1)$$

그러므로 자연수 k에 대하여 $|c_k| \ge 1 > 0$이다. 따라서 $\lim_{k\to\infty} c_k \ne 0$이므로 따름 정리 10.1.1에 의해 코시 곱 $\sum_{k=1}^{\infty} c_k$는 발산한다. ❑

연습 문제 10.5

1. 다음 급수의 수렴 여부를 판정하고, 수렴하는 경우에는 절대 수렴과 조건 수렴으로 구분하라.

(1) $\frac{1}{2} - \frac{3}{2^2} + \frac{5}{2^3} - \frac{7}{2^4} + \cdots + (-1)^{n+1}\frac{2n-1}{2^n} + \cdots$

(2) $1 - \frac{1}{\sqrt{3}} + \frac{1}{\sqrt{5}} - \frac{1}{\sqrt{7}} + \cdots + (-1)^{n+1}\frac{1}{\sqrt{2n-1}} + \cdots$

(3) $2\left(\frac{2}{3}\right) - 4\left(\frac{2}{3}\right)^2 + 6\left(\frac{2}{3}\right)^3 - 8\left(\frac{2}{3}\right)^4 + \cdots + (-1)^{n+1}2n\left(\frac{2}{3}\right)^n + \cdots$

(4) $\frac{1}{2} - \frac{1}{8} + \frac{1}{32} - \frac{1}{128} + \cdots + (-1)^{n+1}\frac{1}{2^{2n-1}} + \cdots$

(5) $\frac{1}{10} - \frac{2^2}{30} + \frac{3^3}{50} - \frac{4^4}{70} + \cdots + (-1)^{n+1}\frac{n^n}{10(2n-1)} + \cdots$

(6) $\frac{3}{1\cdot 2} - \frac{4}{2\cdot 3} + \frac{5}{3\cdot 4} - \frac{6}{4\cdot 5} + \cdots + (-1)^{n+1}\frac{n+2}{n(n+1)} + \cdots$

(7) $e - e^{\frac{1}{2}} + e^{\frac{1}{3}} - e^{\frac{1}{4}} + \cdots + (-1)^{n+1}e^{\frac{1}{n}} + \cdots$

(8) $\sin 1 + \frac{1}{8}\sin 2 + \frac{1}{27}\sin 3 + \cdots + \frac{1}{n^3}\sin n + \cdots$

2. 다음 급수의 수렴 여부를 판정하고, 수렴하는 경우에 절대 수렴과 조건 수렴으로 구분하라.

(1) $\sum_{n=0}^{\infty} \frac{(-10)^n}{n!}$

(2) $\sum_{n=1}^{\infty} \frac{(-1)^{n+1}}{\sqrt[3]{n}}$

(3) $\sum_{n=1}^{\infty} \frac{(-1)^n n}{n+5}$

(4) $\sum_{n=2}^{\infty} \frac{(-1)^n}{\ln n}$

(5) $\sum_{n=1}^{\infty} \frac{\sin\left(\frac{1}{2}+n\right)\pi}{n}$

(6) $\sum_{n=1}^{\infty} \frac{\cos(n+1)\pi}{(2n)!} 2^{2n}$

3. 모든 자연수 n에 대하여 $a_n > a_{n+1} > 0$이고 $\sum_{n=1}^{\infty}(-1)^{n-1}a_n = S$이면, 부분 합은 부등식 $S_{2k} < S < S_{2k+1}$을 만족시킴을 증명하라.

4. 급수 $\sum_{n=1}^{\infty} c_n$이 수렴하고 급수 $\sum_{n=1}^{\infty} a_n$이 절대 수렴하면, 급수 $\sum_{n=1}^{\infty} c_n a_n$이 절대 수렴함을 증명하라.

5. 급수 $\sum_{n=1}^{\infty} c_n$이 수렴하면, $0 < a < 1$에 대하여 급수 $\sum_{n=1}^{\infty} c_n a^n$이 절대 수렴함을 증명하라.

6. 다음 물음에 답하라.

(1) 다음 등식이 성립함을 보여라.

$$\frac{1}{x+1} = 1 - x + x^2 - \cdots + (-1)^{n-1}x^{n-1} + \frac{(-1)^n x^n}{1+x} \quad (x \neq -1)$$

(2) (1)을 이용하여 다음이 성립함을 보여라.

$$\left| \ln 2 - \sum_{k=1}^{n} \frac{(-1)^{k-1}}{k} \right| \le \int_0^1 x^n \, dx$$

(3) (2)를 이용하여 교대 급수 $1 - \frac{1}{2} + \frac{1}{3} - \frac{1}{4} + \frac{1}{5} - \cdots$ 의 합이 $\ln 2$임을 보여라.

7. 문제 6의 교대 급수에서 양항 2개와 음항 1개를 차례로 택하여 순서대로 합하면 다음 급수를 얻는다.

$$1+\frac{1}{3}-\frac{1}{2}+\frac{1}{5}+\frac{1}{7}-\frac{1}{4}+\cdots$$

이 재배열 급수의 합이 $\frac{3}{2}\ln 2$임을 보여라.

8. 다음 급수가 수렴함을 보이고, 주어진 오차를 만족시키는 합을 구하기 위해 몇 개의 항까지 합을 구해야 하는가?

(1) $\sum_{n=1}^{\infty}\frac{(-1)^{n+1}}{n^6}$ (|오차| < 0.00005)

(2) $\sum_{n=0}^{\infty}\frac{(-1)^{n}}{10^n n!}$ (|오차| < 0.000005)

❖ 메모

CHAPTER 11

멱 급수와 테일러 급수

이 장에서는 멱 급수를 정의하고, 멱 급수로 정의되는 함수의 수렴 구간과 수렴 반지름에 대하여 알아본다. 또 함숫값을 직접 구하기가 쉽지 않은 함수에 대해 테일러[1] 다항 함수를 이용하여 함숫값의 근삿값을 구하는 방법과 함수를 멱 급수로 나타내는 방법에 대해 알아본다.

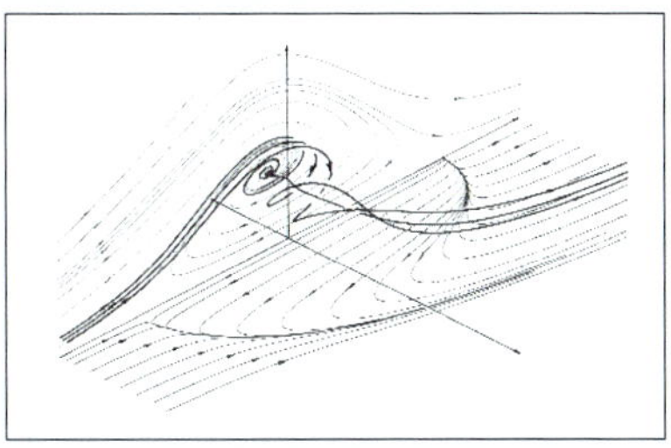

1) Brook Taylor (1685-1731) : 영국의 수학자

11.1 멱 급수

수열 $\langle a_n \rangle$과 상수 $c \in \mathbb{R}$ 에 대하여 변수 x로 이루어진 다음과 같은 급수를 $(x-c)$에 관한 멱 급수 또는 거듭제곱 급수(power series)라고 한다.

$$\sum_{n=0}^{\infty} a_n (x-c)^n = a_0 + a_1(x-c) + a_2(x-c)^2 + \cdots$$

멱 급수 $\sum_{n=0}^{\infty} a_n (x-c)^n$에서 $y = x-c$로 놓으면 $\sum_{n=0}^{\infty} a_n y^n$와 같은 모양이 되므로, 앞으로 $\sum_{n=0}^{\infty} a_n x^n$과 같은 형태의 멱 급수만을 다루기로 한다. 또 멱 급수를 간단히 $\sum a_n x^n$와 같은 기호를 사용하여 나타내기도 한다.

멱 급수 $\sum a_n x^n$는 x의 값에 따라 수렴하기도 하고 발산하기도 한다. 즉, 멱 급수 $\sum a_n x^n$의 수렴과 발산은 x의 값에 따라 결정한다.

예제 11.1-1 멱 급수 $1 + x + x^2 + \cdots$는 $|x| < 1$인 x에 대하여 수렴하지만, $|x| \geq 1$인 모든 x에 대하여 발산한다. ❑

멱 급수 $\sum_{n=0}^{\infty} a_n x^n$은 자명하게 $x = 0$에서 수렴한다. 다음은 멱 급수가 수렴하는 x의 범위를 결정하는 데 유용한 정리의 하나이다.

정리 11.1-1 (아벨[2])의 정리, Abel's theorem)

멱 급수 $\sum_{n=0}^{\infty} a_n x^n$이 0이 아닌 점 $x = x_0$에서 수렴하면 $|x| < |x_0|$인 모든 x에 대하여 절대 수렴한다.

증명 $\sum_{n=0}^{\infty} a_n x^n$이 점 x_0에서 수렴하므로 $\lim_{n\to\infty} a_n x_0^n = 0$이다. 따라서 양수 ϵ에 대해 자연수 N이 존재해서 $n > N$이면 부등식 $|a_n x_0^n| < \epsilon$의 성립한다. 이때

2) Niels Henrik Abel (1802~1829): 노르웨이 수학자

$M = \max\{|a_0|, |a_1 x_0|, \cdots, |a_N x_0^N|, \epsilon\}$이라 하면 $n \geq 0$인 정수에 대하여 $|a_n x_0^n| \leq M$, 즉 $|a_n| \leq \dfrac{M}{|x_0^n|}$이다. 이제 $|x| < |x_0|$인 x에 대하여 $\rho = \dfrac{|x|}{|x_0|}$ 이라 하면 다음을 얻는다.

$$|a_n x^n| \leq M\left|\frac{x}{x_0}\right|^n = M\rho^n$$

그런데 $\rho < 1$이므로 등비 급수 $\sum_{n-0}^{\infty} M\rho^n$은 수렴한다. 따라서 비교 판정법에 의하여 부등식 $|x| < x_0$를 만족시키는 모든 x에 대하여 급수 $\sum_{n=0}^{\infty} |a_n x^n|$이 수렴한다. 즉, $|x| < |x_0|$인 모든 x에 대하여 $\sum_{n=0}^{\infty} a_n x^n$은 절대 수렴한다. ❑

다음 정리는 멱 급수 $\sum a_n x^n$이 발산하는 x의 범위에 관한 것이다.

정리 11.1-2

멱 급수 $\sum_{n=0}^{\infty} a_n x^n$이 $x = x_1$에서 발산하면 $|x| > |x_1|$인 모든 x에 대하여 발산한다.

증명 만일 $|x| > |x_1|$인 x에 대하여 $\sum_{n=0}^{\infty} a_n x^n$이 수렴한다면, 정리 11.1-1에 의하여 x_1에서 $\sum_{n=0}^{\infty} a_n x^n$는 수렴해야 한다. 이것은 모순이다. ❑

멱 급수 $\sum_{n=0}^{\infty} a_n x^n$이 $|x| < R$일 때 수렴하고 $|x| > R$일 때 발산하면, R을 $\sum_{n=0}^{\infty} a_n x^n$의 수렴 반지름(radius of convergence) 또는 수렴 반경이라 한다. 그리고 멱 급수가 수렴하는 점 x 전체로 이루어진 집합을 그 멱 급수의 수렴 구간(interval of convergence)이라 한다.

참고 주어진 멱 급수의 수렴 반지름을 R이라 하면, 그 멱 급수는 구간 $|x| < R$에서 절대 수렴한다. 왜냐하면 임의의 $x \in (-R, R)$에 대하여 $|x| < |x_1| < R$인 $x_1 \in (-R, R)$이 존재하고 x_1이 수렴 구간에 속하므로 x_1에 대하여 주어진 멱 급수가 수렴한다. 따라서 정리 11.1-1로부터 x에 대하여 절대 수렴하기 때문이다.

다음은 멱 급수의 수렴 반지름을 10.4절의 비율 판정법을 이용하여 결정하는 정리이다. 한편 10.4절의 연습 문제 3번을 이용하여 수렴 반지름을 결정할 수도 있다.

정리 11.1-3

수열 $\langle a_n \rangle$ $(a_n \neq 0)$에 대하여 다음 식의 극한 s가 존재한다고 하자.

$$s = \lim_{n\to\infty}\left|\frac{a_{n+1}}{a_n}\right| \quad (0 < s < \infty)$$

그러면 멱 급수 $\sum_{n=0}^{\infty} a_n x^n$ $(a_n \neq 0)$의 수렴 반지름 R은 $1/s$이다.

증명 급수 $|a_0| + |a_1 x| + \cdots + |a_n x^n| + \cdots$에 대해 주어진 조건에 의해 다음을 얻는다.

$$\lim_{n\to\infty}\left|\frac{a_{n+1}x^{n+1}}{a_n x^n}\right| = |x|\lim_{n\to\infty}\left|\frac{a_{n+1}}{a_n}\right| = |x|s$$

따라서 비율 판정법에 의해서 $|x|s < 1$이면 주어진 멱 급수는 수렴하고 $|x|s > 1$이면 발산한다. 그러므로 $1/s$이 수렴 반지름 R이다. ❑

위의 정리의 증명에서 $s = 0$이면 주어진 멱 급수는 모든 x에 대하여 수렴한다. 이 경우에 급수의 수렴 반지름 R을 ∞로 정의한다. 한편, $s = \infty$이면 $x = 0$에서만 수렴한다. 이때는 급수의 수렴 반지름 R을 0으로 약속한다.

예제 11.1-2 멱 급수 $\displaystyle\sum_{k=0}^{\infty}\frac{x^k}{k+1}$의 수렴 반지름과 수렴 구간을 찾아라.

풀이 $\displaystyle\lim_{n\to\infty}\left|\frac{a_{n+1}}{a_n}\right| = \lim_{n\to\infty}\left|\frac{n+1}{n+2}\right| = 1$이므로 수렴 반지름 R은 1이다. 한편, $x = 1$일 때 대응하는 조화급수 $1 + \dfrac{1}{2} + \dfrac{1}{3} + \cdots$은 발산한다. 그리고 $x = -1$이면 교대 급수 $1 - \dfrac{1}{2} + \dfrac{1}{3} - \cdots$은 수렴한다. 따라서 수렴 구간은 $[-1, 1)$이다. ❑

예제 11.1-3 다음 멱 급수의 수렴 구간을 찾아라.

$$1 + x + \frac{1}{2!}x^2 + \cdots + \frac{1}{n!}x^n + \cdots$$

풀이 $\lim_{n\to\infty}\left|\frac{a_{n+1}}{a_n}\right| = \lim_{n\to\infty}\left|\frac{n!}{(n+1)!}\right| = \lim_{n\to\infty}\frac{1}{n+1} = 0$이므로 수렴 구간은 실수 전체 $\mathbb{R} = (-\infty, \infty)$이다. ❑

집합 $I \subset \mathbb{R}$가 멱 급수 $\sum a_n x^n$의 수렴 구간이면, 점 $c \in I$에 대해 급수 $\sum a_n c^n$는 수렴하고 또 그 합은 유일하므로 멱 급수 $\sum a_n x^n$는 수렴 구간 I를 정의역으로 하는 함수를 정의한다. 다음 정리는 이와 같이 멱 급수로 정의된 함수에 관한 유용하고 중요한 정리이다. 이에 대한 증명은 생략한다.

정리 11.1-4

멱 급수 $\sum_{n=0}^{\infty} a_n x^n$이 구간 $|x| < R$ $(R > 0)$에서 절대 수렴하면 각 항을 미분해서 얻은 멱 급수 $\sum_{n=1}^{\infty} n a_n x^{n-1}$도 구간 $|x| < R$에서 절대 수렴한다. 또한, 각 항을 적분해서 얻은 멱 급수 $\sum_{n=0}^{\infty}\int_0^x a_n t^n dt$도 $|x| < R$에서 절대 수렴한다.

다음 정리는 멱 급수로 정의된 함수의 미분과 적분에 관한 정리이다. 이에 대한 증명은 생략한다.

정리 11.1-5

멱 급수 $\sum_{n=0}^{\infty} a_n x^n$이 $|x| < R$에서 절대 수렴하면 이 멱 급수로 정의된 함수 $f(x) = \sum_{n=0}^{\infty} a_n x^n$에 대해 다음이 성립한다.

(1) 함수 f는 $|x| < R$에서 미분 가능하고 $f'(x) = \sum_{n=1}^{\infty} n a_n x^{n-1}$이다.

(2) 함수 f는 $|x| < R$에서 적분 가능하고 $\int_0^x f(t)dt = \sum_{n=0}^{\infty} \frac{a_n}{n+1} x^{n+1}$이다.

예제 11.1-4 $|x|<1$이면 등식 $\frac{1}{1-x}=1+x+x^2+\cdots+x^n+\cdots$이 성립한다.

이를 이용하여 $|x|<1$인 범위에서 함수 $\frac{1}{(1-x)^k}$과 함수 $\ln(1-x)$를 멱 급수로 표현하라 (단, k는 1 보다 큰 정수).

풀이 먼저 정리 11.1-5를 이용하여 $|x|<1$에서 다음을 얻는다.

$$\frac{d}{dx}\left(\frac{1}{1-x}\right)=\frac{1}{(1-x)^2}=1+2x+3x^2+\cdots=\sum_{n=1}^{\infty}nx^{n-1}=\sum_{n=0}^{\infty}(n+1)x^n$$

그런데 멱 급수 $\sum_{n=1}^{\infty}nx^{n-1}$도 $|x|<1$에서 절대 수렴하므로 다음을 얻는다.

$$\frac{d}{dx}\left\{\frac{1}{(1-x)^2}\right\}=\frac{2}{(1-x)^3}=2+6x+12x^2+\cdots=\sum_{n=1}^{\infty}(n+1)nx^{n-1}$$

$$=\sum_{n=0}^{\infty}(n+2)(n+1)x^n \quad (|x|<1)$$

이 과정을 계속 반복하면 임의의 $k\geq 2$에 대하여 다음을 얻는다.

$$\frac{1}{(1-x)^k}=1+kx+\cdots+\frac{(n+k-1)\cdots(n+1)}{(k-1)!}x^n+\cdots$$

$$=\sum_{n=0}^{\infty}\frac{(n+k-1)\cdots(n+1)}{(k-1)!}x^n \quad (|x|<1)$$

또 $\int_0^x\frac{1}{1-t}dt=-\ln(1-x)$이므로 다음을 얻는다.

$$\ln(1-x)=-x-\frac{x^2}{2}-\frac{x^3}{3}-\cdots=-\sum_{n=1}^{\infty}\frac{x^n}{n} \quad (|x|<1)$$ ❑

연습 문제 11.1

1. 다음 급수의 수렴 구간을 찾아라.

(1) $\sum_{k=1}^{\infty} k^2 x^k$

(2) $\sum_{k=0}^{\infty} \frac{1}{3^k}(x+1)^k$

(3) $\sum_{k=0}^{\infty} (3x)^k$

(4) $\sum_{k=0}^{\infty} \frac{1}{k^3+3}(x-1)^k$

(5) $\sum_{k=2}^{\infty} (\ln k) x^k$

(6) $\sum_{k=0}^{\infty} x^{2k}$

(7) $\sum_{k=1}^{\infty} \frac{(-1)^k}{k^k} x^{2k}$

(8) $\sum_{k=0}^{\infty} (x^2-1)^k$

2. 다음 멱 급수의 수렴 반지름과 수렴 구간을 찾아라.

(1) $\sum_{n=0}^{\infty} (-3)^n \frac{x^n}{\sqrt{n+1}}$

(2) $\sum_{n=0}^{\infty} \frac{1}{n+1}(x-3)^n$

(3) $\sum_{n=1}^{\infty} \left(-\frac{1}{4}\right)^n \frac{(x-2)^n}{n}$

(4) $\sum_{n=2}^{\infty} \frac{1}{\ln n} x^n$

(5) $\sum_{n=1}^{\infty} \frac{\cos(n+1)\pi}{n} x^n$

(6) $\sum_{n=1}^{\infty} \tan\left(\frac{1}{n}\right) x^n$

3. 다음 멱 급수로 정의된 함수 y의 정의역을 구하고, y가 주어진 미분 방정식을 만족시킴을 보여라.

(1) $y = \sum_{n=0}^{\infty} \frac{1}{(n!)^2} x^n; \quad xy'' + y' - y = 0$

(2) $y = \sum_{n=0}^{\infty} (-1)^n \frac{1}{(n!)^2} \left(\frac{x}{2}\right)^{2n}; \quad xy'' + y' + xy = 0$

4. 다음 멱 급수를 이용하여 주어진 함수 f를 멱 급수로 표현하라.

(1) $\frac{1}{1+x} = \sum_{k=0}^{\infty} (-1)^k x^k \ (|x| < 1); \quad f(x) = \ln(1+x) \ \ (|x| < 1)$

(2) $\frac{1}{1+x^2} = \sum_{k=0}^{\infty} (-1)^k x^{2k} \ (|x| < 1); \quad f(x) = \tan^{-1} x \ \ (|x| < 1)$

11.2 테일러 다항 함수와 테일러 급수

11.1절에서 함수 $\dfrac{1}{1-x}$는 다음과 같이 멱 급수로 표현할 수 있음을 알아봤다.

$$\frac{1}{1-x} = 1 + x + x^2 + x^3 + \cdots + x^n + \cdots \quad (|x| < 1) \tag{11.2-1}$$

식 (11.2-1)의 멱 급수는 열린 구간 $(-1,\ 1)$에서만 수렴하므로 이 구간을 제외한 영역에서는 식 (11.2-1)의 등호는 무의미하다.

이제 함수를 멱 급수로 나타내는 것에 대해 다룬다. 먼저 다항 함수에 대하여 다음이 성립한다.

정리 11.2-1

n차 다항 함수 $f(x) = a_0 + a_1 x + \cdots + a_{n-1}x^{n-1} + a_n x^n$ $(a_n \neq 0)$는 임의의 실수 c에 대해 다음과 같은 n차 다항 함수 P_n으로 나타낼 수 있다.

$$P_n(x) = f(c) + f'(c)(x-c) + \frac{f''(c)}{2!}(x-c)^2 + \cdots + \frac{f^{(n)}(c)}{n!}(x-c)^n$$

증명 $f(x) = b_0 + b_1(x-c) + b_2(x-c)^2 + b_3(x-c)^3 + \cdots + b_n(x-c)^n$로 놓자. 이때 $x = c$라고 하면 $b_0 = f(c)$이다. 한편 f의 고계 도함수는 다음과 같다.

$$f'(x) = b_1 + 2b_2(x-c) + 3b_3(x-c)^2 + \cdots + nb_n(x-c)^{n-1},$$

$$f''(x) = 2!b_2 + 3 \cdot 2b_3(x-c) + \cdots + n(n-1)b_n(x-c)^{n-2},$$

$$f^{(3)}(x) = 3!b_3 + 4 \cdot 3 \cdot 2b_4(x-c) + \cdots + n(n-1)(n-2)b_n(x-c)^{n-3},$$

$$\vdots$$

$$f^{(n)}(x) = n!b_n$$

위의 각 식에 $x = c$를 대입하면 다음을 얻는다.

$$b_k = \frac{1}{k!}f^{(k)}(c) \quad (k = 1,\ 2,\ 3,\ \cdots,\ n)$$

그러므로 다음이 성립한다.

$$f(x) = f(c) + f'(c)(x-c) + \frac{f''(c)}{2!}(x-c)^2 + \cdots + \frac{f^{(n)}(c)}{n!}(x-c)^n \qquad \square$$

테일러 다항 함수

일반적으로 n번 미분 가능한 함수 f에 다음과 같이 n차 다항 함수를 대응시킬 수 있다. 자연수 n에 대하여 점 $x=c$의 근방 I에서 함수 f의 도함수 $f^{(n)}$가 존재한다고 하자. 이때 다음과 같이 정의된 n차 다항 함수 P_n을 점 $x=c$에서 함수 f의 n차 테일러 다항 함수(nth degree Taylor polynomial)[3]이라고 한다.

$$P_n(x) = f(c) + f'(c)(x-c) + \frac{f''(c)}{2!}(x-c)^2 + \cdots + \frac{f^{(n)}(c)}{n!}(x-c)^n$$

다음 예제와 같이 함숫값을 찾거나 함숫값의 근삿값을 찾는 데 테일러 다항 함수를 이용할 수 있다.

예제 11.2-1 다항 함수 $f(x) = x^3 \quad 6x^2 + 5x + 2$에 대해 $x=1$에서의 테일러 다항 함수를 구하고, 이를 이용하여 $f(0.98)$을 찾아라.

풀이 정리 11.2-1에 의하여 f의 삼계 도함수까지만 구하면 된다. f와 f의 각 계의 도함수 및 $c=1$에서의 값은 아래와 같다.

$$\begin{aligned} f(x) &= x^3 - 6x^2 + 5x + 2, & f(1) &= 2, \\ f'(x) &= 3x^2 - 12x + 5, & f'(1) &= -4, \\ f''(x) &= 6x - 12, & f''(1) &= -6, \\ f^{(3)}(x) &= 6, & f^{(3)}(1) &= 6 \end{aligned}$$

따라서 f의 테일러 다항 함수는 다음과 같다.

$$\begin{aligned} f(x) &= f(1) + f'(1)(x-1) + \frac{f''(1)}{2!}(x-1)^2 + \frac{f^{(3)}(1)}{3!}(x-1)^3 \\ &= 2 - 4(x-1) - 3(x-1)^2 + (x-1)^3 \end{aligned}$$

3) 1차 테일러 다항 함수는 선형 근사 함수이다 (4.4절 참조).

이를 이용하면 $f(0.98)$의 값은 다음과 같다.

$$f(0.98) = 2 - 4(-0.02) - 3(-0.02)^2 + (-0.02)^3 = 2.078792$$

주어진 함수에 $x = 0.98$을 대입하여 값을 계산하는 것과 비교해 보자. ❑

예제 11.2-2 지수 함수 $f(x) = e^x$에 대해 $c = 0$에서 4차 테일러 다항 함수 $P_4(x)$를 찾고 $P_4(0.1)$과 $f(0.1) = e^{0.1}$의 값을 비교하라.

풀이 $n = 0,\ 1,\ 2,\ 3,\ 4$에 대해서 $f^{(n)}(0) = 1$이므로 4차 테일러 다항 함수는 다음과 같다.

$$P_4(x) = 1 + x + \frac{1}{2!}x^2 + \frac{1}{3!}x^3 + \frac{1}{4!}x^4$$

따라서 $P_4(0.1) = 1.105170833$이고 $f(0.1) = e^{0.1} \fallingdotseq 1.105170918$이므로 4차 다항 함수로 근사시킨 값 $P_4(0.1)$는 참값 $e^{0.1}$에 소수 여섯째 자리까지 정확하다. ❑

예제 11.2-3 함수 $f(x) = \cos x$에 대해 $c = 0$에서 1차부터 4차까지의 테일러 다항 함수를 찾아라. 또 $x = 0.2$에서 $\cos x$와 $P_n(x)\,(n = 1,\ 2,\ 3,\ 4)$의 값을 비교하라.

풀이 먼저 함수 $f(x) = \cos x$의 각 계의 도함수와 $c = 0$에서의 값은 아래와 같다.

$$\begin{aligned}
f(x) &= \cos x, & f(0) &= 1, \\
f'(x) &= -\sin x, & f'(0) &= 0, \\
f''(x) &= -\cos x, & f''(0) &= -1, \\
f^{(3)}(x) &= \sin x, & f^{(3)}(0) &= 0, \\
f^{(4)}(x) &= \cos x, & f^{(4)}(0) &= 1
\end{aligned}$$

따라서 테일러 다항 함수 $P_n(x)$ $(n = 1,\ 2,\ 3,\ 4)$는 아래와 같다.

$$P_1(x) = f(0) + f'(0)(x-0) = 1,$$

$$P_2(x) = f(0) + f'(0)(x-0) + \frac{1}{2!}f''(0)(x-0)^2 = 1 - \frac{1}{2!}x^2,$$

$$P_3(x) = f(0) + f'(0)(x-0) + \frac{1}{2!}f''(0)(x-0)^2 + \frac{1}{3!}f'''(0)(x-0)^3$$

$$= 1 - \frac{1}{2!}x^2,$$

$$P_4(x) = 1 - \frac{1}{2!}x^2 + \frac{1}{4!}x^4$$

한편 $x = 0.2$에서 각 테일러 다항 함수의 값을 계산하면 다음과 같다.

$$P_1(0.2) = 1,\ P_2(0.2) = P_3(0.2) = 0.98,\ P_4(0.2) \fallingdotseq 0.98006657$$

그런데 $\cos(0.2) \fallingdotseq 0.98006658$이다. 따라서 $x = 0.2$에서 4차 테일러 다항 함수를 이용한 근삿값은 소수 일곱째 자리까지 정확하다. ❑

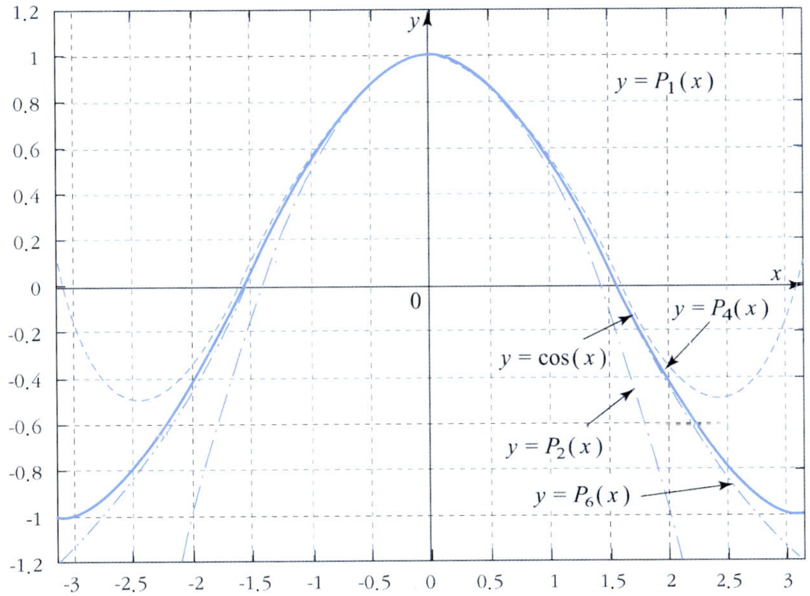

그림 11.2-1 $\cos x$와 그 테일러 다항 함수의 그래프

그림 11.2-1에서 보인 것처럼 함수 $\cos x$의 테일러 다항 함수 P_n의 차수 n를 높일수록 P_n의 그래프는 점점 더 $\cos x$의 그래프와 같아짐을 예상할 수 있다. 흔히 함수 f의 n차 테일러 다항 함수 P_n을 f의 n차 근사 함수라고도 한다.

테일러 급수와 테일러 정리

함수 f와 모든 $n \in \mathbb{N}$에 대하여 점 c에서 $f^{(n)}(c)$가 존재할 때, 다음 멱 급수를 점 $x = c$에서의 f의 테일러 급수(Taylor series)라고 한다.

$$f(c)+f'(c)(x-c)+\frac{f''(c)}{2!}(x-c)^2+\cdots+\frac{f^{(k)}(c)}{k!}(x-c)^k+\cdots$$

이때 $\frac{1}{k!}f^{(k)}(c)$ $(k=0,\ 1,\ \cdots)$를 f의 테일러 계수라 한다. 특히, $c=0$일 때의 테일러 급수를 매클로린[4] 급수(Maclaurin series)라고 한다.

예제 11.2-4 점 $c=1$에서 로그 함수 $f(x)=\ln x$의 테일러 급수를 찾아라.

풀이 $f(1)=0$이다. 또 $k=1,\ 2,\ \cdots$에 대하여 $f^{(k)}(x)=(-1)^{k+1}(k-1)!x^{-k}$이므로 $f^{(k)}(1)=(-1)^{k+1}(k-1)!$이다. 따라서 찾는 테일러 급수는 다음과 같다.

$$\sum_{k=1}^{\infty}\frac{(-1)^{k+1}}{k}(x-1)^k=(x-1)-\frac{(x-1)^2}{2}+\frac{(x-1)^3}{3}-\frac{(x-1)^4}{4}+\cdots$$

위의 멱 급수는 명백히 $x=0$에서 발산한다. 정리 11.1-3에 의해 이 멱 급수의 수렴 반지름은 1이고 수렴 구간은 $(0,\ 2]$임을 알 수 있다. ❑

이제 함수와 그 테일러 급수와의 관계에 대해 알아본다. 먼저 함수 f와 그 n차 테일러 다항 함수 P_n과의 차이에 대하여 알아보자.

정리 11.2-2 (테일러 정리)

함수 f가 구간 $I=[a,\ b]$에서 $(n+1)$번 미분 가능하고 점 c가 구간 I에 있는 점이라고 하자. 그러면 구간 I에 속하는 임의의 점 $x\neq c$에 대하여 아래 식을 만족시키는 ξ가 x와 c 사이에 존재한다.

$$f(x)=\sum_{k=0}^{n}\frac{f^{(k)}(c)}{k!}(x-c)^k+\frac{f^{(n+1)}(\xi)}{(n+1)!}(x-c)^{n+1} \qquad (11.2\text{-}2)$$

4) Colin Maclaurin (1698-1746) : 스코틀랜드의 수학자

식 (11.2-2)에서 우변의 마지막 항을 흔히 $R_n(x)$로 나타내고 $x=c$에서 함수 f의 n 차 테일러 다항 함수의 나머지항(remainder term)이라고 한다. 즉, 다음이 성립한다.

$$R_n(x)=f(x)-P_n(x)=\frac{f^{(n+1)}(\xi)}{(n+1)!}(x-c)^{n+1} \tag{11.2-3}$$

증명 점 $x\in[a,\ b]$를 고정하고 $x<c$라 가정하자 ($x>c$인 경우도 같은 방법으로 증명한다). 이제 구간 $[x,\ c]$에 속하는 임의의 섬 t에 대하여 함수 $g(t)$를 다음과 같이 정의하자.

$$\begin{aligned}g(t)=f(x)-\Big\{&f(t)+f'(t)(x-t)+\frac{f''(t)}{2!}(x-t)^2+\cdots\\&+\frac{f^{(n)}(t)}{n!}(x-t)^n+R_n(x)\frac{(x-t)^{n+1}}{(x-c)^{n+1}}\Big\}\end{aligned}$$

여기서 $R_n(x)$는 $g(c)=0$이 되도록 하는 수이다. 그러면 $g(t)$는 닫힌 구간 $[x,\ c]$에서 연속이고 열린 구간 $(x,\ c)$에서 미분 가능하며 그 도함수는 다음과 같다.

$$\begin{aligned}g'(t)&=0-f'(t)+\{f'(t)-f''(t)(x-t)\}\\&\quad+\left\{\frac{2f''(t)}{2!}(x-t)-\frac{f^{(3)}(t)}{2!}(x-t)^2\right\}\\&\quad+\left\{\frac{3f^{(3)}(t)}{3!}(x-t)^2-\frac{f^{(4)}(t)}{3!}(x-t)^3\right\}+\cdots\\&\quad+\left\{\frac{nf^{(n)}(t)}{n!}(x-t)^{n-1}-\frac{f^{(n+1)}(t)}{n!}(x-t)^n\right\}\\&\quad+(n+1)R_n(x)\frac{(x-t)^n}{(x-c)^{n+1}}\\&=-\frac{f^{(n+1)}(t)}{n!}(x-t)^n+(n+1)R_n(x)\frac{(x-t)^n}{(x-c)^{n+1}}\end{aligned}$$

그리고 $g(x)=g(c)=0$이므로 $g(t)$에 롤의 정리 4.2-1에 적용하면, $g'(\xi)=0$인 ξ가 x와 c 사이에 존재한다. 그러므로 위의 식으로부터 다음이 성립한다.

$$g'(\xi)=0=-\frac{f^{(n+1)}(\xi)}{n!}(x-\xi)^n+(n+1)R_n(x)\frac{(x-\xi)^n}{(x-c)^{n+1}}$$

이를 $R_n(x)$에 대하여 정리하면 다음을 얻는다.

$$R_n(x) = \frac{f^{(n+1)}(\xi)}{(n+1)!}(x-c)^{n+1}$$ ❑

예제 11.2-5 함수 $f(x) = \cos x$를 구간 $I = \left[-\frac{\pi}{4}, \frac{\pi}{4}\right]$에서 테일러 다항 함수로 근사시킬 때, 임의의 $x \in I$에 대하여 근삿값의 오차가 10^{-5}보다 크지 않는 가장 낮은 차수의 테일러 다항 함수를 테일러 정리를 이용하여 찾아라.

풀이 함수 $f(x) = \cos x$에 대해 $c = 0$에서 테일러 정리를 적용하면 다음을 얻는다.

$$f(x) = 1 - \frac{x^2}{2!} + \frac{x^4}{4!} - \frac{x^6}{6!} + \frac{x^8}{8!} - \cdots + \frac{(-1)^n}{(2n)!}x^{2n} + R_{2n+1}(x),$$

$$R_{2n+1}(x) = (-1)^n \frac{f^{(2n+2)}(\xi)}{(2n+2)!}x^{2n+2}$$

그런데 $n \in \mathbb{N}$에 대하여 $|f^{(2n+2)}(\xi)| = |\cos\xi| \le 1$이다. 따라서 다음 부등식을 만족시키는 n을 구하면 임의의 $x \in I$에 대하여 오차가 10^{-5}보다 크지 않다.

$$|R_{2n+1}(x)| \le \frac{|x|^{2n+2}}{(2n+2)!} \le 10^{-5}$$

여기서 $n \ge 3$이면 부등식 $\frac{(\pi/4)^{2n+2}}{(2n+2)!} \le 10^{-5}$이 성립하므로 구하는 다항 함수는 아래와 같은 6차 테일러 다항 함수 $P_6(x)$이다.

$$P_6(x) = 1 - \frac{x^2}{2!} + \frac{x^4}{4!} - \frac{x^6}{6!}$$

실제로 $x = \frac{\pi}{6}$이면 $\cos\left(\frac{\pi}{6}\right) \fallingdotseq 0.8660254038$이고 $P_6\left(\frac{\pi}{6}\right) \fallingdotseq 0.8660252641$이다. 따라서 오차 $f\left(\frac{\pi}{6}\right) - P_6\left(\frac{\pi}{6}\right) \approx 1.39 \times 10^{-7}$은 10^{-5}보다 크지 않다. 이는 구간 I의 다른 값에 대해서도 성립한다. ❑

정리 11.2-3 (테일러 급수의 수렴)

닫힌 구간 $[a, b]$의 임의의 점 x에서 함수 f의 모든 계의 도함수가 존재하며 $c \in [a, b]$라고 하자. 그러면 다음 식이 성립할 필요 충분 조건은 $\lim_{n\to\infty} R_n(x) = 0$이다.

$$f(x) = \sum_{k=0}^{\infty} \frac{f^{(k)}(c)}{k!}(x-c)^k \quad (a \le x \le b)$$

증명 각 $n \in \mathbb{N}$에 대하여 함수 $S_n : [a, b] \to \mathbb{R}$을 다음과 같이 정의하자.

$$S_n(x) = \sum_{k=0}^{n} \frac{f^{(k)}(c)}{k!}(x-c)^k$$

테일러 정리에 의해 $x \in [a, b]$이면 $S_n(x) = f(x) - R_n(x)$이므로 모든 $x \in [a, b]$에 대해 $\lim_{n\to\infty} S_n(x) = f(x)$이기 위한 필요 충분 조건은 $\lim_{n\to\infty} R_n(x) = 0$이다. ❑

다음은 나머지항 $R_n(x)$가 0으로 수렴하는지 결정하는 데 유용한 정리이다.

정리 11.2-4

임의의 실수 c에 대하여 $\lim_{n\to\infty} \frac{c^n}{n!} = 0$이다.

증명 실수 c가 양수인 경우를 생각하면 충분하다. 예제 1.2-4(아르키메데스의 성질)에 의하여 $2c$보다 큰 자연수 n_0가 존재한다. 따라서 다음 부등식을 얻는다.

$$\frac{c^n}{n!} = \frac{c \cdot c \cdots c}{1 \cdot 2 \cdots n_0} \frac{c \cdots c}{(n_0+1) \cdots n} < \frac{c^{n_0}}{n_0!}\left(\frac{1}{2}\right)\cdots\left(\frac{1}{2}\right) = \frac{c^{n_0}}{n_0!}\left(\frac{1}{2}\right)^{n-n_0}$$

그런데 $\lim_{n\to\infty}\left(\frac{1}{2}\right)^{n-n_0} = 0$이므로 $\lim_{n\to\infty} \frac{c^n}{n!} = 0$이다. ❑

예제 11.2-6 모든 $x \in \mathbb{R}$ 에 대하여 다음이 성립함을 보여라.

$$\sin x = \sum_{n=0}^{\infty} \frac{(-1)^n}{(2n+1)!} x^{2n+1} = x - \frac{1}{3!}x^3 + \frac{1}{5!}x^5 - \frac{1}{7!}x^7 + \cdots \tag{11.2-4}$$

풀이 $f(x) = \sin x$라고 하면 $n = 0, 1, 2, \cdots$에 대하여 다음을 얻는다.

$$f^{(2n)}(x) = (-1)^n \sin x, \qquad f^{(2n)}(0) = 0,$$
$$f^{(2n+1)}(x) = (-1)^n \cos x, \quad f^{(2n+1)}(0) = (-1)^n$$

따라서 함수 $f(x) = \sin x$의 매클로린 급수는 다음과 같다.

$$\sum_{k=0}^{\infty} \frac{f^{(k)}(0)}{k!} x^k = x - \frac{1}{3!}x^3 + \frac{1}{5!}x^5 - \frac{1}{7!}x^7 + \cdots$$

한편 모든 자연수 n에 대해 $|f^{(n+1)}(\xi)| \le 1$이므로 나머지 항의 크기는 다음과 같다.

$$|R_n(x)| = \left| \frac{f^{(n+1)}(\xi)}{(n+1)!} x^{n+1} \right| \le \frac{|x|^{n+1}}{(n+1)!}$$

정리 11.2-4에 의하여 $\lim_{n\to\infty} R_n(x) = 0$이므로 급수 $\sum_{n=0}^{\infty} \frac{(-1)^n}{(2n+1)!} x^{2n+1}$의 합은 $\sin x$이다 (정리 11.2-3). 따라서 모든 $x \in \mathbb{R}$에 대하여 식 (11.2-4)가 성립한다. ❑

예제 11.2-7 모든 $x \in \mathbb{R}$에 대하여 다음이 성립함을 보여라.

$$e^x = \sum_{n=0}^{\infty} \frac{1}{n!} x^n = 1 + x + \frac{1}{2!}x^2 + \frac{1}{3!}x^3 + \frac{1}{4!}x^4 + \frac{1}{5!}x^5 + \cdots \tag{11.2-5}$$

풀이 $f(x) = e^x$라 하면 $n = 0, 1, 2, \cdots$에 대해 $f^{(n)}(x) = e^x$이므로 $f^{(n)}(0) = 1$이다. 따라서 함수 $f(x) = e^x$의 매클로린 급수는 다음과 같다.

$$\sum_{n=0}^{\infty} \frac{1}{n!} x^n = 1 + x + \frac{1}{2!}x^2 + \frac{1}{3!}x^3 + \frac{1}{4!}x^4 + \frac{1}{5!}x^5 + \cdots$$

한편 모든 자연수 n에 대해 $|f^{(n+1)}(\xi)| \le e^{|x|}$이므로 다음이 성립한다.

$$|R_n(x)| = \left| \frac{f^{(n+1)}(\xi)}{(n+1)!} x^{n+1} \right| \le e^{|x|} \frac{|x|^{n+1}}{(x+1)!}$$

정리 11.2-4에 의하여 $\lim_{n\to\infty} R_n(x) = 0$이므로 급수 $\sum_{n=0}^{\infty} \frac{1}{n!}x^n$의 합은 e^x이다 (정리 11.2-3). 따라서 모든 $x \in \mathbb{R}$ 에 대하여 식 (11.2-5)가 성립한다. ❑

이제 이항 함수 $(1+x)^s$의 매클로린 급수에 대하여 알아보기로 하자. 흔히, 이항 함수 $(1+x)^s$의 매클로린 급수를 이항 급수(binomial series)라고 한다.

정리 11.2-5 (이항 급수)

임의의 실수 s에 대하여 다음이 성립한다.

$$(1+x)^s = 1 + sx + \frac{s(s-1)}{2!}x^2 + \frac{s(s-1)(s-2)}{3!}x^3 + \frac{s(s-1)(s-2)(s-3)}{4!}x^4 + \cdots \quad (|x|<1) \tag{11.2-6}$$

증명 함수 $f(x) = (1+x)^s$의 $x=0$에서 고계 도함수를 다음과 같이 구한다.

$$\begin{aligned}
f(x) &= (1+x)^s, & f(0) &= 1, \\
f'(x) &= s(1+x)^{s-1}, & f'(0) &= s, \\
f''(x) &= s(s-1)(1+x)^{s-2}, & f''(0) &= s(s-1), \\
f^{(3)}(x) &= s(s-1)(s-2)(1+x)^{s-3}, & f^{(3)}(0) &= s(s-1)(s-2), \\
&\vdots & &\vdots
\end{aligned}$$

따라서 0 이상의 모든 정수 k에 대해 $f^{(k)}(0) = s(s-1)(s-2)\cdots(s-k+1)$이므로 주어진 멱 급수는 함수 $(1+x)^s$의 매클로린 급수이다. 정리 10.4-1에 의하면 위 이항 급수의 수렴 구간은 $(-1, 1)$이다. ❑

예제 11.2-8 다음이 성립함을 보여라.

$$\sqrt{1+x} = 1 + \frac{1}{2}x - \frac{1}{8}x^2 + \frac{1}{16}x^3 - \cdots \quad (|x|<1) \tag{11.2-7}$$

풀이 $\sqrt{1+x}=(1+x)^{\frac{1}{2}}$ 이므로 정리 11.2-5의 식 (11.2-6)에 $s=\dfrac{1}{2}$을 대입하여 정리하면 식 (11.2-7)을 얻는다. ❑

연습 문제 11.2

1. $c=0$에서 다음 함수의 3차 테일러 다항 함수 $P_3(x)$를 찾아라.

(1) $\sin x\cos x$ (2) $\ln(1+\sin x)$ (3) $\sqrt{1-x+x^2}$

2. 다음 함수의 매클로린 급수를 찾아라.

(1) $\cos x$ (2) $\sinh x$

3. 다음에 주어진 급수가 주어진 함수의 매클로린 급수임을 보여라.

(1) $\sin 2x$; $2x-\dfrac{2^3}{3!}x^3+\dfrac{2^5}{5!}x^5-\dfrac{2^7}{7!}x^7+\cdots \quad (-\infty<x<\infty)$

(2) $\dfrac{1}{2}\ln\dfrac{1+x}{1-x}$; $x+\dfrac{1}{3}x^3+\dfrac{1}{5}x^5+\dfrac{1}{7}x^7+\cdots \quad (|x|<1)$

4. 다음 함수의 매클로린 급수와 수렴 구간을 찾아라.

(1) $\ln(2-x)$ (2) $\cosh x$

5. 양수 b가 양수 a에 비해 매우 작을 때 다음이 성립함을 보여라.

$$\sqrt{\frac{a-b}{a+b}}\approx\frac{a-b}{a}$$

6. 테일러 정리를 이용하여 다음 물음에 답하라.

(1) $|x-\sin x|<0.001$을 만족시키는 x의 범위를 찾아라.

(2) $|x|\le\pi$인 x에 대해 $\sin x$와 $x-\dfrac{1}{6}x^3+\dfrac{1}{120}x^5$의 차이는 얼마인가?

7. 주어진 점 $x=c$에서 함수 f의 테일러 급수를 구하고, 그 급수가 모든 $x\in\mathbb{R}$ 에 대하여 $f(x)$에 수렴함을 보여라.

(1) $f(x)=e^x,\ c=-2$ (2) $f(x)=\cos^2 x,\ c=0$

8. 테일러 급수와 교대 급수의 성질 및 적당한 함수를 생각하여 오차가 0.001보다 작은 다음 값의 근삿값을 찾아라.

(1) $\sin(0.125)$ (2) $e^{-1/2}$ (3) $(83)^{1/4}$

9. 다음 함수의 이항 급수를 찾아라.

(1) $(1+x)^{-8/5}$ (2) $(1+x)^{-1/2}$

10. 다음 물음에 답하라.

(1) 함수 $f(x)=e^{-x}$의 매클로린 급수를 구하고, 그 수렴 구간을 찾아라.

(2) (1)의 매클로린 급수를 이용하여 오차가 0.01보다 작은 e^{-1}의 근삿값을 찾아라.

11. 함수 $f(x)=\cosh x$의 $x=0$에서의 나머지항 $R_n(x)$이 다음을 만족시킴을 보여라.

$$\lim_{n\to\infty} R_n(x)=0 \quad (-\infty<x<\infty)$$

12. 자동차가 주어진 순간에 속도 20m/s와 가속도 2m/s^2으로 달린다고 하자. 2차 테일러 다항 함수를 이용하여 앞으로 1초 동안 이 자동차가 달릴 거리를 추정하라. 1분 동안 달릴 거리를 추정하는 데 이 다항 함수를 사용하는 것이 타당한지를 결정하라.

13. 전자 쌍극자는 크기는 같지만 부호가 다른 두 개의 전하로 구성되어 있다. 전하가 q와 $-q$이고 거리가 d인 쌍극자가 있다고 하자. 그림의 점 P에서 전기장 E는 다음과 같이 주어진다.

$$E=\frac{q}{D^2}-\frac{q}{(D+d)^2}$$

이 식을 멱이 d/D인 급수로 전개하여 P가 쌍극자에서 충분히 멀리 있을 때 E가 대략 $1/D^3$에 비례함을 보여라.

14. 길이가 L인 물결이 깊이가 d인 물을 가로질러 속도 v로 움직일 때 이들 사이의 관계는 다음 식으로 주어진다.

$$v^2 = \frac{gL}{2\pi}\tan h\frac{2\pi d}{L}$$

(1) 물이 깊을 때 $v \approx \sqrt{gL/(2\pi)}$ 임을 보여라.

(2) 물이 얕을 때 $\tan h$에 대한 매클로린 급수를 이용하여 $v \approx \sqrt{gd}$ 임을 보여라.(따라서 물이 얕으면 물결의 속도가 물결의 길이에 영향을 받지 않는 경향이 있다.)

(3) 교대 급수 정리를 이용하여 $L > 10d$일 때 근사식 $v^2 \approx gd$는 오차가 $0.014gL$ 이내에서 정확함을 보여라.

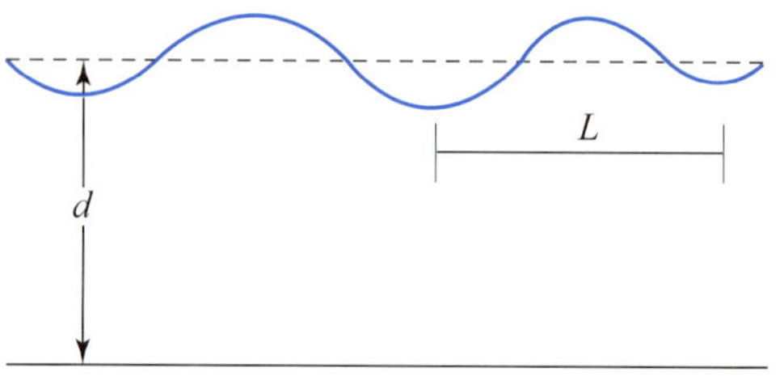

15. 사막을 횡단하는 고속도로를 건설하려면 아래 그림과 같이 고도 차이를 보정해야 한다.

(1) R을 지구의 반지름, L을 고속도로의 길이라 할 때 보정은 $C = R\sec(L/R) - R$임을 보여라.

(2) 테일러 다항 함수를 이용하여 $C \approx \dfrac{L^2}{2R} + \dfrac{5L^4}{24R^3}$ 임을 보여라.

(3) $L = 100\text{km}$일 때 위 (1)과 (2)의 값을 비교하라 (지구의 반지름은 6370km이다).

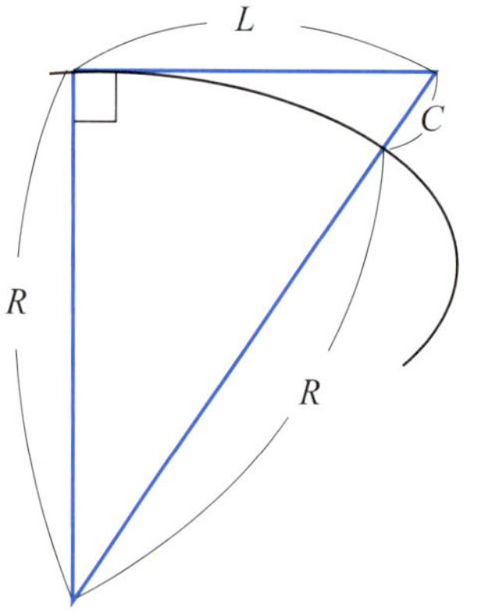

11.3 멱 급수와 테일러 급수

정리 11.1-5에 의하면 다음과 같이 멱 급수로 정의되는 함수 f는 수렴 구간 I에 속하는 모든 점에서 무한 번 미분 가능하다.

$$f(x) = \sum_{n=0}^{\infty} a_n (x-c)^n \quad (x \in I) \tag{11.3-1}$$

이때 멱 급수 (11.3-1)로 정의된 함수 f의 계수 a_n $(n=0,\ 1,\ \cdots)$에 대해 다음이 성립한다. 이의 증명은 연습 문제로 남긴다.

정리 11.3-1

식 (11.3-1)로 정의된 함수 f에 대하여 다음이 성립한다.

$$a_n = \frac{f^{(n)}(c)}{n!} \quad (n=0,\ 1,\ 2,\ \cdots) \tag{11.3-2}$$

정리 11.3-1은 함수 f가 $(x-c)$에 관한 멱 급수라면 그 멱 급수는 f의 $x=c$에서의 테일러 급수임을 의미한다. 즉, 점 $x=c$가 고정되어 있다면 f를 $(x-c)$에 관한 멱 급수로 표현하는 방법은 유일하다.

예제 11.3-1 함수 $\dfrac{1}{\sqrt{1-x^2}}$ $(|x|<1)$의 매클로린 급수가 다음과 같음을 보여라.

$$\frac{1}{\sqrt{1-x^2}} = 1 + \frac{1}{2}x^2 + \frac{3}{8}x^4 + \frac{5}{16}x^6 + \cdots \quad (|x|<1)$$

풀이 $\dfrac{1}{\sqrt{1-x^2}} = \{1+(-x^2)\}^{-\frac{1}{2}}$이므로 정리 11.2-5의 식 (11.2-6)에 $s=-\dfrac{1}{2}$을 대입하고 x를 $-x^2$으로 치환하여 정리한 후 얻는 멱 급수는 주어진 식의 우변과 같다. 이 멱 급수는 정리 11.3-1에 의하여 함수 $\dfrac{1}{\sqrt{1-x^2}}$의 매클로린 급수이다. ❑

예제 11.3-2 멱 급수를 이용하여 오차가 0.001보다 크지 않은 $\int_0^{0.5} \sin x^2\, dx$의 근삿값을 찾아라.

풀이 예제 11.2-6의 $f(x) = \sin x$의 매클로린 급수에 x 대신에 x^2을 대입하여 얻은 멱 급수는 정리 11.3-1에 의하여 $\sin x^2$의 매클로린 급수이다. 이에 대해 정리 11.1-5를 적용하여 다음을 얻는다.

$$\begin{aligned}\int_0^{0.5} \sin x^2\, dx &= \int_0^{0.5} \left\{x^2 - \frac{1}{3!}(x^2)^3 + \frac{1}{5!}(x^2)^5 - \frac{1}{7!}(x^2)^7 + \cdots\right\} dx \\ &= \int_0^{0.5} \left\{x^2 - \frac{1}{3!}x^6 + \frac{1}{5!}x^{10} - \frac{1}{7!}x^{14} + \cdots\right\} dx \\ &= \frac{1}{3}(0.5)^3 - \frac{1}{7 \cdot 3!}(0.5)^7 + \frac{1}{11 \cdot 5!}(0.5)^{11} - \frac{1}{15 \cdot 7!}(0.5)^{15} + \cdots\end{aligned}$$

그런데 정 적분을 나타내는 급수는 교대 급수이다. 이제 정 적분의 근삿값으로 급수의 첫째 항을 택하자. 그러면 식 (10.5-1)로부터 이 경우의 오차 한계는 다음과 같다.

$$\frac{1}{7 \cdot 3!}(0.5)^7 = \frac{1}{42}(0.5)^7 = 0.00018601 < 0.001$$

따라서 구하는 정 적분의 근삿값을 다음과 같이 택할 수 있다.

$$\int_0^{0.5} \sin x^2\, dx \fallingdotseq \frac{1}{3}(0.5)^3 \fallingdotseq 0.0416667$$

❑

예제 11.3-3 다음이 성립함을 보여라.

$$\sin^{-1} x = x + \frac{1}{6}x^3 + \frac{3}{40}x^5 + \frac{5}{112}x^7 + \cdots \quad (|x| < 1)$$

풀이 $\sin^{-1} x$는 함수 $\dfrac{1}{\sqrt{1-x^2}}$의 부정 적분이므로 $\sin^{-1} x = \int_0^{x} \dfrac{1}{\sqrt{1-t^2}} dt \ (|x| < 1)$이다. 이에 대해 예제 11.3-1을 이용하여 예제 11.3-2의 방법을 사용하면 다음을 얻는다.

$$\begin{aligned}\sin^{-1} x &= \int_0^x \frac{1}{\sqrt{1-t^2}} dt = \int_0^x \left\{1 + \frac{1}{2}t^2 + \frac{3}{8}t^4 + \frac{5}{16}t^6 + \cdots\right\} dt \\ &= x + \frac{1}{6}x^3 + \frac{3}{40}x^5 + \frac{5}{112}x^7 + \cdots \quad (|x| < 1)\end{aligned}$$

❑

멱 급수의 연산

급수의 합에 관한 정리 10.1-2와 코시 곱에 관한 정리 10.5-5로부터 멱 급수로 주어지는 함수들의 합 또는 곱으로 정의되는 함수에 대해 다음 정리가 성립한다. 이의 증명은 생략한다.

정리 11.3-2

멱 급수로 정의된 두 함수 $f(x) = \sum_{n=0}^{\infty} a_n x^n$과 $g(x) = \sum_{n=0}^{\infty} b_n x^n$의 수렴 반지름이 각각 R_1과 R_2라고 하자. 그러면 두 함수 $f+g$와 fg는 수렴 반지름이 적어도 $R = \min\{R_1, R_2\}$인 다음과 같은 멱 급수로 나타낼 수 있다.

(1) $f(x) + g(x) = \sum_{n=0}^{\infty} (a_n + b_n) x^n$

(2) $f(x)g(x) = \sum_{n=0}^{\infty} c_n x^n$ (단, $c_n = \sum_{k=0}^{n} a_k b_{n-k}$)

정리 11.3-2를 이용하면 다음 예제와 같이 고계 도함수가 복잡한 함수의 테일러 급수를 비교적 쉽게 구할 수 있다

예제 11.3-4 함수 $f(x) = e^{-x} \sin x$에 대하여 다음 물음에 답하라.

(1) 함수 f의 매클로린 급수를 찾아라.

(2) $f^{(5)}(0)$의 값을 찾아라.

풀이 (1) 함수 e^{-x}와 $\sin x$의 매클로린 급수는 각각 다음과 같다.

$$e^{-x} = \sum_{n=0}^{\infty} a_n x^n = \sum_{n=0}^{\infty} \frac{(-1)^n}{n!} x^n$$

$$= 1 - x + \frac{1}{2}x^2 - \frac{1}{3!}x^3 + \frac{1}{4!}x^4 - \frac{1}{5!}x^5 + \cdots,$$

$$\sin x = \sum_{n=0}^{\infty} b_n x^n = \sum_{k=0}^{\infty} \frac{(-1)^k}{(2k+1)!} x^{2k+1} = x - \frac{1}{3!}x^3 + \frac{1}{5!}x^5 + \cdots$$

그러므로 각 멱 급수의 계수는 다음과 같다.

$$a_0 = 1,\ a_1 = -1,\ a_2 = \frac{1}{2},\ a_3 = -\frac{1}{6},\ a_4 = \frac{1}{24},\ a_5 = -\frac{1}{120},\ \cdots,$$

$$b_0 = 0,\ b_1 = 1,\quad b_2 = 0,\quad b_3 = -\frac{1}{6},\ b_4 = 0,\quad b_5 = -\frac{1}{120},\ \cdots,$$

따라서 정리 11.3-2의 (2)를 이용하면 다음을 얻는다.

$$\begin{aligned} e^{-x}\sin x &= a_0b_0 + (a_0b_1 + a_1b_0)x + (a_0b_2 + a_1b_1 + a_2b_0)x^2 \\ &\quad + (a_0b_3 + a_1b_2 + a_2b_1 + a_3b_0)x^3 + \cdots \qquad (11.3\text{-}3) \\ &= x - x^2 + \frac{1}{3}x^3 - \frac{1}{30}x^5 + \cdots \end{aligned}$$

두 함수 e^{-x}과 $\sin x$의 매클로린 급수의 수렴 반지름 R이 모두 ∞이므로, 정리 11.3-2에 의하여 함수 $f(x) = e^{-x}\sin x$의 멱 급수의 수렴 반지름도 ∞이다. 또한 f의 매클로린 급수는 정리 11.3-1에 의하여 식 (11.3-3)에서 우변의 마지막 급수와 같다. $f(x) = e^{-x}\sin x$의 매클로린 급수의 모든 계수를 찾을 수 있는 일정한 규칙이 없지만 식 (11.3-3)에서 보인 것처럼 간단한 연산을 통해 쉽게 결정할 수 있다.

(2) $f(x) = \sum_{n=0}^{\infty} c_n x^n$이라 하면 정리 11.3-1에 의하여 $f^{(5)}(0) = 5!c_5$이다. 그런데 식 (11.3-3)에서 $c_5 = -\frac{1}{30}$이므로 $f^{(5)}(0) = -4$이다. ❑

이제 f와 g가 $x = c$에서 멱 급수로 정의된 함수일 때, 함수 $\frac{f}{g}(g(c) \neq 0)$를 멱 급수로 나타내는 방법에 대해 알아보자. 여기서는 그러한 방법에 관한 엄밀한 논의는 생략하고 다음 예제를 통하여 방법의 대강을 익히도록 한다.

예제 11.3-5 $f(x) = \tan x$를 $x = 0$에서의 멱 급수로 나타내라.

풀이 먼저 $\sin x$와 $\cos x$의 멱 급수는 각각 다음과 같다.

$$\sin x = \sum_{n=0}^{\infty} a_n x^n = x - \frac{1}{3!}x^3 + \frac{1}{5!}x^3 - \frac{1}{7!}x^7 + \cdots,$$

$$\cos x = \sum_{n=0}^{\infty} b_n x^n = 1 - \frac{1}{2!}x^2 + \frac{1}{4!}x^4 - \frac{1}{6!}x^6 + \cdots \qquad (11.3\text{-}4)$$

여기서 식 (11.3-4)에서 수열 $\langle a_n \rangle$와 $\langle b_n \rangle$은 다음과 같다.

$$a_{2k}=0,\ a_{2k+1}=(-1)^k\frac{1}{(2k+1)!}\ \ (k=0,\ 1,\ 2,\ 3,\ \cdots)$$
$$b_{2k}=(-1)^k\frac{1}{(2k)!},\ b_{2k+1}=0\ \ (k=0,\ 1,\ 2,\ 3,\ \cdots) \tag{11.3-5}$$

이제 $x=0$에서 $\tan x$의 멱 급수가 $\sum_{n=0}^{\infty}c_n x^n$이라고 하자. 그러면 정의에 의하여 $\tan x\cos x=\sin x$이므로 정리 11.3-2의 (2)로부터 다음 등식을 얻는다.

$$\tan x\cos x=\left(\sum_{n=0}^{\infty}c_n x^n\right)\left(\sum_{n=0}^{\infty}b_n x^n\right)=\sum_{n=0}^{\infty}a_n x^n=\sin x \tag{11.3-6}$$

식 (11.3-6)과 정리 11.3-2로부터 $a_n=\sum_{k=0}^{n}c_k b_{n-k}\ (n=0,\ 1,\ 2,\ \cdots)$이므로 식 (11.3-5)를 이용하여 멱 급수 $\sum_{n=0}^{\infty}c_n x^n$의 계수 $\langle c_n\rangle$을 다음과 같이 얻는다.

$$\begin{aligned}
c_0b_0&=a_0, & c_0&=0\\
c_0b_1+c_1b_0&=a_1, & c_1&=1\\
c_0b_2+c_1b_1+c_2b_0&=a_2, & c_2&=0\\
c_0b_3+c_1b_2+c_2b_1+c_3b_0&=a_3, & c_3&=\frac{1}{3}\\
c_0b_4+c_1b_3+c_2b_2+c_3b_1+c_4b_0&=a_4, & c_4&=0\\
c_0b_5+c_1b_4+c_2b_3+c_3b_2+c_4b_1+c_5b_0&=a_5, & c_5&=\frac{2}{15}\\
c_0b_6+c_1b_5+c_2b_4+c_3b_3+c_4b_2+c_5b_1+c_6b_0&=a_6, & c_6&=0\\
c_0b_7+c_1b_6+c_2b_5+c_3b_4+c_4b_3+c_5b_2+c_6b_1+c_7b_0&=a_7, & c_7&=\frac{17}{315}\\
&\vdots & &\vdots
\end{aligned}$$

이제 $\tan x$의 매클로린 급수의 계수가 0이 아닌 처음 5개 항을 적으면 다음과 같다.

$$\tan x=x+\frac{1}{3}x^3+\frac{2}{15}x^5+\frac{17}{315}x^7+\cdots$$

삼각 함수 $\tan x$의 매클로린 급수의 수렴 구간은 $\left(-\frac{\pi}{2},\ \frac{\pi}{2}\right)$임이 알려져 있다. ❑

참고 다음과 같이 $\sin x$의 멱 급수를 $\cos x$의 멱 급수로 직접 나누어 함수 $\tan x$의 매클로린 급수를 구할 수도 있다.

$$
\begin{array}{r|l}
 & x+\frac{1}{3}x^3+\frac{2}{15}x^5+\frac{7}{315}x^7+\cdots \\
\hline
1-\frac{1}{2}x^2+\frac{1}{24}x^4-\frac{1}{720}x^6+\cdots & x-\frac{1}{6}x^3+\frac{1}{120}x^5-\frac{1}{5040}x^7+\cdots \\
 & x-\frac{1}{2}x^3+\frac{1}{24}x^5-\frac{1}{720}x^7+\cdots \\
\hline
 & \frac{1}{3}x^3-\frac{1}{30}x^5+\frac{1}{840}x^7-\cdots \\
 & \frac{1}{3}x^3+\frac{1}{6}x^5+\frac{1}{72}x^7-\cdots \\
\hline
 & \frac{2}{15}x^5-\frac{4}{315}x^7+\cdots \\
 & \frac{2}{15}x^5-\frac{1}{15}x^7+\cdots \\
\hline
 & \frac{17}{315}x^7-\cdots
\end{array}
$$

연습 문제 11.3

1. 함수 $f(x)=\sum_{n=0}^{\infty}a_n(x-c)^n$ 에 대하여 다음이 성립함을 보여라.

$$a_n=\frac{1}{n!}f^{(n)}(c)\quad (n=0,\ 1,\ 2,\ \cdots)$$

2. 다음 함수의 매클로린 급수를 찾아라.

(1) e^{x^2} (2) $\sin^2 x$ (3) xe^{-x}

3. 다음 함수 f에 대하여 주어진 도함수의 값을 찾아라.

(1) $f(x)=x^2\sin 2x,\quad f^{(5)}(0)$ (2) $f(x)=x\cos x,\quad f^{(100)}(0)$

4. 다음 함수의 매클로린 급수를 찾아라.

(1) $\tanh^{-1} x$ (2) $e^x \cos x$ (3) $e^{\sin x}$

5. 다음 함수의 매클로린 급수를 찾아라 (적어도 계수가 0이 아닌 처음 4개 항을 찾아라).

(1) $\tanh x$ (2) $\sec x$ (3) $\cot x$

6. 다음과 같이 정 적분으로 정의된 함수 f에 대하여 물음에 답하라.

$$f(x) = \int_0^x \frac{\sin t}{t} dt$$

(1) 함수 f의 매클로린 급수를 찾아라.

(2) 교대 급수의 성질을 이용하여 오차가 0.001보다 작은 $f\left(\frac{1}{2}\right)$의 값을 찾아라.

7. 다음 물음에 답하라.

(1) 다음 등식을 유도하라.

$$\frac{1}{x} = 1 - (x-1) + (x-1)^2 - (x-1)^3 + \cdots \quad (0 < x < 2)$$

(2) (1)을 이용하여 다음이 성립함을 보이고 수렴 영역을 찾아라.

$$\frac{1}{2-x} = 1 + (x-1) + (x-1)^2 + (x-1)^3 + \cdots$$

(3) 다음 등식이 성립함을 보여라.

$$\frac{1}{x(2-x)} = 1 + (x-1)^2 + (x-1)^4 + (x-1)^6 + \cdots \quad (0 < x < 2)$$

8. a가 상수일 때 다음 등식을 유도하라.

$$\sin(x+a) = \sin a + (\cos a)x - (\sin a)\frac{x^2}{2!} - (\cos a)\frac{x^3}{3!} + (\sin a)\frac{x^4}{4!} + \cdots$$

9. 다음 함수의 이항 급수와 수렴 구간을 찾아라.

(1) $\sqrt{1+2x}$ (2) $\sqrt{1-x}$ (3) $\sqrt{4+x^2}$

10. 이항 급수를 이용하여 다음 정 적분을 급수로 표현하라.

$$\int_0^1 \sqrt{1+x^4}\,dx$$

11. 오차가 $\frac{1}{2}\times 10^{-3}$보다 작은, 즉 소수 셋째 자리까지 정확한 다음 정 적분의 근삿값을 급수를 이용하여 찾아라.

(1) $\int_0^1 \sin\sqrt{x}\,dx$ (2) $\int_0^{\frac{1}{2}} \frac{1}{1+x^4}\,dx$

12. 다음 극한을 아래의 두 가지 방법으로 구하고 어느 방법이 더 쉬운지 논하라.

$$\lim_{x\to 0}\frac{\sin x - x + \frac{1}{6}x^3}{x^5}$$

(1) 로피탈의 법칙

(2) $\sin x$의 매클로린 급수

13. 멱 급수로 정의된 함수 $f(x)=c_0+c_1x+c_2x^2+\cdots$에 대하여 다음을 보여라.

(1) f가 짝함수(even function) 또는 우함수, 즉 모든 x에 대해 $f(x)=f(-x)$이면 다음이 성립한다.

$$f(x)=c_0+c_2x^2+c_4x^4+\cdots$$

(2) f가 홀함수(odd function) 또는 기함수, 즉 모든 x에 대해 $f(x)=-f(-x)$이면 다음이 성립한다.

$$f(x)=c_1x+c_3x^3+c_5x^5+\cdots$$

CHAPTER 12

다변수 함수와 미분

일반적으로 자연 현상 또는 경제 현상 등에서 연구하는 대상은 한 개의 요인 또는 변수에 의존하기보다는 여러 개의 요인에 의존한다. 예를 들어, 지구의 대기 온도는 지역과 고도에 따라 다르고 시각에 따라 변하므로 온도를 나타내기 위해서는 위치를 나타내는 세 개의 공간 변수와 시간을 나타내는 변수를 포함하여 네 개의 변수가 필요하다. 즉, 지구상의 온도 분포를 나타내는 함수는 변수가 네 개인 다변수 함수이다. 자연 현상뿐만 아니라 경제 활동에 관련되어 다변수 함수를 생각할 수 있다. 예를 들어, 상품을 만들어 판매한다고 하자. 원자재의 가격, 인건비, 유통비 등이 상품의 가격을 결정하는 변수가 된다. 즉, 상품의 가격은 다변수 함수이다. 이 장에서는 일변수 함수의 미분과 도함수의 개념을 다변수 함수로 일반화시킨 편미분과 전미분에 관하여 살펴보고 그 응용을 알아본다.

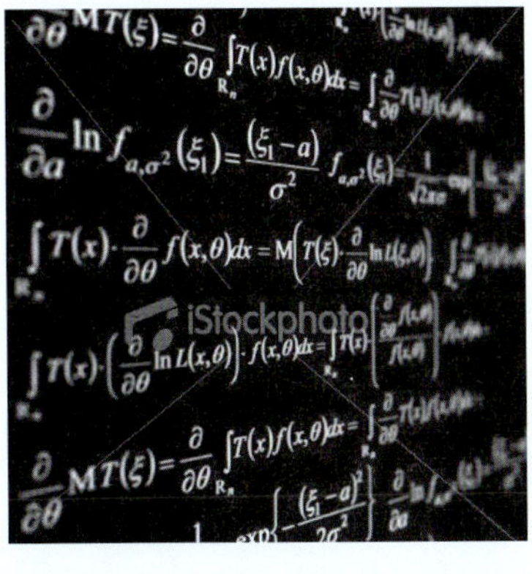

12.1 평면 벡터와 공간 벡터

다변수 실함수 또는 다변수 함수는 일반적으로 독립 변수가 2개 이상이고 함숫값이 실수인 함수를 뜻한다. 독립 변수가 n인 다변수 함수의 정의역은 고차원 공간 R^n의 벡터들로 이루어진 부분 집합이며, 이런 함수의 그래프는 R^{n+1}공간의 벡터로 표현된다. 따라서 이 절에서는 다변수 함수에 관하여 논하기에 앞서, 그 기초가 되는 공간 벡터의 개념과 아울러 고차원 공간 R^n으로 확장된 벡터와 그 연산에 관하여 알아본다. 또한, 공간에서의 직선과 평면의 방정식 및 내적과 같은 다변수 함수를 공부하기 위한 벡터에 관한 기초적인 내용을 정리한다.

평면 벡터와 연산

평면 또는 공간에서 도형의 평행 이동은 도형의 한 점 A가 옮겨져서 대응되는 점 B에 의하여 결정되며, 이는 A에서 B로 향하는 방향과 A에서 B까지의 거리에 의해 완전히 결정된다. 이 평행 이동은, 점 A에서 점 B로 향하는 선분에 화살표를 붙인 유향 선분(directed line segment)으로 나타낼 수 있다. 점 A에서 점 B로 향하는 유향 선분을 $\overrightarrow{AB}$로 나타내고 A를 시점(initial point), B를 종점(terminal point)이라 한다. 이와 같이 일반적으로 방향과 크기를 갖는 유향 선분으로 나타내어지는 양을 벡터(vector)라 하고, 크기만으로 나타내어지는 양을 스칼라(scalar)라고 한다. 흔히, 실수 또는 복소수를 스칼라라고 한다. 이 책에서 스칼라는 모두 실수인 것으로 한다. 벡터의 예로는 힘, 속도, 가속도 등을 들 수 있고, 스칼라로는 길이, 시간, 질량, 온도 등을 들 수 있다.

벡터 $\overrightarrow{AB}$의 크기는 점 A와 점 B를 잇는 선분의 길이로 정의한다. 두 유향 선분 $\overrightarrow{AB}$와 $\overrightarrow{CD}$의 방향과 크기가 모두 같으면, 두 벡터는 시점이 한 점, 특히 원점인 벡터라 가정할 수 있다.(그림 12.1-1 참조) 특히, 크기가 0인 벡터를 영 벡터(zero vector)라 하고, $\mathbf{0}$으로 표시한다. 벡터를 한 문자만으로 나타낼 경우에는 $\mathbf{u}$, $\mathbf{v}$, $\mathbf{w}$, $\mathbf{x}$, $\mathbf{y}$, $\mathbf{z}$ 등과 같은 진한 글자를 이용하여 나타내기로 한다.

xy평면에서 시점이 원점 O이고 영 벡터가 아닌 벡터 $\mathbf{u}$의 방향을 양의 x축과 벡터 $\mathbf{u}$가 이루는 각 θ를 양의 x축으로부터 시계 반대 방향으로 재었을 때의 크기로 정의하고, 흔히 라디안을 써서 나타낸다. 이때, θ의 범위는 $0 \le \theta \le 2\pi$이다. (그림 12.1-2 참조)

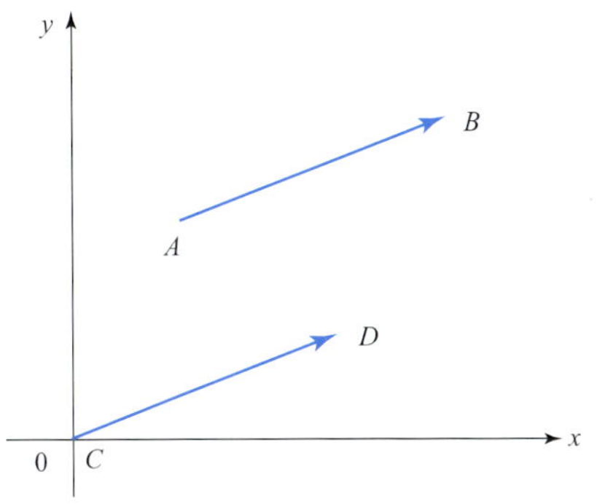

그림 12.1-1

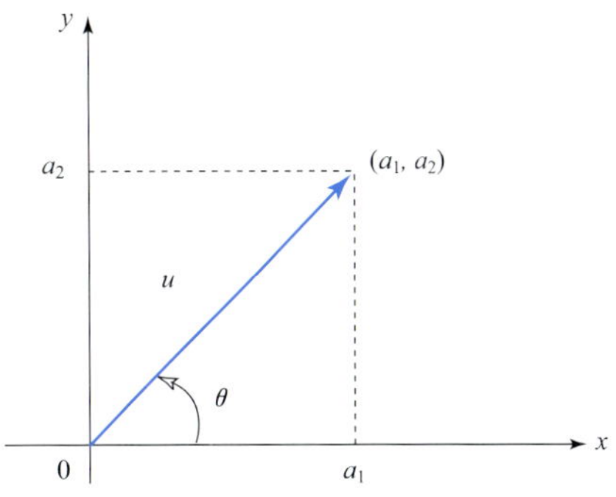

그림 12.1-2

xy 평면의 벡터 $\mathbf{u}$는 그림 12.1-2의 직각 삼각형을 이용하여 실수의 순서쌍 $(a_1,\ a_2)$로 나타낼 수 있는데, 두 실수 a_1과 a_2를 각각 벡터 $\mathbf{u}$의 x성분과 y성분이라고 한다. 또한 평면의 한 점 $(a_1,\ a_2)$은 원점을 시점으로 $(a_1,\ a_2)$을 종점으로 하는 벡터를 나타내기도 한다. 따라서 평면의 한 점 $U=(a_1,\ a_2)$와 벡터 $\mathbf{u}=(a_1,\ a_2)$를 상황에 따라 동일하게 취급하기로 하자.

벡터 $\mathbf{u}=(a_1, a_2)$의 크기 또는 노옴(norm)은 다음과 같이 정의한다.

$$|\mathbf{u}| = \sqrt{a_1^2 + a_2^2}$$

그리고 벡터 $\mathbf{u}-(a_1, a_2)$의 방향 θ는 $a_1 \neq 0$이면, 방정식 $\tan\theta = a_2/a_1$로 주어진다. $a_1 = 0$일 때 $a_2 > 0$이면 $\theta = \pi/2$로 정의하고, $a_2 < 0$이면 $\theta = 3\pi/2$로 정의한다.

벡터 $\mathbf{u}=(1, 0)$과 같이 크기가 1인 벡터를 단위 벡터(unit vector)라고 한다. 두 벡터에 대해 각 벡터의 방향 θ_1과 θ_2의 크기가 같으면, 두 벡터의 방향이 같다 또는 두 벡터는 같은 방향이라고 한다. 영 벡터에 대하여는 방향을 말하지 않는다.

예제 12.1-1 벡터 $\mathbf{u}=(1, -\sqrt{3})$ 의 크기와 방향을 찾아라.

풀이 $|\mathbf{u}| = \sqrt{1^2 + (-\sqrt{3})^2} = 2$, $\theta = \tan^{-1}(-\sqrt{3}) = 5\pi/3$ ❑

영 벡터는 방향이 없고 크기가 0이므로 각 성분이 모두 0이다. 영 벡터를 포함하여 일반적으로 두 벡터의 상등에 대해 다음의 결과를 얻는다. 증명은 연습 문제로 남긴다.

정리 12.1-1 벡터의 상등

평면에서 성분으로 표현된 두 벡터 $\mathbf{u}=(a_1, a_2)$와 $\mathbf{v}=(b_1, b_2)$가 같을 필요 충분 조건은 다음과 같다.

$$a_1 = b_1, \quad a_2 = b_2$$

두 벡터 $\mathbf{u}=(a_1, a_2)$와 $\mathbf{v}=(b_1, b_2)$ 및 스칼라 α에 대하여 덧셈(vector addition)과 스칼라 곱셈(scalar multiplication)을 각각 다음과 같이 정의한다.

$$\mathbf{u}+\mathbf{v}=(a_1+b_1, a_2+b_2),$$
$$\alpha\mathbf{u}=(\alpha a_1, \alpha a_2)$$

특히, $(-1)\mathbf{u}$를 $-\mathbf{u}$로 나타낸다.

예제 12.1-2 $\mathbf{u}=(2,0)$이고 $\mathbf{v}=(-7,5)$일 때, $2\mathbf{u}+\mathbf{v}$를 찾아라.

풀이 $2\mathbf{u}+\mathbf{v}=2(2,0)+(-7,5)=(4,0)+(-7,5)=(4+(-7),0+5)=(-3,5)$ ❑

영 벡터가 아닌 두 벡터 $\mathbf{u}$와 $\mathbf{v}$ 및 양수인 스칼라 α에 대하여 $\mathbf{u}=\alpha\mathbf{v}$이면, 두 벡터는 방향이 같음을 벡터의 방향의 정의로부터 어렵지 않게 알 수 있다. 특히, 두 벡터가 음수인 스칼라 α에 대해 $\mathbf{u}=\alpha\mathbf{v}$이면 두 벡터는 서로 반대 방향이라고 한다.

$\mathbf{u}$가 영 벡터가 아닌 벡터이면 $\mathbf{u}/|\mathbf{u}|$는 $\mathbf{u}$와 방향이 같은 단위 벡터이다. 또한, 방향이 θ인 단위 벡터 $\mathbf{u}$는 $\mathbf{u}=(\cos\theta, \sin\theta)$로 유일하게 표현된다.(단, $0\le\theta<2\pi$)

예제 12.1-3 벡터 $\mathbf{u}=(3,1)$과 방향이 같은 단위 벡터를 찾아라.

풀이 $|\mathbf{u}|=\sqrt{3^2+1^2}=\sqrt{10}$이고 $\dfrac{\mathbf{u}}{|\mathbf{u}|}=\dfrac{1}{\sqrt{10}}(3, 1)$이다. 그러므로 찾는 단위 벡터는 $\left(\dfrac{3}{\sqrt{10}}, \dfrac{1}{\sqrt{10}}\right)$이다. ❑

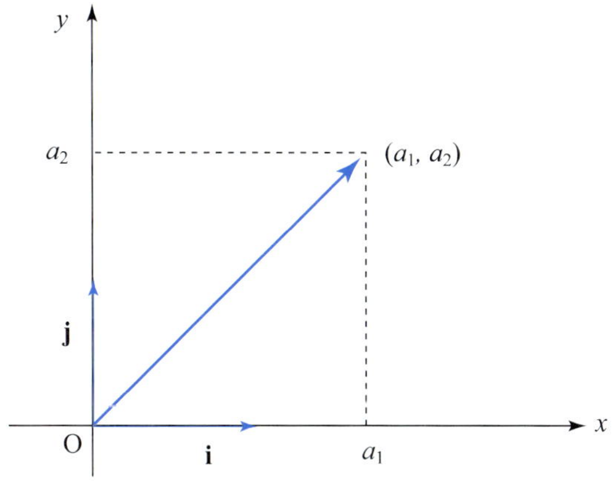

그림 12.1-3

각각 양의 x축과 양의 y축 방향의 단위 벡터인 $\mathbf{i}=(1, 0)$과 $\mathbf{j}=(0, 1)$에 대하여, 평면의 임의의 벡터 $\mathbf{u}=(a_1, a_2)$는 다음과 같이 표현된다. (그림 12.1-3 참조)

$$\mathbf{u}=a_1(1, 0)+a_2(0, 1)=a_1\mathbf{i}+a_2\mathbf{j}$$

이때, 벡터 $\mathbf{u}$는 수평 성분 a_1과 수직 성분 a_2로 분해된다고 한다.

공간 벡터와 연산

이제, 공간 $\mathbb{R}^3$의 벡터를 살펴보자. 공간의 벡터 $\mathbf{u}$는 세 실수의 순서조 (a_1, a_2, a_3)로 나타내고, a_1, a_2, a_3를 각각 $\mathbf{u}$의 x성분, y성분, z성분이라 한다. 평면의 경우와 마찬가지로 (a_1, a_2, a_3)은 편의에 따라 $\mathbb{R}^3$의 성분으로 표시된 한 점으로 취급하기도 하고 때로는 하나의 벡터로 취급하기도 한다.

두 공간 벡터 $\mathbf{u}=(a_1, a_2, a_3)$와 $\mathbf{v}=(b_1, b_2, b_3)$ 및 $\alpha\in\mathbb{R}$에 대하여 벡터의 상등과 벡터의 덧셈 및 스칼라 곱셈을 다음과 같이 정의한다.

$$\mathbf{u}=\mathbf{v} \Leftrightarrow a_1=b_1,\ a_2=b_2,\ a_3=b_3,$$
$$\mathbf{u}+\mathbf{v}=(a_1+b_1,\ a_2+b_2,\ a_3+b_3),$$
$$\alpha\mathbf{u}=(\alpha a_1,\ \alpha a_2,\ \alpha a_3)$$

특히, 영 벡터는 각 성분이 0인 벡터로 정의하고 $\mathbf{0}$으로 나타낸다. 또한, $(-1)\mathbf{u}$를 $-\mathbf{u}$로 나타낸다.

평면 또는 공간 벡터의 덧셈과 스칼라 곱셈에 대하여 다음이 성립한다. 증명은 연습 문제로 남긴다.

정리 12.1-2

평면 또는 공간의 임의의 벡터 $\mathbf{u}$, $\mathbf{v}$, $\mathbf{w}$와 스칼라 α와 β에 대하여 다음이 성립한다.

(1) $\mathbf{u}+\mathbf{v}=\mathbf{v}+\mathbf{u}$

(2) $(\mathbf{u}+\mathbf{v})+\mathbf{w}=\mathbf{u}+(\mathbf{v}+\mathbf{w})$

(3) 모든 벡터 $\mathbf{u}$에 대하여 $\mathbf{u}+\mathbf{0}=\mathbf{u}$이다.

(4) 임의의 벡터 $\mathbf{u}$에 대하여 $\mathbf{u}+(-\mathbf{u})=\mathbf{0}$이다.

(5) $\alpha(\mathbf{u}+\mathbf{v})=\alpha\mathbf{u}+\alpha\mathbf{v}$

(6) $(\alpha+\beta)\mathbf{u}=\alpha\mathbf{u}+\beta\mathbf{u}$

(7) $\alpha(\beta\mathbf{u})=(\alpha\beta)\mathbf{u}$

(8) 임의의 벡터 $\mathbf{u}$에 대하여 $\mathbf{u}=\mathbf{u}$이다.

또한, 벡터 $\mathbf{u}=(a_1, a_2, a_3)\in\mathbb{R}^3$의 크기 또는 노옴을 다음과 같이 정의한다.

$$|\mathbf{u}|=\sqrt{a_1^2+a_2^2+a_3^2}$$

그리고 벡터 $\mathbf{u}$의 방향을 단위 벡터 $\mathbf{u}/|\mathbf{u}|$로 정의한다. $\mathbf{u}=\alpha\mathbf{v}$일 때, 스칼라 α가 양수이면 $\mathbf{u}$와 $\mathbf{v}$는 서로 같은 방향의 벡터이고, α가 음수이면 서로 반대의 방향의 벡터라고 한다.

예제 12.1-4 $\mathbf{u}=(0, -2, 7)$일 때, 벡터 $\mathbf{u}$의 방향을 찾아라.

풀이 벡터 $\mathbf{u}$의 크기가 $|\mathbf{u}|=\sqrt{0^2+(-2)^2+7^2}=\sqrt{53}$ 이므로 $\mathbf{u}$의 방향은 $(0, -2/\sqrt{53}, 7/\sqrt{53})$이다. ❑

벡터의 내적과 그 성질

삼차원 공간의 벡터 $\mathbf{u}=(a_1, a_2, a_3)$는 양의 x축, 양의 y축, 양의 z축 방향의 세 개의 단위 벡터 $\mathbf{i}=(1, 0, 0)$, $\mathbf{j}=(0, 1, 0)$, $\mathbf{k}=(0, 0, 1)$을 이용하여 평면 벡터와 같은 방법으로 다음과 같이 각 성분으로 분해하여 나타낼 수 있다.

$$\mathbf{u}=a_1\mathbf{i}+a_2\mathbf{j}+a_3\mathbf{k}$$

이제, 벡터의 곱셈을 정의하자. 평면의 두 벡터 $\mathbf{u}=(a_1, a_2)$와 $\mathbf{v}=(b_1, b_2)$의 내적 (dot product, inner product, scalar product)을 $\mathbf{u}\cdot\mathbf{v}$로 나타내고, 다음과 같이 정의한다.

$$\mathbf{u}\cdot\mathbf{v}=a_1b_1+a_2b_2$$

공간의 두 벡터 $\mathbf{u}=a_1\mathbf{i}+a_2\mathbf{j}+a_3\mathbf{k}$와 $\mathbf{v}=b_1\mathbf{i}+b_2\mathbf{j}+b_3\mathbf{k}$에 대해서도 내적을 다음과 같이 정의한다.

$$\mathbf{u}\cdot\mathbf{v}=a_1b_1+a_2b_2+a_3b_3$$

여기서 내적의 결과가 실수라는 사실에 주의하라.

예제 12.1-5 공간의 두 벡터 $\mathbf{u}=3\mathbf{i}+\mathbf{j}-5\mathbf{k}$와 $\mathbf{v}=\mathbf{i}+4\mathbf{j}+3\mathbf{k}$의 내적을 찾아라.

풀이 $\mathbf{u}\cdot\mathbf{v}=(3)(1)+(1)(4)+(-5)(3)=-8$ □

내적의 정의를 써서 어렵지 않게 다음 정리를 얻는다. 증명은 연습 문제로 남긴다.

정리 12.1-3

평면 또는 공간의 임의의 벡터 $\mathbf{u}$, $\mathbf{v}$, $\mathbf{w}$와 스칼라 α에 대하여 다음이 성립한다.

(1) $\mathbf{u}\cdot\mathbf{v}=\mathbf{v}\cdot\mathbf{u}$

(2) $(\mathbf{u}+\mathbf{v})\cdot\mathbf{w}=\mathbf{u}\cdot\mathbf{w}+\mathbf{v}\cdot\mathbf{w}$

(3) $(\alpha\mathbf{u})=\alpha(\mathbf{u}\cdot\mathbf{v})$

(4) $|\mathbf{u}|=\sqrt{\mathbf{u}\cdot\mathbf{u}}$ 또는 $|\mathbf{u}|^2=\mathbf{u}\cdot\mathbf{u}$

(5) $|\mathbf{u}|\geq 0$ (단, 등호는 $\mathbf{u}=\mathbf{0}$일 때만 성립한다.)

영 벡터가 아닌 두 벡터 **u**와 **v**의 시점이 원점에 놓이게 할 때, 두 벡터 **u**와 **v**가 이루는 각 중에서 크기가 가장 작은 각 θ를 두 벡터의 사잇각으로 정의한다. 그러면 두 벡터 **u**와 **v**의 사잇각 θ가 놓이는 범위는 $0 \leq \theta \leq \pi$이다. 특히, **u**와 **v**의 사잇각 θ가 0또는 π이면 두 벡터는 서로 평행(paraellel)이라 하며, 사잇각 θ가 $\pi/2$이면 두 벡터는 서로 수직 또는 직교(perpendicular 또는 orthogonal)한다고 한다.

영벡터가 아닌 두 벡터 **u**와 **v**의 사잇각에 대하여 다음 정리가 성립한다.

정리 12.1-4

영 벡터가 아닌 평면 또는 공간의 두 벡터 **u**와 **v**의 사이의 각을 θ라고 하면 다음이 성립한다.

$$\cos\theta = \frac{\mathbf{u} \cdot \mathbf{v}}{|\mathbf{u}||\mathbf{v}|} \tag{12.1-1}$$

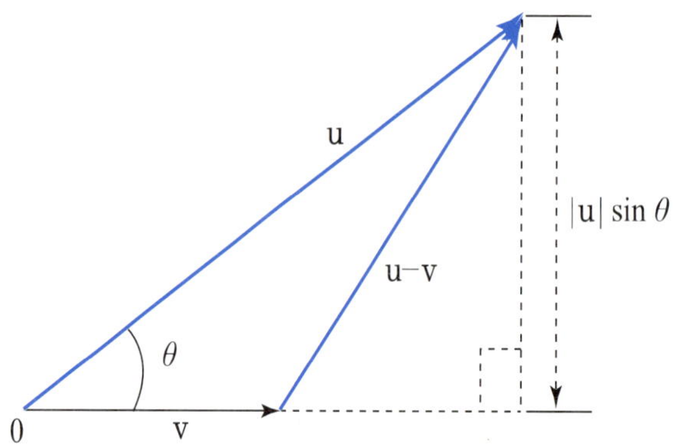

그림 12.1-4

증명 다음과 같이 삼각형의 코사인 법칙을 이용한다. (그림 12.1-4 참조)

$$|\mathbf{u}-\mathbf{v}|^2 = |\mathbf{u}|^2 + |\mathbf{v}|^2 - 2|\mathbf{u}||\mathbf{v}|\cos\theta$$

따라서 다음을 얻는다.

$$\cos\theta = \frac{|\mathbf{u}|^2 + |\mathbf{v}|^2 - |\mathbf{u}-\mathbf{v}|^2}{2|\mathbf{u}||\mathbf{v}|}$$

또한, 위 식의 분자는 다음과 같다.

$$\begin{aligned}|\mathbf{u}|^2+|\mathbf{v}|^2-|\mathbf{u}-\mathbf{v}|^2 &= \mathbf{u}\cdot\mathbf{u}+\mathbf{v}\cdot\mathbf{v}-(\mathbf{u}-\mathbf{v})\cdot(\mathbf{u}-\mathbf{v})\\ &= \mathbf{u}\cdot\mathbf{u}+\mathbf{v}\cdot\mathbf{v}-(\mathbf{u}\cdot\mathbf{u}-2\mathbf{u}\cdot\mathbf{v}+\mathbf{v}\cdot\mathbf{v})\\ &= 2\mathbf{u}\cdot\mathbf{v}\end{aligned}$$

따라서 식 (12.1-1)이 성립한다. ❑

정리 12.1-4에 의하여, 영 벡터가 아닌 두 벡터 $\mathbf{u}$와 $\mathbf{v}$가 서로 직교하기 위한 필요 충분 조건이 두 벡터의 내적이 0이라는 사실을 알 수 있다.

예제 12.1-6 두 벡터 $\mathbf{u}=(-1,0)$과 $\mathbf{v}=(0,1)$의 사잇각 θ를 찾아라.

풀이 식 (12.1-1) 에 의하여 $\cos\theta=\dfrac{\mathbf{u}\cdot\mathbf{v}}{|\mathbf{u}||\mathbf{v}|}=\dfrac{0}{1}=0$ 이므로 $\theta=\pi/2$이다. ❑

식 (12.1-1)에서 $|\cos\theta|\le 1$이므로, $|\mathbf{u}\cdot\mathbf{v}|\le|\mathbf{u}||\mathbf{v}|$임을 알 수 있다. 이 부등식은 코시 · 슈바르츠 부등식으로 알려진 매우 중요한 정리이다. 여기서는 정리 12.1-4의 증명과 같은 기하학적인 방법과는 다른 대수적인 방법으로 증명한다.

정리 12.1-5 코시 · 슈바르츠 부등식

평면 또는 공간의 임의의 두 벡터 $\mathbf{u}$와 $\mathbf{v}$에 대하여 다음이 성립한다.

$$|\mathbf{u}\cdot\mathbf{v}|\le|\mathbf{u}||\mathbf{v}| \tag{12.1-2}$$

단, 등호가 성립할 필요 충분 조건은 두 벡터 $\mathbf{u}$와 $\mathbf{v}$가 서로 평행인 것이다.

증명 $\mathbf{u}$또는 $\mathbf{v}$가 영 벡터이면 쉽게 증명된다. 이제, 영 벡터가 아닌 두 벡터와 임의의 스칼라 t에 대하여 $\mathbf{u}-t\mathbf{v}$의 크기를 생각하면, 다음과 같이 t에 대한 이차 다항식을 얻는다.

$$\begin{aligned}|\mathbf{u}-t\mathbf{v}|^2 &= (\mathbf{u}-t\mathbf{v})\cdot(\mathbf{u}-t\mathbf{v})\\ &= |\mathbf{u}|^2-2(\mathbf{u}\cdot\mathbf{v})t+|\mathbf{v}|^2t^2\end{aligned} \tag{12.1-3}$$

그런데 $|\mathbf{u}-t\mathbf{v}|^2 \geq 0$이므로, 이차 다항식 (12.1-3)의 판별식이 다음 부등식을 만족시켜야 한다.

$$(\mathbf{u} \cdot \mathbf{v})^2 - |\mathbf{u}|^2|\mathbf{v}|^2 \leq 0$$

즉, $|\mathbf{u} \cdot \mathbf{v}| \leq |\mathbf{u}||\mathbf{v}|$이다. 한편, 부등식 (12.1-2)의 등호가 성립하면 $t_0 = (\mathbf{u} \cdot \mathbf{v})/|\mathbf{v}|^2$는 방정식 $|\mathbf{u}-t\mathbf{v}|^2 = 0$의 근이고, 크기가 0인 벡터는 영 벡터뿐이므로 $\mathbf{u} = t_0\mathbf{v}$이다. 즉, 벡터 $\mathbf{u}$와 $\mathbf{v}$가 서로 평행하다.(왜?) 역으로 두 벡터가 평행이면, 즉 적당한 스칼라 α에 대하여 $\mathbf{u} = \alpha\mathbf{v}$이면 부등식 (12.1-2)의 등호는 명백히 성립한다. ❑

기하학적으로 삼각형의 세 변의 길이에 관한 다음 부등식이 성립한다. 이를 코시・슈바르츠 부등식을 이용하여 대수적으로 증명할 수 있다.

정리 12.1-6 삼각 부등식

평면 또는 공간의 임의의 두 벡터 $\mathbf{u}$와 $\mathbf{v}$에 대하여 다음이 성립한다.

$$|\mathbf{u}+\mathbf{v}| \leq |\mathbf{u}|+|\mathbf{v}| \tag{12.1-4}$$

증명 코시・슈바르츠 부등식을 이용하여 다음을 얻는다.

$$\begin{aligned}|\mathbf{u}+\mathbf{v}|^2 &= (\mathbf{u}+\mathbf{v}) \cdot (\mathbf{u}+\mathbf{v}) \\ &= |\mathbf{u}|^2 + 2\mathbf{u} \cdot \mathbf{v} + |\mathbf{v}|^2 \leq |\mathbf{u}|^2 + 2|\mathbf{u}||\mathbf{v}| + |\mathbf{v}|^2 = (|\mathbf{u}|+|\mathbf{v}|)^2\end{aligned}$$

따라서 $|\mathbf{u}+\mathbf{v}| \leq |\mathbf{u}|+|\mathbf{v}|$이 성립한다. ❑

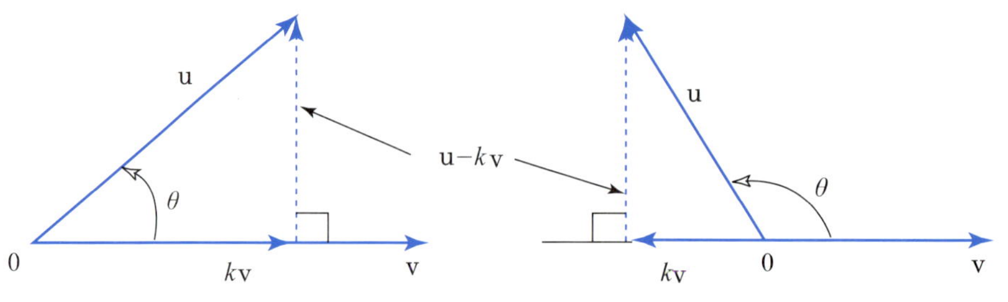

그림 12.1-5

두 벡터의 내적은 어느 한 벡터의 다른 벡터 방향의 성분을 찾는 데 유용하게 쓰인다. 평면 또는 공간의 영 벡터가 아닌 두 벡터 **u**와 **v**에 대하여, 두 벡터를 품는 평면에서 그림 12.1-5와 같이 벡터 **u**의 종점에서 벡터 **v**방향의 직선에 수선의 발을 그어 얻은 직각삼각형을 생각하자. 그러면 원점 O을 시점으로 하고 수선의 발을 종점으로 가지는 벡터는 **v**와 평행이므로, 벡터 v와 적당한 스칼라 k의 스칼라곱 $k\mathbf{v}$이다. 그리고 같은 직각삼각형에서 수선의 발이 시점이고 벡터 **u**의 종점이 종점인 벡터는 $\mathbf{u}-k\mathbf{v}$이다. 따라서 벡터 $\mathbf{u}-k\mathbf{v}$와 **v**는 서로 직교한다. 즉, $(\mathbf{u}-k\mathbf{v})\cdot\mathbf{v}=0$이므로, $k-(\mathbf{u}\cdot\mathbf{v})/|\mathbf{v}|^2$이다. 이와 같은 관찰로부터 영 벡터가 아닌 두 벡터 **u**와 **v**에 대하여 u의 v 위로의 정사영(projection)을 다음 식으로 정의한다.

$$\mathrm{Proj}_{\mathbf{v}}\mathbf{u}=\frac{\mathbf{u}\cdot\mathbf{v}}{|\mathbf{v}|^2}\mathbf{v}=\left(\frac{\mathbf{u}\cdot\mathbf{v}}{|\mathbf{v}|}\right)\frac{\mathbf{v}}{|\mathbf{v}|} \tag{12.1-5}$$

즉, 벡터 **u**의 **v** 위로의 정사영은 벡터 **v**와 평행이고 크기가 $|\mathbf{u}\cdot\mathbf{v}|/|\mathbf{v}|$인 벡터이다. 이때 $|\mathbf{u}\cdot\mathbf{v}|/|\mathbf{v}|$을 벡터 **v**방향의 벡터 **u**의 성분이라 한다.

예제 12.1-7 $\mathbf{u}=-2\mathbf{i}+\mathbf{j}$와 $\mathbf{v}=3\mathbf{j}$에 대하여 $\mathrm{Proj}_{\mathbf{v}}\mathbf{u}$을 찾아라.

풀이 (12.1-5)로부터 $\mathrm{Proj}_{\mathbf{v}}\mathbf{u}=\frac{\mathbf{u}\cdot\mathbf{v}}{|\mathbf{v}|^2}=\left(\frac{3}{9}\right)3\mathbf{j}=\mathbf{j}$이다. ☐

삼차원 공간 벡터의 외적

이제, 삼차원 공간 $\mathbb{R}^3$에서만 정의되는 내적과는 구별되는 벡터의 곱에 대하여 살펴보자. 공간의 두 벡터 $\mathbf{u}=a_1\mathbf{i}+a_2\mathbf{j}+a_3\mathbf{k}$와 $\mathbf{v}=b_1\mathbf{i}+b_2\mathbf{j}+b_3\mathbf{k}$에 대하여 $\mathbf{u}\times\mathbf{v}$는 다음 식으로 정의하고, 이를 두 벡터 **u**와 **v**의 외적(cross product) 또는 벡터곱(vector product)이라고 한다.

$$\mathbf{u}\times\mathbf{v}=(a_2b_3-a_3b_2)\mathbf{i}+(a_3b_1-a_1b_3)\mathbf{j}+(a_1b_2-a_2b_1)\mathbf{k} \tag{12.1-6}$$

공간의 두 벡터의 내적은 실수이고 외적은 벡터라는 점에 유의해야 한다. 행렬식을 이용하여, 벡터의 외적을 다음과 같이 나타내기도 한다.

$$\mathbf{u}\times\mathbf{v}=\begin{vmatrix} \mathbf{i} & \mathbf{j} & \mathbf{k} \\ a_1 & a_2 & a_3 \\ b_1 & b_2 & b_3 \end{vmatrix} \tag{12.1-7}$$

$$=\begin{vmatrix} a_2 & a_3 \\ b_2 & b_3 \end{vmatrix}\mathbf{i}-\begin{vmatrix} a_1 & a_3 \\ b_1 & b_3 \end{vmatrix}\mathbf{j}+\begin{vmatrix} a_1 & a_2 \\ b_1 & b_2 \end{vmatrix}\mathbf{k} \tag{12.1-8}$$

단, 식 (12.1-8)에서 $\begin{vmatrix} a & b \\ c & d \end{vmatrix}=ad-bc$이다.

예제 12.1-8 공간의 두 벡터 $\mathbf{u}=-2\mathbf{i}+3\mathbf{j}$와 $\mathbf{v}=\mathbf{i}+5\mathbf{k}$의 외적을 찾아라.

풀이 외적의 정의 (12.1-6)을 써서 다음을 얻는다.

$$\mathbf{u}\times\mathbf{v}=(3)(5)-(0)(0)\mathbf{i}+(0)(1)-(-2)(5)\mathbf{j}+(-2)(0)-(3)(1)\mathbf{k}$$

따라서 찾는 벡터는 $15\mathbf{i}+10\mathbf{j}-3\mathbf{k}$이다. □

벡터의 외적에는 다음과 같은 성질이 있다.

정리 12.1-7

공간의 세 벡터 $\mathbf{u}$, $\mathbf{v}$, $\mathbf{w}$와 스칼라 α에 대하여 다음이 성립한다.

(1) $\mathbf{u}\times\mathbf{0}=\mathbf{0}\times\mathbf{u}=\mathbf{0}$

(2) $\mathbf{u}\times\mathbf{v}=-(\mathbf{v}\times\mathbf{u})$

(3) $(\alpha\mathbf{u})\times\mathbf{v}=\alpha(\mathbf{u}\times\mathbf{v})$

(4) $(\mathbf{u}\times\mathbf{v})\cdot\mathbf{w}=\mathbf{u}\cdot(\mathbf{v}\times\mathbf{w})$

(5) $\mathbf{u}\times(\mathbf{v}+\mathbf{w})=(\mathbf{u}\times\mathbf{v})+(\mathbf{u}\times\mathbf{w})$

(6) $\mathbf{u}\cdot(\mathbf{u}\times\mathbf{v})=\mathbf{v}\cdot(\mathbf{u}\times\mathbf{v})=0$

증명 $\mathbf{u}=a_1\mathbf{i}+a_2\mathbf{j}+a_3\mathbf{k}$와 $\mathbf{v}=b_1\mathbf{i}+b_2\mathbf{j}+b_3\mathbf{k}$이라고 하면 다음을 얻는다.

$$\begin{aligned}\mathbf{u}\times\mathbf{v}&=(a_2b_3-a_3b_2)\mathbf{i}+(a_3b_1-a_1b_3)\mathbf{j}+(a_1b_2-a_2b_1)\mathbf{k}\\&=-(b_2a_3-b_3a_2)\,\mathbf{i}-(b_3a_1-b_1a_3)\,\mathbf{j}-(b_1a_2-b_2a_1)\,\mathbf{k}\\&=-(\mathbf{v}\times\mathbf{u})\end{aligned}$$

그러므로 (2)가 성립한다. 나머지들도 성분을 써서 어렵지 않게 증명할 수 있다. □

위 정리의 (6)은 $\mathbf{u}\times\mathbf{v}$는 두 벡터 $\mathbf{u}$와 $\mathbf{v}$에 모두 수직인 벡터임을 말하고 있다.

예제 12.1-9 두 벡터 $\mathbf{u}=-2\mathbf{i}+3\mathbf{j}$와 $\mathbf{v}=\mathbf{i}+\mathbf{j}-\mathbf{k}$에 모두 수직인 단위 벡터를 찾아라.

풀이 $\mathbf{w}=\mathbf{u}\times\mathbf{v}$라 하면 이는 주어 진 두 벡터에 수직이고 외적의 정의로부터 다음을 얻는다.

$$\begin{aligned}\mathbf{w} &= (3)(-1)-(0)(1)\ \mathbf{i}+(0)(1)-(-2)(-1)\ \mathbf{j}+(-2)(1)-(3)(1)\ \mathbf{k}\\ &= -3\ \mathbf{i}-2\ \mathbf{j}-5\ \mathbf{k}\end{aligned}$$

한편, $|\mathbf{w}|=\sqrt{(-3)^2+(-2)^2+(-5)^2}=\sqrt{38}$ 이므로 주어진 두 벡터에 수직인 단위 벡터는 $\pm\left(\dfrac{3}{\sqrt{38}}\mathbf{i}+\dfrac{2}{\sqrt{38}}\mathbf{j}+\dfrac{5}{\sqrt{38}}\mathbf{k}\right)$이다. ❑

정리 12.1-8

영 벡터가 아닌 두 벡터 $\mathbf{u}$와 $\mathbf{v}$의 사잇각을 θ라 하면, 다음이 성립한다.

$$|\mathbf{u}\times\mathbf{v}|^2=|\mathbf{u}|^2|\mathbf{v}|^2-(\mathbf{u}\cdot\mathbf{v})^2=|\mathbf{u}|^2|\mathbf{v}|^2\sin^2\theta$$

증명 $\mathbf{u}=(a_1,\ a_2,\ a_3)$과 $\mathbf{v}=(b_1,\ b_2,\ b_3)$으로 놓고, 직접 계산하면 다음을 얻는다.

$$\begin{aligned}|\mathbf{u}\times\mathbf{v}|^2 &= (a_2b_3-a_3b_2)^2+(a_3b_1-a_1b_3)^2+(a_1b_2-a_2b_1)^2\\ &= (a_1^2+a_2^2+a_3^2)(b_1^2+b_2^2+b_3^2)-(a_1b_1+a_2b_2+a_3b_3)^2\\ &= |\mathbf{u}|^2|\mathbf{v}|^2-(\mathbf{u}\cdot\mathbf{v})^2\\ &= |\mathbf{u}|^2|\mathbf{v}|^2(1-\cos^2\theta)\\ &= |\mathbf{u}|^2|\mathbf{v}|^2\sin^2\theta\end{aligned}$$

❑

정리 12.1-8에서 $|\mathbf{u}\times\mathbf{v}|=|\mathbf{u}||\mathbf{v}|\sin\theta$임을 알 수 있다. 그림 12.1-6에서 $|\mathbf{u}\times\mathbf{v}|$는 기하학적으로 두 벡터 $\mathbf{u}$와 $\mathbf{v}$를 두 변으로 하는 평행 사변형의 넓이와 같다.

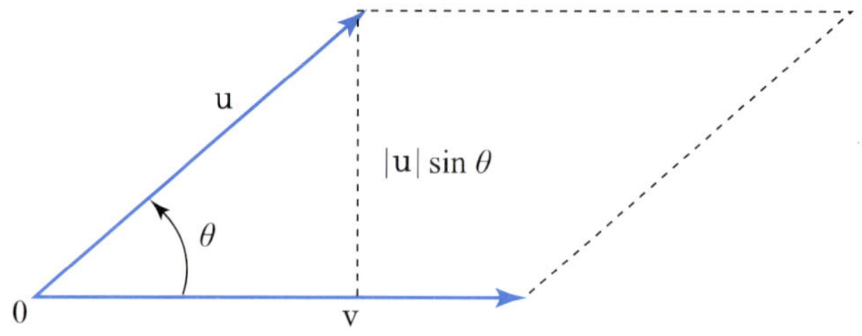

그림 12.1-6

> **예제 12.1-10** 세 꼭짓점이 $A=(2,-1,0)$, $B=(3,0,1)$, $C=(0,2,-1)$인 평행 사변형의 넓이를 찾아라.

풀이 $\overrightarrow{AB}=(1,1,1)$, $\overrightarrow{AC}=(-2,3,-1)$이므로 찾는 넓이는 다음과 같다.

$$|\overrightarrow{AB}\times\overrightarrow{AC}| = |-4\,\mathbf{i}-\mathbf{j}+5\,\mathbf{k}| = \sqrt{42} \qquad \square$$

다음은 공간의 영 벡터가 아닌 세 벡터 **u**, **v**, **w**로 결정되는 평행 육면체의 부피와 벡터의 삼중곱(triple scalar product), 즉 $(\mathbf{u}\times\mathbf{v})\cdot\mathbf{w}$ 와의 관계에 대해 살펴보자. 실제로, 내적과 외적의 정의로부터 다음을 얻는다.

$$(\mathbf{u}\times\mathbf{v})\cdot\mathbf{w} = |\mathbf{u}\times\mathbf{v}||\mathbf{w}|\cos\theta$$

여기서 $|\mathbf{u}\times\mathbf{v}|$은 두 벡터 **u**와 **v**로 결정되는 평행 사변형의 넓이이고 $|\mathbf{w}|\cos\theta$는 평행 육면체의 높이가 되므로, $(\mathbf{u}\times\mathbf{v})\cdot\mathbf{w}$은 주어진 평행 육면체의 부피가 된다.(그림 12.1-7 참조)

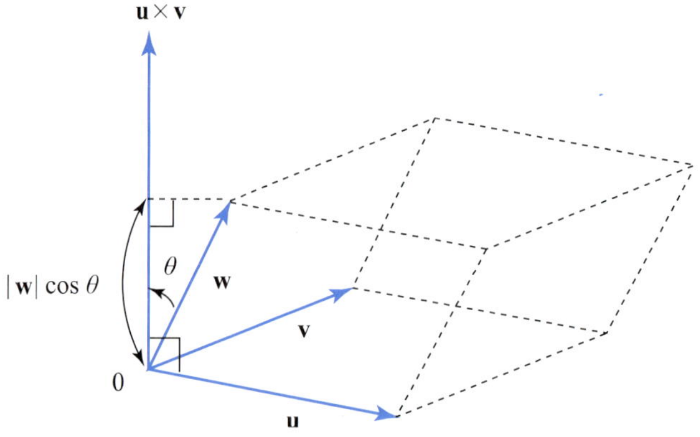

그림 12.1-7

또한 벡터의 삼중곱에 대해 다음과 같은 결합 법칙이 성립한다.

$$(\mathbf{u} \times \mathbf{v}) \cdot \mathbf{w} = (\mathbf{w} \times \mathbf{u}) \cdot \mathbf{v} = (\mathbf{v} \times \mathbf{w}) \cdot \mathbf{u}$$

한편, 세 벡터 $\mathbf{u}$, $\mathbf{v}$, $\mathbf{w}$에 대하여 $\mathbf{u} \times (\mathbf{v} \times \mathbf{w})$를 삼중적(triple cross product)이라고 한다. 그런데 $(\mathbf{i} \times \mathbf{j}) \times \mathbf{i} = \mathbf{k} \times \mathbf{i} = \mathbf{j}$ 이고, $\mathbf{i} \times (\mathbf{j} \times \mathbf{i}) = \mathbf{i} \times (-\mathbf{k}) = -\mathbf{j}$ 이다. 따라서 $(\mathbf{i} \times \mathbf{j}) \times \mathbf{i} = \mathbf{i} \times (\mathbf{j} \times \mathbf{i})$이므로, 벡터의 삼중적에 대해 결합 법칙이 성립하지 않는다.

참고 평면 또는 공간 벡터는 다음과 같이 "n차원 공간"으로 확장할 수 있다. 실수 $x_1, x_2, \cdots, x_n$에 대하여 $(x_1, x_2, \cdots, x_n)$을 순서 n조(ordered n-tuple)라 하고, $x_1, x_2, \cdots, x_n$을 각각 $(x_1, x_2, \cdots, x_n)$의 성분(component)이라고 한다. 또 두 순서 n조 $(x_1, x_2, \cdots, x_n)$과 $(x_1, x_2, \cdots, x_n)$에 대하여 대응하는 성분이 각각 서로 같을 때, 즉 모든 $i = 1, \cdots, n$에 대하여 $x_i = y_i$일 때, 두 순서 n조는 서로 같다고 한다. 모든 실수 $x_1, x_2, \cdots, x_n$에 대하여, 순서 n조 전체의 집합을 $\mathbb{R}^n$으로 나타낸다. 즉, $\mathbb{R}^n = \{(x_1, x_2, \cdots, x_n) \mid x_i \in \mathbb{R},\ i = 1, \cdots, n\}$으로 정의한다.

이제, 집합 $\mathbb{R}^n$의 두 순서 n조 $\mathbf{x} = (x_1, x_2, \cdots, x_n)$과 $\mathbf{y} = (y_1, y_2, \cdots, y_n)$ 및 실수 α에 대하여, '덧셈' 과 '스칼라 곱셈'을 각각 다음과 같이 정의한다.

$$\mathbf{x} + \mathbf{y} = (x_1 + y_1,\ x_2 + y_2,\ \cdots,\ x_n + y_n),$$
$$\alpha \mathbf{x} = (\alpha x_1,\ \alpha x_2,\ \cdots,\ \alpha x_n)$$

또 벡터 공간 $\mathbb{R}^n$에 속하는 두 벡터 $\mathbf{x} = (x_1, x_2, \cdots, x_n)$과 $\mathbf{y} = (y_1, y_2, \cdots, y_n)$에 대하여 내적을 다음과 같이 정의할 수 있다.

$$\mathbf{x} \cdot \mathbf{y} = x_1 y_1 + \cdots + x_n y_n$$

이때, $\mathbb{R}^3$에서와 마찬가지로 $\mathbf{x} \cdot \mathbf{y} = 0$ 인 두 벡터 $\mathbf{x}$와 $\mathbf{y}$를 서로 직교(perpendicular 또는 orthogonal)한다고 정의한다. 또한 $|\mathbf{x}| = \sqrt{\mathbf{x} \cdot \mathbf{x}}$ 를 n차원 벡터 $\mathbf{x}$의 노옴(norm)이라 일반화하여 정의할 수 있다.

이와 같이 정의된 n차원 공간 $\mathbb{R}^n$에서 성분으로 표시된 벡터, 연산과 내적, 노옴 등을 확장해서 다시 정의하면, 정리 12.1-2(기본 연산 법칙), 정리 12.1-3(내적의 성질), 정리 12.1-4(벡터의 사잇각), 정리 12.1-5(코시 · 슈바르츠 부등식) 등의 명제들은 $\mathbb{R}^n$에서 확장되어 성립됨을 쉽게 증명할 수 있다. 단, 벡터의 외적은 3차원 공간 $\mathbb{R}^3$에서만 정의되고 의미를 가지는 연산이며 n이 4 이상인 $\mathbb{R}^n$으로 확장될 수 없는 연산임을 잊지 말자.

일반적으로, 집합 V와 V 위에서 정의된 연산 +와 스칼라 곱이 정리 12.1-2에서 기술된 것과 같은 연산의 기본 법칙을 만족시키면, 이 집합 V를 벡터 공간이라 정의하고, 위의 벡터 공간 V의 원소를 벡터라고 부른다. 하지만 여기서는 $\mathbb{R}^n$을 n차원 벡터 공간으로 정의하고 $\mathbb{R}^n$의 성분으로 표시된 점 $\mathrm{X} = (x_1, \cdots, x_n)$를 벡터라 부르기로 하자. 특히, 이 책에서는 $\mathbb{R}^2$(평면), $\mathbb{R}^3$(공간)의 벡터에 관하여 주로 다루고 있다. (벡터 공간의 일반적인 정의는 모든 '선형 대수학'에서 자세히 다루고 있으므로 관심 있는 독자는 참고하기 바란다.)

직선의 방정식

피타고라스 정리에 의하여, 공간의 두 점 $P_1(x_1, y_1, z_1)$과 $P_2(x_2, y_2, z_2)$ 사이의 거리 d는 다음 식으로 주어진다.

$$d = \sqrt{(x_2 - x_1)^2 + (y_2 - y_1)^2 + (z_2 - z_1)^2} \qquad (12.1\text{-}9)$$

여기서 거리 d는 그림 12.1-8과 같이 $\overrightarrow{P_1P_2}$의 크기와 같고, 또 두 점 P_1과 P_2가 대각선의 양 끝점이고 각 변의 길이가 $|x_2 - x_1|$, $|y_2 - y_1|$, $|z_2 - z_1|$인 직육면체의 대각선의 길이와 같다.

공간에서 벡터 $\mathbf{v} \neq \mathbf{0}$의 방향으로 점 $P_0(x_0, y_0, z_0)$를 지나는 직선 L에 있는 임의의 점 X는 다음 벡터 방정식을 만족시킨다.(그림 12.1-9 참조)

$$X = X(t) = P_0 + t\,\mathbf{v} \quad (t \in \mathbb{R}) \qquad (12.1\text{-}10)$$

여기서 t를 매개 변수라 하고, 벡터 $\mathbf{v}$를 직선 L의 방향 벡터(direction vector)라 하며, 벡터 $\mathbf{v}$의 방향을 직선의 방향이라 한다.

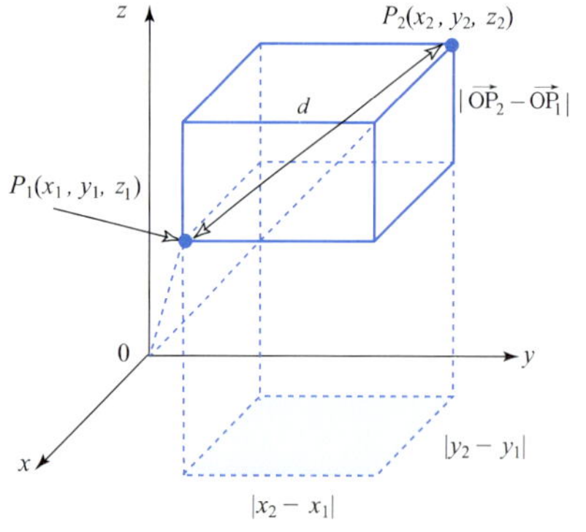

그림 12.1-8

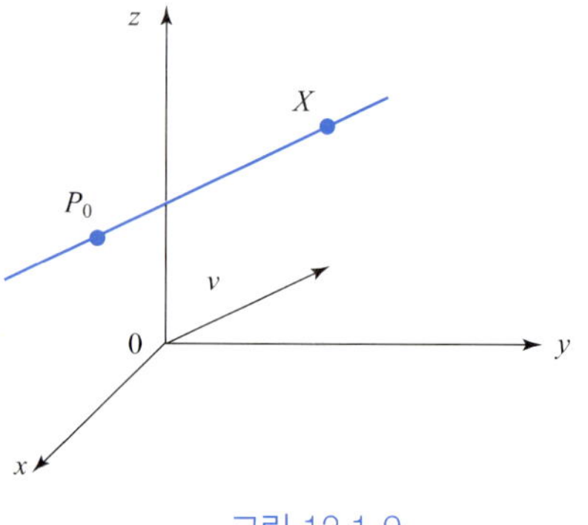

그림 12.1-9

한편, $\mathbf{X} = (x, y, z)$, $\mathbf{v} = (l, m, n)$이라 하고 점 P_0의 성분을 이용하면, 직선의 방정식 (12.1-10)는 다음과 같이 쓸 수 있다.

$$x = x_0 + tl, \quad y = y_0 + tm, \quad z = z_0 + tn \tag{12.1-11}$$

방정식 (12.1-11)을 공간에서 직선의 매개 방정식(parametric equation)이라 한다. 한편, 식 (12.1-11)에서 매개 변수 t를 소거하면 다음을 얻는다.

$$\frac{x - x_0}{l} = \frac{y - y_0}{m} = \frac{z - z_0}{n} \tag{12.1-12}$$

이때, 분모가 0인 항은 분자도 0인 것으로 약속한다. 방정식 (12.1-12)를 직선의 대칭 방정식(symmetric equation)이라 한다.

예제 12.1-11 (1) 두 점 $(1, 1, 1)$과 $(2, 3, 4)$를 지나는 직선의 방정식을 찾아라.
(2) 점 $(1, 2, 3)$을 지나고 방향이 $(0, 1, 2)$인 직선의 방정식을 찾아라.

풀이 (1) 먼저, 직선의 방향은 $(2, 3, 4) - (1, 1, 1) = (1, 2, 3)$이다. 따라서 직선의 방정식은 다음과 같다.

$$(x, y, z) = (1, 1, 1) + t(1, 2, 3)$$

또는 식 (12.1-12)를 이용하면 다음을 얻는다.

$$\frac{x-1}{1} = \frac{y-1}{2} = \frac{z-1}{3}$$

(2) 식 (12.1-11)을 이용하면 다음과 같다.

$$x = 1, \quad y = 2 + t, \quad z = 3 + 2t$$

여기서 t를 소거하여 다음 식을 얻는다.

$$x = 1, y - 2 = \frac{z-3}{2}$$ ❑

평면의 방정식

xy평면에서 직선의 방정식은 한 점 $P_0 = (x_0, y_0)$과 직선에 수직인 영 벡터가 아닌

벡터 $\mathbf{n}=(l, m)$에 의해 유일하게 결정된다. 이때, 직선에 있는 임의의 점을 $X=(x, y)$라 하면, 직선의 방정식은 다음과 같다.

$$(X-P_0)\cdot\mathbf{n}=0$$

이를 성분을 써서 다시 쓰면 다음을 얻는다.

$$l(x-x_0)+m(y-y_0)=0 \quad \text{또는} \quad lx+my=lx_0+my_0$$

역으로, 방정식 $lx+my=d$는 벡터 (l, m)에 수직인 직선의 방정식을 나타낸다. 그림 (12.1-10(a) 참조)

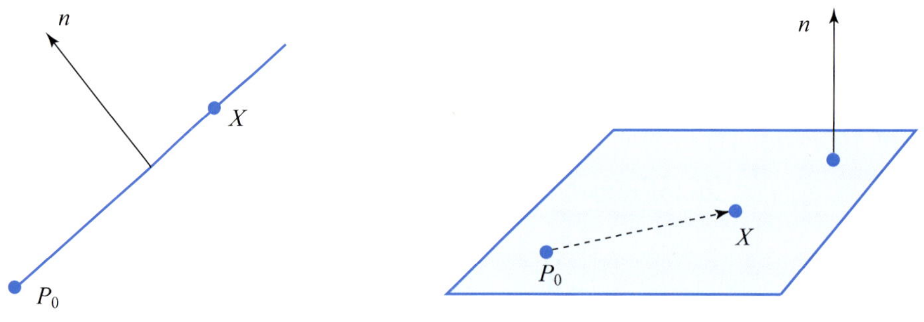

(a) (b)

그림 12.1-10

공간에 주어진 점 $P_0=(x_0, y_0, z_0)$를 포함하는 평면은 무수히 많다. 그러나 점 P_0과 영 벡터가 아닌 벡터 $\mathbf{n}$이 주어지면 P_0을 포함하고 벡터 $\mathbf{n}$에 수직인 평면은 유일하게 결정된다. 이때, 평면에 있는 임의의 점을 X라 하면, 점 P_0을 포함하고 벡터 $\mathbf{n}$에 수직인 평면의 방정식은 다음과 같다.(그림 12.1-10(b) 참조)

$$(\boldsymbol{X}-P_0)\cdot\mathbf{n}=0 \tag{12.1-13}$$

여기서 $X=(x, y, z)$, $\mathbf{n}=(a, b, c)\neq\mathbf{0}$라 하고, 식 (12.1-13)을 성분을 써서 나타내면 다음과 같다.

$$a(x-x_0)+b(y-y_0)+c(z-z_0)=0 \tag{12.1-14}$$

예제 12.1-12 점 $(3, -1, 4)$를 포함하고 벡터 $\mathbf{n}=(-2, 8, 2)$에 수직인 평면의 방정식을 찾아라.

풀이 방정식 (12.1-14)으로부터 다음과 같다.

$$-2(x-3)+8(y+1)+(z-4)=0 \quad \text{또는} \quad -2x+8y+2z=6 \qquad \square$$

평면의 방정식 (12.1-14)는 일차 방정식 $ax+by+cz=d$ $(d=ax_0+by_0+cz_0)$와 같은 꼴이고, 역으로 일차 방정식 $ax+by+cz=d$ $(a^2+b^2+c^2\neq 0)$는 평면을 나타낸다. 왜냐하면 (x_0, y_0, z_0)가 주어진 일차 방정식을 만족하는 점이라면 $d=ax_0+by_0+cz_0$이고, 이를 주어진 방정식에 대입하여 정리하면 방정식 (12.1-14)와 같은 형태의 다음 일차 방정식을 얻기 때문이다.

$$a(x-x_0)+b(y-y_0)+c(z-z_0)=0$$

이 방정식은 점 (x_0, y_0, z_0)를 포함하고 벡터 (a, b, c)에 수직인 평면의 방정식이다. 이를 정리하면 다음과 같다.

정리 12.1-9

일차 방정식 $ax+by+cz=d$는 벡터 $\mathbf{n}=(a, b, c)$에 수직인 평면의 방정식이다. 역으로, 벡터 $\mathbf{n}=(a, b, c)$에 수직인 평면의 방정식은 $ax+by+cz=d$로 나타내어진다.(단, $a^2+b^2+c^2\neq 0$)

예제 12.1-13 벡터 $\mathbf{n}=(8, -3, 4)$는 평면 $8x-3y+4z=5$에 수직이다. $\square$

평행이 아닌 두 평면은 반드시 만나서 하나의 직선을 만든다. 또한, 평면 내에 포함되어 있지 않고 평면과 평행이 아닌 직선은 평면과 한 점에서 만난다. 다음의 두 예제는 각 경우에 직선의 방정식과 교차하는 점을 찾는 방법을 보여준다.

예제 12.1-14 다음 두 평면이 만나서 이루는 직선의 방정식을 찾아라.

$$2x-3y+4z=1, \quad x-y-z=5$$

풀이 먼저, $(2, -3, 4)\times(1, -1, -1)\neq \mathbf{0}$ 이므로 두 평면은 한 직선에서 만난다.(왜?) 주어진 연립 방정식은 두 개의 방정식으로 이루어졌는데 세 개의 미지수가 있으므로, 임의로 $z=t$로 놓고 x와 y를 t로 나타내면, 다음과 같은 직선의 매개 방정식을 얻는다.

$$x=14+7t, \quad y=9+6t, \quad z=t$$ ❑

예제 12.1-15 평면 $3x-2y+z=-5$와 직선 $x=1+t$, $y=-2+2t$, $z=4t$의 교점을 찾아라.

풀이 먼저, $(3, -2, 1)\cdot(1, 2, 4)=3\neq 0$이므로 평면과 직선은 한 점에서 만난다.(왜?) 교점을 (x_0, y_0, z_0)라 하면, 이는 주어진 평면과 직선의 점이므로 적당한 실수 t_0에 대해 다음을 얻는다.

$$3x_0-2y_0+z_0=-5,$$
$$x_0=1+t, \quad y_0=-2+2t_0, \quad z_0=4t_0$$

여기서 둘째 식의 x_0, y_0, z_0를 첫째 식에 대입하여 t_0를 구하면 $t_0=4$이다. 이를 둘째 식에 대입하여 교점 $(-3, -10, -16)$을 얻는다. ❑

연습 문제 12.1

1. 두 벡터 $\mathbf{u}=(\sqrt{3}, 1)$과 $\mathbf{v}=(0, 2)$에 대하여 다음을 찾아라.

(1) $2\mathbf{u}-3\mathbf{v}$ (2) $|\mathbf{u}|$ (3) $\mathbf{u}\cdot\mathbf{v}$

(4) $\mathbf{u}$와 $\mathbf{v}$의 사잇각 (5) $\mathrm{Proj}_{\mathbf{v}}\mathbf{u}$

2. 두 벡터 $\mathbf{u}=(1,\ -3,\ 2)$와 $\mathbf{v}=(0,\ 1,\ 5)$에 대하여 다음을 찾아라.

(1) $\mathbf{u}\cdot\mathbf{v}$ (2) $\mathbf{u}\times\mathbf{v}$ (3) $(\mathbf{u}\times\mathbf{v})\cdot\mathbf{v}$

(4) $(\mathbf{u}\times\mathbf{v})\times\mathbf{v}$ (5) $\mathbf{u}$의 크기 (6) $\mathbf{v}$와 방향이 같은 단위 벡터

3. 두 벡터 $\mathbf{u}=a\mathbf{i}+3\mathbf{j}$ 와 $\mathbf{v}=-\mathbf{i}+2\mathbf{j}$ 에 대하여 다음 각 경우에 실수 a의 값을 결정하라.

(1) $\mathbf{u}$와 $\mathbf{v}$는 서로 평행이다.

(2) $\mathbf{u}$와 $\mathbf{v}$는 서로 직교한다.

(3) $\mathbf{u}$와 $\mathbf{v}$의 사잇각은 $\dfrac{\pi}{4}$ 이다.

4. 세 점 $A=(2,\ 7)$, $B=(1,\ 2)$, $C=(5,\ 3)$에 대하여 다음 물음에 답하라.

(1) 점 A에서 선분 BC에 내린 수선의 발을 D라 할 때, 두 벡터 $\overrightarrow{BD}$와 $\overrightarrow{BA}-\overrightarrow{BD}$를 찾아라.

(2) $\triangle ABC$의 넓이를 찾아라.

5. 벡터 $\mathbf{u}=a\mathbf{i}+b\mathbf{j}$가 직선 $ax+by+c=0$에 수직임을 보여라.

6. 평행 사변형의 두 내각선은 서로를 이등분함을 보여라.

7. 공간 벡터 $\mathbf{u},\ \mathbf{v},\ \mathbf{w},\ \mathbf{z}$에 대하여 다음을 증명하라.

(1) $\mathbf{u}\times(\mathbf{v}\times\mathbf{w})=(\mathbf{u}\cdot\mathbf{w})\mathbf{v}-(\mathbf{u}\cdot\mathbf{v})\mathbf{w}$

(2) $(\mathbf{u}\times\mathbf{v})\cdot(\mathbf{w}\times\mathbf{z})=(\mathbf{u}\cdot\mathbf{w})(\mathbf{v}\cdot\mathbf{z})-(\mathbf{u}\cdot\mathbf{z})(\mathbf{v}\cdot\mathbf{w})$

(3) $(\mathbf{u}\times\mathbf{v})\times(\mathbf{w}\times\mathbf{z})=\{\mathbf{u}\cdot(\mathbf{v}\cdot\mathbf{z})\}\mathbf{w}-\{\mathbf{u}\cdot(\mathbf{v}\cdot\mathbf{w})\}\mathbf{z}$

8. (피타고라스 정리) 직교하는 두 벡터 $\mathbf{x},\ \mathbf{y}\in\mathbb{R}^n$에 대해 다음 등식이 성립함을 보여라.

$$|\mathbf{x}+\mathbf{y}|^2=|\mathbf{x}|^2+|\mathbf{y}|^2$$

9. 두 벡터 $\mathbf{u},\ \mathbf{v}\in\mathbb{R}^n$에 대해 다음이 성립함을 보여라.

$$||\mathbf{u}|-|\mathbf{v}||\leq|\mathbf{u}|+|\mathbf{v}|$$

10. (평행 사변형의 법칙) 두 벡터 $\mathbf{u}, \mathbf{v} \in \mathbb{R}^n$에 대하여 다음이 성립함을 보여라.

$$|\mathbf{u}-\mathbf{v}|^2 + |\mathbf{u}+\mathbf{v}|^2 = 2|\mathbf{u}|^2 + 2|\mathbf{v}|^2$$

11. 두 점 $(1, 2, 0)$과 $(-1, 0, 1)$을 지나는 직선의 방정식을 찾아라.

12. 다음 두 직선의 교점이 있으면 그 좌표를 찾아라.

$$x = \frac{y}{3} = \frac{z}{2}, \quad x-2 = \frac{(y-3)}{4} = \frac{(z-4)}{2}$$

13. 점 $(3, 2, -1)$를 지나고 직선 $\frac{x}{2} = \frac{(1-y)}{3} = \frac{(z-5)}{6}$과 방향이 같은 직선의 방정식을 찾아라.

14. 평면 $x+y-4z=1$과 평행하고 점 $(2, 3, -5)$를 포함하는 평면의 방정식을 찾아라.

15. 점 $(4, 0, -6)$과 직선 $x=3t,\ y=2t,\ z=-2t$를 포함하는 평면의 방정식을 찾아라.

16. 세 점 $(1, 1, -1)$, $(-2, -2, 2)$, $(1, -1, 2)$를 포함하는 평면의 방정식을 찾아라.

17. 점 $(1, 1, 1)$을 포함하고 두 점 $(2, 6, 3)$과 $(1, 0, -2)$를 잇는 직선에 수직인 평면의 방정식을 찾아라.

18. 점 $(1, 0, -2)$을 포함하고 두 평면 $2x+y-z=2$과 $x-y-z=3$에 동시에 수직인 평면의 방정식을 찾아라.

19. 두 평면 $x-2y+2z=6$과 $3x-6y+6z=2$ 사이의 거리를 찾아라.

20. (1) 두 평면 $x+2y-2z=5$과 $5x-2y-z=0$의 교선의 방정식을 찾아라.
(2) (1)에서 구한 직선은 $x=-3+2t,\ y=3t,\ z=1+4t$와 방향이 같음을 보여라.
(3) (1)과 (2)의 두 직선을 포함하는 평면의 방정식을 찾아라.

21. 평면의 방정식 $2x+3y+6z=18$의 그래프를 그려라.

22. 평면 $6x+6y+7z=22$에 접하고 원점이 중심인 구면의 방정식을 찾아라.

23. (1) 평면의 점 $P=(p,\ q)$와 직선 $ax+by+d=0$ 사이의 거리는 다음과 같음을 보여라.

$$\frac{|ap+bq+d|}{\sqrt{a^2+b^2}}$$

(2) 공간의 점 $P=(p,\ q,\ r)$와 평면 $ax+by+cz+d=0$ 사이의 거리는 다음과 같음을 보여라.

$$\frac{|ap+bq+cr+d|}{\sqrt{a^2+b^2+c^2}}$$

24. 평행인 두 평면 $ax+by+cz=d_1$과 $ax+by+cz=d_2$ 사이의 거리가 다음과 같음을 보여라.

$$\frac{|d_1-d_2|}{\sqrt{a^2+b^2+c^2}}$$

12.2 다변수 함수와 등위 곡선

다변수 함수의 정의

집합 Ω를 $\mathbb{R}^n (n \geq 2)$의 부분 집합이라 하자. 변수가 n개인 n변수 실함수 f는 Ω의 각 벡터 또는 점 $\mathbf{x} = (x_1, x_2, \cdots, x_n)$에 오직 하나의 실숫값 $w = f(\mathbf{x})$ 또는 $w = f(x_1, x_2, \cdots, x_n)$를 대응시키는 규칙이다. 이때, $\mathbf{x} = (x_1, x_2, \cdots, x_n)$를 독립 변수라 하고 w를 종속 변수라 한다. 흔히 $\Omega \subset \mathbb{R}^2$일 때 독립 변수를 x와 y로 나타내고, $\Omega \subset \mathbb{R}^3$일 때 독립 변수를 x, y, z로 나타낸다. 그리고 Ω를 함수 f의 정의역이라 하고, f가 취하는 값의 집합 $\{f(\mathbf{x}) \in \mathbb{R} \mid \mathbf{x} \in \Omega\}$를 f의 치역이라 한다.

정의역이 $\mathbb{R}^n$의 부분 집합 Ω인 실함수 f를 흔히 다음과 같이 나타낸다.

$$f : \Omega \subset \mathbb{R}^n \to \mathbb{R} \quad \text{또는} \quad f : \Omega \to \mathbb{R}$$

함수 f에 대해 정의역 Ω가 주어지지 않으면, 식 $f(\mathbf{x})$가 의미를 지니는, 즉 $f(\mathbf{x})$가 정의되는 $\mathbb{R}^n$의 최대 부분 집합을 f의 정의역으로 한다.

독립 변수가 두 개 이상인 실함수를 다변수 함수(function of several variables) 또는 다변수 실함수라 한다. 이변수 또는 삼변수 함수에 대한 이론을 어렵지 않게 일반적인 다변수 함수로 확장할 수 있으므로, 여기서는 주로 이변수와 삼변수 함수를 다루기로 한다.

예제 12.2-1 식 $f(x, y) = \sqrt{4 - x^2 - y^2}$로 정의된 함수 f의 정의역과 치역을 찾고, $f(0, 1)$과 $f(-1, 1)$을 찾아라.

풀이 제곱근은 음수가 아닌 수에 대하여 정의되므로 f의 정의역 Ω는 다음과 같다.

$$\Omega = \{(x, y) \in \mathbb{R}^n \mid x^2 + y^2 \leq 4\}$$

이것은 중심이 원점이고 반지름이 2인 원판이다. 그리고 x^2과 y^2은 음수가 아니므로, $4 - x^2 - y^2$은 $x = 0$이고 $y = 0$일 때 가장 크다. 따라서 함수의 최댓값은 2이다. 또 $x^2 + y^2 = 4$일 때 $f(x, y)$의 최솟값은 0이다. 한편, $0 < r < 2$이면 $0 < 4 - r^2 < 2$이므로 $x^2 + y^2 = 4 - r^2$을 만족시키는 점 $(x, y) \in \Omega$가 존재한다. 따라서 f의 치역은

닫힌 구간 $[0, 2]$이다. 그리고 $f(0, 1)$과 $f(-1, 1)$은 각각 다음과 같다.

$$f(0, 1) = \sqrt{4-0^2-1^2} = \sqrt{3}\,,\ f(-1, 1) = \sqrt{4-(-1)^2-1^2} = \sqrt{2} \qquad \square$$

예제12.2-2 이변수 함수 $f(x, y) = x^2 e^{2xy}$ 에 대하여 f의 정의역과 치역을 찾고, $f(2, 0)$의 값을 찾아라.

풀이 x^2과 지수 함수가 모든 실수에서 정의되므로, $x^2 e^{2xy}$은 모든 실수 x와 y에 대해 정의된다. 그러므로 f의 정의역은 $\mathbb{R}^2$이다. 한편 $g(x, y) = 2xy$의 치역이 $\mathbb{R}$ 이고, e^x의 치역이 $(0, \infty)$이므로, $e^{g(x,y)} = e^{2xy}$의 치역은 $(0, \infty)$이다. 따라서 f의 치역은 $[0, \infty)$이다. 마지막으로, $f(2, 0) = 2^2 e^{2(2)(0)} = 4(1) = 4$이다. $\square$

함수의 성질을 이해하는 방법의 하나는 일변수 함수 $y = f(x)$의 경우와 같이 주어진 함수의 그래프를 그려보는 것이다. 다변수 함수 $w = f(\mathbf{x})$의 정의역이 $\Omega \subset \mathbb{R}^n$라 하면, 함수 $w = f(\mathbf{x})$의 그래프는 공간 $\mathbb{R}^{n+1}$에서 $w = f(\mathbf{x})$를 만족시키는 점의 집합 $\{(\mathbf{x}, w) \in \mathbb{R}^{n+1} \mid w = f(\mathbf{x}),\ \mathbf{x} = (x_1, x_2, \cdots, x_n) \in \Omega\}$이다.

예제 12.2-3 다음 함수의 그래프는 무엇인지 설명하라.

$$z = f(x, y) = \sqrt{1-x^2-y^2} \qquad (12.2\text{-}1)$$

풀이 먼저 $z \geq 0$임을 주목하자. 식 (12.2-1)의 양변을 제곱하면 $z^2 = 1-x^2-y^2$ 또는 $x^2+y^2+z^2 = 1$이다. 이 방정식은 중심이 (0, 0, 0)이고 반지름이 1인 구면을 나타낸다. 그런데 $z \geq 0$이므로 f의 그래프는 상반구면이다.(그림 12.2-1 참조) $\square$

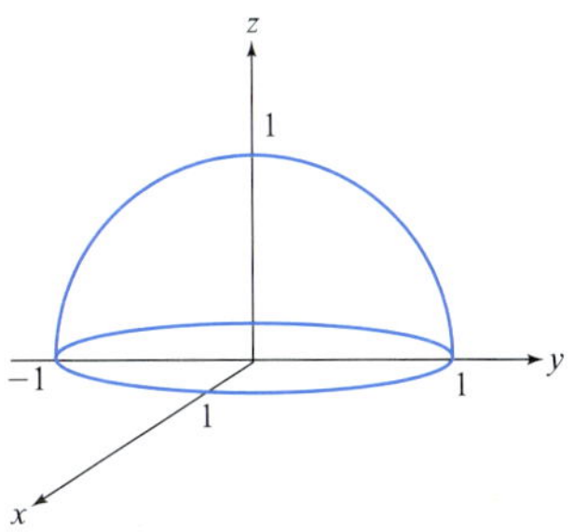

그림 12.2-1 함수 $z = \sqrt{1-x^2-y^2}$ 의 그래프

등위 곡선

일반적으로 함수 $z = f(x,y)$의 그래프를 공간에 그리기는 쉽지 않다. 그런데 최근의 그래픽 성능을 가진 컴퓨터의 발달과 관련 프로그램의 개발로 인해 이변수 함수의 그래프를 비교적 정확하게 얻을 수 있다. 그러나 삼변수 이

상의 함수의 그래프는 사차원 이상인 공간의 부분 집합이므로 현실적으로 그릴 수 없다.

산이나 계곡을 지도에 나타내는 방법을 이용하여 이변수 함수의 그래프를 나타내는 것에 대해 알아보자. 이런 방법은 그래프를 그리기 어려운 이변수 함수의 성질을 이해하는 데 도움을 준다.

지도는 평면에 삼차원 모형, 예를 들어 산악 또는 계곡을 나타내는데, 이는 미리 정한 기준점에서 같은 고도 또는 높이의 지점들을 연결한 선(contour)을 이용하는 것이다. 이렇게 같은 높이를 나타내는 선을 등고선이라 한다. 지도는 이런 등고선을 평면에 사영(mapping)하여 표현한 것이다. 그러므로 지도에서 등고선의 간격이 좁은 지역은 높이가 급격히 변하는 지역을 나타내고 간격이 넓은 곳은 경사가 완만한 지역임을 나타낸다. 따라서 이러한 등고선 지도를 이용하면 지형의 지세를 대강 알 수 있다.

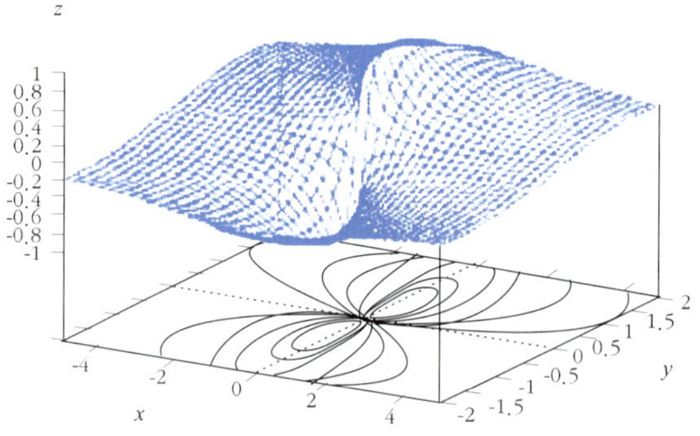

그림 12.2-2 함수 $z=\dfrac{\sin y}{\sqrt{x^2+y^2}}$의 그래프와 등위 곡선

이와 같은 생각을 이변수 함수 $z=f(x, y)$의 그래프에 적용하여 보자. $z=c$(상수)라 했을 때 $c=f(x, y)$의 해 집합은 일반적으로 xy평면에 곡선을 나타내는데, 이 곡선을 등위 곡선(level curve)이라 한다. 등위 곡선에서 함숫값은 일정하므로 등위 곡선은 지도의 등고선과 같은 개념이다. 또한, 등위 곡선은 xy평면에 평행이 평면 $z=c$로 곡면 $z=f(x, y)$를 절단했을 때 생기는 교선을 xy평면으로 정사영한 것이기도 하다. 이때, z값을 변화시키면서 얻은 등위 곡선을 하나의 xy평면에 그린 것을 함수 $f(x, y)$의 경로 지도(contour map)라 한다. 경로 지도를 이용하면, 함숫값의 변화를 쉽게 알아 볼 수 있어 함수의 성질을 이해하는 데 유용하다 (그림 12.2-2 참조).

이런 방법을 삼변수 함수 $w = f(x, y, z)$로 확장할 수 있다. 이 경우 $w = c$에 대응하는 곡면 $c = f(x, y, z)$를 등위 곡면(level surface)이라 한다. 등위 곡면은 함숫값이 같은 점, 예를 들어 전압이 같은 점이 공간에 어떻게 분포되어 있는지를 나타내는 데 유용하다.

예제 12.2-4 함수 $z = x^2 + y^2$의 등위 곡선을 이용하여 경로 지도를 그려라.

풀이 $z = c > 0$에 대응하는 등위 곡선은 $x^2 + y^2 = (\sqrt{c})^2$ 꼴의 원이다. $z = 0$이면 등위 곡선은 한 점(원점)이 된다. 그리고 $x^2 + y^2 \geq 0$이므로 $z < 0$에 대한 등위 곡선은 없다. 주어진 함수의 몇 개의 등위 곡선을 나타내면 그림 12.2-3과 같다.

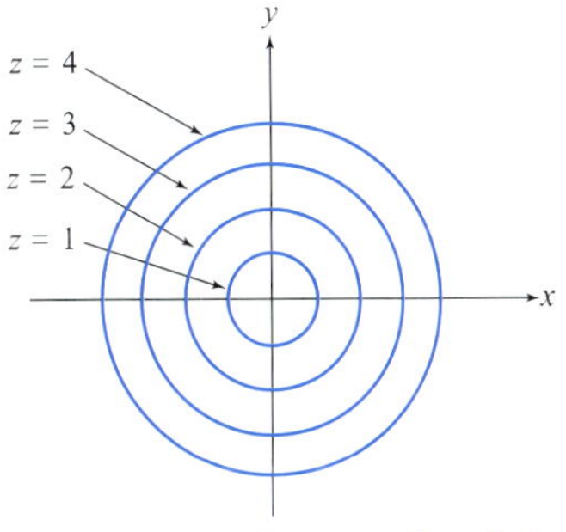

그림 12.2-3 함수 $z = x^2 + y^2$의 경로 지도

연습 문제 12.2

1. 다음 함수의 정의역과 치역을 찾고, 등위 곡선을 설명하라.

(1) $f(x, y) = \dfrac{1}{xy}$

(2) $f(x, y) = \sqrt{x + y}$

(3) $f(x, y) = \ln(x + y)$

(4) $f(x, y) = \dfrac{\sqrt{y}}{x}$

(5) $f(x, y) = xe^{-y}$

(6) $f(x, y) = \cos(xy)$

(7) $f(x, y) = \tan^{-1}\dfrac{y}{x}$

(8) $f(x, y) = \sinh(x^2 + y^2)$

(9) $f(x, y) = \ln(x^2 + y^2)$

(10) $f(x, y) = \ln(x^2 + y)$

2. 다음 함수의 정의역과 치역을 찾아라.

(1) $f(x,\ y) = \dfrac{xy}{y^2 - x^2}$

(2) $f(x,\ y,\ z) = \dfrac{x^2}{x^2 + y^2 + z^2}$

(3) $f(x,\ y,\ z) = z$

3. 다음 함수의 등위 곡면을 설명하라.

(1) $f(x,\ y,\ z) = y^2 - z$

(2) $f(x,\ y,\ z) = x$

(3) $f(x,\ y,\ z) = \sin x$

(4) $f(x,\ y,\ z) = xy$

(5) $f(x,\ y,\ z) = x + y$

(6) $f(x,\ y,\ z) = x^2 + y^2$

(7) $f(x,\ y,\ z) = x^2 + y^2 + z^2$

(8) $f(x,\ y,\ z) = \sqrt{x^2 + y^2 - z}$

(9) $f(x,\ y,\ z) = \ln(x^2 + y^2 + z^2)$

(10) $f(x,\ y,\ z) = \dfrac{1}{x^2 + y^2 + z^2}$

12.3 다변수 함수의 극한과 연속

이변수 함수에 대한 극한과 연속의 개념을 어렵지 않게 일반적인 다변수 함수로 확장할 수 있으므로, 이 절에서는 주로 이변수 함수를 다루기로 한다. 먼저, 앞으로 사용할 R^n의 부분 집합에 대한 몇 가지 용어를 정의하자.

근방과 영역

$\mathbb{R}^n$ 공간에서 한 점 $\mathbf{P}=(p_1, p_2, \cdots, p_n)$ (혹은 벡터 $\mathbf{P}$)와 양수 δ에 관하여 다음 집합을 점 $\mathbf{P}$의 δ근방(neighborhood)이라고 한다.

$$N_\delta(\mathbf{P})=\{\mathbf{x}\in\mathbb{R}^n \mid |\mathbf{x}-\mathbf{P}|<\delta\}$$

여기서 $\mathbf{x}=(x_1, x_2, \cdots, x_n)$이고 $|\mathbf{x}-\mathbf{P}|=\sqrt{\sum_{i=1}^{n}(x_i-p_i)^2}$ 이다. 즉, 점 $\mathbf{P}\in\mathbb{R}^n$가 중심이고 반지름이 δ인 n차원 구의 내부에 있는 모든 점으로 이루어진 집합을 뜻한다. 특히, 평면에서 점 (a, b) 를 중심으로 하는 반지름이 $\delta>0$인 원의 내부, 즉 다음 집합은 점 (a, b)의 근방 중의 하나이다.

$$N_\delta(a, b)=\left\{(x, y) \mid \sqrt{(x-a)^2+(y-b)^2}<\delta\right\}$$

예를 들면, 평면 $\mathbb{R}^2$에서 원점이 중심인 단위원의 내부에 있는 점의 집합은 원점의 $\delta=1$ 근방이다. 또한, 공간 R^3에서 원점이 중심인 단위구의 내부에 있는 점의 집합도 원점의 $\delta=1$ 근방이다. 특히, 점 $\mathbf{P}$의 근방에서 점 $\mathbf{P}$를 제외한 집합을 점 $\mathbf{P}$의 빠진 δ근방(deleted neighborhood)이라 하고, $N_\delta^*(\mathbf{P})$로 표시한다.

집합 $\Omega\subset\mathbb{R}^n$와 점 $\mathbf{P}\in\mathbb{R}^n$가 주어졌다고 하자. 이 때, 점 $\mathbf{P}$의 적당한 근방이 Ω에 완전히 포함되면, 점 $\mathbf{P}$를 집합 Ω의 내점(interior point)이라 한다. 집합 Ω의 모든 점이 Ω의 내점이면, 집합 Ω를 열린 집합 또는 개집합(open set)이라 한다. 집합 Ω의 여집합이 열린 집합일 때, Ω를 닫힌 집합 또는 폐집합(closed set)이라 한다. 또한, 점 $\mathbf{P}$의 모든 근방이 Ω와 Ω의 여집합과의 교집합이 공집합이 아닐 때, 점 $\mathbf{P}$를 집합 Ω의 경계점(boundary point)이라 하며, Ω의 모든 경계점의 집합을 Ω의 경계라 한다. 특히, 점 $\mathbf{P}$가 Ω의 경계점도 아니고 내점도 아니면, 집합 Ω의 외점(exterior point)이라 한다.

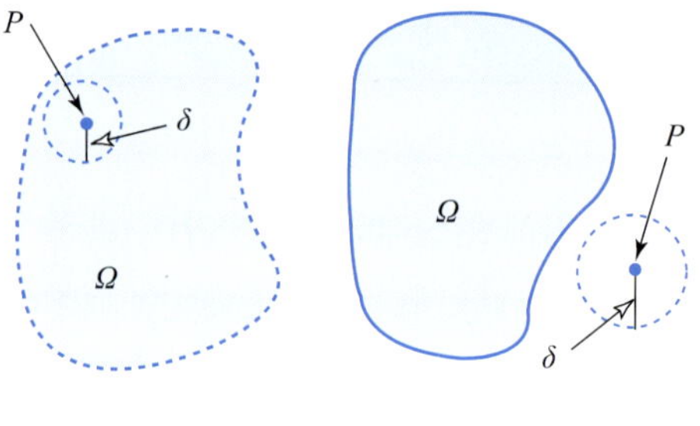

(a) 열린 집합 (b) 닫힌 집합

그림 12.3-1 열린 집합과 닫힌 집합

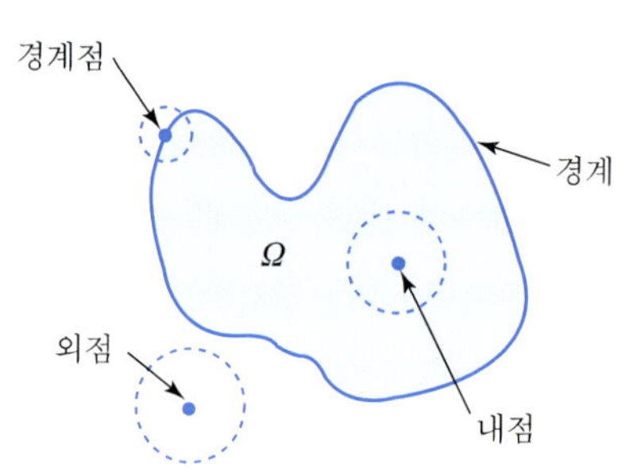

그림 12.3-2 평면 집합 Ω의 내점, 경계점, 외점

n차원 공간의 집합 Ω에 있는 임의의 두 점을 Ω에 있는 유한 개의 선분으로 연결할 수 있으면, Ω를 영역(region)이라 한다. 특히, 열린 집합인 영역을 열린 영역, 닫힌 집합인 영역을 닫힌 영역이라 한다. 예를 들면, 평면에서 경계를 포함하지 않는 원판, 즉 열린 원판은 열린 영역이고, 경계를 포함하는 원판, 즉 닫힌 원판은 닫힌 영역이다. 경계의 일부만을 포함하는 영역은 닫힌 영역도 아니고 열린 영역도 아님에 주의하라. 직선 R에서 영역 $[1,2)$는 닫힌 영역도 아니고 열린 영역도 아니다.

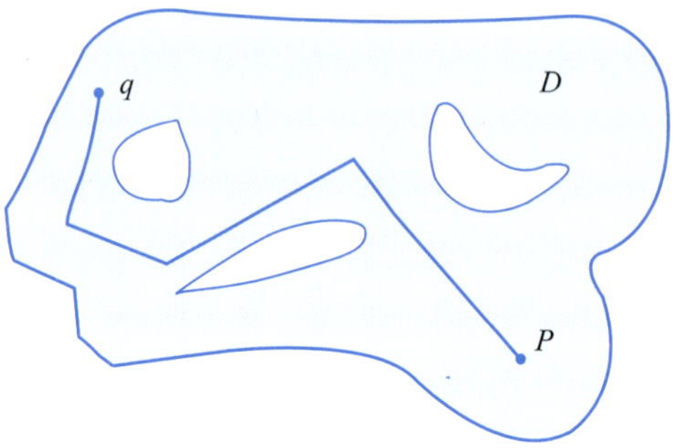

그림 12.3-3 영역

이변수 함수의 극한과 기본 정리

이변수 함수 $z = f(x, y)$가 점 (a, b)의 적당한 근방 또는 빠진 근방에서 정의되었다고 하자. 이때, 점 (x, y)가 (a, b)를 지나지 않으면서 점 (a, b)로 접근할 때, 점 (x, y)에 대응하는 함숫값 $f(x, y)$가 일정한 수 A에 한없이 가까워지면, 함수 f의 점 (a, b)에서의 극한은 A라 하고, 이를 다음과 같이 나타낸다.

$$\lim_{(x,\ y)\to(a,\ b)} f(x,\ y) = A$$

이를 $\epsilon - \delta$ 논법을 써서 더욱 객관적이고 엄밀하게 정의하면 다음과 같다.

임의로 주어지는 양수 ϵ에 대하여 적당한 양수 δ[1]가 존재하여 함수 $f(x,\ y)$의 정의역에 속하고 $0 < \sqrt{(x-a)^2+(y-b)^2} < \delta$인 임의의 $(x,\ y)$가 $|f(x,\ y) - A| < \epsilon$을 만족시키면, 함수 $f(x,\ y)$의 점 $(a,\ b)$에서의 극한은 A라 한다.

이는 임의로 주어진 양수 ϵ에 대하여, $0 < \sqrt{(x-a)^2+(y-b)^2} < \delta$이고 함수 $f(x,\ y)$의 정의역에 속하는 임의의 점 $(x,\ y)$에서의 함숫값 $f(x,\ y)$가 구간 $(A+\epsilon,\ A-\epsilon)$에 있도록 하는 양수 δ를 찾을 수 있다는 것이다(그림 12.3-4 참조).

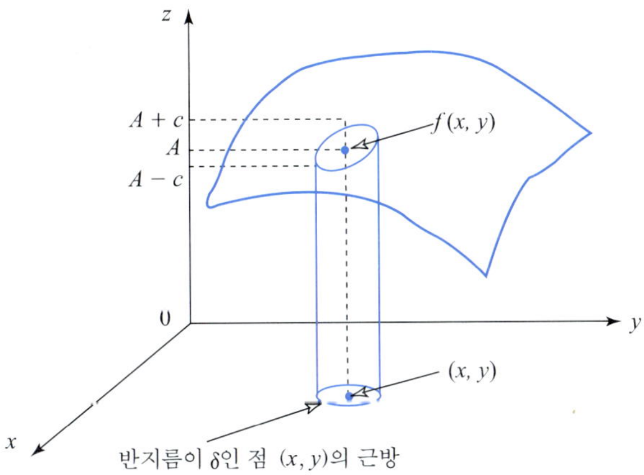

그림 12.3-4 함수 $z = f(x,\ y)$의 극한

예제 12.3-1 $\epsilon - \delta$ 논법을 써서 다음을 쉽게 증명할 수 있다.

$$\lim_{(x,y)\to(a,b)} x = a\ , \quad \lim_{(x,y)\to(a,b)} y = b, \quad \lim_{(x,y)\to(a,b)} c = c \ \ (\text{단, } c\text{는 상수})$$ ❑

예제 12.3-2 함수 $f(x,\ y) = x + y$의 점 $(1,\ 1)$에서의 극한이 2임을 $\epsilon - \delta$ 논법으로 증명하라.

---

1) 일반적으로 δ는 주어지는 ϵ에 따라 달라지는 ϵ의 함수이다.

풀이 임의의 양수 ϵ에 대해 $0 < \sqrt{(x-1)^2+(y-1)^2} < \delta$일 때 $|x+y-2| < \epsilon$이 항상 성립하도록 하는 양수 δ를 찾으면 된다. $\delta = \frac{\epsilon}{2}$로 잡으면 다음이 성립한다.

$$|x+y-2| = |(x-1)+(y-1)| \leq |x-1|+|y-1|$$

따라서 $|x-1|+|y-1| \leq 2\sqrt{(x-1)^2+(y-1)^2} < 2\delta = \epsilon$이 성립한다. ❑

일변수 함수의 경우와 마찬가지로 함수의 극한값에 대해 다음의 정리가 성립한다. 증명은 일변수 함수의 경우와 비슷하므로 생략한다.

정리 12.3-1

점 (a, b)의 근방 또는 빠진 근방에서 정의된 두 함수 f와 g에 대하여,
$\lim\limits_{(x,y)\to(a,b)} f(x, y) = A$이고 $\lim\limits_{(x,y)\to(a,b)} g(x, y) = B$라고 하면 다음이 성립한다.

(1) $\lim\limits_{(x,y)\to(a,b)} (f+g)(x, y) = A+B$

(2) $\lim\limits_{(x,y)\to(a,b)} (fg)(x, y) = AB$

예제 12.3-3 점 $(2, 3)$에서 함수 $f(x, y) = x^2+5y^2$의 극한값을 찾아라.

풀이 예제 12.3-1로부터 $\lim\limits_{(x,y)\to(2,3)} x = 2$이고 $\lim\limits_{(x,y)\to(2,3)} y = 3$이다. 정리 12.3-1을 이용하면 다음을 얻는다.

$$\lim_{(x,y)\to(2,3)} (x^2+5y^2) = \left(\lim_{(x,y)\to(2,3)} x\right)^2 + 5\left(\lim_{(x,y)\to(2,3)} y\right)^2 = 4+5(9) = 49 \quad ❑$$

예제 12.2-4 이변수 함수 $f(x, y) = \frac{x^2-y^2}{x^2+y^2}$의 $(0, 0)$에서의 극한이 존재하는가?

풀이 (1) 점 (x, y)가 x축을 따라 $(0, 0)$에 가까워지면 $f(x, y)$는 1에 가까워진다.
(2) 점 (x, y)가 y축을 따라 $(0, 0)$에 가까워지면 $f(x, y)$는 -1에 가까워진다.
(3) 일반적으로 점 (x, y)가 직선 $y = mx$ (m은 임의의 상수)를 따라 $(0, 0)$에 가까워

지면, $f(x, y)=\dfrac{x^2-m^2x^2}{x^2+m^2x^2}=\dfrac{1-m^2}{1+m^2}$이므로 $f(x, y)$는 $\dfrac{1-m^2}{1+m^2}$에 접근한다.

따라서 m의 값이 달라지면 $f(x, y)$의 극한값도 달라진다. 그러므로 $\lim\limits_{(x,y)\to(0,0)} f(x,y)$는 존재하지 않는다. ❑

이변수 함수의 연속성

이제, 이변수 함수의 연속성에 대하여 알아보자. 이변수 함수 $f(x, y)$가 점 (a, b)의 근방에서 $\lim\limits_{(x,y)\to(a,b)} f(x, y)=f(a, b)$을 만족시키면, f는 점 (a, b)에서 연속(continuous)이라 한다. 이는 다음 세 조건을 만족시킴을 뜻한다.

(1) f가 점 (a,b)에서 정의되어 있다.

(2) $\lim\limits_{(x,y)\to(a,b)} f(x,y)=A$가 존재한다.

(3) $f(a,b)=A$이다.

이변수 함수 f가 영역 Ω의 모든 점에서 연속이면, f는 Ω에서 연속이라 한다. 한편, $f(x, y)$가 점 (a, b)에서 연속이 아니면, f는 점 (a, b)에서 불연속이라 하고, f가 영역 Ω에서 불연속인 점을 한 점 이상 가지면, f는 Ω에서 불연속 함수라 한다.

예제 12.3-5 함수 $f(x, y)=x+y$은 $\mathbb{R}^2$에서 연속임을 보여라.

풀이 예제 12.3-2에 의하여 모든 점 $(a, b)\in\mathbb{R}^2$에서 극한값이 $a+b$로 존재하며, 이는 함수값 $f(a, b)=a+b$와 같다. ❑

예제 12.3-6 다음 함수는 원점에서 불연속임을 보여라.

$$f(x,y)=\begin{cases}\dfrac{x^2-y^2}{x^2+y^2} & (x^2+y^2\neq 0)\\ 0 & (x^2+y^2=0)\end{cases}$$

증명 f가 원점 $(0, 0)$에서 연속이면, 원점에서 f의 극한은 $f(0, 0)=0$이어야 한다. 그런데 x축을 따라서, 원점에 접근할 때 다음을 얻는다.

$$\lim_{(x,0)\to(0,0)} f(x,0) = \lim_{(x,0)\to(0,0)} \frac{x^2-0^2}{x^2+0^2} = 1$$

그러므로 주어진 함수는 원점에서 불연속인 함수이다. □

예제 12.3-7 다음 함수는 모든 점에서 불연속인 함수이다.

$$f(x,y) = \begin{cases} 1 & (x\in\mathbb{Q},\ y\in\mathbb{R}\setminus\mathbb{Q}) \\ 2 & (x\in\mathbb{Q},\ y\in\mathbb{Q}) \\ 3 & (x\in\mathbb{R}\setminus\mathbb{Q},\ y\in\mathbb{Q}) \\ 4 & (x\in\mathbb{R}\setminus\mathbb{Q},\ y\in\mathbb{R}\setminus\mathbb{Q}) \end{cases}$$

일변수 함수와 마찬가지로 이변수 함수의 연속성에 대하여 다음이 성립한다. 증명은 일변수 함수의 경우와 유사하므로 생략한다.

정리 12.3-2

(1) 두 함수 $f(x,y)$와 $g(x,y)$가 점 (a,b)에서 연속이면, $f+g$, fg, $\dfrac{f}{g}$(단, $g(a,b)\neq 0$)도 점 (a,b)에서 연속이다.

(2) 이변수 함수 $z=f(x,y)$가 점 (a,b)에서 연속이고 $c=f(a,b)$라고 하자. 이때, 일변수 함수 $w=h(z)$가 $z=c$에서 연속이면, 합성 함수 $w=h(f(x,y))$는 점 (a,b)에서 연속이다.

예제 12.3-8 다음 두 함수는 모든 점에서 연속임을 보여라.

(1) $f(x,y)=\sin(xy)$　　(2) $g(x,y)=\cos(y^2)e^{-\sqrt{x^2+y^2}}$

풀이 연속 함수의 정의 및 일변수 함수 $\sin x$, $\cos x$, e^x, $\sqrt{x}$ 의 연속성과 정리 12.2-2를 이용하면 어렵지 않게 보일 수 있다. 또, 두 그림 12.3-5과 12.3-6의 각 함수의 그래프를 참고하라. □

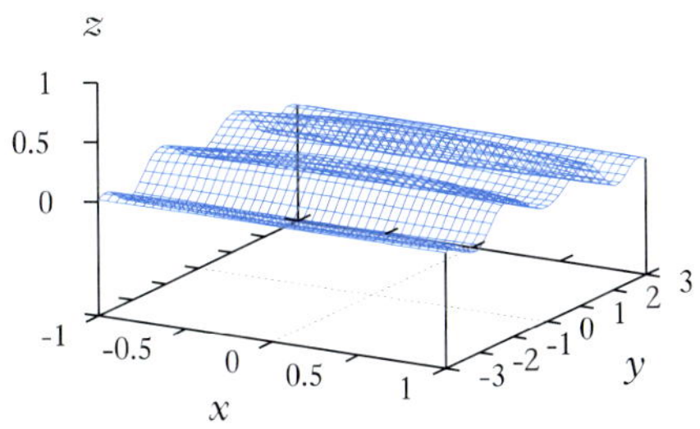

그림 12.3-5 $f(x, y) = \sin(xy)$

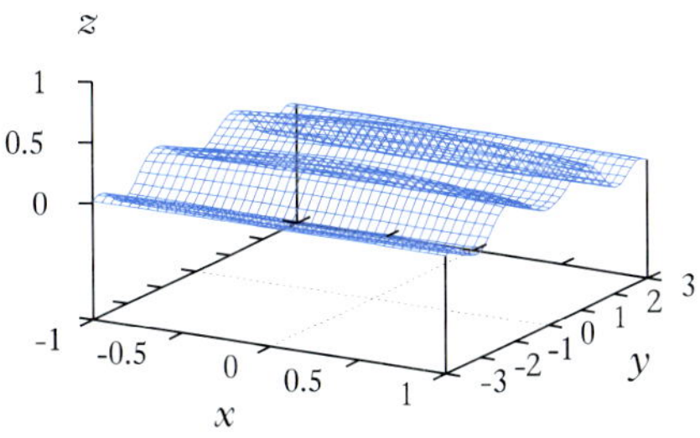

그림 12.3-6 $g(x, y) = \cos(y^2)e^{-\sqrt{x^2+y^2}}$

연습 문제 12.3

1. 다음 극한이 존재하면 극한을 찾고, 존재하지 않으면 그 이유를 설명하라.

(1) $\lim_{(x,y)\to(2,-1)} (x^5 + 4x^3y - 5xy^2)$

(2) $\lim_{(x,y)\to(2,1)} \frac{4-xy}{x^2+3y^2}$

(3) $\lim_{(x,y)\to(0,0)} \frac{y^4}{x^4+3y^4}$

(4) $\lim_{(x,y)\to(0,0)} \frac{xycosy}{3x^2+y^2}$

(5) $\lim_{(x,y)\to(0,0)} \frac{x^2ye^y}{x^4+4y^2}$

(6) $\lim_{(x,y)\to(0,0)} \frac{x^2+y^2}{\sqrt{x^2+y^2+1}-1}$

2. 점 $(0, 0)$에서 다음 함수의 극한값을 찾아라.

(1) $f(x, y) = \frac{x^2+y^2}{xy+(x-y)^2}$ $(x>0,\ y>0)$

(2) $f(x, y) = \frac{x^2}{(x^2+1)(y^2+1)}$

(3) $f(x, y) = -\frac{xy^2}{x^2+y^4}$

(4) $f(x, y) = (x+y)\sin\frac{1}{x}\sin\frac{1}{y}$

3. 함수 $f(x, y) = \dfrac{x+y}{x^2+y}$ 에 대하여 다음 물음에 답하라.

(1) (x, y)가 직선 $x = 1$을 따라서 $(x, y) \to (1, -1)$일 때, 함수 $f(x, y)$의 극한값을 찾아라.

(2) (x, y)가 직선 $y = -1$을 따라서 $(x, y) \to (1, -1)$일 때, 함수 $f(x, y)$의 극한값을 찾아라.

4. 함수 $f(x, y) = \dfrac{x^2+y^2}{x^2-y^2}$ 에 대해, x축과 세 직선 $x = 1$, $x = 4$, $y = 5$로 둘러싸인 영역에서 f의 연속성을 조사하라.

5. 다음 함수의 연속성을 조사하라.

$$f(x,y) = \begin{cases} \dfrac{xy-x}{x^2+y^2-2y+1} & ,(x,y) \neq (1,0) \\ 0 & ,(x,y) = (1,0) \end{cases}$$

6. 평면의 점 (a, b)에 대하여 집합 $\{(x, y) \in \mathbb{R}^2 \mid (x-a)^2 + (y-b)^2 < r,\ r > 0\}$이 열린 집합임을 증명하라. 이는 임의의 평면의 근방은 열린 집합임을 의미한다.

7. 다음 집합의 내점의 집합과 경계를 찾아라.

(1) $\left\{(\dfrac{1}{n}, 0) \in \mathbb{R}^2 \mid n \in \mathbb{N}\right\}$

(2) $\{(x, y) \in \mathbb{R}^2 \mid x^2 + y^2 < 1,\ x < 0\}$ (3) $\{(x, y) \in \mathbb{R}^2 \mid x, y \in \mathbb{Q}\}$

(4) $\{(x, y) \in \mathbb{R}^2 \mid y = x^2\}$

8. 집합 $\{(x, y) \in \mathbb{R}^2 \mid 0 \le x \le 1,\ 0 \le x \le 1\}$이 닫힌 집합임을 증명하라.

12.4 편도함수

점 (a, b)의 근방에서 정의된 이변수 함수 $z=f(x, y)$에 대하여, 다음에 주어진 식을 각각 점 (a, b)에서 함수 f의 변수 x와 y에 관한 평균 변화율이라 한다.

$$\frac{\Delta z}{h}=\frac{f(a+h, b)-f(a, b)}{h}, \qquad \frac{\Delta z}{k}=\frac{f(a, b+k)-f(a, b)}{k}$$

변수 x에 관한 평균 변화율의 극한 $\lim_{h\to 0}\frac{\Delta z}{h}$가 존재하면, f는 점 (a, b)에서 변수 x에 관해 편미분 가능(partially differentiable)하다고 한다. 이때, 이 극한값을 $f(x, y)$의 점 (a, b)에서 변수 x에 관한 편미분 계수라고 한다. 변수 y에 대해서도 같은 방법으로 편미분 계수를 정의한다. 점 (a, b)에서 함수 f의 변수 x와 y에 대한 편미분 계수를 각각 다음과 같이 나타낸다.

$$\frac{\partial f(a, b)}{\partial x}=\lim_{h\to 0}\frac{f(a+h, b)-f(a, b)}{h}, \qquad \frac{\partial f(a ,b)}{\partial y}=\lim_{k\to 0}\frac{f(a, b+k)-f(a, b)}{k}$$

점 (a, b)에서의 x와 y의 편미분 계수를 각각 $f_x(a, b)$와 $f_y(a, b)$로 나타내기도 한다.

예제 12.4-1 함수 $f(x, y)=xy$에 대하여 $f_x(1, 2)$와 $f_y(1, 2)$를 찾아라.

풀이

$$f_x(1, 2)=\lim_{h\to 0}\frac{(1+h)\times 2-1\times 2}{h}=\lim_{h\to 0}\frac{2h}{h}=2,$$

$$f_y(1, 2)=\lim_{k\to 0}\frac{1\times(2+k)-1\times 2}{k}=\lim_{k\to 0}\frac{k}{k}=1$$

❑

예제 12.4-2 함수 $f(x, y)=|x+y|$는 점 $(0, 0)$에서 x에 관해 편미분 가능한가?

풀이 $\lim_{h\to 0}\frac{f(0+h, 0)-f(0, 0)}{h}=\lim_{h\to 0}\frac{|h|}{h}$이다. 그런데 극한 $\lim_{h\to 0}\frac{|h|}{h}$이 존재하지 않으므로, 주어진 함수는 $(0, 0)$에서 x에 관해 편미분 가능하지 않다. ❑

함수 $f(x, y)$에 대하여 변수 x와 y에 관해 편미분 가능한 점의 집합을 각각 $D(x)$와 $D(y)$라 하자. 이때, 아래와 같이 정의되는 두 함수 f_x와 f_y를 각각 함수 f의 x에 관한 **편도함수**(partial derivative)와 y에 관한 **편도함수**라고 한다.

$$f_x : D(x) \to R \ , \ f_x(x, y) = \lim_{h\to 0}\frac{f(x+h, y) - f(x, y)}{h}$$

$$f_y : D(y) \to R \ , \ f_y(x, y) = \lim_{k\to 0}\frac{f(x, y+k) - f(x, y)}{k}$$

이변수 함수 $z = f(x, y)$의 편도함수를 나타낼 때, 흔히 다음 기호를 사용한다.

$$f_x(x, y),\ f_y(x, y),\ f_x,\ f_y,\ z_x,\ z_y,$$

$$D_x f(x, y),\ D_y f(x, y),\ D_x f,\ D_y f,\ D_x z,\ D_y z,$$

$$\frac{\partial}{\partial x}f(x, y),\ \frac{\partial}{\partial y}f(x, y),\ \frac{\partial f}{\partial x},\ \frac{\partial f}{\partial y},\ \frac{\partial z}{\partial x},\ \frac{\partial z}{\partial y},\ \partial f/\partial x,\ \partial f/\partial y,\ \cdots$$

예제 12.4-3 함수 $f(x,y) = x^2 + y^2$에 대하여 f_x와 f_y를 찾아라.

풀이 편미분의 정의를 이용하여 구하면 다음과 같다.

$$f_x(x, y) = \lim_{h\to 0}\frac{\{(x+h)^2 + y^2\} - (x^2 + y^2)}{h} = \lim_{h\to 0}\frac{2xh + h^2}{h} = 2x,$$

$$f_y(x, y) = \lim_{k\to 0}\frac{\{x^2 + (y+k)^2\} - (x^2 + y^2)}{k} = \lim_{k\to 0}\frac{2yk + k^2}{k} = 2y$$

또 f_x의 정의에서 y는 변하지 않으므로, y를 상수로 놓고 주어진 함수 $f(x, y)$를 x만의 함수로 생각하여 일변수 함수의 미분법을 써서 f_x를 구할 수 있다. 이와 같은 방법으로 $f_x(x, y) = 2x$를 얻는다. 같은 방법을 쓰면 $f_y(x, y) = 2y$이다.

일반적으로 이변수 함수 $z = f(x, y)$의 변수 x에 관한 편도함수는 변수 y를 상수로 보고 $z = f(x, y)$를 x에 관한 일변수 함수로 생각하여 x에 관해 미분한다.

예제 12.4-4 함수 $z = xy + e^x \cos y$에 대하여 $\frac{\partial z}{\partial x}$와 $\frac{\partial z}{\partial y}$를 찾아라.

풀이 x에 관한 일변수 함수로 생각하여 x에 대해 미분하면, $\frac{\partial z}{\partial x} = y + e^x \cos y$이다.

마찬가지로, $\frac{\partial z}{\partial y} = x - e^x \sin y$이다. ❑

예제 12.4-5 함수 $z = x^2y^3 + x^3y^4 - e^{xy^2}$에 대하여 $\frac{\partial z}{\partial x}$와 $\frac{\partial z}{\partial y}$를 찾아라.

풀이 예제 12.4-4와 같은 방법으로 풀면, $\frac{\partial z}{\partial x} = 2xy^3 + 3x^2y^4 - y^2e^{xy^2}$이다.

한편, $\frac{\partial z}{\partial y} = 3x^2y^2 + 4x^3y^3 - 2xye^{xy^2}$이다. ❑

예제 12.4-6 함수 $f(x,y) = \sin xy$에 대하여 f_x와 f_y를 각각 찾아라.

풀이 예제 12.4-4와 같은 방법으로 풀면, $f_x = y\cos xy$이다.
한편, $f_y = x\cos xy$이다. ❑

예제 12.4-7 함수 $z = \cos(y^2)e^{-\sqrt{x^2+y^2}}$에 대하여, $\frac{\partial z}{\partial x}$와 $\frac{\partial z}{\partial y}$를 찾아라.

풀이 예제 12.4-4와 같은 방법으로 풀면, $\frac{\partial z}{\partial x} = \cos(y^2)\frac{-x}{\sqrt{x^2+y^2}}e^{-\sqrt{x^2+y^2}}$이다.

한편, $\frac{\partial z}{\partial y} = -2y\sin(y^2)e^{-\sqrt{x^2+y^2}} - \cos(y^2)\frac{y}{\sqrt{x^2+y^2}}e^{-\sqrt{x^2+y^2}}$이다. ❑

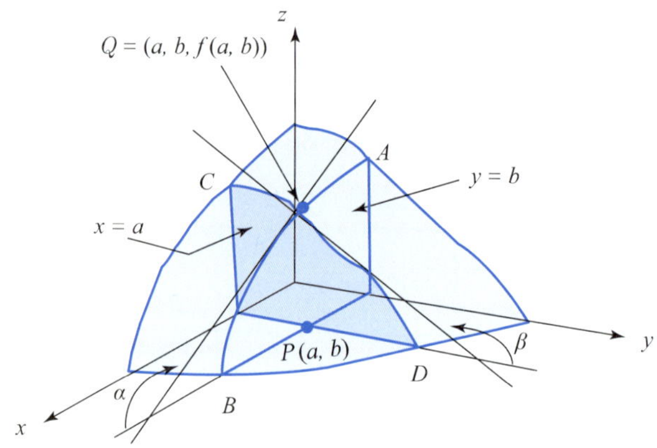

그림 12.4-1 편미분 계수의 기하학적인 의미

이제, 점 $P(a, b)$에서 함수 $f(x, y)$의 편미분 계수의 기하학적인 의미에 대하여 살펴보자. 함수 $z = f(x, y)$의 그래프가 그림 12.4-1과 같은 곡면이라 하자. 곡면에 있는 점 $Q(a, b, f(a, b))$를 지나고 xz평면과 평행인 평면 $y = b$로 곡면을 자르면, 곡선 AQB를 얻는다. 이 곡선을 따라 움직이면, z와 x는 변하지만 y는 변하지 않고 일정하다. 따라서 점 $P(a, b)$에서 함수 $z = f(x, y)$의 x에 관한 편미분 계수 z_x는 곡선 AQB의 점 Q에서의 접선의 기울기 또는 함수 $f(x, b)$의 변화율을 의미한다. 곡선 CQD에 대해서도 같은 방법으로 생각하여, 다음과 같은 편미분 계수의 기하학적 의미를 얻는다.

$$\frac{\partial}{\partial x} f(a, b) = \tan\alpha : \text{점 } Q\text{에서 곡선 AQB에 대한 접선의 기울기}$$

$$\frac{\partial}{\partial y} f(a, b) = \tan\beta : \text{점 } Q\text{에서 곡선 CQD에 대한 접선의 기울기}$$

예제 12.4-8 함수 $f(x, y) = -\dfrac{x^2}{2} - y^2 + \dfrac{25}{8}$의 그래프에 있는 점 $\left(\dfrac{1}{2}, 1, 2\right)$에서 x축과 y축에 평행인 방향으로의 접선의 기울기를 찾아라.

풀이 주어진 점에서 x축과 y축에 평행인 방향으로의 접선의 기울기는 각각 평면의 점 $\left(\dfrac{1}{2}, 1\right)$에서 함수 f의 x와 y에 관한 편미분 계수와 같다. 그런데 $f_x(x, y) = -x$이고 $f_y(x, y) = -2y$이므로, 주어진 점 $\left(\dfrac{1}{2}, 1, 2\right)$에서 x축과 y축에 평행인 방향으로

의 접선의 기울기는 각각 $-\frac{1}{2}$와 2이다. □

함수 $z=f(x, y)$의 각 편도함수 f_x와 f_y는 두 변수 x와 y의 함수이므로, 이것을 다시 편미분하여 이계 편도함수(second partial derivative)를 얻을 수 있다. 이변수 함수의 경우에 다음과 같이 네 가지 이계 도편도함수를 얻는다.

$$\frac{\partial}{\partial x}\left(\frac{\partial z}{\partial x}\right)=\frac{\partial^2 z}{\partial x^2}=z_{xx}=\frac{\partial^2 f}{\partial x^2}=f_{xx},$$

$$\frac{\partial}{\partial x}\left(\frac{\partial z}{\partial y}\right)=\frac{\partial^2 z}{\partial x \partial y}=z_{yx}=\frac{\partial^2 f}{\partial x \partial y}=f_{yx},$$

$$\frac{\partial}{\partial y}\left(\frac{\partial z}{\partial x}\right)=\frac{\partial^2 z}{\partial y \partial x}=z_{xy}=\frac{\partial^2 f}{\partial y \partial x}=f_{xy},$$

$$\frac{\partial}{\partial y}\left(\frac{\partial z}{\partial y}\right)=\frac{\partial^2 z}{\partial y^2}=z_{yy}=\frac{\partial^2 f}{\partial y^2}=f_{yy}$$

함수의 이계 편도함수에 대해 위와 같은 방법을 적용하면, 삼계 편도함수를 얻을 수 있다. 같은 방법을 반복하여 일반적인 고계 편도함수를 정의한다.

예세 12.4-9 함수 $f(x, y)=x\cos y+ye^x$의 이계 편도함수를 모두 찾아라.

풀이 먼저, 일계 편도함수를 구하면 다음과 같다.

$$f_x=\cos y+ye^x,\ f_y=-x\sin y+e^x$$

이로부터 이계 편도함수를 구하면 다음과 같다.

$$f_{xx}=ye^x,\ f_{xy}=-\sin y+e^x,\ f_{yy}=-x\cos y,\ f_{yx}=-\sin y+e^x$$

예제 12.4-10 평면 전체에서 정의된 다음 함수 $f(x, y)$에 대하여 $f_{xy}(0, 0)$과 $f_{yx}(0, 0)$을 찾아라.

$$f(x, y)=\begin{cases}\dfrac{x^2-y^2}{x^2+y^2}, & (x, y)\neq(0, 0)\\ 0, & (x, y)=(0, 0)\end{cases}$$

풀이 $(x, y) \neq (0, 0)$인 (x, y)에 대하여 다음을 얻는다.

$$f_x = \frac{(3x^2y - y^3)(x^2+y^2) - (x^3y - xy^3)(2x)}{(x^2+y^2)^2} = \frac{x^4y + 4x^2y^3 - y^5}{(x^2+y^2)^2},$$

$$f_y = \frac{x^5 - 4x^3y^2 - xy^4}{(x^2+y^2)^2},$$

$$f_{xy}(0, 0) = \frac{\partial f_x}{\partial y} = \lim_{h\to 0}\frac{f_x(0, h) - f_x(0, 0)}{h} = \lim_{h\to 0}\frac{(-h^5 - 0)/h^4}{h} = -1,$$

$$f_{yx}(0, 0) = \frac{\partial f_y}{\partial x} = \lim_{h\to 0}\frac{f_y(h, 0) - f_y(0, 0)}{h} = \lim_{h\to 0}\frac{h^5/h^4}{h} = 1$$ ❑

예제 12.4-9에서 f_{xy}와 f_{yx}는 같지만, 예제 12.4-10은 일반적으로 편미분의 순서를 바꾸었을 때 그 결과가 다를 수 있음을 보여주고 있다. 다음 정리는 이계 편도함수에서 편미분의 순서와 관계없이 그 결과가 같기 위해서는 함수가 연속이어야 함을 보여주고 있다.

정리 12.4-1

함수 $f(x, y)$와 그 편도함수 f_x, f_y, f_{xy}가 점 (a, b)의 근방 N에서 연속이면, $f_{yx}(a, b)$가 존재하고 $f_{xy}(a, b) = f_{yx}(a, b)$이다.

증명 0이 아닌 충분히 작은 h와 k을 대해 점 $(a+h, b)$, $(a, b+k)$, $(a+h, b+k)$가 N에 속할 때 다음과 같은 Δ와 일변수 함수 F를 정의하자.

$$\Delta = \{f(a+h, b+k) - f(a+h, b)\} - \{f(a, b+k) - f(a, b)\} \tag{12.4-1}$$

$$F(x) = f(x, b+k) - f(x, b) \tag{12.4-2}$$

그러면 식 (12.4-1)와 식 (12.4-2)에서 $\Delta = F(a+h) - F(a)$이고, 일변수 실함수의 평균값 정리에 의하여 다음을 만족시키는 θ_1이 존재한다.

$$\Delta = hF'(a+\theta_1 h) \quad (0 < \theta_1 < 1) \tag{12.4-3}$$

그런데 식 (12.3-1)에서 $F'(x) = f_x(x, b+k) - f_x(x, b)$이므로 다음을 얻는다.

$$\Delta = h\{f_x(a+\theta_1 h, b+k) - f_x(a+\theta_1 h, b)\} \tag{12.4-4}$$

여기서 $f_x(a+\theta_1 h,\ y)$에 다시 평균값 정리를 적용하면 다음을 얻는다.

$$\Delta = hkf_{xy}(a+\theta_1 h,\ b+\theta_1 k) \qquad (0<\theta_2<1) \tag{12.4-5}$$

식 (12.4-5)의 양변을 k로 나누면 f_{xy}가 점 $(a,\ b)$에서 연속이고 f_y가 존재하므로 $k\to 0$일 때 다음이 성립한다.

$$f_y(a+h,\ b)-f_y(a,\ b) = hf_{xy}(a+\theta_1 h,\ b) \tag{12.4-6}$$

이제, 식 (12.4-6)의 양변을 h로 나누면 이계 편도함수 f_{xy}가 $(a,\ b)$에서 연속이므로 $h\to 0$일 때 $f_{xy}(a,\ b)=f_{yx}(a,\ b)$을 얻는다. ❑

정리 12.4-1은 연속인 고계 편도함수가 존재하는 다변수 함수 $z=f(x,\ y)$의 편미분 순서를 임의로 바꿀 수 있음을 말한다. 예를 들면, 다음과 같다.

$$\begin{aligned}\frac{\partial^3 z}{\partial x^2 \partial y} &= \frac{\partial}{\partial x}\left(\frac{\partial^2 z}{\partial x \partial y}\right) = \frac{\partial}{\partial x}\left(\frac{\partial^2 z}{\partial y \partial x}\right) = \frac{\partial^3 z}{\partial x \partial y \partial x} \\ &= \frac{\partial^2}{\partial x \partial y}\left(\frac{\partial z}{\partial x}\right) = \frac{\partial^2}{\partial y \partial x}\left(\frac{\partial z}{\partial x}\right) = \frac{\partial^3 z}{\partial y \partial x^2}\end{aligned}$$

따라서 이변수 함수 $f(x,y)$의 연속인 이계 편도함수가 존재하면 이계 편도함수는 다음의 세 가지이다.

$$\frac{\partial^2 f}{\partial x^2},\ \frac{\partial^2 f}{\partial x \partial y},\ \frac{\partial^2 f}{\partial y^2}$$

그리고 연속인 삼계 편도함수가 존재하면 삼계 편도함수는 다음의 네 가지이다.

$$\frac{\partial^3 f}{\partial x^3},\ \frac{\partial^3 f}{\partial x^2 \partial y},\ \frac{\partial^3 f}{\partial x \partial y^2},\ \frac{\partial^3 f}{\partial y^3}$$

예제 12.4-11 함수 $z=x^2+x^5y^7$의 삼계 편도함수 z_{xyx}를 찾아라.

풀이 주어진 함수는 x와 y에 관한 다항식이므로, 모든 계의 편도함수가 연속이다. 그리고 첫째 항이 y를 포함하지 않으므로, y, x, x의 순서로 편미분하는 것이 편리하다. 따라서 찾는 편도함수는 다음과 같다.

$z_y = 7x^5y^6, z_{yx} = 35x^4y^6, \quad z_{yxx} = 140x^3y^6 = z_{xyx} = z_{xxy}$ □

연습 문제 12.4

1. 다음 함수의 일계 편도함수를 찾아라.

(1) $u = \dfrac{x-y}{x+y}$　　(2) $z = x\sin(y-x) - x\cos(y-x)$

(3) $f(x,\ y) = 3x - 2y^4$　　(4) $z = xe^{3y}$

(5) $z = (2x+3y)^{10}$　　(6) $f(r,\ s) = r\ln(r^2+s^2)$

(7) $u = te^{\frac{w}{t}}$

2. $u = \dfrac{e^{x+y}}{e^x + e^y}$ 일 때, $\dfrac{\partial u}{\partial x} + \dfrac{\partial u}{\partial y} = u$ 임을 보여라.

3. $f(x,\ y) = x^2 - y^2$ 일 때, $|f(x,\ y) - f(0,\ 0)| < 0.01$ 이 되려면, 점 $(x,\ y)$ 는 원점에서 얼마나 가까워야 하는가?

4. 다음 식에서 $\dfrac{\partial^2 z}{\partial x \partial y} = \dfrac{\partial^2 z}{\partial y \partial x}$ 임을 보여라.

(1) $z = (x^2+y^2)^{\frac{3}{2}}$　　(2) $z = \sin^{-1}\dfrac{y}{x}$

5. 곡면 $xyz = 8$ 에 있는 점 $(2,2,2)$ 에서 xz 평면에 평행으로 그은 접선의 기울기를 찾아라.

6. $f(x,\ y) = |x| + y$ 가 $(0,\ 0)$ 에서 x 와 y 에 대해 편미분 가능한지를 각각 조사하라.

12.5 미분 가능한 함수와 전미분

12.4절에서 다변수 함수의 편미분을 정의하였다. 이 절에서는 다변수 함수의 미분에 대하여 알아본다.

점 x_0 근방에서 정의된 일변수 함수 $y=f(x)$가 x_0에서 미분 가능하다는 것은, 정의에 의하면 다음이 성립하는 것이다.

$$\lim_{x\to x_0}\left\{\frac{f(x)-f(x_0)}{x-x_0}-f'(x_0)\right\}=\lim_{x\to x_0}\frac{f(x)-f(x_0)-f'(x_0)(x-x_0)}{x-x_0}=0$$

따라서 다음을 만족시키는 함수 $\epsilon(x)$와 실수 A가 존재한다는 것은 함수 $f(x)$가 x_0에서 미분 가능하다는 것과 동치이다. (이때, 미분 계수의 정의에 의하여 $A=f'(x_0)$이다.)

$$f(x)=f(x_0)+A(x-x_0)+\epsilon(x)(x-x_0), \qquad \lim_{x\to x_0}\epsilon(x)=0$$

그러므로 함수 $y=f(x)$가 x_0에서 미분 가능하다는 것은 점 $(x_0,\ f(x_0))$를 지나는 접선의 방정식 $y=L(x)=f(x_0)+f'(x_0)(x-x_0)$를 정의할 수 있고, x_0 근방에서 함수의 근삿값을 직선 $y=L(x)$를 이용하여 구할 수 있다는 것이다. (그림 12.5-1 참조).

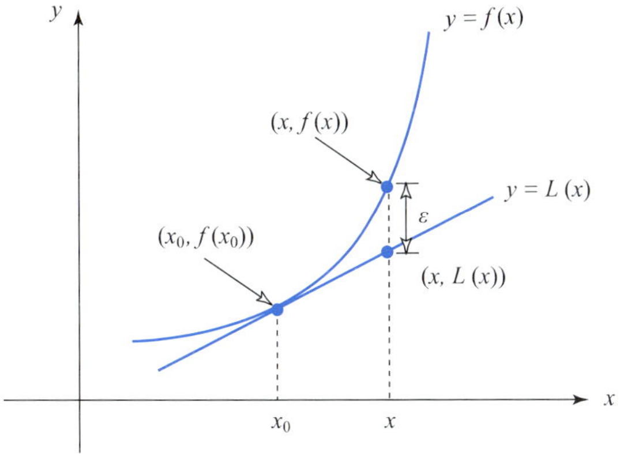

그림 12.5-1 접선

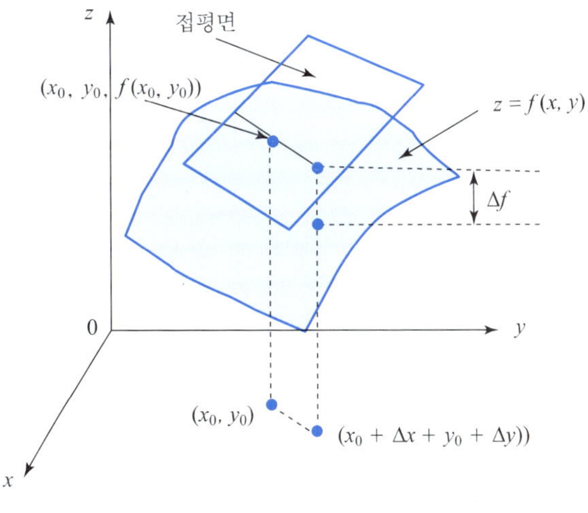

그림 12.5-2 접평면

이와 같은 일변수 함수의 미분 가능성의 성질은 다변수 함수로 일반화시켜 미분 가능한 함수를 정의할 수 있다. 즉, 점 $X_0=(x_0,\ y_0)$의 근방 Ω에서 정의된 이변수 함수 $z=f(x,\ y)$가 X_0에서 미분 가능하다는 것은 점 $(x_0,\ y_0,\ f(x_0,\ y_0))$를 지나는 접평면의 방정식을 정의할 수 있고, 점 X_0 근방에서 함수의 근삿값을 그 평면의 방정식을 이용하여 구할 수 있다는 것이다. 즉, 점 $(X_0,\ f(X_0))$에서 함수의 그래프에 접하는 평면(접평면)이 존재하는 것이다(그림 12.5-2 참조). 이런 의미를 반영하여 이변수 함수의 미분 가능성을 엄밀하게 정의하면 다음과 같다.

> $X=(x,\ y)$, $X_0=(x_0,\ y_0)$, $\Delta X=(x-x_0,\ y-y_0)$라 할 때, 점 $X_0=(x_0,\ y_0)$의 근방에서 정의된 이변수 함수 $f(x,\ y)$에 대해 다음 식을 만족시키는 상수 A와 B 및 함수 $\epsilon(X)$가 존재하면, 함수 $f(x,\ y)$는 점 X_0에서 미분 가능(differentiable)하다고 한다.
>
> $$f(X)-f(X_0)=A(x-x_0)+B(y-y_0)+\epsilon(X)|\Delta X|$$
> $$\lim_{X\to X_0}\epsilon(X)=0 \qquad (12.5\text{-}1)$$

일반적으로 $\mathbb{R}^n$ 공간의 열린 집합 Ω에서 정의된 함수$f(X)$에 대해 점 $X_0\in\Omega$에서 다음 식을 만족시키는 벡터 $\mathbf{a}\in R^n$와 함수 $\epsilon(X)$가 존재하면, f는 점 X_0에서 미분 가능하다고 한다.

$$f(X)-f(X_0)=\mathbf{a}\cdot(X-X_0)+\epsilon(X)|X-X_0|,\quad \lim_{X\to X_0}\epsilon(X)=0 \qquad (12.5\text{-}2)$$

f가 집합 Ω의 모든 점에서 미분 가능하면, f는 Ω에서 미분 가능하다고 한다.

미분 가능한 다변수 함수에 대하여 다음과 같은 성질이 성립한다.

정리 12.5-1

$\mathbb{R}^n$공간의 열린 집합 Ω에서 정의된 다변수 함수 $z=f(x_1,\ x_2,\ \cdots,\ x_n)$가 점 $X_0\in\Omega$에서 미분 가능하면 다음이 성립한다.

(1) f는 X_0에서 연속이다.

(2) $i=1,\ \cdots,\ n$에 대하여 $\dfrac{\partial f}{\partial x_i}(X_0)$가 존재하고, 식 (12.5-2)의 a는 다음과 같다.

$$a=\left(\frac{\partial f}{\partial x_1}(X_0),\ \cdots,\ \frac{\partial f}{\partial x_n}(X_0)\right)$$

증명 (1) $\lim_{X \to X_0} \mathbf{a} \cdot (X - X_0) = 0$이고 $\lim_{X \to X_0} \epsilon(X) = 0$이다. 따라서 식 (12.5-2)로부터 $\lim_{X \to X_0} f(X) = f(X_0)$이므로 f는 X_0에서 연속이다.

(2) 먼저 $\mathbf{a} = (a_1, \cdots, a_n)$, $X_0 = (\xi_1, \cdots, \xi_n)$이라 하자. 또한 아주 작은 $h \neq 0$에 대하여, $X = (\xi_1, \cdots, \xi_i + h, \cdots, \xi_n)$ $(i = 1, \cdots, n)$이라 하자. f가 X_0에서 미분 가능하므로 식 (12.5-2)로부터 $f(X) - f(X_0) = a_i h + \epsilon(X)|h|$이다. 따라서 다음을 얻는다.

$$\lim_{h \to 0} \frac{f(X) - f(X_0)}{h} = a_i + \lim_{h \to 0} \left\{ \epsilon(X) \frac{|h|}{h} \right\} \ (i = 1, \cdots, n)$$

여기서 $\frac{|h|}{h}$는 유계이고 $\lim_{h \to 0} \epsilon(X) = 0$이므로 $\lim_{h \to 0} \epsilon(X) \frac{|h|}{h} = 0$이다.

따라서 $a_i = \frac{\delta f}{\delta x_i}(X_0)$ $(i = 1, \cdots, n)$이다. □

다음 예제는 함수의 편미분 가능성과 미분 가능성 및 연속성 사이의 관계를 알려준다.

예제 12.5-1 원점에서 다음 함수 $f(x, y)$의 편미분 계수 $f_x(0, 0)$과 $f_y(0, 0)$이 존재하지만, f는 원점에서 미분 가능하지 않음을 보여라.

$$f(x) = \begin{cases} \dfrac{-3xy}{x^2 + y^2}, & (x, y) \neq (0,0) \\ 0, & (x, y) = (0, 0) \end{cases}$$

풀이 편미분의 정의에 의하여 $f_x(0, 0)$를 찾으면 다음과 같다.

$$f_x(0, 0) = \lim_{h \to 0} \frac{f(0 + h, 0) - f(0, 0)}{h} = \lim_{h \to 0} \frac{0 - 0}{h} = 0$$

같은 방법으로 $f_y(0, 0) = 0$을 얻는다. 한편, 직선 $y = x$를 따라 $(0, 0)$에 접근할 때, 다음을 얻는다.

$$\lim_{\substack{(x, y) \to (0, 0) \\ y = x}} f(x, y) = \lim_{\substack{(x, y) \to (0, 0) \\ y = x}} \frac{-3x^2}{x^2 + x^2} = -\frac{3}{2}$$

한편, 직선 $y = -x$를 따라 $(0, 0)$에 접근하면, 다음을 얻는다.

$$\lim_{\substack{(x,\, y)\to(0,\, 0)\\ y=-x}} f(x,\, y) = \frac{3}{2}$$

이때, 두 값은 일치하지 않으므로, f는 원점에서 연속이 아니다. 따라서 예제 12.5-1에 의해 주어진 함수는 원점에서 미분 가능하지 않다. ❑

일변수 함수의 경우와 마찬가지로, 다변수 함수의 연속성이 미분 가능성을 의미하지 않는다. 예를 들면, 함수 $f(x,\, y) = |x|$는 $f_x(0,\, 0)$이 존재하지 않으므로, f는 원점에서 연속이지만 정리 12.5-1에 의해 미분 가능하지 않다.

정리 12.5-1로부터 함수 f가 집합 Ω에서 미분 가능할 때, Ω의 각 점 X에 다음과 같이 하나의 벡터를 대응시킬 수 있다.

$$X \mapsto \left(\frac{\partial f}{\partial x_1}(X),\, \cdots,\, \frac{\partial f}{\partial x_n}(X)\right)$$

이때, X에 대응하는 벡터를 $\nabla f(X)$로 나타낸다. 한편, 이 대응 관계는 함수이므로 ∇f로 나타내고, 이를 함수 f의 도함수(derivative)라 한다.

다음 정리의 증명은 연습 문제로 남긴다.

정리 12.5-2

함수 $z = f(x_1,\, \cdots,\, x_n)$이 점 X_0에서 미분가능하기 위한 필요 충분 조건은 f의 일계 편도함수가 모두 존재하고, 다음 식을 만족시키는 함수 $\epsilon(X)$가 존재하는 것이다.

$$f(X) - f(X_0) = \nabla f(X_0) \cdot (X - X_0) + \epsilon(X)\,|X - X_0|, \quad \lim_{X\to X_0} \epsilon(X) = 0$$

다음 정리는 함수 f가 미분 가능하기 위한 충분 조건을 알려준다.

정리 12.5-3

열린 집합 Ω에서 함수 $f(x,\ y)$의 일계 편도함수가 모두 존재하고 연속이면, $f(x,\ y)$는 Ω에서 미분 가능하다. 특히, 점 $X_0=(x_0,\ y_0)$이 Ω의 원소이고 충분히 작은 Δx와 Δy에 대하여 $X=(x_0+\Delta x, y_0+\Delta y)$가 Ω의 점이면, 다음을 만족시키는 함수 $\epsilon_1(X)$와 $\epsilon_2(X)$가 존재한다.

$$f(X)-f(X_0)=\frac{\partial f}{\partial x}(X_0)dx+\frac{\partial f}{\partial y}(X_0)dy+\epsilon_1(X)dx+\epsilon_2(X)dy \tag{12.5 3}$$

단, $\Delta x\to 0$이고 $\Delta y\to 0$일 때, $\epsilon_1(X)\to 0$이고 $\epsilon_2(X)\to 0$이다.

증명 먼저 X_0를 Ω의 점이라 하고 $\Delta X=(\Delta x, \Delta y)$라 하자. 그러면 X_0와 X에 대하여 다음이 성립한다.

$$\begin{aligned}\Delta z&=f(x_0+\Delta x,\ y_0+\Delta y)-f(x_0,\ y_0)\\&=f(x_0+\Delta x,\ y_0+\Delta y)-f(x_0,\ y_0+\Delta y)+f(x_0,\ y_0+\Delta y)-f(x_0,\ y_0)\end{aligned} \tag{12.5-4}$$

함수 f에 관한 조건으로부터 일변수 함수 $g(x)=f(x,\ y_0+\Delta y)$와 $h(x)=f(x_0,\ y)$는 각각 x_0와 $x_0+\Delta x$를 양 끝점으로 하는 닫힌 구간 I와 y_0와 $y_0+\Delta y$를 양 끝점으로 하는 닫힌 구간 J에서 연속이고 미분 가능하다. 따라서 일변수 함수의 평균값 정리로부터 다음을 만족시키는 ξ와 η가 I와 J 안에 각각 존재한다.

$$g'(\xi)=f_x(\xi,\ y_0+\Delta y)=\{f(x_0+\Delta x,\ y_0+\Delta y)-f(x_0,\ y_0+\Delta y)\}\Delta x,$$

$$h'(\eta)=f_y(x_0,\ \eta)=\{f_x(x_0,\ y_0+\Delta y)-f_x(x_0,\ y_0)\}\Delta y$$

이 두 식을 이용하면 식 (12.5-4)을 다음과 같이 쓸 수 있다.

$$\begin{aligned}\Delta z&=f(x_0+\Delta x,\ y_0+\Delta y)-f(x_0,\ y_0)\\&=f_x(\xi,\ y_0+\Delta y)\Delta x+f_y(x_0,\ \eta)\Delta y\end{aligned} \tag{12.5-5}$$

이제 ϵ_1과 ϵ_2를 다음과 같이 정의하자.

$$\epsilon_1=f_x(\xi,\ y_0+\Delta y)-f_x(x_0,\ y_0),\ \epsilon_2=f_y(x_0,\ \eta)-f_y(x_0,\ y_0) \tag{12.5-6}$$

한편, 편도함수 f_x와 f_y가 (x_0, y_0)에서 연속이고 $\Delta x \to 0$이고 $\Delta y \to 0$일 때, $\xi \to x_0$이고 $\eta \to y_0$이다. 따라서 $\Delta x \to 0$이고 $\Delta y \to 0$일 때, $\epsilon_1 \to 0$이고 $\epsilon_2 \to 0$이다. 이제, 식 (12.5-5)와 (12.5-6)을 결합하면 식 (12.5-3)을 얻는다.

특히, $\epsilon(X) = \epsilon_1(X)\dfrac{\Delta x}{|\Delta X|} + \epsilon_2(X)\dfrac{\Delta y}{|\Delta X|}$로 정의하면 $\lim\limits_{X \to X_0} \epsilon(X) = 0$이고, 식 (12.5-3)은 다음과 같이 쓸 수 있으므로 함수 f는 X_0에서 미분 가능하다.

$$f(X) - f(X_0) = \frac{\partial f}{\partial x}(X_0)(x - x_0) + \frac{\partial f}{\partial y}(X_0)(y - y_0) + \epsilon(X)\,|\partial X|$$

여기서 X_0는 Ω의 임의의 원소이므로 f는 Ω에서 미분 가능하다. □

점 $X_0 = (x_0, y_0)$의 근방에서 미분 가능한 이변수 함수 $z = f(x, y)$에 대하여 $z_0 = f(X_0)$라 하자. 이때, 다음 평면의 방정식을 (x_0, y_0, z_0)에서의 함수 f의 **접평면의 방정식**(equation of tangent plane)이라 한다.

$$z - z_0 = \frac{\partial f}{\partial x}(X_0)(x - x_0) + \frac{\partial f}{\partial y}(X_0)(y - y_0) \qquad (12.5\text{-}7)$$

정리 12.5-2로부터 점 X가 X_0의 근방에 아주 가까이 있으면, 접평면의 방정식을 이용하여 X에서의 함숫값 $f(X)$의 근삿값을 찾을 수 있다.

예제 12.5-2 점 (1, 1, 2)에서 함수 $f(x, y) = \sqrt{6 - x^2 - y^2}$의 접평면의 방정식을 찾고, 그것을 이용하여 점 (1.01, 0.97)에서 함숫값의 근삿값을 찾아라.

풀이 함수 f의 편도함수는 $\dfrac{\partial f}{\partial x}(x, y) = \dfrac{-x}{\sqrt{6 - x^2 - y^2}}$, $\dfrac{\partial f}{\partial y}(x, y) = \dfrac{-y}{\sqrt{6 - x^2 - y^2}}$이다. 따라서 식 (12.5-7)에 의해 점 $(1, 1, 2)$에서 구하는 접평면의 방정식은 다음과 같다.

$$z - 2 = -\frac{1}{2}(x - 1) - \frac{1}{2}(y - 1)$$

이를 이용하여 점 $(1.01, 0.97)$에서 함숫값의 근삿값은 찾으면 다음과 같다.

$$f(1.01, 0.97) \approx 2 - \frac{1}{2}(0.01) - \frac{1}{2}(-0.03) = 2.01$$ □

점 X의 근방에서 미분 가능한 이변수 함수 $z=f(x, y)$에 대하여 Δx와 Δy가 충분히 작으면, 함숫값의 증분 $\Delta z=f(X+\Delta X)-f(X)$의 근삿값을 $\frac{\partial z}{\partial x}\Delta x+\frac{\partial z}{\partial y}\Delta y$로 생각할 수 있다. 이와 관련하여 다음과 같이 표현되는 식을 함수 $z=f(x, y)$의 전미분 (total differential)이라 하고, 기호로 dz 또는 df로 나타낸다.

$$dz=\frac{\partial z}{\partial x}dx+\frac{\partial z}{\partial y}dy=\frac{\partial f}{\partial x}dx+\frac{\partial f}{\partial y}dy \tag{12.15}$$

미분 가능한 함수 $z=f(x, y)$의 전미분 df를 이용하면, 주어진 점 (x, y)가 변수 x와 y가 각각 dx와 dy만큼 변할 때, 함숫값 z의 증분 또는 변화 $\Delta z=f(x+dx,\ y+dy)-f(x, y)$의 근삿값을 찾을 수 있다.

예제 12.5-3 점 $(1, 1)$이 $(1.01, 0.97)$로 움직일 때, 함수 $z=\sqrt{4-x^2-y^2}$의 증분의 근삿값을 전미분 dz를 사용하여 찾아라.

풀이 먼저 $dx\approx\Delta x=0.01$이고 $dy\approx\Delta y=-0.03$이므로 다음이 성립한다.

$$\Delta z=\frac{-x}{\sqrt{4-x^2-y^2}}\Delta x+\frac{-y}{\sqrt{4-x^2-y^2}}\Delta y\approx\frac{\partial z}{\partial x}dx+\frac{\partial z}{\partial y}dy=dz$$

따라서 $x=1$이고 $y=1$일 때, 다음을 얻는다.

$$dz=-\frac{1}{\sqrt{2}}(0.01)-\frac{1}{\sqrt{2}}(-0.03)=\frac{0.02}{\sqrt{2}}=0.014142\approx\Delta z$$

한편, 함숫값의 증분 Δz의 정확한 값은 $f(1.01,0.97)-f(1,1)=0.01372$이다. ❑

예제 12.5-4 원기둥의 지름과 높이를 재어서, 각각 5 cm와 8 cm를 얻었다. 이 수치에는 각각 ± 0.1cm의 오차가 있다고 한다. 이 수치를 이용하여 원기둥의 부피를 계산할 때, 최대 얼마의 상대 오차가 있겠는가?

풀이 지름이 x이고 높이가 y인 원기둥의 부피는 $V=\frac{\pi}{4}x^2y$이다. 따라서 함수 $V(x, y)$의 전미분은 $dV = \frac{\pi}{2}xy\,dx + \frac{\pi}{4}x^2dy$이다. 이의 양변을 V로 나누어 다음을 얻는다.

$$\frac{dV}{V} = \frac{2dx}{x} + \frac{dy}{y}$$

여기서 dx와 dy가 모두 양수일 때, 상대오차 $\frac{dV}{V}$가 최대가 됨을 알 수 있다. 따라서 $x=5,\ y=8,\ dx=0.1,\ dy=0.1$을 대입하면 최대 상대 오차는 다음과 같다.

$$\frac{dV}{V} = \frac{2(0.1)}{5} + \frac{0.1}{8} = 0.0525$$ ❑

연습 문제 12.5

1. 주어진 변수의 값과 변수의 증분에 대해 다음 함수 f의 전미분과 증분의 근삿값을 찾아라.

(1) $f(x,y) = x^2 - 2xy + 3y^2;\ x=2,\ y=1,\ \Delta x = 0.3,\ \Delta y = 0.1$

(2) $f(x,y) = x\ln y + y\ln x;\ x=y=1,\ \Delta x = 0.01,\ \Delta y = 0.02$

2. 주어진 점에서 다음 곡면의 접평면의 방정식을 찾아라.

(1) $z = 4x^2 - y^2 + 2y,\ (-1, 2, 4)$

(2) $z = y\ln x,\ (1,4,0)$

(3) $z = \sqrt{xy},\ (1,1,1)$

3. 다음 함수의 전미분을 찾아라.

(1) $z = 3x^3 + 4x^2y - 2y^3$

(2) $z = (x^2 - y^2)^3$

(3) $z = x^3\ln(y^2)$

(4) $m = p^5q^3$

4. 점 $(5, 2, 11)$에서 함수 $z = \sqrt{x^3 - y^2}$의 접평면의 방정식을 찾고, 이를 이용해서 $\sqrt{(5.03)^3 - (1.99)^2}$의 근삿값을 찾아라.

5. 각 모서리가 $50\,\text{cm}$, $20\,\text{cm}$, $15\,\text{cm}$인 직육면체의 모서리의 길이를 측정할 때, 각 모서리마다 $\pm 0.1\,\text{mm}$의 오차가 있다고 한다. 측정한 길이를 써서 구한 부피의 상대 오차를 찾아라.

6. 두 개의 전기 저항 r_1과 r_2를 직렬과 병렬로 연결했을 때, 각 회로의 저항 R은 각각 $R = r_1 + r_2$와 $\frac{1}{R} = \frac{1}{r_1} + \frac{1}{r_2}$으로 주어진다. 이때 r_1과 r_2의 상대 오차가 모두 $\epsilon\%$라 하면, 두 경우 모두 R의 최대 상대 오차의 근삿값은 $\epsilon\%$임을 보여라.

7. $f(0,\,0) = 0$이고 $(x,\,y) \neq (0,\,0)$일 때 $f(x,\,y) = \dfrac{xy^2\sqrt{x^2+y^2}}{x^2+y^4}$으로 정의된 함수 f에 대해 원점에서 f_x와 f_y가 존재하고 연속이지만, f는 미분 가능하지 않음을 보여라.

8. 정리 12.5-2를 증명하라.

9. R^n의 열린 집합 Ω에서 정의된 두 함수 f와 g가 점 $X \in \Omega$에서 미분 가능하고 a가 실수이면, $f+g$, fg, af도 점 X에서 미분 가능함을 증명하라.

12.6 연쇄 법칙

이 절에서는 매개 변수가 한 개인 경우의 연쇄 법칙과 두 개인 경우의 연쇄 법칙 및 음함수와 관련된 연쇄 법칙에 대하여 알아본다.

먼저, 두 변수 x와 y가 각각 다음과 같이 주어진 매개 변수 t에 관해 미분 가능한 실함수라고 가정하자.

$$x=\phi(t), \quad y=\psi(t) \tag{12.6-1}$$

이때, 다음 이변수 함수 x와 y를 식 (12.6-1)을 이용하여 다시 쓰면 매개 변수 t의 함수가 된다.

$$z=f(x, y) \tag{12.6-2}$$

그러므로 x와 y에 관한 연속인 일계 편도함수가 존재하면, 함수 z는 t에 관한 도함수 $\dfrac{dz}{dt}$에 대해 생각할 수 있다. 이에 대해 알아보기로 한다.

두 식 (12.6-1)과 (12.6-2)에 의하여 정의되는 각 변수 사이의 관계에서, t의 증분 Δt로 인한 다른 변수의 증분을 각각 Δx, Δy, Δz라고 하자. 이때, 함수 $z=f(x, y)$의 연속인 일계 편도함수가 존재하면, 식 (12.5-3)으로부터 다음을 얻는다.

$$\Delta z=\frac{\partial z}{\partial x}\Delta x+\frac{\partial z}{\partial y}\Delta y+\epsilon_1\Delta x+\epsilon_2\Delta y \tag{12.6-3}$$

단, $\Delta x\to 0$이고 $\Delta y\to 0$일 때, $\epsilon_1\to 0$이고 $\epsilon_2\to 0$이다. 이제 식 (12.6-3)의 양변을 Δt로 나누어 다음 식을 얻는다.

$$\frac{\Delta z}{\Delta t}=\frac{\partial z}{\partial x}\frac{\Delta x}{\Delta t}+\frac{\partial z}{\partial y}\frac{\Delta y}{\Delta t}+\epsilon_1\frac{\Delta x}{\Delta t}+\epsilon_2\frac{\Delta y}{\Delta t} \tag{12.6-4}$$

식 (12.6-4)에서 $\Delta t\to 0$일 때 $\Delta x\to 0$이고 $\Delta y\to 0$이므로 $\epsilon_1\to 0$이고 $\epsilon_2\to 0$이다. 또한 $\phi(t)$와 $\psi(t)$가 미분 가능하고 $f(x, y)$의 연속인 일계 편도함수가 존재하므로, $\Delta t\to 0$일 때 식 (12.6-4)로부터 다음이 성립한다.

$$\frac{dz}{dt}=\frac{\partial z}{\partial x}\frac{dx}{dt}+\frac{\partial z}{\partial y}\frac{dy}{dt}$$

이를 연쇄 법칙이라 한다. 이를 변수 x와 y가 두 개의 매개 변수 (s, t)의 함수로 정의되어 있는 경우로 확장하여 정리하면 다음과 같다.

정리 12.6-1 연쇄 법칙

이변수 함수 $z = f(x,y)$의 두 변수 $x = \psi(s,t)$와 $y = \phi(s,t)$가 점 (s_0,t_0)에서 연속인 일계 편도함수를 가지고, 또 함수 $f(x,y)$가 점 $(\psi(s_0,t_0),\phi(s_0,t_0))$에서 연속인 일계 편도함수를 갖는다고 가정하자. 그러면 함수 $z = f(\psi(s,t),\phi(s,t))$는 점 (s_0,t_0)에서 s와 t에 관한 일계 편도함수를 갖는다. 이때, 다음이 성립한다.

$$\frac{\partial z}{\partial s} = \frac{\partial z}{\partial x}\frac{\partial x}{\partial s} + \frac{\partial z}{\partial y}\frac{\partial y}{\partial s}, \quad \frac{\partial z}{\partial t} = \frac{\partial z}{\partial x}\frac{\partial x}{\partial t} + \frac{\partial z}{\partial y}\frac{\partial y}{\partial t} \qquad (12.6\text{-}5)$$

일반적으로 연속인 일계 편도함수가 존재하는 n변수 함수 u에 같은 방법을 적용하면 비슷한 결과를 얻는다. 즉, u가 n개의 변수 x_1, x_2, $\cdots$, x_n의 함수이고, 또 이런 변수 각각이 모두 변수 t에 관해 미분 가능한 함수이면, 다음이 성립한다.

$$\frac{du}{dt} = \frac{\partial u}{\partial x_1}\frac{dx_1}{dt} + \frac{\partial u}{\partial x_2}\frac{dx_2}{dt} + \cdots + \frac{\partial u}{\partial x_n}\frac{dx_n}{dl}$$

이때, $\frac{du}{dt}$를 함수 u의 t에 관한 전도함수(total derivative)라고 한다.

예제 12.6-1 $z = x^2y - y^2$, $x = \sin t$, $y = e^t$일 때, $\frac{dz}{dt}$를 찾아라.

풀이 $\frac{\partial z}{\partial x} = 2xy$, $\frac{\partial z}{\partial y} = x^2 - 2y$, $\frac{dx}{dt} = \cos t$, $\frac{dy}{dt} = e^t$이므로 다음을 얻는다.

$$\frac{dz}{dt} = 2xy\cos t + (x^2 - 2y)e^t = \sin(2t)e^t + (\sin^2 t - 2e^t)e^t$$ ❑

예제 12.6-2 평면에서 타원 위를 움직이는 두 물체의 좌표 (x_1, y_1)과 (x_2, y_2)가 각각 다음과 같이 매개 방정식으로 주어진다고 하자.

$$\begin{cases} x_1 = 4\cos t, & y_1 = 2\sin t \\ x_2 = 2\sin 2t, & y_2 = 3\cos 2t \end{cases}$$

시각 $t=\pi$일 때, 두 물체 사이의 거리의 순간 변화율을 찾아라(그림 12.6-1 참조).

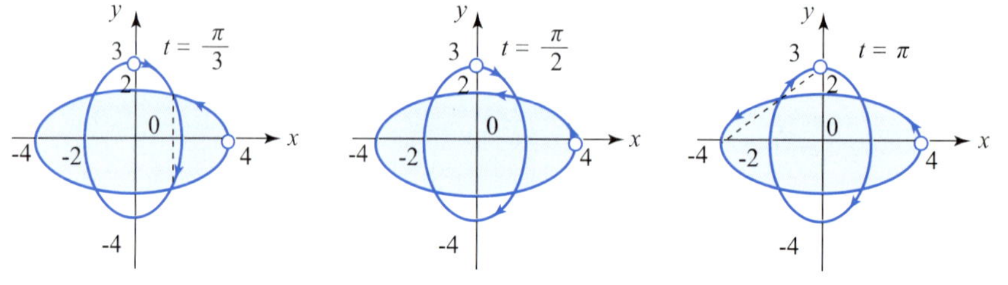

그림 12.6-1

풀이 두 물체 사이의 거리를 $s(t)$라 하면, $s(t) = \sqrt{(x_2-x_1)^2+(y_2-y_1)^2}$이고 $s(\pi) = \sqrt{(0+4)^2+(3-0)^2} = 5$이다. 따라서 연쇄 법칙을 이용하면 두 물체 사이의 거리의 순간 변화율은 다음 식으로 주어진다.

$$\frac{ds}{dt} = \frac{\partial s}{\partial x_1}\frac{dx_1}{dt} + \frac{\partial s}{\partial y_1}\frac{dy_1}{dt} + \frac{\partial s}{\partial x_2}\frac{dx_2}{dt} + \frac{\partial s}{\partial y_2}\frac{dy_2}{dt} \tag{12.6-6}$$

먼저 $t=\pi$일 때 s의 변수 x_1, y_1, x_2, y_2에 관한 편미분 계수는 각각 다음과 같다.

$$\frac{\partial s}{\partial x_1} = \frac{-(x_2-x_1)}{\sqrt{(x_2-x_1)^2+(y_2-y_1)^2}} = -\frac{1}{5}(0+4) = -\frac{4}{5},$$

$$\frac{\partial s}{\partial y_1} = \frac{-(y_2-y_1)}{\sqrt{(x_2-x_1)^2+(y_2-y_1)^2}} = -\frac{1}{5}(3-0) = -\frac{3}{5},$$

$$\frac{\partial s}{\partial x_2} = \frac{(x_2-x_1)}{\sqrt{(x_2-x_1)^2+(y_2-y_1)^2}} = \frac{1}{5}(0+4) = \frac{4}{5},$$

$$\frac{\partial s}{\partial y_2} = \frac{(y_2-y_1)}{\sqrt{(x_2-x_1)^2+(y_2-y_1)^2}} = \frac{1}{5}(3-0) = \frac{3}{5}$$

또, $t=\pi$일 때 다음을 얻는다.

$$\frac{dx_1}{dt}=-4\sin t=0, \quad \frac{dx_2}{dt}=4\cos 2t=4,$$

$$\frac{dy_1}{dt}=2\cos t=-2, \quad \frac{dy_2}{dt}=-6\sin 2t=0$$

이를 식 (12.6-6)에 대입하여 다음과 같이 계산하면, 찾는 답은 $\frac{22}{5}$이다.

$$\frac{ds}{dt}=\left(-\frac{4}{5}\right)0+\left(-\frac{3}{5}\right)(-2)+\left(\frac{4}{5}\right)4+\left(\frac{3}{5}\right)0=\frac{22}{5}$$ ❑

삼변수 이상의 다변수 함수 f의 연쇄 법칙에 관한 공식도 식 (12.6-5)과 같은 모양을 가진다. 이를테면, 삼변수 함수와 매개 함수 $u=f(x, y, z)$, $x=\phi_1(s, t)$, $y=\phi_2(s, t)$, $z=\phi_3(s, t)$에 대하여, 식 (12.6-5)에 대응되는 식은 다음과 같다.

$$\frac{\partial u}{\partial s}=\frac{\partial f}{\partial x}\frac{\partial x}{\partial s}+\frac{\partial f}{\partial y}\frac{\partial y}{\partial s}+\frac{\partial f}{\partial z}\frac{\partial z}{\partial s},$$

$$\frac{\partial u}{\partial t}=\frac{\partial f}{\partial x}\frac{\partial x}{\partial t}+\frac{\partial f}{\partial y}\frac{\partial y}{\partial t}+\frac{\partial f}{\partial z}\frac{\partial z}{\partial t}$$

예제 12.6-3 $z=f(x, y)$, $x=r\cos\theta$, $y=r\sin\theta$일 때, 다음 등식이 성립함을 보여라.

$$\left(\frac{\partial z}{\partial x}\right)^2+\left(\frac{\partial z}{\partial y}\right)^2=\left(\frac{\partial z}{\partial r}\right)^2+\frac{1}{r^2}\left(\frac{\partial z}{\partial \theta}\right)^2$$

풀이 $\frac{\partial z}{\partial r}=\frac{\partial z}{\partial x}\cos\theta+\frac{\partial z}{\partial y}\sin\theta$이고 $\frac{\partial z}{\partial \theta}=\frac{\partial z}{\partial x}(-r\sin\theta)+\frac{\partial z}{\partial y}(r\cos\theta)$이므로, 다음을 얻는다.

$$\left(\frac{\partial z}{\partial r}\right)^2+\frac{1}{r^2}\left(\frac{\partial z}{\partial \theta}\right)^2=\left(\frac{\partial z}{\partial x}\cos\theta+\frac{\partial z}{\partial y}\sin\theta\right)^2+\left(-\frac{\partial z}{\partial x}\sin\theta+\frac{\partial z}{\partial y}\cos\theta\right)^2$$

$$=\left(\frac{\partial z}{\partial x}\right)^2+\left(\frac{\partial z}{\partial y}\right)^2$$ ❑

방정식 $F(x, y, z)=0$에 대하여 z를 변수 x와 y의 음함수(implicit function)로, 즉 $z=z(x, y)$로 나타낼 수 있다고 하자. 정리 12.6-1의 연쇄 법칙을 적용하여 $F(x, y, z(x, y))=0$의 양변을 x에 관해 편미분하면 다음을 얻는다.

$$\frac{\partial F}{\partial x}\frac{\partial x}{\partial x}+\frac{\partial F}{\partial y}\frac{\partial y}{\partial x}+\frac{\partial F}{\partial z}\frac{\partial z}{\partial x}=0$$

그런데 $\frac{\partial x}{\partial x}=1$이고 $\frac{\partial y}{\partial x}=0$이므로, 위 식은 $\frac{\partial F}{\partial x}+\frac{\partial F}{\partial z}\frac{\partial z}{\partial x}=0$이 된다. 그러므로 다음을 얻는다.

$$\frac{\partial z}{\partial x}=-\frac{F_x}{F_z} \quad (F_z \neq 0)$$

마찬가지로, y에 관한 편미분하면 $\frac{\partial F}{\partial y}+\frac{\partial F}{\partial z}\frac{\partial z}{\partial y}=0$을 얻으므로 다음을 얻는다.

$$\frac{\partial z}{\partial y}=-\frac{F_y}{F_z} \quad (F_z \neq 0)$$

예제 12.6-4 방정식 $x^3e^{y+z}-y\sin(x-z)=0$에 의하여 z가 x와 y의 음함수로 정의된다고 하면, 다음을 얻는다.

$$\frac{\partial z}{\partial x}=-\frac{3x^2e^{y+z}-y\cos(x-z)}{x^3e^{y+z}+y\cos(x-z)}, \qquad \frac{\partial z}{\partial y}=-\frac{x^3e^{y+z}-\sin(x-z)}{x^3e^{y+z}+y\cos(x-z)}$$ ❑

연습 문제 12.6

1. 다음 함수 u에 대하여 $\frac{du}{dt}$를 찾아라.

(1) $u=x^2-2xy+y^2;\ x=(t+1)^2,\ y=(t-1)^2$

(2) $u = u = x^2y + xy^2$; $x = 2 + t^4$, $y = 1 - t^3$

(3) $u = \tan^{-1}(xy)$; $x = \sin t$, $y = \sec t$

(4) $u = \sin x \cos y$; $x = \pi t$, $y = \sqrt{t}$

(5) $u = \ln(x^2 + y^2 + z^2)$; $y = t\sin t$, $z = t\cos t$

(6) $u = xe^{\frac{y}{z}}$; $x = t^2$, $y = 1 - t$, $z = 1 + 2t$

(7) $u = \dfrac{x+y}{x+z}$; $y = \ln t$, $z = \ln\dfrac{1}{t}$

2. 다음 함수 u에 대하여 $\dfrac{du}{dx}$와 $\dfrac{du}{dy}$를 찾아라.

(1) $u = s^2t^3$; $s = x\cos y$, $t = \sin y$

(2) $u = r^2 + s^2$; $r = x + y$, $s = x - y$

(3) $u = \sin\theta\cos\phi$; $\theta = x\cos y$, $\phi = \sin y$

(4) $u = r^2\sin 2\theta$; $r = \sqrt{x^2 + y^2}$, $\theta = \tan^{-1}(\dfrac{y}{x})$

(5) $u = e^r\cos\theta$; $r = xy$, $\theta = \sqrt{x^2 + y^2}$

3. 방정식 $F(p, v, t) = 0$ 에 대해 각 변수가 다른 두 변수의 음함수로 정의될 때, 등식 $\dfrac{\partial p}{\partial t}\dfrac{\partial t}{\partial v}\dfrac{\partial v}{\partial p} = 1$이 성립함을 보여라.

4. $z = f(x, y)$이고 $y = \phi(x)$일 때, 다음 등식이 성립함을 보여라.

$$\frac{d^2z}{dx^2} = \frac{\partial^2 z}{\partial x^2} + 2\frac{\partial^2 z}{\partial x \partial y} + \frac{\partial^2 z}{\partial y^2}(\frac{dy}{dx})^2 + \frac{\partial z}{\partial y}\frac{d^2y}{dx^2}$$

5. 임의의 실수 t에 대하여 $f(tx, ty, tz) = t^{\alpha}f(x, y, z)$이면, 함수 $f(x, y, z)$를 α차 동차 함수(homogeneous function)라 한다. 동차 함수의 편도함수가 모두 존재하면, 다음 등식이 성립함을 보여라.

$$xf_x + yf_y + zf_z = \alpha f(x, y, z)$$

6. 미분 가능한 함수 $\phi(s)$에 대해 함수 $y(x, t) = \phi(x - ct)$는 방정식 $y_t + cy_x = 0$의 해임을 보여라.

7. 두 번 미분 가능한 함수 $f(s)$에 대해 함수 $y(x, t) = \frac{1}{2}\{f(x - ct) + f(x + ct)\}$가 다음의 파동 방정식(wave function)의 해임을 보여라.

$$y_{tt} = c^2 y_{xx}$$

9. 다음 이변수 함수의 평균값 정리를 증명하라.
점 (x_0, y_0)의 근방 Ω에서 이변수 함수 $z = f(x, y)$의 연속인 일계 편도함수가 존재한다고 하자. 그리고 두 점 (x_0, y_0)와 $(x_0 + h, y_0 + k)$가 Ω의 점이면, 다음을 만족시키는 점 (x^*, y^*)가 (x_0, y_0)와 $(x_0 + h, y_0 + k)$를 잇는 선분에 존재한다.

$$f(x_0 + h, y_0 + k) - f(x_0, y_0) = h\frac{\partial f}{\partial x}(x^*, y^*) + k\frac{\partial f}{\partial y}(x^*, y^*)$$

12.7 경사도와 방향 도함수

점 $\mathbf{x} = (x, y)$에서 f_x와 f_y가 존재하는 이변수 함수 $f(x,y)$에 대하여, 점 $\mathbf{x}$ 에서 f의 경사도 또는 그래디언트(gradient)를 $\nabla f(x)$ 또는 $\mathrm{grad} f$로 나타내고, 다음 식으로 정의한다.

$$\nabla f(\mathbf{x}) = f_x(x, y)\mathbf{i} + f_y(x, y)\mathbf{j} \tag{12.7-1}$$

또 함수 f가 공간의 점 $\mathbf{x} = (x, y, z)$에서 일계 편도함수를 갖는 삼변수 함수이면, ∇f를 다음과 같은 벡터 함수로 정의한다.

$$\nabla f(\mathbf{x}) = f_x(\mathbf{x})\mathbf{i} + f_y(\mathbf{x})\mathbf{j} + f_z(\mathbf{x})\mathbf{k} \tag{12.7-2}$$

예제 12.7-1 $f(x, y) = xy$이면, f의 경사도는 다음과 같다.

$$\nabla f(x, y) = f_x\mathbf{i} + f_y\mathbf{j} = y\mathbf{i} + x\mathbf{j}$$ ❑

섬 $X = (x, y)$의 근방에서 정의된 이변수 함수 $z = f(x, y)$와 $\mathbb{R}^2$의 단위 벡터 $\mathbf{u}$에 대하여, 다음과 같이 정의되는 함수를 $\mathbf{u}$방향의 함수 f의 방향 도함수(directional derivative)라 하고, $D_{\mathbf{u}} f(X)$ 또는 $\nabla_{\mathbf{u}} f(X)$로 나타낸다.

$$D_{\mathbf{u}} f(\mathbf{x}) = \lim_{t \to 0} \frac{f(\mathbf{x} + t\mathbf{u}) - f(\mathbf{x})}{t} \tag{12.7-3}$$

연쇄 법칙과 함수의 경사도를 이용하면 다음 정리를 얻는다.

정리 12.7-1

이변수 함수 $f(x, y)$가 점 (x, y)에서 미분 가능하면, 임의로 주어지는 방향 $\mathbf{u} = (u_1, u_2)$에 대하여 방향 도함수 $D_{\mathbf{u}} f$가 존재하고, 다음이 성립한다.

$$D_{\mathbf{u}} f(x, y) = u_1 \frac{\partial f}{\partial y}(x, y) + u_2 \frac{\partial f}{\partial y}(x, y) = \nabla f(x, y) \cdot \mathbf{u} \tag{12.7-4}$$

참고 (1) $\mathbf{u}=\mathbf{i}$이면, $\nabla f \cdot \mathbf{u}=\dfrac{\partial f}{\partial x}$이므로, 방향 도함수 $D_i f$는 편도함수 $\dfrac{\partial f}{\partial x}$이다. 또한, $\mathbf{u}=\mathbf{j}$ 방향의 방향 도함수 $D_j f$는 $\dfrac{\partial f}{\partial y}$이다.

(2) 그림 12.14과 같이 점 (x, y)에서의 방향 도함수 $D_{\mathbf{u}} f(x, y)$는 벡터 $\mathbf{u}$를 품는 xy평면에 수직인 평면과 곡면의 교선인 곡선 ABC의 점 B에서의 접선의 방정식 L의 기울기이다.

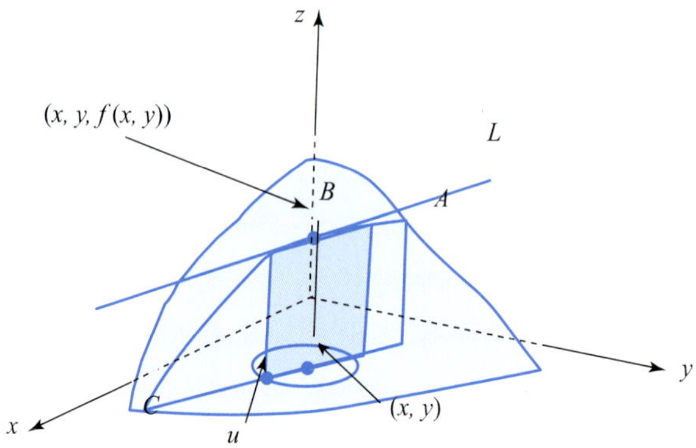

그림 12.7-1 방향 도함수

(3) 일반적으로 n변수 함수 f의 단위 벡터 $\mathbf{u}=(u_1, \cdots, u_n) \in \mathbb{R}^n$에 대한 방향 도함수는 다음과 같다.

$$D_{\mathbf{u}} f = \nabla f \cdot \mathbf{u} = \sum_{k=1}^{n} u_k \frac{\partial f}{\partial x_k}$$

예제 12.7-2 $f(x, y)=xy^2$에 대하여, 점 $(4, -1)$에서 벡터 $\mathbf{v}=2\mathbf{i}+3\mathbf{j}$ 방향의 함수 f의 방향 도함수를 계산하라.

풀이 벡터 $\mathbf{v}$방향의 단위 벡터는 $\mathbf{u}=\dfrac{2}{\sqrt{13}}\mathbf{i}+\dfrac{3}{\sqrt{13}}\mathbf{j}$이고 $\nabla f = y^2\mathbf{i}+2xy\mathbf{j}$이다.

따라서 다음이 성립한다.

$$D_{\mathbf{u}} f(x, y) = \nabla f(x, y) \cdot \mathbf{u} = \frac{2y^2}{\sqrt{13}} + \frac{6xy}{\sqrt{13}} = \frac{2y^2+6xy}{\sqrt{13}}$$

그러므로 점 $(4,\ -1)$에서 $D_{\mathbf{u}}f(4,\ -1)=-\dfrac{22}{\sqrt{13}}$이다. ❑

방향 $\mathbf{u}$에 대한 함수 f의 방향 도함수 $D_{\mathbf{u}}f$에서 벡터 $\mathbf{u}$와 경사도 ∇f와의 관계에 대하여 생각해 보자. 벡터 $\mathbf{u}$ 위로의 ∇f의 정사영은 다음과 같다.

$$\mathrm{Proj}_{\mathbf{u}}\nabla f=\frac{\nabla f\cdot\mathbf{u}}{|\mathbf{u}|^2}\mathbf{u}$$

이때, $\mathbf{u}$는 단위 벡터이므로, 벡터 $\mathbf{u}$방향으로의 ∇f의 성분 $\nabla f\cdot\mathbf{u}$이다. 점 $(x,\ y)$에서 $D_{\mathbf{u}}f(x,\ y)$는 벡터 $\mathbf{u}$ 방향으로의 함수 f의 경사도 $\nabla f(x,y)$의 성분이다.

한편, θ를 점 $(x,\ y)$에서의 단위 벡터 $\mathbf{u}$와 경사도 $\nabla f(x,y)$가 이루는 각이라 하면 다음이 성립한다.

$$D_{\mathbf{u}}f(x,\ y)=\nabla f(x,\ y)\cdot\mathbf{u}=|\nabla f(x,\ y)||\mathbf{u}|\cos\theta=|\nabla f(x,\ y)|\cos\theta \quad (12.7\text{-}5)$$

특히, 식 (12.7-5)에서 $\theta=0$이면 $\cos\theta=1$이며, 이는 $\mathbf{u}$가 $\nabla f(x,\ y)$와 같은 방향임을 뜻한다. 마찬가지로 $\mathbf{u}$가 $-\nabla f$와 같은 방향을 가지면, $\theta=\pi$이고 $\cos\theta=-1$ 이다. 또한, $\theta=\pi/2$ 이면 $\cos\theta=0$ 이다. 이를 종합하면 다음 정리로 요약할 수 있다.

정리 12.7-2

이변수 함수 $f(x,\ y)$가 점 $(x,\ y)$에서 연속인 일계 편도함수를 가지면 다음이 성립한다.

(1) $\nabla f(x,\ y)=0$이면, 임의의 단위 벡터 $\mathbf{u}$에 대하여 $D_{\mathbf{u}}f(x,\ y)=0$이다.

(2) 점 (x,y)에서 함수 $f(x,\ y)$의 값이 가장 빨리 증가하는 방향은 $\nabla f(x,\ y)$의 방향이다.

(3) 점 $(x,\ y)$에서 함수 $f(x,\ y)$의 값이 가장 빨리 감소하는 방향은 $-\nabla f(x,\ y)$의 방향이다.

예제 12.7-3 금속판 상에서 전압의 분포 V가 다음과 같다고 하자.

$$V(x,\, y) = 50 - x^2 - 4y^2$$

(1) 점 $(1,\,-2)$에서 어떤 방향으로 전압이 가장 급격하게 증가하는가?

(2) 어느 방향으로 급격하게 감소하는가?

(3) (1)과 (2)의 증가 또는 감소의 크기는 각각 얼마인가?

(4) 전압의 변화가 없는 방향을 찾아라.

풀이 $\nabla V = V_x \mathbf{i} + V_y \mathbf{j} = -2x\,\mathbf{i} - 8y\mathbf{j}$ 이므로, 점 $(1,\,-2)$에서 $\nabla V = -2\mathbf{i} + 16\mathbf{j}$ 이다. 정리 12.7-2에 의하여 $-2\mathbf{i} + 16\mathbf{j}$ 의 방향으로 전압은 가장 급격하게 증가함을 알 수 있고, $2\mathbf{i} - 16\mathbf{j}$ 방향으로 전압이 가장 급격하게 감소한다. 이때, 증가와 감소의 크기는 모두 $\sqrt{2^2 + 16^2} = 2\sqrt{65}$ 이다. 그리고 ∇V에 수직인 단위 벡터는 $\mathbf{u} = \dfrac{8\,\mathbf{i} + \mathbf{j}}{\sqrt{65}}$ 이므로, 전압은 $\pm\,\mathbf{u}$ 방향으로는 변하지 않는다는 사실을 알 수 있다.(그림 12.7-2 참고). ❑

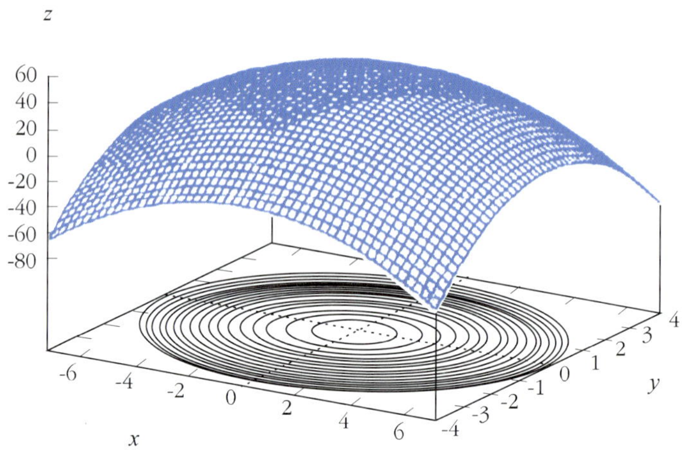

그림 12.7-2 전압 V의 그래프. 등위 곡선의 가장 바깥쪽이 $V = 0$이고, 안으로 3씩 증가한다.

예제 12.7-4 예제 12.28에서 한 입자가 점 $(1, -2)$에서 출발해서 전압 V가 최대로 증가하는 방향으로 운동할 때, 입자의 경로를 찾아라.

풀이 입자가 전압 V가 최대로 증가하는 방향으로 운동한다는 것은 그래프 V의 경사도가 최대인 방향으로 움직임을 뜻한다. 따라서 찾는 경로의 매개 함수를 $\mathbf{x}(t)$

$=x(t)\mathbf{i}+y(t)\mathbf{j}$라 하면, 경로의 방향은 $\mathbf{x}'(t)=x'(t)\mathbf{i}+y'(t)\mathbf{j}$이고, 이 방향은 $\nabla V=-2x\mathbf{i}-8y\mathbf{j}$와 같은 방향이어야 한다. 즉, 다음이 성립한다.

$$x'(t)=-2cx(t),\ \ y'(t)=-8cy(t)\quad (\text{단, } c>0\text{는 상수})$$

이 식을 다음과 같이 쓸 수 있다.

$$\frac{x'(t)}{x(t)}=-2c,\ \ \frac{y'(t)}{y(t)}=-8c$$

이제 두 식의 양변을 t에 관해 각각 적분하면 다음을 얻는다.

$$x(t)=c_1e^{-2ct},\ y(t)=c_2e^{-8ct}\quad (\text{단, } c_1\text{과 } c_2\text{는 상수})$$

그런데 처음에 점 $(1,-2)$에서 출발하였으므로 $x(0)=1$이고 $y(0)=-2$이다. 그러므로 $c_1=1$이고 $c_2=-2$이다. 따라서 $x(t)=e^{-2ct}$이고 $y(t)=-2e^{-8ct}$이므로, 찾는 경로는 $y=-2x^4$임을 알 수 있다. ❑

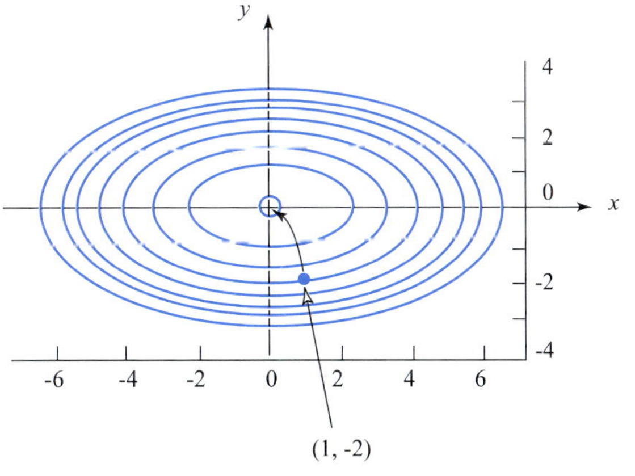

그림 12.7-3 전압 V의 경로 지도, 가장 바깥쪽이 $V=9$이고, 안쪽으로 6씩 증가한다.

곡면의 접평면과 법선

$\mathbb{R}^3$에서 방정식 $F(x, y, z)=0$의 그래프로 주어지는 곡면 S를 생각하자. 삼변수 함수 $F(x, y, z)$의 일계 편도함수 $\dfrac{\partial F}{\partial x}, \dfrac{\partial F}{\partial y}, \dfrac{\partial F}{\partial z}$가 점 (x_0, y_0, z_0)에서 모두 존재하고 연속이면, 곡면 $F(x, y, z)=0$은 점 (x_0, y_0, z_0)에서 미분 가능하다고 한다.

곡면 S가 $F(x, y, z)=0$로 주어졌다고 하자. C를 각 성분 함수가 미분 가능한 매개 변수 함수 $g(t)=x(t)\mathbf{i}+y(t)\mathbf{j}+z(t)\mathbf{k}$로 주어지는 S 위에 있는 곡선이라고 하자. 그러면 연쇄 법칙에 의해 다음을 얻는다.

$$\frac{d}{dt}F(x,\ y,\ z)=\frac{\partial F}{\partial x}\frac{dx}{dt}+\frac{\partial F}{\partial y}\frac{dy}{dt}+\frac{\partial F}{\partial z}\frac{dz}{dt}$$

여기서 $\nabla F=\left(\frac{\partial F}{\partial x},\ \frac{\partial F}{\partial y},\ \frac{\partial F}{\partial z}\right)$이고, $g'(t)=(x'(t),\ y'(t),\ z'(t))$이므로, 위의 식은 다음과 같다.

$$\frac{dF(t)}{dt}=\nabla F(t)\cdot g'(t) \quad \text{또는} \quad F'(t)=\nabla F(t)\cdot g'(t)$$

그런데 $g(t)$는 S에 있는 곡선이므로 모든 t에 대해서 $F(x(t),\ y(t),\ z(t))=0$이므로 $F'(t)=\nabla F(t)\cdot g'(t)=0$이다. 이때, 벡터 $g'(t)$는 곡선 C의 접선 벡터이므로, S의 점 X_0에서 ∇F는 X_0를 지나는 S의 임의의 곡선 C의 접선 벡터에 수직이다. 따라서 $\nabla F(X_0)$는 점 X_0에서 곡면에 접하는 모든 벡터를 포함하는 평면에 수직임을 뜻한다. 즉 $\nabla F(X_0)$는 S의 점 X_0에서의 접평면(tangent plane)에 수직인 벡터, 즉 법선 벡터임을 알 수 있다.(그림 12.7-4 참조).

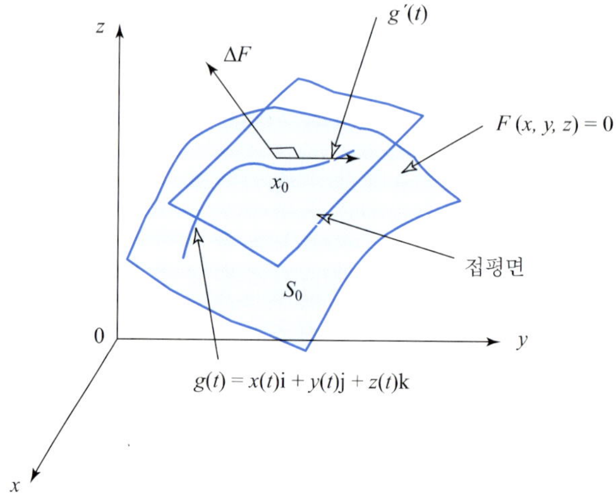

그림 12.7-4 접평면과 경사도

앞의 논의를 종합하면, 미분 가능한 함수 $F(x,\ y,\ z)$에 의해 방정식 $F(x,\ y,\ z)=0$으로 정의되는 곡면 S의 점 X_0에서 $|\nabla F(X_0)|\neq 0$이라 할 때, S의 점 X_0에서의 접평

면과 법선의 방정식에 관하여 다음을 알 수 있다.

(1) 곡면 S의 점 $X_0=(x_0, y_0, z_0)$에서 접평면은 법선 벡터가 $\nabla F(X_0)$이고 점 X_0를 지나는 평면이다. 이때, 접평면에 있는 임의의 점을 $X=(x, y, z)$이라 하면, 접평면의 방정식은 다음과 같다.

$$\nabla F(X_0)\cdot(X-X_0)=0 \tag{12.7-6}$$

다시 말해서, 다음과 같다.

$$F_x(x_0, y_0, z_0)(x-x_0)+F_y(x_0, y_0, z_0)(y-y_0)+F_z(x_0, y_0, z_0)(z-z_0)=0 \tag{12.7-7}$$

(2) 점 X_0에서 S의 법선(normal line)은 $\nabla F(X_0)$와 같은 방향이고 점 X_0를 지나는 직선이다. 이 때, 법선에 있는 임의의 점을 $X=(x, y, z)$라고 하면, 법선의 방정식은 다음과 같다.

$$\frac{x-x_0}{F_x(X_0)}=\frac{y-y_0}{F_y(X_0)}=\frac{z-z_0}{F_z(X_0)} \tag{12.7-8}$$

예제 12.7-5 점 $(1, 2, 3)$에서 타원면 $x^2+\frac{y^2}{4}+\frac{z^2}{9}-3$ 의 접평면의 방정식과 법선의 방정식을 찾아라.

풀이 $F(x, y, z)=x^2+\frac{y^2}{4}+\frac{z^2}{9}-3=0$으로 놓으면 다음을 얻는다.

$$\nabla F=\frac{\partial F}{\partial x}\mathbf{i}+\frac{\partial F}{\partial y}\mathbf{j}+\frac{\partial F}{\partial z}\mathbf{k}=2x\,\mathbf{i}+\frac{y}{2}\mathbf{j}+\frac{2z}{9}\mathbf{k}$$

$\nabla F(1, 2, 3)=2\mathbf{i}+\mathbf{j}+\frac{2}{3}\mathbf{k}$이므로 접평면과 법선의 방정식은 각각 다음과 같다.

$$2x+y+\frac{2}{3}z=6,\quad \frac{x-1}{2}=y-2=\frac{3}{2}(z-3)$$

특히, 곡면 S가 방정식 $F(x, y, z)=f(x, y)-z=0$으로 주어지면 다음이 성립한다.

$$F_x=f_x,\quad F_y=f_y,\quad F_z=-1$$

그러므로 주어진 곡면 S의 점 $X_0 = (x_0, y_0, z_0) = (x_0, y_0, f(x_0, y_0))$에서 법선 벡터는 $\mathbf{n} = f_x(x_0, y_0)\mathbf{i} + f_y(x_0, y_0)\mathbf{j} - \mathbf{k}$이다. 따라서 접평면의 방정식은 식 (12.7-7)로부터 다음과 같다[3].

$$z - z_0 = f_x(X_0)(x - x_0) + f_y(X_0)(y - y_0) \qquad (12.7\text{-}9) \ \square$$

참고 식 (12.7-9)에서 $dx = x - x_0$, $dy = y - y_0$, $dz = z - z_0$로 놓으면, 위의 식 (12.7-9)은 다음과 같이 함수 $z = f(x, y)$의 전미분과 같음을 알 수 있다.

$$dz = f_x(X_0)dx + f_y(X_0)dy$$

예제 12.7-6 점 $(2, 1, 8)$에서 곡면 $z = x^3y^5$ 의 접평면과 법선을 찾아라.

풀이 $f(x, y) = x^3y^5$이라 하면 다음을 얻는다.

$$\mathbf{n} = \frac{\partial f}{\partial x}\mathbf{i} + \frac{\partial f}{\partial y}\mathbf{j} - \mathbf{k} = 3x^2y^5\ \mathbf{i} + 5x^3y^4\mathbf{j} - \mathbf{k}$$

그러므로 점 $(2,1,8)$에서 법선 벡터는 $\mathbf{n} = 12\mathbf{i} + 40\mathbf{j} - \mathbf{k}$이다. 따라서 접평면의 방정식과 법선의 방정식은 각각 다음과 같다.

$$12(x-2) + 40(y-1) - (z-8) = 0, \quad \frac{x-2}{12} = \frac{y-1}{40} = \frac{z-8}{-1} \qquad \square$$

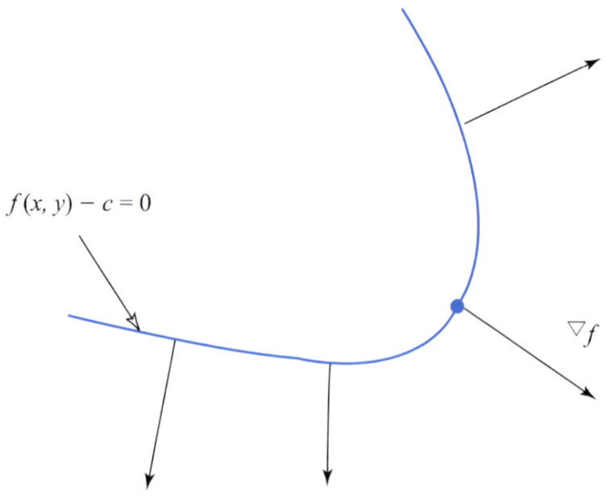

그림 12.7-5 곡선의 경사도 방향

연습 문제 12.7

1. 다음 함수 f에 대해 점 x에서 $\mathbf{u}$방향의 방향 도함수 $D_{\mathbf{u}}f(x)$를 찾아라.

(1) $x=(2,\ 3)$, $\mathbf{u}=\mathbf{i}+3\mathbf{j}$, $f(x,\ y)=xy$

(2) $x=(2,\ 3)$, $\mathbf{u}=3\mathbf{i}-2\mathbf{j}$, $f(x,\ y)=\tan^{-1}(y/x)$

(3) $x=(1,\ 1,\ 1)$, $\mathbf{u}=\mathbf{i}+\mathbf{j}+\mathbf{k}$, $f(x,\ y,\ z)=xy+yz+zx$

2. 원점이 중심인 금속 구의 온도 분포 T가 다음과 같다고 할 때, 구의 임의의 점에서 온도가 가장 빨리 증가하는 방향은 원점을 향하는 방향임을 보여라.

$$T(x,\ y,\ z)=100e^{-(x^2+y^2+z^2)}\quad (0\le x^2+y^2+z^2\le r^2,\ r>0)$$

3. 어떤 산의 높이가 함수 $h(x,\ y)=3000-2x^2-y^2$으로 주어졌다고 하자. 여기서 양의 x축은 남쪽, 양의 y축은 동쪽 방향을 나타내고, 거리의 단위는 미터(m)라 하자. 등산을 좌표 $P(30,\quad 20,\ 800)$에서 시작하였을 때, 다음 질문에 답하라.

(1) 정 남서 방향으로 간다면 산을 오르는 것인가, 내려가는 것인가?

(2) P에서 가장 가파른 쪽으로 가려면, 어느 방향으로 가야하는가?

4. 이변수 함수 f와 g가 일계 편도함수를 모두 가지면 다음이 성립함을 증명하라.

(1) $\nabla(cf)=c\nabla f$ (단, c는 임의의 상수)

(2) $\nabla(f+g)=\nabla f+\nabla g$

(3) $\nabla(fg)=g\nabla f+f\nabla g$

5. 다음 각 곡면의 주어진 점에서 법선과 접평면의 방정식을 찾아라.

(1) $x^2+y^2+z^2=49$; $(2,\ 3,\ 6)$

(2) $2(x-2)^2+(y-1)^2+(z-3)^2=10$; $(3,\ 3,\ 5)$

(3) $xy+yz+zx=11$; $(1,\ 2,\ 3)$ (4) $x^2-2y^2+z^2+yz=2$; $(2,\ 1,\ -1)$

(5) $xyz=4$; $(1,\ 2,\ 2)$ (6) $z+1=xe^y\cos z$; $(1,\ 0,\ 0)$

(7) $\sin xy - 2\cos yz = 0$; $(\pi/2,\ 1,\ \pi/3)$

6. 타원면 $ax^2 + by^2 + cz^2 = d$에 있는 점 $(x_1,\ y_1,\ z_1)$에서 접평면의 방정식을 찾아라. 단, $a,\ b,\ c,\ d > 0$이다.

7. 곡면 $4x^2 + y^2 + 9z^2 = 108$과 $xyz = 36$은 점 $(3,\ 6,\ 2)$에서 서로 접함을 보여라.

8. 함수 $z = f(x,\ y)$에 대하여 ∇f가 곡선 $f(x,\ y) = 0$에 있는 임의의 점에서 법선 벡터라면, 곡선 위의 점 $(x_0,\ y_0)$에서 접선의 방정식을 찾아라.

9. 공간에서 주어진 평면 Π의 법선 벡터를 $\mathbf{n}$이라 하자. 이때 다음과 같이 정의되는 각 $\theta\,(0 \le \theta \le \pi/2)$를 평면 Π의 xy평면에 대한 경사각이라 한다.

$$\cos\theta = \frac{|\mathbf{n}\cdot\mathbf{k}|}{|\mathbf{n}||\mathbf{k}|} = \frac{|\mathbf{n}\cdot\mathbf{k}|}{|\mathbf{n}|}$$

이를 이용하여 타원면 $x^2/12 + y^2/12 + z^2/3 = 1$ 에 있는 점 $(2,\ 2,\ 1)$에서의 접평면의 xy평면에 대한 경사각을 찾아라.

12.8 이변수 함수의 극값

이 절에서는 다변수 함수, 특히 이변수 함수의 최댓값과 최솟값에 대하여 다룬다. 먼저 앞으로 사용할 용어를 일반적인 다변수 실함수에 관하여 정의하고, 구체적으로 이변수 함수에서 최댓값과 최솟값을 구하는 방법을 알아보기로 하자.

다변수 실함수 f의 정의역이 $D \subseteq R^n$라고 하자. 다음 부등식을 만족시키는 점 $\mathbf{P} \in D$의 근방 $N(\mathbf{P})$가 존재하면 $f(\mathbf{P})$를 함수 f의 극댓값이라고 하고, 점 $\mathbf{P}$를 극댓점이라 한다.

$$f(\mathbf{X}) \le f(\mathbf{P}) \quad (\mathbf{X} \in D \cap N(\mathbf{P}))$$

또, 부등식 $f(\mathbf{X}) \ge f(\mathbf{P})$, $\mathbf{X} \in D \cap N(\mathbf{P})$를 만족시키는 점 $\mathbf{P} \in D$의 근방 $N(\mathbf{P})$가 존재하면 $f(\mathbf{P})$를 함수 f의 극솟값, 점 $\mathbf{P}$를 극솟점이라 한다. 이때, 이런 점 $\mathbf{P}$를 통틀어 함수 f의 극점(extreme point)이라 하고, 극댓값과 극솟값을 f의 극값(extremum)이라 한다. 특히, 점 $\mathbf{P}$가 모든 $\mathrm{x} \in D$가 대해 부등식 $f(\mathbf{X}) \le f(\mathbf{P})$를 만족시키면, $f(\mathbf{P})$를 f의 최댓값(maximum)이라 하고 점 $\mathbf{P}$를 f의 최댓점이라고 한다. 마찬가지로, 점 $\mathbf{P}$가 모든 $\mathbf{X} \in D$가 대해 부등식 $f(\mathbf{X}) \ge f(\mathbf{P})$를 만족시키면, $f(\mathbf{P})$를 f의 최솟값(minimum)이라 하고 점 $\mathbf{P}$를 f의 최솟점이라고 한다. 또, 최댓값 또는 최솟값을 절대 극값(absolute extremum)이라고 한다. 또한, 절대 극값이 아닌 극값을 상대 극값(relative extremum)이라 한다.

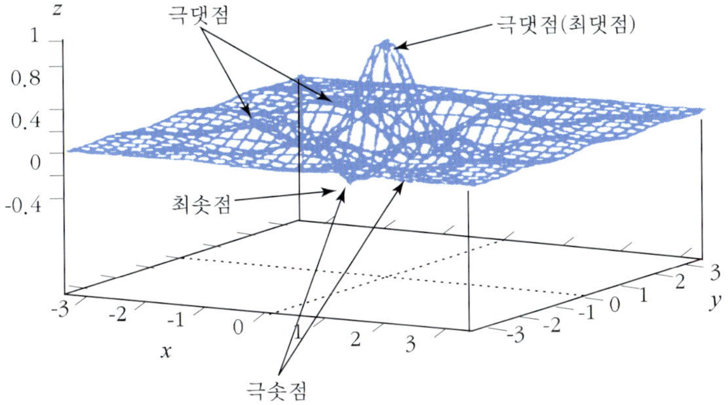

그림 12.8-1 함수 $f(x, y) = \cos(2x)\cos(3y)e^{-\sqrt{x^2+y^2}}$의 극댓값, 극솟값, 최댓값

이제 미분 가능한 이변수 함수로 논의를 제한한다. 미분 가능한 이변수 함수 $f(x, y)$가 점 (a, b)에서 극값을 취한다고 하자. 그러면 일변수 함수 $f(x, b)$는 $x = a$에서 극값을 가지므로, $f_x(a, b) = 0$이 성립한다. 함수 $f(a, y)$에 대해서도 같은 방법으로 생각하면 $f_y(a, b) = 0$이 성립한다.(그림 12.8-2 참조) 이를 정리하면 다음과 같다.

정리 12.8-1

함수 $f(x, y)$의 정의역의 내점 (a,b)의 근방에서 f_x와 f_y가 연속이라 하자. 함수 f가 점 (a, b)에서 극값을 가지면 다음이 성립한다.

$$f_x(a, b) = 0,\ f_y(a, b) = 0 \quad \text{또는} \quad \nabla f(a, b) = 0 \qquad (12.8\text{-}1)$$

함수 $z = f(x,y)$ 에 대하여 방정식 $\nabla f(x, y) = 0$을 만족시키는 점 (x, y)를 함수 f의 임계점(critical point)이라고 한다. 정리 12.8-1은 함수가 점 (a, b)에서 극값을 가지면 (a, b)는 함수 f의 임계점임을 말한다. 그러나 역은 성립하지 않는다.

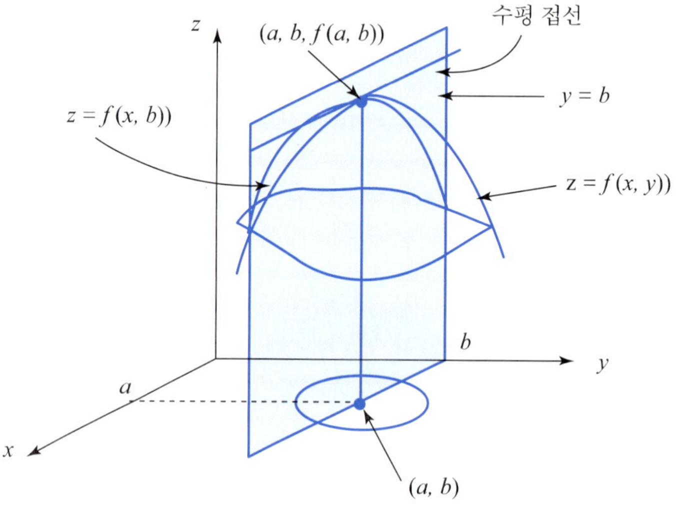

그림 12.8-2

예제 12.8-1 쌍곡 포물면 $z = f(x, y) = y^2/b^2 - x^2/a^2$에 대하여 $f_x(x, y) = -2x/a^2$이고 $f_y(x, y) = 2y/b^2$이므로, 함수 $f(x, y)$의 임계점은 $(0, 0)$뿐이다. 그런데 y축 위에서 $y \neq 0$ 이면 $f(x, y) = y^2/b^2 > 0$이고, x축 위에서 $x \neq 0$ 이면 $f(x, y) = -x^2/a^2 < 0$이다. 따라서 함수 $z = f(x, y)$는 점 $(0, 0)$의 임의의 근방에서 양수와 음수의 값을 모두 취할 수 있다. 그러므로 $f(0, 0) = 0$은 극댓값도 극솟값도 아니다. 즉, 곡면의 점 $(0, 0, f(0, 0))$에서 곡면 위를 움직인다면, 방향에 따라 곡면의 높이가 증가할 수도 있고 감소할 수도 있다. 이런 성질을 가지는 곡면의 점을 안장점(saddle point)이라고 한다. 이는 일변수 함수의 변곡점에 대응되는 것이다.(그림 12.8-3 참조)

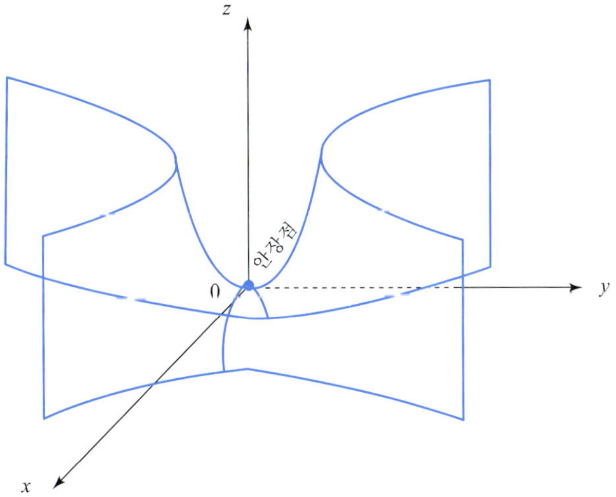

그림 12.8-3 안장점

다음은 이변수 함수의 극값을 판정하는 데 유용하게 쓰이는 중요한 정리이다.

정리 12.8-2

이변수 함수 $z = f(x, y)$의 정의역의 내점 (a, b)의 근방에서 함수 f의 일계 및 이계 편도함수가 모두 연속일 때, 다음과 같이 놓자.

$$\Delta = f_{xx}(a,\, b) f_{yy}(a,\, b) - f_{xy}^2(a,\, b)$$

점 $(a,\, b)$가 함수 $f(x,\, y)$의 임계점이면, 다음이 성립한다.

(1) $\Delta > 0$일 때,

$f_{xx}(a,\, b) < 0$ 또는 $f_{yy}(a,\, b) < 0$이면, $f(a,\, b)$는 f의 극댓값이다.

$f_{xx}(a,\, b) > 0$ 또는 $f_{yy}(a,\, b) > 0$이면, $f(a,\, b)$는 f의 극솟값이다.

(2) $\Delta < 0$이면, $f(a,\, b)$는 극값이 아니다.

증명 $F(t) = f(a + ht,\, b + kt)$로 놓자(단, h와 k는 상수). 그러면 일변수 함수 $F(t)$에 대해 h와 k에 관계없이 $F'(0) = hf_x(a,\, b) + kf_y(a,\, b)$이고, $(a,\, b)$가 임계점이므로, $F'(0) = 0$이다. 따라서 함수 $F(t)$는 $F''(0) < 0$이면 극댓값 $F(0) = f(a,\, b)$를 가지며, $F''(0) > 0$ 이면 극솟값 $f(a,\, b)$를 갖는다.

한편, 함수 $F(t)$에 대해 연쇄 법칙을 써서 $F''(0)$을 찾으면 다음과 같다.

$$F''(0) = h^2 f_{xx}(a,b) + 2hk f_{xy}(a,\, b) + k^2 f_{yy}(a,\, b) \qquad (12.8\text{-}2)$$

이제, 편의상 $f_{xx}(a,\, b)$, $f_{xy}(a,\, b)$, $f_{yy}(a,\, b)$를 각각 f_{xx}, f_{xy}, f_{yy}로 간단하게 나타내기로 하자. 만일 $f_{xx} \neq 0$이면 f_{xx}/f_{xx}를, $f_{yy} \neq 0$이면 f_{yy}/f_{yy}를 식 (12.8-2)의 좌변에 곱하여, 각 경우에 분자를 완전 제곱꼴로 고치면 다음을 얻는다.

$$F''(0) = \frac{(hf_{xx} + kf_{xy})^2 + k^2(f_{xx}f_{yy} - f_{xy}^2)}{f_{xx}} \quad (f_{xx} \neq 0) \qquad (12.8\text{-}3)$$

$$F''(0) = \frac{(kf_{yy} + hf_{xy})^2 + h^2(f_{xx}f_{yy} - f_{xy}^2)}{f_{yy}} \quad (f_{yy} \neq 0) \qquad (12.8\text{-}4)$$

이제, 식 (12.8-3)와 (12.8-4)를 써서 다음의 결론을 얻는다.

(1) $\Delta = f_{xx}f_{yy} - f_{xy}^2 > 0$ 일 때, $f_{xx} < 0$ 또는 $f_{yy} < 0$이면 두 식 (12.8-3)와 (12.8-4)에서 $F''(0) < 0$ 이므로, 극댓값 $F(0) = f(a,\, b)$를 갖는다.

$\Delta = f_{xx}f_{yy} - f_{xy}^2 > 0$ 일 때, $f_{xx} > 0$ 또는 $f_{yy} > 0$이면 두 식 (12.8-3)와 (12.8-4)에서 $F''(0) > 0$ 이므로, 극솟값 $F(0) = f(a,\, b)$를 갖는다.

(2) $\Delta < 0$이면, 식 (12.8-3)와 (12.8-4)는 h와 k의 값을 조합하는 방법에 따라 양 또는

음이 되므로, $f(a, b)$는 극값일 수 없다. 이때, 함수 $z=f(x, y)$의 그래프의 점 $(a, b, f(a, b))$는 안장점이다.

참고 $f_{xx}(a, b)=f_{yy}(a, b)=0$일 때는 식 (12.8-2)에서 $F''(0)=2hkf_{xy}(a, b)$이다. 이 때, $f_{xy}(a, b)\neq 0$이면, h와 k의 값을 적절히 조합하여 $F''(0)$의 부호를 양 또는 음이 되도록 할 수 있으므로 $f(a, b)$는 극값이 아니다.

예제 12.8-2 $f(x, y)=-x^3+4xy-2y^2+1$의 극값을 찾아라.

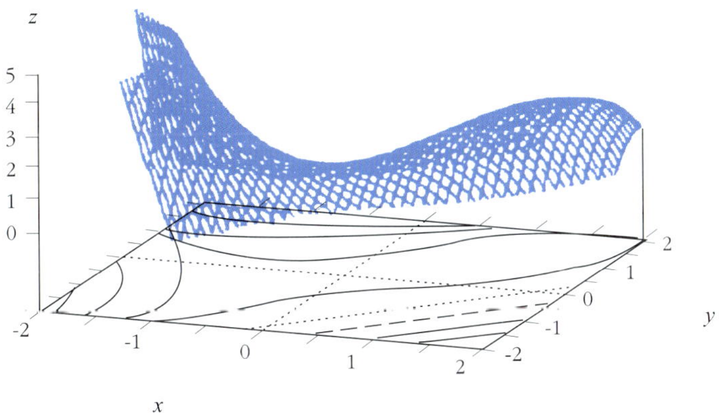

그림 12.8-4 $f(x, y)=-x^3+4xy-2y^2+1$의 그래프

풀이 연립 방정식 $f_x(x, y)=-3x^2+4y=0$, $f_y(x, y)=4x-4y=0$에서 임계점 $(4/3, 4/3)$와 $(0, 0)$을 얻는다. 그런데 $f_{xx}(x, y)=-6x$, $f_{yy}(x, y)=-4$, $f_{xy}(x, y)=4$ 이므로, 점 $(0, 0)$에서 $\Delta=0-16<0$이다. 따라서 $(0, 0, 1)$은 안장점이다. 그리고 점 $(4/3, 4/3)$에서 $\Delta=-8(-4)-16=16>0$ 이고, $f_{xx}(4/3, 4/3)=-8<0$이므로 극댓값을 갖는다. ❑

이제 정리 12.8-2에서 $\Delta=0$인 경우에 대하여 생각해 보자. 정리 12.8-2의 증명에서 $h+k=1$이라 하자. 먼저 $f_{xx}=f_{yy}=f_{xy}=1$이면 $\Delta=0$이고, 식 (12.8-2)으로부터 $F''(0)>0$ 이므로, $f(a, b)$는 극솟값이다. 또, $f_{xx}=f_{yy}=f_{xy}=-1$인 경우도 $\Delta=0$

이고, 식 (12.8-2)으로부터 $F''(0) < 0$ 이므로 $f(a,b)$는 극댓값이다. 그러므로 $\Delta = 0$ 만으로 극값의 극대와 극소를 판별할 수 없다. 따라서 $\Delta = 0$인 경우에는, 예를 들어 다음 예제와 같이 다른 방법으로 $f(a, b)$가 극댓값인지 극솟값인지를 판별하여야 한다.

예제 12.8-3 $f(x,y) = x^2y^2$ 의 극값을 찾아라.

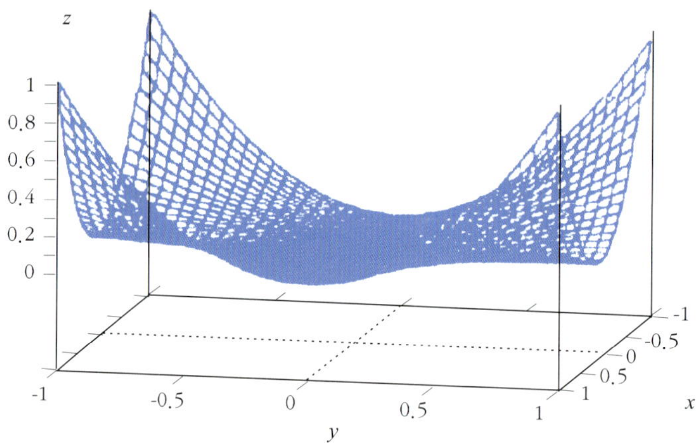

그림 12.8-5 $f(x,y) = x^2y^2$의 그래프

풀이 $f_x(x, y) = 2xy^2 = 0$, $f_y(x, y) = 2x^2y = 0$으로부터 $x = 0$ 또는 $y = 0$ 을 얻는다. 즉, x축과 y축에 있는 모든 점이 임계점이다. 그런데 원점 $(0, 0)$에서 $\Delta = 0$ 이므로 정리 12.8-2를 이용할 수 없다. 그러나 x축과 y축을 제외한 점에서 $f(x, y) = x^2y^2 > 0$ 이므로, 그림 12.8-5에서처럼 최솟값 0을 가진다. □

예제 12.8-4 한 정점을 원점에 두고 xy평면에 놓여 있는 직육면체가 그림 12.8-6와 같이 그 대각선의 다른 꼭짓점을 평면 $6x + 4y + 3z = 24$ 위에 두고 있다. 이 직육면체의 최대 부피를 찾아라.

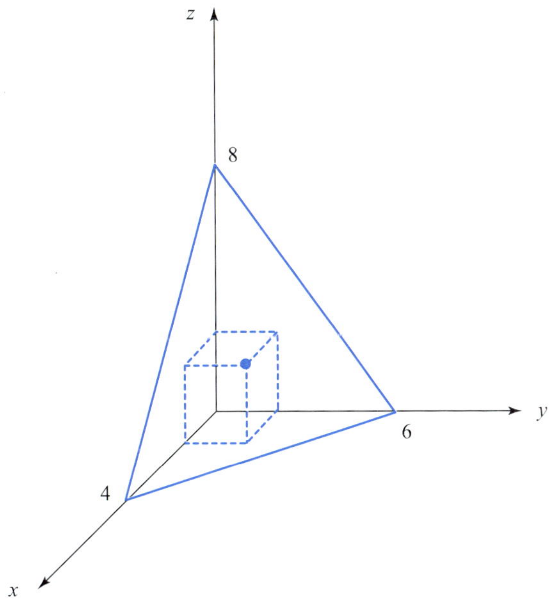

그림 12.8-6

풀이 직육면체의 세 변의 길이를 각각 x, y, z이라 하자. $z = \frac{1}{3}(24 - 6x - 4y)$ 이므로, 직육면체의 부피 $V = xyz$ 는 다음과 같이 나타낼 수 있다.

$$V(x, y) = xy\left\{\frac{1}{3}(24 - 6x - 4y)\right\} = \frac{1}{3}(24xy - 6x^2y - 4xy^2)$$

따라서 다음을 얻는다.

$$V_x(x, y) = \frac{1}{3}(24y - 12xy - 4y^2) = \frac{y}{3}(24 - 12x - 4y) = 0,$$

$$V_y(x, y) = \frac{1}{3}(24x - 6x^2 - 8xy) = \frac{x}{3}(24 - 6x - 8y) = 0$$

이로부터 임계점 $(0, 0)$, $(0, 6)$, $(4, 0)$, $(4/3, 2)$를 얻는다. 그리고 다음이 성립한다.

$$V_{xx}(x, y) = -4y,\ V_{yy}(x, y) = -\frac{8}{3}x,\ V_{xy}(x, y) = \frac{1}{3}(24 - 12x - 8y)$$

그러므로 점 $(4/3, 2)$에 대하여 다음을 얻는다.(나머지 임계점은 적당하지 않다.)

$$\Delta = (-8)\left(-\frac{32}{9}\right) - \left(-\frac{8}{3}\right)^2 = \frac{64}{3} > 0,\ V_{xx}\left(\frac{4}{3}, 2\right) = -8 < 0$$

따라서 $(4/3, 2)$에서 최대 부피 $V(4/3, 2) = 64/9$를 취한다. ❑

예제 12.8-5 A상품을 x개, B상품을 y개 생산하여 얻은 이익 P가 다음과 같이 주어진다고 할 때, 최대로 이익을 낼 수 있는 각 상품의 생산 수량을 찾아라.

$$P(x, y) = 8x + 10y - (0.001)(x^2 + xy + y^2) - 10000$$

풀이 $P_x(x, y) = 8 - (0.001)(2x + y) = 0$, $P_y(x, y) = 10 - (0.001)(x + 2y) = 0$에서 방정식 $2x + y = 8000$와 $x + 2y = 10000$을 얻는다. 이를 풀면 임계점은 $(2000, 4000)$이다. 그런데 $P_{xx}(2000, 4000) = -0.002 < 0$이고 $\Delta = (-0.002)^2 - (-0.001)^2 > 0$이므로, P는 임계점 $(2000, 4000)$에서 최대가 된다. ❑

정리 12.8-2는 최소 제곱법(least square method) 등과 관련되어 최적값(optimal solution)을 구하는 문제에 응용되기도 한다.

라그랑주 곱셈자

마지막으로, 일정 조건에서 주어진 다변수 함수의 최댓값과 최솟값 등 최적해를 찾는 데 유용한 라그랑주 곱셈자에 대하여 간략히 살펴본다.

생산 비용, 이윤, 디자인과 설계 비용 등을 표현하는 함수의 최댓값 또는 최솟값을 찾는 문제, 즉 최적화(optimization) 문제를 생각해 보자. 이러한 최적화 문제는 함수의 독립 변수에 아무런 조건이 없는 경우보다는 자원의 한계 등과 같은 일정한 조건(constraint)이 있는 경우에 최댓값 또는 최솟값, 즉 최적해를 찾는 것이 일반적이다.

예를 들어, 그림 12.8-7와 같이 타원 $x^2/9 + y^2/16 = 1$ 안에 있으면서 넓이가 최대인 직사각형을 찾는 문제를 생각해 보자. 그림과 같이 직사각형은 두 변의 길이로 결정되므로 두 변의 길이를 각각 $2x$와 $2y$라 하면, 이 문제는 사각형의 넓이 $f(x, y) = 4xy$를 최대로 하는 x와 y를 찾는 문제이다. 이때, 함수 $f(x, y) = 4xy$를 목적 함수(objective function)라 하고 $x^2/9 + y^2/16 - 1 = 0$을 조건(constraint)이라 한다. 이와 같이 일정한 조건에서 최적해를 찾는 문제를 해결하는 데 유용한 라그랑주[4] 곱셈자(Lagrange multiplier) 방법에 대하여 알아보자.

다음은 삼변수 함수의 경우에 대한 결과이다. 증명은 생략한다.

정리 12.8-3

두 함수 $f(x, y, z)$와 $g(x, y, z)$의 연속인 일계 편도함수가 모두 존재한다고 가정하자. 방정식 $g(x, y, z) = 0$을 만족시키는 집합의 점 (x_0, y_0, z_0)에서 함수 $f(x, y, z)$가 극댓값 또는 극솟값을 가지면, 다음 연립 방정식을 만족시키는 실수 λ가 존재한다.

$$\nabla f(x_0, y_0, z_0) = \lambda \nabla g(x_0, y_0, z_0), \quad g(x_0, y_0, z_0) = 0 \qquad (12.8\text{-}5)$$

정리 12.8-3에서 식 (12.8-5)의 λ를 라그랑주 곱셈자라 한다. 정리 12.8-3는 일반적인 다변수 함수의 경우에도 성립한다.

예제 12.8-6 조건 $\dfrac{x^2}{3^2} + \dfrac{y^2}{4^2} = 1$을 만족시키는 $f(x, y) = 4xy \ (x > 0, y > 0)$의 최댓값을 찾아라(그림 12.8-7 참조).

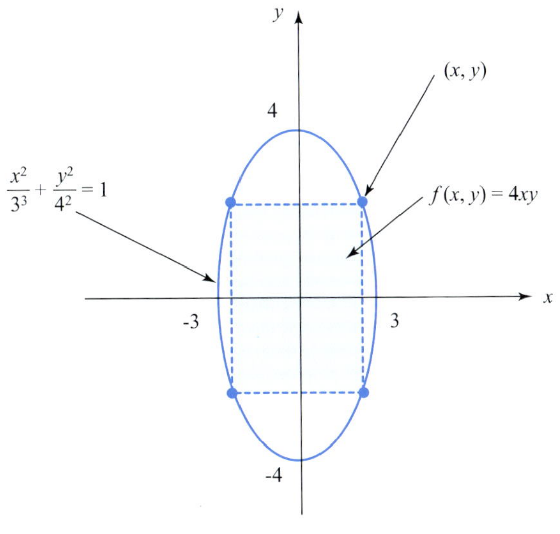

그림 12.8-7

풀이 $g(x,y)=\dfrac{x^2}{3^2}+\dfrac{y^2}{4^2}-1$ 로 놓으면, $\nabla f(x,\ y)=4y\mathbf{i}+4x\mathbf{j}$ 이고 다음이 성립한다.

$$\lambda\nabla g(x,\ y)=\left(\frac{2\lambda x}{9}\right)\mathbf{i}+\left(\frac{\lambda y}{8}\right)\mathbf{j}$$

그러므로 $4y=\dfrac{2}{9}\lambda x$ 이며 $4x=\dfrac{1}{8}\lambda y$ 이다. 처음 식에서 $\lambda=\dfrac{18y}{x}$ 이므로 $4x=\dfrac{1}{8}\left(\dfrac{18}{x}y\right)y$, 즉 $x^2=\dfrac{9}{16}y^2$이다. 이를 조건 $\dfrac{x^2}{3^2}+\dfrac{y^2}{4^2}=1$에 대입하면, $\dfrac{1}{9}\left(\dfrac{9}{16}y^2\right)+\dfrac{1}{16}y^2=1$이므로 $y^2=8$, 즉 $y=2\sqrt{2}\,(y>0)$ 이다. 따라서 $x=3/\sqrt{2}\ (x>0)$ 이며, 구하는 최대 넓이는 $f(3/\sqrt{2},\ 2\sqrt{2})=24$이다. ❑

참고 조건이 두 개의 방정식 $g_1=0$와 $g_2=0$로 주어진다면, 함수 $f(x,\ y,\ z)$가 극댓값 또는 극솟값을 가지는 점에서 다음을 만족시키는 두 실수 λ와 μ가 존재한다.

$$\nabla f(x,\ y,\ z)=\lambda\nabla g_1+\mu\nabla g_2,\quad g_1=0,\quad g_2=0$$

연습 문제 12.8

1. 다음 함수의 극값을 판정하고 찾아라.

(1) $f(x,y)=4xy-x^4-y^4$

(2) $f(x,\ y)=9-2x+4y-x^2-4y^2$

(3) $z=\dfrac{-4x}{x^2+y^2+1}$

(4) $z=x^2+y^2+x^2y+4$

(5) $z=\left(\dfrac{1}{2}-x^2+y^2\right)e^{1-x^2-y^2}$

(6) $z=xy-2xy-y$

(7) $z=(x^2+4y^2)e^{1-x^2-y^2}$

(8) $f(x,\ y)=x^3-12xy+8y^3$

2. 곡면 $z=xy+1$에 있는 점 중에서 원점과 가장 가까운 것을 찾아라.

3. 16리터의 직육면체 모양의 상자를 만드는데, 밑면에 쓸 재료의 단위 넓이당 가격은 앞면과 윗면의 것의 3배라고 한다. 바닥을 정사각형이 되게 만든다고 할 때, 가장 경제적인 상자의 치수를 찾아라. 단, 옆면과 윗면의 쓸 재료의 단위 넓이당 가격은 같다.

4. 자료 $(x_i, y_i, z_i)(i=1, \cdots, 4)$가 $(0, 0, 0)$, $(0, 1, 1)$, $(1, 1, 1)$, $(1, 0, -1)$과 같이 주어졌을 때, 이 자료 사이의 x, y, z의 관계식을 근사적으로 다음 식으로 나타내려고 한다.

$$z = a + bx + cy$$

이때, 다음이 최소가 되도록 a, b, c의 값을 정하라.

$$\sum_{i=1}^{4} \{z_i - (a + bx_i + cy_i)^2\}$$

5. 타원면 $x^2 + 3y^2 + 6z^2 = 9$ 안에 내접하는 직육면체의 최대 부피를 찾아라.

6. 가로가 12 cm인 긴 함석을 그 변을 따라 같은 폭으로 꺾어 올려서 그 단면이 이등변 사다리꼴이 되는 홈통을 만들려고 한다. 홈통의 부피가 최대가 되도록 만들 때, 밑변의 폭과 밑면과 옆면이 이루는 각을 찾아라.

7. 라그랑주의 곱셈자를 써서 다음 극값을 찾아라 (단, $x > 0$, $y < 0$).

(1) 최소화 목적 함수: $f(x, y) = x^2 + y^2$

조건: $x + y - 4 = 0$

(2) 최대화 목적 함수: $f(x, y) = e^{xy}$

조건: $x^2 + y^2 - 8 = 0$

❖ 메모

CHAPTER 13

다중 적분

이 장에서는 일변수 실함수의 적분을 확장하여 이변수와 삼변수 함수의 다중 적분에 대하여 알아본다. 또 다중 적분을 계산하는 데 유용한 반복 적분과 치환 적분도 다룬다. 적분은 피적분 함수에 대한 해석에 따라 거리, 곡면의 넓이, 부피, 곡선의 길이, 압력, 관성 모멘트, 에너지, 일 등으로 생각할 수 있다. 이와 관련하여 다중 적분의 응용에 대해서도 간단히 살펴본다.

13.1 이중 적분

여기서는 일변수 실함수의 정 적분의 개념을 이변수 실함수의 경우로 확장한다. 또 이중 적분을 계산하는 데 이용되는 반복 적분과 이중 적분의 응용을 다룬다. 이를 위해 먼저 필요한 용어를 정의하기로 하자.

도함수가 연속인 일변수 함수 $y=\phi(x)$ 또는 $x=\psi(y)$로 나타내어지는 평면의 곡선을 매끄러운 곡선(smooth curve)이라 한다. 또 실함수 $f:\Omega\subset\mathbb{R}^n\to\mathbb{R}$의 치역이 유계일 때, 즉 모든 $x\in\Omega$에 대해 양의 실수 M이 존재해서 부등식 $|f(x)|\le M$이 성립할 때, f는 Ω에서 유계(bounded)라 한다.

13.1.1 이중 적분의 정의

Ω을 평면의 유계 집합이라 하자. 그림 13.1-1과 같이 각 좌표축에 평행인 직선을 이용하여 평면을 작은 직사각형으로 나눌 때 Ω의 내부에 포함되거나 그 경계와 만나는 직사각형의 집합 P를 영역 Ω의 분할(partition)이라고 한다. 이때 P의 원소 중에서 대각선의 길이 중에서 가장 큰 값을 분할 P의 크기(norm)라 하고 $\|P\|$로 나타낸다. 또 $A_k\in P$일 때 A_k의 넓이를 ΔA_k로 나타낸다. 이때 직사각형 A_k의 두 변의 길이가 Δx와 Δy이면 $\Delta A_k=\Delta x_k\Delta y_k$이다.

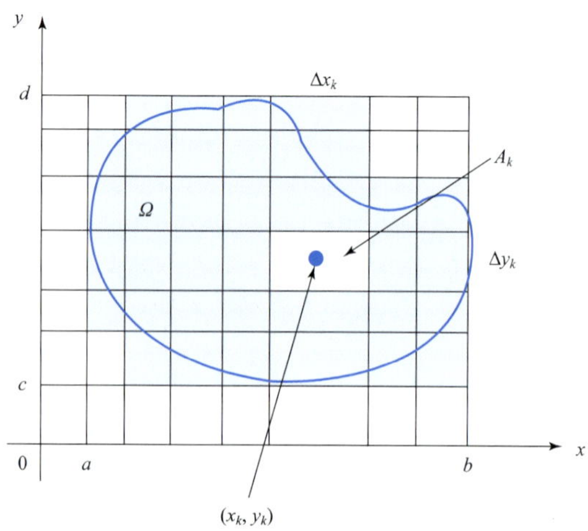

그림 13.1-1 영역 Ω의 분할

이제 경계가 유한 개의 매끄러운 곡선으로 이루어진 유계인 닫힌 영역 Ω에서 정의된 유계인 이변수 함수 $z = f(x,\ y)$를 생각하자. 그리고 $P = \{A_1,\ \cdots,\ A_n\}$을 Ω의 분할, P의 각 원소 A_k에서 $\mathbf{x}_k = (x_k,\ y_k) \in A_k \cap \Omega$인 점을 하나씩 뽑아서 만든 집합을 χ라고 하자. 이때 다음 식으로 정의되는 실수 $R(P,\ \chi,\ f)$를 영역 Ω의 분할 P와 χ에 대한 함수 f의 리만 합(riemann sum)이라고 한다.

$$R(P,\ \chi,\ f) = \sum_{k=1}^{n} f(\mathbf{x}_k)\Delta A_k = \sum_{k=1}^{n} f(x_k,\ y_k)\Delta x_k \Delta y_k$$

여기서 함수 f의 리만 합 $R(P,\ \chi,\ f)$는 영역 Ω의 분할 P와 χ를 구성하는 방법에 따라 달라진다는 점에 주의하자.

이제 분할 P의 크기 $\|P\|$가 0에 한없이 가까워지도록 Ω를 분할할 때, 이에 대응하는 리만 합 $R(P,\ \chi,\ f)$이 χ에 관계 없이 일정한 값에 수렴하면, 즉 다음 극한이 존재하면 집합 Ω에서 함수 f는 적분 가능하다고 한다.

$$\sum_{\|P\| \to 0} f(x_k,\ y_k)\Delta A_k$$

이때 이 극한을 집합 Ω에서 함수 f의 이중 적분(double integral)이라 하고, 다음과 같은 기호로 나타낸다.

$$\iint_{\Omega} f(x,\ y)\,dA,\quad \iint_{\Omega} f(x,\ y)\,dxdy,\quad \iint_{\Omega} f\,dxdy,\quad \iint_{\Omega} f\,dA$$

여기서 Ω를 적분 영역, f를 피적분 함수, $dA = dxdy$를 직교 좌표계에서의 이중 적분의 넓이 요소 또는 면적소(area element)라고 한다. 여기서 dA는 두 변의 길이가 각각 dx와 dy인 직사각형의 넓이로 생각할 수 있다.

경계가 유한 개의 매끄러운 곡선으로 이루어진 유계인 닫힌 영역 Ω에서 연속인 이변수 함수 f의 이중 적분 $\iint_{\Omega} f\,dA$는 항상 존재한다. 일반적으로 다음이 성립한다. 증명은 생략한다.

정리 13.1-1

집합 Ω를 경계가 유한 개의 매끄러운 곡선으로 이루어진 유계인 닫힌 영역이고, 이변수 함수 $z=f(x, y)$는 Ω에서 유계라고 하자. 그러면 f의 이중 적분 $\iint_{\Omega} f(x, y)dA$가 존재하기 위한 필요 충분 조건은 f가 Ω에서 '측도가 0인 집합'을 제외한 모든 점에서 연속인 것이다.

정리 13.1-1에서 측도(measure)는 길이, 넓이, 부피 등의 개념을 일반화한 것이다. 예를 들면, 평면의 부분 집합인 닫힌 원판 $\Omega=\{(x, y)\in \mathbb{R}^2 \mid x^2+y^2 \le 1\}$과 열린 원판 $\Omega_0=\{(x, y)\mid x^2+y^2<1\}$의 넓이, 즉 측도는 모두 π이다. 따라서 Ω_0의 경계인 원 $x^2+y^2=1$은 측도가 0인 집합[1]으로 유한 개의 점의 집합, 직선, 간단한 매끄러운 곡선 등이 있다. 경계의 측도가 0이 아닌 집합이 존재하기는 하지만 여기서는 다루지 않는다. 이와 비슷한 논의는 심중 적분에도 적용할 수 있으나 이 과정에서는 더 이상 논의하지 않는다.

예제 13.1-1 원판 $\Omega=\{(x, y)\mid x^2+y^2 \le a^2,\ a>0\}$에서 다음 두 이변수 함수 f와 g의 적분 가능성에 대하여 논하라.

$$g(x, y)=\sin\left(\frac{1}{x+y}\right),\quad f(x, y)=\frac{1}{x+y}$$

풀이 함수 g는 직선 $x+y=0$에서는 불연속이지만 나머지 평면에서 유계이다. 그런데 평면에서 직선의 측도는 0이므로 정리 13.1-1에 의해 g의 이중 적분이 존재한다.

한편, 함수 f는 측도가 0인 직선 $x+y=0$을 제외한 모든 점에서 연속이지만 Ω에서 유계가 아니므로 정리 13.1-1만으로는 f의 적분 가능성을 판단할 수 없다. 실제로 f는 Ω에서 적분 가능하지 않다. 그러나 직선 $x+y=0$의 일부를 포함하지 않는 집합, 예를 들어 원판 $\Omega=\{(x, y)\mid (x-2)^2+y^2 \le 1\}$에서는 적분 가능하다. ❑

참고 피적분 함수가 적분 영역이나 그 경계의 어느 한 점에서 극한이 무한대로 발산하거나

1) 각각의 양수 ϵ에 대하여 $\Omega \subset \cup_{i=1}^{n} R_i$과 $\sum_{i=1}^{n} A(R_i)<e$을 만족시키는 사각형 $R_1, \cdots, R_n \subset \mathbb{R}^2$이 존재하면 집합 $\Omega \subset \mathbb{R}^2$는 측도가 0인 집합이라고 한다. 여기서 $A(R_i)$는 사각형 R_i의 넓이를 나타낸다.

적분 영역의 넓이(측도)가 유한이 아니면 특이 적분을 정의한다. 이에 관한 자세한 논의는 이 과정에서 다루는 범위를 벗어나므로 생략한다.

일변수 함수의 경우와 마찬가지로 이중 적분에 대하여 다음이 성립한다. 이에 관한 증명은 생략한다.

정리 13.1-2 적분의 성질

영역 Ω에서 두 이변수 함수 f와 g의 이중 적분이 모두 존재하면 다음이 성립한다.

(1) $\displaystyle\iint_{\Omega} \alpha f\, dA = \alpha \iint_{\Omega} f\, dA \quad (\alpha \in \mathbb{R})$

(2) $\displaystyle\iint_{\Omega} (f+g)\, dA = \iint_{\Omega} f\, dA + \iint_{\Omega} g\, dA$

(3) Ω에서 $f(x, y) \geq g(x, y)$이면 $\displaystyle\iint_{\Omega} f\, dA \geq \iint_{\Omega} g\, dA$이다.

(4) 그림 13.1-2와 같이 $R_1 \cap R_2$가 유한 개의 매끄러운 곡선이고 $\Omega = R_1 \cup R_2$인 영역 Ω의 부분집합 R_1과 R_2에 대하여 다음이 성립한다.

$$\iint_{\Omega} f dA = \iint_{R_1} f dA + \iint_{R_2} f dA$$

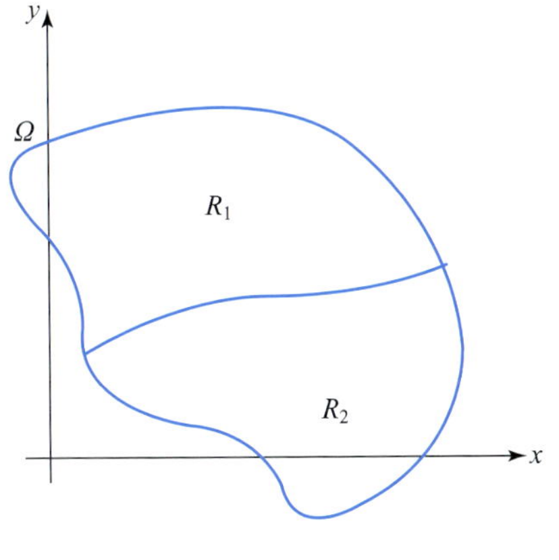

그림 13.1-2 적분 영역 Ω의 분할

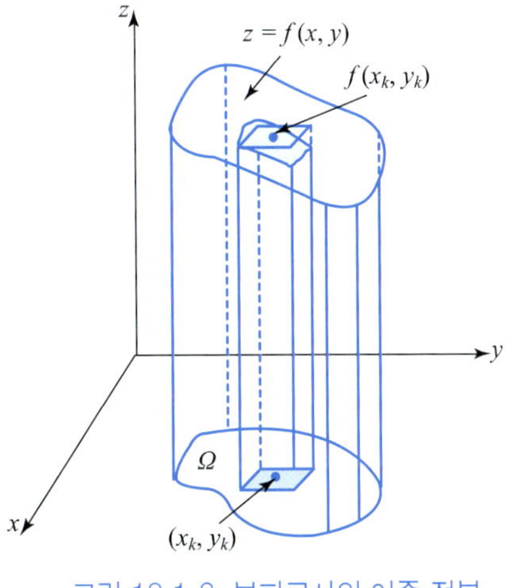

그림 13.1-3 부피로서의 이중 적분

13.1.2 반복 적분

일반적으로 정의에 따라 이중 적분을 계산하는 것은 간단하지 않다. 여기서는 이중 적분을 계산하는 데 유용한 반복 적분(iterated integral)에 대하여 알아본다.

집합 Ω에서 적분 가능한 함수 $f(x, y) \ge 0$의 적분 $\iint_{\Omega} f(x, y)dA$는 그림 13.1-3과 같이 집합 Ω와 곡면 $z = f(x, y)$가 만드는 입체의 부피 V라는 점에 주목하여 V를 단면의 넓이를 이용하여 구하는 것을 생각해 보자 (그림 13.1-4 참조).

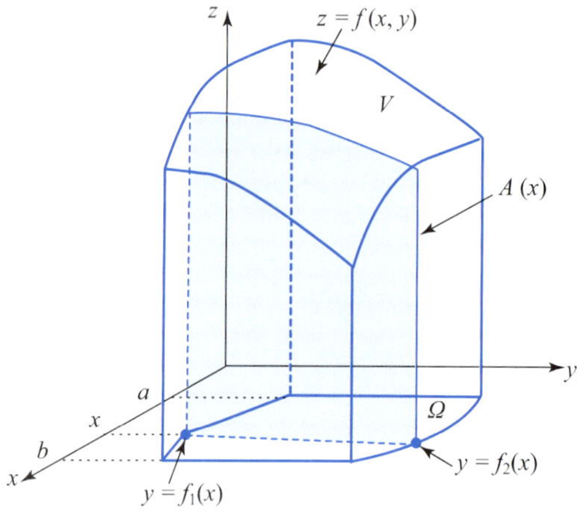

그림 13.1-4 단면의 넓이를 합으로서의 부피

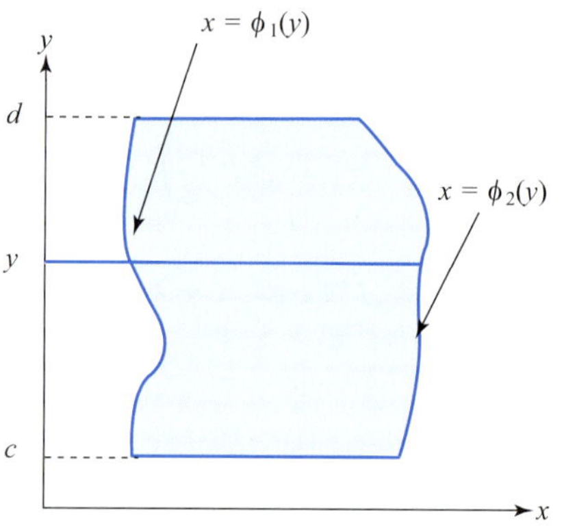

그림 13.1-5 푸비니 정리의 영역

영역 Ω가 그림 13.1-4와 같이 평면에서 두 곡선 $y = f_1(x)$와 $y = f_2(x)$ 및 두 직선 $x = a$와 $x = b$로 둘러싸여 있다고 하자. 이때 두 점 a와 b 사이의 점 x에 대해 y의 함수로서 $f(x, y)$가 적분 가능하면 다음 함수를 얻는다.

$$A(x) = \int_{f_1(x)}^{f_2(x)} f(x, y)\,dy \quad (a \le x \le b)$$

각 x에 대하여 $A(x)$는 그림 13.1-4의 어두운 부분인 입체 V의 단면의 넓이다. 이때 함수 $A(x)$가 적분 가능하면 다음을 얻는다.

$$\text{부피} = \int_a^b A(x)\,dx = \int_a^b \left\{ \int_{f_1(x)}^{f_2(x)} f(x, y)\,dy \right\} dx$$

$$= \int_a^b \int_{f_1(x)}^{f_2(x)} f(x, y)\,dy\,dx \qquad (13.1\text{-}1)$$

같은 방법으로 영역 Ω가 그림 13.1-5와 같이 두 개의 직선 $y=c$와 $y=d$ 및 두 곡선 $x=\phi_1(y)$와 $x=\phi_2(y)$로 둘러싸인 집합이면 집합 Ω와 함수 f에 의하여 결정되는 입체 V의 부피는 다음과 같다.

$$V\text{의 부피} = \int_c^d \left\{ \int_{\phi_1(y)}^{\phi_2(y)} f(x,\ y)\,dx \right\} dy$$

$$\equiv \int_c^d \int_{\phi_1(y)}^{\phi_2(y)} f(x,\ y)\,dx\,dy \qquad (13.1\text{-}2)$$

여기서 두 식 (13.1-1)과 (13.1-2)를 반복 적분이라고 한다.

일반적으로 이중 적분과 반복 전분에 대하여 푸비니[2] 정리(Fubini's Theorem)가 성립한다. 이에 대한 증명은 이 과정에서 다루는 범위를 벗어나므로 생략한다.

정리 13.1-3 푸비니 정리

영역 Ω에서 연속인 함수 f에 대하여 다음이 성립한다.

(1) 구간 $[a,\ b]$에서 $f_1(x) \le f_2(x)$이고 연속인 두 함수 $y=f_1(x)$와 $y=f_2(x)$에 대하여 $\Omega = \{(x,\ y) \mid f_1(x) \le y \le f_2(x),\ a \le x \le b\}$이면 다음이 성립한다.

$$\iint_\Omega f(x,\ y)\,dx\,dy = \int_a^b \int_{f_1(x)}^{f_2(x)} f(x,\ y)\,dy\,dx$$

(2) 구간 $[c,\ d]$에서 $\phi_1(y) \le \phi_2(y)$이고 연속인 두 함수 $x=\phi_1(y)$와 $x=\phi_2(y)$에 대하여 $\Omega = \{(x,\ y) \mid \phi_1(y) \le x \le \phi_2(y),\ c \le y \le d\}$이면 다음이 성립한다.

$$\iint_\Omega f(x,\ y)\,dx\,dy = \int_c^d \int_{\phi_1(y)}^{\phi_2(y)} f(x,\ y)\,dx\,dy$$

예제 13.1-2 다음 반복 적분의 값을 찾고 그 적분 영역을 xy평면에 그려라.

$$\int_0^1 \int_0^{2x} xy^3\,dy\,dx$$

2) Guido Fubini(1879~1943): 이탈리아 수학자

풀이 먼저 주어진 반복 적분을 계산하면 다음과 같다.

$$\int_0^1 \int_0^{2x} xy^3\,dy\,dx = \int_0^1 x\left\{\int_0^{2x} y^3 dy\right\}dx = \int_0^1 x\left[\frac{y_4}{4}\right]_0^{2x} dx$$

$$= \int_0^1 x\frac{(2x)^4}{4}dx = \int_0^1 4x^5 dx = \frac{2}{3}$$

적분 영역은 $0 \le x \le 1$인 x에 대해 y가 0에서 $2x$까지 변하므로 그림 13.1-6과 같다. 한편 함수 xy^3은 주어진 적분 영역에서 연속이므로 푸비니 정리에 의하면 적분하는 순서를 바꾸어 계산하여도 적분은 같다. 실제로 다음과 같이 적분하는 순서를 바꾸어 계산하여도 같은 결과를 얻는다.

$$\int_0^2 \int_{y/2}^1 xy^3\,dx\,dy = \int_0^2 y^3\left\{\int_{y/2}^1 x\,dx\right\}dy = \int_0^2 y^3\left[\frac{x_2}{2}\right]_{y/2}^1 dy$$

$$= \int_0^2 \left(\frac{y^3}{2} - \frac{y^5}{8}\right)dy = \frac{2}{3}$$

❑

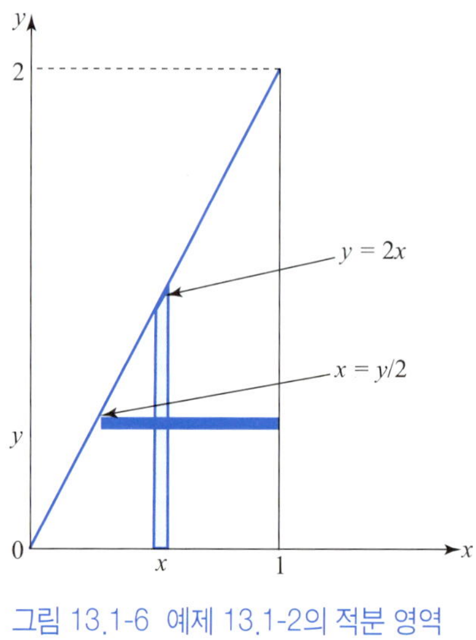

그림 13.1-6 예제 13.1-2의 적분 영역

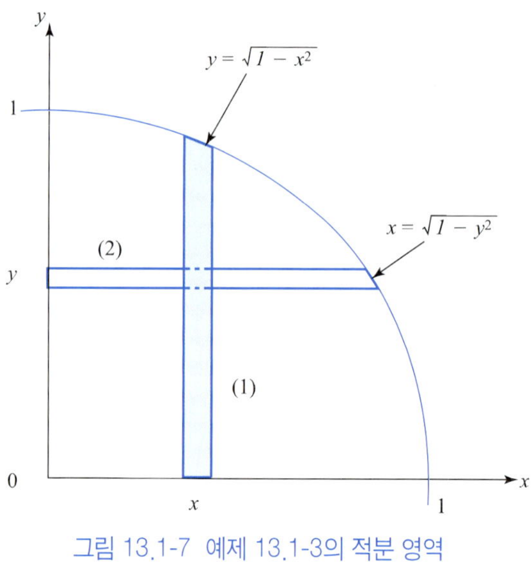

그림 13.1-7 예제 13.1-3의 적분 영역

예제 13.1-3 $\displaystyle\iint_{\Omega} \frac{y}{\sqrt{x^2+y^2}}\,dx\,dy$를 찾아라.

단, $\Omega = \{(x,\ y)\mid x^2+y^2 \le 1,\ x \ge 0,\ y \ge 0\}$이다.

풀이 푸비니 정리로부터 주어진 적분을 그림 13.1-7과 같이 두 가지 방법으로 구할 수 있다. 그림 13.1-7에서 (1)을 이용하는 경우, 즉 x를 고정하는 경우에 다음과 같은 반복 적분을 이용하여 구할 수 있다.

$$\iint_{\Omega} \frac{y}{\sqrt{x^2+y^2}}\,dx\,dy = \int_0^2 \int_0^{\sqrt{1-x^2}} \frac{y}{\sqrt{x^2+y^2}}\,dy\,dx$$

(2)를 이용하는 경우, 즉 y를 먼저 고정하는 경우에는 다음 반복 적분을 얻는다.

$$\iint_{\Omega} \frac{y}{\sqrt{x^2+y^2}}\,dx\,dy = \int_0^1 \int_0^{\sqrt{1-y^2}} \frac{y}{\sqrt{x^2+y^2}}\,dx\,dy$$

그러나 (2)를 이용하는 경우에는 $\displaystyle\int_0^{\sqrt{1-y^2}} \frac{y}{\sqrt{x^2+y^2}}\,dx$를 계산한 뒤에 y에 관한 적분이 쉽지 않으므로 (1)을 이용하여 적분값을 구하는 것이 편리하다.

$$\iint_{\Omega} \frac{y}{\sqrt{x^2+y^2}}\,dx\,dy = \int_0^1 \int_0^{\sqrt{1-x^2}} \frac{y}{\sqrt{x^2+y^2}}\,dy\,dx$$

$$= \int_0^1 \left[\sqrt{x^2+y^2}\,\right]_0^{\sqrt{1-x^2}} dx = \int_0^1 (1-x)\,dx = \frac{1}{2} \qquad \square$$

13.1.3 넓이와 부피

집합 Ω가 유계인 닫힌 영역이고 그 경계는 유한 개의 매끄러운 곡선으로 이루어져 있으면, 함수 $f(x,\ y)=1$에 대한 다음 이중 적분은 Ω의 넓이 또는 면적이다.

$$\Omega\text{의 넓이} = \iint_{\Omega} 1\,dx\,dy \qquad (13.1\text{-}3)$$

예제 13.1-4 평면에서 두 함수 $f(x)=\sin x$와 $g(x)=\cos x$의 그래프 및 두 직선 $x=\frac{1}{4}\pi$와 $x=\frac{5}{4}\pi$로 둘러싸인 영역 Ω의 넓이를 이중 적분을 이용하여 찾아라.

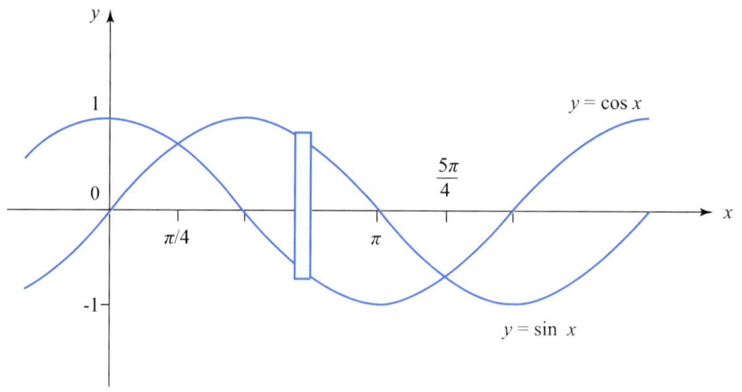

그림 13.1-8 예제 13.1-4의 영역

풀이 이 경우는 일변수 함수의 적분 $\int_{\pi/4}^{5\pi/4}(\sin x - \cos x)\,dx$를 이용하여 찾을 수도 있다.

이중 적분을 이용하는 경우에 먼저 x를 고정하는 반복 적분을 이용하여 넓이를 찾으면 다음과 같다 (그림 13.1-8 참조).

$$\Omega\text{의 넓이} = \int_{\pi/4}^{5\pi/4}\int_{\cos x}^{\sin x} dy\,dx = \int_{\pi/4}^{5\pi/4}[y]_{\cos x}^{\sin x}dx$$

$$= \int_{\pi/4}^{5\pi/4}(\sin x - \cos x)\,dx = 2\sqrt{2}$$

❑

예제 13.1-5 이중 적분 $\int_0^2\int_{y^2}^4 dx\,dy$의 적분 영역을 그리고 그 값을 계산하라.

풀이 주어진 반복 적분은 0과 2 사이의 임의의 y를 먼저 고정한 뒤에 x에 관해 $x = y^2$에서 $x = 4$까지 적분하므로 적분 영역 Ω는 다음과 같다 (그림 13.1-9 참조).

$$\Omega = \{(x,\ y)\,|\,0 \le y \le 2,\ y^2 \le x \le 4\}$$

$$= \{(x,\ y)\,|\,0 \le x \le 4,\ 0 \le y \le \sqrt{x}\}$$

이제 반복 적분을 계산하면 다음과 같다.

$$\int_0^2\int_{y^2}^4 dx\,dy = \int_0^2 [x]_{y^2}^4\,dy = \int_0^2(4-y^2)dy = \left[4y - \frac{y^3}{3}\right]_0^2 = \frac{16}{3}$$

참고로 주어진 반복 적분의 적분 순서를 바꿔 쓰면 $\int_0^4\int_0^{\sqrt{x}} dy\,dx$이며 적분값은 동일하다 (그림 13.1-10 참조).

❑

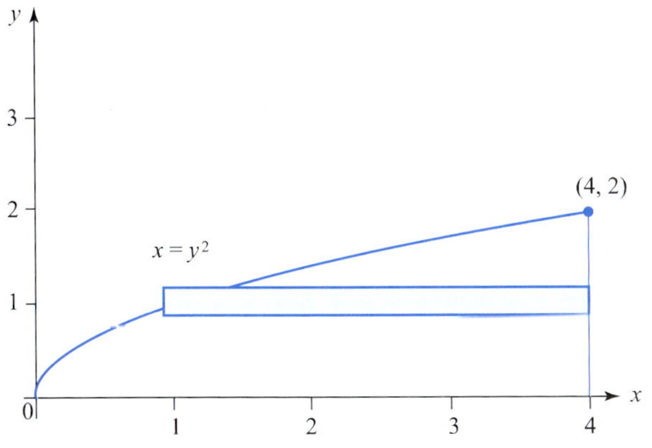

그림 13.1-9 y를 먼저 고정하는 경우

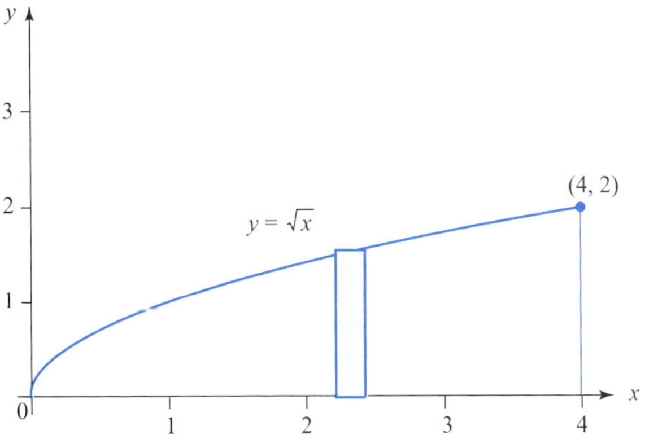

그림 13.1-10 x를 먼저 고정하는 경우

예제 13.1-6 평면에서 연립 부등식 $y \le 4x - x^2$, $y \ge 3x + 6$, $y \ge 0$으로 결정되는 영역 Ω의 넓이를 이중 적분을 이용하여 찾아라.

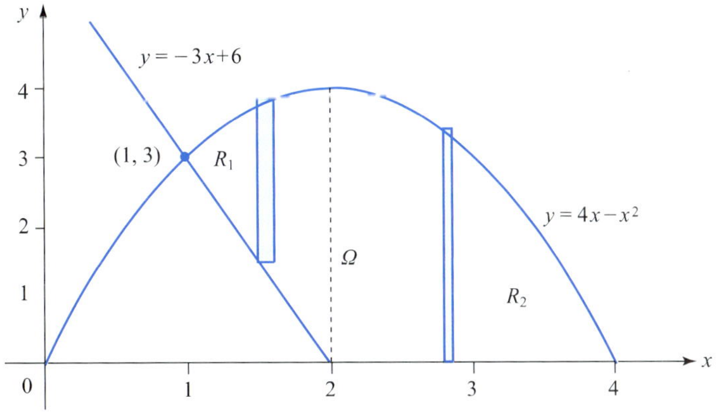

그림 13.1-11 예 13.1-6의 적분 영역

풀이 영역 Ω를 그림 13.1-11과 같이 R_1과 R_2로 나누고 적분의 성질에 관한 정리 13.1-2의 (4)를 이용하여 Ω의 넓이를 다음과 같이 구한다.

$$\Omega\text{의 넓이} = \iint_{R_1} dx\,dy + \iint_{R_2} dx\,dy$$

$$= \int_1^2 \int_{-3x+6}^{4x-x^2} dy\,dx + \int_2^4 \int_0^{4x-x^2} dy\,dy$$

$$= \int_1^2 (4x - x^2 + 3x - 6)dx + \int_2^4 (4x - x^2)dx$$

$$= \left[\frac{7x^2}{2} - \frac{x^3}{3} - 6x\right]_1^2 + \left[2x^2 - \frac{x^3}{3}\right]_2^4 = \frac{15}{2}$$

따라서 영역 Ω의 넓이는 $\frac{15}{2}$ 이다. ❑

영역 Ω에서 항상 $f(x,\ y) \geq 0$이고 적분 가능한 함수 $z = f(x,\ y)$의 이중 적분은 영역 Ω와 함수 $f(x,\ y)$에 의해 만들어지는 입체 V의 부피를 나타낸다고 하였다.

$$V\text{의 부피} = \iint_\Omega f\,dA \tag{13.1-4}$$

식 (13.1-4)의 이중 적분은 푸비니 정리 13.1-3을 이용하여 반복 적분으로 구할 수 있다. 일변수 함수의 적분을 이용하여 간단한 회전체의 부피를 구할 수도 있지만 이중 적분을 이용하면 더욱 다양한 입체의 부피를 구할 수 있다.

예제 13.1-7 포물면 $z = 4 - x^2 - y^2$에 대하여 다음 입체의 부피를 찾아라.

(1) $x = 0,\ x = 1,\ y = 0,\ y = 1$로 둘러싸인 정사각형과 포물면 사이의 입체

(2) xy평면과 포물면 사이의 입체

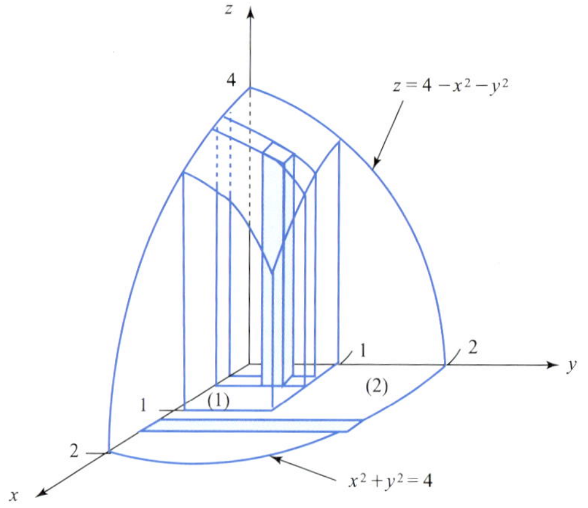

그림 13.1-12 예제 13.1-7의 입체

풀이 (1) $\int_0^1 \int_0^1 (4-x^2-y^2)\,dy\,dx = \int_0^1 \left(\frac{11}{3}-x^2\right) dx = \frac{10}{3}$

(2) xy평면($z=0$)과 주어진 포물면과의 교선은 $x^2+y^2=4$이다. 그림 13.1-12와 같이 포물면과 교선의 대칭성을 이용하면 찾는 적분은 제 1 팔분 공간에 있는 부분의 4배이므로 다음과 같이 먼저 x를 고정한 반복 적분을 이용하여 구하면 8π이다.

$$\text{부피} = \int_0^2 \int_0^{\sqrt{4-x^2}} (4-x^2-y^2)\,dy\,dx = 8\pi \qquad \square$$

13.1.4 이중 적분의 응용

이중 적분은 영역의 넓이나 입체의 부피뿐만 아니라 질량이 연속적으로 분포되어 있는 평면 또는 공간의 영역, 예를 들어 얇은 금속판 또는 입체의 질량(mass), 질량 모멘트(moment of mass), 질량 중심(center of mass), 관성 모멘트(moment of inertia) 등을 나타내는 데 이용된다. 이런 개념은 평면 또는 공간에서 물체의 운동을 기술하고 분석하는 데 중요하다. 여기서는 평면의 영역만 다루고 공간의 영역은 13.2절에서 다루기로 한다.

평면에서 질량이 연속적으로 분포되어 있는 영역 Ω의 질량 요소 또는 질량소(element of mass) dm은 다음과 같다 (그림 13.1-13 참조).

$$dm = \delta(x,\ y)\,dx\,dy = \delta(x,\ y)\,dA$$

여기서 $\delta(x,\ y)$는 Ω의 질량 분포를 나타내는 함수, 즉 밀도 함수이다.

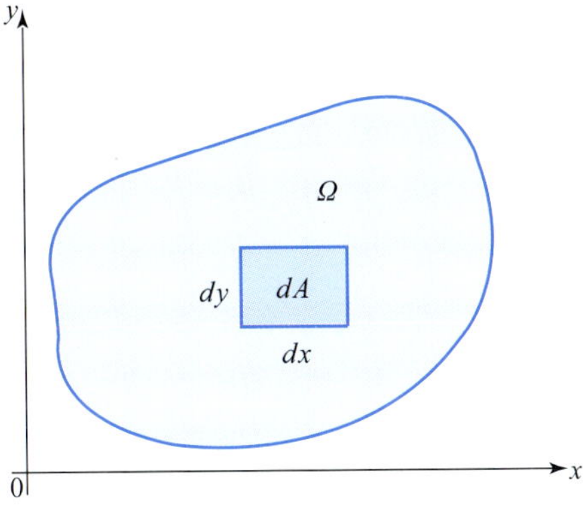

그림 13.1-13 넓이 요소 dA

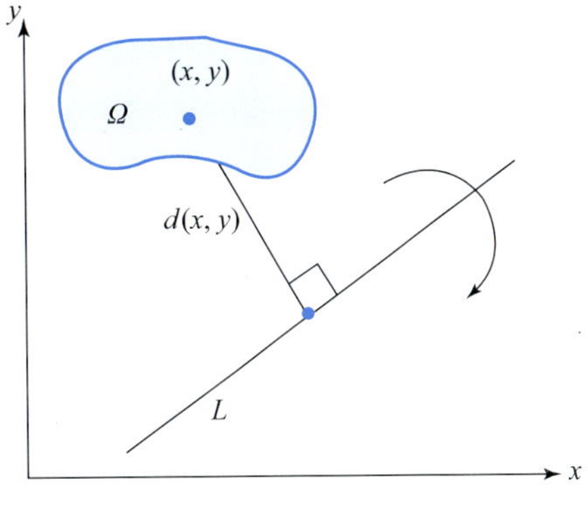

그림 13.1-14 축 L에 대한 관성 모멘트

영역 Ω에 관한 물리량은 다음과 같이 이중 적분으로 주어진다.

$$\Omega\text{의 총 질량 } m = \iint_{\Omega} \delta(x,\ y)\,dx\,dy \tag{13.1-5}$$

$$x\text{축에 대한 질량 모멘트 } M_x = \iint_{\Omega} y\,\delta(x,\ y)\,dx\,dy \tag{13.1-6}$$

$$y\text{축에 대한 질량 모멘트 } M_y = \iint_{\Omega} x\,\delta(x,\ y)\,dx\,dy \tag{13.1-7}$$

세 식 (13.1-5), (13.1-6), (13.1-7)로부터 질량 중심의 좌표 $(\bar{x},\ \bar{y})$는 다음과 같다.

$$\bar{x} = \frac{M_y}{m},\quad \bar{y} = \frac{M_x}{m} \tag{13.1-8}$$

이중 적분의 다른 응용은 회전축에 대한 질량의 회전 운동에 관한 관성 모멘트이다. 평면에서 회전축 L에 대하여 영역 Ω의 점 $(x,\ y)$에서 축 L까지의 거리를 $d(x,\ y)$라고 하자. 이때 축 L에 대한 영역 Ω의 질량의 관성 모멘트[3] I_L을 다음과 같이 정의한다 (그림 13.1-14 참조).

$$I_L = \iint_{\Omega} \{d(x,\ y)\}^2\,\delta(x,\ y)\,dx\,dy \tag{13.1-9}$$

관성 모멘트 I_L이 클수록 회전축 L에 대해 주어진 질량을 회전 운동시키거나 회전 운동을 멈추기가 힘이 든다는 것을 의미한다. 특히, x축과 y축에 대한 관성 모멘트 I_x와 I_y 및 원점에 대한 관성 모멘트인 극관성 모멘트(polar monent of inertia) I_0은 각각 다음과 같다.

$$I_x = \iint_{\Omega} y^2\,\delta(x,\ y)\,dx\,dy \tag{13.1-10}$$

$$I_y = \iint_{\Omega} x^2\,\delta(x,\ y)\,dx\,dy \tag{13.1-11}$$

$$I_0 = \iint_{\Omega} (x^2 + y^2)\,\delta(x,\ y)\,dx\,dy = I_x + I_y \tag{13.1-12}$$

3) 질량 모멘트를 제1 질량 모멘트(first moment of the mass), 관성 모멘트를 제2 질량 모멘트(second moment of the mass)라고도 한다.

여기서 I_0는 원점에서 xy평면에 수직인 z축에 대한 관성 모멘트를 의미한다.

질량의 회전축 L에 대하여 다음 식으로 정의되는 R_L을 질량 m의 회전축 L에 대한 선회 반경(radius of gyration)이라고 한다.

$$I_L = mR_L^2 \quad \text{또는} \quad R_L = \sqrt{\frac{I_L}{m}}$$

선회 반경 R_L은 한 영역의 질량을 m이라 할 때 질량 m인 질점이 축 L로부터 어느 정도의 거리에 있어야 I_L과 같은 관성 모멘트를 가지는지를 말해준다. 특히, 평면에서 x축과 y축 및 원점, 즉 z축에 대한 선회 반경 R_x, R_y, R_0는 각각 다음과 같다.

$$R_x = \sqrt{\frac{I_x}{m}}, \quad R_y = \sqrt{\frac{I_y}{m}}, \quad R_0 = \sqrt{\frac{I_0}{m}} \qquad (13.1\text{-}13)$$

예제 13.1-8 평면에서 두께가 일정하고 밀도 함수 δ가 상수인 얇은 금속판이 영역 $\Omega = \{(x,\ y) \mid 0 \le y \le x,\ y \ge x^2,\ 0 \le x \le 1\}$를 차지할 때 금속판 Ω의 질량 중심과 관성 모멘트 I_x, I_y, I_0 및 선회 반경 R_x, R_y, R_0을 찾아라.

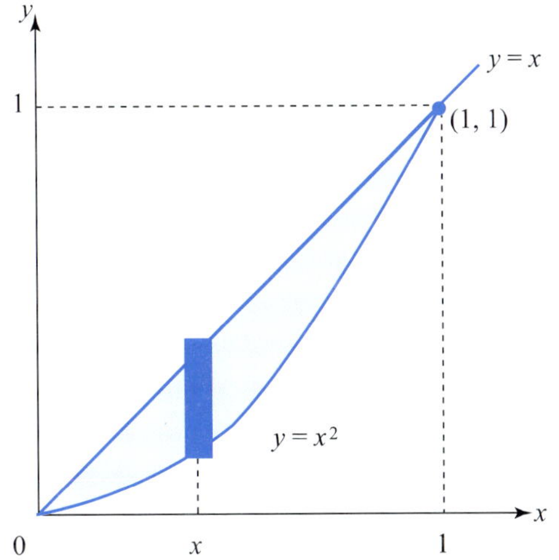

그림 13.1-15 예제 13.1-8의 금속판 Ω

풀이 이중 적분을 계산할 때 먼저 x를 고정한 반복 적분을 이용하면 m, M_x, M_y는 각각 다음과 같다 (그림 13.1-15 참조).

$$m=\int_0^1\int_{x^2}^{x}\delta\,dy\,dx=\delta\int_0^1\int_{x^2}^{x}dy\,dx=\frac{\delta}{6},$$

$$M_x=\int_0^1\int_{x^2}^{x}y\delta\,dy\,dx=\delta\int_0^1\left[\frac{y^2}{2}\right]_{x^2}^{x}dx=\delta\int_0^1\left(\frac{x^2}{2}-\frac{x^4}{2}\right)dx=\frac{\delta}{15},$$

$$M_y=\int_0^1\int_{x^2}^{x}x\delta\,dy\,dx=\delta\int_0^1[xy]_{x^2}^{x}\,dx=\delta\int_0^1(x^2-x^3)\,dx=\frac{\delta}{12}$$

따라서 금속판 Ω의 질량 중심 $(\bar{x},\ \bar{y})$는 다음과 같다.

$$\bar{x}=\frac{M_y}{m}=\frac{1}{2},\quad \bar{y}=\frac{M_x}{m}=\frac{2}{5}$$

관성 모멘트를 구하면 다음과 같다.

$$I_x=\int_0^1\int_{x^2}^{x}y^2\delta\,dy\,dx=\delta\int_0^1\left[\frac{y^3}{3}\right]_{x^2}^{x}dx=\delta\int_0^1\left(\frac{x^3}{3}-\frac{x^6}{3}\right)dx=\frac{\delta}{28},$$

$$I_y=\int_0^1\int_{x^2}^{x}x^2\delta\,dy\,dx=\delta\int_0^1(x^3-x^4)\,dx=\frac{\delta}{20}$$

따라서 극관성 모멘트는 다음과 같다.

$$I_0=I_x+I_y=\frac{3\delta}{35}$$

마지막으로 식 (13.1-13)을 이용하여 찾으면 선회 반경은 각각 다음과 같다.

$$R_x=\sqrt{\frac{3}{14}},\quad R_y=\sqrt{\frac{3}{10}},\quad R_0=\sqrt{\frac{18}{35}}$$ ❑

13.1.5 극 좌표계에서의 이중 적분

함수가 극 좌표로 주어진 경우의 적분은 직교 좌표보다는 극 좌표를 사용하는 것이 더 자연스럽다. 이 절에서는 극 좌표계에서의 이중 적분에 대하여 알아본다.

집합 $\Omega\subset\mathbb{R}^2$는 유계인 닫힌 영역이고 경계는 유한 개의 매끄러운 곡선으로 이루어졌다고 하자. 그림 13.1-16의 (a)와 같이 극점 점 O가 중심인 동심원과 극점을 지나는

직선으로 평면을 극 사각형(polar reatangle)으로 분할하자. 여기서 영역 Ω에 완전히 포함되는 작은 영역 A_1, ⋯, A_n의 집합 P를 영역 Ω의 극 분할(polar partition)이라고 한다. 직교 좌표계에서와 같이 분할 P의 크기 $\|P\|$를 대각선이 가장 긴 분할의 원소인 극 사각형의 대각선의 길이로 정의한다.

이제 함수 $f(r, \theta)$가 영역 Ω에서 유계라고 하자. 그리고 영역 Ω의 분할 $P = \{A_1, \cdots, A_n\}$에 대하여 각 극 사각형 A_i의 중점을 (r_i, θ_i), 그 넓이를 ΔA_i라 하자. 이때 영역 Ω를 $\|P\| \to 0$이 되도록 분할하여 갈 때 다음 극한이 존재하면 함수 $f(r, \theta)$는 집합 Ω에서 적분 가능하다고 한다.

$$\lim_{\|P\| \to 0} \sum_{i=1}^{n} f(r_i, \theta_i) \Delta A_i$$

여기서 위의 극한을 다음과 같은 기호로 나타낸다.

$$\iint_{\Omega} f(r, \theta)\, dA$$

한편, 극 사각형 A_i의 넓이 ΔA_i는 다음과 같다 (그림 13.1-16의 (b)참조).

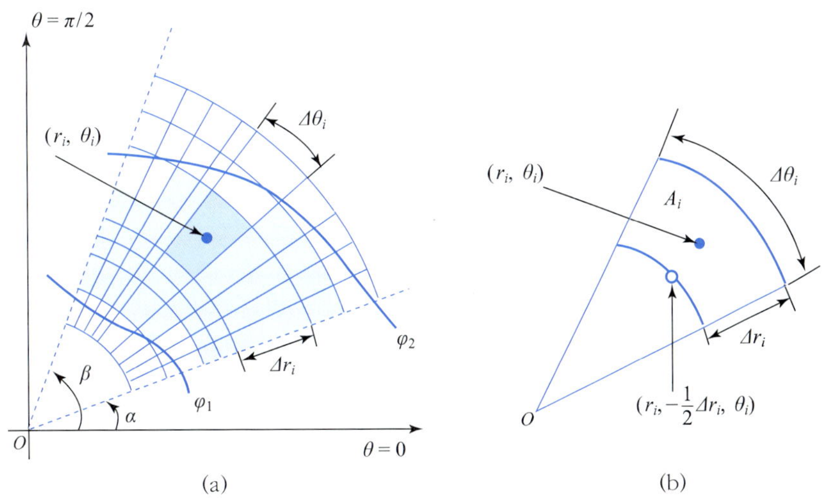

그림 13.1-16 영역의 극 분할

$$\begin{aligned}\Delta A_i &= \text{ 큰 부채꼴의 넓이 } - \text{ 작은 부채꼴의 넓이}\\ &= \frac{1}{2}\Delta\theta_i\left\{\left(r_i+\frac{1}{2}\Delta r_i\right)^2-\left(r_i-\frac{1}{2}\Delta r_i\right)^2\right\}\\ &= \frac{1}{2}\Delta\theta_i(2r_i\Delta r_i)= r_i\Delta r_i\Delta\theta_i\end{aligned}$$

따라서 $dA = rdrd\theta$이므로 함수 $f(r,\ \theta)$의 영역 Ω에서의 적분은 다음과 같다.

$$\iint_{\Omega} f(r,\ \theta)\, r\, dr\, d\theta$$

직교 좌표계에서와 같이 영역 Ω에서의 함수 $f(r,\ \theta)=1$이 이중 적분은 영역 Ω의 넓이이다.

$$\Omega\text{의 넓이} = \iint_{\Omega} r\, dr\, d\theta \tag{13.1-14}$$

또 $f(r,\ \theta) \ge 0$인 함수의 이중 적분은 함수 f와 영역 Ω로 결정되는 입체 V의 부피를 나타낸다.

$$V\text{의 부피} = \iint_{\Omega} f(r,\ \theta)\, r\, dr\, d\theta \tag{13.1-15}$$

정리 13.1-2와 푸비니 정리 13.1-3의 극 좌표에서의 이중 적분에 대해서도 성립한다. 그림 13.1-17의 (a)와 같이 $\Omega = \{(r,\ \theta) \mid \theta_1 \le \theta \le \theta_2,\ \phi_1(\theta) \le r \le \phi_2(\theta)\}$일 때 먼저 θ를 고정하여 r에대해 $\phi_1(\theta)$에서 $\phi_2(\theta)$까지 적분한 것을 θ에 대해 θ_1에서 θ_2까지 적분하면 다음 식을 얻는다.

$$\iint_{\Omega} f(r,\ \theta)\, r\, dr\, d\theta = \int_{\theta_1}^{\theta_2}\int_{\phi_1(\theta)}^{\phi_2(\theta)} f(r,\ \theta)\, r\, dr\, d\theta \tag{13.1-16}$$

$\Omega = \{(r,\ \theta) \mid \psi_1(r) \le \theta \le \psi_2(r),\ r_1 \le r \le r_2\}$이면 먼저 r을 고정하여 θ에 대해 적분한 후 r에 대해 적분하면 다음을 얻는다 (그림 13.1-17의 (b)참조).

$$\iint_{\Omega} f(r,\ \theta)\, r\, dr\, d\theta = \int_{r_1}^{r_2}\int_{\psi_1(r)}^{\psi_2(r)} f(r,\ \theta)\, r\, d\theta\, dr \tag{13.1-17}$$

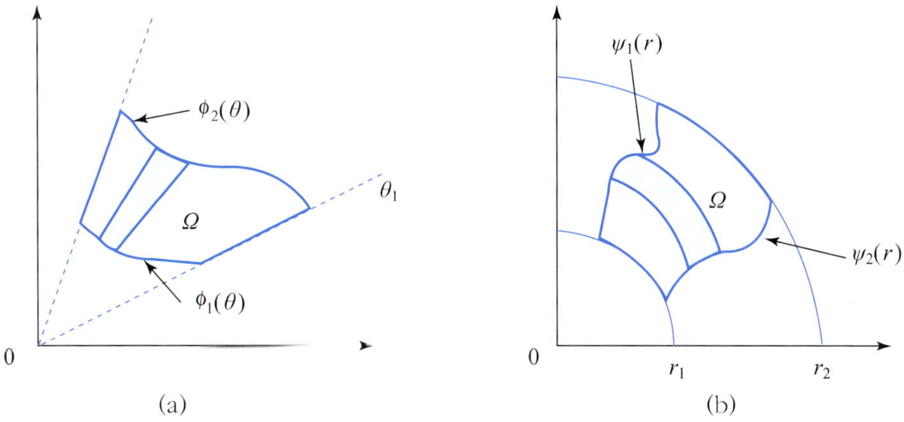

그림 13.1-17 극좌표에서의 반복 적분

예제 13.1-9 영역 Ω가 원 $r=4\cos\theta$의 내부와 $r=2$의 외부로 둘러싸인 집합의 제 1 사분면에 있는 부분일 때, $\iint_{\Omega} \sin\theta dA$를 찾아라.

풀이 두 원의 제 1 사분면에 있는 교점의 θ를 구하면 $2=4\cos\theta$에서 $\theta=\frac{1}{3}\pi$이다. 따라서 그림 13.1-18과 같이 영역 Ω의 범위는 $0 \le \theta \le \frac{1}{3}$이고 $2 \le r \le 4\cos\theta$이므로 먼저 θ를 고정하여 반복 적분하면 다음을 얻는다.

$$\begin{aligned}
\iint_{\Omega} \sin\theta\, r\, dr\, d\theta &= \int_0^{\pi/3}\int_2^{4\cos\theta} \sin\theta\, r\, dr\, d\theta \\
&= \int_0^{\pi/3}\left[\frac{1}{2}r^2\sin\theta\right]_2^{4\cos\theta} d\theta \\
&= \frac{1}{2}\int_0^{\pi/3} \sin\theta\,(16\cos^2\theta-4)\,d\theta \\
&= 2\int_0^{\pi/3}(4\cos^2\theta\sin\theta-\sin\theta)\,d\theta \\
&= 2\left[-\frac{4}{3}\cos^3\theta+\cos\theta\right]_0^{\pi/3} = \frac{4}{3}
\end{aligned}$$

따라서 구하는 답은 $\frac{4}{3}$이다. ❑

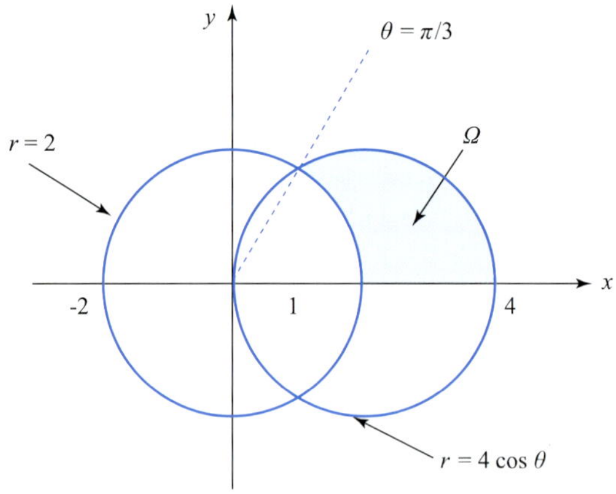

그림 13.1-18 예제 13.1-9의 영역

예제 13.1-10 $a > 0$일 때 심장선(cardioid) $r = a(1+\cos\theta)$로 둘러싸인 도형의 내부의 넓이를 찾아라.

풀이 주어진 영역 Ω를 극 좌표로 나타내면 다음과 같다 (그림 13.1-19 참조).

$$\Omega = \{(r,\ \theta)\,|\,0 \le \theta \le 2\pi,\ 0 \le r \le a(1+\cos\theta)\}$$

식 (13.1-14)와 θ를 먼저 고정한 반복 적분을 이용하여 넓이를 찾으면 다음과 같다.

$$\iint_{\Omega} r\,dr\,d\theta = \int_0^{2\pi}\int_0^{a(1+\cos\theta)} r\,dr\,d\theta$$
$$= \frac{1}{2}a^2\int_0^{2\pi}(1+\cos\theta)^2\,d\theta = \frac{3}{2}\pi a^2$$

❑

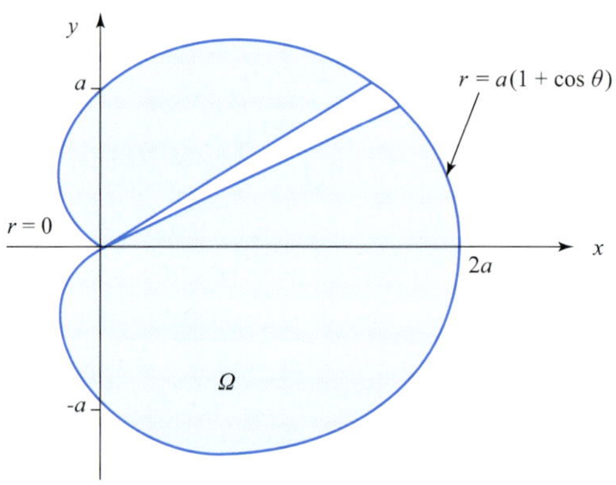

그림 13.1-19 심장선

직교 좌표 $(x,\ y)$와 극 좌표 $(r,\ \theta)$ 사이에는 다음과 같은 관계가 있음을 알고 있다.

$$x = r\cos\theta,\quad y = r\sin\theta,\quad r^2 = x^2 + y^2,\quad \tan\theta = \frac{y}{x} \tag{13.1-18}$$

이변수 함수 f가 xy평면의 영역 Ω_{xy}에서 연속이라고 하자. 그러면 (13.1-18)을 이용하여 영역 Ω_{xy}를 극 좌표로 표현한 집합이 $\Omega_{r\theta}$라면 다음 식이 성립한다.

$$\iint_{\Omega_{xy}} f(x,\ y)\,dx\,dy = \iint_{\Omega_{r\theta}} f(r\cos\theta,\ r\sin\theta)\,r\,dr\,d\theta \tag{13.1-19}$$

위의 관계식 (13.1-19)는 직교 좌표계에서의 넓이 요소 $dA = dx\,dy$를 극 좌표에서의 넓이 요소 $dA = r\,dx\,d\theta$로 바꾸고 직교 좌표 변수 x와 y를 식 (13.1-18)을 이용하여 극 좌표 변수 r과 θ로 치환하여 놓은 것과 같다 (그림 13.1-20 참조).

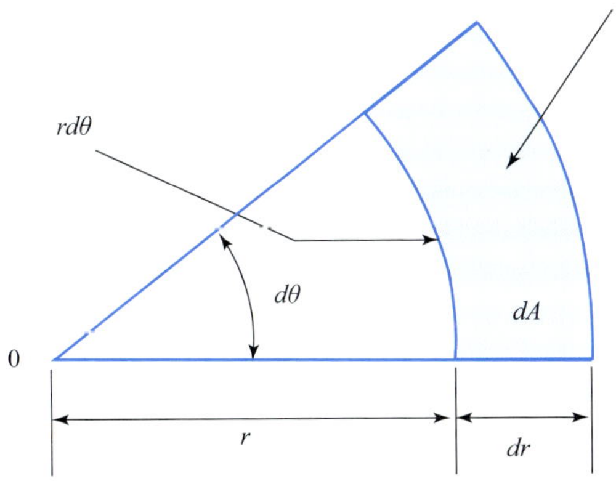

그림 13.1-20 극 좌표계에서의 넓이 요소

예제 13.1-11 다음에 주어진 영역 Ω에 대하여 $\iint_{\Omega}(x^2+y^2)^{3/2}\,dx\,dy$를 구하라 (그림 13.1-21 (a) 참조).

$$\Omega = \{(x,\ y) \subset \mathbb{R}^2 \mid 1 \le x^2 + y^2 \le 4,\ 0 \le y \le \sqrt{3}\,x\}$$

풀이 식 (13.1-18)을 이용하여 직선 $y = \sqrt{3}\,x$는 극 좌표로 나타내면 $\theta = \dfrac{\pi}{3}$이므로 영역 Ω를 극 좌표를 써서 나타내면 다음과 같다.

$$\Omega = \left\{ (r,\ \theta) \mid 1 \le r \le 2,\ 0 \le \theta \le \frac{\pi}{3} \right\}$$

이제 식 (13.1-19)를 이용하면 찾는 적분은 다음과 같다.

$$\iint_{\Omega} (x^2 + y^2)^{3/2}\, dx\, dy = \iint_{\Omega} (r^2)^{3/2}\, r\, dx\, d\theta = \int_0^{\pi/3} \int_1^2 r^4\, dr\, d\theta$$

$$= \frac{31}{5} \int_0^{\pi/3} d\theta = \frac{31}{15}\pi$$

따라서 구하는 답은 $\dfrac{31}{15}\pi$ 이다. □

예제 13.1-12 반구면 $z = \sqrt{16 - x^2 - y^2}$ 의 내부와 원기둥면 $x^2 + y^2 = 4$의 내부로 만들어지는 입체의 부피 V를 찾아라 (그림 13.1-21의 (b)참조).

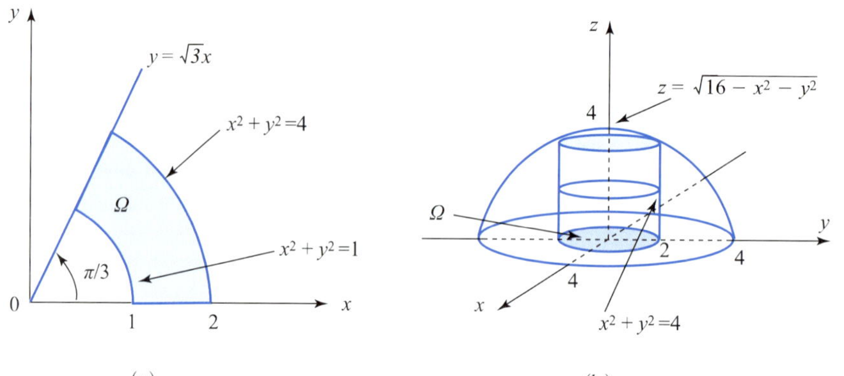

그림 13.1-21 (a) 예제 13.1.11의 영역 (b) 예제 13.1-12의 영역

풀이 입체의 부피 V는 영역 $\Omega = \left\{ (x,\ y) \mid -\sqrt{4 - y^2} \le x \le \sqrt{4 - y^2},\ -2 \le y \le 2 \right\}$ 에서 함수 $z = \sqrt{16 - x^2 - y^2}$ 의 적분이다. 식 (13.1-18)을 이용하여 영역 Ω와 함수 z를 극 좌표로 표현하면 $\Omega = \{ (r,\ \theta) \mid 0 \le r \le 2,\ 0 \le \theta \le 2\pi \}$ 이고 $z = \sqrt{16 - r^2}$ 이다. 다음과 같이 반복 적분을 이용하면 입체의 부피는 $\dfrac{16}{3}(8 - 3\sqrt{3})\pi$ 이다.

$$V = \iint_{\Omega} f(x,\ y)\,dx\,dy = \int_0^{2\pi}\int_0^2 \sqrt{16-r^2}\,r\,dr\,d\theta$$

$$= \frac{1}{3}\int_0^{2\pi}\left[(16-r^2)^{3/2}\right]_0^2 d\theta$$

$$= \frac{1}{3}\int_0^{2\pi}(24\sqrt{3}-64)\,d\theta$$

$$= \frac{8}{3}\left[(3\sqrt{3}-8)\theta\right]_0^{2\pi} = \frac{16}{3}(8-3\sqrt{3})\pi$$ ❑

예제 13.1-13 중심이 원점이고 반지름이 a인 원판 Ω의 밀도 함수 δ가 다음과 같을 때 원판 Ω의 극관성 모멘트 I_0과 선회 반경 R_0를 찾아라.

$$\delta(x,\ y) = k\sqrt{x^2+y^2} \quad (k>0)$$

풀이 식 (13.1-12)에 대하여 극 좌표를 이용하여 다음을 얻는다.

$$I_0 = \iint_{\Omega}(x^2+y^2)\,\delta\,dx\,dy = \iint_{\Omega} r^2 k\,r\,dx\,dy = k\int_0^{2\pi}\int_0^a r^3 r\,dr\,d\theta$$

$$= \frac{1}{5}ka^5\int_0^{2\pi}d\theta = \frac{2}{5}\pi k a^5$$

한편, 원판 Ω의 질량은 다음과 같다.

$$m = \iint_{\Omega}\delta(x,\ y)\,dx\,dy = \int_0^{2\pi}\int_0^a kr^2\,dr\,d\theta = \frac{2}{3}\pi k a^3$$

따라서 식 (13.1-13)으로부터 구하는 $R_0 = \sqrt{\dfrac{I_0}{m}}$ 이므로 선회 반경은 $\sqrt{\dfrac{3}{5}}\,a$이다. ❑

연습 문제 13.1

1. 원판 $\Omega = \{(x,\ y) \mid x^2 + y^2 \le 1\}$ 위에서 다음 함수의 적분 가능성에 대하여 말하라.

(1) $f(x,\ y) = \ln(1 - x^2 - y^2)$

(2) $f(x,\ y) = xy$

(3) $f(x,\ y) = \tan(x + y)$

(4) $f(x,\ y) = \cos\left(\dfrac{x}{y} + \dfrac{y}{x}\right)$

2. 다음 반복 적분을 계산하라.

(1) $\displaystyle\int_{-1}^{1}\int_{0}^{x^2} x^2 y\, dy\, dx$

(2) $\displaystyle\int_{-1}^{1}\int_{0}^{\sqrt{1-y^2}} y\, dy\, dx$

(3) $\displaystyle\int_{0}^{2}\int_{0}^{4-x} (x+y)\, dy\, dx$

(4) $\displaystyle\int_{0}^{1}\int_{0}^{e^x} \frac{1}{y}\, dy\, dx$

(5) $\displaystyle\int_{-1}^{1}\int_{0}^{e^y} x\frac{1}{xy}\, dx\, dy$

(6) $\displaystyle\int_{0}^{\pi}\int_{0}^{x^2} \sin\frac{y}{x}\, dy\, dx$

(7) $\displaystyle\int_{0}^{\pi/2}\int_{0}^{\sin y} \frac{x}{\sqrt{1-x^2}}\, dx\, dy$

(8) $\displaystyle\int_{0}^{1}\int_{x^2}^{x} \sqrt{\frac{x}{y}}\, dy\, dx$

3. 다음 반복 적분을 구하고 또 적분 순서를 바꾸어 계산하라.

(1) $\displaystyle\int_{0}^{\pi/4}\int_{0}^{y} \cos(x+y)\, dx\, dy$

(2) $\displaystyle\int_{1}^{e}\int_{0}^{\ln x} x\, dy\, dx$

(3) $\displaystyle\int_{0}^{1}\int_{-x}^{x} e^{x+y}\, dy\, dx$

(4) $\displaystyle\int_{0}^{\pi/4}\int_{0}^{\tan x} \sec x\, dy\, dx$

4. 다음 반복 적분을 계산하라.

(1) $\displaystyle\int_{1}^{\infty}\int_{0}^{1/x} y\, dy\, dx$

(2) $\displaystyle\int_{1}^{\infty}\int_{0}^{\infty} xy\, e^{-(x^2+y^2)}\, dx\, dy$

5. 다음 반복 적분을 적분 순서를 바꾸어 계산하고 주어진 순서로 반복 적분하는 것과 어느 것이 계산하기 쉬운지 비교하라.

(1) $\displaystyle\int_{0}^{1}\int_{x}^{1} \cos(y^2)\, dy\, dx$

(2) $\displaystyle\int_{0}^{2}\int_{y/2}^{1} e^{-x^2}\, dx\, dy$

(3) $\displaystyle\int_{0}^{1}\int_{0}^{x} \frac{\sin x}{x}\, dy\, dx$

6. 반복 적분 $\int_0^2 \int_{-\sqrt{4-y^2}}^{\sqrt{4-y^2}} y\sqrt{x^2+y^2}\, dx\, dy$에 대하여 다음 물음에 답하라.

(1) 적분 영역을 그려라.

(2) 반복 적분의 순서를 바꾸어 나타내라.

(3) 극 좌표를 이용한 적분으로 바꾸어 적분을 계산하라.

7. 원기둥면 $x^2+y^2=1$과 평면 $y=z$와 xy 평면으로 둘러싸인 입체의 부피를 찾아라.

8. 다음 반복 적분을 계산하고, 이 부피가 나타내는 입체를 그려라.

$$\int_0^1 \int_0^x (2-x^2-y^2)\, dy\, dx$$

9. 사각형 영역 $\Omega=\{(x,\ y) \mid x_0 \le x \le x_1,\ y_0 \le y \le y_1\}$에서 함수 $f(x,\ y)$의 연속인 이계 편도함수가 존재하면, 다음 등식이 성립함을 보여라.

$$\iint_{\Omega} \frac{\partial^2 f(x,\ y)}{\partial x \partial y} dx\, dy = f(x_1,\ y_1) - f(x_1,\ y_0) - (x_0,\ y_1) + f(x_0,\ y_0)$$

10. 다음 곡선으로 둘러싼인 부분의 넓이를 이중 적분을 이용하여 찾아라 (단, $a>0$).

(1) $r=2a\cos\theta$ (2) $r=a(1+\sin\theta)$

(3) $r=2\sin 3\theta$ (4) $r^2=2a^2\cos 2\theta$

11. 극 방정식 $r=1+\cos\theta$로 주어진 곡선의 내부 영역 Ω의 밀도 함수가 $\delta=1$일 때 영역 Ω의 질량 중심을 찾아라.

12. 평면에서 극 좌표로 주어진 영역 $\Omega=\{(r,\ \theta) \mid r \le f(\theta),\ \alpha \le \theta \le \beta\}$의 넓이 A가 다음과 같음을 보여라.

$$A=\frac{1}{2}\int_{\alpha}^{\beta} f(\theta)^2 d\theta$$

13. 다음 물음에 답하라.

(1) 평면의 원판 $\Omega = \{(x,\ y) \in \mathbb{R}^2 \mid x^2 + y^2 \le r^2\}$에 대하여, 극 좌표를 이용하여 다음이 성립함을 보여라.

$$\iint_{\Omega} e^{-(x^2+y^2)}\,dx\,dy = \pi(1 - e^{-r^2})$$

(2) (1)을 이용하여 $\Omega_1 = \{(x,\ y) \in \mathbb{R}^2 \mid 0 \le x \le r,\ 0 \le y \le r\}$과 중심이 원점에 있고 반지름이 r과 $\sqrt{2}\,r$인 원판의 제 1 사분면에 놓인 영역을 생각하여 다음이 성립함을 보여라.

$$\frac{\pi}{4}(1 - e^{-r^2}) < \iint_{\Omega_1} e^{-(x^2+y^2)}\,dx\,dy < \frac{\pi}{4}(1 - e^{-2r^2})$$

(3) 다음이 성립함을 보여라.

$$\iint_{\Omega_1} e^{-(x^2+y^2)}\,dx\,dy = \left(\int_0^r e^{-x^2}dx\right)\left(\int_0^r e^{-y^2}dx\right)$$

(4) (3)과 (2)를 이용하여 다음을 보여라.

$$\int_0^\infty e^{-x^2}dx = \frac{\sqrt{\pi}}{2}$$

14. 다음 특이 적분의 값을 직접 구하기는 쉽지 않다.

$$\int_0^\infty \frac{1}{x}(e^{-x} - e^{-3x})\,dx \tag{13.1-20}$$

다음 순서를 따라 이 값을 찾아라.

(1) 주어진 특이 적분이 수렴함을 보여라.

(2) 주어진 $x > 0$에 대하여 다음이 성립함을 보여라.

$$\frac{1}{x}(e^{-x} - e^{-3x}) = \int_1^3 e^{-xy}\,dy\,dx$$

(3) (2)의 결과로 적분 (13.1-20)은 다음의 반복 적분과 같다.

$$\int_0^\infty \int_1^3 e^{-xy}\,dy\,dx$$

이 반복 적분의 순서를 바꾸어 주어진 적분값을 계산하라.

13.2 삼중 적분

이 절에서는 13.1절의 평면의 영역에서 정의된 함수의 이중 적분을 공간의 영역에서 정의된 삼변수 실함수의 적분으로 확장한다.

13.2.1 직교 좌표계에서의 삼중 적분

공간에서 유계인 집합 Q를 생각하자.그림 13.2-1과 같이 각 좌표 평면에 평행인 평면으로 공간을 작은 직육면체로 나눌 때, 영역 Q의 내부 또는 그 경계와 만나는 직육면체 집합 P를 Q의 분할(partition), P의 원소의 대각선의 길이 중에서 가장 큰 값을 분할 P의 크기(norm)라 하고 $\|P\|$로 나타낸다.

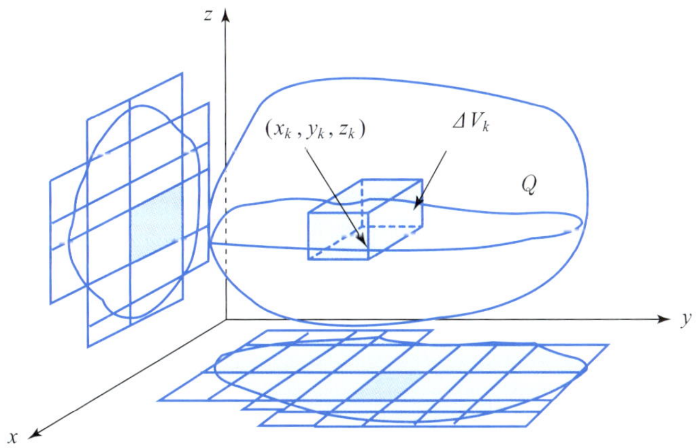

그림 13.2.1 영역 Q의 분할

한편, 일계 도편함수가 연속인 $z=\phi(x, y)$ 또는 $y=\phi(x, y)$ 또는 $x=\phi(x, y)$ 꼴의 이변수 함수의 그래프나 일계 도함수가 연속인 삼변수 함수 $F(x, y, z)$에 관한 방정식 $F(x, y, z)=0$의 그래프로 주어지는 곡면을 매끄러운 곡면(smooth surface)이라 한다. 예를 들어 원점이 중심인 구면은 매끄러운 곡면이다.

삼변수 함수 $w=f(x, y, z)$는 경계가 유한 개의 매끄러운 곡면으로 이루어진 유계인 닫힌 영역 Q에서 유계라고 하자. 또 Q의 분할 $P=\{V_1, V_2, \cdots, V_n\}$의 각 원소

V_k에서 임의로 하나씩 Q의 점 (x_k, y_k, z_k)를 뽑아서 만든 집합을 χ, ΔV_k를 직육면체 V_k의 부피, 즉 $\Delta V_k = \Delta x_k \Delta y_k \Delta z_k$라고 하자. 이때 다음 식으로 정의되는 실수 $R(P, \chi, f)$를 영역 Q에서의 분할 P와 집합 χ에 대한 함수 f의 리만 합이라고 한다.

$$R(P, \chi, f) = \sum_{k=1}^{n} f(x_k, y_k, z_k)\Delta V_k = \sum_{k=1}^{n} f(x_k, y_k, z_k)\Delta x_k \Delta y_k \Delta z_k$$

이제 영역 Q의 분할의 P의 크기 $\|P\|$가 0에 한없이 가까이 가도록 분할할 때 대응하는 리만 합 $R(P, \chi, f)$가 집합 χ의 선택에 관계없이 일정한 수에 수렴하면, 즉 다음 극한이 수렴하면 영역 Q에서 함수 f는 (삼중) 적분 가능하다고 한다.

$$\lim_{\|P\| \to 0} \sum_{k=1}^{n} f(x_k, y_k, z_k)\Delta V_k$$

이때 Q를 적분 영역, f를 피적분 함수, 이 극한을 f의 삼중 적분(triple integral)이라 하고 다음과 같은 기호를 써서 나타낸다.

$$\iiint_Q f(x, y, z)\,dV, \quad \iiint_Q f(x, y, z)\,dx\,dy\,dz, \quad \iiint_Q f\,dx\,dy\,dz, \quad \iiint_Q f\,dV$$

여기서 dV를 부피 요소 또는 체적소(volume element)라 하는데, 이는 직교 좌표계의 경우에 세 변의 길이가 각각 dx, dy, dz인 직육면체의 부피 $dV = dx\,dy\,dz$이다.

삼중 적분 경우에 정리 13.1-2가 성립한다. 또한 푸비니 정리 13.1-3도 성립한다. 여기서는 삼중 적분의 반복 적분에 대해 자세히 살펴보기로 하자.

그림 13.2-2와 같이 평면의 영역 $\Omega = \{(x, y) \mid g_1(y) \le x \le g_2(y),\ c \le y \le d\}$에서 $f_1(x, y) \le f_2(x, y)$인 두 함수 $z = f_1(x, y)$와 $z = f_2(x, y)$에 의하여 다음과 같이 정의되는 영역 Q를 생각하자.

$$Q = \{(x, y, z) \in \mathbb{R}^2 \mid c \le y \le d,\ g_1(y) \le x \le g_2(y),\ f_1(x, y) \le z \le f_2(x, y)\}$$

여기서 f가 영역 Q의 밀도 (분포) 함수이면 삼중 적분 $\iiint_Q f(x, y, z)\,dV$는 영역 Q의 질량이다. Q의 질량을 다음과 같이 생각하여 찾을 수 있다.

먼저 영역 Ω의 각 점 (x, y)에 대하여 적분 $A(x, y) = \int_{f_1(x, y)}^{f_2(x, y)} f(x, y, z)\,dz$는 점

(x, y) 위의 Q에 놓인 '작은 사각기둥'의 질량이다 (그림 13.2-2 참조). 이에 대하여 $y \in [c, d]$를 고정하면 적분 $B(y) = \int_{g_1(y)}^{g_2(y)} A(x, y)\,dx$는 그림 13.2-2에서 Ω에서 빗금친 부분 위에 있는 '얇은 판'의 Q에 있는 부분의 질량이다. 이런 '얇은 판'의 질량을 모두 합한 것, 즉 $\int_c^d B(y)\,dy$는 영역 Q의 질량이다. 이를 종합하면 다음과 같다.

$$\iiint_Q f(x, y, z)\,dV = \int_c^d \left[\int_{g_1(y)}^{g_2(y)} \left\{ \int_{f_1(x, y)}^{f_2(x, y)} f(x, y, z)\,dz \right\} dx \right] dy \qquad (13.2\text{-}1)$$

식 (13.2-1)의 우변을 반복 적분이라고 한다. 식 (13.2-1)이 성립한다는 사실에 대한 증명은 이 과정의 범위를 벗어나므로 생략한다.

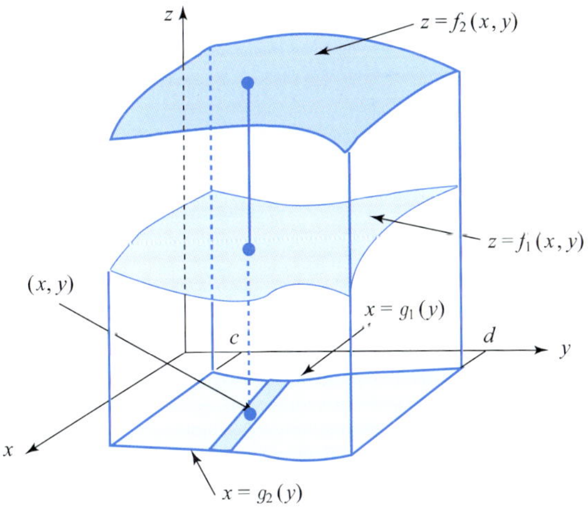

그림 13.2-2 삼중 적분과 반복 적분

또 공간에서 영역 Q가 다음과 같이 주어졌다고 하자.

$$Q = \left\{ (x, y, z) \in \mathbb{R}^3 \mid a \le x \le b,\ g_1(x) \le y \le g_2(x),\ f_1(x, y) \le z \le f_2(x, y) \right\}$$

이 경우에도 같은 방식으로 생각하면 영역 Q에서 함수 f의 삼중 적분과 반복 적분에 대하여 다음이 성립한다.

$$\iiint_Q f(x, y, z)\,dV = \int_a^b \left[\int_{g_1(x)}^{g_2(x)} \left\{ \int_{f_1(x, y)}^{f_2(x, y)} f(x, y, z)\,dz \right\} dy \right] dx \qquad (13.2\text{-}2)$$

예제 13.2-1 다음 반복 적분을 계산하라.

$$\int_0^2\int_0^x\int_0^{x+y} e^x(y+2z)\,dz\,dy\,dx$$

풀이 변수 z, y, x의 순서로 적분한다.

$$\begin{aligned}\int_0^2\int_0^x\int_0^{x+y} e^x(y+2z)\,dz\,dy\,dx &= \int_0^2\int_0^x \left[e^x(yz+z^2)\right]_0^{x+y} dy\,dx \\ &= \int_0^2\int_0^x e^x(x^2+3xy+2y^2)\,dy\,dx \\ &= \int_0^2\left[e^x\left(x^2y+\frac{3xy^2}{2}+\frac{2y^3}{3}\right)\right]_0^x dx \\ &= \frac{19}{6}\int_0^2 e^x x^3 dx = \frac{19}{6}\left[e^x(x^3-3x^2+6x-6)\right]_0^2 \\ &= 19\left(\frac{1}{3}e^2+1\right)\end{aligned}$$

❑

이중 적분에서와 같이 영역 Q에서 상수 함수 $f(x,\ y,\ z)=1$의 삼중 적분은 영역 Q의 부피 $\mathrm{Vol}(Q)$를 나타낸다.

$$\mathrm{Vol}(Q)=\iiint_Q f\,dV \qquad (13.2\text{-}3)$$

예제 13.2-2 타원면 $4x^2+4y^2+z^2=16$ 내부의 부피 V를 찾아라.4)

풀이 주어진 입체는 z축에 대칭이므로 제1 팔분 공간에 놓인 입체의 영역 Q를 생각하면 충분하다. 주어진 식으로부터 영역 Q는 다음과 같다.

$$Q=\left\{(x,\ y,\ z)\,|\,0\le x\le 2,\ 0\le y\sqrt{4-x^2},\ 0\le z\le \sqrt{16-4x^2-4y^2}\right\}$$

이제 반복 적분과 극 좌표를 이용하면 다음을 얻는다 (그림 13.2-3 참조).

4) 이 문제의 경우에 회전체에 관한 일변수 함수의 적분을 이용할 수도 있다.

$$V = 8\iiint_Q dx\,dy\,dz = 8\int_0^2\int_0^{\sqrt{4-x^2}}\int_0^{\sqrt{16-4-x^2-4y^2}} dz\,dy\,dx$$
$$= 8\int_0^2\int_0^{\sqrt{4-x^2}} [z]_0^{\sqrt{16-4-x^2-4y^2}}\,dy\,dx$$
$$= 16\int_0^2\int_0^{\sqrt{4-x^2}} \sqrt{4-x^2-y^2}\,dy\,dx$$
$$= 16\int_0^{\pi/2}\int_0^2 \sqrt{4-r^2}\,r\,dr\,d\theta = \frac{64}{3}\pi$$

따라서 입체 V의 부피는 $\dfrac{64}{3}\pi$이다. ❑

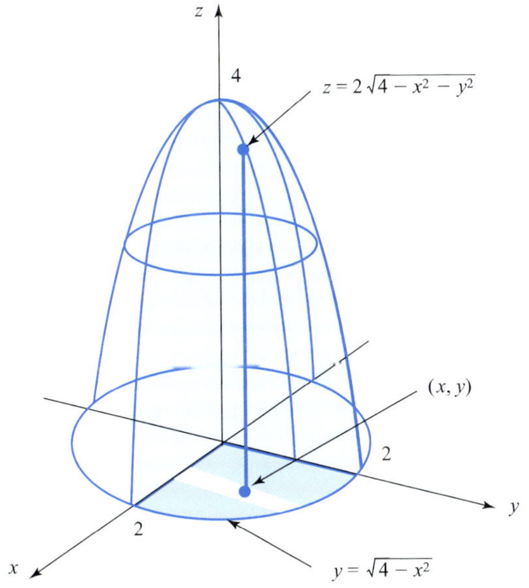

그림 13.2-3 타원면 $4x^2 + 4y^2 + z^2 = 16$의 상반공간 부분

일변수 함수 $y = f(x)$가 닫힌 구간 $I = [a, b]$에서 연속일 때 다음을 함수 f의 구간 I에서의 평균값이라고 한다.

$$\frac{1}{b-a}\int_a^b f(x)dx \quad (a < b)$$

이런 함수의 평균값을 다변수 함수의 경우로 확장할 수 있다. 예를 들면, 공간의 영역 Q

에서의 연속인 삼변수 함수 f의 평균값(mean value)을 다음 식으로 정의한다.

$$\frac{1}{\mathrm{Vol(Q)}}\iiint_Q f(x,\ y,\ z)dV \quad (\mathrm{Vol}(Q)\neq 0)$$

연속인 일변수 함수의 정 적분에 관한 평균값 정리는 다중 적분의 경우에도 성립한다. 특히, 삼중 적분의 경우는 다음과 같다. 증명은 연습 문제로 남긴다.

정리 13.2-1 평균값 정리

공간의 영역 Q에서 연속인 함수 $w=f(x,\ y,\ z)$는 Q에서 최댓값과 최솟값을 취한다고 하자. 이때, Q의 임의의 두 점을 Q에 있는 곡선으로 연결할 수 있으면 다음을 만족시키는 점 $\mathbf{p}$가 Q에 적어도 한 개 존재한다.

$$f(\mathbf{p})\mathrm{Vol}(Q)=\iiint_Q f\,dV$$

이중 적분은 공간에서 두께를 무시한 금속판 또는 두께가 일정한 금속판의 질량, 질량 모멘트, 질량 중심, 관성 모멘트 등을 계산하는 데 이용되었다. 삼중 적분은 더욱 일반적인 상황에서 질량이 연속적으로 분포되어 있는 영역 $Q\subset\mathbb{R}^3$에 대하여 그와 같은 물리량을 구하는 데 이용할 수 있다. 함수 $\delta(x,\ y,\ z)$가 영역 Q에서 연속인 밀도 함수일 때 다음을 정의한다.

$$Q\text{의 총 질량 } m=\iiint_Q \delta(x,\ y,\ z)\,dV \tag{13.2-4}$$

$$xy\text{평면에 대한 질량 모멘트 } M_{xy}=\iiint_Q z\,\delta(x,\ y,\ z)\,dV \tag{13.2-5}$$

$$yz\text{평면에 대한 질량 모멘트 } M_{yz}=\iiint_Q x\,\delta(x,\ y,\ z)\,dV \tag{13.2-6}$$

$$xz\text{평면에 대한 질량 모멘트 } M_{xz}=\iiint_Q y\,\delta(x,\ y,\ z)\,dV \tag{13.2-7}$$

네 식 (13.2-4)~(13.2-7)로부터 질량 중심의 좌표 $(\bar{x},\ \bar{y},\ \bar{z})$는 다음과 같다.

$$\bar{x}=\frac{M_{yz}}{m},\quad \bar{y}=\frac{M_{xz}}{m},\quad \bar{z}=\frac{M_{xy}}{m} \tag{13.2-8}$$

또 영역 Q의 점 (x, y, z)에서 Q의 회전축 L까지의 거리를 $d(x, y, z)$라 할 때 다음 삼중 적분 I_L을 축 L에 대한 영역 Q의 질량의 관성 모멘트라고 한다.

$$I_L = \iiint_Q \{d(x, y, z)\}^2 \delta(x, y, z)\, dV \tag{13.2-9}$$

특히, x축, y축, z축에 대한 관성 모멘트 I_x, I_y, I_z는 각각 다음과 같다.

$$I_x = \iiint_Q (y^2 + z^2)\, \delta(x, y, z)\, dV \tag{13.2-10}$$

$$I_y = \iiint_Q (x^2 + z^2)\, \delta(x, y, z)\, dV \tag{13.2-11}$$

$$I_z = \iiint_Q (x^2 + y^2)\, \delta(x, y, z)\, dV \tag{13.2-12}$$

한편, 질량 m의 회전축 L에 대한 선회 반경 R_L은 다음 식으로 정의한다.

$$I_l = mR_L^2 \quad \text{또는} \quad R_L = \sqrt{\frac{I_L}{m}}$$

그리고 x축, y축, z축에 대한 선회 반경 R_x, R_y, R_z는 각각 다음과 같다.

$$R_x = \sqrt{\frac{I_x}{m}}, \quad R_y = \sqrt{\frac{I_y}{m}}, \quad R_z = \sqrt{\frac{I_z}{m}} \tag{13.2-13}$$

예제 13.2-3 밀도가 1인 물이 아래와 같은 원뿔 모양의 용기 Q에 담겨 있을 때 Q에 담긴 물의 질량에 대한 I_z와 R_z를 구하라 (단, 용기의 두께와 질량은 무시한다).

$$Q = \left\{(x, y, z) \mid az = h\sqrt{x^2 + y^2}, \quad 0 \le z \le h\right\}$$

풀이 밀도 함수 δ가 1이므로 식 (13.2-12)로부터 다음을 얻는다.

$$I_z = \iiint_Q (x^2 + y^2)\, dV$$

그림 13.2-4와 같이 영역 $\Omega = \left\{(x, y) \mid x^2 + y^2 \le a^2\right\}$의 한 점 (x, y)를 고정하고 $r = \sqrt{x^2 + y^2}$ 이라 하면, $\frac{rh}{a} \le z \le h$이고 Ω에서 이중 적분을 극 좌표를 써서 다음과

같이 계산하면 $I_L = \frac{1}{10}\pi h a^4$ 이다.

$$I_z = \iint_\Omega \left\{ \int_{hr/a}^{h} (x^2 + y^2)\, dz \right\} dx\, dy = \iint_\Omega \left\{ \int_{hr/a}^{h} r^2\, dz \right\} dx\, dy$$

$$= \iint_\Omega \frac{hr^2}{a}(a-r)\, dx\, dy = \frac{h}{a}\int_0^{2\pi}\int_0^a r^2(a-r)\, r\, dr\, d\theta = \frac{1}{10}\pi h a^4$$

또 원뿔에 담긴 물의 질량은 $m = \frac{1}{3}a^2\pi h$ 이므로 선회 반경 R_z는 식 (13.2-13)을 이용하면 $R_z = a\sqrt{\frac{3}{10}}$ 이다.

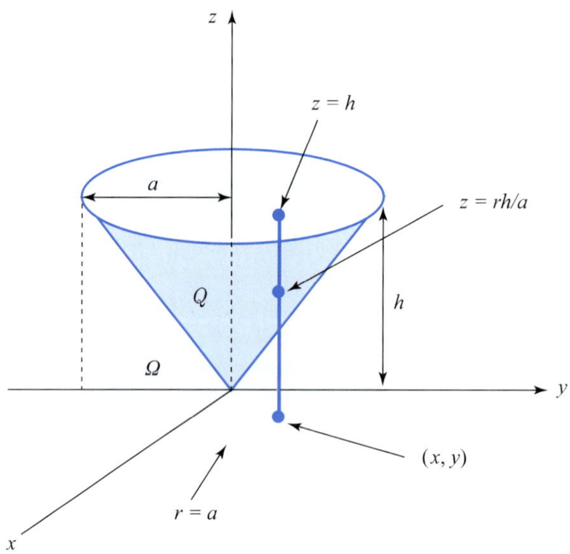

그림 13.2-4 예제 13.2-1의 영역

13.2.2 원주 좌표계에서의 삼중 적분

z축이 축인 원기둥이나 z축에 수직인 평면이 관련된 대상 또는 한 직선에 대해 대칭인 문제를 원주 좌표계를 이용하면 편리하다.

원주 좌표 (r, θ, z)에서 r과 θ는 평면의 극 좌표와 같으므로 13.2절에서 직교 좌표와 극 좌표에 대해 생각한 것과 같은 방법으로 생각하면 원주 좌표계에서의 부피 요소 dV는 다음과 같다 (그리 13.2-5와 13.1-20 참조).

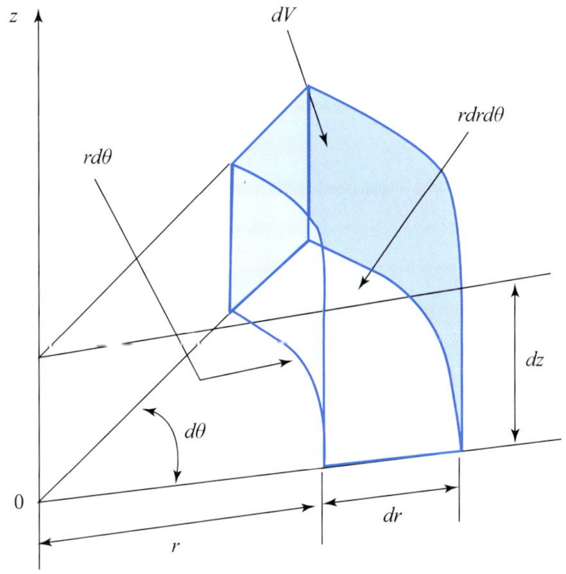

그림 13.2-5 원주 좌표계에서의 부피 요소

$$dV = r\,dr\,d\theta\,dz$$

그러므로 영역 Q에서 원주 좌표로 나타낸 함수 $f(r, \theta, z)$ 삼중 적분은 다음과 같다.

$$\iiint_Q f(r, \theta, z)\,dV = \iiint_Q f(r, \theta, z)\,r\,dr\,d\theta\,dz$$

영역 Q와 함수 f를 직교 좌표로 나타내면 Q와 f는 변하지 않았으므로 다음이 성립한다.

$$\iiint_Q f(x, y, z)\,dx\,dy\,dz = \iiint_Q f(r, \theta, z)\,r\,dr\,d\theta\,dz \tag{13.2-14}$$

예제 13.2-4 구면 $x^2 + y^2 + z^2 = 4$와 원기둥 $r = 2\sin\theta$에 의해 둘러싸인 입체의 부피 V를 찾아라 (그림 13.2-6 참조).

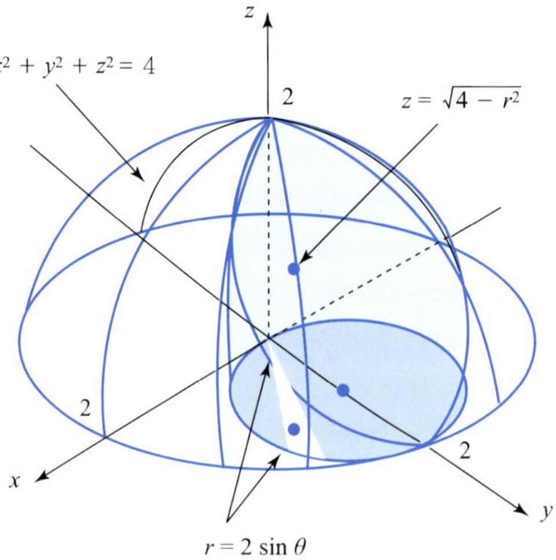

그림 13.2-6 $x^2+y^2+z^2=4$와 $r=2\sin\theta$로 둘러싸인 입체의 상반공간에서의 개형

풀이 $x^2+y^2+z^2=4$이므로 z의 범위는 $-\sqrt{4-r^2} \le z \le \sqrt{4-r^2}$이다. 또 방정식 $r=2\sin\theta$의 그래프는 xy평면에서 중심이 $(0,\ 1)$이고 반지름이 1인 원이므로 주어진 입체를 xy평면 위로 정사영하여 얻은 영역 Ω를 극 좌표로 나타내면 $\Omega = \{(r,\ \theta) \mid 0 \le r \le 2\sin\theta,\ 0 \le \theta \le \pi\}$이다. 이를 이용하여 주어진 입체의 부피 V를 다음과 같이 찾는다.

$$
\begin{aligned}
V &= \int_0^{\pi}\int_0^{2\sin\theta}\int_{-\sqrt{4-r^2}}^{\sqrt{4-r^2}} r\,dz\,dr\,d\theta = 2\int_0^{\pi/2}\int_0^{2\sin\theta} 2r\sqrt{4-r^2}\,dr\,d\theta \\
&= 2\int_0^{\pi/2}\left[-\frac{3}{2}(4-r^2)^{3/2}\right]_0^{2\sin\theta} = \frac{4}{3}\int_0^{\pi/2}(8-8\cos^3\theta)\,d\theta \\
&= \frac{32}{3}\int_0^{\pi/2}\{1-(1-\sin^2\theta)\cos\theta\}\,d\theta = \frac{32}{3}\left[\theta-\sin\theta+\frac{1}{3}\sin^3\theta\right]_0^{\pi/2} \\
&= \frac{16}{9}(3\pi-4)
\end{aligned}
$$

❑

13.2.3 구면 좌표계에서의 삼중 적분

구면 좌표계는 중심에 대해 대칭인 구와 같이 한 점에 대칭인 대상 또는 z축에 꼭지점이 있는 뿔(cone) 모양 등의 대상을 다루는 데 편리하다.

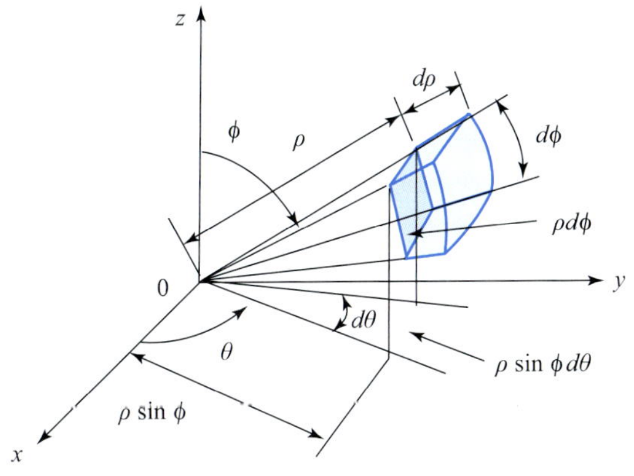

그림 13.2-7 구면 좌표계에서의 부피 요소 dV

그림 13.2-7을 참고하면 구면 좌표계에서 부피 요소 dV는 다음과 같다.

$$dV = \rho^2 \sin\phi \, d\rho \, d\theta \, d\phi$$

따라서 구면 좌표로 표현된 영역 Q에서의 삼변수 함수 f의 삼중 적분은 다음과 같다.

$$\iiint_Q f(\rho, \theta, \phi)\, dV = \iiint_Q f(\rho, \theta, \phi)\, \rho^2 \sin\phi \, d\rho \, d\theta \, d\phi$$

또 직교 좌표계와 구면 좌표계에서의 삼중 적분에 대하여 다음이 성립한다.

$$\iiint_Q f(x, y, z)\, dx\, dy\, dz = \iiint_Q f(\rho, \theta, \phi)\, \rho^2 \sin\phi \, d\rho \, d\theta \, d\phi \qquad (13.2\text{-}15)$$

예제 13.2-5 구면 $x^2 + y^2 + z^2 = 9$와 원뿔면 $z = \sqrt{x^2 + y^2}$으로 둘러싸인 입체의 부피 V를 찾아라.

풀이 $\rho^2 = x^2 + y^2 + z^2 = 9$에서 $\rho = 3$이고 구면과 원뿔면이 만나는 곡선의 z좌표는 $(x^2 + y^2) + z^2 = z^2 + z^2 = 9$에서 $z = \frac{3}{2}\sqrt{2}$이다. 따라서 $z = \rho\cos\phi$를 이용하면 $\cos\phi = \frac{1}{2}\sqrt{2}$이므로 $\phi = \frac{1}{4}\pi$이다. 그러므로 주어진 입체의 영역을 구면 좌표로 나타내면 $\left\{(\rho, \theta, \phi) \mid 0 \le \rho \le 3,\ 0 \le \phi \le \frac{\pi}{4},\ 0 \le \theta \le 2\pi\right\}$이다. 이제 주어진 입

체의 부피 V를 다음과 같이 계산한다 (그림 13.2-8 참조).

$$V=\int_0^{2\pi}\int_0^{\pi/4}\int_0^{3}\rho^2\sin\phi\, d\rho\, d\phi\, d\theta = 9\int_0^{2\pi}\int_0^{\pi/4}\sin\phi\, d\phi\, d\theta$$

$$=9\int_0^{2\pi}[-\cos\phi]_0^{\pi/4}d\theta \equiv 9\int_0^{2\pi}\left(1-\frac{\sqrt{2}}{2}\right)d\theta = 9(2-\sqrt{2})\pi$$

따라서 주어진 입체의 부피 V는 $9(2-\sqrt{2})\pi$이다. ❑

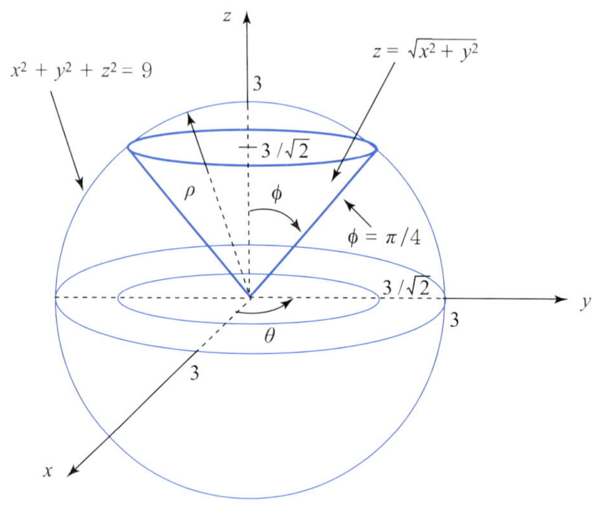

그림 13.2-8 원뿔면 $z=\sqrt{x^2+y^2}$과 구면 $\rho=3$로 둘러싸인 입체

연습 문제 13.2

1. 공간에서 꼭짓점이 세 점 (1, 0, 0), (0, 1, 0), (0, 0, 1)인 사면체의 부피를 찾는 반복 적분의 식으로 나타내라.

2. 반복 적분 $\int_0^1\int_0^{1-z} dx\,du\,dz$의 적분 영역을 찾고, 나머지 5가지 반복 적분의 식으로 나타내라.

3. 다음 반복 적분을 찾아라.

(1) $\int_0^1 \int_0^x \int_0^{xy} z\,dz\,dy\,dx$ (2) $\int_{\pi/6}^{\pi/2} \int_0^{\cos y} \int_{-y}^{y} \sin(y+z)\,dz\,dx\,dy$

4. 공간에서 두 곡면 $z = x^2 + 3y^2$과 $z = 8 - x^2 - y^2$으로 둘러싸인 입체의 부피를 찾아라.

5. 원기둥면 $x^2 + y^2 = 1$과 평면 $z = x,\ y = 0,\ z = 0$으로 둘러싸인 부분인 공간의 영역 Q의 부피를 찾아라.

6. 원주 좌표계를 사용하여 다음 입체의 부피를 찾아라.

(1) 구면 $r^2 + z^2 = 4$와 원기둥면 $r = 1$로 둘러싸인 입체

(2) 포물면 $4z = r^2$, 평면 $r = 2\sec\theta,\ \theta = 0,\ \theta = \frac{\pi}{4},\ z = 0$으로 둘러싸인 입체의 제 1 팔분 공간에 놓인 부분

7. 영역 Ω가 구면 $\rho = 1$과 원뿔면 $\phi = \frac{1}{3}\pi$로 둘러싸인 유계인 영역일 때 다음 적분을 계산하라.

$$\iiint_Q (x^2 + y^2)\,dx\,dy\,dz$$

8. 다음의 각 삼중 적분에 대하여 적분 영역을 그리고 주어진 좌표계로 바꾸어 적분을 계산하라.

(1) $\int_0^3 \int_0^{\sqrt{9-x^2}} \int_0^2 \frac{dz\,dy\,dx}{\sqrt{x^2+y^2}}$ (원주 좌표계)

(2) $\int_0^a \int_0^{\sqrt{a^2-x^2}} \int_0^{\sqrt{a^2-x^2-y^2}} \frac{dz\,dy\,dx}{x^2+y^2+z^2}$ (구면 좌표계)

9. 구면 좌표를 이용하여 반지름이 $a > 0$인 구의 부피를 찾아라.

10. 구면 $\rho = a$와 $\rho = 2a\cos\phi$로 둘러싸인 영역의 부피를 찾아라 (단, $a > 0$).

11. 원뿔면 $\phi = \alpha\ (0 \le \alpha \le \pi)$와 구면 $\rho = a\ (a > 0)$로 둘러싸인 입체의 부피를 찾아라.

12. 구면 $x^2+y^2+z^2=2a^2$과 포물면 $az=x^2+y^2$으로 둘러싸인 영역의 부피를 그림 13.2-9를 참고하여 찾아라 (단, $a>0$).

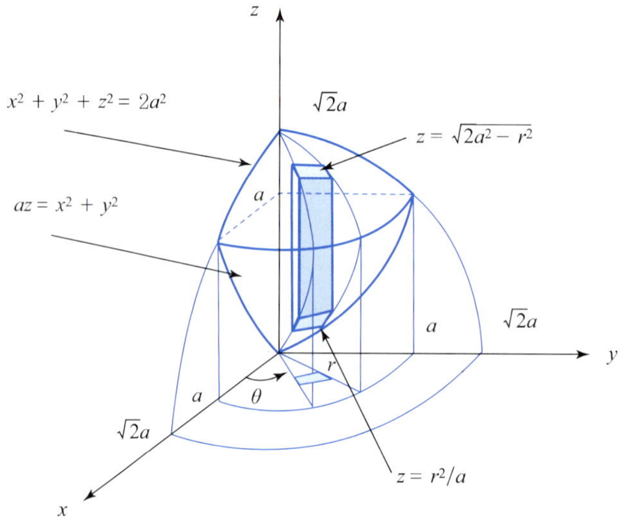

그림 13.2-9 문제 12의 영역

13. 평균값 정리 13.2-1을 증명하라.

14. 구면 좌표를 이용하여 예제 13.2-3을 풀어라.

15. xy평면 위에 반지름이 $a>0$인 반구면 $z=\sqrt{a^2-x^2-y^2}$이 진흙으로 채워져 있다. 진흙의 밀도가 xy평면에서 잰 높이에 비례할 때, 즉 $\delta(x, y, z)=kz$일 때, 반구면에 담긴 진흙의 질량 m과 질량 중심 및 z축에 대한 관성 모멘트를 찾아라 (단, $k>0$).

16. 단위구 $x^2+y^2+z^2 \le 1$의 제1 팔분 공간에 놓인 부분 Q의 밀도 분포 함수 δ가 다음에 같을 때, Q의 질량과 질량 중심 및 z축에 대한 관성 모멘트를 계산하라.

$$\delta(x, y, z)=\frac{1}{x^2+y^2+z^2+1}$$

13.3 치환 적분

이 절에서는 다중 적분, 특히 이중 적분과 삼중 적분의 치환 적분에 대하여 생각한다.

uv평면의 영역 Ω에서 두 함수 $x=g(u,\ v)$와 $y=h(u,\ v)$의 연속인 일계 편도함수가 존재할 때 다음 행렬식을 함수 $x,\ y$의 $u,\ v$에 대한 **야코비 행렬식** 또는 **야코비안**(jacobian)이라고 한다.

$$\frac{\partial(x,\ y)}{\partial(u,\ v)}=\frac{\partial x}{\partial u}\frac{\partial y}{\partial v}-\frac{\partial y}{\partial u}\frac{\partial x}{\partial v}=\begin{vmatrix}\dfrac{\partial x}{\partial u} & \dfrac{\partial x}{\partial v}\\[2ex] \dfrac{\partial y}{\partial u} & \dfrac{\partial y}{\partial v}\end{vmatrix}$$

집합 Ω을 uv평면에서 경계가 유한 개의 매끄러운 곡선으로 이루어진 유계인 닫힌 영역이라 하자. 일계 편도함수가 모두 연속인 함수 $x=g(u,\ v)$, $y=h(u,\ v)$가 Ω에서 xy평면의 영역 Σ로의 전단사 사상 $(x,\ y)=\mathbf{G}(u,\ v)=(g(u,\ v),\ h(u,\ v))$를 정의하면, 즉 $\dfrac{\partial(x,\ y)}{\partial(u,\ v)}\neq 0$이면 다음이 성립한다 (그림 13.3-1 참조). 이에 대한 증명은 생략한다.

정리 13.3-1

영역 Ω와 Σ 및 함수 $\mathbf{G}:\Omega\to\Sigma$가 위에서 말한 것과 같고 이변수 함수 $f(x,\ y)$가 영역 Σ에서 적분 가능하면 다음이 성립한다.

$$\iint_{\Sigma} f(x,\ y)\,dx\,dy=\iint_{\Omega} f(\mathbf{G}(u,\ v))\left|\frac{\partial(x,\ y)}{\partial(u,\ v)}\right|du\,dv \qquad (13.3\text{-}1)$$

예제 13.3-1 극 좌표 (r,θ)의 직교 좌표 $(x,\ y)$로의 변환 사상 $x=r\cos\theta$, $y=r\sin\theta$의 야코비안을 찾아라.

풀이 $\dfrac{\partial x}{\partial r}=\cos\theta$, $\dfrac{\partial y}{\partial r}=\sin\theta$, $\dfrac{\partial x}{\partial r}=-r\sin\theta$, $\dfrac{\partial y}{\partial\theta}=r\cos\theta$이므로 다음을 얻는다.

$$\frac{\partial(x,\ y)}{\partial(r,\ \theta)}=\begin{vmatrix}\cos\theta & -r\sin\theta\\ \sin\theta & r\cos\theta\end{vmatrix}=r$$ ❑

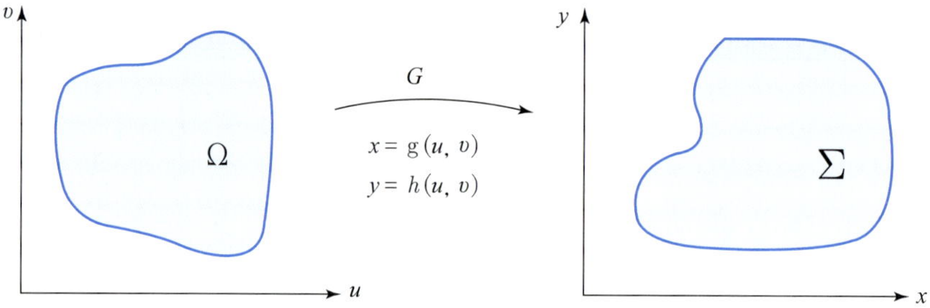

그림 13.3-1 영역 Ω에서 영역 Σ로의 전단사 사상 **G**

정리 13.3-1는 삼변수 사상의 경우에도 성립한다. 즉, uvw 좌표 공간에서 경계가 유한 개의 매끄러운 곡면으로 이루어진 유계인 닫힌 영역 Ω에서 xyz좌표 공간의 영역 Σ로의 전단사 사상 $(x, y, z) = \mathbf{G}(u, v, w)$의 각 성분 함수의 연속인 일계 편도 함수가 존재하면 다음이 성립한다.

정리 13.3-2

영역 Ω와 Σ 및 함수 $\mathbf{G} : \Omega \to \Sigma$가 위에서 언급한 조건을 만족시키고 삼변수 함수 $f(x, y, z)$가 영역 Σ에서 적분 가능하면 다음이 성립한다.

$$\iiint_{\Sigma} f(x, y, z)\,dx\,dy\,dz = \iiint_{\Omega} f(\mathbf{G}(u, v, w)) \left| \frac{\partial(x, y, z)}{\partial(u, v, w)} \right| du\,dv\,dw \quad (13.3\text{-}2)$$

여기서 삼변수 사상의 야코비안 $\dfrac{\partial(x, y, z)}{\partial(u, v, w)}$는 다음과 같다.

$$\frac{\partial(x, y, z)}{\partial(u, v, w)} = \begin{vmatrix} \dfrac{\partial x}{\partial u} & \dfrac{\partial x}{\partial v} & \dfrac{\partial x}{\partial w} \\ \dfrac{\partial y}{\partial u} & \dfrac{\partial y}{\partial v} & \dfrac{\partial y}{\partial w} \\ \dfrac{\partial z}{\partial u} & \dfrac{\partial z}{\partial v} & \dfrac{\partial z}{\partial w} \end{vmatrix}$$

두 정리 13.3-1과 13.3-2로부터 직교 좌표계에서의 다중 적분과 극 좌표계, 원주 좌표계, 구면 좌표계에서의 다중 적분과의 관계는 다음과 같다.

따름 정리 13.3-1

(1) (극 좌표) 전단사 사상 $(x, y) = \mathbf{G}(r, \theta) = (r\cos\theta, r\sin\theta)$ $(r > 0)$에 대해 평면 영역 Ω에서 각 성분 함수의 연속인 일계 편도함수가 존재하면 영역 $\mathrm{G}(\Omega)$에서 적분 가능한 함수 $f(x, y)$에 대해 다음이 성립한다.

$$\iint_{\Omega} f(r\cos\theta, r\sin\theta)\, r\, dr d\theta = \iint_{\mathbf{G}(\Omega)} f(x, y)\, dx\, dy \qquad (13.3\text{-}3)$$

(2) (원주 좌표) 전단사 사상 $(x, y, z) = \mathbf{G}(r, \theta, z) = (r\cos\theta, r\sin\theta, z)$ $(r > 0)$에 대해 공간 영역 Ω에서 각 성분 함수의 연속인 일계 편도함수가 존재하면, 영역 $\mathbf{G}(\Omega)$에서 적분 가능한 함수 $f(x, y, z)$에 대해 다음이 성립한다.

$$\iiint_{\Omega} f(r\cos\theta, r\sin\theta, z)\, r\, dr\, d\theta\, dz = \iiint_{\mathbf{G}(\Omega)} f(x, y, z)\, dx\, dy\, dz \qquad (13.3\text{-}4)$$

(3) (구면 좌표) 공간 영역 Ω에서 각 성분 함수의 연속인 일계 편도함수가 존재하는 전단사 사상이 다음과 같이 주어졌다고 하자(단, $\rho > 0,\ 0 < \phi < \pi$).

$$(x, y, z) = \mathbf{G}(r, \theta, \phi) = (\rho\sin\phi\cos\theta, \rho\sin\phi\sin\theta, \rho\cos\phi)$$

그러면 영역 $\mathbf{G}(\Omega)$에서 적분 가능한 함수 $f(x, y, z)$에 대해 다음이 성립한다.

$$\iiint_{\Omega} f(\rho\sin\phi\cos\theta, \rho\sin\phi\sin\theta, \rho\cos\phi)\, \rho^2\sin\phi\, d\rho\, d\theta\, d\phi$$

$$= \iiint_{\mathbf{G}(\Omega)} f(x, y, z)\, dx\, dy\, dz \qquad (13.3\text{-}5)$$

두 정리 13.3-1과 13.3-2의 결과를 일반적인 n차원 공간으로 확장할 수 있으나 그에 관한 논의는 생략한다.

예제 13.3-2 영역 Σ가 직선 $x - 2y = 0,\ x - 2y = -4,\ x + y = 4,\ x + y = 1$으로 둘러싸인 영역일 때 $\iint_{\Sigma} 3xy\, dx\, dy$를 찾아라.

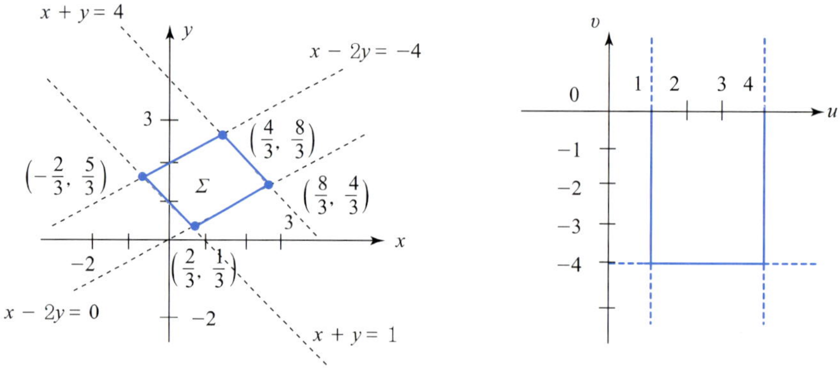

그림 13.3-2 예제 13.3-2의 영역 Ω와 Σ

풀이 $u=x+y$, $v=x-2y$로 놓자. 그러면 이 변환에 의하여 영역 Σ에 대응되는 영역은 $\Omega=\{(u,\ v)\,|\,1\le u\le 4,\ -4\le v\le 0\}$이다 (그림 13.3-2 참조). 또 연립 방정식을 풀면 $x=\dfrac{1}{3}(2u+v)$, $y=\dfrac{1}{3}(u-v)$이고 이로부터 다음을 얻는다.

$$\frac{\partial(x,\ y)}{\partial(u,\ v)}=\begin{vmatrix}\dfrac{\partial x}{\partial u} & \dfrac{\partial x}{\partial v}\\ \dfrac{\partial y}{\partial u} & \dfrac{\partial y}{\partial v}\end{vmatrix}=\begin{vmatrix}\dfrac{2}{3} & \dfrac{1}{3}\\ \dfrac{1}{3} & -\dfrac{1}{3}\end{vmatrix}=-\frac{1}{3}$$

이때 얻어지는 영역을 Ω라 하고 정리 13.3-1을 이용하여 주어진 적분을 계산하면 다음과 같다.

$$\begin{aligned}\iint_{\Sigma}3xy\,dA&=\iint_{\Omega}3\left\{\frac{1}{3}(2u+v)\frac{1}{3}(u-v)\right\}\left|\frac{\partial(x,\ y)}{\partial\,ux,\ v)}\right|du\,dv\\&=\int_{1}^{4}\int_{-4}^{0}\frac{1}{9}(2u^2-uv-v^2)\,dv\,du\\&=\frac{1}{9}\int_{1}^{4}\left[2u^2v-\frac{1}{2}uv^2-\frac{1}{3}v^3\right]_{-4}^{0}du\\&=\frac{1}{9}\int_{1}^{4}\left(8u^2+8u-\frac{64}{3}\right)du\\&=\frac{194}{9}\end{aligned}$$

따라서 $\displaystyle\iint_{\Sigma}3xy\,dx\,dy=\frac{164}{9}$이다. ❑

연습 문제 13.3

1. 다음 변환의 야코비안 $\dfrac{\partial(x,\ y)}{\partial(u,\ v)}$를 찾아라.

(1) $x = u + v,\ y = u - v$　　(2) $x = u^2 - v^2,\ y = 2uv$

(3) $x = ue^v,\ y = ve^u$　　(4) $x = \ln(u+v),\ y = \ln(uv)$

2. 주어진 변수 변환을 이용하여 다음 이중 적분을 계산하라.

(1) $\displaystyle\iint_\Omega 4(x+y)e^{x-y}\,dx\,dy;\ x = \frac{u+v}{2},\ \ y = \frac{u-v}{2}$

(단, Ω는 세 꼭짓점의 $(-1,\ 1),\ (1,\ 1),\ (0,\ 0)$인 삼각형의 내부)

(2) $\displaystyle\iint_\Omega \frac{\sqrt{x+y}}{x}\,dx\,dy;\ x = u,\ \ y = uv$

(단, Ω는 세 꼭짓점이 $(0,\ 0),\ (4,\ 0),\ (4,\ 4)$인 삼각형의 내부)

3. 주어진 변환을 이용하여 변수 xy에 대한 적분을 uv에 대한 적분으로 표현하고 적분값을 찾아라.

(1) $\displaystyle\int_0^1\int_y^1 xy\,dx\,dy;\ x = u - v,\ y = u + v$

(2) $\displaystyle\iint_\Omega (y-x)\,dx\,dy;\ x = v = u^2,\ \ y = u + v$

(단, Ω는 두 직선 $y = 2$와 $y = x$ 및 포물선 $x = -y^2$으로 둘러싸인 영역)

(3) $\displaystyle\int_0^2\int_{x/2}^{(x/2)+1} x^3(2y-x)e^{(2y-x)^2}\,dy\,dx;\ u = x,\ \ v = 2y - x$

❖ 메모

부록

부록 A

정리의 증명 : 극한과 정 적분

여기서는 본문에서 증명 없이 제시한 2.1절에서의 수열의 극한에 관한 정리들과 2.2 절에서의 함수의 극한에 관한 정리들 및 7.2절에서의 정 적분에 관한 정리들의 증명을 싣는다.

A.1 수열의 극한

정리 2.1-1

수열 $\langle a_n \rangle$이 수렴하면 (1) 극한은 유일하고 (2) $\langle a_n \rangle$은 유계이다.

증명 (1) 수열 $\langle a_n \rangle$이 l과 l'에 수렴한다고 가정하고 ϵ을 임의로 주어진 양수라고 하자. 그러면 $\langle a_n \rangle$이 l에 수렴하므로 $\frac{1}{2}\epsilon$에 대하여 다음을 만족시키는 자연수 N_1이 존재한다.

$$n \geq N_1 \Rightarrow |a_n - l| < \frac{1}{2}\epsilon$$

또 $\langle a_n \rangle$이 l'에 수렴하므로 다음을 만족시키는 자연수 N_2가 존재한다.

$$n \geq N_2 \Rightarrow |a_n - l'| < \frac{1}{2}\epsilon$$

이제 N을 N_1과 N_2 중에서 큰 수, 즉 $N = \max\{N_1,\ N_2\}$라고 하면 삼각 부등식에 의하여 다음 부등식이 성립한다.

$$|l-l'|=|(l-a_N)-(l'-a_N)| \le |l-a_N|+|l'-a_N|< \frac{1}{2}\epsilon+\frac{1}{2}\epsilon=\epsilon$$

위 부등식에서 ϵ은 임의로 주어진 양수이므로 $l=l'$이다.

(2) 수열 $\langle a_n \rangle$이 실수 l에 수렴한다고 가정하자. 그러면 $\epsilon=1$에 대해 자연수 N이 존재해서 $n \ge N$이면 부등식 $|a_n-l|<1$이 성립하다. 곧, 부등식 $l-1<a_n<l+1$이 성립한다. 이제 실수 M을 다음과 같이 정의하자.

$$M=\max\{|a_1|, |a_2|, \cdots, |a_{N-1}|, |l-1|, |l+1|\}$$

그러면 모든 자연수 n에 대하여 $|a_n| \le M$이다. 따라서 $\langle a_n \rangle$은 유계이다. ❑

정리 2.1-2

두 수열 $\langle a_n \rangle$과 $\langle b_n \rangle$이 수렴하면 다음이 성립한다.

(1) $\lim\limits_{n\to\infty}(a_n+b_n)=\lim\limits_{n\to\infty}a_n+\lim\limits_{n\to\infty}b_n$

(2) $\lim\limits_{n\to\infty}a_nb_n=\lim\limits_{n\to\infty}a_n \cdot \lim\limits_{n\to\infty}b_n$

(3) $\lim\limits_{n\to\infty}\dfrac{a_n}{b_n}=\dfrac{\lim\limits_{n\to\infty}a_n}{\lim\limits_{n\to\infty}b_n}$ (단, $b_n \ne 0$, $\lim\limits_{n\to\infty}b_n \ne 0$)

증명 $\lim_{n\to\infty}a_n=l$이고 $\lim_{n\to\infty}b_n=m$이며 ϵ을 임의의 양수라 하자.

(1) 극한의 정의로부터 양수 $\frac{1}{2}\epsilon$에 대하여 다음을 만족시키는 두 자연수 N_1과 N_2가 존재한다.

$$n \ge N_1 \Rightarrow |a_n-l|<\frac{1}{2}\epsilon,\ n \ge N_2 \Rightarrow |b_n-m|<\frac{1}{2}\epsilon$$

이때 $N=\max\{N_1, N_2\}$라고 하면 다음이 성립한다.

$$n \ge N \Rightarrow |(a_n+b_n)-(l+m)| \le |a_n-l|+|b_n-m|<\epsilon$$

따라서 $\lim_{n\to\infty}(a_n+b_n)=l+m$이다.

(2) 조건에서 두 수열 $\langle a_n \rangle$과 $\langle b_n \rangle$이 수렴하므로 정리 2.1-1의 (2)에 따라 $|m|$보다 큰

양수 M이 존재해서 모든 자연수 n에 대해 부등식 $|a_n| \le M$이 성립한다. 또한, $\lim_{n\to\infty} a_n = l$이고 $\lim_{n\to\infty} b_n = m$이므로 양수 $\frac{1}{2M}\epsilon$에 대하여 다음을 만족시키는 자연수 N이 존재한다.

$$n \ge N \Rightarrow |a_n - l| < \frac{\epsilon}{2M},\ |b_n - m| < \frac{\epsilon}{2M}$$

그러므로 $n \ge N$인 모든 자연수 n에 대하여 다음이 성립한다.

$$\begin{aligned} |a_n b_n - lm| &= |(a_n - l)m + (b_n - m)a_n| \\ &\le |a_n - l||m| + |b_n - m||a_n| \\ &< \frac{\epsilon}{2M}M + \frac{\epsilon}{2M}M = \epsilon \end{aligned}$$

(3) $\frac{a_n}{b_n} = a_n\left(\frac{1}{b_n}\right)$이므로 (2)에 의하여 $\lim_{n\to\infty}\frac{1}{b_n} = \frac{1}{m}$임을 보이면 충분하다. 먼저 수열 $\langle b_n \rangle$이 수렴하고 그 극한 m이 0이 아니므로 $|m| > 0$이며, 양수 $\frac{1}{2}|m| > 0$에 대해 자연수 N_1이 존재해서 $n \ge N_1$이면 부등식 $|b_n - m| < \frac{1}{2}|m|$이 성립한다. 따라서 삼각 부등식에 의하여 다음이 성립한다.

$$n \ge N_1 \Rightarrow |m| - |b_n| \le |b_n - m| < \frac{1}{2}|m|$$

즉 다음이 성립한다.

$$n \ge N_1 \Rightarrow |b_n| > \frac{1}{2}|m|$$

또 양수 $\frac{1}{2}|m|^2\epsilon$에 대하여 다음을 만족시키는 자연수 N_2가 존재한다.

$$n \ge N_2 \Rightarrow |b_n - m| < \frac{1}{2}|m|^2\epsilon$$

여기서 $N = \max\{N_1, N_2\}$라고 하자. 그러면 $n \ge N$일 때 다음이 성립한다.

$$\left|\frac{1}{b_n} - \frac{1}{m}\right| = \frac{|b_n - m|}{|b_n||m|} \le 2\frac{|b_n - m|}{|m|^2} < \epsilon$$

따라서 $\lim_{n\to\infty}\frac{1}{b_n} = \frac{1}{m}$이다. □

정리 2.1-3 (조임 정리 또는 샌드위치 정리)

세 수열 $\langle a_n \rangle$, $\langle b_n \rangle$, $\langle c_n \rangle$이 모든 자연수 n에 대하여 다음 부등식을 만족시킨다고 하자.

$$a_n \le b_n \le c_n \quad (n \in \mathbb{N}) \tag{A.1-1}$$

이때 $\lim_{n\to\infty} a_n = L = \lim_{n\to\infty} c_n$이면 $\lim_{n\to\infty} b_n = L$이다.

증명 ϵ은 주어진 양수라고 하자. $\lim_{n\to\infty} a_n = L = \lim_{n\to\infty} c_n$이므로 다음 두 부등식을 만족시키는 두 자연수 N_1과 N_2가 존재한다.

$$n \ge N_1 \Rightarrow L-\epsilon < a_n < L+\epsilon, \quad n \ge N_2 \Rightarrow L-\epsilon < c_n < L+\epsilon \tag{A.1-2}$$

그러면 두 식 (A.1-1)과 (A.1-2)에 의하여 다음이 성립한다.

$$n \ge N = \max\{N_1, N_2\} \Rightarrow L-\epsilon < a_n \le b_n \le c_n < L+\epsilon$$

따라서 $\lim_{n\to\infty} b_n = L$이다. ❑

A.2 함수의 극한

정리 2.2-1

$\lim_{x\to a} f(x) = b$이기 위한 필요 충분 조건은 $\lim_{n\to\infty} p_n = a$를 만족시키는 임의의 수열 $\langle p_n \rangle$에 대하여 $\lim_{n\to\infty} f(p_n) = b$인 것이다 ($p_n \ne a$, $n \in \mathbb{N}$).

증명 ($\Rightarrow$) (필요 조건) $\lim_{x\to a} f(x) = b$라 가정하고 ϵ을 임의의 양수라 하자. 그러면 양수 δ가 존재해서 $0 < |x-a| < \delta$일 때 부등식 $|f(x)-b| < \epsilon$이 성립한다. 이제 $\lim_{n\to\infty} p_n = a$인 수열 $\langle p_n \rangle$($p_n \ne a$)을 생각하자. 그러면 양수 δ에 대하여 자연수 N이 존재해서 $n \ge N$이면 $0 < |p_n - a| < \delta$가 성립한다. 따라서 $n \ge N$이면 부등식 $|f(p_n)-b| < \epsilon$이 성립하므로 $\lim_{n\to\infty} f(p_n) = b$이다.

($\Leftarrow$) (충분 조건) $\lim_{x\to a} f(x) \ne b$라 하자. 그러면 양수 ϵ_0이 존재해서 어떠한 양수 δ

를 잡아도 적당한 x가 존재해서 $0<|x-a|<\delta$이고 $|f(x)-b|\geq \epsilon_0$이 성립한다. 그러므로 $\delta=1/n$ $(n\in\mathbb{N})$으로 잡으면 다음을 만족시키는 수열 $\langle p_n\rangle$이 존재한다.

$$0<|p_n-a|<\frac{1}{n},\quad |f(p_n)-b|\geq \epsilon_0$$

따라서 $\lim_{n\to\infty}f(p_n)\neq b$이다. 이는 모든 자연수 n에 대하여 $p_n\neq a$이고 $\lim_{n\to\infty}p_n=a$이라는 가정에 모순된다. 따라서 $\lim_{x\to a}f(x)=b$이어야 한다. ❑

정리 2.2-2

$\lim_{x\to a}f(x)=A$이고 $\lim_{x\to a}g(x)=B$이면 다음이 성립한다.

(1) $\lim\limits_{x\to a}\{f(x)+g(x)\}=A+B$

(2) $\lim\limits_{x\to a}f(x)g(x)=AB$

(3) $\lim\limits_{x\to a}\dfrac{f(x)}{g(x)}=\dfrac{A}{B}$ (단, $B\neq 0$이고 a의 빠진 근방에서 $g(x)\neq 0$이다)

증명 (1) 수열 $\langle p_n\rangle$은 $p_n\neq a(n\in\mathbb{N})$이고 a에 수렴한다고 하자. 그러면 정리 2.2-1에 의해 $\lim_{n\to\infty}f(p_n)=A$이고 $\lim_{n\to\infty}g(p_n)=B$이다. 따라서 정리 2.1-2에 의하여 다음이 성립한다.

$$\begin{aligned}\lim_{x\to a}\{f(x)+g(x)\}&=\lim_{n\to\infty}\{f(p_n)+g(p_n)\}\\&=\lim_{n\to\infty}f(p_n)+\lim_{n\to\infty}g(p_n)=A+B\end{aligned}$$

(2)와 (3)도 두 정리 2.2-1과 2.1-2를 이용하여 증명할 수 있다. ❑

정리 2.2-3

세 함수 f, g, h가 점 a의 빠진 근방에서 부등식 $f(x)\leq h(x)\leq g(x)$를 만족시키고 $\lim_{x\to a}f(x)=A=\lim_{x\to a}g(x)$이면 $\lim_{x\to a}h(x)=A$이다.

증명 ϵ을 임의의 양수라 하자. $x=a$의 빠진 근방에서 $f(x) \le h(x) \le g(x)$이므로, 양수 δ_1이 존재해서 $0<|x-a|<\delta_1$이면 부등식 $f(x) \le h(x) \le g(x)$가 성립한다. 또 $\lim_{x \to a} f(x) = A = \lim_{x \to a} g(x)$이므로 양수 δ_2가 존재해서 $0<|x-a|<\delta_2$이면 다음이 성립한다.

$$|f(x)-A|<\epsilon, \quad |g(x)-A|<\epsilon \tag{A.2-1}$$

이제 $0<|x-a|<\delta=\min\{\delta_1,\ \delta_2\}$이면 조건의 부등식 $f(x) \le h(x) \le g(x)$와 부등식 (A.2-1)로부터 다음을 얻는다.

$$A-\epsilon < f(x) \le h(x) \le g(x) < A+\epsilon$$

즉 $0<|x-a|<\delta$이면 $|h(x)-A|<\epsilon$이 성립하므로 $\lim_{x \to a} h(x) = A$이다. ❑

정리 2.2-4

$\lim_{x \to a} f(x) = b$이고 $g(b)=c$라고 하자. 그러면 $\lim_{y \to b} g(y) = c$일 때 다음이 성립한다.

$$\lim_{x \to a} g(f(x)) - c$$

증명 ϵ을 임의의 양수라 하자. 조건에서 $\lim_{y \to b} g(y) = c$이고 $g(b)=c$이므로 양수 η가 존재하여 $0<|y-b|<\eta$이면 $|g(y)-c|<\epsilon$이 성립한다.

또 $\lim_{x \to a} f(x) = b$이므로, 양수 η에 대하여 양수 δ가 존재하여 $0<|x-a|<\delta$이면 $|f(x)-b|<\eta$이다. 따라서 $0<|x-a|<\delta$인 모든 x에 대하여 $|g(f(x))-c|<\epsilon$이다. ❑

A.3 정 적분에 관한 정리

정리 7.2-2

f가 구간 $[a,\ b]$에서 단조 함수이면, f는 $[a,\ b]$에서 적분 가능하다.

증명 함수 f가 구간 $[a, b]$에서 증가한다고 가정하자(감소할 때도 비슷하게 증명한다). $P = \{x_0, x_1, \cdots, x_n\}$이 구간 $[a, b]$의 분할이면 다음이 성립한다.

$$\begin{aligned} 0 \le U_a^b(f) - L_a^b(f) \le U_a^b(P, f) - L_a^b(P, f) \\ = \sum_{i=1}^{n}(M_i - m_i)\Delta x_i \\ \le \|P\| \sum_{i=1}^{n}(M_i - m_i) \end{aligned}$$

f가 구간 $[a, b]$에서 증가하므로 각 소구간 $[x_{i-1}, x_i]$ $(i = 1, 2, \cdots, n)$에 대하여 $M_i = f(x_i)$이고 $m_i = f(x_{i-1})$이다. 그러므로 다음이 성립한다.

$$\sum_{i=1}^{n}(M_i - m_i) = \sum_{i=1}^{n}\{f(x_i) - f(x_{i-1})\} = f(b) - f(a)$$

따라서 구간 $[a, b]$의 임의의 분할 P에 대하여 다음이 성립한다.

$$0 \le U_a^b(f) - L_a^b(f) \le \|P\| \{f(b) - f(a)\}$$

여기서 $f(a) = f(b)$이면 위 부등식으로부터 $L_a^b(f) = U_a^b(f)$가 성립하므로 (또는 f는 상수 함수이므로) f는 적분 가능하다. 한편, $f(a) \ne f(b)$일 때는 주어진 양수 ϵ에 대하여 $\delta = \epsilon / \{f(b) - f(a)\}$라고 하자. 그러면 $\|P\| < \delta$인 분할 P에 대하여 다음이 성립한다.

$$0 \le U_a^b(f) - L_a^b(f) \le U_a^b(P, f) - L_a^b(P, f) < \epsilon$$

그런데 ϵ은 임의의 양수이므로 $L_a^b(f) = U_a^b(f)$이다. 따라서 증가 함수 f는 구간 $[a, b]$에서 적분 가능하다. ❑

정리 7.2-4

함수 f가 닫힌 구간 $[a, c]$에서 적분 가능하고 $b \in [a, c]$라고 하자. 그러면 f는 두 구간 $[a, b]$와 $[b, c]$에서도 적분 가능하고 다음이 성립한다.

$$\int_a^b fx)dx + \int_b^c f(x)dx = \int_a^c f(x)dx \qquad \text{(A.3-1)}$$

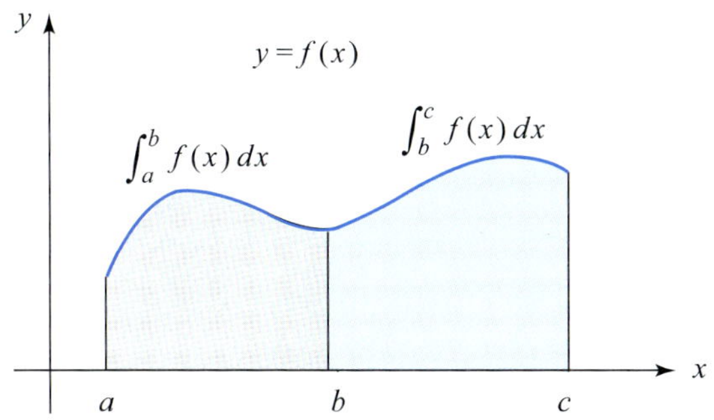

그림 7.2-3 $\int_a^c f(x)dx = \int_a^b f(x)dx + \int_b^c f(x)dx$

증명 양수 ϵ이 주어졌다고 하자. 그러면 함수 f가 구간 $[a,\ c]$에서 적분 가능하므로 $\frac{\epsilon}{2}$에 대하여, 다음을 만족시키는 두 분할 P_1, $P_2 \in \mathcal{P}[a,\ c]$이 존재한다.

$$U_a^c(P_1,\ f) - U_a^c(f) < \frac{\epsilon}{2},\quad L_a^c(f) - L_a^c(P_2,\ f) < \frac{\epsilon}{2}$$

$P = P_1 \cup P_2$라 하면, $P \in \mathcal{P}[a,\ c]$이고 세 분할 P_1, P_2, P에 대해 다음을 얻는다.

$$\begin{aligned} 0 &\le U_a^c(P,\ f) - L_a^c(P,\ f) \le U_a^c(P_1,\ f) - L_a^c(P_2,\ f) \\ &= U_a^c(P_1,\ f) - U_a^c(f) + L_a^c(f) - L_a^b(P_2,\ f) < \epsilon \end{aligned}$$

또 분할 P에 b를 더하여 얻은 분할 $Q = \{x_1,\ \cdots,\ x_m,\ b,\ x_{m+1},\ \cdots,\ x_n\}$에 대하여 다음이 성립한다.

$$U_a^c(Q,\ f) - L_a^c(Q,\ f) < \epsilon \qquad \text{(A.3-2)}$$

그런데 두 집합 $Q_1 = \{x_1,\ \cdots,\ x_m,\ b\}$와 $Q_2 = \{b,\ x_{m+1},\ \cdots,\ x_n\}$은 각각 두 구간 $[a,\ b]$와 $[b,\ c]$의 분할이고, $Q = Q_1 \cup Q_2$이므로 다음이 성립한다.

$$U_a^c(Q,\ f) = U_a^b(Q_1,\ f) + U_b^c(Q_2,\ f), \qquad \text{(A.3-3)}$$

$$L_a^c(Q,\ f) = L_a^b(Q_1,\ f) + L_b^c(Q_2,\ f) \qquad \text{(A.3-4)}$$

따라서 식 (A.3-4)를 식 (A.3-3)에서 빼고 부등식 (A.3-2)를 이용하면 다음을 얻는다.

$$\{U_a^b(Q_1,\ f) - L_a^b(Q_1,\ f)\} + \{U_b^c(Q_2,\ f) - L_b^c(Q_2,\ f)\} < \epsilon$$

그러므로 다음이 성립함을 알 수 있다.

$$0 \leq U_a^b(f) - L_a^b(f) \leq U_a^b(Q_1,\ f) - L_a^b(Q_1,\ f) < \epsilon,$$
$$0 \leq U_b^c(f) - L_b^c(f) \leq U_b^c(Q_2,\ f) - L_b^c(Q_2,\ f) < \epsilon$$

이제 정리 7.2-1에 의하여 함수 f는 두 구간 $[a,\ b]$와 $[b,\ c]$에서 각각 적분 가능하다. 또한, $\| Q_1 \| \to 0$이고 $\| Q_2 \| \to 0$이면, $U_a^b(Q_1,\ f) + U_b^c(Q_2,\ f)$와 $L_a^b(Q_1,\ f) + L_b^c(Q_2,\ f)$는 각각 $U_a^b(f) + U_b^c(f)$와 $L_a^b(f) + L_b^c(f)$에 수렴한다. 한편, $\| Q \| \to 0$이면 $U_a^c(Q,\ f)$와 $L_a^c(Q,\ f)$는 각각 $U_a^c(f)$와 $L_a^c(f)$에 수렴하므로, 식 (A.3-3)과 (A.3-4)로부터 등식 (A.3-1)이 성립한다. ❑

부록 B

삼각 함수

삼각법(trigonometry)이라는 용어는 그리스어에서 삼각형을 뜻하는 trigonon과 측정을 의미하는 metria의 두 단어로부터 생겨났다. 이런 용어의 기원을 보면 삼각법이 삼각형과 이를 이용한 측정을 연구하는 분야인 것 같으나, 이는 각(angle)의 개념이 포함되어 있는 수학 분야에서 보면 극히 일부분에 불과하다.

역사적으로 삼각법의 기원은 고대 바빌로니아와 고대 이집트까지 거슬러 올라간다. 그 후 측정할 수 있는 각과 직선을 이용하여 직접 측정할 수 없는 거리를 계산할 수 있는 도구로 이용되던 삼각법에 관한 연구는 천문학과 밀접하게 관련되어 발전했다. 18세기에 이르러 오일러(Leonhard Euler: 1707-783)에 의해 삼각법은 천문학에서 분리되어 수학의 한 연구 분야로 자리를 잡았다.

특히 삼각 함수(trigonometric function)는 자연 과학, 공학 등을 포함하는 여러 순수 및 응용 과학 분야와 다양한 산업 분야에서 매우 중요하다. 여기서는 삼각 함수에 익숙하지 않은 독자를 위해 삼각 함수를 정의하는 데 필요한 삼각법의 몇 가지 개념, 삼각 함수의 정의와 기본적인 성질에 대해 간략히 알아본다.

B.1 각의 정의와 각의 측도

평면의 한 점 O에서 그은 두 반직선 $\overrightarrow{OX}$와 $\overrightarrow{OP}$로 이루어진 도형을 각(angle)이라 하며, $\angle XOP$ 또는 $\angle POX$로 나타낸다. 이때 두 반직선을 각의 변(side), 점 O를 꼭짓점(vertex) 또는 극점이라고 한다.

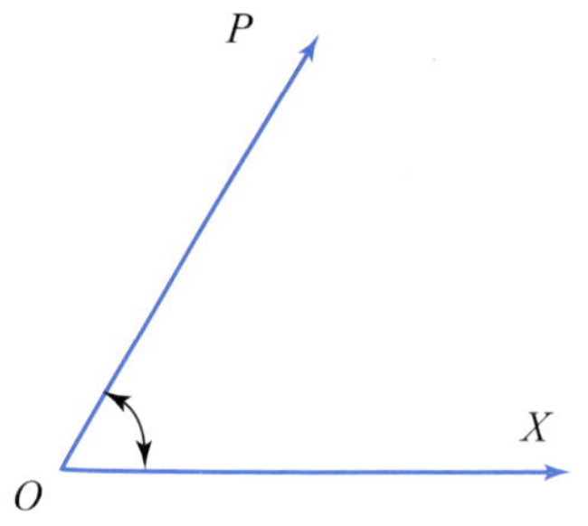

그림 B.1-1 각의 정의

각의 두 변이 벌어진 정도를 양적으로 표현한 것을 각도(angle measurement)라고 한다. 각도를 나타내는 방법은 여러 가지 있으나 여기서는 육십분법과 호도법에 대해 알아보기로 한다.

육십분법

두 변이 극점 사이에 두고 하나의 직선을 이룰 때의 각을 평각이라고 한다. 평각의 180분의 1을 1°로 나타내며 1도(degree)라고 한다. 1도(°)의 60분의 1을 1'으로 나타내고 1분(minute)이라고 하며, 또 1분(')의 60분의 1을 1''으로 나타내고 1초(second)라고 한다. 이와 같이 도·분·초의 단위를 사용하여 각의 각도를 나타내는 방법을 육십분법(sexagesimal system)이라고 한다.

육십분법으로 평각은 180°이다. 한편 각도가 90°인 각을 직각이라 한다. 흔히 각도가 평각보다 큰 각을 우각, 작은 각을 열각이라 하는데, 달리 말하지 않으면 보통 각이라 하면 열각을 가리키는 것으로 한다.

예제 B.1-1 육십분법의 정의에 의해 두 변이 일치하는 각의 각도는 360°이거나 0°이다. ❑

한편 각도를 도(°), 분('), 초('')로 나타내지 않고 1°를 10등분, 100등분, …하여 십진소수(decimal scale)를 써서 나타내기도 한다. 분과 초를 사용하지 않고 각도를 도(°)로 나타내면 소수점 아래의 숫자는 십진 소수로 표현된 것으로 약속한다.

예제 B.1-2 각도 57.29578°를 육십분법으로 나타내라.

풀이 도·분·초의 정의에 의해 다음을 얻는다.

$$0.29578° = (60 \times 0.29578)' = 17.7468',$$
$$0.7468' = (60 \times 0.7468)'' = 44.808''$$

따라서 $57.29578° \approx 57°17'44''$이다. ❑

호도법

이제 각의 각도를 나타내는 방법으로 호도법(radian measure, circular system, natural system)에 대해 알아보자.

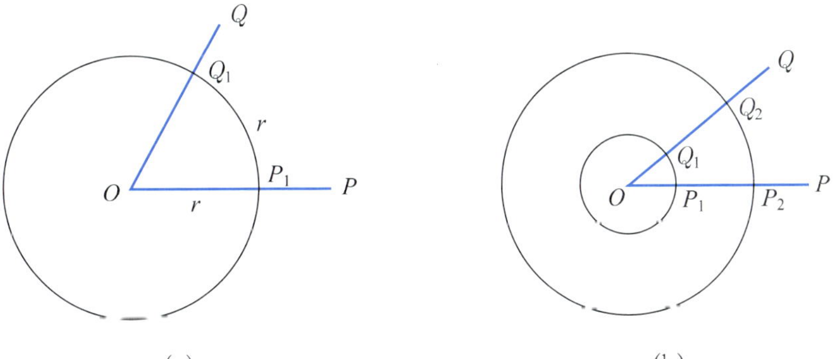

그림 B.1-2 (a) 각도가 1 라디안인 각 (b) 동심원과 호도법

중심이 O이고 반지름이 r인 원과 두 반직선 $\overrightarrow{OP}$와 $\overrightarrow{OQ}$와의 교점을 각각 P_1과 Q_1이라 하자 (그림 B.1-2(a) 참조). 이때 호 P_1Q_1의 길이가 r이면, 즉 호 P_1Q_1의 길이와 반지름 r의 비가 1이면 $\angle POQ$의 각도를 1라디안(radian)이라고 한다. 동심원은 서로 닮았으므로 라디안의 정의는 동심원의 선택과 무관하다(그림 B.1-2(b) 참조). 라디안을 단위로 각도를 표현하는 방법을 호도법[1)]이라 하며, rad를 써서 나타낸다.

반지름이 r인 원 C를 생각했을 때 $\angle POQ$와 $\angle POR$이 원 C와 만드는 호의 길이를 각각 s와 ℓ이라고 하자. 그러면 $\angle POQ$와 $\angle POR$의 비율은 호의 길이 s와 ℓ의 비

1) 라디안은 호의 길이를 이용하여 정의되므로 호도법이라는 용어가 유래되었다.

율과 같다. 그림 B.1-3(a)에서 다음이 성립한다.

$$\frac{\angle POQ}{\angle POR} = \frac{\text{호 } PQ\text{의 길이}}{\text{호 } PR\text{의 길이}} = \frac{s}{\ell}$$

따라서 $\ell = r$이면 $\angle POR$의 각도가 1 rad이므로 $\angle POQ$의 각도 θ는 다음과 같다.

$$\theta = \frac{s}{r}\text{rad}$$

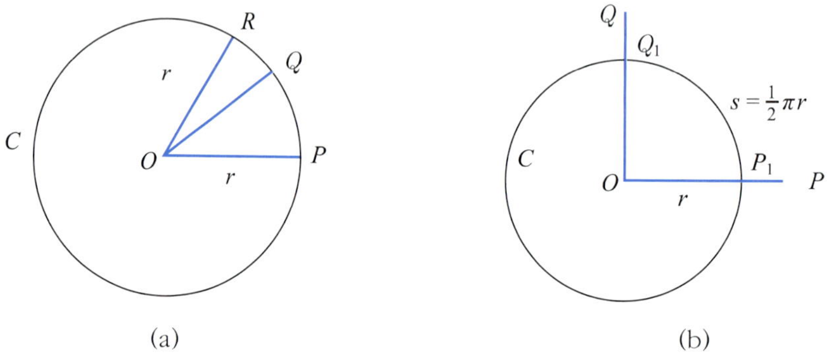

그림 B.1-3 (a) 호도법 (b) 직각

반지름이 r인 원의 원주의 길이가 ℓ이면 원주율의 정의에 의해 $\pi = \frac{\ell}{2r}$이다. 이때 평각이 만드는 호의 길이 s는 원주의 길이 $2\pi r$의 절반인 πr이므로 평각의 각도는 $\frac{s}{r} = \frac{\pi r}{r} = \pi(\text{rad})$이다.

예제 B.1-3 직각의 각도를 호도법으로 나타내라.

풀이 그림 B.1-3(b)와 같이 반지름이 r인 원 C를 생각하자. C의 원주의 길이를 ℓ이라 하면 원주율 π의 정의에 의해 $\pi = \frac{\ell}{2r}$이다. 따라서 직각에 해당하는 호 P_1Q_1의 길이 s는 $s = \frac{1}{4}\ell = \frac{\pi}{2}r$이다. 그러므로 직각의 각도는 $\frac{1}{2}\pi$ rad이다. ❑

앞으로 각 $\theta°$ 또는 각 θrad라는 것은 각도가 $\theta°$ 또는 θrad인 각을 뜻하는 것으로 약

속한다.

호도법으로 나타낸 각도 θrad에서 θ는 길이의 비이므로 실수이다. 호도법에서 단위를 사용하지 않고 1, $\frac{1}{2}\pi$, 2π 등과 같이 실수만으로 각도를 나타내기도 한다.

육십분법과 호도법의 관계

각의 두 변이 일치하는 각의 각도에 대해 다음이 성립한다.

$$2\pi \text{ rad} = 360° \Rightarrow 1 \text{ rad} = \frac{180}{\pi}^{\circ}, \quad 1° = \frac{\pi}{180} \text{ rad} \tag{B.1-1}$$

예제 B.1-4 식 (B.1-1)을 이용하면 다음을 얻는다.

$$180° = \pi \text{ rad},\ 120° = \frac{2}{3}\pi \text{ rad},\ 90° = \frac{1}{2}\pi \text{ rad},\ 60° = \frac{1}{3}\pi \text{ rad},\ 30° = \frac{1}{6}\pi \text{ rad}$$ ❑

일반각

$\angle O$의 두 변을 $\overrightarrow{OX}$와 $\overrightarrow{OP}$라 하자. 이때 $\angle O$를 $\overrightarrow{OP}$가 꼭짓점 O를 중심으로 $\overrightarrow{OX}$의 위치에서 시작하여 $\overrightarrow{OP}$의 위치까지 회전하여 생긴 것으로 보고 $\angle XOP$로 나타내기도 한다 (그림 B.1-4(a) 참조). 여기서 회전하는 방향을 화살표로 나타내고 $\overrightarrow{OX}$를 $\angle XOP$의 시초선(initial side), $\overrightarrow{OP}$를 종선(terminal side) 또는 동경이라고 한다.

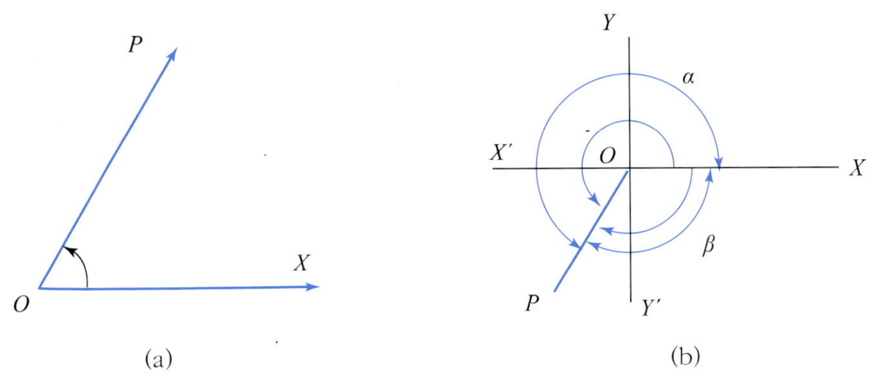

그림 B.1-4 일반각

그림 B.1-4(b)와 같이 $\angle XOP$에 대하여 동경 $\overrightarrow{OP}$가 회전하는 방향이 두 개 있다. $\angle XOP$가 동경이 시계 바늘이 도는 방향과 반대 방향으로 회전하여 생긴 각일 때 이를 양각(positive angle)이라 한다. 이 경우에 $\angle XOP$의 각도에 양의 부호(+)를 붙이거나 부호없이 각의 각도를 나타낸다. 한편, $\angle XOP$가 동경이 시계 바늘이 도는 방향과 같은 방향으로 회전하여 생긴 각일 때 음각(negative angle)이라 하고, $\angle XOP$의 각도에 음의 부호(−)를 붙여 각의 각도를 나타낸다.

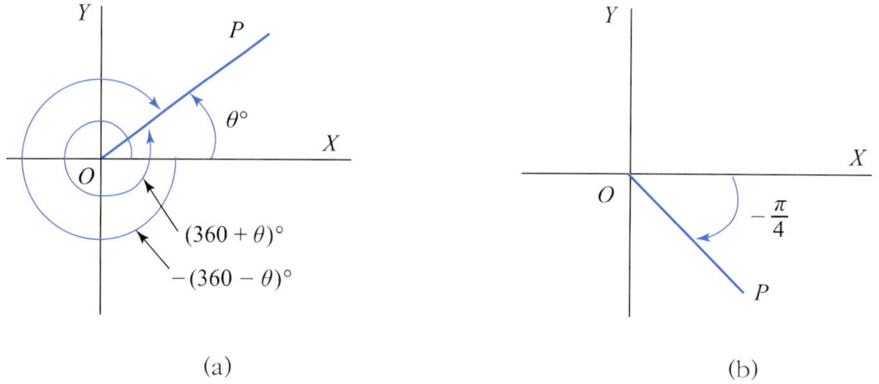

그림 B.1-5 (a) 일반각 (b) 예제 A.1-5

시초선 $\overrightarrow{OX}$가 고정되어 있을 때 $\angle XOP$의 각도가 정해지면 동경 $\overrightarrow{OP}$의 위치는 하나로 결정된다. 그러나 그림 B.1-5(a)와 같이 동경 $\overrightarrow{OP}$의 위치가 정해져도 $\angle XOP$의 각도는 하나로 결정되지 않는다. 일반적으로 $\angle XOP$의 각도를 $\theta°$ 또는 θrad이라 하면 동경 $\overrightarrow{OP}$가 나타내는 각의 각도는 다음과 같이 나타낼 수 있다.

$$n \times 360° + \theta° \quad 또는 \quad (2n\pi + \theta)\text{rad} \quad (n \in \mathbb{Z}) \tag{B.1-2}$$

식 (B.1-2)를 $\angle XOP$의 동경 $\overrightarrow{OP}$가 나타내는 일반각(general measure)이라고 한다. 흔히 식 (B.1-2)에서 육십분법으로 나타낼 때는 $0 \le \theta < 360$ 또는 $-180 < \theta \le 180$, 호도법으로 나타낼 때는 $0 \le \theta < 2\pi$ 또는 $-\pi < \theta \le \pi$의 범위에서 θ를 택한다.

예제 B.1−5 양의 x축 $\overrightarrow{OX}$를 시초선, 제4 사분면을 이등분하는 동경 $\overrightarrow{OP}$가 나타내는 일반각을 찾아라.

풀이 $\angle XOP$의 각도는 $-45°$ 또는 $-\dfrac{1}{4}\pi$이다. 이를 이용하면 $\angle XOP$의 일반각은 식 (B.1-2)에 의해 다음과 같다 (그림 B.1-5(b) 참조).

$$(n \times 360 - 45)° \quad \text{또는} \quad 2n\pi - \frac{1}{4}\pi \quad (n \in \mathbb{Z}) \qquad \square$$

B.2 삼각 함수

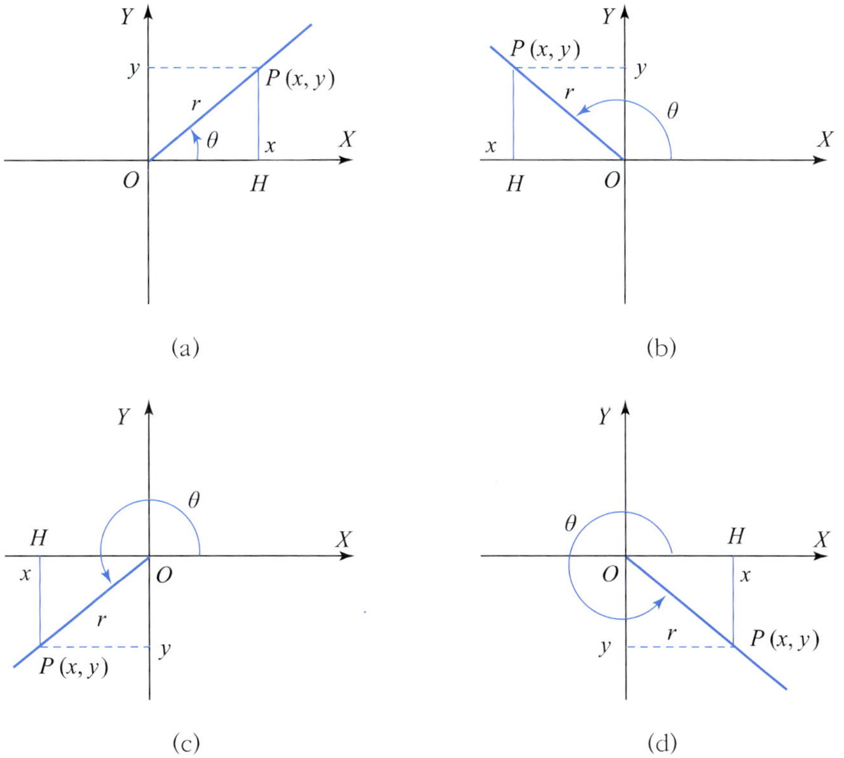

그림 B.2-1

그림 B.2-1과 같이 좌표 평면에서 양의 x축인 $\overrightarrow{OX}$이 시초선인 각 θ(° 또는 rad)를 생각하고, 그 동경 위에 있는 한 점을 $P(x,\ y)$라고 하자. $\overline{OP}$의 길이를 r이라 할 때 각 θ에 대해 다음을 정의하자.

$$\sin\theta = \frac{y}{r} \quad [\text{sine}\,\theta], \qquad \cos\theta = \frac{x}{r} \quad [\text{cosine}\,\theta],$$

$$\tan\theta = \frac{y}{x} \quad [\text{tangent}\,\theta], \qquad \cot\theta = \frac{x}{y} \quad [\text{cotangent}\,\theta], \qquad (\text{B}.2\text{-}1)$$

$$\sec\theta = \frac{r}{x} \quad [\text{secant}\,\theta], \qquad \csc\theta = \frac{r}{y} \quad [\text{cosecant}\,\theta]$$

위에서 $\theta = 0°$(0rad)이거나 각 θ가 $90°(\frac{1}{2}\pi \text{ rad})$의 정수배이면 분모가 0이 되는 식은 정의되지 않는다.

각 θ에 대한 위의 여섯 개의 식은, 각 θ의 동경에 있는 점 $P(x, y)$에서 x축에 내린 수선이 x축과 만나는 점을 H라 할 때, 직각 삼각형 OPH의 $\angle O$에 대한 각 함수에 대응하는 삼각비와 점 $P(x, y)$의 좌표 성분인 x와 y의 부호에 따라 결정된다.

한편 그림 B.2-2와 같이 각 θ를 고정하면 두 직각 삼각형 OP_1H_1과 OP_2H_2은 서로 닮은 도형이므로 $\triangle OP_1H_1$의 $\angle O$에 대한 삼각비는 $\triangle OP_2H_2$의 $\angle O$에 대한 삼각비와 같다. 또한 각 θ의 동경에 있는 서로 다른 두 점의 좌표 성분의 부호는 대응하는 성분끼리 같다.

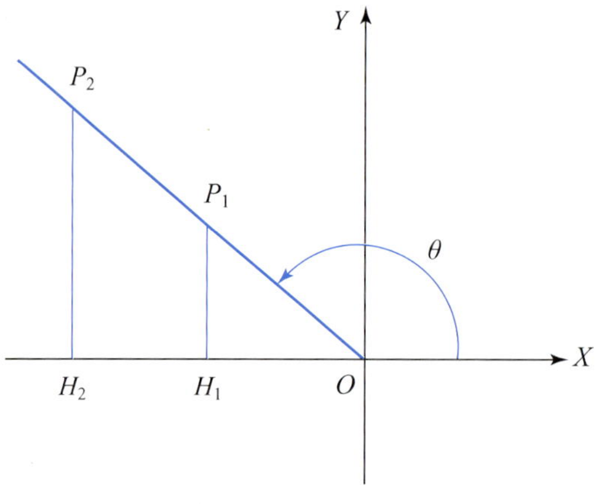

그림 B.2-2 삼각비와 삼각 함수

따라서 각 θ를 고정하면 식 (B.2-1)에서 정의한 여섯 가지 값은 각 θ의 동경에 있는 점 $P(x, y)$의 선택에 따라 변하지 않는다. 즉, 각 θ가 주어지면 식 (B.2-1)의 각각의 식에 의해 정의되는 실수는 유일하다. 이런 대응 규칙은 함수이며 식 (B.2-1)의 관계식을 통틀어 삼각 함수(trigonometric function)라고 부른다.

한편 식 (B.2-1)의 정의로부터 삼각 함수 사이에는 다음과 같은 관계가 있다.

$$\tan\theta = \frac{\sin\theta}{\cos\theta}, \quad \cot\theta = \frac{1}{\tan\theta} = \frac{\cos\theta}{\sin\theta}, \quad \sec\theta = \frac{1}{\cos\theta}, \quad \csc\theta = \frac{1}{\sin\theta} \qquad \text{(B.2-2)}$$

따라서 사인 함수와 코사인 함수에 의하여 나머지 삼각 함수가 결정되므로 앞으로 사인 함수와 코사인 함수의 성질에 중점을 두어 살펴보기로 한다.

예제 B.2-1 각 θ의 동경에 있는 점 $P(x, y)$의 좌표가 $(-4, 3)$이라 할 때, 각 θ에 대한 식 (B.2-1)로 정의되는 삼각 함수의 값을 모두 구하라.

풀이 $\overline{OP}$의 길이 r은 $r = |\overline{OP}| = \sqrt{(-4)^2 + 3^2} = 5$이며 $x = -4$이고 $y = 3$이므로 식 (B.2-1)에 의해 다음을 얻는다.

$$\sin\theta = \frac{3}{5}, \ \cos\theta = -\frac{4}{5}, \ \tan\theta = -\frac{3}{4},$$

$$\cot\theta = -\frac{4}{3}, \ \sec\theta = -\frac{5}{4}, \ \csc\theta = \frac{5}{3}$$ ❑

위의 예제에서, 예를 들어 $\sin\theta = \frac{3}{5}$으로부터 각 θ가 무엇인지 정확하게 알기 어렵다. 즉 일반적으로 각 θ가 주어졌을 때 그에 대한 삼각 함수의 값이 무엇인지는 알기 어렵다. 그러나 $\theta = 0, \frac{\pi}{2}, \pi, \frac{3\pi}{2}, 2\pi$ 등의 각에 대한 삼각 함수의 값을 어렵지 않게 알 수 있는데, 이런 특별한 각을 특수각이라 한다.

예제 B.2-2 각 변의 길이가 2인 정삼각형을 이용하여 $\sin\frac{\pi}{6}, \cos\frac{\pi}{6}, \sin\frac{\pi}{3}, \cos\frac{\pi}{3}$의 값을 찾아라.

풀이 그림 B.2-3에서 각 $\theta = \frac{\pi}{6}$이고 $\phi = \frac{\pi}{3}$이다. 따라서 직각 삼각형 ABC에 대한 삼각비를 이용하면 다음을 얻는다.

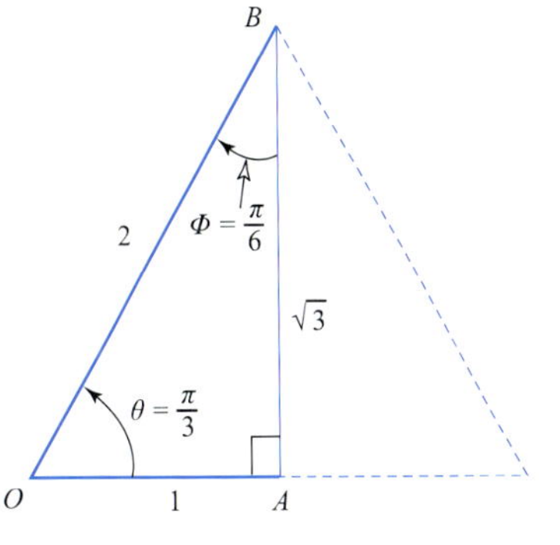

그림 B.2-3

$$\sin\frac{\pi}{6}=\frac{1}{2},\quad \cos\frac{\pi}{6}=\frac{\sqrt{3}}{2},\quad \sin\frac{\pi}{3}=\frac{\sqrt{3}}{2},\quad \cos\frac{\pi}{3}=\frac{1}{2}$$ ❑

두 변의 길이가 1인 직각 이등변 삼각형으로부터 $\sin\frac{\pi}{4}=\cos\frac{\pi}{4}=\frac{\sqrt{2}}{2}$ 이다.

삼각 함수의 그래프

각도의 단위로 라디안을 사용하면 한 각에 유일한 실수가 대응되며, 그 역도 성립하므로 삼각 함수는 실수의 (부분) 집합에서 정의되는 실숫값 함수이다. 이제 삼각 함수의 그래프에 대하여 알아보자.

점 $P(x,\ y)$가 단위원과 각 θ의 동경과의 교점이면 $y=\sin\theta$이다(그림 B.2-4 참조). 따라서 θy평면에 사인 함수의 그래프를 나타내면 그림 B.2-5(a)와 같다.

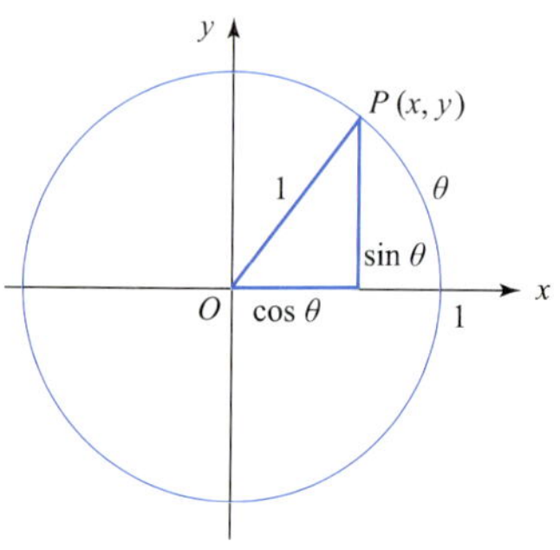

그림 B.2-4 단위원과 삼각 함수

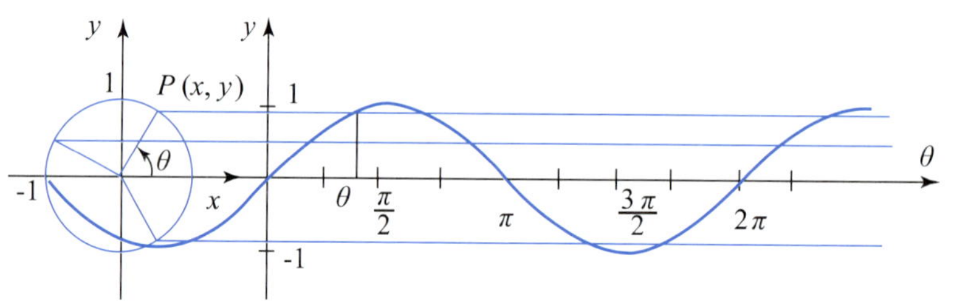

(a) 사인 함수 $y=\sin\theta$의 그래프

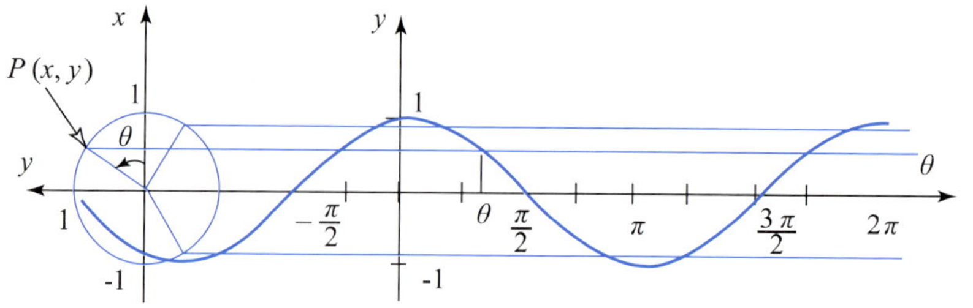

(b) 코사인 함수 $y=\cos\theta$의 그래프

그림 B.2-5 삼각 함수의 그래프

한편, $\cos\theta$는 점 P의 x좌표이므로 $\cos\theta$가 θ축에 대해 높이가 되도록 하여 $\cos\theta$의 그래프를 그리면 그림 B.2-5(b)와 같다.

그림 B.2-5의 (a)와 (b)에서 보듯이 함수 $\sin\theta$와 $\cos\theta$의 정의역은 실수 전체의 집합 $\mathbb{R}$이고 치역은 닫힌 구간 $[-1, 1]$이다. 또한 함수의 값은 2π 간격으로 반복된다.

한편, 상수 함수가 아닌 f의 정의역의 모든 점 x에 대해 $f(x+p)=f(x)$를 만족시키는 양수 p가 존재하면, f를 주기 함수(periodic function)라 한다. 이때 상수 p를 f의 주기(period)라 하며, 주기 중에 가장 작은 양수를 f의 기본 주기 또는 최소 주기(least period)라고 한다. 흔히 최소 주기를 주기라고 한다.

따라서 사인 함수와 코사인 함수는 주기가 2π인 주기 함수, 즉 다음을 만족시킨다.

$$\sin(\theta+2\pi)=\sin\theta, \quad \cos(\theta+2\pi)=\cos\theta$$

또 그림 B.2-5에서 보듯이 사인 함수의 그래프는 코사인 함수의 그래프를 θ축 방향으로 $\frac{\pi}{2}$만큼 평행 이동한 것과 같으며, 코사인 함수의 그래프는 사인 함수의 그래프를 $-\frac{\pi}{2}$만큼 평행 이동한 것과 같다. 따라서 다음이 성립한다.

$$\sin\left(\theta+\frac{\pi}{2}\right)=\cos\theta, \quad \cos\left(\theta-\frac{\pi}{2}\right)=\sin\theta$$

나머지 삼각 함수의 그래프는 그림 B.2-6에 보인 것과 같다. 다음 표에 삼각 함수의 정의역, 치역, 주기를 정리하였다.

함수	정의역(θ의 범위)	치역	주기
$\sin\theta$	$\mathbb{R}$	$[-1, 1]$	2π
$\cos\theta$	$\mathbb{R}$	$[-1, 1]$	2π
$\tan\theta$	$\mathbb{R}\setminus\{n\pi+\frac{1}{2}\pi \mid n\in\mathbb{Z}\}$	$\mathbb{R}$	π
$\csc\theta$	$\mathbb{R}\setminus\{n\pi \mid n\in\mathbb{Z}\}$	$\mathbb{R}\setminus(-1, 1)$	2π
$\sec\theta$	$\mathbb{R}\setminus\{n\pi+\frac{1}{2}\pi \mid n\in\mathbb{Z}\}$	$\mathbb{R}\setminus(-1, 1)$	2π
$\cot\theta$	$\mathbb{R}\setminus\{n\pi \mid n\in\mathbb{Z}\}$	$\mathbb{R}$	π

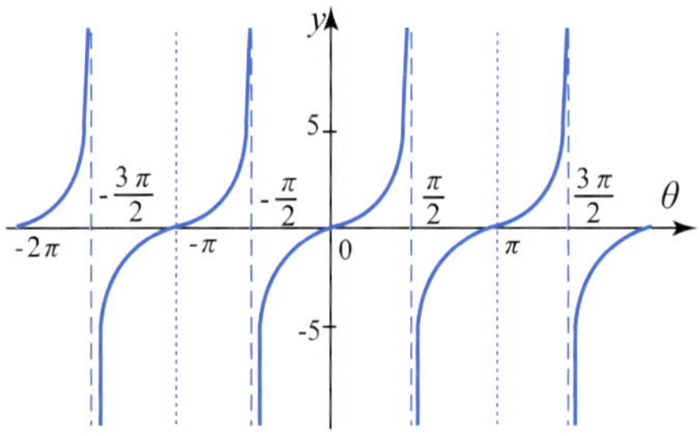

(a) $y = \tan\theta$의 그래프

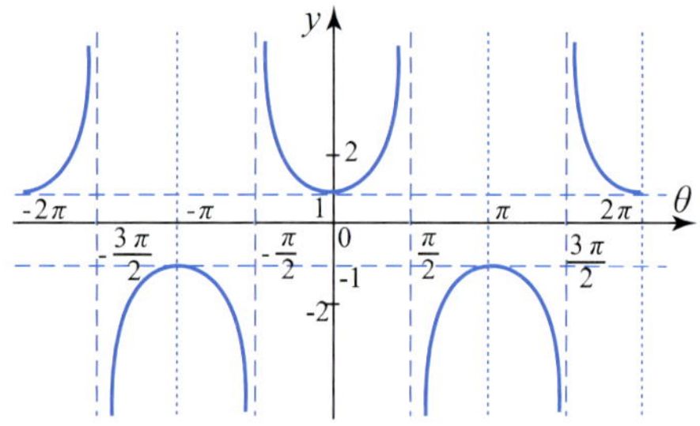

(b) $y = \sec\theta$의 그래프

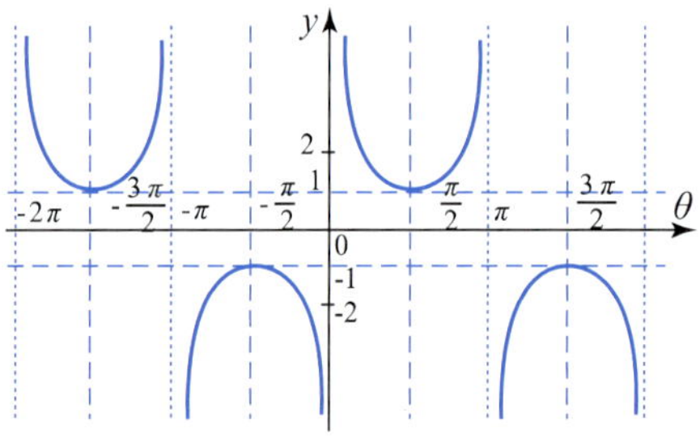

(c) $y = \csc\theta$의 그래프

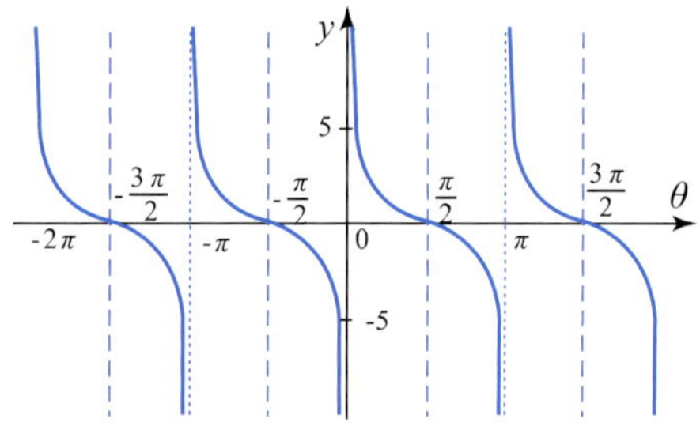

(d) $y = \cot\theta$의 그래프

그림 B.2-6 삼각 함수의 그래프

삼각 함수의 성질

각 θ에 대한 삼각 함수는 θ의 동경에 있는 점의 위치에 의존하지 않으므로 단위원 $x^2 + y^2 = 1$에 있는 점 $P(x, y)$를 생각하면 편리한 경우가 많다(그림 B.2-4 참조). 단위원에 있는 점 $P(x, y)$의 좌표를 삼각 함수를 이용하여 나타내면 $x = \cos\theta$, $y = \sin\theta$이므로 다음을 얻는다.

$$\cos^2\theta + \sin^2\theta = 1 \tag{B.2-3}$$

여기서 $\cos^2\theta$는 $(\cos\theta)(\cos\theta)$를 의미한다. 일반적으로 자연수 k에 대하여 다음과 같이 나타내기로 한다.

$$\underbrace{\cos^k\theta = (\cos\theta)\cdots(\cos\theta)}_{k\text{개}}$$

기호에 대한 이런 약속은 다른 삼각 함수에도 사용한다.

식 (B.2-3)의 양변을 $\cos^2\theta$와 $\sin^2\theta$로 나누면 각각 다음 등식을 얻는다.

$$1+\tan^2\theta=\sec^2\theta,\quad 1+\cot^2\theta=\csc^2\theta \tag{B.2-4}$$

한편, 정수 n에 대하여 그림 B.2-4의 각 θ와 각 $2n\pi+\theta$의 동경은 모두 같으므로 다음이 성립한다.

$$\sin\theta=\sin(2n\pi+\theta),\quad \cos\theta=\cos(2n\pi+\theta)\quad (n\in\mathbb{Z}) \tag{B.2-5}$$

사인 함수와 코사인 함수 이외의 다른 삼각 함수는 모두 사인 함수와 코사인 함수로 정의되므로 사인 함수와 코사인 함수의 성질로부터 그런 삼각 함수의 성질을 유도할 수 있다. 이런 이유로 앞으로 주로 사인 함수와 코사인 함수의 성질만 생각하기로 한다.

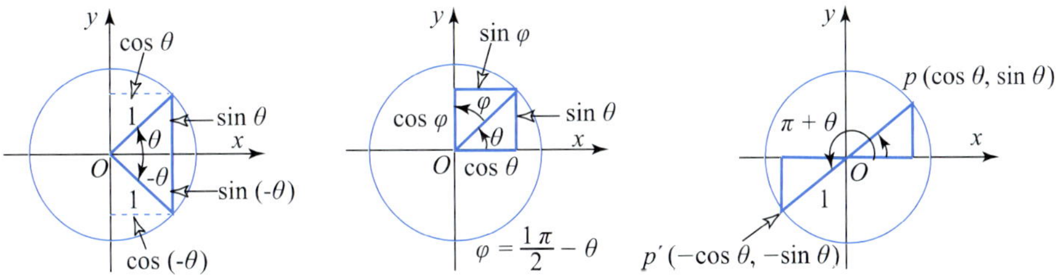

(a) $\sin(-\theta)=-\sin\theta$　　(b) $\sin\left(\frac{1}{2}\pi-\theta\right)=\cos\theta$　　(c) $\cos(\pi+\theta)=-\cos\theta$

그림 B.2-7 $-\theta$, $\frac{1}{2}\pi-\theta$, $\pi+\theta$에 대한 사인 함수와 코사인 함수

그림 B.2-7(a)로부터 다음이 성립함을 알 수 있다.

$$\sin(-\theta)=-\sin\theta,\quad \cos(-\theta)=\cos\theta \tag{B.2-6}$$

또 그림 B.2-7(b)와 식 (B.2-6)을 이용하면, 즉 $\frac{1}{2}\pi+\theta$를 $\frac{1}{2}\pi-(-\theta)$로 놓으면 다음을 얻는다.

$$\sin\left(\frac{1}{2}\pi\pm\theta\right)=\cos\theta,\quad \cos\left(\frac{1}{2}\pi\pm\theta\right)=\mp\sin\theta \tag{B.2-7}$$

한편 그림 B.2-7(c)와 식 (B.2-6)을 이용하면 다음을 얻는다.

$$\sin(\pi\pm\theta)=\mp\sin\theta,\quad \cos(\pi\pm\theta)=-\cos\theta \tag{B.2-8}$$

삼각 함수의 덧셈 공식

일반적으로 두 각 θ와 ϕ의 합 $\theta+\phi$에 대한 사인 함수와 코사인 함수는 다음 식을 만족시킨다(그림 B.2-8 참조). 이를 덧셈 공식(addition formula)이라고 한다.

$$\cos(\theta+\phi)=\cos\theta\cos\phi-\sin\theta\sin\phi \quad \text{[코사인 함수의 덧셈 공식]} \quad (B.2\text{-}9)$$

$$\sin(\theta+\phi)=\sin\theta\cos\theta+\cos\theta\sin\phi \quad \text{[사인 함수의 덧셈 공식]} \quad (B.2\text{-}10)$$

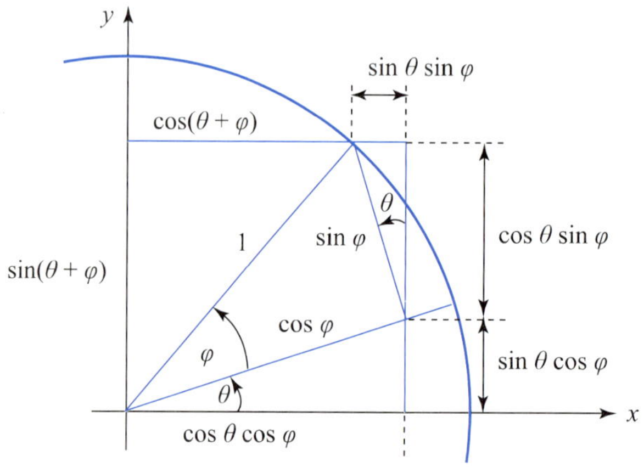

그림 B.2-8 사인 함수와 코사인 함수의 덧셈 공식

위의 두 식 (B.2-9)와 (B.2-10) 및 두 식 (B.2-2)와 (B.2-3)을 이용하면 다음과 같은 삼각 함수의 항등식을 얻는다.

$$\tan(\theta\pm\phi)=\frac{\tan\theta+\tan\phi}{1\mp\tan\theta\tan\phi} \quad \text{[탄젠트 함수의 덧셈 공식]} \quad (B.2\text{-}11)$$

$$\sin2\theta=2\sin\theta\cos\theta \quad \text{[사인 함수의 배각 공식]} \quad (B.2\text{-}12)$$

$$\cos2\theta=\cos^2\theta-\sin^2\theta \quad \text{[코사인 함수의 배각 공식]} \quad (B.2\text{-}13)$$

$$\tan2\theta=\frac{2\tan\theta}{1-\tan^2\theta} \quad \text{[탄젠트 함수의 배각 공식]} \quad (B.2\text{-}14)$$

$$\sin^2\frac{1}{2}\theta=\frac{1}{2}(1-\cos\theta) \quad \text{[사인 함수의 반각 공식]} \quad (B.2\text{-}15)$$

$$\cos^2\frac{1}{2}\theta=\frac{1}{2}(1+\cos\theta) \quad \text{[코사인 함수의 반각 공식]} \quad (B.2\text{-}16)$$

$$\tan^2\frac{1}{2}\theta = \frac{1-\cos\theta}{1+\cos\theta}$$ [탄젠트 함수의 반각 공식] (B.2-17)

삼각 함수의 합 · 차 · 곱

사인 함수의 덧셈 공식 (B.2-10)과 식 (B.2-6)으로부터 임의의 두 각 α와 β에 대하여 다음을 얻는다.

$$\sin(\alpha+\beta) = \sin\alpha\cos\beta + \cos\alpha\sin\beta$$
$$\sin(\alpha-\beta) = \sin\alpha\cos\beta - \cos\alpha\sin\beta \quad \text{(B.2-18)}$$

이 두 식을 더하면 다음을 얻는다.

$$\sin(\alpha+\beta) + \sin(\alpha-\beta) = 2\sin\alpha\cos\beta \quad \text{(B.2-19)}$$

또 식 (B.2-18)의 첫째 식에서 둘째 식을 빼면 다음을 얻는다.

$$\sin(\alpha+\beta) - \sin(\alpha-\beta) = 2\cos\alpha\sin\beta$$

한편 코사인 함수의 덧셈 공식 (B.2-9)와 식 (B.2-6)을 이용하면 다음을 얻는다.

$$\cos(\alpha+\beta) + \cos(\alpha-\beta) = 2\cos\alpha\cos\beta$$
$$\cos(\alpha+\beta) - \cos(\alpha-\beta) = -2\sin\alpha\sin\beta \quad \text{(B.2-20)}$$

이때 $x = \alpha+\beta$와 $y = \alpha-\beta$로 놓으면 사인 함수 또는 코사인 함수의 합과 차를 다음과 같이 사인 함수와 코사인 함수의 곱으로 나타낼 수 있다.

$$\sin x + \sin y = 2\sin\frac{x+y}{2}\cos\frac{x-y}{2} \quad \text{(B.2-21)}$$

$$\sin x - \sin y = 2\sin\frac{x-y}{2}\cos\frac{x+y}{2} \quad \text{(B.2-22)}$$

$$\cos x + \cos y = 2\cos\frac{x+y}{2}\cos\frac{x-y}{2} \quad \text{(B.2-23)}$$

$$\cos x - \cos y = -2\sin\frac{x+y}{2}\sin\frac{x-y}{2} \quad \text{(B.2-24)}$$

한편, 두 식 (B.2-19)와 (B.2-20)을 이용하면 다음과 같이 삼각 함수의 곱을 삼각 함수의 합 또는 차로 나타낼 수 있다.

$$\sin\alpha\cos\beta = \frac{1}{2}\{\sin(\alpha+\beta)+\sin(\alpha-\beta)\} \qquad \text{(B.2-25)}$$

$$\cos\alpha\cos\beta = \frac{1}{2}\{\cos(\alpha+\beta)+\cos(\alpha-\beta)\} \qquad \text{(B.2-26)}$$

$$\sin\alpha\sin\beta = -\frac{1}{2}\{\cos(\alpha+\beta)-\cos(\alpha-\beta)\} \qquad \text{(B.2-27)}$$

삼각 함수의 합성

사인 함수와 코사인 함수의 덧셈 공식을 이용하여 다음과 같은 식을 간단히 사인 함수나 코사인 함수로 나타낼 수 있다.

$$a\sin\theta + b\cos\theta \quad (ab \neq 0, \quad a\in\mathbb{R},\ b\in\mathbb{R}) \qquad \text{(B.2-28)}$$

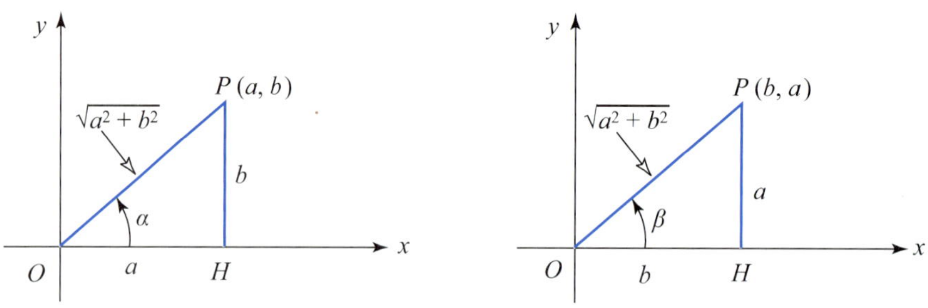

(a) 사인 합성　　(b) 코사인 합성

그림 B.2-9 삼각 함수의 합성

식 (B.2-28)에 대하여 그림 B.2-9와 같이 좌표 평면의 점 $P(a,\ b)$와 직각 삼각형 OPH를 생각하자. 이때 $\angle HOP = \alpha\ (-\pi < \alpha \leq \pi)$라 하면 다음이 성립한다.

$$\cos\alpha = \frac{a}{\sqrt{a^2+b^2}}, \quad \sin\alpha = \frac{b}{\sqrt{a^2+b^2}}$$

따라서 이 식과 사인 함수의 덧셈 공식 (B.2-10)을 이용하면 다음을 얻는다.

$$a\sin\theta + b\cos\theta = \sqrt{a^2+b^2}\left(\frac{a}{\sqrt{a^2+b^2}}\sin\theta + \frac{b}{\sqrt{a^2+b^2}}\cos\theta\right)$$

$$= \sqrt{a^2+b^2}(\cos\alpha\sin\theta+\sin\alpha\cos\theta)$$

$$= \sqrt{a^2+b^2}\sin(\theta+\alpha) \qquad \text{(B.2-29)}$$

이와 같이 식 (B.2-28)과 같은 형태의 삼각 함수를 식 (B.2-29)와 같은, 일반적으로 다음과 같은 꼴로 만드는 것을 삼각 함수의 사인 합성이라고 한다.

$$r\sin(\theta+\alpha) \quad (r>0 \;\; -\pi<\alpha\le\pi)$$

또 그림 B.2-9(b)와 코사인 함수의 덧셈 공식 (B.2-9)를 이용하면 다음을 얻는다.

$$a\sin\theta+b\cos\theta = \sqrt{a^2+b^2}\cos(\theta-\beta) \qquad \text{(B.2-30)}$$

$$\cos\beta = \frac{b}{\sqrt{a^2+b^2}}, \quad \sin\beta = \frac{a}{\sqrt{a^2+b^2}}$$

식 (B.2-28)과 같은 형태의 삼각 함수를 식 (B.2-30)과 같이, 일반적으로 다음과 같은 꼴로 만드는 것을 삼각 함수의 코사인 합성이라고 한다.

$$r\cos(\theta-\beta) \quad (r>0, \;\; -\pi<\beta\le\pi)$$

이런 합성을 통틀어 삼각 함수의 합성이라고 한다.

B.3 삼각형과 삼각 함수

여기서는 삼각 함수와 삼각형 사이의 관계를 알아본다.

사인 법칙

그림 B.3-1과 같이 $\triangle ABC$의 외접원의 반지름이 R이고 $\angle C<\frac{\pi}{2}$이라 하자. 그러면 각은 호에 대한 원주각은 모두 같으므로 $\triangle ABC$의 $\angle C$와 $\triangle ABC'$의 $\angle C'$은 서로 같다. 따라서 직각 삼각형 ABC'에 대하여 다음이 성립한다.

$$2R = \frac{c}{\sin C'} = \frac{c}{\sin C}$$

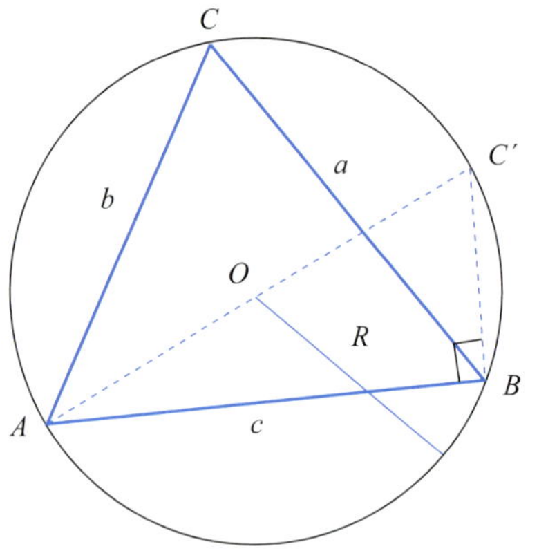

그림 B.3-1 사인 법칙

이 식은 $\angle C$가 둔각이나 직각인 경우에도 성립한다. $\angle A$와 $\angle B$에 대하여 같은 방법으로 생각하면 $\triangle ABC$의 세 각과 세 변의 길이 사이에 관한 다음 식을 얻는데, 이를 삼각형의 사인 법칙(law of sines)이라고 한다.

$$\frac{a}{\sin A} = \frac{b}{\sin B} = \frac{c}{\sin C} = 2R \qquad \text{(B.3-1)}$$

코사인 법칙

$\triangle ABC$의 꼭짓점 C에서 대변 $\overline{AB}$에 또는 (각 B가 둔각일 경우에) 그 연장선에 내린 수선의 발을 H라 하자 (그림 B.3-2(a) 참조). $\overline{AB}$의 길이를 $|\overline{AB}| = c$라 하면 두 직각 삼각형 AHC와 BCH로부터 다음 식을 얻는다 (이는 각 C가 둔각이나 직각일 경우에도 성립한다).

$$c = |\overline{AH}| + |\overline{HB}| = b\cos A + a\cos B \qquad \text{(B.3-2)}$$

같은 방법으로 꼭지점 A와 B에 대하여 생각하면 각각 다음을 얻는다.

$$a = b\cos C + c\cos B \qquad \text{(B.3-3)}$$

$$b = c\cos A + a\cos C \qquad \text{(B.3-4)}$$

식 (B.3-2)와 (B.3-3)을 삼각형의 제1 코사인 법칙(first law of cosines)이라고 한다.

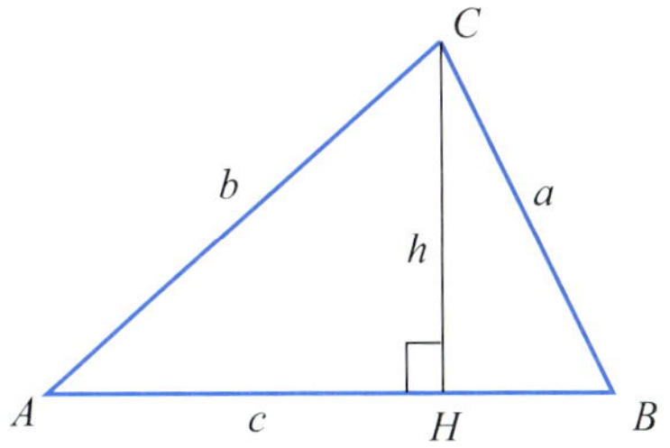

(a) 제1 코사인 법칙

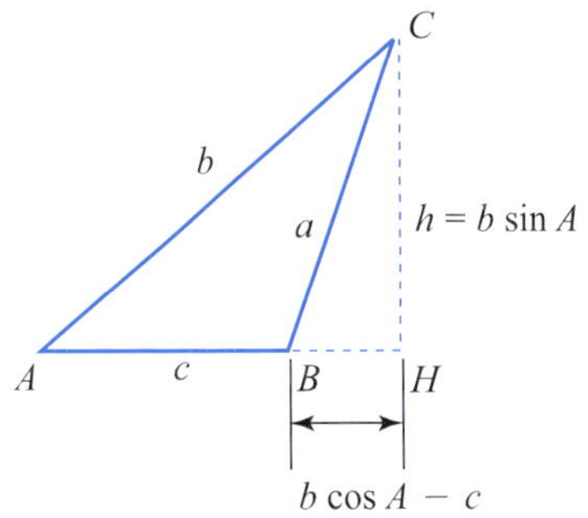

(b) 제2 코사인 법칙

그림 B.3-2 코사인 법칙

한편, 그림 B.3-2(b)와 같은 $\triangle ABC$에서 직각 삼각형 CHB에 대하여 피타고라스 정리와 삼각 함수의 항등식 $\cos^2\theta + \sin^2\theta = 1$를 이용하면 다음을 얻는다 (이는 각 B가 예각이나 직각인 경우에도 성립한다).

$$\begin{aligned} a^2 &= (b\sin A)^2 + (b\cos A - c)^2 \\ &= b^2(\sin^2 A + \cos^2 A) - 2bc\cos A + c^2 \\ &= b^2 + c^2 - 2bc\cos A \end{aligned} \tag{B.3-5}$$

같은 방법으로 $b = |\overline{AC}|$와 $c = |\overline{AB}|$에 대하여 생각하면 각각 다음을 얻는다.

$$b^2 = c^2 + a^2 - 2ca\cos B \tag{B.3-6}$$

$$c^2 = a^2 + b^2 - 2ab\cos C \tag{B.3-7}$$

두 식 (B.3-5)와 (B.3-6)을 삼각형의 제2 코사인 법칙(second law of cosines) 또는 코사인 법칙이라고 한다.

삼각형의 세 변의 길이를 알면 제2 코사인 법칙에 의하여 삼각형의 세 각의 크기를 알 수 있다.

삼각형의 넓이

$\triangle ABC$의 꼭짓점 C에서 대변 $\overline{AB}$에 또는 (각 B가 둔각일 경우에) 그 연장선에 내린 수선의 발을 H라 하자(그림 B.3-2(a) 참조). 그림 B.3-2(a)에서 $\triangle ABC$의 높이가 $h = b\sin A$이므로 $\triangle ABC$의 넓이 S는 다음과 같다 (이는 각 C가 둔각이나 직각인 경

우에도 성립한다).

$$S = \frac{1}{2}bc\sin A$$

꼭짓점 A나 B에 대하여 같은 방법으로 생각하면 $\triangle ABC$의 넓이 S는 또한 다음과 같다.

$$S = \frac{1}{2}ac\sin B = \frac{1}{2}ab\sin C$$

호도법과 부채꼴의 넓이

그림 B.3-3과 같이 중심이 O이고 반지름이 r인 원에 중심각의 크기가 θrad인 부채꼴 OAB를 생각하자.

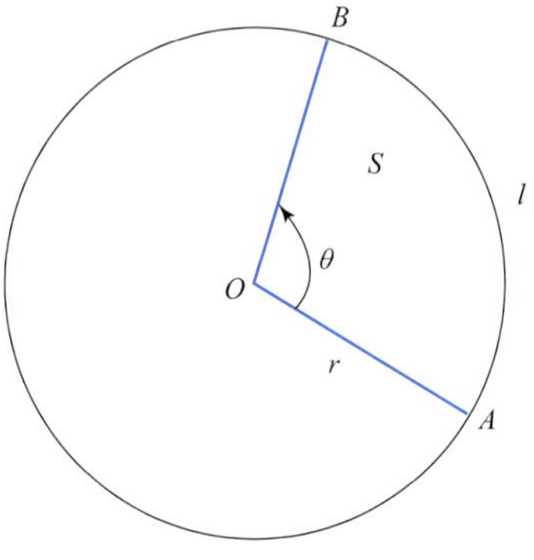

그림 B.3-3 부채꼴

중심각의 크기가 θrad인 부채꼴 OAB의 호 AB의 길이 l은 호도의 정의에 의하여 다음 비례식을 만족시킨다.

$$2\pi r : \theta = 2\pi : l$$

따라서 부채꼴 OAB의 호 AB의 길이 l은 다음과 같다.

$$l = r\theta$$

또 부채꼴 OAB의 넓이 S가 중심각의 크기 θ에 정비례하므로 다음이 성립한다.

$$2\pi : \theta = \pi r^2 : S$$

따라서 중심각의 크기가 θ인 부채꼴 OAB의 넓이 S는 다음과 같다.

$$S = \frac{1}{2}r^2\theta = \frac{1}{2}rl$$

B.4 삼각 방정식과 부등식

각도 θ가 미지수인 삼각 함수를 포함하는 방정식을 삼각 방정식, 부등식을 삼각 부등식이라 한다. $0 \le \theta < 2\pi$ 또는 $-\pi < \theta \le \pi$과 같이 특정한 범위에 있는 삼각 방정식 또는 삼각 부등식의 해 θ를 특수해라고 한다.[2)]

삼각 방정식이나 부등식의 해를 구할 때 삼각 함수의 그래프나 단위원를 이용하면 편리하다.

예제 B.4-1 삼각 방정식 $\sin x = \frac{1}{2}$의 해 x를 $0 \le x < 2\pi$의 범위에서 찾아라.

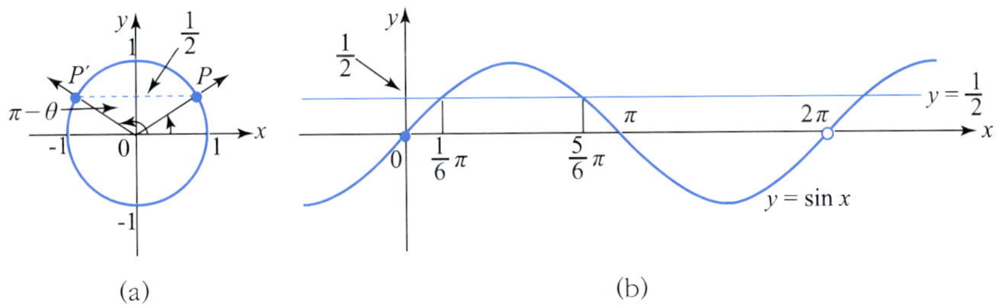

그림 B.4-1

풀이 단위원과 함수의 그래프를 이용하여 해를 구해보자.

(1) 그림 B.4-1(a)와 같이 단위원 O에서 y좌표가 $\frac{1}{2}$인 점 P의 동경 $\overrightarrow{OP}$가 나타내는 각을 θ라 하면, 동경 $\overrightarrow{OP}'$가 나타내는 각은 $\pi - \theta$이다. 그러면 $\sin x = \frac{1}{2}$을 만족시키는 x는 θ와 $\pi - \theta$이다. 그런데 $\sin\frac{\pi}{6} = \frac{1}{2}$이므로 $\theta = \frac{\pi}{6}$이고 $\pi - \theta = \frac{5}{6}\pi$이다. 따라서 구하는 해는 $\frac{\pi}{6}$ 와 $\frac{5}{6}\pi$이다.

(2) 그림 B.4-1(b)는 함수 $y = \sin x$의 그래프와 직선 $y = \frac{1}{2}$이 $0 \le x < 2\pi$의 범위에서 만나는 점의 x좌표는 $\frac{\pi}{6}$와 $\frac{5}{6}\pi$이므로, 찾는 해는 $\frac{\pi}{6}$와 $\frac{5}{6}\pi$이다. ❑

2) 각을 육십분법으로 나타낼 수도 있다.

예제 B.4-2 삼각 부등식 $\sin x \le \frac{1}{2}$의 해 x를 $0 \le x < 2\pi$의 범위에서 찾아라.

풀이 예제 B.4-1의 풀이와 그림 B.4-1(a)를 참고하여 해를 찾자. 그림 B.4-1(a)에서 $\sin\theta$는 점 P의 y좌표이다. 따라서 호 PP' 사이에 동경이 있는 모든 각 x에 대해 $\sin x > \frac{1}{2}$이 성립한다. 이때 동경 $\overrightarrow{OP}$가 나타내는 각이 $\frac{\pi}{6}$이고 동경 $\overrightarrow{OP}'$이 나타내는 각이 $\frac{5}{6}\pi$이므로 구하는 해는 $0 \le x \le \frac{\pi}{6}$와 $\frac{5}{6}\pi \le x < 2\pi$이다. ❑

삼각 방정식의 일반해

예제 B.4-1과 같이 삼각 방정식의 해를 제한된 범위에서 찾는 경우도 있으나, 범위가 제한되지 않는 경우가 일반적이다. 삼각 함수는 주기 함수이므로 해의 범위가 제한되지 않는 경우에는 해가 무수히 많다.

방정식 $\sin x = \frac{1}{2}$의 해는 $0 \le x < 2\pi$의 범위에서 $\frac{\pi}{6}$와 $\frac{5}{6}\pi$이다. 그런데 $\frac{\pi}{6}$와 $\frac{5}{6}\pi$에 대한 일반각은 각각 $2n\pi + \frac{\pi}{6}$와 $2n\pi + \frac{5}{6}\pi$이다 (n은 정수). 따라서 이 방정식의 모든 해는 $2n\pi + \frac{\pi}{6}$와 $2n\pi + \frac{5}{6}\pi$이다 (n은 정수). 이와 같이 일반각으로 나타낸 해를 일반해라고 한다. 한편 $2n\pi + \frac{5}{6}\pi = (2n+1)\pi - \frac{\pi}{6}$이므로 두 일반해를 $n\pi + (-1)^n\frac{\pi}{6}$ (단, n은 정수)와 같이 하나의 식으로 나타낼 수 있다

다음은 삼각 방정식의 일반해를 구하는 데 유용하게 쓰인다.

(1) 방정식 $\sin x = a\,(|a| \le 1)$의 한 해가 α이면 일반해는 $n\pi + (-1)^n\alpha$이다.

(2) 방정식 $\cos x = a\ (|a| \le 1)$의 한 해가 α이면 일반해는 $2n\pi \pm \alpha$이다.

(3) 방정식 $\tan x = a$의 한 해가 α이면 그의 일반해는 $n\pi + \alpha$이다.

여기서 n은 정수이며, α는 흔히 $-\pi < \alpha \le \pi$ 또는 $0 \le \alpha < 2\pi$인 범위에서 찾는다.

예제 B.4-3 삼각 방정식 $2\cos^2 x + 3\sin x - 3 = 0$의 해를 찾아라.

풀이 등식 $\cos^2 x = 1 - \sin^2 x$를 주어진 방정식에 대입하여 정리하면 다음을 얻는다.

$$2\sin^2 x - 3\sin x + 1 = 0 \ \Leftrightarrow\ (2\sin x - 1)(\sin x - 1) = 0$$

따라서 방정식 $\sin x = \frac{1}{2}$ 또는 $\sin x = 1$의 해가 찾는 해이므로, 다음과 같다.

$$n\pi + (-1)^n \frac{1}{6}\pi, \quad x = n\pi + (-1)^n \frac{1}{2}\pi \quad (n \in \mathbb{Z}) \qquad \square$$

연습 문제 B

1. 좌표 평면에서 다음 점 $P(a,\ b)$를 지나는 동경 $\overrightarrow{OP}$가 나타내는 각 θ에 대하여 $\sin\theta$, $\cos\theta$, $\tan\theta$의 값을 찾아라.

(1) $P(-3,\ 4)$ (2) $P(5,\ -12)$

2. 일반각 θ를 나타내는 동경이 있는 사분면에 따라 각 삼각 함수의 부호가 결정된다. 다음 표를 완성하라.

θ	제 1 사분면	제 2 사분면	제 3 사분면	제 4 사분면
$\sin\theta,\ \csc\theta$	+		−	
$\cos\theta,\ \sec\theta$		−	−	
$\tan\theta,\ \cot\theta$			+	−

3. $\sin\theta = \frac{3}{5}$이고 θ는 제2 사분면의 각일 때, $\cos\theta$와 $\tan\theta$의 값을 찾아라.

4. 다음 등식이 성립함을 보여라.

(1) $\tan^2\theta - \sin^2\theta = \tan^2\theta \sin^2\theta$ (2) $\dfrac{1+\sin\theta}{\cos\theta} + \dfrac{\cos\theta}{1+\sin\theta} = 2\sec\theta$

5. 다음 식을 간단히 하라.

(1) $\dfrac{\cos\theta - 1}{\sin\theta} + \dfrac{\sin\theta}{1+\cos\theta}$ (2) $(\sin\theta + \cos\theta)^2 + (\sin\theta - \cos\theta)^2$

6. $\sin\theta+\cos\theta=\frac{1}{2}$일 때 다음 값을 찾아라.

(1) $\sin\theta\cos\theta$

(2) $\sin^3\theta+\cos^3\theta$

7. 다음 삼각 함수의 값을 찾아라.

(1) $\sin\frac{25}{6}\pi$

(2) $\cos\left(-\frac{7}{4}\pi\right)$

(3) $\tan\left(-\frac{13}{3}\pi\right)$

(4) $\tan 135°$

(5) $\sin\frac{29}{6}\pi$

(6) $\tan\left(-\frac{9}{4}\pi\right)$

8. 다음 삼각 함수의 값을 찾아라.

(1) $\sin 15°$

(2) $\tan 75°$

(3) $\sin 105°$

9. $\sin\alpha=\frac{1}{3}$이고 $\cos\beta=\frac{1}{4}$일 때, 다음 값을 찾아라 (단, $\frac{\pi}{2}<\alpha<\pi,\ 0<\beta<\frac{\pi}{2}$).

(1) $\sin(\alpha+\beta)$

(2) $\cos(\alpha-\beta)$

10. 다음 등식이 성립함을 보여라.

(1) $\sin(\alpha+\beta)\sin(\alpha-\beta)=\sin^2\alpha-\sin^2\beta$

(2) $\cos(\alpha+\beta)\cos(\alpha-\beta)=\cos^2\alpha-\cos^2\beta$

(3) $\frac{\tan\alpha-\tan\beta}{\tan\alpha+\tan\beta}=\frac{\sin(\alpha-\beta)}{\sin(\alpha+\beta)}$

11. x가 제2 사분면의 각이고 $\cos x=-\frac{4}{5}$일 때, 다음 값을 찾아라.

(1) $\sin 2x$

(2) $\cos 2x$

12. x가 제3 사분면의 각이고 $\tan x=\frac{5}{12}$일 때, 다음 값을 찾아라.

(1) $\sin 2x$

(2) $\cos 2x$

(3) $\tan 2x$

13. 다음 등식이 성립함을 보여라.

(1) $(1+\cos 2x)\tan x = \sin 2x$

(2) $\sin 3x = 3\sin x - 4\sin^3 x$

(3) $\cos 3x = 4\cos^3 x - 3\cos x$

(4) $\dfrac{1-\cos x}{\sin 2x} = \tan x$

(5) $\tan 3x = \dfrac{3\tan x - \tan^3 x}{1 - 3\tan^2 x}$

(6) $\cot^2 x(1-\cos^2 x) = \cos^2 x$

14. x가 제2 사분면의 각이고 $\sin x = \dfrac{4}{5}$일 때 다음을 찾아라.

(1) $\cos\dfrac{x}{2}$

(2) $\cos 2x$

(3) $\cos 2x \cdot \tan\dfrac{x}{2}$

15. 다음 식을 $r\sin(\theta+\alpha)$의 꼴로 변형하라.

(1) $\sin\theta + \sqrt{3}\cos\theta$

(2) $\sin\theta - \cos\theta$

(3) $3\sin\theta + 4\cos\theta$

16. 다음 함수의 최댓값과 최솟값을 찾아라.

(1) $y = \sin x - \sqrt{3}\cos x$

(2) $y = \cos x\cos\left(x+\dfrac{\pi}{6}\right)\quad\left(0 \le x \le \dfrac{\pi}{2}\right)$

(3) $y = \sqrt{3}\sin x + \cos x + 1$

(4) $y = \sin x\sin\left(x+\dfrac{\pi}{3}\right)$

17. 다음 식의 값을 찾아라.

(1) $\sin 75^\circ\cos 15^\circ$

(2) $\cos 165^\circ\cos 105^\circ$

(3) $\sin 20^\circ\sin 40^\circ\sin 80^\circ$

18. 다음 식의 값을 찾아라.

(1) $\sin 165° + \sin 15°$

(2) $\cos 195° - \cos 15°$

(3) $\cos 255° + \cos 15°$

19. $\triangle ABC$에서 다음 등식이 성립할 때 각 A의 크기는 얼마인가?

$$\sin A = \frac{\sin B + \sin C}{\cos B + \cos C}$$

20. 예각 삼각형 ABC에서 $a = \sqrt{3}$, $b = 1$, $B = 30°$일 때 외접원의 반지름 R 및 나머지 변의 길이와 내각을 찾아라.

21. $\triangle ABC$에서 $A = 45°$, $b = 1 + \sqrt{3}$, $c = \sqrt{2}$일 때, a를 찾아라.

22. $\triangle ABC$에서 다음 등식이 성립함을 보여라.

$$\frac{c}{a+b} = \frac{\sin C}{\sin A + \sin B}$$

23. 다음 식을 만족시키는 $\triangle ABC$는 어떤 삼각형인가?

(1) $a\cos A = b\cos B$

(2) $b\cos A = a\cos B$

(3) $\sin^2 A\tan B = \sin^2 B\tan A$

24. $\triangle ABC$에서 $a^2 = b^2 + c^2 + bc$일 때, 각 A의 크기는 얼마인가?

25. 사각형의 두 대각선의 길이를 p와 q라 하고 두 대각선이 이루는 각을 θ라 할 때, 이 사각형의 넓이 S는 다음과 같음을 보여라.

$$S = \frac{1}{2}pq\sin\theta$$

26. $\triangle ABC$의 넓이를 S, 외접원의 반지름을 R, 내접원의 반지름을 r이라 할 때, 다음 등식이 성립함을 보여라.

(1) $S = 2R^2 \sin A \sin B \sin C$ (2) $S = \frac{1}{R}abc$

(3) $S = \frac{1}{2}(a+b+c)r$

27. 삼각 방정식 $\sqrt{3}\sin x - \cos x = \sqrt{2}$의 일반해를 찾아라.

(1) $\sqrt{3}\sin x - \cos x = \sqrt{2}$ (2) $\sin x - \cos 2x = 0$

28. 삼각 방정식 $\cos^2 x - \sqrt{3}\sin x \cos x = -\frac{1}{2}$의 해를 찾아라 (단, $0 \le x < 2\pi$).

29. $0 \le x < 2\pi$에서 삼각 부등식 $2\sin^2 x - 3\cos x \le 0$의 해를 찾아라.

부록 C

수학 공식과 평면 곡선

여기에 자주 쓰이는 간단한 도형의 넓이와 부피, 역삼각 함수와 쌍곡선 함수, 함수의 부정 적분과 정 적분 등에 관한 여러 가지 공식과 간단한 평면 곡선 몇 가지를 모았다. 더 다양한 수학 공식과 표 및 평면 곡선에 관한 것은, 예를 들어 다음과 같은 책들을 참고하라.

- M. Abramowitz & I. Stegun, "Handbook of Mathematical Functions with Formulas, Graphs, and Mathematical Table", Dover Publications, 1965.
- Murray Spiegel, "Mathematical Handbook of Formulas and Tables", in Schaum's Outline Series, McGraw-Hill, NY, 1998.
- D. Zwillinger, "CRC Standard Mathematical Tables and Formulae", 31 edition, Chapman & Hall/CRC, 2002.

특히 평면 곡선과 공간 곡선에 관한 것은 다음 인터넷 웹페이지를 참고하라.

- http://mathworld.wolfram.com/topics/Curves.html

C.1 넓이, 부피, 삼각 함수, 쌍곡선 함수

기하

아래에서 r은 원 또는 구의 반지름, h는 높이, l은 빗변 또는 모선의 길이, b는 밑변의 길이, B는 밑면의 넓이, θ는 호도법으로 나타낸 각도이다. 그리고 A는 넓이 또는 겉넓이, V는 부피를 나타낸다.

1. 삼각형 : $A = \frac{1}{2}bh$

2. 직사각형 : $A = bh$, 대각선의 길이$= \sqrt{b^2 + h^2}$

3. 사다리꼴 : $A = \frac{1}{2}h(b_1 + b_2)$ (b_1과 b_2는 각각 밑변과 윗변의 길이)

4. 원 : 호의 길이$= r\theta$, 원주의 길이$= 2\pi r$, $A = \pi r^2$

5. 부채꼴 : $A = \frac{1}{2}r^2\theta$

6. 활꼴 : $A = \frac{1}{2}r^2(\theta - \sin\theta)$

7. 직육면체 : $V = abc$, 대각선의 길이$= \sqrt{a^2 + b^2 + c^2}$ (세 변의 길이는 각각 a, b, c)

8. 각기둥 : $V = Bh$

9. 각뿔 : $V = \frac{1}{3}Bh$

10. 원기둥 : $A = 2\pi rh + 2\pi r^2$, $V = \pi r^2 h$

11. 원뿔 : $A = \pi rl + \pi r^2$, $V = \frac{1}{3}\pi r^2 h$

12. 구 : $A = 4\pi r^2$, $V = \frac{4}{3}\pi r^3$

13. 각뿔대 : $V = \frac{1}{3}h(B_1 + B_2 + \sqrt{B_1 B_2})$ (밑면과 윗면의 넓이는 각각 B_1, B_2)

14. 원뿔대 : $A = \pi l(r_1 + r_2) + \pi r_1^2 + \pi r_2^2$, $V = \frac{1}{3}\pi h(r_1^2 + r_2^2 + \sqrt{r_1 r_2})$

    (밑면과 윗면의 원의 반지름은 각각 r_1, r_2)

대수

1. 이차 방정식의 근의 공식 : $ax^2 + bx + c = 0,\ a \neq 0$

$$x = \frac{-b \pm \sqrt{b^2 - 4ac}}{2a}$$

2. 로그의 성질 :

(1) $\ln(ab) = \ln a + \ln b$

(2) $\ln\frac{a}{b} = \ln a - \ln b$

(3) $\ln a^n = n \ln a$

(4) $\ln \sqrt[n]{a} = \frac{1}{n} \ln a$

(5) $\log_a b = \frac{\ln b}{\ln a}$

(6) $\ln 1 = 0$

3. 계승 : $n! = 1 \cdot 2 \cdots (n-1) \cdot n,\ n \in \mathbb{N},\ 0! = 1$

4. 이항 전개 :

$$(a+b)^n = a^n + \binom{n}{1} a^{n-1} b + \cdots + \binom{n}{k} a^{n-k} b^k + \cdots + b^n,\ \binom{n}{k} = \frac{n!}{k!(n-k)!}$$

5. 다항 전개 :

$$(x_1 + x_2 + \cdots + x_p)^n = \sum_{n_1 + n_2 + \cdots + n_p = n} \frac{n!}{n_1! n_2! \cdots n_p!} x_1^{n_1} x_2^{n_2} \cdots x_p^{n_p}$$

여기서 $\sum_{n_1 + n_2 + \cdots + n_p = n}$ 은 $n_1 + n_2 + \cdots + n_p = n$을 만족시키는 음이 아닌 정수의 조합 $n_1, n_2, \cdots, n_p$의 모든 경우에 대한 합을 나타낸다.

6. 등차 수열 : 첫째 항이 a_1 이고 공차가 d인 수열 $\langle a_n \rangle$

$a_n = a_1 + (n-1)d,$

$S_n = a_1 + \cdots + a_n = \frac{1}{2} n (a_1 + a_n) = \frac{1}{2} n \{2a_1 + (n-1)d\}$

7. 등비 수열 : 첫째 항이 a_1 이고 공비가 r인 수열 $\langle a_n \rangle$

(a) $a_n = a_1 r^{n-1},\ S_n = a_1 + \cdots + a_n = a_1 \frac{1-r^n}{1-r} = \frac{a_1 - r a_n}{1-r}$

(b) $S = a_1 + a_2 + \cdots + a_n + \cdots = \frac{a_1}{1-r}\ \ (|r| < 1)$

삼각법과 삼각 함수

1. 호도(rad)와 도(°) : $1° = \dfrac{\pi}{180}\text{rad}, \quad 1 \text{ rad} = \left(\dfrac{180}{\pi}\right)°$

2. 특수각에 대한 삼각 함수의 값 :

각(rad)	sin	cos	tan	cot	sec	csc	각(°)
0	0	1	0	$\mp\infty$	1	$\mp\infty$	$0°$
$\frac{1}{6}\pi$	$\frac{1}{2}$	$\frac{1}{2}\sqrt{3}$	$\frac{1}{2}\sqrt{3}$	$\sqrt{3}$	$\frac{2}{3}\sqrt{3}$	2	$30°$
$\frac{1}{4}\pi$	$\frac{1}{2}\sqrt{2}$	$\frac{1}{2}\sqrt{2}$	1	1	$\sqrt{2}$	$\sqrt{2}$	$45°$
$\frac{1}{3}\pi$	$\frac{1}{2}\sqrt{3}$	$\frac{1}{2}$	$\sqrt{3}$	$\frac{1}{3}\sqrt{3}$	2	$\frac{2}{3}\sqrt{3}$	$60°$
$\frac{1}{2}\pi$	1	0	$\pm\infty$	0	$\pm\infty$	1	$90°$
π	0	-1	0	$\mp\infty$	-1	$\pm\infty$	$180°$
$\frac{2}{3}\pi$	-1	0	$\pm\infty$	0	$\mp\infty$	-1	$270°$
2π	0	1	0	$\mp\infty$	1	$\mp\infty$	$360°$

3. 항등식 :

$$\csc x = \frac{1}{\sin x} \qquad \sec x = \frac{1}{\cos x} \qquad \cot x = \frac{1}{\tan x}$$

$$\tan x = \frac{\sin x}{\cos x} \qquad \cot x = \frac{\cos x}{\sin} x \qquad \sin^2 x + \cos^2 x = 1$$

$$1 + \tan^2 x = \sec^2 x \qquad 1 + \cot^2 x = \csc^2 x$$

4. 환원 관계 :

$$\sin(-x) = -\sin x \qquad \sin\left(\tfrac{1}{2}\pi \pm x\right) = \cos x \qquad \sin(\pi \pm x) = \mp \sin x$$

$$\cos(-x) = \cos x \qquad \cos\left(\tfrac{1}{2}\pi \pm x\right) = \mp \sin x \qquad \cos(\pi \pm x) = -\cos x$$

$$\tan(-x) = -\tan x \qquad \tan\left(\tfrac{1}{2}\pi \pm \pi\right) = \mp \cot x \qquad \tan(\pi \pm x) = \pm \tan x$$

5. 삼각 함수의 덧셈 공식 :

$$\sin(x \pm y) = \sin x \cos x \pm \cos x \sin y$$

$$\cos(x \pm y) = \cos x \cos y \mp \sin x \sin y$$

$$\tan(x \pm y) = \frac{\tan x \pm \tan y}{1 \mp \tan x \tan y}$$

6. 배각 공식 :

$$\sin 2x = 2\sin x\cos y,\ \cos 2x = \cos^2 x - \sin^2 x,\ \tan 2x = 2\frac{\tan x}{1-\tan^2 x}$$

7. 반각 공식 :

$$\sin\frac{x}{2} = \pm\sqrt{1-\frac{\cos x}{2}},\quad \cos\frac{x}{2} = \pm\sqrt{\frac{1+\cos x}{2}}$$

$$\tan\frac{x}{2} = \pm\sqrt{\frac{1-\cos x}{1+\cos x}} = \frac{1-\cos x}{\sin x} = \frac{\sin x}{1+\cos x}$$

8. 삼배각 공식 :

$$\sin 3x = 3\sin x - 4\sin^3 x$$

$$\cos 3x = 4\cos^3 x - 3\cos x$$

$$\tan 3x = \frac{3\tan x - \tan^3 x}{1-3\tan^2 x}$$

9. n배각 공식 :

$$\sin nx = \sin x\left\{(2\cos x)^{n-1} - \binom{n-2}{1}(2\cos x)^{n-3} + \binom{n-3}{2}(2\cos x)^{n-5} - \cdots\right\}$$

$$\sin nx = \frac{1}{2}\left\{(2\cos x)^n - \frac{n}{1}(2\cos x)^{n-2} + \frac{n}{2}\binom{n-3}{1}(2\cos x)^{n-4} - \frac{n}{3}\binom{n-4}{2}(2\cos x)^{n-6} + \cdots\right\}$$

10. 합 또는 차를 곱으로 고치는 공식 :

$$\sin x + \sin y = 2\sin\left(\frac{x+y}{2}\right)\cos\left(\frac{x-y}{2}\right)$$

$$\sin x - \sin y = 2\cos\left(\frac{x+y}{2}\right)\sin\left(\frac{x-y}{2}\right)$$

$$\cos x + \cos y = 2\cos\left(\frac{x+y}{2}\right)\cos\left(\frac{x-y}{2}\right)$$

$$\cos x - \cos y = 2\sin\left(\frac{x+y}{2}\right)\sin\left(\frac{y-x}{2}\right)$$

11. 곱을 합 또는 차로 고치는 공식 :

$$\sin x\cos y = \frac{1}{2}\{\sin(x-y)+\sin(x+y)\}$$

$$\cos x\cos y = \frac{1}{2}\{\cos(x-y)+\cos(x+y)$$

$$\sin x\sin y = \frac{1}{2}\{\cos(x-y)-\cos(x+y)\}$$

12. 삼각 함수와 역삼각 함수 :

$$y=\sin x\left(-\frac{\pi}{2}\le x\le\frac{\pi}{2}\right) \Leftrightarrow y=\sin^{-1}x\ (-1\le x\le 1)$$

$$y=\cos x\ (0\le x\le \pi) \Leftrightarrow y=\cos^{-1}x\ (-1\le x\le 1)$$

$$y=\tan x\left(-\frac{\pi}{2}< x<\frac{\pi}{2}\right) \Leftrightarrow y=\tan^{-1}x\ (-\infty< x<\infty)$$

$$y=\cot x\ (0< x< \pi) \Leftrightarrow y=\cot^{-1}x\ (-\infty< x<\infty)$$

$$y=\sec x\left(-\pi\le x<-\frac{\pi}{2},\ 0\le x<\frac{\pi}{2}\right) \Leftrightarrow y=\sec^{-1}x\ (x\le -1,\ x\ge 1)$$

$$y=\csc x\left(-\pi< x\le-\frac{\pi}{2},\ 0< x\le\frac{\pi}{2}\right) \Leftrightarrow y=\csc^{-1}x\ (x\le -1,\ x\ge 1)$$

13. 역삼각 함수의 성질 : x와 y는 $x>0$, $y>0$이며 각 역함수의 정의역의 원소

$\sin^{-1}(-x)=-\sin^{-1}x$, $\cot^{-1}(-x)=\pi-\tan^{-1}\left(\frac{1}{x}\right)$,

$\cos^{-1}(-x)=\pi-\cos^{-1}x$, $\sec^{-1}(-x)=\cos^{-1}\left(\frac{1}{x}\right)-\pi$,

$\tan^{-1}(-x)=-\tan^{-1}x$, $\csc^{-1}(-x)=\sin^{-1}\left(\frac{1}{x}\right)-\pi$,

$\sin^{-1}x=\cos^{-1}\sqrt{1-x^2}$, $\cos^{-1}x=\sin^{-1}\sqrt{1-x^2}$,

$$\sin^{-1}x-\sin^{-1}y=\sin^{-1}(x\sqrt{1-y^2}-y\sqrt{1-x^2}),$$

$$\tan^{-1}x\tan^{-1}y=\tan^{-1}\frac{x-y}{1+xy},$$

$$\cos^{-1}x+\cos^{-1}y=\begin{cases}\cos^{-1}\{xy-\sqrt{(1-x^2)(1-y^2)}\} & (x^2+y^2>1)\\ \frac{\pi}{2} & (x^2+y^2=1)\\ \pi-\cos^{-1}\{\sqrt{(1-x^2)(1-y^2)}-xy\} & (x^2+y^2<1)\end{cases}$$

$$\tan^{-1}x+\tan^{-1}y=\begin{cases}\tan^{-1}\dfrac{x+y}{1-xy} & (xy<1)\\ \dfrac{\pi}{2} & (x=y)\\ \pi-\tan^{-1}\dfrac{x+y}{xy-1} & (xy>1)\end{cases}$$

14. 역삼각 함수의 도함수 :

$$\frac{d}{dx}\sin^{-1}x=\frac{1}{\sqrt{1-x^2}},\qquad \frac{d}{dx}\cos^{-1}x=\frac{-1}{\sqrt{1-x^2}}$$

$$\frac{d}{dx}\tan^{-1}x=\frac{1}{1+x^2},\qquad \frac{d}{dx}\cot^{-1}x=\frac{-1}{1+x^2}$$

$$\frac{d}{dx}\sec^{-1}x=\frac{1}{x\sqrt{x^2-1}},\qquad \frac{d}{dx}\csc^{-1}x=\frac{-1}{x\sqrt{x^2-1}}$$

15. 삼각형과 삼각 함수 : 각 변의 길이 $a,\ b,\ c$; 각 변의 대각 $A,\ B,\ C$; $s=\frac{1}{2}(a+b+c)$;

외접원의 반지름 R; 내접원의 반지름 r; 삼각형의 넓이 S.

사인 법칙 : $\dfrac{a}{\sin A}=\dfrac{b}{\sin B}=\dfrac{c}{\sin C}=2R$

제1 코사인 법칙 : $a=b\cos C+c\cos B$

제2 코사인 법칙 : $a^2=b^2+c^2-2bc\cos A$

탄젠트 법칙 : $\dfrac{a+b}{a-b}=\dfrac{\tan\frac{1}{2}(A+B)}{\tan\frac{1}{2}(A-B)}$

$$\sin A=\frac{2}{bc}\sqrt{s(s-a)(s-b)(s-c)}$$

$$R=\frac{1}{4}abc\sqrt{s(s-a)(s-b)(s-c)}$$

$$r=\sqrt{\frac{(s-a)(s-b)(s-c)}{s}}$$

$$S=\frac{1}{2}bc\sin A=\sqrt{s(s-a)(s-b)(s-c)}=\frac{a^2\sin B\sin C}{2\sin(B+C)}$$

쌍곡선 함수

1. 쌍곡선 함수의 정의 :

$$\sinh x = \frac{e^{x} - e^{-x}}{2}, \quad \cosh x = \frac{e^{x} + e^{-x}}{2}, \quad \tanh x = \frac{e^{x} - e^{-x}}{e^{x} + e^{-x}}$$

$$\operatorname{csch} x = \frac{2}{e^{x} - e^{-x}}, \quad \operatorname{sech} x = \frac{2}{e^{x} + e^{-x}}, \quad \coth x = \frac{e^{x} + e^{-x}}{e^{x} - e^{-x}}$$

2. 쌍곡신 함수의 항등식 :

$$\operatorname{csch} x = \frac{1}{\sinh}x, \quad \operatorname{sech} x = \frac{1}{\cosh x}, \quad \coth x = \frac{1}{\tanh x}$$

$$\cosh^{2} x - \sinh^{2} x = 1, \quad 1 - \tanh^{2} x = \operatorname{sech}^{2} x, \quad \coth^{2} x - 1 = \operatorname{csch}^{2} x$$

3. 쌍곡선 함수의 성질 :

$$\sinh(-x) = -\sinh x, \ \cosh(-x) = \cosh x, \ \tanh(-x) = -\tanh x$$

$$\operatorname{csch}(-x) = -\operatorname{csch} x, \ \operatorname{sech}(-x) = \operatorname{sech} x, \ \coth(-x) = -\coth x$$

4. 쌍곡선 함수의 덧셈 공식 :

$$\sinh(x \mp y) = \sinh x \cosh y \pm \cosh x \sinh y$$

$$\cosh(x \pm y) = \cosh x \cosh y \pm \sinh x \sinh y$$

$$\tanh(x \pm y) = \frac{\tanh x \pm \tanh y}{1 \pm \tanh x \tanh y}$$

$$\coth(x \pm y) = \frac{1 \pm \coth x \coth y}{\coth y \pm \coth x}$$

5. 쌍곡선 함수의 배각 공식 :

$$\sinh 2x = 2 \sinh x \cosh y$$

$$\cosh 2x = \cosh^{2} x + \sinh^{2} x$$

$$\tanh 2x = \frac{2 \tanh x}{1 + \tanh^{2} x}$$

6. 쌍곡선 함수의 반각 공식 :

$$\sinh\frac{x}{2}=\pm\sqrt{\frac{\cosh x-1}{2}}$$

$$\cosh\frac{x}{2}=\pm\frac{\sqrt{\cosh x+1}}{2}$$

$$\tanh\frac{x}{2}=\pm\frac{\sqrt{\cosh x-1}}{\cosh x+1}=\frac{\cosh x-1}{\sinh x}=\frac{\sinh x}{\cosh x+1}$$

7. 쌍곡선 함수의 삼배각 공식 :

$$\sinh 3x = 3\sinh x + 4\sinh^3 x$$

$$\cosh 3x = 4\cosh^3 x - 3\cosh x$$

$$\tanh 3x = \frac{3\tanh x + \tanh^3 x}{1+3\tanh^2 x}$$

8. 쌍곡선 함수의 합의 공식 :

$$\sinh x + \sinh y = 2\sinh\left(\frac{x+y}{2}\right)\cosh\left(\frac{x-y}{2}\right)$$

$$\sinh x - \sinh y = 2\cosh\left(\frac{x+y}{2}\right)\sinh\left(\frac{x-y}{2}\right)$$

$$\cosh x + \cosh y = 2\cosh\left(\frac{x+y}{2}\right)\cosh\left(\frac{x-y}{2}\right)$$

$$\cosh x - \cosh y = 2\sinh\left(\frac{x+y}{2}\right)\sinh\left(\frac{x-y}{2}\right)$$

9. 쌍곡선 함수의 곱의 공식 :

$$\sinh x\cosh y = \frac{1}{2}\{\sinh(x+y)+\sinh(x-y)\}$$

$$\cosh x\cosh y = \frac{1}{2}\{\cosh(x+y)+\cosh(x-y)\}$$

$$\sinh x\sinh y = \frac{1}{2}\{(\cosh(x+y)-\cosh(x-y)\}$$

10. 역쌍곡선 함수 :

$$\sinh^{-1}x = \ln(x+\sqrt{x^2+1}) \quad (-\infty < x < \infty)$$

$$\cosh^{-1}x = \ln(x+\sqrt{x^2-1}) \quad (x \ge 1)$$

$$\tanh^{-1}x = \frac{1}{2}\ln\left(\frac{1+x}{1-x}\right) \quad (-1 < x < 1)$$

$$\coth^{-1}x = \frac{1}{2}\ln\left(\frac{x+1}{x-1}\right) \quad (|x| > 1)$$

$$\operatorname{sech}^{-1}x = \ln\left(\frac{1+\sqrt{1-x^2}}{x}\right) \quad (0 < x \le 1)$$

$$\operatorname{csch}^{-1}x = \ln\left(\frac{1}{x}+\frac{\sqrt{1+x^2}}{|x|}\right) \quad (x \ne 0)$$

11. 역쌍곡선 함수의 성질 :

$$\operatorname{csch}^{-1}x = \sinh^{-1}\left(\frac{1}{x}\right), \quad \operatorname{sech}^{-1}x = \cosh^{-1}\left(\frac{1}{x}\right), \quad \coth^{-1}x = \tanh^{-1}\left(\frac{1}{x}\right)$$

$$\sinh^{-1}(-x) = -\sinh^{-1}x, \quad \tanh^{-1}(-x) = -\tanh^{-1}x$$

$$\coth^{-1}(-x) = -\coth^{-1}x, \quad \operatorname{csch}^{-1}(-x) = -\operatorname{csch}^{-1}x$$

12. 역쌍곡선 함수의 도함수 :

$$\frac{d\sinh^{-1}x}{dx} = \frac{1}{\sqrt{x^2+1}} \ (x \in \mathbb{R}), \qquad \frac{d\cosh^{-1}x}{dx} = \frac{1}{\sqrt{x^2-1}} \ (x > 1)$$

$$\frac{d\tanh^{-1}x}{dx} = \frac{1}{1-x^2} \ (|x| < 1), \qquad \frac{d\coth^{-1}x}{dx} = \frac{1}{1-x^2} \ (|x| > 1)$$

$$\frac{d\operatorname{sech}^{-1}x}{dx} = \frac{-1}{x\sqrt{1-x^2}} \ (0 < x < 1), \qquad \frac{d\operatorname{csch}^{-1}x}{dx} = \frac{-1}{|x|\sqrt{1+x^2}} \ (x \ne 0)$$

C.2 평면 곡선

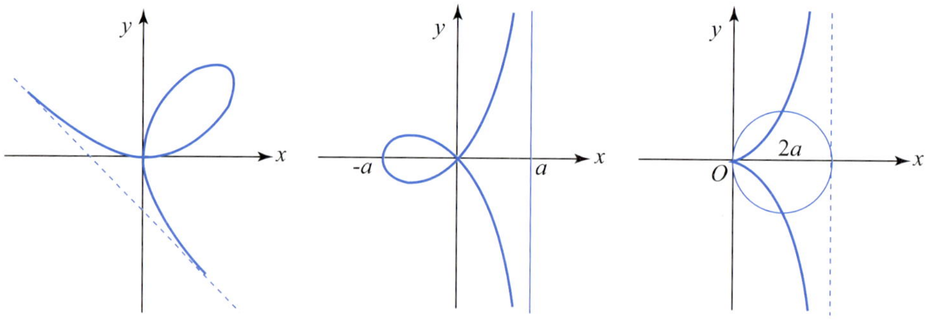

(a) 데카르트 잎사귀선 (b) 꼬인 새끼선 (c) 뾰족 질주선

그림 C.2-1 (a) 데카르트 잎사귀선 또는 엽상 곡선(folium of descartes) : $x^3+y^3=3axy$
(b) 꼬인 새끼선 또는 스프로포이드(strophoid) : $y^2=x^2\dfrac{a+x}{a-x}$
(c) 뾰족 질주선 또는 디오크레스 질주선(cissoid of diocles) : $y^2=\dfrac{x^3}{2a-x}$

• 그림 C.2-1에서 두 곡선 (a)와 (c)의 매개 방정식은 각각 다음과 같다.

$$\text{(a)}\begin{cases} x=\dfrac{3at}{1+t^3} \\ y=\dfrac{3at^2}{1+t^3} \end{cases} \qquad \text{(c)}\begin{cases} x=2a\sin^2\theta \\ y=\dfrac{2a\sin^3\theta}{\cos\theta} \end{cases} \tag{C.2-1}$$

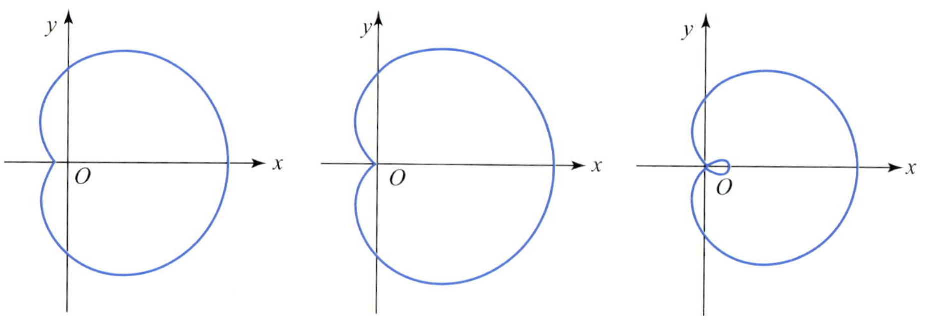

(a) $b>a$ (b) $a=b$ (c) $b<a$

그림 C.2-2 파스칼의 달팽이선(limacon of Pascal) : $r=b+a\cos\theta$

• 그림 C.2-2(b)의 곡선을 심장선(cardioid)이라고도 한다.

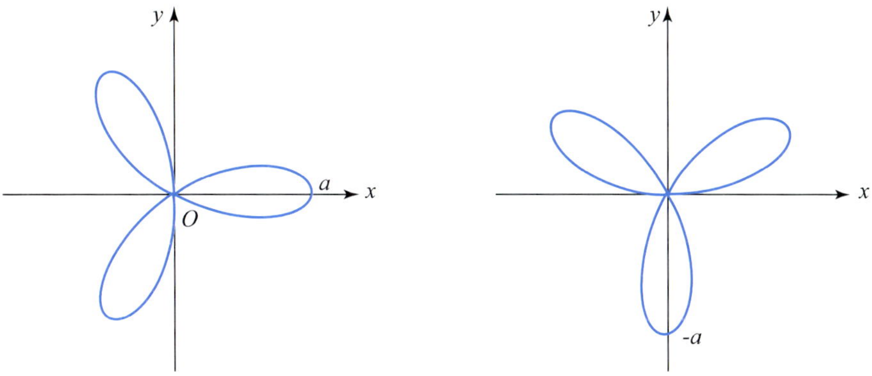

(a) $r = a\cos 3\theta$　　(b) $r = a\sin 3\theta$

그림 C.2-3 세잎 장미선

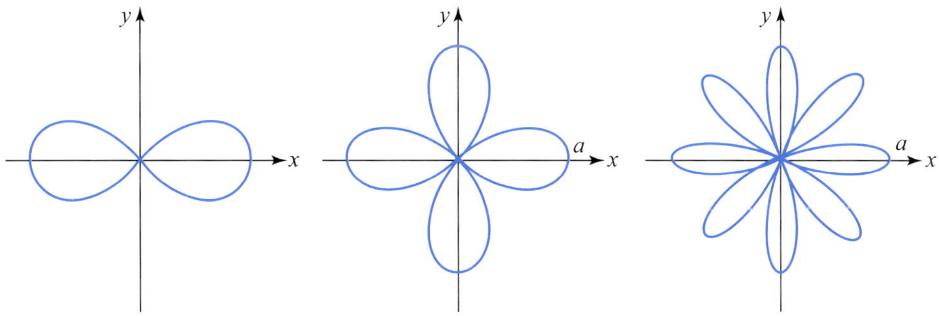

(a) 두잎선 : $r^2 = a^2\cos 2\theta$　　(b) 네잎 장미선 : $r = a\cos 2\theta$　　(c) 여덟잎 장미선 : $r = a\cos 4\theta$

그림 C.2-4 두잎선 또는 렘니스케이트(lemniscate)와 잎이 짝수 개인 장미선

- 극 방정식 $r^2 = a^2\sin 2\theta$, $r = a\sin 2\theta$, $r = a\sin 4\theta$가 나타내는 곡선은 그림 C.2-3에서와 같이 그림 C.2-4의 각 곡선을 시계 바늘이 도는 방향과 반대 방향으로 45°만큼 회전한 것과 같다.
- n이 1 보다 큰 홀수이면 극 방정식 $r = a\sin n\theta$와 $r = a\cos n\theta$이 나타내는 곡선은 잎이 n개인 장미선이다 (그림 C.2-3 참조).
- n이 짝수이면 극 방정식 $r = a\sin n\theta$와 $r = a\cos n\theta$가 나타내는 곡선은 잎이 $2n$개인 장미선이다 (그림 C.2-4(b)와 C.2-4(c) 참조).

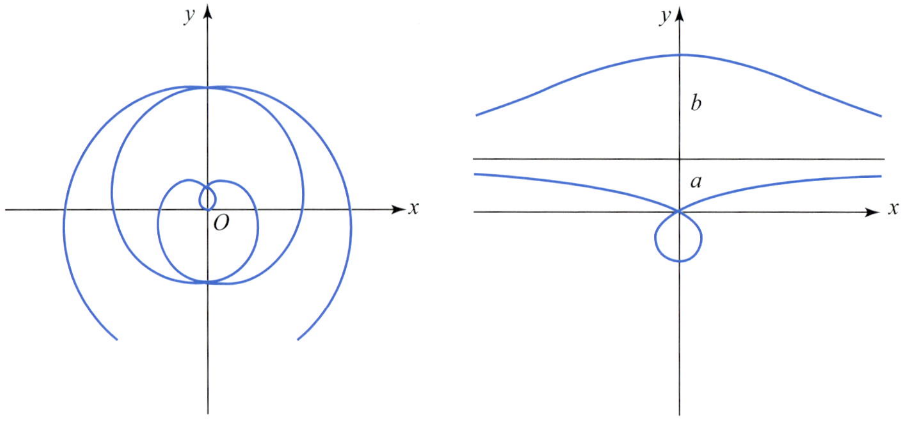

(a) 아르키메데스 소용돌이선 : $r = a\theta$　　(b) 나사선 : $r = a\csc\theta + b,\ (a < b)$

그림 C.2-5 아르키메데스 소용돌이선 또는 나선(spiral of archimedes)과 나사선(conchoid of nicomedes)

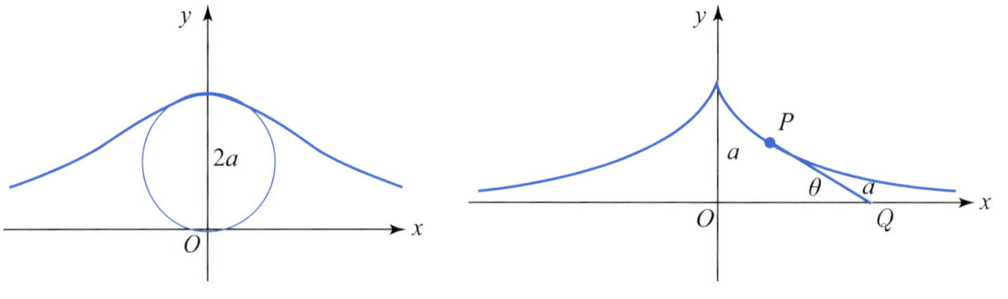

(a) 우이선 : $y = \dfrac{8a^2}{x^2 + 4a^2}$　　(b) 추적선 : $x = \mathrm{sech}^{-1}\dfrac{a}{y} - \sqrt{a^2 - y^2}$

그림 C.2-6 우이선 또는 아녜시의 마녀(witch of agnesi)과 추적선(tractrix)

- 그림 C.2-6에서 곡선 (a)와 (b)의 매개 방정식은 각각 다음과 같다.

$$\text{(a)}\ \begin{cases} x = 2a\cot\theta \\ y = a(1 - \cos 2\theta) \end{cases} \qquad \text{(b)}\ \begin{cases} x = a\left(\ln\cot\dfrac{1}{2}\theta - \cos\theta\right) \\ y = a\sin\theta \end{cases} \qquad \text{(C.2-2)}$$

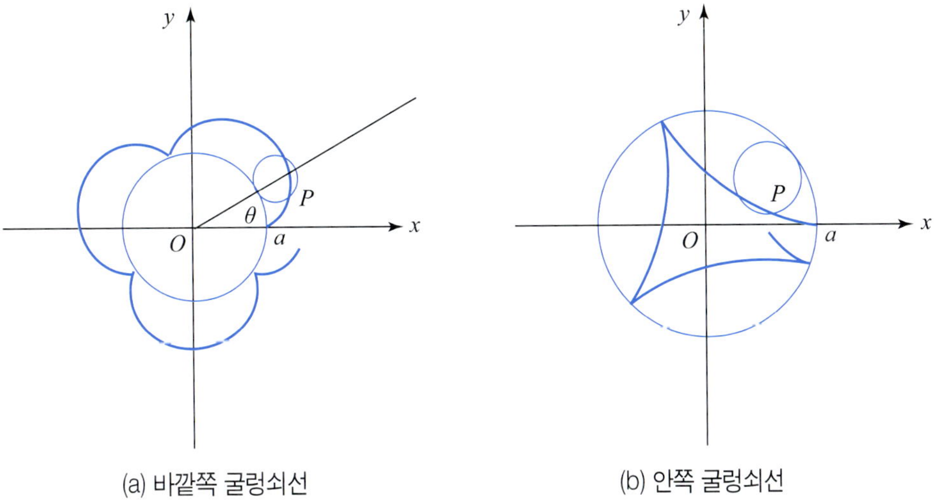

그림 C.2-7 바깥쪽 굴렁쇠선(Epicycloid)과 안쪽 굴렁쇠선(hypocycloid) : 여기서 θ는 두 원의 중심을 잇는 선분이 양의 x축과 이루는 각이다.

- 반지름이 a인 원 바깥에서 원 위를 구르는 반지름이 b인 원 위의 한 점 P가 만드는 곡선을 바깥쪽 굴렁쇠선이라고 한다 (그림 C.2-7(a) 참조). 이때 바깥쪽 굴렁쇠선을 매개 방정식으로 나타내면 다음과 같다.

$$\begin{cases} x = (a+b)\cos\theta - b\cos\left(\dfrac{a+b}{b}\right)\theta \\ y = (a+b)\sin\theta - b\sin\left(\dfrac{a+b}{b}\right)\theta \end{cases} \tag{C.2-3}$$

- 반지름이 a인 원의 안쪽에 접하며 구르는 반지름이 $b(a>b)$인 원 위의 한 점 P가 만드는 곡선을 안쪽 굴렁쇠선이라고 한다 (그림 C.2-7(b) 참조). 이때 안쪽 굴렁쇠선을 매개 방정식으로 나타내면 다음과 같다.

$$\begin{cases} x = (a-b)\cos\theta + b\cos\left(\dfrac{a-b}{b}\right)\theta \\ y = (a-b)\sin\theta - b\sin\left(\dfrac{a-b}{b}\right)\theta \end{cases} \tag{C.2-4}$$

- $a=b$인 경우의 바깥쪽 굴렁쇠선은 그림 C.2-2(b)의 심장형 곡선이다.

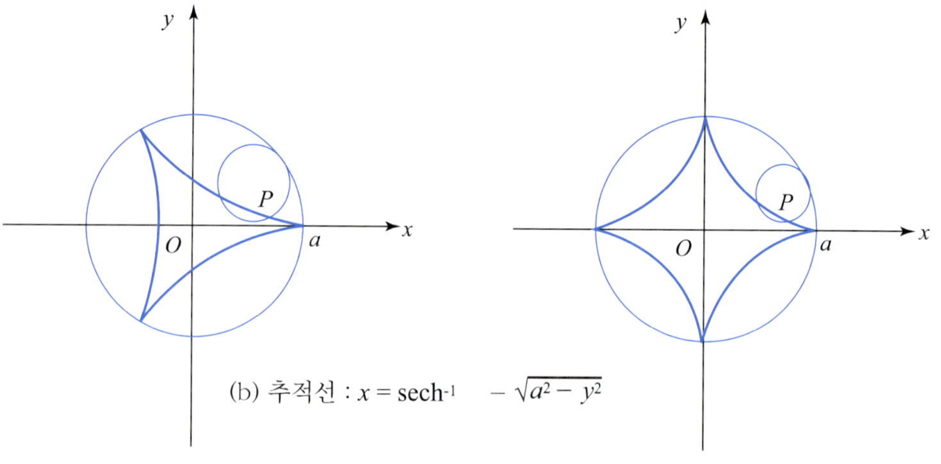

(a) $b = \dfrac{a}{3}$　　　　(b) 별모양선(astroid) : $b = \dfrac{a}{4}$

그림 C.2-8 안쪽 굴렁쇠선의 특별한 경우 : (a) $b = \dfrac{1}{3}a$ (b) $b = \dfrac{1}{4}a$

- 그림 C.2-8의 곡선 (a)와 (b)는 안쪽 굴렁쇠선으로 매개 방정식 (C.2-3)에서 각각 $b = \dfrac{1}{3}a$과 $b = \dfrac{1}{4}a$의 경우에 해당한다.
- 특히 그림 C.2-8(b)의 곡선을 별모양선 또는 성망형(astroid)라고도 한다. 이를 나타내는 직교 방정식은 다음과 같다.

$$x^{\frac{2}{3}} + y^{\frac{2}{3}} = a^{\frac{2}{3}}$$

한편, 그림 C.2-8(b)의 별모양선 곡선을 매개 방정식으로 나타내면 다음과 같다.

$$\begin{cases} x = a\cos^3\theta \\ y = a\sin^3\theta \end{cases} \tag{C.2-5}$$

- 일반적으로 $b = \dfrac{a}{n}$이면 첨점이 n개인 별모양선과 같은 곡선을 얻는다.

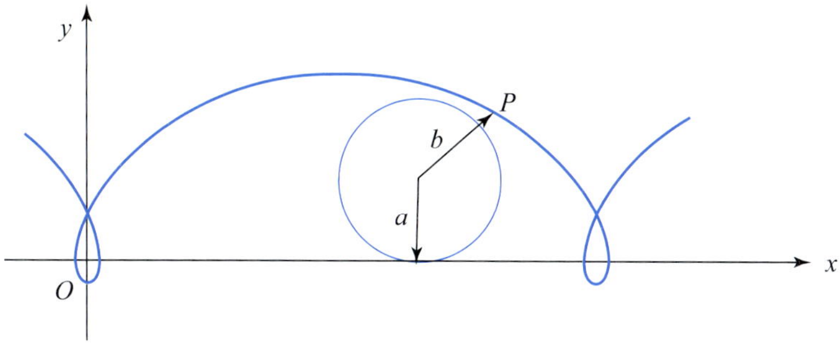

(a) 긴 굴렁쇠선(prolate cycloid) : $b > a$

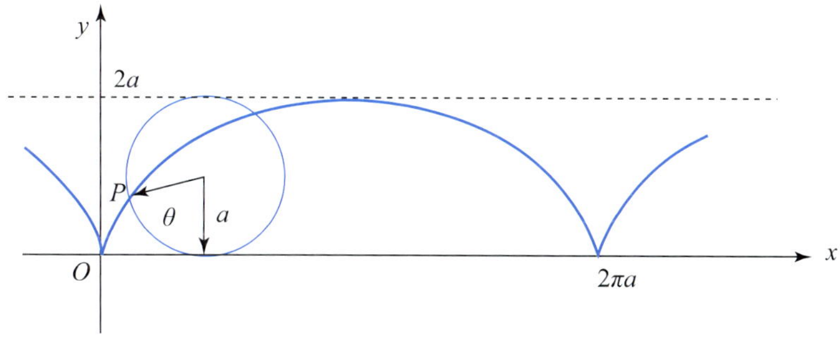

(b) 굴렁쇠선(cycloid) : $a = b$

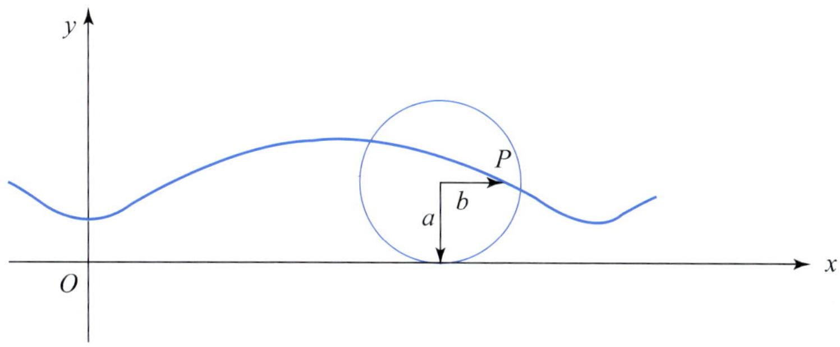

(c) 짧은 굴렁쇠선(curtate cycloid) : $b < a$

그림 C.2-9 굴렁쇠선(cycloid)

- 그림 C.2-9의 굴렁쇠선(cycloid)은 반지름이 a인 원이 직선 위를 미끄러지지 않고 구를 때 원의 중심에서 거리가 b인 점이 만드는 곡선으로 매개 방정식은 다음과 같다.

$$\begin{cases} x = a\theta - b\sin\theta \\ y = a - b\cos\theta \end{cases} \tag{C.2-6}$$

C.3 부정 적분(적분 상수 생략)과 특이 적분

$a+bu$형

1. $\int (a+bu)^n du = \frac{(a+bu)^{n+1}}{b(n+1)} \quad (n \neq -1)$

2. $\int \frac{du}{a+bu} = \frac{1}{b}\ln(a+bu)$

3. $\int \frac{udu}{a+bu} = \frac{1}{b^2}\{(a+bu) - a\ln(a+bu)\}$

4. $\int \frac{u^2du}{a+bu} = \frac{1}{b^3}\left\{\frac{1}{2}(a+bu)^2 - 2a(a+bu)^2 - 2(a+bu) + a^2\ln(a+bu)\right\}$

5. $\int \frac{du}{u(a+bu)} = -\frac{1}{a}\ln\frac{a+bu}{a}$

6. $\int \frac{du}{u^2(a+bu)} = -\frac{1}{au} + \frac{b}{a^2}\ln\frac{a+bu}{u}$

7. $\int \frac{udu}{(a+bu)} = \frac{1}{b^2}\left\{\frac{a}{a+bu} + \ln(a+bu)\right\}$

8. $\int \frac{u^2du}{(a+bu)^2} = \frac{1}{b^2}\left\{(a+bu) - \frac{a^2}{a+bu} - 2a\ln(a+bu)\right\}$

9. $\int \frac{du}{u(a+bu)^2} = \frac{1}{a(a+bu)} - \frac{1}{a^2}\ln\frac{a+bu}{u}$

10. $\int \frac{du}{u^2(a+bu)^2} = -\frac{a+2bu}{a^2u(a+bu)} + \frac{2b}{a^3}\ln\frac{a+bu}{u}$

$\sqrt{a+bu}$형

11. $\int u\sqrt{a+bu}\,du = -\frac{2(2a-3bu)(a+bu)^{3/2}}{15b^2}$

12. $\int u\sqrt[n]{a+bu}\,du = \frac{2u^n(a+bu)^{3/2}}{(2n+3)b} - \frac{2an}{(2n+3)b}\int u^{n-1}\sqrt{a+bu}\,du$

13. $\int \frac{udu}{\sqrt{a+bu}} = -\frac{2(2a-bu)}{3b^2}\sqrt{a+bu}$

14. $\int \frac{u^ndu}{\sqrt{a+bu}} = \frac{2u^n\sqrt{a+bu}}{(2n+1)b} - \frac{2na}{(2n+1)b}\int \frac{u^{n-1}du}{\sqrt{a+bu}}$

15. $$\int \frac{du}{u\sqrt{a+bu}} = \begin{cases} \dfrac{1}{\sqrt{a}} \ln \dfrac{\sqrt{a+bu}-\sqrt{a}}{\sqrt{a+bu}+\sqrt{a}} & (a>0) \\ \dfrac{2}{\sqrt{-a}} tan^{-1} \sqrt{\dfrac{a+bu}{-a}} & (a<0) \end{cases}$$

16. $$\int \frac{du}{u^n\sqrt{a+bu}} = -\frac{\sqrt{a+bu}}{(n-1)au^{n-1}} - \frac{(2n-3)b}{2(n-1)a} \int \frac{du}{n^{n-1}\sqrt{a+bu}}$$

17. $$\int \frac{\sqrt{a+bu}}{u} du = 2\sqrt{a+bu} + a \int \frac{du}{u\sqrt{a+bu}}$$

18. $$\int \frac{\sqrt{a+bu}}{u^n} du = -\frac{(a+bu)^{3/2}}{(n-1)au^{n-1}} - \frac{(2n-5)b}{2(n-1)a} \int \frac{\sqrt{a+bu}}{u^{n-1}} du$$

$\sqrt{u^2 \pm a^2}$ 형

19. $$\int \frac{du}{u^2+a^2} = \frac{1}{a} \tan^{-1} \frac{u}{a}$$

20. $$\int \frac{du}{u^2-a^2} = \frac{1}{2a} \ln \frac{u-a}{u+a}$$

21. $$\int \frac{du}{\sqrt{u^2 \pm a^2}} = \ln(u+\sqrt{u^2 \pm a^2})$$

22. $$\int \frac{u^2du}{\sqrt{u^2 \pm a^2}} = \frac{1}{2}u\sqrt{u^2 \pm a^2} \mp \frac{1}{2}a^2 \ln(u+\sqrt{u^2 \pm a^2})$$

23. $$\int \frac{du}{u\sqrt{u^2+a^2}} = -\frac{1}{a} \ln \frac{a+\sqrt{u^2+a^2}}{u}$$

24. $$\int \frac{du}{u\sqrt{u^2-a^2}} = \frac{1}{a} \sec^{-1} \frac{u}{a}$$

25. $$\int \frac{du}{u^2\sqrt{u^2 \pm a^2}} = \mp \frac{\sqrt{u^2 \pm a^2}}{a^2u}$$

26. $$\int \sqrt{u^2 \pm a^2}\, du = \frac{1}{2}u\sqrt{u^2 \pm a^2} \pm \frac{1}{2}a^2 \ln(u+\sqrt{u^2 \pm a^2})$$

27. $$\int u^2\sqrt{u^2 \pm a^2}\, du = \frac{1}{4}u(u^2 \pm a^2)^{3/2} \mp \frac{1}{8}a^2u\sqrt{u^2 \pm a^2} - \frac{1}{8}a^2 \ln(u+\sqrt{u^2 \pm a^2})$$

28. $$\int \frac{\sqrt{u^2+a^2}}{u} du = \sqrt{u^2+a^2} - a \ln \frac{a+\sqrt{u^2+a^2}}{u}$$

29. $\displaystyle\int \frac{\sqrt{u^2-a^2}}{u}du = \sqrt{u^2-a^2} - a\sec^{-1}\frac{u}{a}$

30. $\displaystyle\int \frac{\sqrt{u^2 \pm a^2}}{u^2}du = -\frac{\sqrt{u^2 \pm a^2}}{u} + \ln(u \pm \sqrt{u^2+a^2})$

31. $\displaystyle\int (u^2 \pm a^2)^{3/2}du = \frac{1}{4}u(u^2 \pm a^2)^{3/2} \pm \frac{3}{8}a^2u\sqrt{u^2 \pm a^2} + \frac{3}{8}a^4\ln(u + \sqrt{u^2 \pm a^2})$

32. $\displaystyle\int \frac{(u^2+a^2)^{3/2}}{u}du = \frac{1}{3}(u^2+a^2)^{3/2} + a^2\sqrt{u^2+a^2} - a^3\ln\frac{a+\sqrt{u^2+a^2}}{u}$

33. $\displaystyle\int \frac{(u^2-a^2)^{3/2}}{u}du = \frac{1}{3}(u^2-a^2)^{3/2} - a^2\sqrt{u^2-a^2} - a^3\sec^{-1}\frac{u}{a}$

34. $\displaystyle\int \frac{du}{(u^2 \pm a^2)^{3/2}} = \pm\frac{u}{a^2\sqrt{u^2 \pm a^2}}$

35. $\displaystyle\int \frac{u^2du}{(u^2 \pm a^2)^{3/2}} = -\frac{u}{\sqrt{u^2 \pm a^2}} + \ln(u + \sqrt{u^2 \pm a^2})$

36. $\displaystyle\int \frac{du}{u(u^2+a^2)^{3/2}} = \frac{1}{a^2\sqrt{u^2+a^2}} - \frac{1}{a^3}\ln\frac{a+\sqrt{u^2+a^2}}{u}$

37. $\displaystyle\int \frac{du}{u(u^2-a^2)^{3/2}} = -\frac{1}{a^2\sqrt{u^2-a^2}} - \frac{1}{a^2}\sec^{-1}\frac{u}{a}$

$\sqrt{a^2-u^2}$ 형

38. $\displaystyle\int \frac{du}{a^2-u^2} = \frac{1}{2a}\ln\frac{a+u}{a-u}$

39. $\displaystyle\int \frac{du}{\sqrt{a^2-u^2}} = \sin^{-1}\frac{u}{a}$

40. $\displaystyle\int \frac{u^2du}{\sqrt{a^2-u^2}} = -\frac{1}{2}u\sqrt{a^2-u^2} + \frac{1}{2}a^2\sin^{-1}\frac{u}{a}$

41. $\displaystyle\int \frac{du}{u\sqrt{a^2-u^2}} = -\frac{1}{a}\ln\frac{a+\sqrt{a^2-u^2}}{u}$

42. $\displaystyle\int \frac{du}{u^2\sqrt{a^2-u^2}} = -\frac{\sqrt{a^2-u^2}}{a^2u}$

43. $\int \sqrt{a^2-u^2}\,du = \frac{1}{2}u\sqrt{a^2-u^2}+\frac{1}{2}a^2\sin^{-1}\frac{u}{a}$

44. $\int u^2\sqrt{a^2-u^2}\,du = -\frac{1}{4}u(a^2-u^2)^{3/2}+\frac{1}{8}a^2u\sqrt{a^2-u^2}+\frac{1}{8}a^4\sin^{-1}\frac{u}{a}$

45. $\int \frac{\sqrt{a^2-u^2}}{u}du = \sqrt{a^2-u^2}-a\ln\frac{a+\sqrt{a^2-u^2}}{u}$

46. $\int \frac{\sqrt{a^2-u^2}}{u^2}du = -\frac{\sqrt{a^2-u^2}}{u}-\sin^{-1}\frac{u}{a}$

47. $\int \frac{du}{(a^2-u^2)^{3/2}} = \frac{u}{a^2\sqrt{a^2-u^2}}$

48. $\int \frac{u^2du}{(a^2-u^2)^{3/2}} = \frac{u}{\sqrt{a^2-u^2}}-\sin^{-1}\frac{u}{a}$

49. $\int \frac{du}{u(a^2-u^2)^{3/2}} = \frac{1}{a^2\sqrt{a^2-u^2}}-\frac{1}{a^3}\ln\frac{a+\sqrt{a^2-a^2}}{u}$

50. $\int \frac{du}{u^2(a^2-u^2)^{3/2}} = -\frac{\sqrt{a^2-u^2}}{a^4u}+\frac{u}{a^4\sqrt{a^2-u^2}}$

51. $\int (a^2-u^2)^{3/2}du = \frac{1}{4}u(a^2-u^2)^{3/2}+\frac{3}{8}a^2u\sqrt{a^2-a^2}+\frac{3}{8}a^4\sin^{-1}\frac{u}{a}$

52. $\int \frac{(a^2-u^2)^{3/2}}{u}du = \frac{1}{3}(a^2-u^2)^{3/2}+a^2\sqrt{a^2-u^2}-a^3\ln\frac{a+\sqrt{a^2-u^2}}{u}$

삼각 함수형

53. $\int \sin u\,du = -\cos u$

54. $\int \sin^2 u\,du = \frac{1}{2}u-\frac{1}{2}\sin u\cos u$

55. $\int \sin^3 u\,du = -\cos u+\frac{1}{3}\cos^3 u$

56. $\int \sin^n u\,du = -\frac{1}{n}\sin^{n-1}u\cos u+\frac{n-1}{n}\int \sin^{n-2}u\,du$

57. $\int \cos u\,du = \sin u$

58. $\int \cos^2 u\,du = \frac{1}{2}u + \frac{1}{2}\sin u \cos u$

59. $\int \cos^3 u\,du = \sin u - \frac{1}{3}\sin^3 u$

60. $\int \cos^n u\,du = \frac{1}{n}\cos^{n-1}u\sin u + \frac{n-1}{n}\int \cos^{n-2}u\,du$

61. $\int \tan u\,du = \ln \sec u$

62. $\int \tan^n u\,du = \frac{1}{n-1}\tan^{n-1}u - \int \tan^{n-2}u\,du$

63. $\int \cot u\,du = \ln \sin u$

64. $\int \cot^n u\,du = -\frac{1}{n-1}\cot^{n-1}u - \int \cot^{n-2}u\,du$

65. $\int \sec u\,du = \ln(\sec u + \tan u)$

66. $\int \sec^2 u\,du = \tan u$

67. $\int \sec^n u\,du = \frac{1}{n-1}\sec^{n-2}u\tan u + \frac{n-2}{n-1}\int \sec^{n-2}u\,du$

68. $\int \csc u\,du = \ln(\csc u - \cot u)$

69. $\int \csc^2 u\,du = -\cot u$

70. $\int \csc^n u\,du = -\frac{1}{n-1}\csc^{n-1}u\cot u + \frac{n-2}{n-1}\int \csc^{n-2}u\,du$

71. $\int \sec u \tan u\,du = \sec u$

72. $\int \csc u \cot u\,du = -\csc u$

73. $\int \sin au \cos bu\,du = \frac{1}{2(a-b)}\sin(a-b)u - \frac{1}{2(a+b)}\sin(a+b)u$

74. $\int \sin au \cos bu\,du = -\frac{1}{2(a-b)}\cos(a-b)u - \frac{1}{2(a+b)}\cos(a+b)u$

75. $\int \cos au \cos bu\,du = \frac{1}{2(a-b)}\sin(a-b)u + \frac{1}{2(a+b)}\sin(a+b)u$

76. $\int \sin^m u \cos^n u\,du = \frac{1}{m+n}\sin^{m+1}u\cos^{n-1}u + \frac{n-1}{m+n}\int \sin^m u\cos^{n-2}u\,du$

77. $\int \sin^m u \cos^n u\,du = \frac{1}{m+n}\sin^{m-1}u\cos^{n+1}u + \frac{m-1}{m+n}\int \sin^{m-2}u\cos^{n}u\,du$

여러 가지 형

78. $\int e^u du = e^u$

79. $\int a^u du = \frac{1}{\ln a}a^u$

80. $\int ue^{au}du = \frac{1}{a^2}(au-1)e^{au}$

81. $\int u^n e^{au}du = \frac{u^n e^{au}}{a} - \frac{n}{a}\int u^{n-1}e^{au}du$

82. $\int \ln u\,du = u\ln u - u$

83. $\int \frac{\ln u}{u}du = \frac{1}{2}(\ln u)^2$

84. $\int \frac{du}{u\ln u} = \ln(\ln u)$

85. $\int (\ln u)^n du = u(\ln u)^n - n\int (\ln u)^{n-1}du$

86. $\int u^n \ln u\,du = \frac{u^{n+1}}{n+1}\left(\ln u - \frac{1}{n+1}\right) \quad (n \neq -1)$

87. $\int u\sin u\,du = \sin u - u\cos u$

88. $\int u^2 \sin u\,du = 2u\sin u - (u^2-2)\cos u$

89. $\int u\cos u\,du = \cos u + u\sin u$

90. $\int u^2\cos u\,du = (u^2-2)\sin u + 2u\cos u$

91. $\int e^{au}\sin bu\,du = \frac{1}{a^2+b^2}(a\sin bu - b\cos bu)e^{au}$

92. $\int e^{au}\cos u\,du = \frac{1}{a^2+b^2}(a\cos bu + b\sin bu)e^{au}$

93. $\int \sin^{-1}u\,du = u\sin^{-1}u + \sqrt{1-u^2}$

94. $\int \cos^{-1}u\,du = u\cos^{-1}u - \sqrt{1-u^2}$

95. $\int \tan^{-1}u\,du = u\tan^{-1}u - \frac{1}{2}\ln(1+u^2)$

96. $\int \sinh u\,du = \cosh u$

97. $\int \cosh u\,du = \sinh u$

98. $\int \tanh u\,du = \ln(\cosh u)$

99. $\int \coth u\,du = \ln(\sinh u)$

100. $\int \operatorname{sech} u\,du = \tan^{-1}(\sinh u)$

101. $\int \operatorname{csch} u\,du = \ln\left(\tanh\frac{1}{2}u\right)$

월리스의 공식

102. $$\int_0^{\frac{\pi}{2}} \sin^n x\,dx = \int_0^{\frac{\pi}{2}} \cos^n x\,dx = \begin{cases} \frac{1}{2}\cdot\frac{3}{4}\cdots\frac{2n-1}{2n}\,\frac{\pi}{2} & (n\text{은 짝수}) \\ \frac{2}{3}\cdot\frac{4}{5}\cdots\frac{2n}{2n+1} & (n>1,\ n\text{은 홀수}) \end{cases}$$

103. $$\int_0^{\frac{\pi}{2}} \sin^m x\cos^n x\,dx = \begin{cases} \frac{2\cdot 4\cdot 6\cdots(n-1)}{(m+1)(m+3)\cdots(m+n)} & (n>1,\ n\text{은 홀수}) \\ \frac{2\cdot 4\cdot 6\cdots(m-1)}{(n+1)(n+3)\cdots(n+m)} & (m>1,\ m\text{은 홀수}) \\ \frac{1\cdot 3\cdots(m-1)\cdot 1\cdot 3\cdots(n-1)}{2\cdot 4\cdot 6\cdots(m+n)}\,\frac{\pi}{2} & (n,\ m\text{은 짝수}) \end{cases}$$

정 적분과 특이 적분

104. $\int_0^{\infty} \frac{dx}{x^2+a^2} = \frac{\pi}{2a}$

105. $\int_0^{\infty} \frac{x^{p-1}}{1+x}\,dx = \frac{\pi}{\sin p\pi} \quad (0<p<1)$

106. $\int_0^a \frac{dx}{\sqrt{a^2-x^2}} = \frac{\pi}{2}$

107. $\int_0^a \sqrt{a^2-x^2}\,dx = \frac{a^2\pi}{4}$

108. $\int_0^\infty \frac{\sin x}{x}dx = \frac{\pi}{2}$

109. $\int_0^\infty \frac{\sin^2 px}{x^2}dx = \frac{p\pi}{2}$

110. $\int_0^\infty \frac{1-\cos px}{x^2}dx = \frac{p\pi}{2}$

111. $\int_0^\infty \frac{\cos mx}{x^2+a^2}dx = \frac{\pi}{2a}e^{-ma}$

112. $\int_0^\infty \frac{x\sin mx}{x^2+a^2}dx = \frac{\pi}{2a}e^{-ma}$

113. $\int_0^\infty \frac{\cos px - \cos qx}{x}dx = \ln\frac{q}{p}$

114. $\int_0^{2\pi} \frac{dx}{1-2a\cos x + a^2} = \frac{2\pi}{1-a^2} \quad (0 < a < 1)$

115. $\int_0^\infty \sin(ax^2)dx = \int_0^{2\pi} \cos(ax^2) = \frac{1}{2}\sqrt{\frac{\pi}{2a}} \quad (a > 0)$

116. $\int_0^\infty \frac{\sin x}{\sqrt{x}}dx = \int_0^\infty \frac{\cos x}{\sqrt{x}}dx = \sqrt{\frac{\pi}{2}}$

117. $\int_0^\infty e^{-ax^2}dx = \frac{1}{2}\sqrt{\frac{\pi}{a}} \quad (a > 0)$

118. $\int_0^{\frac{\pi}{2}} \ln(\sin x)dx = \int_0^{\frac{\pi}{2}} \ln(\cos x)dx = -\frac{\pi}{2}\ln 2$

119. $\int_0^\infty x^{-\frac{1}{2}}e^{-x}dx = \sqrt{\pi}$

C.4 테일러 급수 및 매클로린 급수

1. $f(x) = f(c) + f'(c)(x-c) + \frac{1}{2!}f''(c)(x-c)^2 + \cdots + \frac{1}{(n)!}f^{(n)}(c)(x-c)^n + R_n$

$$R_n = \frac{1}{(n+1)!}f^{(n+1)}(\xi)(x-c)^{n+1} \quad (c < \xi < x \text{ 또는 } x < \xi < c)$$

2. $\frac{1}{ax-b} = \frac{1}{a}\left\{1 + \frac{bx}{a} + \left(\frac{bx}{a}\right)^2 + \left(\frac{bx}{a}\right)^3 + \left(\frac{bx}{a}\right)^4 + \cdots\right\} \quad \left(|x| < |\frac{a}{b}|\right)$

3. $(1+x)^s = 1 + sx + \frac{s(s-1)}{2!}x^2 + \frac{s(s-1)(s-2)}{3!}x^3 + \frac{s(s-1)(s-2)(s-3)}{4!}x^4 + \cdots \quad (|x| < 1)$

4. $e^x = 1 + x + \frac{1}{2}x^2 + \frac{1}{3!}x^3 + \frac{1}{4!}x^4 + \cdots \quad (-\infty < x < \infty)$

5. $a^x = 1 + x\ln a + \frac{1}{2}(x\ln a)^2 + \frac{1}{3!}(x\ln a)^3 + \frac{1}{4!}(x\ln a)^4 + \cdots \quad (-\infty < x < \infty)$

6. $\ln(1+x) = x - \frac{1}{2}x^2 - \frac{1}{3}x^3 + \frac{1}{4}x^4 - \frac{1}{5}x^5 + \cdots \quad (-1 < x \le 1)$

7. $\frac{1}{2}\ln\left(\frac{1-x}{1+x}\right) = x + \frac{1}{3}x^3 + \frac{1}{5}x^5 + \frac{1}{7}x^7 + \cdots \quad (-1 < x < 1)$

8. $\sin x = x - \frac{1}{3!}x^3 + \frac{1}{5!}x^5 - \frac{1}{7!}x^7 + \cdots \quad (-1 < x < 1)$

9. $\cos x = 1 - \frac{1}{2!}x^2 + \frac{1}{4!}x^4 - \frac{1}{6!}x^6 + \cdots \quad (-\infty < x < \infty)$

10. $\tan x = x + \frac{1}{3}x^3 + \frac{2}{15}x^5 + \frac{17}{315}x^7 + \cdots \quad (|x| < \frac{1}{2}\pi)$

11. $\sec x = 1 + \frac{1}{2}x^2 + \frac{5}{24}x^4 + \frac{61}{720}x^6 + \cdots \quad (|x| < \frac{1}{2}\pi)$

12. $\sin^{-1}x = x + \frac{1}{2}\frac{1}{3}x^3 + \frac{1}{2}\frac{3}{4}\frac{1}{5}x^5 + \frac{1}{2}\frac{3}{4}\frac{5}{6}\frac{1}{7}x^7 + \cdots \quad (|x| < 1)$

13. $\cos^{-1}x = \frac{1}{2}\pi - \sin^{-1}x \quad (|x| < 1)$

14. $\tan^{-1}x = x - \frac{1}{3}x^3 + \frac{1}{5}x^5 - \frac{1}{7}x^7 + \cdots \quad (|x| < 1)$

15. $\cot^{-1}x = \frac{1}{2}\pi - \tan^{-1}x \quad (|x| < 1)$

16. $\sinh x = x + \frac{1}{3!}x^3 + \frac{1}{5!}x^5 + \frac{1}{7!}x^7 + \cdots \quad (-\infty < x < \infty)$

17. $\cosh x = 1 + \frac{1}{2!}x^2 + \frac{1}{4!}x^4 + \frac{1}{6!}x^6 + \cdots \quad (-\infty < x < \infty)$

18. $\tanh x = x - \frac{1}{3}x^3 + \frac{2}{15}x^5 - \frac{17}{315}x^7 + \cdots \quad (|x| < \frac{1}{2}\pi)$

19. $\mathrm{sech}\, x = 1 - \frac{1}{2}x^2 + \frac{5}{24}x^4 - \frac{61}{720}x^6 + \cdots \quad (|x| < \frac{1}{2}\pi)$

20. $\sinh^{-1}x = x - \frac{1}{2}\frac{1}{3}x^3 + \frac{1}{2}\frac{3}{4}\frac{1}{5}x^5 - \frac{1}{2}\frac{3}{4}\frac{5}{6}\frac{1}{7}x^7 + \cdots \quad (|x| < 1)$

21. $\tanh^{-1}x = x + \frac{1}{3}x^3 + \frac{1}{5}x^5 + \frac{1}{7}x^7 + \cdots \quad (|x| < 1)$

해답

연습 문제 해답

제1장 수 집합과 함수

연습 문제 1.1

2. (1), (3), (5)

연습 문제 1.2

5. (1) 최소 상계: $\frac{1}{2}$, 최대 하계: 0　　(2) 최소 상계: 1, 최대 하계: 0

(3) 최소 상계: $\sqrt{2}$, 최대 하계: $-\sqrt{2}$　　(4) 최소 상계: $\sqrt[3]{2}$, 최대 하계: 1

연습 문제 1.3

1. (1) 정의역: $1 < x < 2$, 치역: $y \geq 2$　(2) 정의역: $x > 0$, 치역: $\frac{1}{2}$

5. $f(x) = \log_{10}(x + \sqrt{1+x^2})$　　6. (1), (2), (3)

7. (1) $f(x) = x^2 + 1$, $g(x) = |x|$ 또는 $f(x) = x^2$, $g(x) = |x+1|$

(2) $g(x) = x^2 + 1$, $f(x) = x^{-3/2}$ 또는 $g(x) = \sqrt{x^2+1}$, $f(x) = x^{-3}$

8. (1) 4　(2) $2t + h$　(3) $\frac{-1}{(t+1)(t+1+h)}$　(4) $\frac{1}{\sqrt{t+h} + \sqrt{t}}$

10. $10x - x^2 \quad (0 < x < 10)$

11. (1) r　(2) p　(3) s　(4) q

제2장 극한과 연속

연습 문제 2.1

1. (1), (2), (4), (5), (10)
2. 위로: (1), (2), (3), (4), (5), (7), (8), (10)
   아래로: (1), (2), (3), (4), (5), (6), (7), (8), (9), (10)
3. 증가 수열: (1), (5), (6), (9)
   감소 수열: (4), (5), (10)
5. (1) 0, (2) 0, (3) 0
6. *귀띔*: (2) 먼저 $x \geq 0$이면 모든 자연수 n에 대하여 다음 부등식이 성립함을 보여라.

$$(1+x)^n \geq 1+\frac{1}{2}n(n-1)^{x^2} \qquad (x \geq 0,\ n \in \mathbb{N})$$

8. 거짓이다. 반례: $\langle a_n \rangle = \langle \frac{1}{n} \rangle$, $\langle b_n \rangle = \langle n \rangle$
9. (1) 0, (2) $\frac{1}{5}$, (3) 0, (4) 0, (5) 3, (6) $\frac{3}{2}$, (7) $\frac{1}{2}$, (8) 0, (9) 3, (10) 1

12. $\frac{3}{2}$ 13. $\frac{1}{9}$ 14. (1) 1 (2) $\frac{\sqrt{5}+1}{2}$ (3) $\frac{\sqrt{5}-1}{2}$

연습 문제 2.2

2. (1) na^{n-1} (2) $-\frac{1}{6}$ (3) $\frac{1}{2}$ (4) -12 (5) $-\infty$ (6) $\frac{1}{2}$
3. (1) 0 (2) −2 (3) $\frac{\sqrt{2}}{8}$ (4) $\frac{\sqrt{2}}{4}$
4. $a=15,\ b=-1$
5. (1) $-\frac{1}{16}$ (2) 4 (3) 0 (4) 0 (5) 1 (6) 2
6. 존재하지 않는다.
7. (1) $\frac{1}{400}$ 미만 (2) $\frac{1}{4000}$ 미만

연습 문제 2.3

1. (1) 2 (2) $\frac{1}{3}$ (3) $\frac{1}{2}$
2. (1) $\lim_{x\to 0^+} f(x) = \infty$, $\lim_{x\to 0^-} f(x) = -\infty$ (2) 없다

7. 모든 정수에서 불연속이다. 8. (2) $f(0)=0$

12. *귀띔*: $h(x)=f(x)-g(x)$로 놓고 중간값 정리를 이용한다.

20. 거짓이다. $f(x)=\begin{cases} 2x^2+1, & x \in (-1,\ 1)/\{0\} \\ 2, & x=-1,\ 0,\ 1 \end{cases}$

21. (1) 최댓값: 없음, 최솟값: 1 (2) 최댓값: 1, 최솟값: 없음
(3) 최댓값: 없음, 최솟값: 없음

22. $\dfrac{4}{7}$(또는 이보다 작은 양수)

23. 1.44(또는 이보다 작은 양수)

제3장 함수의 미분과 도함수

연습 문제 3.1

1. (1) 5 (2) $\dfrac{1}{2}$

2. (1) $\dfrac{1}{2\sqrt{x}}$ (2) $-\dfrac{3}{x^4}$

3. 미분 불가능

6. (1) $a=0$, 극한: 5 (2) $a=1$, 극한: 4

7. $x \neq -1$일 때 미분 가능; $x>-1$이면 $f'(x)=1$; $x<-1$이면 $f'(x)=-1$

8. *귀띔*: 먼저 $f(0)=0$임을 보이고 미분 계수의 정의를 이용한다.

9. 가능하나. 미분 계수: 0

10. (1) 접선의 방정식: $y=2(x-a)+f(a)$, 법선의 방정식: $y=-\dfrac{1}{2}(x-a)+f(a)$

(2) 접선의 방정식: $y=-\dfrac{2}{a^2}(x-a)+f(a)$, 법선의 방정식: $y=\dfrac{a^2}{2}(x-a)+f(a)$

11. $f(4)=3$, $f'(4)=\dfrac{3}{2}$

12. -9.6 m/s

13. (1) 20.25 (2) 20.25 (3) 20

15. 시간 $t=6$일 때 기온 T의 순간변화율: -3.05 ℃/h

연습 문제 3.2

1. (1) $-\dfrac{13}{16}$ (2) 58 2. (1) $3(2x+1)\left(\dfrac{x^2+x}{2}\right)^5$ (2) $\dfrac{4x}{3(1-x^2)^2}\left(\dfrac{1-x^2}{1+x^2}\right)^{2/3}$

3. $24(3x-1)^7 f(2x+3)+2(3x-1)^8 f'(2x+3)$ 4. 23 6. (1, 3), (3, −5)

7. $y=-\dfrac{\sqrt{3}}{3}x+4$ 9. (1) $\dfrac{1-2xy}{x^2+1}$ (2) $\dfrac{2y\sqrt{y}}{y+1}$ 10. $\dfrac{4}{3}$

11. (1) 접선의 방정식: $y=-\frac{1}{4}(x-9)$, 법선의 방정식: $y=4x-2$

(2) 접선의 방정식: $y=\frac{1}{5}(3x-4)$, 법선의 방정식: $y=-\frac{5}{3}x+6$

12. $\frac{4}{3}$

14. $(\pm\sqrt{3},\ 0)$

연습 문제 3.3

4. (1) 0 (2) 2 6. (1) $y=1$ (2) $y=-2x+\frac{\pi}{2}+1$

7. (1) $-2x\sin(x^2+1)$ (2) $8\sin(3-2x)$ (3) $\frac{1+2\cos x}{(2+\cos x)^2}$ (4) $\sin x+x\cos x$

(5) $\frac{4}{1+\cos 4x}$ (6) $\cos x\sec^2(\sin x)$ (7) $-\frac{1}{2}\tan x\sqrt{\cos x}$ (8) $\sin x(1+\sec^2 x)$

8. (1) 2 (2) 1 (3) 1 10. (1) $\frac{2}{3}\pi$ (2) $\frac{1}{4}(2n-1)$ $(n\in\mathbb{Z})$

11. $F'(x)=\cos x f'(\sin x)$, $G'(x)=f'(x)\cos f(x)$

12. (1) $v(t)=8\cos t$, $a(t_0=-8\sin t$ (2) 각각 $4\sqrt{3}$, -4, $-4\sqrt{3}$

13. $5\mathrm{m/rad}$

14. $\frac{5}{2}\pi\cos(10\pi t)(\mathrm{cm/s})$

15. $\frac{d\beta}{dt}=\frac{7}{54}\pi\cos(2\pi t/5.4)$

연습 문제 3.4

1. $f''(x)=-\frac{1}{4\sqrt{x^3}}$, $f'''(x)=\frac{3}{8\sqrt{x^5}}$

2. (1) 18 (2) $-3240(x-3x)^3$ (3) $27\sin 3x$ (4) $\frac{12}{(x+1)^4}$

3. $y''=-2xy^{-5}$ 4. $\frac{(-1)^n n!}{x^{n+1}}$

6. (1) $y^{(n)}=a^n\sin\left(ax+b+\frac{n\pi}{2}\right)$ (2) $y^{(n)}=\cos\left(x+\frac{n\pi}{2}\right)$

9. *귀띔*: $(x^2-1)^n=\ell$로 놓자. 이 식의 양변을 미분하면 다음을 얻는다.

$$(x^2-1)\ell'=2nx\cdot\ell$$

이제 위 식의 양변을 $(n+1)$번 미분할 때 라이프니츠 정리를 이용한다.

제4장 도함수의 응용

연습 문제 4.1

1. (1) 극댓점: $2k\pi$ ($k\in\mathbb{Z}$), 극솟점: $2(k+1)\pi$ ($k\in\mathbb{Z}$) (2) 극댓점: 0, 극솟점: ± 1
2. (1) 극댓값: 1, 극솟값: 0 (2) 극댓값: 1, 극솟값: 0 (3) 존재하지 않음
3. $b>0$, $a=2\sqrt{b}$
4. (1) 최댓값: −80, 최솟값: $-\dfrac{729}{4}\sqrt[3]{\dfrac{3}{4}}$ (2) 최댓값: 2, 최솟값: −2

   (3) 최댓값: $\sqrt{5}$, 최솟값: 0
5. (1) 3개 (2) $|a|<16$이면 3개, $|a|=16$이면 2개, $|a|>16$이면 1개
6. 뚜껑이 없는 상자의 경우: 높이 $\dfrac{1}{3}\sqrt{3A}$, 밑변 $\dfrac{1}{6}\sqrt{3A}$

   뚜껑이 있는 상자의 경우: 높이 $\dfrac{1}{6}\sqrt{6A}$, 밑변 $\dfrac{1}{6}\sqrt{6A}$
7. 높이: $\dfrac{1}{3\pi}\sqrt{3A\pi}$, 반지름: $\dfrac{1}{3\pi}\sqrt{3A\pi}$ 8. $p=\dfrac{1}{4}(a+b+c+d)$
9. 각각 $19.16\,\mathrm{m/s^2}$, $6.56\,\mathrm{m/s^2}$
10. 약 3.9665℃

연습문제 4.2

2. $\dfrac{1}{2}\sqrt{2}$
7. *귀띔*: α와 a_n을 양 끝점으로 하는 닫힌 구간에서 함수 f에 평균값 정리를 적용하라.
8. 모순되지 않음
9. *귀띔*: x를 임의의 실수라고 할 때, 0과 x가 양 끝점인 닫힌 구간에서 함수 f에 평균값 정리를 적용하라.

연습 문제 4.3

1. (1) 최댓점: −1, 최솟점: 4, 감소 구간: [−1, 4]

   (2) 최댓점: 1, 최솟점: −1, 감소 구간: $[-\sqrt{2},\ -1]$, $[1,\ \sqrt{3}]$, 증가 구간: [−1, 1]

   (3) 최댓점: ± 1, 최솟점: 0, 감소 구간: [−1, 0], 증가 구간: [0, 1]

   (4) 최댓점: $\dfrac{\pi}{4}$, 최솟점: π, 감소 구간: $\left[\dfrac{\pi}{4},\ \pi\right]$, 증가 구간: $\left[0,\ \dfrac{\pi}{4}\right]$
2. 임계점: $x=0,\ 1$; $x=0$에서 극솟값 −1
3. $x=\pm\sqrt{3}$에서 최솟값: -4, $x=\pm 1$에서 최댓값: -2
8. *귀띔*: 함수 $g(x)=f(x)-x$의 도함수를 생각하라.

연습 문제 4.4

1. (1) x (2) $1+x$ (3) $1+kx$ 2. (1) 0.99 (2) 1.022 3. $-0.2 < x < 0.2$

4. (1) $\frac{3}{4}-\frac{1}{3}x$ (2) $\frac{1}{900}$ (3) $\frac{301}{300}$

5. 임계점: 0, ±2, $x=0$에서 극댓값: 75, $x=\pm 2$에서 극솟값: 59

6. (1) $2\cos 2x\,dx$ (2) $-3\sin 6x\,dx$ (3) $\frac{1-x^2}{(1+x^2)^2}dx$ 7. 30%

연습 문제 4.5

1. (1) -1 (2) 0 (3) $\frac{1}{2}$ (4) $\frac{1}{6}$ 2. (1) 1 (2) 0

연습 문제 4.6

1. 0.73957 2. (2) 0.3010 3. $\frac{577}{408}\approx 1.41421568$ 4. 2.776 5. (2) $\frac{a^2+6a+1}{4(a+1)}$

제5장 곡선과 극 좌표

연습 문제 5.1

1. (1) $|x| \le 1$에서 위로 볼록, $|x| \ge 1$에서 아래로 볼록, 변곡점: $(\pm 1,\ 3)$
   (2) $(-\infty,\ \infty)$에서 아래로 볼록, 변곡점: 없음
   (3) $(-\infty,\ -2]$와 $[-1,\ 1]$에서 위로 볼록, $[-2,\ -1]$와 $[1,\ \infty)$에서 아래로 볼록,
   변곡점 : $\left(-2,\ -\frac{32}{5}\right), \left(-1, -\frac{28}{15}\right), \left(1,\ -\frac{4}{5}\right)$
   (4) $[-2\sqrt[3]{2},\ 0)$에서 위로 볼록, $(-\infty,\ -2\sqrt[3]{2}]$과 $(0,\ \infty)$에서 아래로 볼록,
   변곡점: $(-2\sqrt[3]{2},\ 0)$
2. $a=-1, b=3$ 3. $(n\pi,\ n\pi)$ $(n\in\mathbb{Z})$
5. *귀띔*: $f''(x)\ge 0$이면 아래로 볼록이라는 것과 아래로 볼록의 정의를 이용한다.
6. *귀띔*: 수학적 귀납법으로 보인다. 다음을 생각하여 문제 5의 결과를 이용한다.

$$\alpha = x_{k+1},\ \beta = \frac{t_1x_1+\cdots+t_kx_k}{t_1+\cdots+t_k},\ t=t_1+\cdots+t_k$$

7. *귀띔*: 주어진 실수 a_k와 b_k에 대하여 다음을 만족시키는 실수 x_k, y_k, t_k를 생각하여 문제 6의 결과를 이용한다.

$$y_kx_k = a_kb_k,\quad y_kx_k^2 = a_t^2,\quad t_k = \frac{y_k}{\sum_{\ell=1}^{n} y_\ell}$$

연습 문제 5.2

1. (1) 극솟점: $-\sqrt{3}$, 극댓점: $\sqrt{3}$, 변곡점: $\left(\pm\sqrt{6},\ \pm\frac{5}{36}\sqrt{6}\right)$ (복호 동순)

(2) 극솟점: 0, 극댓점: ± 2, 변곡점: $\left(\pm\frac{2}{3}\sqrt{3},\ \frac{20}{9}\right)$

(3) 극점 없음. 변곡점: $(0,\ 0)$

(4) 극점 및 변곡점 없음

(5) 극솟점: 3, 극댓점: 1, 변곡점: $(0,\ 2)$, $\left(\frac{3\pm\sqrt{3}}{2},\ \frac{17\mp 39\sqrt{3}}{40}\right)$ (복호 동순)

(6) 극솟점: -3, 1, 극댓점: 0, 변곡점:

$\left(\pm\frac{3}{5}\sqrt{5},\ \frac{9}{125}5^{1/3}(5+\sqrt{5})^2(3\sqrt{5}-t)^{2/3}\right)$

(7) 극솟점, 극댓점, 변곡점 없음

(8) 극솟점: 0, 극댓점 없음, 변곡점: $\left(\frac{1}{4},\ \pm\frac{1}{3}\sqrt{3}\right)$

(9) 극솟점: 0, 극댓점, 변곡점 없음

(10) 극솟점: $\frac{13}{12}\pi+2k\pi\ \ (k\in\mathbb{Z})$, 극댓점: $\frac{1}{12}\pi+2k\pi\ \ (k\in\mathbb{Z})$,

변곡점: $\frac{1}{6}\pi+k\pi\ (k\in\mathbb{Z})$

(11) 극댓점: -2, 극솟점 및 변곡점 없음

(12) 극솟점: -1, 극댓점: 1, 변곡점: $(0,\ 0)$, $\left(\pm\sqrt{3},\ \pm\frac{1}{2}\sqrt{3}\right)$ (복호 동순)

3. (1) 증가하는 구간: $[a,\ c]$, $[e,\ \infty)$, 감소하는 구간: $(-\infty,\ a]$, $[c,\ e]$

(2) $x=a,\ c,\ e$

(3) 아래로 볼록인 구간: $(-\infty,\ b]$, $[d,\ e]$, 위로 볼록인 구간: $[b,\ d]$

(4) $(b,\ f(b))$, $(d,\ f(d))$

4.

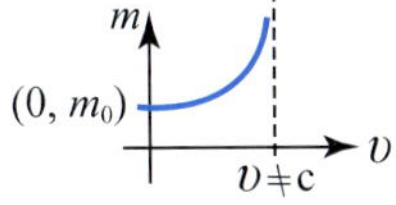

연습 문제 5.3

1. (1) $x^{2y}=y-2x$ (2) $(2x-1)y=(x-1)^2$

2. (1) $\frac{dy}{dx}=\frac{2t}{(t+1)^2}$, $\frac{d^2y}{dx^2}=\frac{2(3t^2+1)}{(t+1)^3(t-1)}$

(2) $\frac{dy}{dx}=\frac{2}{3}u^{-1}$, $\frac{d^2y}{dx^2}=-\frac{2}{9}u^{-4}$

3. (1) $x^{2/3}+y^{2/3}=1$ (2) $\dfrac{dy}{dx}=-\tan t$, 접선: $y=-x+\dfrac{1}{2}\sqrt{2}$, 법선: $y=x$

4. (1) 접선: $y=2\sqrt{2}x+3$, 법선: $y=\dfrac{-1}{4}\sqrt{2}x+\dfrac{5}{4}$

   (2) 접선: $y=\dfrac{9}{2}x+2$, 법선: $y=-\dfrac{2}{9}x+2$

5. 접선: $y=\dfrac{-3}{2}x-1-\dfrac{13}{3}\sqrt{2}$, 법선: $y=\dfrac{2}{3}x+\dfrac{23}{3}$

6. *귀띔*: $y=xt$로 놓아 생각한다. 일반적으로 한 곡선의 매개 방정식은 유일하지 않다.

   (1) $x=\dfrac{4t-1}{t^3}$, $y=\dfrac{4t-1}{t^2}$ (2) $x=\dfrac{8}{1+2t+4t^2}$, $y=\dfrac{8t}{1+2t+4t^2}$

10. (1) 두 개, (2) $t=3\pi/2$일 때 $(-3,\ 0)$에서 충돌

    (3) 두 개의 교점이 있지만 충돌점은 없다.

연습 문제 5.4

1. (1) $\left(-\dfrac{1}{2}\sqrt{2},\ -\dfrac{1}{2}\sqrt{2}\right)$ (2) $(2,\ 0)$ (3) $(-1,\ -\sqrt{3})$ (4) $\left(\dfrac{3}{2}\sqrt{2},\ -\dfrac{3}{2}\sqrt{2}\right)$

2. (1) $\left(2,\ \dfrac{7}{4}\pi\right)$ (2) $\left(4,\ \dfrac{11}{6}\pi\right)$ (3) $\left(3,\ \dfrac{2}{3}\pi\right)$

3. (1) 직교 좌표: $x=2$, 극 좌표: $r=2\sec\theta$

   (2) 직교 좌표: $x+y=1$, 극 좌표: $r=\dfrac{1}{\cos\theta+\sin\theta}$

   (3) 직교 좌표: $y-x=2$, 극 좌표: $r=\dfrac{2}{\sin\theta-\cos\theta}$

   (4) 직교 좌표: $x^2+y^2+8y=0$, 극 좌표: $r=-8\cos\theta$

   (5) 직교 좌표: $x^2+y^2-2x-2y=0$, 극 좌표: $r=2(\cos\theta+\sin\theta)$

4. (1) $r\sin\theta=0$ (2) $r^2=\dfrac{a^2b^2}{a^2\sin^2\theta+b^2\cos^2\theta}$

5. (1) $x^2+y^2=ay$ (2) $y^2=9-6x$

6. 중심: $\left(\dfrac{1}{2}a,\ \dfrac{1}{2}b\right)$, 반지름: $\dfrac{1}{2}\sqrt{a^2+b^2}$

7. 부록 C의 C.2절(평면 곡선) 참조.

8. $\left(\dfrac{3}{2}a,\ \dfrac{1}{3}\pi\right)$, $\left(\dfrac{3}{2}a,\ \dfrac{5}{3}\pi\right)$, $(0,\ \pi)$

9. (2) $\tan\alpha=\dfrac{3}{4}$

10. 교점: 극, $\left(\frac{2-\sqrt{2}}{2},\ \frac{3}{4}\pi\right), \left(\frac{2-\sqrt{2}}{2}, \frac{9}{4}\pi\right)$,

직선의 방정식: $\theta=\frac{3}{4}\pi, \theta=\frac{7}{4}\pi$, 즉 $y=-x$

11. 부록 C의 C.2절 참조.

12. 접선의 방정식: $\theta=\frac{1}{4}\pi, \theta=\frac{3}{4}\pi$ (부록 C의 C.2절 참조.)

13. (1) 교점: $\left(a,\ \frac{1}{6}\pi\right), \left(a,\ \frac{5}{6}\pi\right)$, 교각: $\frac{1}{3}\pi$

(2) 교점: $(a,\ 0)$, 교각: $\frac{3}{4}\pi$; 교점: $(a,\ \pi)$, 교각: $\frac{1}{4}\pi$

(3) 교점: $\left(\sqrt{2}\,a,\ \frac{1}{4}\pi\right)$, 교각: 0

(4) 교점: 극, 교각: $\frac{1}{2}\pi$

연습 문제 5.5

1. (1) $\kappa=1, \rho=1$ (2) $\kappa=\frac{1}{4}, \rho=4$ (3) $\kappa=\sqrt{2}, \rho=\frac{1}{2}\sqrt{2}$ (4) $\kappa=\frac{1}{2}, \rho=2$

2. (1) $(2,\ 4), \rho=\frac{1}{2}$ (2) $(-3,\ 1), \rho=2$

3. (1) 위로 볼록 (2) $\kappa=\frac{1}{2a}$, 곡률 중심: $\left(\frac{1}{3}a\pi+\frac{1}{2}a\sqrt{3},\ -\frac{1}{2}a\right)$

4. $x=r\cos\theta, y=r\sin\theta$에서 $\frac{dx}{d\theta}=\frac{dr}{d\theta}\cos\theta-r\sin\theta, \frac{dy}{d\theta}=\frac{dr}{d\theta}\sin\theta+r\cos\theta$를 얻는다. 또, $\frac{d^2x}{d\theta^2}=\frac{d^2r}{d\theta^2}\cos\theta-2\frac{dr}{d\theta}\sin\theta-r\cos\theta$,

$\frac{d^2y}{d\theta^2}=\frac{d^2r}{d\theta^2}\sin\theta+2\frac{dr}{d\theta}\cos\theta-r\sin\theta$이므로 다음을 얻는다.

$$\left(\frac{dx}{d\theta}\right)^2+\left(\frac{dy}{d\theta}\right)^2=r^2+\left(\frac{dr}{d\theta}\right)^2,\ \frac{d^2y}{d\theta^2}\frac{dx}{d\theta}-\frac{d^2x}{d\theta^2}\frac{dy}{d\theta}=r^2+2\left(\frac{dr}{d\theta}\right)^2-r\frac{d^2r}{d\theta^2}$$

따라서 다음이 성립한다.

$$\varrho=\frac{\left\{r^2+\left(\frac{dr}{d\theta}\right)^2\right\}^{3/2}}{\left|r^2+2\left(\frac{dr}{d\theta}\right)^2-r\frac{d^2r}{d\theta^2}\right|}$$

5. $2rr' = -2a^2\sin 2\theta$이므로 $(r_2 + r'^2)^{3/2} = \dfrac{a^6}{r^3}$이다. 또 $r'^2 + rr'' = -2a^2\cos 2\theta$이므로

$r^2 + 2r'^2 - rr'' = \dfrac{3a^4}{4^2}$이 성립한다. 따라서 $\rho = \dfrac{a^2}{3r}$이다.

6. (1) $\left(0,\ -\dfrac{1}{2}\right)$ (2) $\left(\dfrac{7}{4},\ \dfrac{7}{4}\right)$ 7. $(x-5)^2 + (y+2)^2 = 32$

제6장 역함수와 초월 함수

연습 문제 6.1

1. (1) 존재, 역함수의 정의역: $x \geq 2$ (2) 존재, 역함수의 정의역: $x \leq -1$

3. (1) $\dfrac{1}{3}$ (2) $\dfrac{1}{6}$

4. (1) $y = x + \dfrac{1}{2} - \sqrt{x + \dfrac{1}{4}}\ (x \geq 0)$ (2) $y = \dfrac{5x-1}{2x+3}\ \left(x < -\dfrac{3}{2}\right)$

(3) $y = \dfrac{1}{5}(x^2 - 1),\ x \geq 0$

6. (1) 역함수: $y = \sqrt[5]{x}$, 도함수: $y' = \dfrac{1}{5}x^{-4/5}$

(2) 역함수: $y = \sqrt{x-1}$, 도함수: $y' = \dfrac{1}{2\sqrt{x-1}}$

7. 함수 h 및 f와 g의 역함수를 구하여 직접 비교한다.

연습 문제 6.2

1. (1) $\dfrac{2}{3}\pi$ (2) $\dfrac{33}{65}$ (3) $\dfrac{9}{\pi}$ (4) $\dfrac{3}{5}\pi$ 2. (1) $\dfrac{1}{2}\pi$ (2) $\dfrac{1}{2}\pi$

3. (1) 거짓 (2) 거짓

4. (1) $\theta = \sin^{-1}x$라 하면, $x = \sin\theta$이고 $\sin(-\theta) = -\sin\theta = -x$이다.

그리고 $|\theta| \leq \dfrac{1}{2}\pi$이므로 $-\dfrac{1}{2}\pi \leq -\theta \leq \dfrac{1}{2}\pi$이다.

따라서 $\sin^{-1}(-x) = -\theta = -\sin^{-1}x$가 성립한다.

(5) $-\dfrac{1}{2}\pi < \theta < \dfrac{1}{2}\pi,\ \varphi = \dfrac{1}{2}\pi - \theta$라고 놓으면 $\cot\varphi = \tan\theta\,(0 < \varphi < \pi)$이다.

그러므로 $\cot\varphi = \tan\theta = x$라 두면 다음을 얻는다.

$$\cot^{-1}x = \varphi,\ \tan^{-1}x = \theta, \quad \theta + \varphi = \frac{1}{2}\pi$$

따라서 $\tan^{-1}x + \cot^{-1}x = \frac{1}{2}\pi$가 성립한다.

6. (1) $\frac{2}{1+x^2}$ (2) $\sqrt{\frac{a-x}{a+x}}$ (3) $\frac{2}{x\sqrt{x^2-4}}$ $(|x|>2)$ (4) $\frac{\cos x}{2-\cos^2 x}$

7. $\frac{4}{5\sqrt{5}}$ 8. $\frac{1}{52}$rad/min 9. $\frac{1}{401}$rad/min 10. 440ft/sec

연습 문제 6.3

1. (1) $\frac{xy\ln y - y^2}{xy\ln x - x^2}$ (2) $-\sin x(\cos x)^{\cos x}(1+\ln\cos x)$

(3) $(\ln x)^x\left(\ln\ln x + \frac{1}{\ln x}\right)$ (4) $x^{\sin^{-1}x}\left(\frac{\ln x}{\sqrt{1-x^2}} + \frac{\sin^{-1}x}{x}\right)$

(5) $\frac{x^{1/3}\sqrt{x^2+1}}{(2x+3)^4}\left(\frac{1}{3x} + \frac{8}{x^2+1} - \frac{8}{2x+3}\right)$ (6) $\frac{2x}{x^2+y^2-2y}$

(7) $e^x\ln(x+1) + \frac{e^x}{x+1}$ (8) $\frac{-xe^{-x}}{e^{-x}+xe^{-x}}$

2. (1) $y=-x+\ln 2-1$ (2) $y=3e^2x-4e^2$

4. (1) ∞ (2) $\frac{1}{e}$ (3) e^{-2} (4) 1 (5) e (6) e^2 (7) 1 (8) 0 (9) $\frac{1}{\sqrt{3}}$ (10) 0

5. (1) e^2 (2) 1 (3) ln2

6. 정의역: $(-\infty, 0)\cup(0, \infty)$; $f'(x) = \frac{1}{x}$ 역함수의 정의역: $(-\infty, 0)\cup(0, \infty)$

7. (1) 극댓점: 0, 변곡점: 없음, 정의역: (-3, 3), 점근선: $x=\pm 3$, y축에 대칭

(2) 임계점: 없음, 변곡점: $\left(-\frac{1}{2}, e^{-2}\right)$, 점근선: $y=1$, $x=0$,

위로 볼록: $\left(-\infty, -\frac{1}{2}\right)$, 아래로 볼록: $\left(-\frac{1}{2}, 0\right)$, $(0, \infty)$

8. (1) $e^t(1+\tan t)$ (2) $\frac{2y\sqrt{y}}{1+y}$ (3) $x^{e^x}\left(\ln x + \frac{1}{x}\right)e^x$ (4) $\sec x$

9. $(f^{-1})'(2) = \frac{1}{3}$

10. (1) $\frac{1}{x(1+(\ln x)^2)}$ (2) $x^{\sqrt{x}}\left(\frac{\ln x + 2}{2\sqrt{x}}\right)$ (3) $(\ln\pi)\pi^x$ (4) $\frac{1}{1-x^2}e^{-\cos^{-1}x}$

13. (1) $y' = e^x(\sin x + \cos x) = \sqrt{2}\,e^x \sin\left(x + \dfrac{\pi}{4}\right)$,

$y'' = \sqrt{2}\,e^x\left\{\sin\left(x + \dfrac{\pi}{4}\right) + \cos\left(x + \dfrac{\pi}{4}\right)\right\} = (\sqrt{2})^2 e^x \sin\left(x + 2\dfrac{\pi}{4}\right)$,

$\vdots$

$y^{(n)} = (\sqrt{2})^n e^x \sin\left(x + n\dfrac{\pi}{4}\right)\ (n \in \mathbb{N})$

16. 극댓값: $\dfrac{re^{-2}}{(\ln a)^2}$, 극솟값: 0

17. (1) 극솟값: $-\dfrac{1}{e^2}$ (2) 극댓값: $6e^{-3}$, 극솟값: $-2e$

19. (1) $f^{-1}(n) = \dfrac{3}{\ln 2}\ln\left(\dfrac{n}{100}\right)$ 박테리아가 n개인 시간 (2) 약 26.9시간 후

연습 문제 6.4

1. $\cosh x = \dfrac{5}{4}$, $\tanh x = -\dfrac{3}{5}$, $\coth x = -\dfrac{5}{3}$, $\operatorname{sech} x = \dfrac{4}{5}$, $\operatorname{csch} x = -\dfrac{4}{3}$

2. (1) $\dfrac{1}{2}$ (2) -1 (3) ∞

3. (1) $e^x \sinh e^x - e^{\cosh x}\sinh x$ (2) $\tanh x - \coth x$ (3) $-\dfrac{1}{\sin x}$

(4) $\dfrac{2x}{\sqrt{x^4+1}}$ (5) $\sinh^6 x \cosh x$ (6) $\dfrac{1}{\sqrt{(\sinh^{-1}x)^2 - 1}} - \dfrac{1}{x^2+1}$

5. (1) 1 (2) $\dfrac{1}{4}\sqrt{2}$

6. $f^{(2m)}(0) = 0$, $f^{(2m+1)}(0) = (-1)^m(2m)!\ (m = 0,\ 1,\ 2,\ \cdots)$

7. $\kappa = \dfrac{1}{a\cosh^2 \dfrac{x_0}{a}}$, $\rho = a\cosh^2\dfrac{x_0}{a}$

10. (1) $\tanh^{-1}x = y\ \left(|y| < \dfrac{1}{2}\pi\right)$라고 하자. 그러면 $x = \tanh y$, $0 < \cosh y \le 1$이고 다음이 성립한다.

$$\sinh y = \frac{\tanh y}{\operatorname{sech} y} = \frac{\tanh y}{\sqrt{1 - \tanh^2 y}} = \frac{x}{\sqrt{1-x^2}}$$

따라서 $\sinh^{-1}\left(\dfrac{\tanh y}{\sqrt{1-x^2}}\right) = y = \tanh^{-1}x$가 성립한다.

제7장 부정 적분과 정 적분

연습 문제 7.1

1. (1) $2\ln|\sin x| - 2e^x + C$ (2) $\frac{1}{2}\tan^{-1}\frac{x}{2} - 2\sin^{-1}\frac{x}{2} + C$ (3) $\frac{5^x}{\ln 5} + 4\ln|x| + C$

(4) $-3\operatorname{sech} x - \tanh x + 2\tan^{-1}(\sinh x) + C$

2. (1) $\frac{6}{7}\sqrt[3]{x^7} + C$ (2) $4x - \frac{8}{3}x^{3/2} + \frac{1}{2}x^2 + C$ 4. $y = x^2 + 1$

5. $y = \frac{1}{2}x^4 - \frac{1}{2}x + 2$ 6. $S(t) = 2t^2 - 11t + 16$

연습 문제 7.2

1. (1) $\frac{1}{3}$ (2) $\frac{20}{3}$

2. (1) $\int_1^2 \frac{1}{x}dx$ (2) $\int_0^1 \sqrt{x}\,dx$ (3) $\int_1^2 \frac{1}{\sqrt{x}}dx$ (4) $\int_0^1 \frac{1}{\sqrt{1+x^2}}dx$

3. $\int_0^1 (1+2x)^4 dx = \frac{121}{5}$ 4. (1) $\frac{1}{4}$ (2) $\frac{9}{4}$ (3) $\frac{11}{8}$

5. (1) 상적분: $\frac{3}{4}$, 하적분: $\frac{1}{4}$

(2) (1)에 의하면 상적분과 하적분이 다르므로 주어진 함수는 적분 가능하지 않다.

6. (1) 적분 가능: 피적분 함수가 닫힌 구간에서 연속

(2) 모름: 함수 f는 $x = 0$에서 정의되지 않고, 유계 함수가 아님 (9.2절 참조).

(3) 적분 불가능: 상적분과 하적분이 다름

7. $S - n = \sum_{k=1}^{n} f(c_k)\Delta x = \sum_{k=1}^{n}\left(\frac{1}{2}\right)(x_k + x_{k-1})(x_k - x_{k-1}) = \frac{1}{2}(x_n^2 - x_0^2) = \frac{1}{2}b^2$

12. *귀띔*: 삼각 부등식 $||f(x)| - |f(y)|| \le |f(x) - f(y)|$를 이용하면 구간 $[a,\ b]$의 임의의 분할 P와 ξ에 대하여 다음이 성립한다.

$$U_a^b(|f|,\ P,\ \xi) - L_a^b(|f|,\ P,\ \xi) \le U_a^b(f,\ P,\ \xi) - L_a^b(f,\ P,\ \xi)$$

13. $f(x) = \begin{cases} 1 & (x \in [0,\ 1] \cap \mathbb{Q}) \\ -1 & (x \in [0,\ 1] \cap \mathbb{Q}^C) \end{cases}$

연습 문제 7.3

1. *귀띔*: (1) $\sin^3 x \le \sin^2 x,\ x \in [0,\ \frac{1}{4}\pi]$ (2) $1 \le \sqrt{x^2+1} \le 2,\ x \in [-1,\ 1]$

(3) $1 \le \sqrt{x^3+1} \le x^3 + 1,\ x \in [0,\ \infty)$

2. *귀띔*: 정리 7.3-1의 (3)을 이용 3. $\sqrt{\frac{13}{3}}$ 4., 5., 6. *귀띔*: 정리 7.3-1의 (3)을 이용

연습 문제 7.4

1. (1) 8 (2) $\frac{653}{10}$ (3) $\frac{1}{4}\pi$ (4) $\frac{7}{3}$ (5) $\frac{13}{3}$ (6) 2 (7) 0 (8) $-\frac{1}{3}$ (9) $\frac{1}{2}\pi$ (10) $2-\frac{1}{2}\sqrt{2}$

3. (1) $-x^2$ (2) $2xe^{x^4}$ (3) $\frac{(\sqrt{x}+1)^{1/2}}{2\sqrt{x}}$ (4) $e^{x_1^2}$ 4. $f(x)=\cos x,\ a=\frac{1}{6}\pi$

5. $\sqrt{17}$ 6. $-\frac{1}{4}$ 7. $\sin 2$

9. (1) $c_k=\frac{1}{2}(x_k+x_{k-1})$ (2) $c_k=\pm\sqrt{\frac{1}{3}(x_k^2+x_kx_{k-1}+x_{k-1}^2)}$

(3) $c_k=\frac{1}{2}\sqrt[3]{2(x_k^3+x_k^2x_{k-1}+x_kx_{k-1}^2+x_{k-1}^3)}$ (4) $c_k=\frac{1}{4}(\sqrt{x_k}+\sqrt{x_{k-1}})^2$

11. (1) $-\frac{1}{x^2}\sin^3\frac{1}{x}$ (2) $3\frac{1-9x^2}{1+9x^2}-2\frac{1-4x^2}{1+4x^2}$

제8장 여러 가지 적분법

연습 문제 8.1

1. (1) $\frac{2}{9}(3x+1)^{3/2}+C$ (2) $e^{\sin x}+C$ (3) $2\ln(1+\sqrt{x})+C$ (4) $\frac{1}{2}(\ln x)^2+C$

(5) $-2\sqrt{1-e^x}+C$ (6) $\frac{1}{2}(\ln 4-\ln 3)$ (7) $\frac{1}{8}\pi^2$ (8) $\frac{5}{2}$

2. (1) $\frac{2}{5}(x+4)^{5/2}-\frac{8}{3}(x+4)^{3/2}+C$

(2) $\frac{1}{2}\ln|x^2-1|+\ln|x^{2/3}-1|-\frac{1}{2}\ln(x^{2/3}+x^{1/3}+1)-\frac{1}{2}\ln(x^{2/3}-x^{1/3}+1)$

(3) $\ln(\ln x)+C$ (4) $\frac{464}{15}\sqrt{2}$ (5) $2e-2$ (6) $\frac{2}{3}$

3. (1) $-\frac{1}{4}(e^{2x}+1)^{-2}+\frac{1}{6}(e^{2x}+1)^{-3}+C$, *귀띔*: $t=e^{2x}+1$

(2) $\frac{1}{2}(e^{2x}+\ln|e^{2x}-1|)+C$, *귀띔*: $t=e^{2x}$

(3) $\frac{1}{2(n+1)}(x^2+1)^{n+1}+C$, *귀띔*: $t=x^2+1$

(4) $\ln\ln(e^x+1)+C$, *귀띔*: $t=\ln(e^x+1)$

4. *귀띔*: $\theta=\pi-t$로 치환하자. 그러면 $d\theta=-dt$이고 $\sin\theta=\sin t$이다. 그리고 $\theta=0$이면 $t=\pi$이고 $\theta=\pi$일 때 $t=0$이므로 다음이 성립한다.

$$\int_0^\pi \theta f(\sin\theta)d\theta=-\int_\pi^0(\pi-t)f(\sin t)dt=\pi\int_0^\pi f(\sin t)dt-\int_0^\pi tf(\sin t)dt$$

그런데 적분 변수 t를 모두 θ로 바꾸어도 무방하므로 다음이 성립한다.

$$\int_0^\pi \theta f(\sin\theta)d\theta=\pi\int_0^\pi f(\sin\theta)d\theta-\int_0^\pi \theta f(\sin\theta)d\theta$$

5. *귀띔*: 먼저 $f(x)=x-\ln(1+x)$로 놓고, $\frac{x}{2}<f'(x)<x$임을 보여라.

7. $\frac{5}{4\pi}\left(1-\cos\frac{2\pi t}{5}\right)L$

연습 문제 8.2

1. (1) $\frac{3}{2}\sin\frac{2}{3}x+C$ (2) $\frac{1}{\pi}\cos\frac{\pi}{x}+C$ (3) $\frac{1}{4}\cos 2x-\frac{1}{16}\cos 8x+C$

(4) $\frac{1}{2}\sin x-\frac{1}{10}\sin 5x+C$ (5) $\frac{1}{5}\sec^5 x+C$

(6) $-\frac{1}{9}\sin^2 3x\cos 3x-\frac{2}{9}\cos 3x+C$

(7) $-\frac{1}{6}\cos 2t+\frac{1}{5}\cos^4 2t-\frac{1}{14}\cos^7 2t+C$

(8) $\sin\frac{\theta}{2}\left(\frac{1}{8}\cos\frac{\theta}{2}-\frac{7}{12}\cos^3\frac{\theta}{2}+\frac{1}{3}\cos^5\frac{\theta}{2}\right)+\frac{1}{16}\theta+C$

(9) $\frac{4}{3}\tan\frac{3}{4}x-x+C$ (10) $-\frac{1}{5}\cot^5 t+\frac{1}{3}\cot^3 t-\cot t-t+C$

(11) $\frac{1}{3}\tan 3x+\frac{1}{9}\tan^3 x+C$ (12) $-\frac{2}{9}\csc^3\frac{3\theta}{2}\cos\frac{3\theta}{2}-\frac{4}{9}\cot\frac{3\theta}{2}$

(13) $-\frac{1}{3}\csc^3 x+C$ (14) $\frac{1}{15\cos^5 3t}-\frac{1}{9\cos^3 3t}+C$

(15) $\frac{1}{10}\tan^2 5\theta+\frac{1}{20}\tan^4 5\theta+C$

(16) $\frac{1}{30}\cot 2y\cos^2 2y(2\cos^2 2y-5)(\cos^2 2y-1)^{-2}+C$

(17) $\sec x-\tan x+x+C$ (18) $\frac{1}{3}\cos^3\theta-\cos\theta+C$

연습 문제 8.3

1. (1) $\theta\sin\theta+\cos\theta+C$ (2) $-e^{-x}(x+1)+C$

(3) $\frac{1}{5}e^{-x}(-\cos 2x + 2\sin 2x) + C$ (4) $\frac{1}{16}x(4x^3\ln x - x^3 + 16\ln x - 16) + C$

(5) $3x\tan\frac{x}{3} - 9\ln\left|\sec\frac{x}{3}\right| + C$ (6) $-\frac{1}{2}x(\cos\ln x - \sin\ln x) + C$

(7) $-\frac{1}{2}x^2\cos x^2 + \frac{1}{2}\sin x^2 + C$ (8) $\frac{e^{ax}}{a^2+b^2}(a\sin bx - b\cos bx) + C$

(9) $x\sec x - \ln|\sec x + \tan x| + C$ (10) $x(\ln^3 x - 3\ln^2 x + 6\ln x - 6) + C$

(11) $x\tan^{-1}x - \frac{1}{2}\ln(1+x^2) + C$ (12) $-\frac{1}{2}x\cos^2 x + \frac{1}{4}\cos x\sin x + \frac{1}{4}x + C$

(13) $\frac{1}{2}(-\cos x\cot x + \ln|\csc x - \cot x|) + C$

(14) $x(\sin^{-1}x)^2 + 2\sqrt{1-x^2}\sin^{-1}x - 2x + C$, *귀띔*: 먼저 $\theta = \sin^{-1}x$를 이용한다.

(15) $\left(\frac{1}{2}x^2 - \frac{1}{4}\right)\sin^{-1}x + \frac{1}{4}x\sqrt{1-x^2} + C$, *귀띔*: 먼저 $\theta = \sin^{-1}x$를 이용한다.

(16) $\frac{1}{2}t(\cos(\ln t) + \sin(\ln t)) + C$

(17) $\frac{1}{2}y^2\left\{(\ln y)^2 - \ln y + \frac{1}{2}\right\} + C$

(18) $\frac{1}{(\ln\theta)^2}\{\theta^2(\ln 2)^2 - 2\theta\ln 2 + 2\}\, 2^\theta + C$

2. (1) π (2) $2e^2 - 2$ (3) $\frac{1}{2}e - 1$ (4) $10\ln 2 - \frac{63}{16}$

연습 문제 8.4

1. (1) $-3\sqrt{4-x^2} - 2\sin^{-1}\frac{x}{2} + C$ (2) $\frac{1}{a^2}e^x(a^2 - e^{2x})^{-1/2} + C$

(3) $\frac{\sqrt{x^2-4}}{4x} + C$ (4) $-\frac{\sqrt{2ax-x^2}}{ax} + C$ (5) $\frac{x}{4\sqrt{x^2+4}} + C$

(6) $-\frac{1}{3}\tan^{-1}\frac{3}{\sqrt{x^2+9}} + C$ (7) $\sinh^{-1}(x+1) + C$

(8) $-\frac{1}{9}\frac{x}{\sqrt{4x^2-9}} + C$ (9) $\sin^{-1}\left(\frac{x}{3} - \frac{1}{3}\right) - \sqrt{8+2x-x^2} + C$

(10) $\ln|\sqrt{t^2+16} + t| - \frac{t}{\sqrt{t^2+16}} + C$

(11) $\ln(x + \sqrt{x^2-4}) - \frac{1}{x}\sqrt{x^2-4} + C$

(12) $-\dfrac{1}{12}\tan^{-1}\dfrac{12}{\sqrt{x^2+144}}+C$

(13) π (14) $\ln(4+\sqrt{15})$ (15) $\dfrac{1}{4}(\tan^{-1}2x)^2+C$

4. $\sinh^{-1}\dfrac{x}{a}+C$ (6.4절 참조)

연습 문제 8.5

1. (1) $\ln x^2+\ln(x^2+3)+C$ (2) $\tan^{-1}x+\ln|x-1|+C$

(3) $2\ln\dfrac{t^2+4}{|t-2|}+C$ (4) $\tan^{-1}y+\ln(y^2+2)+C$

(5) $\ln\dfrac{x^2}{x^2+1}-\tan^{-1}x+\dfrac{1}{x^2+1}+C$

(6) $\dfrac{1}{x+1}(x\tan^{-1}x+\tan^{-1}x+1)+C$

(7) $\ln\left(\dfrac{x^2}{x^2+4x+5}\right)+\dfrac{2}{x}-\tan^{-1}(x+2)+C$

(8) $\dfrac{1}{3}x^3-3\tan^{-1}\dfrac{x}{3}-5\ln(x^2+9)+\ln|x|+C$

(9) $\dfrac{1}{2}\ln(x^2+1)-\dfrac{1}{x^2+1}+C$

(10) $\dfrac{1}{2}(x^2+1)^{-1}(2x^2\tan^{-1}x+2\tan^{-1}x-1)+C$

(11) $\dfrac{1}{2}t^2-4\ln(t^2+4)-\dfrac{8}{t^2+4}+C$

(12) $-2(\tanh^{-1}x+\tan^{-1}x)+C$

(13) $2\ln|x+2|-\tan^{-1}(x+1)+C$

(14) $(x^2+4x+5)^{-1}(x^2\tan^{-1}(x+2)+4x\tan^{-1}(x+2)+5\tan^{-1}(x+2)-1)+C$

(15) $\ln 4+\dfrac{\pi}{4}$ (16) $\dfrac{1}{2}+\dfrac{1}{4}\pi-\ln 2$ (17) $\dfrac{3}{2}\ln\dfrac{20}{13}+\ln\dfrac{12}{5}$

(18) $\dfrac{1}{8}+\dfrac{1}{2}\ln 2+\dfrac{1}{4}\pi$ (19) $-\dfrac{1}{8}\sqrt{2}\tanh^{-1}\dfrac{(x+6)\sqrt{2}}{4\sqrt{4-x^2}}+C$

(20) $\dfrac{1}{3}\sqrt{3}\tanh^{-1}\dfrac{(x+1)\sqrt{3}}{2\sqrt{x^2+x+1}}+C$

2. $\frac{a}{x+1}+\frac{b}{(x+1)^2}+\frac{c}{(x+1)^3}+\frac{d}{(x+1)^4}+\frac{e}{x-2}+\frac{f}{(x-2)^2}$
$+\frac{g}{(x-2)^3}+\frac{x+B}{x^2+x+9}+\frac{Cx+D}{(x^2+x+9)^2}+\frac{Ex+F}{(x^2+x+9)^3}$

4. (1) 0 (2) $\ln\frac{8}{3}$ (3) $3\ln 2-\tan^{-1}2+\frac{1}{4}\pi$

5. $f(x)=2x^2+3x+1,\ f'(0)=3$

6. $\cos x=\frac{1-t^2}{1+t^2},\ \sin x=\frac{2t}{1+t^2},\ \tan x=\frac{2t}{1-t^2}$ (8.6절 참조)

7. (1) $\tan\frac{x}{2}+C$ (2) $\frac{1}{2}\tan\frac{x}{2}+\frac{1}{3}\tan^3\frac{x}{2}+C$

8. $3\frac{y}{x}-2\ln\left|\frac{y}{x}\right|+C$ (귀띔: $y=tx$로 놓고 매개 변수 t로 피적분 함수를 나타내어 구한다.)

9. $t=-\ln P-\frac{1}{9}ln(0.9P+900)+C,\quad C\approx 10.23$

연습 문제 8.6

1. (1) $\ln\left|1+\tan\frac{x}{2}\right|+C$ (2) $\frac{1}{5}\ln\left|2\tan\frac{x}{2}+1\right|-\frac{1}{5}\ln\left|\tan\frac{x}{2}-2\right|+C$
(3) $\frac{2}{3}\sqrt{3}\tan^{-1}\left(\frac{1}{3}\sqrt{3}\tan\frac{x}{2}\right)+C$ (4) $-\frac{1}{4}\tan^2\frac{x}{2}+\frac{1}{2}\ln\left|\tan\frac{x}{2}\right|+C$
(5) $\frac{1}{8}(\ln|\tan x-3|-\ln|3\tan x-1|)+C$ (6) $\frac{\pi}{4}+\frac{1}{2}\ln 2$

2. (1) $\ln\left|1+\frac{1}{x}\right|+C$ (2) $-\frac{1}{6}\left(\frac{2}{x}-1\right)^{3/2}-\frac{1}{2}\left(\frac{2}{x}-1\right)^{1/2}+C$ (3) $\frac{1}{6}\pi$

3. (1) $\tan^{-1}\frac{x-1}{\sqrt{x^2+2x-1}}+C$ (2) $\frac{1}{5}\sqrt{5}\tanh^{-1}\frac{2\sqrt{5}}{5}$

4. $\frac{1}{16}\sqrt{4x^2+9}+\frac{9}{16}\frac{1}{\sqrt{4x^2+9}}+C$

연습 문제 8.7

1. (1) π (2) ∞ (3) ∞ (4) π (5) $\frac{1}{3}$ (6) $\frac{1}{3}$ (7) $\frac{1}{2}(e^{-1}\sin 2+e^{-2}\cos 2)$
(8) 0 (9) $2\sqrt{3}$ (10) 6 (11) 존재하지 않음 (12) π

2. (1) 2 (2) -1 (3) 2 3. (1) $p<-1$이면 $-\frac{1}{p+1}$; $p\ge -1$이면 ∞ (2) ∞

5. $\frac{1}{4}\pi$ 6. $\frac{2}{3}4^{3/4}$ 7. $\frac{1}{2}\pi$

8. (1) $\frac{1}{s}$ $(s>0)$ (2) $\frac{1}{s-1}$ $(s>1)$ (3) $\frac{1}{s^2+1}$ $(s>0)$

9. (3) *귀띔*: $st=x$로 치환하고 (2)를 이용. 10. (1) 약 8064년 (2) 약 2293년

연습 문제 8.8

1. (1) 0.377 (2) 2.009
2. (1) 1020, 참값: 1020 (2) 2.001, 참값: 2
3. $\int_0^1 \frac{1}{x^2+1}dx \approx 0.7853921568,\ \pi = 4\int_0^1 \frac{1}{x^2+1}dx \approx 3.1416$
4. 참값: $\frac{1}{2}\pi$, 사다리꼴 공식: $\frac{1}{2}\pi$ (절대 오차: 0) 심프슨 공식: $\frac{1}{2}\pi$(절대 오차: 0)
5. 1.852
6. 20.9 km/시

제9장 적분 응용

연습 문제 9.1

1. $2-\frac{1}{e}(t^2+2t+2)$m

3. (1) $\frac{71}{6}$ (2) $\frac{3}{5}(2\sqrt[3]{4}-1)$ (3) $2(1-\sqrt{2})$ (4) $\frac{8}{3}$ (5) $\frac{1}{2}(\sqrt{3}-1)$

4. (4) 8 6. 72 7. (1) $18a^2\pi$ (2) π 8. (1) $\frac{68}{7}\pi$ (2) $\frac{1712}{81}\pi$ (3) $\frac{4}{3}ab^2\pi$ (4) $\frac{4}{3}a^2b\pi$

9. (1) 8 (2) $\ln 4$ (3) $\frac{16}{3}-2\ln 3$ 10. (1) $\frac{1}{3}\pi$ (2) $(8-6\ln 3)\pi$ 11. $\frac{1}{2}(e-e^{-1})$

12. 2 13. $\frac{1}{2}\pi^2$ 14. (1) $1-\frac{2}{e}$ (2) $-\frac{5}{4}\pi e^{-2}+\frac{1}{4}\pi$ 15. $\sqrt{2}(\sqrt{13}-1)$

16. $\frac{8}{27}(10^{3/2}-1)$ 17. $ab\pi$ 18. $\ln 3-\frac{4}{5}$ 20. 넓이: 1, 부피: $(e-2)\pi$

21. $4\pi^2$ 22. $396\sqrt{11}\pi$ 23. $\frac{4}{3}\sqrt{2}\pi(1-2^{-3/2})$ 24. 2π

연습 문제 9.2

1. (1) $R(Q)=14Q^2-\frac{10}{3}e^{0.3Q}+c$ (c: 적분 상수)

(2) $R(Q)=-10(1+Q)^{-1}+c$ (c: 적분 상수)

2. (1) $M(Y)=0.1Y+20$ (2) $C(Y)=0.8Y+2Y^{\frac{1}{2}}$

3. (1) $C(Q)=\frac{1}{150}Q^3-Q^2+107Q+2000$

(2) $C(31)-C(30)=64.61, C'(30)=65$

4. (1) $C=600$ (2) $I(Q)=150Q-\frac{Q^2}{2}-\left(\frac{1}{30}Q^3-2Q^2+110Q+600\right)$ (3) $Q^*=40$

5. 253 6. 5.375 7. (1) $I(t)=200\sqrt{t+2}-20t-200\sqrt{2}$ (2) $I(34)=237$

8. $\int_0^y D\cdot e^{-(0.12t)}dt=\frac{D}{0.15}$ 9. $NPV=39.905$

10. 비용절감의 현가= 153.975, 현시점에서의 비용지출= 160, 따라서 이 계약은 하지 않는 것이 낫다.

연습 문제 9.3

1. $W=\int_0^8 900dx=7200(N)$ 2. $W=\int_{0.35}^{0.40}200dx=3.75(J)$

3. 힘이 $F=200$lb이므로 한 일은 $W=Fd=200\cdot 100=20000$ ft−lb이다.

4. 아래그림에서 $\Delta W\approx\delta\pi\left(\frac{4y}{10}\right)^2(10-y)\Delta y$, $W=\delta\pi\int_0^{10}\left(\frac{4y}{10}\right)^2(10-y)dy\approx 130.690$

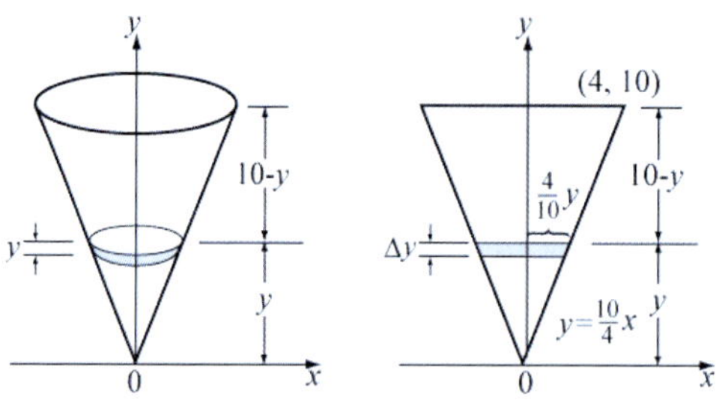

5. $M_z=10$, $M_y=1$, $m=21$이므로, 질량 중심은 $\left(\frac{1}{20},\ 10\right)$이다.

연습 문제 9.4

1. 1.19×10^{-4} ㎤/s 3. $\frac{1}{9}$ L/s

5. $25(e^2+1)$ 7. $L(x)=-10e^{-0.1x}+25$; $L(0)=15$

연습 문제 9.5

1. (1) $y=x^2-7x+10$ (2) $y=-\dfrac{1}{x}+\dfrac{x^2}{2}-\dfrac{1}{2}$ (3) $y=9x^{1/3}+4$

(4) $s=t+\sin t+4$ (5) $r=\cos\pi\theta-1$ (6) $v=3\sec^{-1}t-\pi$

(7) $y=x^2-x^3+4x+1$ (8) $r=\dfrac{1}{t}+2t-2$

2. (1) $y=Cx$ (2) $y=C\sqrt{x^2+1}$ (3) $y+\ln|\sec y|=\dfrac{1}{3}x^3+x+C$

(4) $u=Ce^{2t+t^2/2}-1$

3. (1) $u(t)=-\sqrt{t^2+\tan t+25}$ (2) $\cos x+x\sin x=y^2+\dfrac{1}{3}e^{3y}+\dfrac{2}{3}$

(3) $y=\dfrac{4a}{\sqrt{3}}\sin x-a$

제10장 무한 급수

연습 문제 10.1

1. (1) 5 (2) $\dfrac{10}{9}$ (3) $\dfrac{31}{99}$

2. (1) 부분 합의 수열 $\langle S_n\rangle=\langle\sum_{k=0}^{n}\dfrac{1}{k!}\rangle$이 위로 유계이고 증가하므로 수렴한다

(정리 2.1-4와 예제 2.1-6의 증명 참조).

(2) $\lim\limits_{n\to\infty}a_{2n}=\dfrac{2}{3}$, $\lim\limits_{n\to\infty}a_{2n-1}=-\dfrac{2}{3}$이다. 즉 $\lim\limits_{n\to\infty}a_n\neq 0$이므로 발산한다.

(3) 일반항의 극한이 0이 아니므로 발산한다.

3. (1) 1 (2) $\dfrac{1}{2}$ (3) $\dfrac{1}{3}$ (4) $\dfrac{25}{48}$ (5) $\dfrac{1}{m(m!)}$ (6) 1

4. (1) 1 (2) $\dfrac{2}{3}$ (3) $\dfrac{5}{7}$

5. (1) 1

(2) $\left\{0,\ 1,\ \dfrac{1}{3},\ \dfrac{2}{3},\ \dfrac{1}{9},\ \dfrac{2}{9},\ \dfrac{7}{9},\ \dfrac{8}{9},\ \dfrac{1}{27},\ \dfrac{2}{27},\ \dfrac{7}{27},\ \dfrac{8}{27},\ \dfrac{19}{27},\ \dfrac{20}{27},\ \dfrac{25}{27},\ \dfrac{26}{27},\ \cdots\right\}$

7. (1) $S_n=\dfrac{D(1-c^n)}{1-c}$ (2) 5

연습 문제 10.2

1. (1) 발산 (2) 발산 (3) 수렴 (4) 수렴 (5) 발산 2. $b < \frac{1}{e}$

3. $\int_0^\infty \frac{1}{x+\sqrt{1+x^2}}dx = \infty$

4. $f(x) = \frac{1}{x^2+1}$ 라 하면 $x > 0$ 에서 f는 연속인 감소 함수이다. 이때 다음이 성립한다.

$$\int_1^\infty f(x)dx = \lim_{B\to\infty}\int_1^B f(x)dx = \lim_{B\to\infty} \arctan B - \arctan 1 = \frac{1}{4}\pi$$

따라서 적분 판정법에 의해 주어진 급수는 수렴한다.

7. $\left\langle \frac{\sin n}{n^3} \right\rangle$는 감소 수열이 아님 또는 양향이 아닌 항이 무수히 많음.

연습 문제 10.3

1. (1) 발산 (2) 발산 (3) 수렴 (4) 발산 (5) 수렴 (6) 수렴 (7) 수렴 (9) 발산

2. *귀띔*: a와 b가 양수이면 $\sqrt{ab} \le \frac{1}{2}(a+b)$이 성립한다.

3. *귀띔*: 아르키메데스의 성질(예제 1.2-4)에 의해 $a < N$인 자연수 N이 존재하므로 모든 자연수 n에 대하여 다음이 성립한다

$$\frac{1}{n+K} < \frac{1}{n+a}$$

4. *귀띔*: $\lim_{n\to\infty} a_n = 0$이므로 $n > n_0$이면 $0 \le a_n < 1$을 만족시키는 자연수 n_0이 존재한다. 따라서 $n > n_0$이면 $a_n b_n < b_n$이다. 이제 정리 2.1-4를 이용한다.

연습 문제 10.4

1. (1) 수렴 (2) 수렴 (3) 발산 (4) 발산 (5) 모름 (6) 수렴 (7) 수렴 (8) 수렴 (9) 발산 (10) 발산

연습 문제 10.5

1. (1) 절대 수렴 (2) 조건 수렴 (3) 절대 수렴 (4) 절대 수렴 (5) 발산
(6) 조건 수렴 (7) 발산 (8) 절대 수렴

2. (1) 절대 수렴 (2) 조건 수렴 (3) 발산 (4) 조건 수렴 (5) 조건 수렴 (6) 절대 수렴

6. (2) *귀띔*: $0 \le x \le 1$ 일 때 $\frac{x^n}{1+x} \le x^n$이 성립한다.

(3) *귀띔*: $\int_0^1 \frac{1}{1+x}dx = \ln 2$이다.

7. *귀띔*: 문제 6에서 (3)의 급수와 다음 급수의 각 항을 더하여 얻어지는 급수와 주어진 재배열 급수를 비교하라.

$$0+\frac{1}{2}+0-\frac{1}{4}+0+\frac{1}{6}+0-\frac{1}{8}+0-\frac{1}{10}+\cdots=\frac{1}{2}\left(1-\frac{1}{2}+\frac{1}{3}-\frac{1}{4}+\frac{1}{5}+\cdots\right)$$

8. (1) 5 (2) 4

제11장 멱 급수와 테일러 급수

연습 문제 11.1

1. (1) $(-1, 1)$ (2) $[-4, 2]$ (3) $\left(-\frac{1}{3}, \frac{1}{3}\right)$ (4) $[0, 2]$ (5) $(-1, 1)$ (6) $(-1, 1)$

(7) $\mathbb{R}$ (8) $(-\sqrt{2}, 0)\cup(0, \sqrt{2})$

2. (1) $\frac{1}{3}, (-\frac{1}{3}, \frac{1}{3}]$ (2) $1, [2, 4)$ (3) $4, (-2, 6]$

(4) $1, [-1, 1)$ (5) $1, (-1, 1]$ (6) $1, [-1, 1)$

3. (1) $\mathbb{R}$ (2) $\mathbb{R}$

4. (1) $\ln(1+x)=\sum_{n=1}^{\infty}(-1)^{n-1}\frac{x^n}{n}\quad(|x|<1)$

(2) $\tan^{-1}x=\sum_{k=0}^{\infty}\frac{(-1)^k}{2k+1}x^{2k+1}\quad(|x|<1)$

연습 문제 11.2

1. (1) $x-\frac{2}{3}x^3$ (2) $x-\frac{1}{2}x^2+\frac{1}{6}x^3$ (3) $1-\frac{1}{2}x+\frac{3}{8}x^2+\frac{3}{16}x^3$

2. (1) $\cos x=\sum_{n=0}^{\infty}\frac{(-1)^{n+1}}{(2n)!}x^{2n}$ (2) $\sinh x=\sum_{n=1}^{\infty}\frac{1}{(2n+1)!}x^{2n+1}$

4. (1) $\ln(2-x)=\ln 2-\sum_{n=1}^{\infty}\frac{1}{2^n n!}x^n\quad(|x|<2)$

(2) $\cosh x=\sum_{n=0}^{\infty}\frac{1}{(2n)!}x^{2n}\quad(-\infty<x<\infty)$

5. *귀띔*: $x=\frac{b}{a}$라 하고 점 $x=0$에서 함수 $\sqrt{\frac{1-x}{1+x}}$의 1차 테일러 다항 함수 P_1을 생각한다.

6. (1) $|x-\sin x|<0.001$이기 위해서는 $|R_2(x)|=\left|\frac{f^{(3)}(\xi)}{3!}x^3\right|\le\frac{1}{3!}|x|^3<0.001$이 된다. 따라서 $|x|^3<0.006$이다. 그러므로 x의 범위는 $|x|<0.182$이다.

(2) $|R_6(x)| = \left| \dfrac{f^{(7)}(\xi)}{7!} x^7 \right| \le \dfrac{|x|^7}{7!}$ 이므로 $x = \pi$일 때 오차가 가장 크고 $\dfrac{1}{7!}|\pi|^7 = 0.5993$이다. 따라서 $|x| \le \pi$이면 $\sin x$와 $x - \dfrac{1}{6}x^3 + \dfrac{1}{120}x^5$의 오차 한계는 0.5993이다.

7. (1) $e^x = e^{-2} \sum_{n=0}^{\infty} \dfrac{1}{n!}(x+2)^n$

(2) $\cos^2 x = 1 + \sum_{n=1}^{\infty} \dfrac{(-1)^n 2^{2n-1}}{(2n)!} x^{2n}$ ($2\cos^2 x = 1 + \cos 2x$를 이용하면 편리하다).

8. (1) 0.125 (2) 0.66677 (3) 3.01852

9. (1) $(1+x)^{-8/5} = 1 - \dfrac{8}{5}x + \dfrac{8 \cdot 13}{5^2 \cdot 2!}x^2 - \dfrac{8 \cdot 13 \cdot 18}{5^3 \cdot 3!}x^3 + \cdots$ $(|x| < 1)$

(2) $\dfrac{1}{\sqrt{1+x}} = 1 - \dfrac{1}{2}x + \dfrac{3}{8}x^2 - \dfrac{5}{16}x^3 + \cdots$ $(|x| < 1)$

10. (1) $e^{-x} = \sum_{n=0}^{\infty} \dfrac{(-1)^n}{n!} x^n$ $(-\infty < x < \infty)$

(2) $\dfrac{3}{8}$ ($R_4(x)$를 이용할 때 오차는 0.01보다 작다. 근삿값은 P_4를 이용하여 구한다).

15. (3) 8×10^{-9}km 다르다.

연습 문제 11.3

2. (1) $e^{x^2} = \sum_{n=0}^{\infty} \dfrac{1}{n!} x^{2n} = 1 + x^2 + \dfrac{1}{2!}x^4 + \dfrac{1}{3!}x^6 + \cdots$

(2) $\sin^2 x = 2\sum_{k=1}^{\infty} \dfrac{(-4)^{k-1}}{(2n)!} x^{2k}$

(3) $xe^{-x} = \sum_{n=0}^{\infty} \dfrac{(-1)^n}{n!} x^{n+1} = x - x^2 + \dfrac{1}{2!}x^3 - \dfrac{1}{3!}x^4 + \dfrac{1}{4!}x^5 - \cdots$

3. (1) −160 (2) 0

4. (1) $\tanh^{-1} x = x + \dfrac{1}{3}x^3 + \dfrac{1}{5}x^5 + \dfrac{1}{7}x^7 + \cdots$ $(|x| \le 1)$

(2) $e^x \cos x = 1 + x - \dfrac{1}{3}x^3 - \dfrac{1}{6}x^4 + \cdots$ $(-\infty < x < \infty)$

(3) $e^{\sin} x = 1 + x + \dfrac{1}{2}x^2 - \dfrac{1}{8}x^4 - \dfrac{1}{15}x^5 + \cdots$ $(-\infty < x < \infty)$

5. (1) $\tanh x = x - \dfrac{1}{3}x^3 + \dfrac{2}{15}x^5 - \dfrac{17}{315}x^7 + \cdots$ $\left(|x| < \dfrac{1}{2}\pi\right)$

(2) $\sec x = 1 + \frac{1}{2}x^2 + \frac{5}{24}x^4 + \frac{61}{720}x^6 + \cdots \quad \left(|x| < \frac{1}{2}\pi\right)$

(3) $\cot^{-1}x = \frac{1}{2}\pi - \tan^{-1}x = \frac{1}{2}\pi - x + \frac{1}{3}x^3 - \frac{1}{5}x^5 + \frac{1}{7}x^7 - \cdots \quad (|x| < 1)$

6. (1) $\sum_{n=0}^{\infty} \frac{(-1)^n}{(2n+1)!(2n+1)}x^{2n}$ (2) 0.49306

9. (1) $\sqrt{1+2x} = 1 + x - \frac{1}{2}x^2 + \frac{1}{2}x^3 - \cdots \quad \left(|x| < \frac{1}{2}\right)$

(2) $\sqrt{1-x} = 1 - \frac{1}{2}x - \frac{1}{8}x^2 - \frac{1}{16}x^3 - \cdots \quad (|x| < 1)$

(3) $\sqrt{4+x^2} = 2 + \frac{1}{4}x^2 - \frac{1}{32}x^4 + \frac{1}{512}x^6 - \cdots \quad (|x| < 2)$

10. $\sum_{n=0}^{\infty} \binom{\frac{1}{2}}{n} \frac{1}{4n+1}$, $\binom{s}{n} = \frac{s(s-1)(s-2)\cdots(s-n+1)}{n!}$

11. (1) 0.602 (2) 0.494

12. $\lim_{x\to 0} \frac{\sin x - x + \frac{1}{6}x^3}{x^5} = \frac{1}{120}$

제12장 다변수 함수와 미분

연습 문제 12.1

1. (1) $(2\sqrt{3}, -4)$ (2) 2 (3) 2 (4) $\frac{\pi}{3}$ (5) $(0,1)$

2. (1) 7 (2) $(-17, -5, 1)$ (3) 0 (4) $(-26, 85, -17)$ (5) $\sqrt{14}$ (6) $\frac{1}{\sqrt{26}}(0,1,5)$

3. (1) $-\frac{3}{2}$ (2) 6 (3) 1, -9

4. (1) $\overrightarrow{BD} = \frac{9}{17}(4,1)$, $\overrightarrow{BA} - \overrightarrow{BD} = \left(-\frac{19}{17}, \frac{76}{17}\right)$ (2) $\frac{19}{2}$

11. $x = 1-2t,\ y = 2-2t,\ z = t$ 또는 $\frac{1-x}{2} = \frac{2-y}{2} = z$

12. $(5, 15, 0)$

13. $x = 3+2t,\ y = 2-3t,\ z = -1+6t$ 또는 $\frac{x-3}{2} = \frac{2-y}{3} = \frac{z+1}{6}$

14. $x + y - 4z = 25$

15. $6x - 5y + 4z = 0$

16. $x - 3y - 2z = 0$

17. $x + 6y + 5z = 12$

18. $2x-y+3z=-4$ 19. $\dfrac{16}{9}$

20. (1) $x=2t,\ y=\dfrac{5}{6}+3t,\ z=-\dfrac{5}{3}+4t$ (3) $17x-26y+11z+40=0$

22. $x^2+y^2+z^2=4$

연습 문제 12.2

1. (1) 정의역: x축과 y축을 제외한 평면, 치역: $\mathbb{R}\setminus\{0\}$, 등위 곡선: 쌍곡선 $xy=c\ (c\neq 0)$
   (3) 정의역: $\{(x,y)\in\mathbb{R}^2 | x+y>0\}$, 치역: $\mathbb{R}$, 등위 곡선: 직선 $x+y=c\ (c>0)$
   (5) 정의역: $\mathbb{R}^2$, 치역: $\mathbb{R}$, 등위 곡선: $x=ce^y(c\in\mathbb{R})$
   (7) 정의역 : y축을 제외한 평면, 치역 : $(-\pi/2,\pi/2)$, 등위 곡선 : 직선 $y=\tan cx$, $c\in(-\pi/2,\pi/2)$
   (9) 정의역: $\mathbb{R}^2\setminus\{(0,0)\}$, 치역: $\mathbb{R}$, 등위 곡선: 원 $x^2+y^2=c\ (c>0)$
3. (2) yz평면에 평행인 평면 $x=c(c\in\mathbb{R})$
   (4) 곡면 $xy=c\ (c\in\mathbb{R})$
   (6) 원기둥면 $x^2+y^2=c\ (c\geq 0)$
   (8) 꼭짓점이 $(0,0,-c)$에 있는 타원 포물면 $z=x^2+y^2-c\ (c\geq 0)$
   (10) 구면 $x^2+y^2+z^2=c\ (c>0)$

연습 문제 12.3

1. (1) -5

   (3) x축 극한 : $f(x,0)=\dfrac{0}{x^4}(x\neq 0)$, $f(x,y)\to 0$. y축 극한 : $f(0,y)=\dfrac{y^4}{3y^4}$, $f(x,y)\to\dfrac{1}{3}$. 그러므로 극한이 존재하지 않는다. (5) 극한이 존재하지 않는다.

3. (1) 1 (2) $\dfrac{1}{2}$ 5. 불연속

7. (1) 내점의 집합 : 공집합, 경계의 집합 : $\{(0,0)\}\cup\left\{\left(\dfrac{1}{n},0\right)\Big| n\in\mathbb{N}\right\}$
   (3) 내점의 집합 : 공집합, 경계의 집합 : $\mathbb{R}^2$

연습 문제 12.4

1. (1) $\dfrac{\partial u}{\partial x}=\dfrac{2y}{(x+y)^2}$, $\dfrac{\partial u}{\partial y}=\dfrac{-2x}{(x+y)^2}$ (3) $\dfrac{\partial f(x,y)}{\partial x}=3$, $\dfrac{\partial f(x,y)}{\partial y}=-8y^3$

(5) $\dfrac{\partial z}{\partial x}=20(2x+3y)^9,\ \dfrac{\partial z}{\partial y}=30(2x+3y)^9$ (7) $\dfrac{\partial u}{\partial t}=e^{\frac{w}{t}}\left(1-\dfrac{w}{t}\right),\ \dfrac{\partial u}{\partial w}=e^{\frac{w}{t}}$

3. $-0.1<x,y<0.1$ 6. $\dfrac{\partial f}{\partial x}$는 불가능, $\dfrac{\partial f}{\partial y}\to 1$ 가능.

연습 문제 12.5

1. (1) $df=2\,dx+2\,dy,\ 0.8$
2. (1) $z-4=-8(x+1)-2(y-2)$ 또는 $z=-8x-2y$

   (3) $z-1=\dfrac{1}{2}(x-1)+\dfrac{1}{2}(y-1)$ 또는 $x+y-2x=0$
3. (1) $dz=(9x^2+8xy)dx+(4x^2-6y^2)dy$ (3) $dz=3x^2\ln(y^2)dx+\dfrac{2x^3}{y}dy$
5. $\dfrac{41}{30}\%$ 또는 1.36667%

연습 문제 12.6

1. (1) $\dfrac{du}{dt}=32t$ (3) $\dfrac{du}{dt}=1$ (5) $\dfrac{du}{dt}=\dfrac{2}{x}$ (7) $\dfrac{du}{dx}=\dfrac{2(1-\ln x)}{(x-\ln x)^2}$
2. (2) $\dfrac{\partial u}{\partial x}=4x,\ \dfrac{\partial u}{\partial y}=4y$ (4) $\dfrac{\partial u}{\partial x}=2y,\ \dfrac{\partial u}{\partial y}=2x$

연습 문제 12.7

1. (1) $\dfrac{9}{10}\sqrt{10}$ (3) $-\dfrac{5}{52}\sqrt{13}$
3. (1) 내려감 (2) 벡터 $\mp 120\mathbf{i}+40\mathbf{j}$ 방향
5. (1) 법선 : $\dfrac{x-2}{2}=\dfrac{y-3}{3}=\dfrac{z-6}{6}$, 접평면 : $2x+3y+6x=49$

   (3) 법선 : $\dfrac{x-1}{5}=\dfrac{y-2}{4}=\dfrac{z-3}{3}$, 접평면 : $5x+4y+3z=22$

   (5) 법선 : $\dfrac{x-1}{2}=y-2=z-2$, 접평면 : $2x+y+z=6$

   (7) 법선 : $\sqrt{3}(y-1)=\dfrac{1}{\sqrt{3}}=z-\dfrac{1}{3}\pi,\ \dfrac{\sqrt{3}}{3}(y-1)+\sqrt{3}\left(z-\dfrac{1}{3}\pi\right)=0$
9. $F(x,y,z)=\dfrac{x^2}{12}+\dfrac{y^2}{12}+\dfrac{z^2}{3}=1,\ k=(0,0,1)$이므로 다음을 얻는다.

   $$\cos\theta=\frac{\nabla F(2,2,1)k}{|\nabla F(2,2,1)|}=\frac{2/3}{\sqrt{\left(\frac{1}{3}\right)^2+\left(\frac{1}{3}\right)^2+\left(\frac{2}{3}\right)^2}}=\frac{\sqrt{6}}{3},\ \theta\approx 35.3^\circ$$

연습 문제 12.8

1. (1) $(1, 1)$, $(-1, -1)$에서 극댓값 2. $(0, 0, 0)$은 안장점 (3) $(-1, 0)$에서 극댓값 2; $(1, 0)$에서 극솟값 -2 (5) $\left(0, \pm\frac{1}{2}\right)$에서 극댓값 $\sqrt{e}$; $\left(\pm\frac{1}{2}\sqrt{6}, 0\right)$에서 극솟값 $-\frac{1}{\sqrt{e}}$; $\left(0, 0, \frac{1}{2}\right)$ 안장점 (7) $(0, \pm 1)$에서 극댓값 4. $(0, 0)$에서 극솟값 0; $(\pm 1, 0, 1)$에서 안장점

3. 밑면의 정사각형 한 변의 길이 : 20 cm, 직육면체의 높이 : 40 cm

5. 8 7. (1) $f(2, 2) = 8$

제13장 다중 적분

연습 문제 13.1

1. (1) 모름 (2) 가능 (3) 가능 (4) 가능

2. (1) $\frac{1}{7}$ (2) $\frac{1}{3}$ (3) 8 (4) $\frac{1}{2}$ (5) 2 (6) $2+\frac{\pi^2}{2}$ (7) $\frac{\pi}{2}-1$ (8) $\frac{1}{5}$

3. (1) $\frac{\sqrt{2}-1}{2}$ (2) $\frac{1}{4}(e^2+1)$ (3) $\frac{1}{2}(e^2-3)$ (4) $\sqrt{2}-1$ 4. (1) $\frac{1}{2}$ (2) $\frac{1}{4}$

5. (1) $\frac{1}{2}\sin 1$ (2) $1-\frac{L}{e}$ (3) $1-\cos 1$ 6. (2) $\int_{-2}^{2}\int_{0}^{\sqrt{4-x^2}} y\sqrt{x^2+y^2}\,dy\,dx$ (3) 8

7. $\frac{2}{3}$ 8. $\frac{2}{3}$ 10. (1) πa^2 (2) $\frac{2}{3}a^2\pi$ (3) 2π (4) a^2 11. $\left(\frac{6}{5}, 0\right)$ 14. (3) $\ln 3$

연습 문제 13.2

1. $\int_0^1\int_0^{1-x}\int_0^{1-x-y} dz\,dy\,dx$

2. $\int_0^1\int_0^{1-y}\int_0^2 dx\,dz\,dy$, $\int_0^1\int_0^2\int_0^{1-x} dy\,dx\,dz$, $\int_0^1\int_0^2\int_0^{1-z} dy\,dz\,dx$, $\int_0^1\int_0^2\int_0^{1-y} dz\,dx\,dy$, $\int_0^2\int_0^1\int_0^{1-y} dz\,dy\,dx$

3. (1) $\frac{1}{36}$ (2) $\frac{7}{12}$ 4. $8\sqrt{2}\pi$ 5. $\frac{1}{3}$ 6. (1) $\frac{4\pi}{3}(8-3\sqrt{3})$ (2) $\frac{1}{4}\pi-\frac{2}{3}$

7. $\frac{1}{12}\pi$ 8. (1) 3π (2) $\frac{1}{2}a\pi$ 9. $\frac{4}{3}a^3\pi$ 10. $\frac{5}{12}a^3\pi$ 11. $\frac{2}{3}a^3(1-\cos\alpha)\pi$

12. $\frac{\pi}{6}(8\sqrt{2}-7)a^3$ 15. $m=\frac{1}{4}ka^4\pi$, 질량 중심$=\left(0, 0, \frac{8}{15}a\right)$, $I_z=\frac{1}{3}ma^2$

16. $m=8\pi(4-\pi)$, 질량 중심$=\dfrac{1-\ln 2}{4-\pi}(1,\ 1,\ 1)$, $I_z=\dfrac{1}{36}(3\pi-8)\pi$

연습 문제 13.3

1. (1) -2 (2) $4(u^2+v^2)$ (3) $(1-uv)e^{u+v}$ (4) $\left(\dfrac{1}{v}-\dfrac{1}{u}\right)\dfrac{1}{u+v}$

2. (1) $2(1-e^{-2})$ (2) $\dfrac{32}{9}(2\sqrt{2}-1)$ 3. (1) $\dfrac{1}{8}$ (2) $\dfrac{128}{15}$ (3) $e-1$

부록 B 삼각 함수

연습 문제 B

1. (1) $\sin\theta=\dfrac{4}{5}$, $\cos\theta=-\dfrac{3}{5}$, $\tan\theta=-\dfrac{3}{4}$ 3. $\cos\theta=-\dfrac{4}{5}$, $\tan\theta=-\dfrac{3}{4}$

5. (1) 0 (2) 2 7. (1) $\dfrac{1}{2}$ (2) $\dfrac{\sqrt{2}}{2}$ (3) $\sqrt{3}$ (4) -1 (5) $\dfrac{1}{2}$ (6) -1 8. (1) $\dfrac{\sqrt{6}-\sqrt{2}}{4}$

9. (1) $\dfrac{1-2\sqrt{30}}{12}$ (2) $\dfrac{\sqrt{15}-2\sqrt{2}}{12}$ 11. (1) $-\dfrac{24}{25}$ (2) $\dfrac{7}{25}$ 14. (1) $\dfrac{\sqrt{5}}{5}$

15. (1) $2\sin\left(\theta+\dfrac{\pi}{3}\right)$ 16. (1) 최댓값 2, 최솟값 -2 17. (1) $\dfrac{2+\sqrt{3}}{4}$

18. (1) $\dfrac{\sqrt{6}-\sqrt{2}}{2}$ (2) $-\dfrac{\sqrt{6}+\sqrt{2}}{2}$ 19. $90°$

20. $c=2$, $R=1$, $A=60°$, $B=90°$ 21. 2 23. (1) 이등변 삼각형 또는 직각 삼각형

24. $120°$ 27. (1) $n\pi+(-1)^n\dfrac{\pi}{4}+\dfrac{\pi}{6}$ $(n\in\mathbb{Z})$

찾아 보기

| ㄹ |

| ㅁ |

| ㅂ |

| ㅅ |

| ㅇ |

| ㅈ |

대학 이공계
미분적분학

2011년 3월 2일 1판 1쇄 발행
2013년 3월 5일 1판 3쇄 발행

저 자 / 김상목 · 김태균 · 송영권 · 송형수 · 이종우
이진우 · 이홍수 · 지은숙 · 허 민

발행자 / 오판근
발행처 / 교우사

수 소 / 서울 동대문구 세기2동 148-19
전 화 / 925-2861(代), 편집부 / 925-2825
팩 스 / 925-2860

E-mail / kyowoo@kyowoo.co.kr
http://www.kyowoo.co.kr

등록 / 1994. 3. 24 제6-0256호

ISBN 978-89-8172-878-6 (93410)

값 29,000 원